中国古建筑营造技术丛书

中国古建筑瓦石构造

刘全义　主编

中国建材工业出版社

图书在版编目(CIP)数据

中国古建筑瓦石构造/刘全义主编. —北京：中国建材工业出版社，2018.1

（中国古建筑营造技术丛书）

ISBN 978-7-5160-1989-4

Ⅰ. ①中… Ⅱ. ①刘… ②刘… Ⅲ. ①古建筑—砖石结构—研究—中国 Ⅳ. ①TU

中国版本图书馆 CIP 数据核字（2017）第　号

内 容 简 介

中国古建筑瓦石构造技术取得了很高的成就，展示了独树一帜的结构和造型。本书主要介绍古建筑土作、瓦作和石作的传统构造方法，包括地基、台基、墙体、各类石构件、砖石拱券结构、装饰构件、屋顶及地面等部位的式样变化、构造关系、比例尺度、规矩做法以及建筑材料等方面的内容。

本书可供古建筑设计、施工、修缮的工程技术人员和文物保护工作者、建筑院校的师生参考。

中国古建筑瓦石构造

刘全义　主编

出版发行：中国建材工业出版社

地　　址：北京市海淀区三里河路 1 号

邮　　编：100044

经　　销：全国各地新华书店

印　　刷：北京雁林吉兆印刷有限公司

开　　本：787mm×1092mm　1/16

印　　张：30

字　　数：680 千字

版　　次：2017 年 12 月第 1 版

印　　次：2018 年 1 月第 1 次

定　　价：158.00 元

本社网址：www.jccbs.com　微信公众号：zgjcgycbs

本书如出现印装质量问题，由我社市场营销部负责调换。联系电话：（010）88386906

《中国古建筑营造技术丛书》
编委会

序 一

中国古建筑，以其悠久的历史、独特的结构体系、精湛的工艺技术、优美的造型和深厚的文化内涵，独树一帜，在世界建筑史上，写下了光辉灿烂的不朽篇章。

这一以木结构为主的结构体系适应性强，从南到北，从西到东都有适应的能力。其主要的特点是：

一、因地制宜，取材方便，形式多样。比如屋顶瓦的材料，就有烧制的青灰瓦、琉璃瓦，也有自然的片石瓦、茅草屋面、泥土瓦当屋面。俗话“一把泥巴一片瓦”就是“泥瓦匠”的形象描述。又如墙体的材料，也有土墙、石墙、砖墙、板壁墙、编竹夹泥墙等。这些材料在不同的地区、不同的民族、不同的建筑物上根据不同的情况分别加以使用。

二、施工速度快，维护起来也方便。以木结构为主的体系，古代工匠们创造了材、分、斗口等标准化的模式，制作加工方便，较之以砖石为主的欧洲建筑体系动辄数十年上百年才能完成一座大型建筑要快很多，维修保护也便利得多。

三、木结构体系最大的特点就是抗震性能强。俗话说“墙倒屋不塌”，木构架本身是一弹性结构，吸收震能强，许多木构古建筑因此历经多次强烈地震而保存下来。

这一结构体系的特色还很多，如室内空间可根据不同的需要而变化，屋顶排水通畅等。正是由于中国古建筑的突出特色和重大价值，它不仅在我国遗产中占了重要位置，在世界遗产中也占了重要地位。在目前国务院已公布的两千多处全国重点文物保护单位中，古建筑（包括宫殿、坛庙、陵墓、寺观、石窟寺、园林、城垣、村镇、民居等）占了三分之二以上。现已列入世界遗产名录的我国33处文化与自然遗产中，有长城、故宫、承德避暑山庄及周围寺庙、曲阜孔庙孔府孔林、武当山古建筑群、布达拉宫、苏州古典园林、颐和园、天坛、丽江古城、平遥古城、明清皇家陵寝明十三陵、清东西陵、明孝陵、显陵、沈阳福陵、昭陵、皖南古村落西递、宏村等，就连以纯自然遗产列入名录的四川黄龙、九寨沟也都有古建筑，古建筑占了中国文化与自然遗产的五分之四以上。由此可见古建筑在我国历史文化和自然遗产中之重要性。

然而，由于政治风云，改朝换代，战火硝烟和自然的侵袭破坏，许多重要的古建筑已经不存在，因此对现在保存下来的古建筑的保护维修和合理利用问题显得十分重要。

保护维修是古建筑保护与利用的重要手段，不维修好不仅难以保存，也不好利用。保护维修除了要遵循法律法规、理论原则之外，更重要的是实践与操作，这其中的关键又在于工艺技术实际操作的人才。

由于历史的原因，我国长期以来形成了“重文轻工”、“重士轻匠”的陋习，在历史上一些身怀高超技艺的工匠技师得不到应有的待遇和尊重，因此古建筑保护维修的专门技艺人才极为缺乏。为此中国营造学社的创始人朱启钤社长就曾为之努力，收集资料编辑了

《哲匠录》一书，把凡在工艺上有一技之长，传一艺、显一技、立一言者，不论其为圣为凡，不论其为王侯将相或梓匠轮舆，一视同仁，平等对待，为他们立碑树传，都尊称为“哲匠”。梁思成先生在20世纪30年代编著《清式营造则例》的时候也曾拜老工匠为师，向他们请教，力图尊重和培养实际操作的技艺人才。这在今天来说，我觉得依然十分重要。

今天正处在国家改革开放，经济社会大发展，文化建设繁荣兴旺的大好形势之下，古建筑的保护与利用得到了高度的重视，保护维修的任务十分艰巨，其中至关重要的仍然还是专业技艺人才的缺乏或称之为断代。为了适应大好形势的需要，为保护维修、合理利用我国丰富珍贵的建筑文化遗产，传承和弘扬古建筑工艺技术，中国建材工业出版社的领导和一些专家学者、有识之士，特邀约了古建筑领域的专家学者同仁，特别是从事实际操作设计施工的能工技师“哲匠”们共同编写了《中国古建筑营造技术丛书》，即将陆续出版，闻之不胜之喜。我相信此丛书的出版必将为中国古建筑的保护维修、传承弘扬和专业技术人才的培养起到积极的作用。

编者知我从小学艺，60多年来一直从事古建筑的学习与保护维修和调查研究工作，对中国古建筑营造技术尤为尊重和热爱，特嘱我为序。于是写了一点短语冗言，请教方家高明，并借以作为对此丛书出版之祝贺。至于丛书中丰富的内容和古建筑营造技术经验、心得、总结等，还请读者自己去阅览、参考和评说，在此不作赘述。

序二　古建筑与社会

梁思成作为“中国建筑历史的宗师”（李约瑟语），毕生致力于中国古代建筑的研究和保护。如果不是因为梁思成的坚决反对，现在的人们恐怕很难见到距今有800多年历史的北京北海团城，这里曾经的建筑以及发生过的故事也只能靠人们的想象而无法触摸了。

历史的记忆有多种传承方式，古建筑算得上是很直观的传承方式之一。古建筑不仅仅凝聚了先人们的设计思想、构造技术和材料使用等，古建筑还很好地传承了先人们的绘画、书法以及人文、美学等文化因素。对于古建筑的保护、修复，实则是对于人类社会历史的保护和传承。从这个角度而言，当年梁思成嘱咐他的学生罗哲文所言“文物、古建筑是全人类的财富，没有阶级性，没有国界，在变革中能把重点文物保护下来，功莫大焉”，当是对于保护古建筑之意义所做出的一个具有历史责任感的客观判断。正是因为这一点，二战时期盟军在轰炸日本之前，还特意将日本的重要文物古迹予以标注以免被炸毁坏。

除了关注当下的经济社会，人们对于自己祖先的历史和未来未知的前景总是具有浓厚的兴致，了解古建筑、触摸古建筑，是人们感知过去社会和历史的有效方式，而古建筑的营造与修复正是为了更好地传承人类历史和社会文化。对于社会延续和文化传承而言，任何等级的古建筑的作用和意义都是正向的，不分大小，没有轻重之别，因为它们对于繁荣人类文明、滋润社会道德等，具有普遍意义和作用。

罗哲文先生在为本社“中国古建筑营造技术丛书”撰写的序言中引用了“哲匠”一词，这个词实际上是对从事古建筑保护修复工作的专业技艺人才的恰当称谓。没有一代又一代技艺高超“哲匠”们的保护修复，后人就不可能看到流传千年的文物古迹。古建筑的营造与保护修复工作还是一项要求非常高的综合性工作，“哲匠”们不仅要懂得古建筑设计、构造、建造等，还要熟知各种修复材料，具备相关的物理化学知识，了解书法绘画等审美意识，掌握一定的现代技术手段，甚至于人文地理历史知识等也是需要具备的。古建筑的保护修复工作要求很高，周而复始，“哲匠”们要做好这项工作不仅要有漫长的适应过程，更得心怀一颗“平常心”，要经受得住外界的诱惑，耐得住性子忍受寂寞孤独。仅仅是因为这些，就应该为“哲匠”们树碑立传，我们应该大力倡导工匠精神。

古建筑贯通古今，通过古建筑的营造与保护修复工作，后人们可以更直接地与百年、千年之前的社会进行对话。社会历史通过古建筑得以部分再现，人类文化通过古建筑得以传承光大。人具有阶层性，社会具有唯一性，古建筑则是不因人的高低贵贱而具有共同的鉴赏性，因而是社会的、大众的。作为出版人，我们愿意以奉献更多、更好古建筑出版物的形式，为社会与文化的传承做出贡献。

中国建材工业出版社　社长、总编辑

2016年3月

序　三

近年来，“古建筑保护”不时触碰公众的神经，受到了越来越广泛的社会关注。为推进城镇化进程中的古建筑保护与传承，国家给予了高度重视，如建立政府与社会组织之间的沟通、协调和合作机制，支持基层引进、培养人才，提供税收优惠政策支持，加大财政资金扶持力度等。尽管如此，古建行业仍存在人才匮乏、工艺失传、从业人员水平良莠不齐、古建工程质量难以保障等一系列困局，资质队伍相对匮乏与古建筑保护任务繁重的矛盾非常突出。在社会各界大力呼吁将“传承人”制度化、规范化的背景下，培养一批具备专业技能的建筑工匠、造就一批传承传统营造技艺的“大师”，已成为古建行业发展的客观需求与必然趋势。

我过去的工作单位是原北京房地产职工大学，现北京交通运输职业学院。早在1985年就创办了中国古建筑工程专业，培养了成百上千名古建筑专业人才。现在，这些学员分布在全国各地，成为各地古建筑研究、设计、施工、管理单位的骨干力量。我在担任学校建筑系主任期间，一直负责这个专业的教学管理和教学组织工作。根据行业需要，出版社几年前曾组织编写了几本中国古建筑营造技术丛书，获得了良好的口碑和市场反馈。当年计划出版的这套古建筑营造丛书，由于种种原因，迟迟未全部面世。随着古建传承时代大背景的需要，加之中国建材工业出版社佟令玫副总编辑多次约我组织专业人才，进一步完善丰富《中国古建筑营造技术丛书》。为了弥补当年的遗憾，这次组织参与我校教学工作的各位专家充实了编写委员会，共同商议丛书的编写重点和体例规范，集中将各位专家在各门课程上多年积累的很有分量的讲稿进行整理出版。我想不久的将来，一套比较完整的中国古建筑营造技术丛书，将公诸于世。

值此丛书陆续出版之际，我代表丛书编委会，感谢所有参与过丛书出版工作的同仁所付出的努力，感谢所有关注、关心古建筑营造技术传承的领导、同仁和朋友！古建筑保护与修复的任务是艰巨的，传统营造技艺传承的路途是漫长的，希望本套丛书的出版能为中国古建筑的保护修复、传承弘扬和专业技术人才培养起到积极的作用。

刘全义

2017年6月

前　言

中国古建筑博大精深，其发展历经了几千年的过程，其分布地域之广阔是任何国家所不能比拟的。中华民族祖先遗留下来的现存古建筑、古建遗址及历代古建文献是我们学习、继承中华古建筑文化最宝贵的财富和依据。

古建筑涵盖了宫殿、园林、坛庙、陵墓、桥梁、石窟、牌楼、窑洞、民居等各式各样的建筑形式，古建筑的室内地面以下是台基和基础，地面以上主要以木构架为承重系统，其中屋面和油漆彩画是最养眼的部分。木结构及木装修、油漆彩画都有专门的著述，本书所述的是除此之外的其他组成部分。

本书虽名为“中国古建筑瓦石构造”，但翻看各章节的内容，觉得题目有些大了。细想起来，书中所述还只是中国古建筑瓦石构造的一个局部而已，本想再伺机搜集资料、多跑跑全国各地调研以充实其内容，可需要太长的时间，所以此次书稿只能先作为一块“砖”，以后再引出“玉”吧。

本书第一章介绍的地基设计和基础知识，只针对中国古建筑，因其主要以柱子传递轴心压力，且多为一层，楼房也就二三层，荷载不大，故没有考虑其他受力状态的设计原理。第二章介绍的中国古建筑基址，是依据不同文献介绍的一些古建筑独立基础的做法，没有做力学方面的分析，有的桥梁、塔幢，其基础也做了柏木桩，桩上有承台，从受力的角度看，恐怕已兼有端承桩和摩擦桩两种功能了。台基、墙壁、屋顶、地面等章节大多取材于《中国古建筑瓦石营法》第一版中有关构造部分的内容，当然，也拓展了其他的一些资料。

编者对第六章砖石拱券的讲述内容情有独钟。1970—1973 年，编者作为北京赴延安地区插队知识青年的辅导员（编者注：1970 年，北京市抽派 1200 名干部赴延安地区，辅助当地管理北京知识青年的生产与生活），在延安市洛川县石家庄大队住了 3 年窑洞，其中有土窑洞，有砖窑洞，也有石窑洞。窑洞就是拱券结构，是以轴心受压为主要的受力状态。编者从教当中，有几年曾主讲过结构力学，拱券结构其合理拱轴线只有轴心受压，各断面没有剪力，也没有弯矩，结构上部只要有足够大的荷载（如陵墓宝顶上面厚厚的土层和松柏树），就会使券石挤压紧密产生较大的轴向压力，从而结构就能安全和可靠。

其他章节如砖塔、石结构建筑、砖石建筑装饰等只是一些资料的介绍，零散而不系统，言犹未尽，对不住读者了。

由于编者水平有限，错误之处在所难免，望各位专家、学者和读者多多指正，编者不胜感谢。

编者

2017 年 12 月

目　　录

第1章　地基与基础

1.1　概　　述

建筑物的全部荷载都是由它下面的地层来承担，受建筑物影响的那一部分地层称为地基。基础是直接承受建筑物及构筑物上部荷载，并将其传递到地基的建筑物地下结构部分。基础要保障将上部的荷载均匀地传递到地基，而地基则必须能承受基础传递下来的荷载，并保证不变形。地基与基础处理的好坏，直接影响着建筑物与构筑物的坚固度，因此地基与基础工程是古建筑工程中的重要项目。

我国古代建筑地基与基础工程技术由来已久。在史前的建筑活动中，我国古代匠师就已创造出了自己的地基与基础工艺。在陕西西安半坡村新石器时代遗址和河南安阳殷墟遗址的考古发掘中，都发现有土台和石础，这就是《韩非子》载："堂高三尺，茅茨土阶"建筑的地基基础形式。我国历朝历代修建的无数建筑物，都出色地体现了古代劳动人民在地基与基础工程技术方面的高超水平。举世闻名的万里长城、蜿蜒千里的大运河，都是贯穿各种地质条件，遍及广阔地区的大工程，若处理不好地基与基础问题，哪儿会有被后人赞誉的亘古奇观？宏伟壮丽的宫殿、寺院建筑，主要也是依靠牢固的地基与基础，才能逾千百年而保存至今。屹立在祖国各地的各式各样的古塔，经历多次强震强风的考验却安然无恙，同样是由于古塔的奠基牢固。这些事实足以证明我国古代匠师们在处理建筑物地基与基础工程方面的高超技术水平。

以下主要按照文献记载，举例说明我国古代地基基础的部分做法。

隋朝石工李春所修赵州石拱桥，不仅因其建筑和结构设计的成就而脍炙人口，就论其地基基础的处理也是颇为合理的。他把桥台砌置于密实粗砂层上，一千三百多年来沉降仅约几厘米。现在验算其基础压力为50～60t/m^2，这与现行地基基础设计规范给出的承载力值很接近。根据宋代古籍《梦溪笔谈》和《皇朝类苑》的记载，北宋初著名木工在建造开封开宝寺木塔时，考虑到当地多西北风，便特意使建于饱和土上的塔身稍向西北倾斜，设想在风力的长期断续作用下可以渐趋复正。由此可见，古人在实践中早已试图解决建筑物地基沉降的问题了。

我国木桩基础的使用，由来已久。郑州的隋朝超化寺是在淤泥中打进木桩形成塔基的（《法苑珠林》第51卷），杭州湾的五代大海塘工程也采用了木桩和石承台。在人工地基方面，秦代在修筑驰道时，就已采用了"稳以金堆"的路基压实方法。至今还采用的灰土垫层、石灰桩、瓦渣垫层、撼砂垫层等，都是我国自古已有的传统地基处理方法。

1.2 地　　基

地基就是与建筑物基础直接接触的土壤。要让建筑物保持经久不变，就必须有良好的地基，下面我们介绍地基土的分类、性质及有关地基设计的基本知识。

1.2.1 地基土

1.2.1.1 土的结构和构造

1. 土的结构

土的结构是指土粒或土粒集合体的大小、形状及其相互联系和排列的形状，一般有单粒结构和团粒结构两种。单粒结构多是以原生矿物单体组成，是砂类土的主要结构特征，根据单粒排列的密度有疏松的和密实的两种（图 1-1）。疏松的砂土，尤其是粉细砂，在饱和情况下，地震时易于液化但在排水条件下施加振动荷载，又可使之转变为密实的砂土，是较好的天然地基。团粒结构多是次生矿物颗粒的集合体，根据矿物颗粒的排列形式，又可分为蜂窝结构和绒粒结构（图 1-2）。蜂窝结构仅在分选的黏土中见到，如在某些纯高岭黏土中。绒粒结构是由多个小的蜂窝结构组成，有时其中混有较大的颗粒，常见于一般高塑性黏性土中。

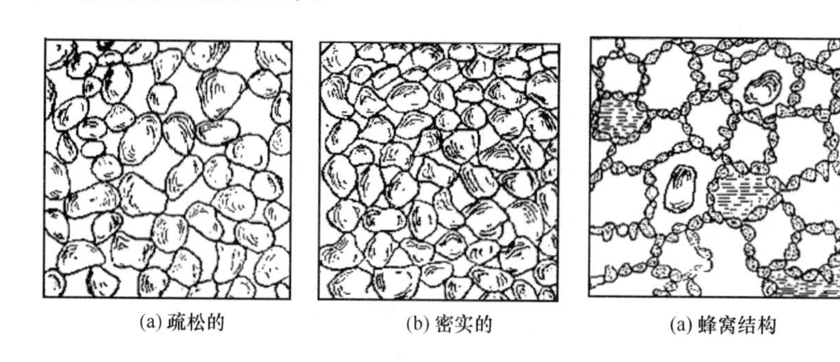

(a) 疏松的　(b) 密实的

图 1-1　砂土的单粒结构示意

(a) 蜂窝结构　(b) 绒粒结构

图 1-2　土的团粒结构示意

2. 土的构造

土的构造是指土层的结构特征，即层理与裂缝的情况、结构单元的分布、颗粒成分及土层各向异性的程度等，这些与土的沉积形成条件及以后外力作用的大小和方向有关。土的构造主要可分为松散构造和层状构造两种，松散构造多见于无胶结的砂、砾石、卵石等原层土中，层状构造比较接近于理想的各向同性体。

1.2.1.2 土的组成

土是由固体、液体和气体三个部分所组成，固体的矿物质颗粒构成土的骨架，在骨架之间存在着空隙，这些空隙又被水和气体所占据，故常称土中的固体、液体和气体为土的三相。如果所有空气全部被水充满，又可称为二相体。

1. 土中的固体

土中的固体颗粒的矿物成分有原生矿物（如长石、石英、云母、角闪石等）、不溶于水的次生矿物质（如高岭土、蒙脱土、伊利土等）、溶于水的次生矿物质（如方解石、白云石、石膏、岩盐等），有时还有一些固体有机物质。

2. 土中的水

在天然土中经常含有一定数量的水分，由于这些水分距离固体颗粒表面的远近不一，致使水与固体颗粒相互作用的程度有所不同，因此，水分处于不同的状态，具有不同的性质。图1-3为土的固体颗粒与水分相互作用简图，图1-3（a）表示水在固体颗粒表面的两极化定向作用；图1-3（b）表示在距固体颗粒表面不同距离上，两极化作用的强弱，并在一定距离处已经失去了这种两极化的定向作用；图1-3（c）表示分子力 p_u 随着与固体颗粒表面距离的增加而很快下降的规律，可以看出在固体颗粒的表面上，分子力十分大，使水分主要处于与固体颗粒的分子吸引状态，而在距离固体颗粒接近 0.5μ 处，分子力已经极其微小，一般可以认为水分主要处于本身重力作用的影响。根据以上所述，将土中水概略地分为：

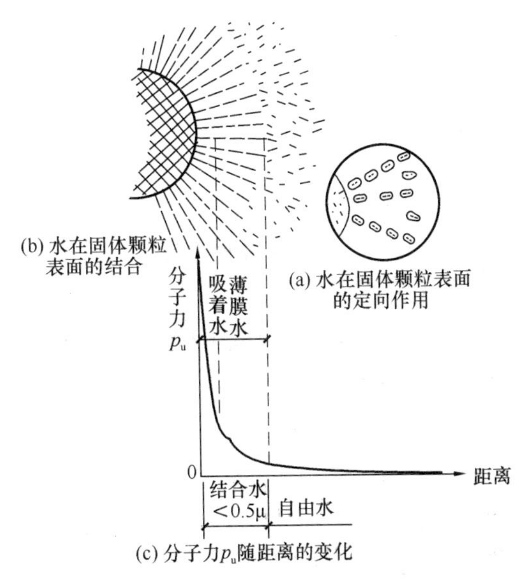

图1-3　土的固体颗粒与水分子相互作用的简图

（1）结合水：根据其与土颗粒表面结合的紧密程度又可分为吸着水（强结合水）和薄膜水（弱结合水）。

（2）自由水：只受重力的影响，其性质与普通水无异，能传递静水压力，又可分为毛细水和重力水。

① 毛细水：位于地下水位以上土孔隙中的水。

② 重力水：位于地下水位以下土孔隙中的水。

3. 土中的气体

土中的气体以两种形式存在于土的孔隙中：一种是自由气体（气泡），存在于未被水所占据的地方；另一种是溶解于水的气体，与孔隙水形成不稳定的结合。

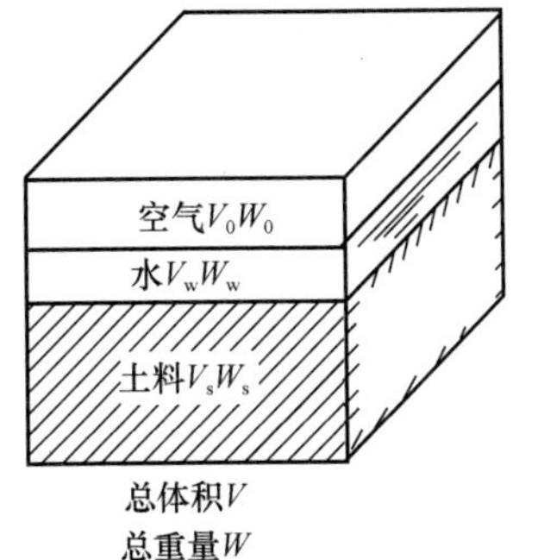

图1-4　土的物理性指标计算

1.2.1.3　土的基本物理性指标

土的物理性指标是指土的单位密度（r）、含水量（w）、固体颗粒比重（G）、孔隙比（e）、孔隙度（n）、饱和度（S_r）等，图1-4是一个简化的土体模型，通过这个模型可以计算出各个物理性指标。

（1）单位密度：具有天然结构和湿度的土重与其体积之比。

（2）含水量：土中水重与固体颗粒重之比。

（3）干密度：土的固体颗粒重与水体积之比。干密度反映着土颗粒骨架的紧密程度，可用作人工填土施工质量的控制指标。

（4）比重：土的固体颗粒重与其同体积4℃水重之比。

（5）孔隙比：土的孔隙体积与固体颗粒体积之比。

（6）孔隙度：土的孔隙体积与土体积之比。

（7）饱和度：土孔隙中水的体积与孔隙体积之比。

（8）饱和密度：孔隙中全部充满水时的土重与其体积之比。

（9）浮密度：地下水位以下的土受水浮力作用，其单位体积土粒的有效重度。

1.2.1.4　*土的力学性质*

（1）基本概念：土在压力作用下体积缩小的特性称为土的压缩性。建筑物地基受上部荷载的作用而产生的垂直压缩变形，通常称为建筑物地基的沉降。为了预计建筑物地基的沉降和建筑物各个部分沉降的均匀程度，就必须了解地基土的压缩性。

（2）土的压密定律：在压密压力不大的情况下，孔隙比的变化与压力的变化成正比例。它能够较准确地表征土的压缩性，对计算建筑物地基的压缩变形起着重要的作用。

（3）土的压密状态：超压密（超固结）土、正常压密（正常固结）土和欠压密（欠固结）土。

（4）土的固结：黏性土在荷载作用下，其下沉变形往往要延续较长的时间才能全部完成。这种随着时间延续的变形过程称为土的固结过程。饱和的黏性土受荷后，由于水分排出产生的固结称为渗透固结或主固结。

1.2.2　土的工程分类

土的工程分类，目的是为了判别与评价土的工程性质。因此，分类指标应能综合反映土的工程性能。

根据《工业与民用建筑地基基础设计规范》，将一般地基土（包括岩石，但不包括湿陷性黄土、多年冻土、膨胀土、泥炭等）分为五大类，即岩石、碎石土、砂土、黏性土和人工填土，每个大类又划分为许多亚类。

1.2.2.1　*岩石的分类*

岩石，指颗粒间牢固联结，呈整体或具有裂隙的岩体。

岩石按坚固性分为硬质岩石和软质岩石，一般硬质和软质的代表性岩石见表1-1。除了表内所列代表性岩石外，凡新鲜岩石的单轴极限抗压强度大于或等于300kg/cm^{2}者，按硬质岩石考虑；小于300kg/cm^{2}者，按软质岩石考虑。

表1-1　岩石坚固性的划分

岩石类别	代表性岩石
硬质岩石	花岗岩、花岗片麻岩、闪长岩、玄武岩、石灰岩、石英砂岩、石英岩、硅质砾岩等
软质岩石	页岩、黏土岩、绿泥石片岩、云母片岩等

岩石又按风化程度分为微风化、中等风化和强风化。岩石的风化程度是一项工程地质特征指标，它综合地反映出岩性与矿物质成分的变化，见表1-2。

表1-2 岩石风化程度的划分

风化程度	特 征
微风化	岩质新鲜、表面稍有风化迹象
中等风化	1. 结构和构造层理清晰； 2. 岩体被节理、裂隙分割成块状（20～50cm），裂隙中填充少量风化物。锤击声脆，且不易击碎； 3. 用镐难挖掘，岩心钻方可钻进
强风化	1. 结构和构造层理不甚清晰，矿物成分已显著变化； 2. 岩体被节理、裂隙分割成碎石状（2～20cm），碎石用手可以折断； 3. 用镐可以挖掘，手摇钻不易钻进

1.2.2.2 *碎石土分类*

碎石土是指粒径大于2mm的颗粒含量超过全重50%的土。

碎石土的颗粒级配、颗粒形状、颗粒大小、颗粒间充填物及密实程度对其承载力均有着重要影响。近于圆形的粗粒多是河流冲积物，其间充填砂土居多；菱角状粗颗粒多是经雨水和山洪冲刷搬运不远的沉积物，其间充填黏性土居多。

碎石土的粒径越大、含量越多者，承载力越高，骨架颗粒呈圆形充填砂土者较菱角形填充黏性者承载力高。

碎石土按密实程度分为密实、中密和稍密，见表1-3。

表1-3 碎石土密实度鉴别

密实度	骨架颗粒含量和排列	可 挖 性	可 钻 性
密实	骨架颗粒含量大于总重的70%，呈交错排列，连续接触	锹镐挖掘困难，用撬棍方能松动； 井壁一般较稳定	钻进极困难； 冲击钻探时，钻杆、吊锤跳动剧烈； 孔壁较稳定
中密	骨架颗粒含量等于总重的60%～70%，呈交错排列，大部分接触	锹镐可挖掘； 井壁有掉块现象，从井壁取出大颗粒处，能保持颗粒凹面形状	钻井较困难； 冲击钻探时，钻杆、吊锤跳动不剧烈； 孔壁有坍塌现象
稍密	骨架颗粒含量小于总重的60%，排列混乱，大部分不接触	锹可以挖掘； 井壁易坍塌，从井壁取出大颗粒后，砂性土立即坍落	钻进较容易； 冲击钻探时，钻杆稍有跳动； 孔壁易坍塌

注：碎石土的密实度，应按表列各项要求综合确定。

1.2.2.3 *砂土分类*

砂土是指粒径大于2mm的颗粒含量不超过全重50%、塑性指数I_p不大于3的土。根据颗粒级配按表1-4分为砾砂、粗砂、中砂、细砂和粉砂。

砂土密实度根据天然孔隙比（e）分为密实、中实、稍密和松散等四种。

砂土湿度根据饱和度 S_r（%）分为：

$S_r \leqslant 50$ 稍湿

$50 < S_r \leqslant 80$ 很湿

$S_r > 80$ 饱和

表 1-4 砂 土 分 类

土的名称	颗 粒 级 配
砾砂	粒径大于 2mm 的颗粒占全重 25%～50%
粗砂	粒径大于 0.5mm 的颗粒超过全重 50%
中砂	粒径大于 0.25mm 的颗粒超过全重 50%
细砂	粒径大于 0.1mm 的颗粒超过全重 75%
粉砂	粒径大于 0.1mm 的颗粒不超过全重 75%

注：定名时根据粒径分组由大到小以最先符合者确定。

1.2.2.4 黏性土分类

黏性土指塑性指数 I_p 大于 3 的土。

黏性土的分类是一个重要而复杂的问题。黏性土成因复杂，分布广，而且种类较多，包括从很软的淤泥到极为坚硬的老黏土，承载力相差很大。

按工程地质特征可分为以下四类：

（1）老黏性土：是一种由于沉积年代较久而具有较高结构强度和较低压缩性的黏性土。

（2）一般黏性土：是指第四纪全新世（Q4）冲击洪积或坡积的黏性土，广泛分布于全国各地，其物理力学指标变化范围较大，一般属中等压缩性。

（3）淤泥及淤泥质土：是指在静水或非常缓慢的流水环境中沉积，经生物化学作用形成的软黏性土。

（4）红黏土：是指碳酸盐岩石经风化残积坡积形成的褐红色（亦有棕红、黄褐等色）黏土。

1.2.3 地基土的容许承载力

在设计地基基础时，需要知道地基土的容许承载力。地基土的容许承载力是指在保证地基稳定的条件下，地基单位面积上所能承受的最大压力。

地基土容许承载力可用现场荷载试验、触探试验、地基规范表格、建筑经验等方法确定，有时也可由公式计算确定。《地基基础设计规范》根据大量野外荷载试验触探资料，并结合实际编定了几种常见地基土的容许承载力表（表 1-5～表 1-15）。

表 1-5 碎石土容许承载力 [R]（t/m^2）

土 的 名 称	密 实 度		
	稍 密	中 密	密 实
卵石	30～40	50～80	80～100

续表

土的名称	密实度		
	稍密	中密	密实
碎石	20～30	40～70	70～90
圆砾	20～30	30～50	50～70
角砾	15～20	20～40	40～60

注：1. 表中数值适用于骨架颗粒孔隙全部由中砂、粗砂或硬塑、坚硬状态的黏性土所充填；

2. 当粗颗粒为中等风化或强风化时，可按其风化程度适当降低容许承载力。当颗粒间呈半胶结状时，可适当提高容许承载力。

表 1-6　砂土容许承载力［*R*］（t/m^2）

土的名称		密实度		
		稍密	中密	密实
砾砂、粗砂、中砂（与饱和度无关）		16～22	24～34	40
细砂、粉砂	稍湿	12～16	16～22	30
	很湿		12～16	20

表 1-7　老黏性土容许承载力［*R*］（t/m^2）

含水比 u	0.4	0.5	0.6	0.7	0.8
容许承载力［R］	70	58	50	43	38

注：1. 含水比 u 为天然含水量 w 与液限 w_L 的比值；

2. 本表仅适用于压缩模量 E_S 大于 $150kg/cm^2$ 的老黏性土。

表 1-8　一般黏性土容许承载力［*R*］（t/m^2）

塑性指数 I_P	≤10			>10					
孔隙比 e ＼ 液性指数 I_L	0	0.5	1.0	0	0.25	0.50	0.75	1.00	1.20
0.5	35	31	23	45	41	37	(34)		
0.6	30	26	23	38	34	31	28	(25)	
0.7	25	21	19	31	28	25	23	20	16
0.8	20	17	15	26	23	21	19	16	13
0.9	16	14	12	22	20	18	16	13	10
1.0		12	10	19	17	15	13	11	
1.1					15	13	11	10	

注：有括号者仅供内插用。

表 1-9　沿海地区淤泥和淤泥质土容许承载力［*R*］

天然含水量 w（%）	36	40	45	50	55	65	75
容许承载力［R］（t/m^2）	10	9	8	7	6	5	4

注：1. 对于内陆淤泥和淤泥质土，可参照使用；

2. w 为原状土的天然含水量。

表 1-10　红黏土容许承载力 [R]

含水比 u	0.50	0.55	0.60	0.65	0.70	0.75	0.80	0.85	0.90	0.95	1.00
容许承载力 [R] (t/m^2)	35	38	26	23	21	19	17	15	13	12	11

注：本表适用于广西、贵州、云南地区的红黏土。对于母岩、成因类型、物理力学性质相似的其他地区的红黏土，可参照使用。

表 1-11　新近沉积黏性土的容许承载力 [R] (t/m^2)

孔隙比 e	液性指数 I_L		
	≤0.25	0.75	1.25
≤0.8	14	12	10
0.9	13	11	9
1.0	12	10	8
1.1	11	9	

表 1-12　砂土容许承载力 [R]

标准贯入试验锤击数 $N_{53.5}$	10～15	15～30	30～50
容许承载力 [R] (t/m^2)	14～18	14～13	34～50

注：$N_{63.5}$指锤重 63.5kg 的锤击数。

表 1-13　一般黏性土容许承载力 [R]

轻便触探试验锤击数 N_{10}	15	20	25	30
容许承载力 [R] (t/m^2)	10	14	18	22

注：N_{10}指锤重 10kg 的锤击数。

表 1-14　老黏性土和一般黏性土容许承载力 [R]

标准贯入试验锤击数 $N_{63.5}$	3	5	7	9	11	13	15	17	19	21	23
容许承载力 [R] (t/m^2)	12	10	20	24	28	32	36	42	50	58	66

表 1-15　黏性素填土容许承载力 [R]

轻便触探试验锤击数 N_{10}	10	20	30	40
容许承载力 [R] (t/m^2)	8	11	13	15

表 1-5～表 1-15 所列地基土容许承载力数值，适用于基础宽度≤3m，基础埋置深度≤1.5m 的情形。如基础宽度>3m，埋置深度>1.5m 时，需按下式进行修正：

$$R = [R] + m_B r(B-3) + m_D r_p(D-1.5) \tag{1-1}$$

式中　R——修正后地基土的容许承载力（t/m^2）；

[R]——按上表查得的地基土的容许承载力（t/m^2）；

m_B、m_D——分别为基础宽度和埋置深度的承载力修正系数，按表 1-16 采用；

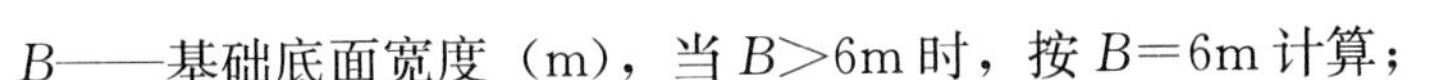

B——基础底面宽度（m），当 $B>6\text{m}$ 时，按 $B=6\text{m}$ 计算；

r_p——基础底面以上土的容重（t/m^2）；

D——基础埋置深度（m），一般基础自室外设计地面起算，但填土在上部结构施工后完成时，应从天然地面起算。对于地下室内墙、内柱基础，其埋深自室内地面起算。地下室外墙的基础埋深按下式计算：

$$D=(D_1+D_2)/2 \tag{1-2}$$

式中　D_1——自地下室室内地面起算的基础埋置深度（m）；

D_2——自室外设计地面起算的基础埋置深度（m）。

表 1-16　基础宽度和埋深的承载力修正系数 m_B、m_D

<table>
<tr><th colspan="2">土 的 类 别</th><th>m_B</th><th>m_D</th></tr>
<tr><td colspan="2">淤泥和淤泥质土
新近沉积黏性土
红黏土
人工填土
e 及 I_L 均大于 0.9 的一般黏性土</td><td>0</td><td>1.0</td></tr>
<tr><td rowspan="2">老黏性土和一般黏性土</td><td>黏土、亚黏土</td><td>0.3</td><td>1.5</td></tr>
<tr><td>轻亚黏土</td><td>0.5</td><td>2.0</td></tr>
<tr><td colspan="2">粉砂、细砂（不包括很湿与饱和状态的稍密粉、细砂）</td><td>2.0</td><td>2.5</td></tr>
<tr><td colspan="2">中砂、粗砂、砾砂和碎石土</td><td>3.0</td><td>4.0</td></tr>
</table>

1.2.4　地基底面应力的计算

设计地基基础时，首先要知道基础底面的应力大小和分布情况。基础底面的应力与地基土的种类、外部荷载、基础材料和基础底面形状等因素有关。在计算时，如果完全考虑这些因素是十分复杂的。必须抓住主要因素，又要使计算简化，这时通常假设基础底面应力按直线变化。

现在，以一个矩形柱基础为例，说明假设基础底面应力按直线变化的计算方法。设基础底面积为 $A\times B$，基础底面作用为竖向荷载 P。下面讨论中心受压时，基础底面应力大小和分布情况。

在中心受压基础这种情况下，基础底面应力呈均匀分布（图 1-5），其值按下式计算：

$$p=P/AB \tag{1-3}$$

式中　p——基础底面应力（t/m^2）；

P——作用在基础底面的竖向荷载（t）；

A、B——分别为基础底面的长边和短边（m）。

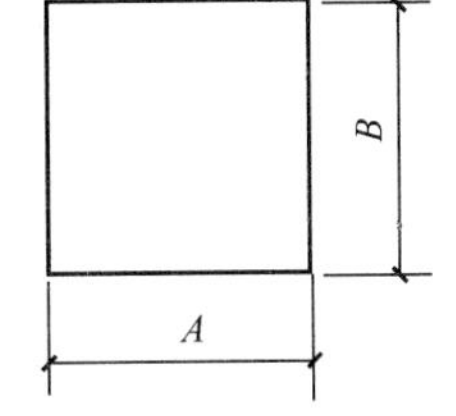

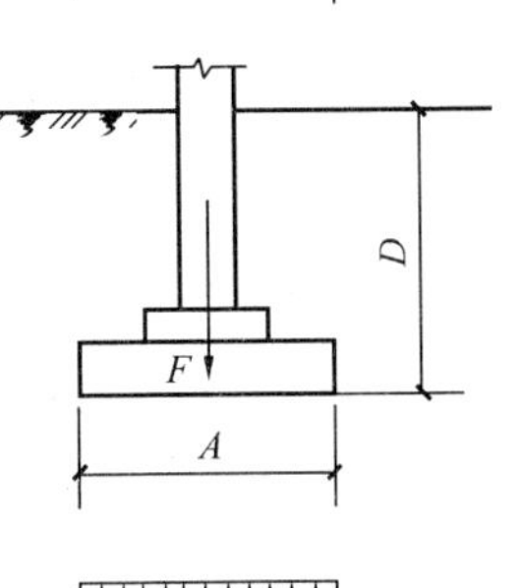

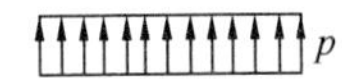

图 1-5　中心受力基础底面应力分布

1.2.5　地基计算的基本原理

建筑物的结构和构件，在使用过程中应当保证具有足够的承载力，以及不出现影响正常使用的变形和裂缝。

地基承受上部结构的全部重量，因此在确定地基的计算原则时，应从保证上部结构的安全和正常使用条件来考虑。

根据实践和理论分析表明，为了保证上部结构的安全和正常使用，就对地基的要求来说，应不出现以下两种情形：

1. 地基不能丧失稳定性

所谓地基丧失稳定性，是指由于作用在地基上的荷载超过了地基的承载能力，地基强度遭到破坏，使建筑物同地基一起失去稳定性。

为了防止地基丧失稳定性，地基必须具有足够的强度。对于承受竖向荷载的地基，应满足下列条件：

$$\text{中心受压基础}\quad P \leqslant R \tag{1-4}$$

式中 P——基础底面处的总应力（t/m^2）；

R——修正后地基土的容许承载力（t/m^2）。

2. 地基变形不得超过容许值

地基在建筑物荷载作用下要产生变形，变形过大会危害建筑物的安全。为了防止出现这种情况，地基尚需按变形计算，即应满足下列条件：

$$S \leqslant f \tag{1-5}$$

式中 S——地基变形值；

f——地基容许变形值。

1.3 古代建筑的基础

1.3.1 古代建筑基础的实例

1.3.1.1 宋代及以前的几类基础做法举例（图 1-6）

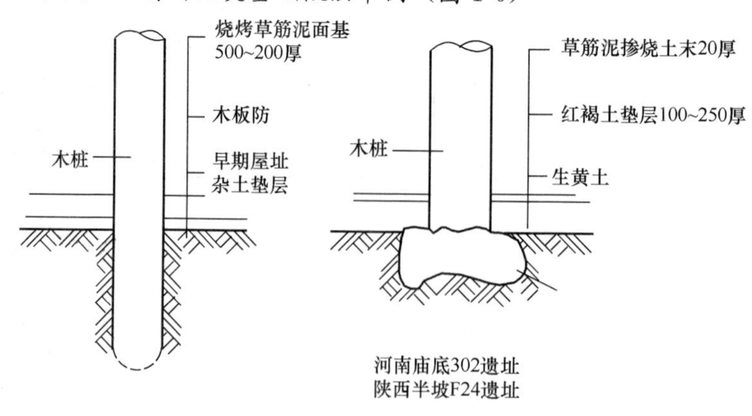

(a) 公元前5000—公元前3000仰韶文化年

注：迄今所发现的最早的扩大柱础做法。立柱的稳定不靠载埋，而靠柱顶与梁的连接，故木柱埋入土中很浅。

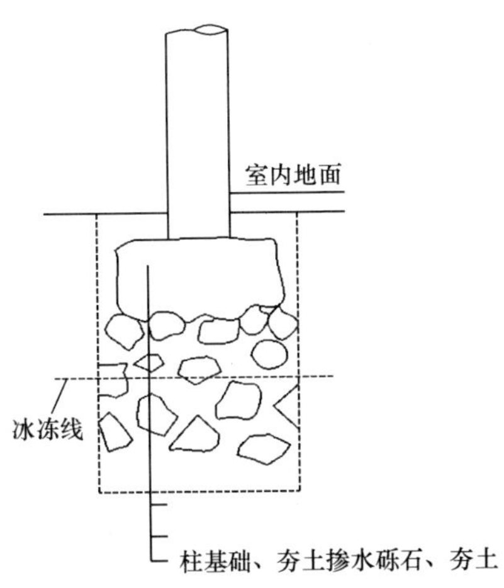

(b) 公元前1000年以前西周年代

注：陕西岐山召陈 F3 遗址。F3 号遗址为该遗址群中较大的一座。柱基石直径约为 1000～1200mm。以下的夯土层中掺入大砾石，向下深至冰冻线以下。

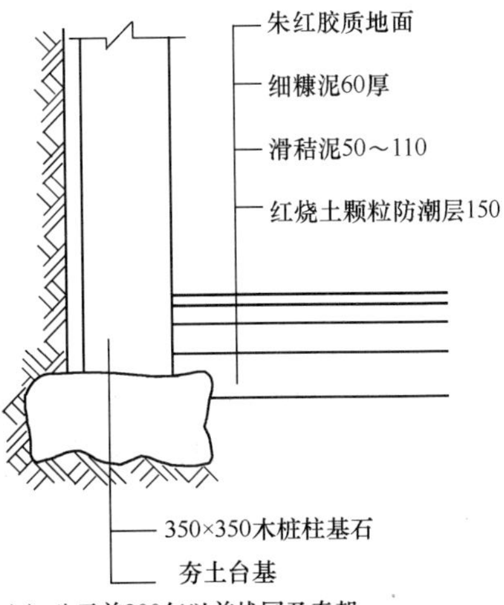

(c) 公元前200年以前战国及秦朝

注：陕西咸阳市东郊咸阳宫 1 号遗址。此为在夯土墙内嵌入木壁柱的柱础，为当年宫殿木柱之一种，与夯土墙共同承重。咸阳宫为 1～2 层的宫殿，建在 5～9m 高的夯土台上。上台用纯净黄土分层夯实，每层为 80～90mm 厚。夯具用直径为 80～90mm 的木料制成。

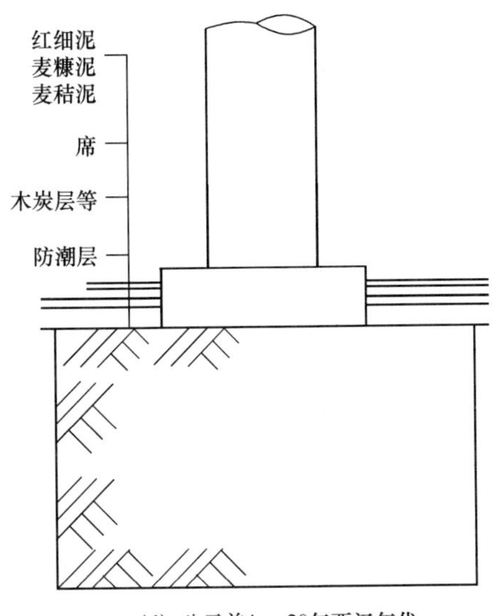

(d) 公元前4— 20年西汉年代

注：陕西西安北郊长安城“名堂”遗址。柱径约 550mm，柱础皆为平面明础，是迄今已知最早的明础。说明此时上部木构架已具有一定刚度，无需再靠载柱保持结构的稳重，从而能保证柱根通风，防止腐朽，是技术上的重大突破。柱础石下有迄今已知最早的素土、磉墩，其平面比柱础大一倍。

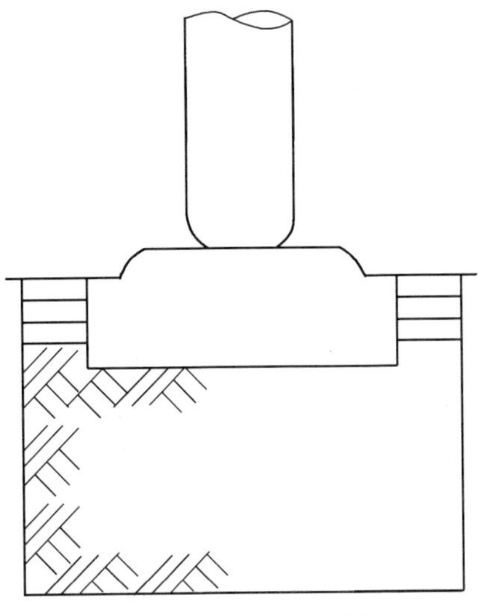

(e) 公元前582年以后隋朝

注：西安灵感寺（唐代改名为青龙寺）遗址。寺庙建在约 1300～1400mm 的台基上，台基由土中掺入碎砖瓦、石灰、烧土碎块等分层夯成。木柱呈梭形，且有“侧脚”（即柱向内倾），说明已开始有此增强结构稳定的重要技术措施。柱础石为明础，其底厚约为 300～400mm，下为夯筑密实的素土、磉墩。

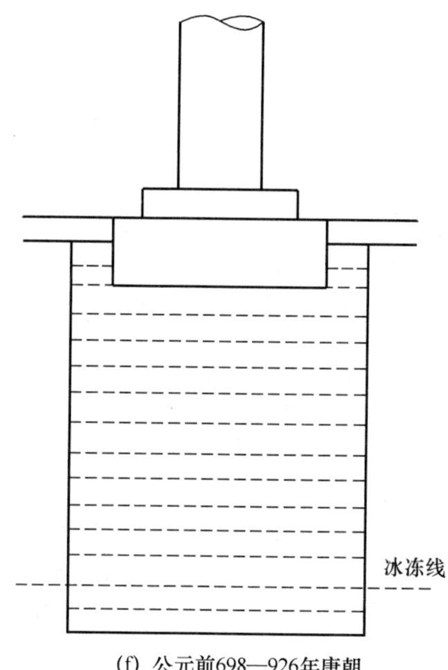

(f) 公元前698—926年唐朝

注：黑龙江省宁安县渤海镇渤海国遗址。"渤海国"为唐代东北的地方政权。首府在今牡丹江市郊。当地火山岩土丰富，柱础多用之。磉墩为上，砂或砂石隔层夯实，每层厚约为100mm。其深度为1700～1800mm，与现今测定的冰冻深度相符。

图 1-6　宋代及以前的不同年代几类柱础做法举例

公元前4世纪春秋战国时期，墨翟在《墨子》一书中就提到："堆之必柱"，意为屋必立基，而后墙体才能被支撑牢固。秦汉时期城邑已遍布全国，西汉时期房基已多用素土夯实，说明我国地基基础处理起始甚早。

随着年代的推移，地基由夯土向多样化发展。至秦代已有桩基出现，唐代在牡丹江地区，就有土砂相间或砂石相间层夯实的柱础实例。

宋《营造法式》卷三及卷十六中，皆有"筑基"内容，对殿、阁、堂、廊等建筑的地基基础，对城门挡土的"排叉柱"（图 1-7）和旗杆类夹杆石的稳定构造，以及对石拱桥的桩基等结构做法，在设计、施工及工料定额的主要方面皆有具体规定。

1.3.1.2　元、明、清各代基础做法举例（图 1-8）

元、明、清各代建筑的基础工程，较前代有所改进。夯土地基在西北、华北的黄土地带，一直沿袭采用。桩基在软弱土层上采用也较广泛。

据目前考古和工程考察发掘中看到，我国北方的房屋基础，在元代已有应用灰土①的实例。在南方同样引进了白灰，应用在三合土②基础中。时至明、清年代，灰土或三合土的基础工程，已逐步扩大应用。

在清代，对柱基作法在清工部《工程做法则例》中做了详细规定，使基础工程和上部结构结成有机的整体。

注：①、②灰土为石灰与黄土；三合土为石灰、砂和集料，二者皆经一定的加工和一定的比例配制后夯实而成。

图 1-7　宋代城门的排叉柱示意

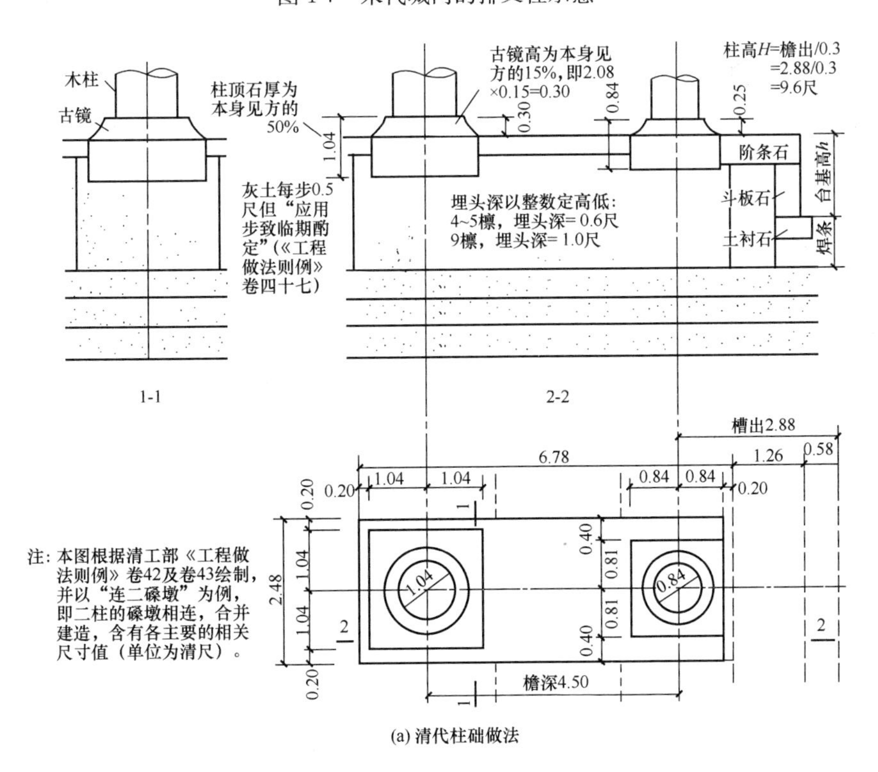

(a) 清代柱础做法

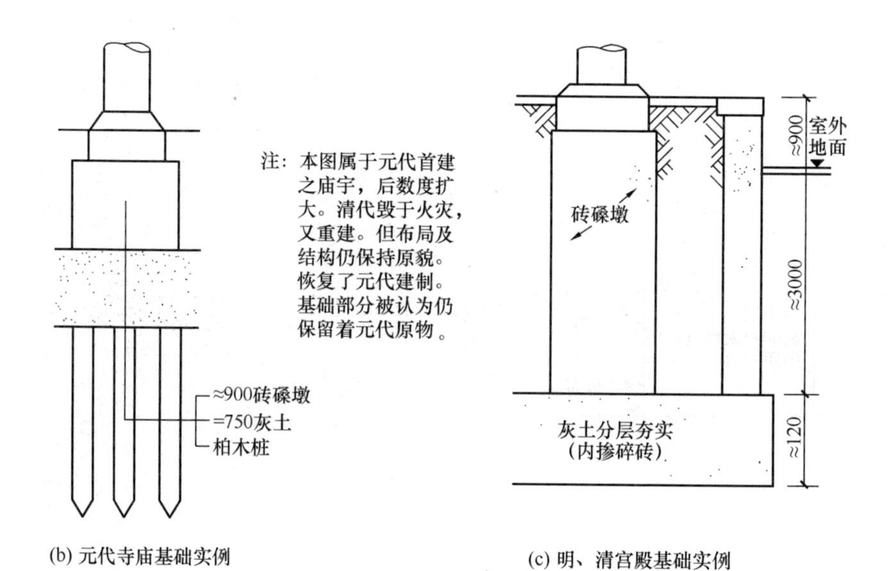

(b) 元代寺庙基础实例

(c) 明、清宫殿基础实例

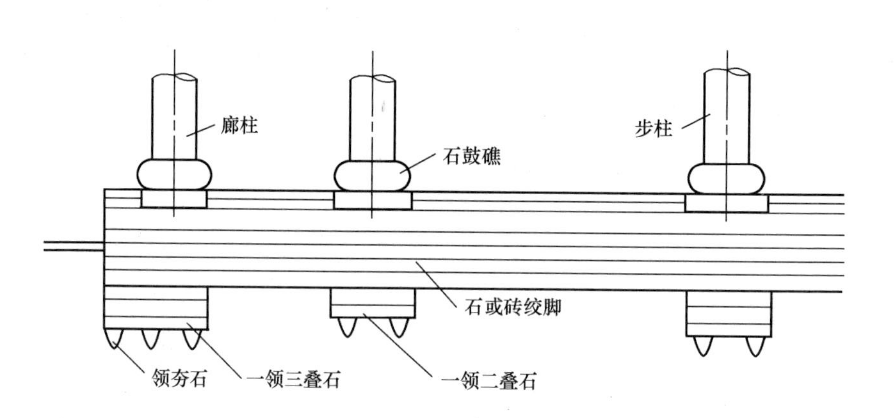

注：《营造法原》在第一章中即强调基础工程的重要："建造房屋首重基础之坚固。"并规定基础之深浅"视负重之多寡而定"。对于在水田淤泥中安置基础，规定须开挖至"生土"（即老土），然后再做桩基。对房心填土亦强调必须分层夯实，防止地面砖深陷和翘凸。

(d)《营造法原》规定的基础做法

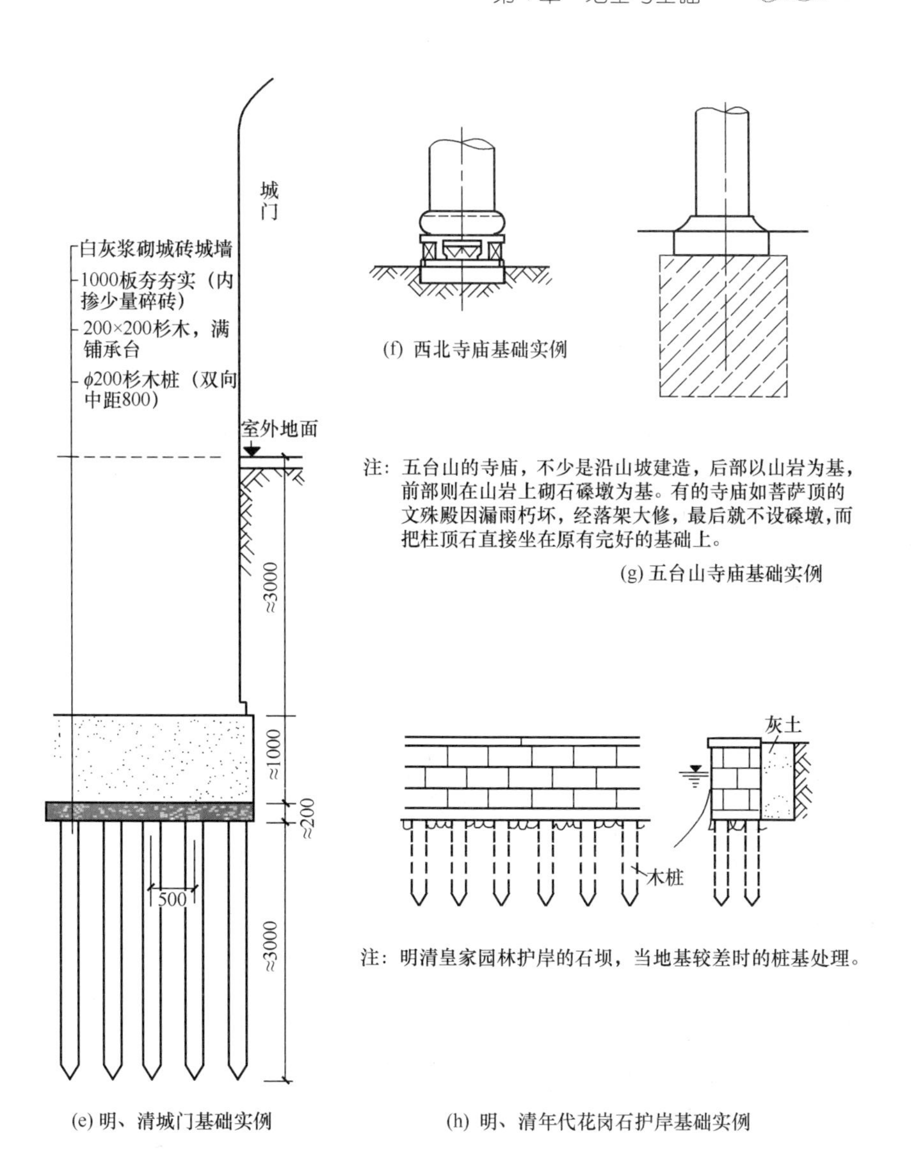

(e) 明、清城门基础实例

(f) 西北寺庙基础实例

(g) 五台山寺庙基础实例

(h) 明、清年代花岗石护岸基础实例

图 1-8 元、明、清各代基础做法举例

1.3.1.3 故宫北上门的碎砖黏土基础实例

北上门是由北京故宫神武门到景山南门间的门，是必经的交通要道。在 1956 年扩充景山前街时拆掉，看到北上门的建筑基础。

北上门面阔五间，进深二间，是单檐歇山九檩对金造木构架的门座。门座台基高 1.2m，台基座以下的地基范围全部为人工基础。在柱位处的基槽深 1.92m，柱子部位的基槽深 2.92m，整个基槽都是由碎砖黏土分层夯筑的。在柱子下边的夯层有 29 层、27 层、26 层几种，房厢内夯层也不同，明间内夯筑 18 层，次间 15 层，梢间内 12 层，在柱位处于碎砖黏土层上砌筑砖磉，砖磉上安装柱顶石。这种在房厢内全部用碎砖黏土夯筑的做法是明代建筑基础的一种做法（图 1-9）。

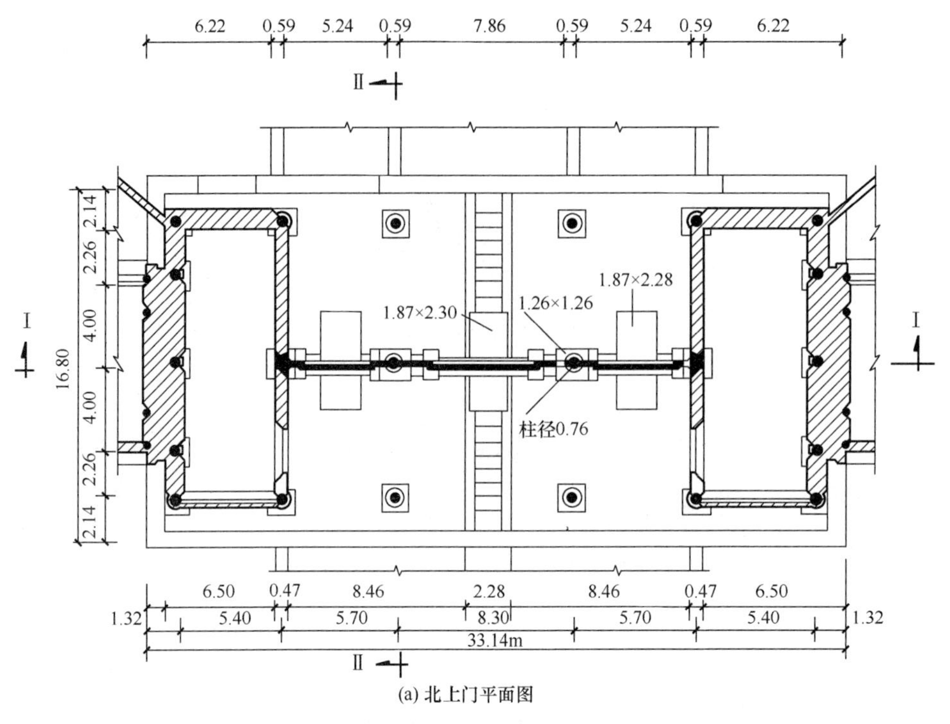

(a) 北上门平面图

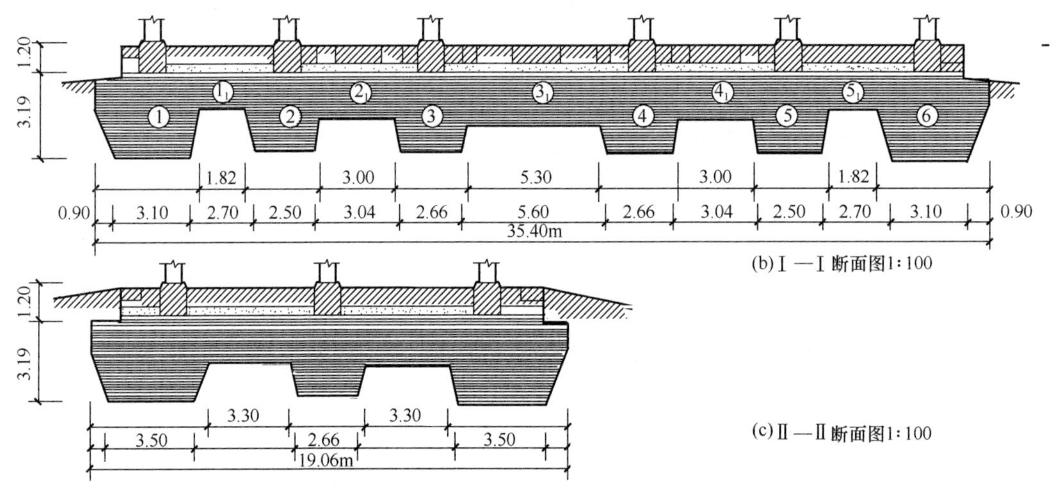

(b) Ⅰ—Ⅰ 断面图1∶100

(c) Ⅱ—Ⅱ 断面图1∶100

备注			
1956年8月2日北京市道路工程局拆除故宫北上门时基础实测情况,该门建筑面积556.75m²,基础面积674.72m²,全部为碎砖黄土满堂红分层基础			
柱基	① 深3.19m	碎砖	黄土共29层
柱基	② 深3.01m	碎砖	黄土共27层
柱基	③ 深2.92m	碎砖	黄土共26层
房心	1_1 深1.32m(梢间)	碎砖	黄土共12层
房心	2_1 深1.66m(次间)	碎砖	黄土共15层
房心	3_1 深1.92m(明间)	碎砖	黄土共18层

(d) 备注

图 1-9　故宫北上门基础实测图

1.3.1.4　故宫桩基础和桩承台基础实例

使用桩基在我国有悠久的历史，在一些重要的建筑中都可以见到桩基。如北京故宫的城墙，在其北部及西部做工程时看到的桩基，在现地面 4m 以下，采用的是柏木桩，桩直径 100mm（即三寸）左右，木桩的排列方式为梅花形，称“梅花桩”，木柱间距为 500mm（即一尺半）。另外还曾在故宫内见到一段雨水沟基础（估计可能是元代的河帮基础），其木桩排列密集，也是柏木桩，木桩直径 100mm，长有 1500mm 和 1920mm 两种，桩尖削三面成形，桩的间距为 250mm（图 1-10）。

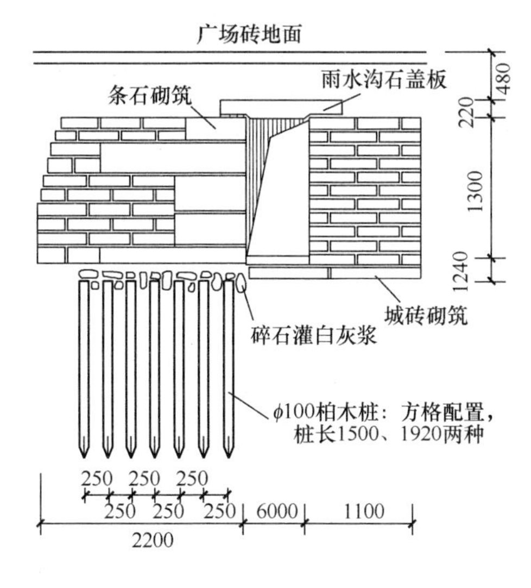

图 1-10　桩基础实测图

古建筑也有采用筏形基础的，在北京故宫内施工时见到一座建筑的遗址基础就是筏形基础。它的底部是木桩，木桩顶上纵向、横向铺着两层木排，构成承台（图 1-11、图 1-12）。每根桩和木排的直径大约 200mm。由于是小面积的施工而未能看到整个排木层，所以桩或排木的长度不清楚，但从中可以看到古代承台和桩基的构成情况。

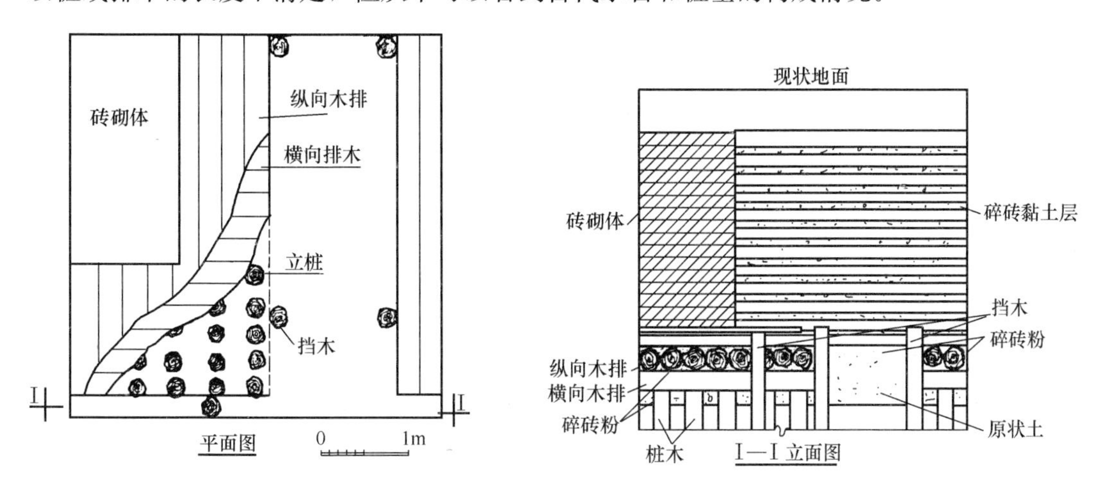

图 1-11　北京故宫内见到的承台桩基础实测图

图 1-12　北京故宫内见到的承台桩

1.3.2　古代建筑基础类型

1.3.2.1　夯土基础

土是被我国古代劳动人民最早选用的建筑材料。在新石器时代仰韶文化的淮安青莲岗遗址的文化层中，考古发掘人员发现了当时经人工夯打过的“居住面”，这是至今发现的我国最早的夯土。夯土基础最迟在我国奴隶社会的初期就已在奴隶主们的宫殿建筑当中普遍施用。封建社会时期，战国、秦、汉……直到隋唐时期仍采用这种方法来处理建筑的基础，咸阳秦国宫殿建筑遗址和唐代大明宫麟德殿（图 1-13）都是夯土基础做法。虽然唐代以后的宫殿等大型建筑中不再广泛采用，但是我国的西北、东北等许多地区一直将这种古老的夯土基础做法沿用到现在。

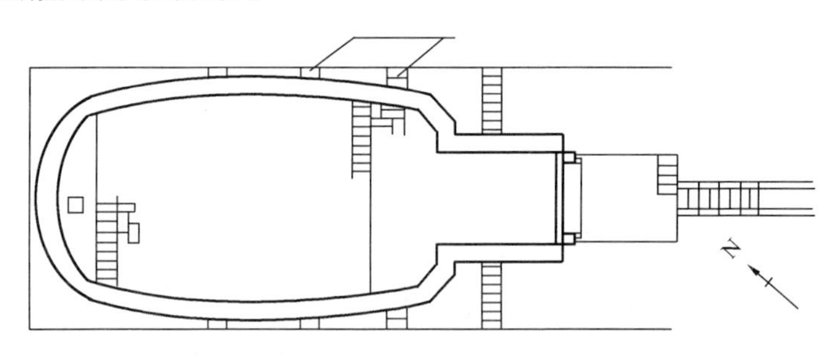

图 1-13　唐代大明宫麟德殿夯土基础层示意图

1.3.2.2　瓦渣基础

瓦渣基础是用黄土与碎砖瓦石片隔层夯筑而成。宋代李诫编撰的《营造法式》卷三筑基条云：“筑基之制，每方一尺用土二担，隔层用碎砖瓦及石扎等亦二担，每次布土厚五寸，先打六杵，次打四杵，次打二杵，以上并各打平土头，然后碎用杵辗蹑令平，再攒杵扇扑重细辗蹑，每布土厚五寸，筑实后三寸；每布碎砖瓦及石扎等厚三寸，筑实厚一寸五分。凡开基址，须相视地脉虚实，其深不过一丈，浅止于五尺或四尺，并用碎砖瓦石扎等，每土三分内添碎砖瓦等一分。”可以说是对瓦渣基础的做法进行了详细地说明。

我国现存的建于唐代建中三年（782 年）的山西五台山南禅寺大殿的基础、建于北宋初期的河北正定隆兴寺转轮藏殿的基础、建于元中统三年（1262年）的山西芮城永乐宫三清殿的基础都是采用了瓦渣基础的做法（图1-14）。此种做法直到明代初期修建北京紫禁城时仍在施用。

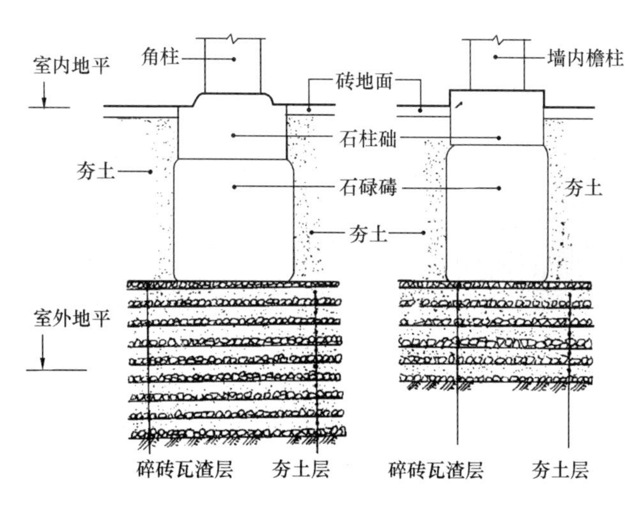

图1-14　山西芮城永乐宫三清殿瓦渣基础示意图

1.3.2.3　灰土基础

我国古代劳动人民虽然很早就选用灰土作为建筑材料，但是灰土用于建筑物基础，在明、清以前的建筑实例中尚未发现，宋代李诫编撰的《营造法式》中也未见有关此做法的记载。夯筑灰土基础技术的施用推广、普及时期是在明代，成熟完善时期是在清代。

根据夯底直径的不同，夯筑方法可分为小夯灰土（又称小夯碱灰土）和大夯灰土（又称大夯碱灰土）。小夯夯底宽9.6cm（3寸），大夯夯底宽12.8cm（4寸）。小夯灰土多用于重要的宫殿基础，大夯灰土又分大式大夯灰土及小式大夯灰土，多用于一般大式建筑及各种小式建筑基础。

1.3.2.4　桩基础

桩基础的做法由来已久，至迟在隋代建筑中就已经施用。唐人著的《法苑珠林》卷五十一《故塔部》中，详细地记载了隋代郑州超化寺塔基础打桩的情况，书中写道："其寺塔基在淖泥之上，西面有五六泉，南面亦有，皆孔方三尺，腾涌沸出，流溢成川。泉上皆下安柏柱，铺在泥水上，以炭、沙、石灰次而重填，最上以大方石可如八尺床，编次铺之，四面细腰，长一尺五寸，深五寸，生铁固之。近有人试发一石，下有石灰，乃至百团，便抽一团，长三丈径四尺，现在。"宋代李诫编撰的《营造法式》一书中也记载了打桩的方法，卷三筑临水基条云："凡开临流岸口修筑屋基之制，开深一丈八尺，广随屋间数之广，其外分作两摆手，斜随马头，布柴梢令厚一丈五尺，每岸长五尺钉桩一条（长一丈七尺，径五寸至六寸皆可用），梢上用胶，上打筑令实（若造桥两岸马头准此）。"由此表明，我国古代劳动人民早已懂得利用摩擦力来防止建筑基础的沉降。桩基础一般用于地基土质松软的建筑基础、人工土山上的建筑基础、临水建筑或临水假山基础等。

桩基础通常由若干根桩组成，古代的木桩多采用松木、橡木、杉木等做成，木桩又称为“地钉”。桩子的下端应砍成锥形，为防止打桩时损坏桩子，桩尖上要铁桩帽，桩顶要用铁桩箍加固。桩子的长度：传统的地钉长度至少应在 1.28m（四尺）以上，长者可达 4.8m（一丈五尺）。桩子的长度要看建筑的重要程度和土质的情况而定，但在同一建筑的基础中，柱顶部位的桩子应比其余部位的桩子长约 1 倍。桩子上端径 22.4～19.2cm（7～6 寸），下端径 16～12.8cm（5～4 寸）。

地钉的排列方式主要有以下三种形式（图 1-15）：

（1）梅花桩：每组打五根桩，又称“聚五”，排列形式如梅花五瓣。

（2）莲三桩。

（3）马牙桩：每组打三根桩，又称“三星桩”，排列形式如马齿相错。

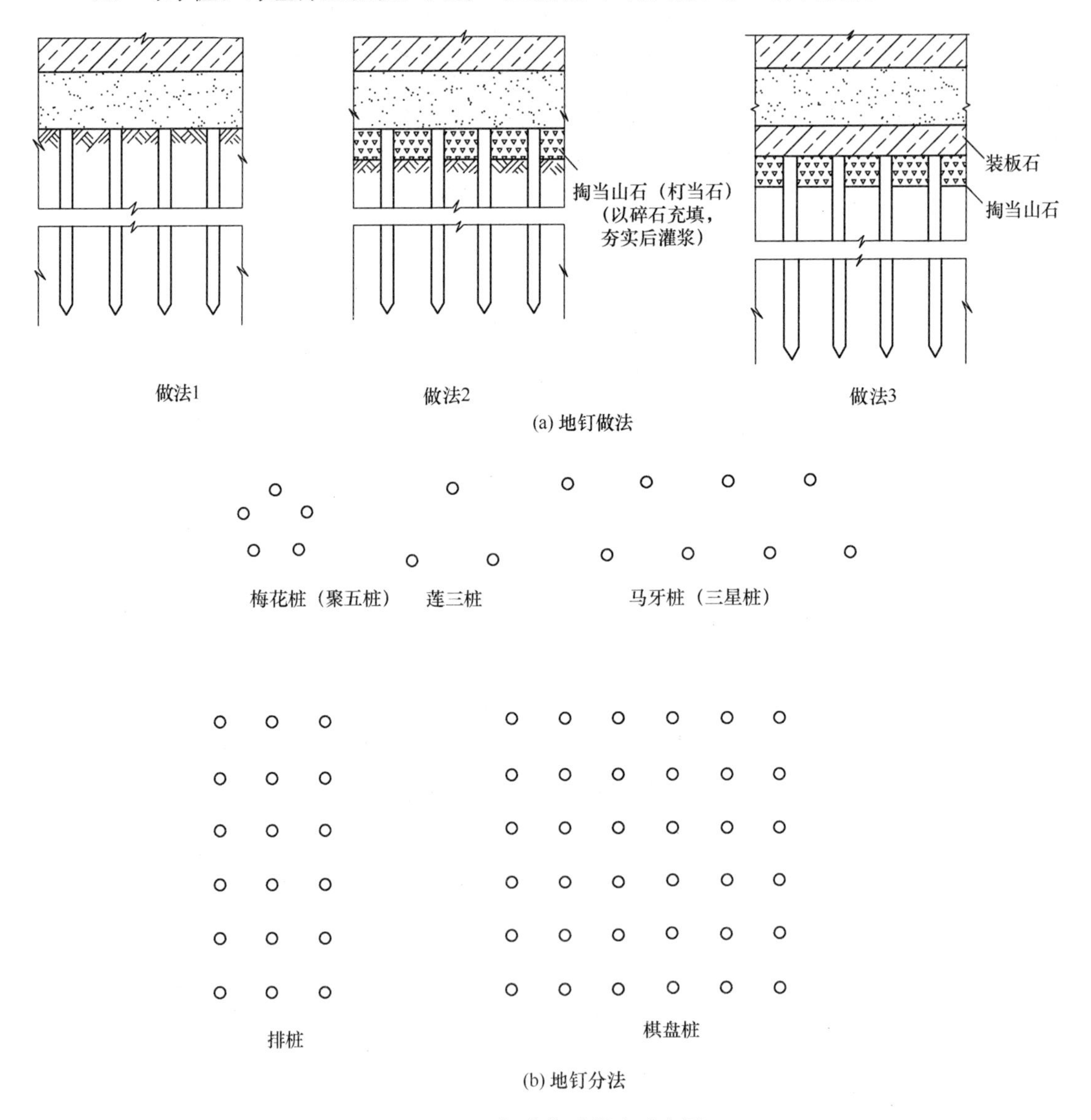

图 1-15　地钉分位及做法示意图

1.3.2.5　浅基础

1. 石基础

石基础大致可分为三种：

(1) 条石基础：多用于南方江浙一带的高大房屋中。《营造法原》地面总论对此有较详细的记述："筑础掘土，谓之开脚。开脚之深浅，视负重之多寡而定。柱下较墙壁负重为多，开脚亦深。其法先铺三角石，以木夯夯之，谓之领夯石。其上复石多皮，以复石之多少，称一领一叠石；一领二叠石；一领三叠石。叠石之上四周驳砌石条，称为绞脚石。以石料之整乱，分塘石及乱纹绞脚石。或以砖砌，谓之糙砖绞脚。"

(2) 片石基础：各地山区常用此种做法。沿墙身立柱处挖槽，槽底夯实后用片石干砌，或掺灰泥浆，一般情况是基础砌出地平与基台连成一体。

(3) 卵石基础：陕西省长安县有些地区用卵石做基础，基槽深宽各约60cm，底用铁锤打实，填进河卵石，然后用黄土填充空隙，有的还加一些碎砖并用泥浆灌实，夯打后上边即砌勒脚。

2. 利用自然地基不挖基槽

(1) 原土基夯实：西安市草滩镇为沙滩地，土质差，一般基础不向下挖，仅在地面层用铁锤打实后立即砌墙立柱。此种基础根据最近几年我国地震地区对沙质地基液化问题的分析，认为荷载比较轻的房屋，从抗震角度考虑，遇有此种地基时，不挖或少挖，充分利用表层土作为持力层，效果是良好的。许多山区直接利用坚硬的岩石作为基础，一般仅在建筑范围整平后就可以立柱垒墙。

(2) 掺沙基础：这是辽宁海城一带的一种基础做法。基槽深约1m，宽约0.7m，用中沙分层填入槽内，每层厚约20cm，填沙后往基槽内灌水，使沙密实，这种方法称为掺沙。掺沙2～4层（40～80cm），上面砌片石墙。这种基础经1975年2月4日强烈地震后检查，没有发现不均匀沉陷。

第 2 章　台与台基

2.1　概　　述

梁思成先生在《中国建筑艺术图集》中讲到："中国的建筑，在立体的布局上，显明的主要分为三个部分：（一）台基，（二）墙柱构架，（三）屋顶；无论在国内任何地方，建于任何时代，属于何种作用，规模无论细小或雄伟，莫不全具此三部。……这三部分不同的材料，功用，及结构，联络在同一建筑物中，数千年来，天衣无缝的在布局上，殆始终保持着其间相对的重要性，未曾因某一部分特殊的发展而影响到它部，使失去其适当的权衡位置，而减损其机能意义。"

三部之中，台基在下是上两部分的承托者，若无台基，上部将无所立，正如《书经·大诰》所谓："若考作室，既底法；厥子乃弗肯堂；矧肯构?"（注曰：以作室喻之。父既底定其广狭高下，其子不肯为之堂基，况肯为之造屋乎）。

台基见于古籍的均作"堂"。《墨子》谓："尧堂。高三尺，土阶三等。"《礼记·礼器篇》"有以高为贵者，天子之堂九尺，诸侯七尺，大夫五尺，士三尺。……"所谓"堂"即台基之谓，绝不是今日普通所谓厅堂的，意义显然。以常识论，尧"堂高三尺"的堂绝不是人可以进去的。《考工记》谓"夏后氏世室，堂修二七，广四修一，五室三四步四三尺。九阶，四旁两夹牕。……殷人重屋，堂修七寻，堂崇三尺，四阿重屋。"历代学者对于这一段的解释，如《考工记·解》谓"五室者堂上为五室也。……"《考工记·通》谓"堂之上为五室。……一堂四面皆有阶南面三阶，东西北各二阶，共为九阶。室之四面各有户，每户夹以两牕，共为八牕。"由此看来，古所谓"堂"，就是宋代所谓"阶基"，清代及今所谓"台基"，当没有多大疑问。

在实物上，最早的遗例，莫过于数千年前中央研究院在河南安阳发掘殷墟，所得殷代宫殿的遗址，方正的土台或"堂"上面，有整整齐齐安放着的石块，大概就是柱础。次古的则有燕下都考古团在河北易县所发现的燕故都宫殿台基的遗址；陕西西安附近汉未央前殿遗址。这几处都是土筑的方台，在建筑考古学上，虽是极重要的史料，在建筑图案（architectural design）上，因其过于简陋，却没有特殊的价值［以上选自梁思成《中国建筑艺术图集》上集，图（2-1）］。

汉代民间建筑之台基形象，可见于山东日照两城山石刻及四川彭县画像砖（图 2-2）。二者皆有压阑石、角柱、间柱及土衬石。两城山之例，其角石较间柱石广，间柱上置栌斗状构件承压阑石，而间柱间之水平线条，似表示该处有迭石或迭砖。

唐代建筑台座不仅用于佛塔的基座，也同样用于佛殿建筑的基座。据唐代壁画所绘，阙台表面通常贴砌条砖或方砖，比较讲究。做法是在四角与上沿包砌台帮、台沿石，表面

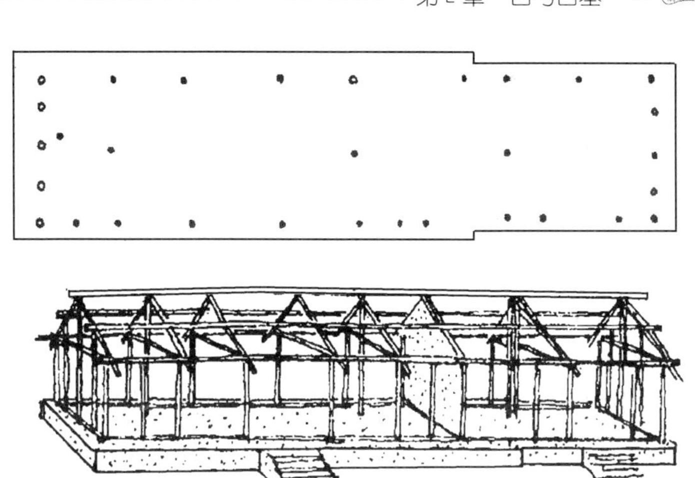

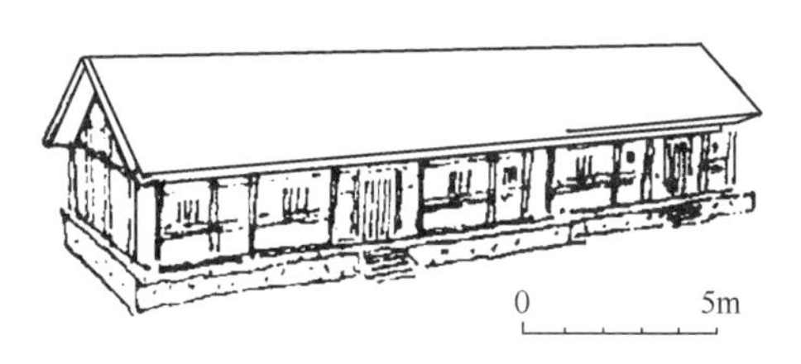

图 2-1　河南安阳小屯殷商宫殿遗址甲四平图及
复原设想图（《安阳发掘报告》第四期）

(a) 山东日照两城山石刻

(b) 四川彭县画像砖

图 2-2　汉代建筑之台基

雕刻卷草等带状纹饰；普通建筑物的台基表面及散水，用方砖或花砖铺砌［图 2-3（a）］，殿堂、佛塔的基座，一般以石质的角柱、隔间版柱及阶条组成基本框架。版柱之间的凹入部分，或用砖贴砌，或用雕花石板。须弥座台基以上下迭涩、当中束腰为基本特征。束腰部分的隔间版柱之间，饰以团花或中心点缀花形饰件［图 2-3（b）］。又有雕饰壶门或团窠的做法，在隋唐五代时期甚为流行，壶门中或雕狮兽，或雕伎乐人像。关于宋代建筑物台基《营造法式》一书中对其进行了详细说明，书中卷二规定："立基之制其高与材五倍，如东西广者又加五分至十分，若殿堂中庭修广者，量其位置，随宜加高，所加虽高不过与材六倍。"依此规定一等材的大殿可高达四尺五寸，而六等材的厅堂台基高不过三尺，八等材的小亭榭，台基仅高二尺二寸五分。当然这个数值还允许调整，对于需要更高台基的建筑，则应构筑基坛来解决。石台基的宽度，石作制度中无规定，《营造法式》卷十五砖作中规定砖阶基"自柱心出三尺至三尺五寸"。此可成为确定石台基宽度的参照。石台基并非全部用石块砌实，而是仅限于基墙表层砌石，内部则需回填土。从平面看，台基外援

(a) 甘肃敦煌中唐第468窟壁画中的建筑物

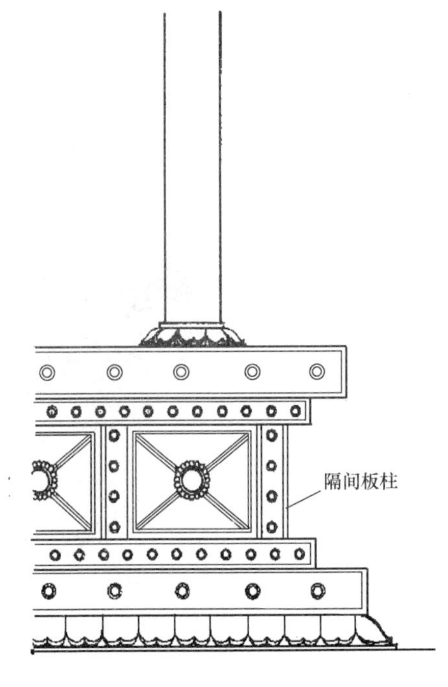

(b)甘肃敦煌莫高窟第172窟盛唐壁画中的殿基须弥座复原示意

图 2-3　唐代壁画中的建筑物台基形式

周边砌压阑石一周；从立面看，角部设角柱，阶基下施土衬石。基墙有两种作法，一种为石块平砌，一种为迭涩座，由石条层层迭涩而成，中间为束腰，束腰中施隔身版柱，版柱间作起突壶门（图 2-4）。元、明两代建筑台基形制基本承宋代之旧规。清代建筑台基在结

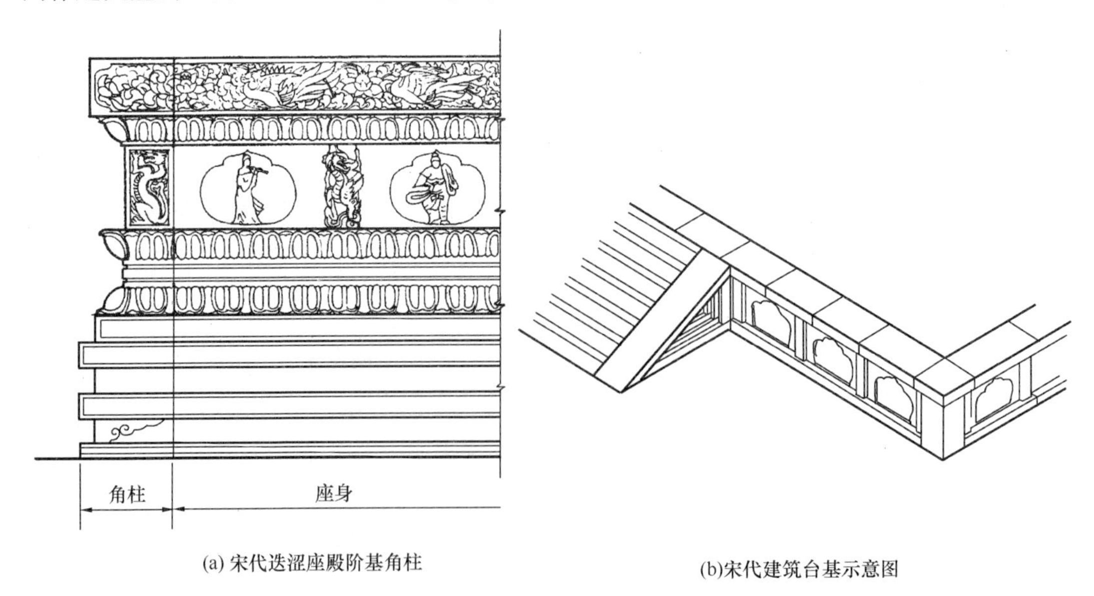

(a) 宋代迭涩座殿阶基角柱

(b)宋代建筑台基示意图

图 2-4　宋代建筑之台基

构形制方面变化不大，但在工艺及装饰方面有较突出的变化，整体风格严肃整齐，但稍嫌笨拙（图 2-5）。另外有了明确的等级之分，大清会典事例顺治十八年（1679 年）规定台基的高度：“公侯以下，三品以上房屋台基高二尺，四品以下至士民房屋台阶高一尺”。

图 2-5　北京故宫太和殿第一层须弥座

2.2　台

台是古代建筑的一种类型，它独立建造，有的平地而起，有的依地形山势而建，佛教圣地五台山，就是中国最大的五个高台，它是在山顶上建造的佛殿。五台山位于山西省五台县的东北部，绕周 250km。五峰高耸，峰顶平坦开阔，如垒土之台，故称五台。五峰各有其名：东台望海峰其上建有望海寺，西台挂月峰其上建有法雷寺，南台锦绣峰其上建有普济寺，北台叶斗峰其上建有灵应寺，中台翠岩峰其上建有演教寺（图 2-6）。

台可以是独立的，有的在台的上面有一座或数座建筑物。台，《说文解字》将其解释为“观四方而高者”。把台筑得高可以防潮、防水，这可能是建造高台的本意。历史上有名的“台”很多，屈原在“离骚”中有“望瑶台之偃蹇兮”的诗句。在《竹书纪年》中有“大飨诸侯与钧台”“ 大飨诸侯与璿”“帝辛（即纣）……五年夏筑南单之台”“四十年周作灵台”等记载，还在长安建有柏梁台、神明台、通天台、凉风台等。这些有名的台大多是宴乐之地或是储藏珍玩之所。现存明、清以来的高台及高台建筑继承沿袭了汉唐以来的高台古制，并有了高度的发展。

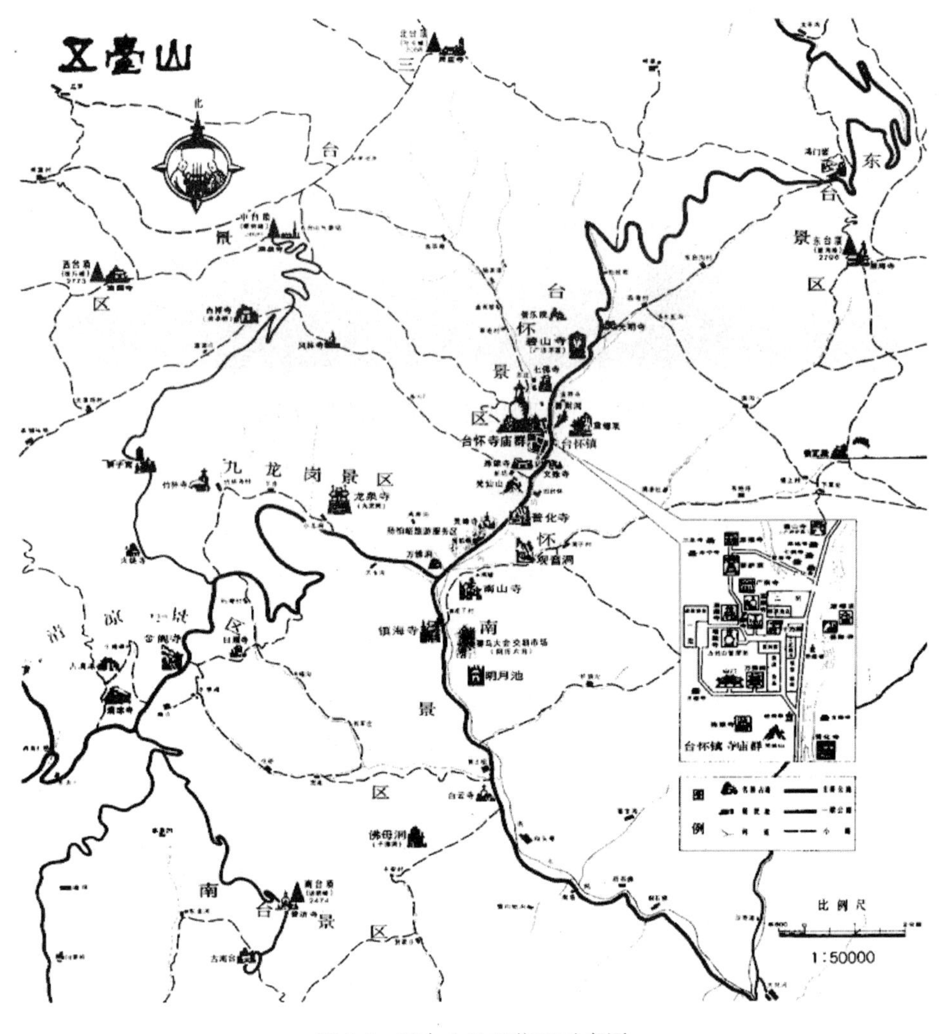

图 2-6　五台山地理位置示意图

2.2.1　古代高台建筑的类型

高台建筑是我国古代建筑的一种类型，在我国楼阁建筑产生之前，高台建筑是古代大型建筑的重要方式之一。自从原始社会时期人们将房屋搬到地面上来，就是为了防避潮湿。理解到居高临下、通风开敞的好处，人们逐渐选择高爽处建造房屋，这是我国建筑发展的启蒙。到奴隶社会，夏、商、周三个时期遗留下来的建筑遗址，大部分都在较高的地方进行建筑。当时建在朝歌城中，在燕内外的土台很多，1930 年发掘时有五十多座，现今尚存留三十多座，台高一般 6～7m，其中最高的达二十多米。老姆台夯筑四层，第三层夯土厚达 13～17cm，第二层为 10～14cm，夯窝明显。练台上部的夯层比城墙还厚（图 2-7），夯窝也较城墙为深。如邯郸赵武灵王城，城内外高台有 16 处之多，其中最大、最高的台，还存留 13.5m，全部都是用夯土筑成的。

侯马晋城内有 52m×52m、高出地面 6.5m 的巨大夯土台，台顶四周有大量的瓦砾。

图 2-7　河北易县燕下都“练台”夯土

以阶梯形夯土台为基，台上层层造房屋，构成巨大体量的建筑群。当时台高、量多，真是高台建筑的大发展时期。唐代的高台建筑，根据敦煌莫高窟壁画中所反映的情况，按比例计算高有 15m 左右。另外，在乾县出土的永泰公主墓壁画中的高台也是独立的阙楼高台。高台建筑的发展，一直流传到明清两代。

高台建筑主要用于宫苑建筑中，同时亦用于寺院、庙宇、城工建设上，数量甚多，它的遗址至今仍然可寻。

高台建筑的构造和做法大体分为两大类：

一类高台建筑的台，就是利用天然土台，或者是人工夯筑的土台，在土台顶部建造宫殿楼阁，这种形制的建筑称为高台建筑。土台最高的有三十多米，一般的都在 5～15m。台的平面大小不完全相同，一般为 200～7000m^2，其中最大的可以在一个台上建设一座城市。如陕西省富平县城，将全城建在一个高大的土台上，利用高台作为防护墙，使全城得到安全。

第二类高台建筑的土台，利用原有的土台或者夯筑的土台，在台子周围贴着土壁建立木柱，利用土台子的壁面作为墙壁，一面立柱，建成楼阁，在台子上面亦建造楼阁，这样的高台建筑在秦汉时期已经盛行了，例如咸阳秦代一号宫殿就是这样处理的高台。

在封建社会，高台建筑得以发展，是因为它符合统治阶级的需要。高台建筑居高临下，宏伟壮观；建筑本身通风防湿，接纳阳光好，居住十分安全。高台的台子分为两种：一种选择利用天然土台，分为依台、半台、台顶、依山、半山、山顶几种情况。例如山西五台山，将五个台上都建立庙宇，足以作为天然独立高台的代表。多数在建造宫殿、寺院、庙宇、苑囿的局部建筑中建设之。台子四周砌砖，有的将夯土切齐。凡在一组建筑中，将重要的建筑建在台上，以增加宏伟壮观。兹将近年来新查到的高台列表分析如下（表 2-1）：

表 2-1　我国早期高台建筑遗址分布

时代	古城名称	高台位置	高台尺度（m）	性　质
郑韩	故城		7～8	人工独立高台

续表

时代	古城名称	高台位置	高台尺度（m）	性　质
郑	京城	城中心偏北	8～9	人工独立高台
齐	临淄城			人工独立高台
赵	邯郸城	城内外有高台16处		人工独立高台
晋	侯马赵廉城	城中心偏北	8	人工独立高台
燕	燕下都			人工独立高台
	滕城			人工独立高台
鲁	鲁城	城中轴偏北	6	人工独立高台
秦	咸阳	阿房宫在城南	10	人工独立高台
汉	未央宫	城内西南角	12	天然高台

地区	有高台的寺庙	高台性质分析	高台建筑状况	台子面积（m×m）	台高（m）	备注
宝鸡	金台观	周边镶砖	半山式	41×41	20	人工加工
西安	著福寺白衣阁	砖台方型	独立式（寺内）	15×15	6	人工加工
合阳	会帝庙	大土台	天然独立式	18×18	12	人工加工
邠州	大佛寺	砖台	依山式	30×20	20	人工加工
合阳	文庙尊经阁	砖台	独立式	15×25	6	人工加工
户县	古楼观	砖台	半山式	15×20	8	人工加工
韩城	司马太史公祠	土台	山顶式	45×30	30	人工加工
武威	雷公庙	庙院人工土台	人工土台	30×25	7	
武威	文庙青阁	庙院人工土台	人工土台	11×11	4.5	
武威	海藏寺正殿高台		人工土台	40×30	5.2	
古浪	大土门过街楼	庙院人工土台	人工土台	9×9	6	
富平	县城高台		天然土台	1500×1520	8	

2.2.2　现存独立的台

这种台周围用石和砖砌筑挡土墙，中间夯灰土或土，上面铺满砖或石板，形成一个活动空间，有些讲究的周围用几道须弥座围绕，现举例如下。

2.2.2.1　北京天坛圜丘坛

圜丘坛又称祭天台，坛四周有两重壝墙环护，四周外方。壝墙四面各有四柱三门白石棂星门一座。圜丘坛在明代分两层，清代时改为三层，每层四面各有九级台阶，每层借以汉白玉栏杆环绕，白玉栏杆的数目均为九的倍数——上层七十二根，中层一百零八根，下层一百八十根。另外，坛台各层铺有扇面形石板，其数目亦为九或九的倍数。最上层的中心为天心石（也称太极石），从天心石向外，第一环为九块，外层依次以九的倍数增加，直至第九环的八十一块；中层则从第十环的九十块至十八环的一百六十二块；下层从十九环的一百七十一块至二十七环的二百四十三块。同时，坛台的上层直径为九丈（取一九），中层直径为十五丈（取三五），下层直径为二十一丈（取三七），共四十五丈，既体现了至阳的含义，同时蕴含着所谓“九五之尊”的寓意（图 2-8）。

图 2-8 北京天坛圜丘坛

2.2.2.2 先农坛之观耕坛

观耕台在先农坛内，为皇帝观耕之用。观耕台用琉璃须弥座砌筑，平面呈长方形，南、东、西三面琉璃踏垛，台周围玉石栏杆，台面为石板地面（图 2-9）。

观耕台在拜殿的东南方，是每年皇帝举行耕礼时观耕的地方，原为木质临时性搭建的坛台。为了避免麻烦、一劳永逸，乾隆十九年（1754 年）将其改为砖石结构，台周饰以黄琉璃瓦，并以汉白玉石栏围绕，装饰分外华丽。民国时期，台上建一座八角琉璃亭。观耕台坐北向南，高 1.9m，台面方 16m，以方砖细海，东西南三面设九级台阶，周围环以

图 2-9　观耕坛

汉白玉栏杆，台底须弥座由黄绿琉璃砖砌成。观耕台东有稷田 1.3 亩，为皇帝观耕之处。通常说的“一亩三分地”即此处，为何只有“一亩三分地”，其说法不一，这与当时的行政区划有关。当时的中国，正好有十三个行政区划，时称都司正好十三个。在这“一亩三分地”中，每年农历三月上亥日，皇帝率众官员来此先祭先农坛，后到具服殿更衣，再到稷田躬耕。1.3 亩分为 12 畦，皇帝右手扶犁，左手持鞭，明代的皇帝往返 4 趟，清代的皇帝往返 3 趟，在完成“三推三返”之后，皇帝从西侧台阶上观耕台，端坐在观耕台上观看各级官员耕作，观耕礼毕，皇帝从东侧台阶走下观耕台出坛回宫。

2.2.2.3　先农坛之天神坛与地祇坛

天神坛与地祇坛在先农坛内垣内。

东为天神坛（图 2-10），制方，南向。一成，方五丈，高四尺五寸。四出陛，各九级。坛北设白石龛四，镂以云龙，分祀云雨风雷之神。壝方二十四丈，高五尺五寸。

图 2-10　天神坛

西为地祇坛（图2-11），北向。一成，广十丈，纵六尺，高四尺。四出陛，各六级。坛南设青石龛五：镂山行者三，分祭五岳、五镇、五山；镂水行者二，分祭四海、四渎，各高八尺二寸。坛东从位石龛，山水形各一，祭京畿名山大川。西从位石龛，山水形各一，祭天下名山大川之祇，各高七尺六寸。

图2-11　地祇坛

2.2.2.4　*居庸关云台*

居庸关云台位于居庸关关城的中心，整个台座用青白汉白玉砌成，上小下大，平面为长方形。台高9.5m，下基东西长26.84m，南北深17.57m，上顶宽25.21m，进深12.9m。台顶四周安设石栏杆和排水龙头。台下正中开一南北向券门。券门两边的券面上和门洞内，布满了精美的浮雕。在门洞的券面上，正中雕刻着一支大鹏金翅鸟，两边完全依据佛经的记载，分列着大鹏、鲸鱼、龙子、童男、兽王和象王等六种图案。券门的下面雕刻着金刚杵，门洞以内全部是佛教图像、纹饰和经咒等浮雕。券洞顶部正中平面上，刻有五个“曼荼罗”，两侧斜面上刻着十尊坐佛，即所谓“十方佛”。十佛之间布满了小佛，号称“千佛”。券门内两壁刻着四大天王浮雕像，在四大天王浮雕之间，用梵文（古尼泊尔文）、八思巴新蒙文、藏文、维吾尔文、西夏文和汉文等六种文字刻写着同样内容的经咒和造塔功德记（图2-12）。

2.2.2.5　*方泽坛*

方泽坛位于北京地坛内，俗称拜台，坐南朝北。坛为正方形，为上下两层，用汉白玉石砌造而成。上层高1.28m，边长20.35m，下层高1.25m，边长35m。坛四面出陛，每

图 2-12　居庸关云台

面各 8 级台阶。在坛的下层东西两侧放置四个精工雕造的石座。围绕方泽坛是两重正方形壝墙，内墙厚 80cm，边长 86.1m，外墙厚 89cm，边长 132.9m，墙顶为黄琉璃筒瓦。四面各有棂星门一座，东、南、西三面为二柱一门式，北面为四柱三门式，这是方泽坛的正门。

围绕祭坛的外墙有一条水渠，长 167m，宽 2m，深 2.9m，渠中贮水，是为祭祀时提供用水的。水渠西南角有一石雕龙头，在祭祀大典举行之前，从暗沟向渠内引水，水深以石雕龙头为准。这条水渠称为方泽，方泽坛的名字即由此而得（图 2-13）。

图 2-13　方泽坛

2.2.2.6 先蚕坛

先蚕坛在北京北海公园东北隅，乾隆年间建造。垣周百六十丈，南面稍西，正门三楹，左右各一门。入门为坛一成，方四丈，高四尺，陛四出，各十级（图2-14）。

图2-14 先蚕坛

2.2.3 与建筑物相连的台

2.2.3.1 祈谷坛

祈谷坛为祈年殿主要建筑，为上屋下坛建筑，屋即祈年殿，坛为三层汉白玉圆台。台高约5.2m，上层直径约68m，中层直径约80m，下层直径约91m。各层皆以汉白玉石栏围绕，栏杆之上雕有不同的图案装饰：上层石栏望柱饰以盘龙，螭首出水；中层望柱饰以凤纹，凤首出水；下层望柱饰以朵云，云纹出水。四面八出陛，每层出陛各为九级，南北各三出陛，东西各一出陛，旧时三层台面皆墁金砖。南北向中陛间有三帧巨大的汉白玉石雕，上层龙纹，中层凤纹，下层山海云纹，雕刻精美，堪称石刻艺术珍品（图2-15、图2-16）。

图2-15 祈年殿

图 2-16　祈年殿坐落在三层汉白玉圆台上

2.2.3.2　北京故宫三大殿的高台

北京故宫三大殿：即太和殿、中和殿、保和殿。这三座建筑都有各自的台基，而这三大殿的台基都位于高大的汉白玉高台之上（图 2-17）。故宫三大殿的高台，南北长近 230m，东西最宽处近 130m，占地面积约 26000m^2。高台高 8.13m（三台边高 7.12m，中

(a) 太和殿

(b) 中和殿和保和殿

图 2-17　北京故宫三大殿

心高 8.13m，中心与台边有 1m 的高差为泛水），坐落在故宫的中轴线上。三台的设计并非为矩形，而是根据三大殿的形制而建，比例恰到好处，台前突出了矩形的丹陛，因此高台的平面呈“土”字形（图 2-18）。

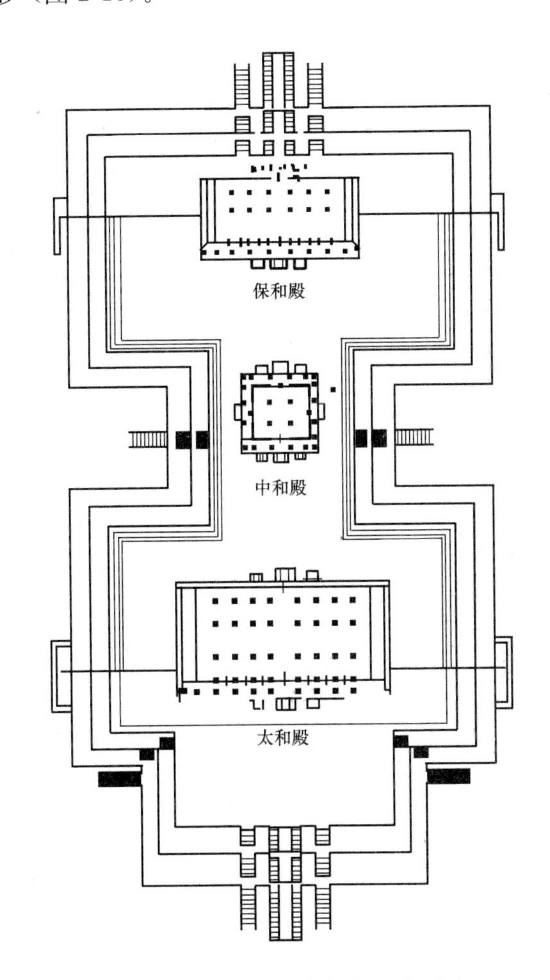

图 2-18　故宫内三大殿高台平面图

2.2.3.3 其他高台

其他高台如北海团城，是一组用城砖砌筑成的高台，台上建有以承光殿为中心的建筑群。颐和园中的佛香阁亦是建在高台上的建筑群。另外，凡是较大的殿堂建筑前都有比较宽阔的月台，这里就不一一举例了。

2.3 台基的类型

2.3.1 台基的式样

台基式样的几种类型是：普通（直方形）台基、须弥座形式的台基、带勾栏的台基、复合型台基（图 2-19）。

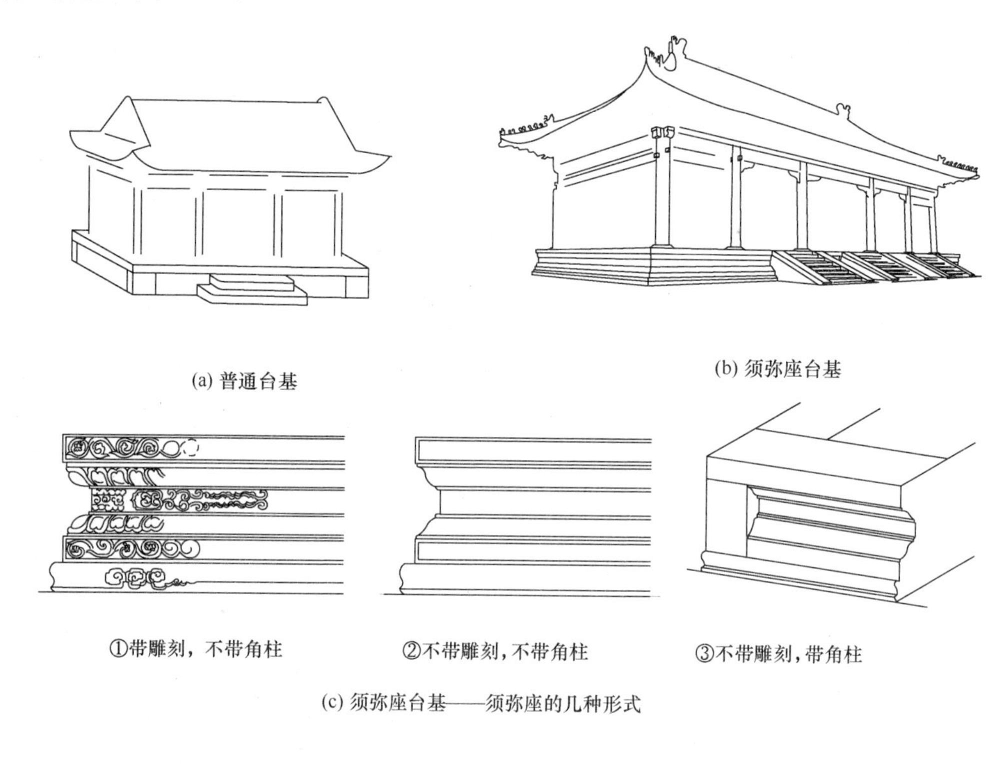

(a) 普通台基

(b) 须弥座台基

①带雕刻，不带角柱

②不带雕刻，不带角柱

③不带雕刻，带角柱

(c) 须弥座台基——须弥座的几种形式

(d) 带勾栏的台基——须弥座与石勾栏

(e) 带勾栏的台基——普通台基与石勾栏

(f) 带勾栏的台基——普通台基与砖勾栏

(g) 带勾栏的台基——须弥座与砖勾栏

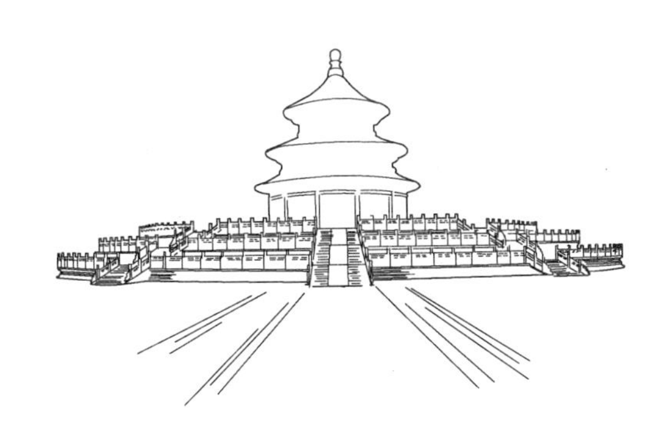

(h) 复合型台基——须弥座的重叠

(i) 复合型台基——普通台基的重叠

(j) 复合型台基——须弥座与普通台基的对接

(k) 复合型台基——普通台基与须弥座的重叠

图 2-19　台基式样示意图

普通台基的式样为长方（或正方）体，是普通房屋建筑台基的通用形式。须弥座形式的台基是宫殿、坛庙建筑台基的常见形式，其形式有：带雕刻或素面（不带雕刻）的；带角柱或不带角柱的；须弥座的常见形式和须弥座的变体形式。带勾栏的台基是普通台基或须弥座式台基与勾栏形式的结合型，在二者中，以须弥座台基加勾栏形式居多，这种形式的勾栏部分以石制的栏板柱子做法较多见，也可用砖墙代替，又尤以花砖墙做法为多（宫殿建筑的花砖墙多用琉璃砖摆成），带勾栏的台基多用于宫殿或坛庙建筑。复合型台基即上述三种台基的重叠复合型，可用于较重要的宫殿、坛庙建筑，这类台基的组合形式很多，如双层或三层须弥座、双层普通台基、须弥座台基与普通台基的组合、带勾栏的台基与不带勾栏的台基组合等。

2.3.2 台基的砌筑形式

台基的砌筑形式主要有以下几种（图 2-20）：

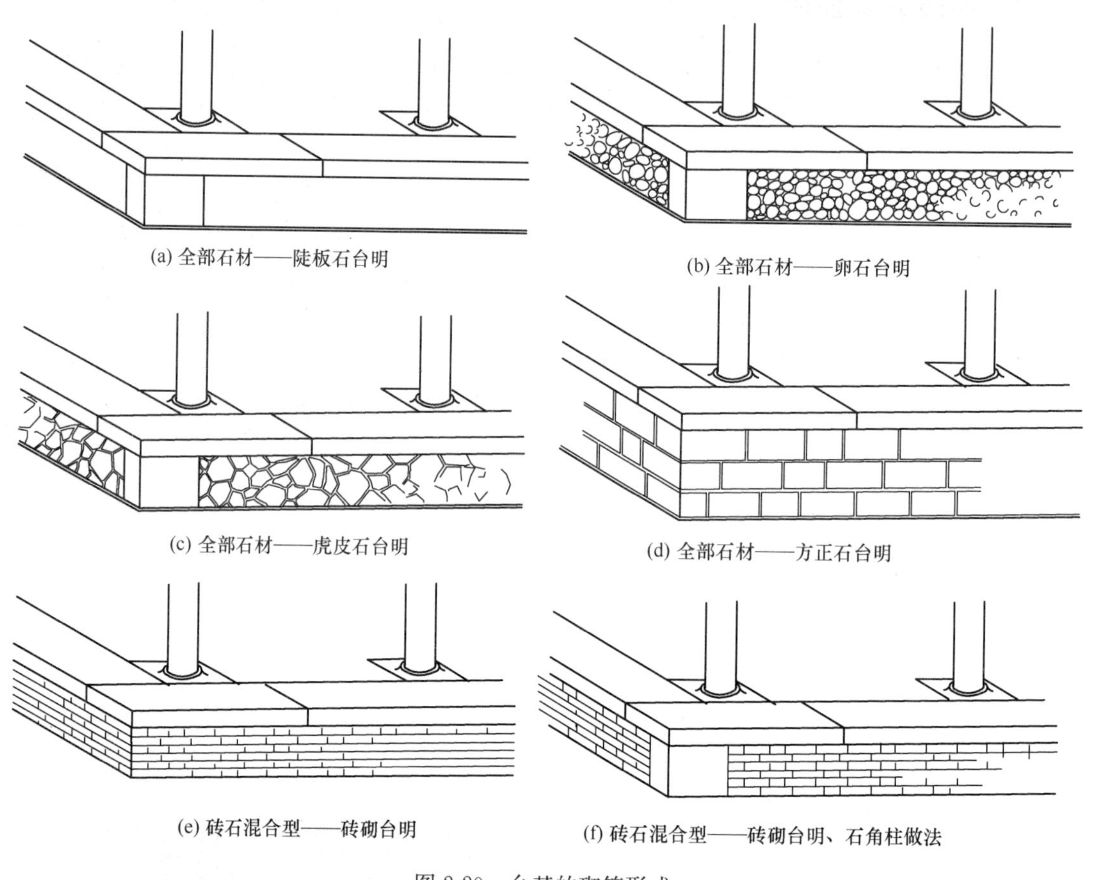

(a) 全部石材——陡板石台明

(b) 全部石材——卵石台明

(c) 全部石材——虎皮石台明

(d) 全部石材——方正石台明

(e) 砖石混合型——砖砌台明

(f) 砖石混合型——砖砌台明、石角柱做法

图 2-20　台基的砌筑形式

（1）全部用砖砌成。砖料可用城砖或条砖。做法可为干摆、丝缝、糙砖墙等多种类型。全部用砖砌成的台基常见于民居、地方建筑或室内佛座等。

（2）全部用琉璃砖砌成。这种形式多用于宫殿建筑群中以台基为主的构筑物，如祭坛等。

（3）全部用石材砌成。如陡板石、方正石或条石砌筑，又如用虎皮石、卵石或碎拼石板砌法。无论采用上述何种做法，台基的最上面一层均应安放阶条石，台基的四角一般应放置角柱石。官式建筑的石台基多用陡板石做法。

（4）使用不同的材料。如阶条、角柱和土衬用石料，其余用砖砌成；或阶条、角柱和土衬用石料，其余用琉璃砌成。砖石混合的台基是古建筑台基中最常见的一种形式。

2.4 台基的构造

台基露出地坪的部分一般称为“台明”，地坪以下的部分称为“埋头”或“埋深”。台明的侧面称为“台帮”，上面称为“台面”。阶条石位于台帮和台面交接处，故可俗称为“台帮石”或“压面石”。台帮用陡板石的，可直接称为陡板。台帮用砖砌筑的，称为“砖砌台帮”或“砖砌台明”。较高大的砖砌台帮俗称“泊岸”。

2.4.1 码磉墩和掐砌拦土

磉墩是支撑柱顶石的独立基础砌体，金柱下的称为“金磉墩”，檐柱下的称为“檐磉墩”。如果两个或四个磉墩相邻很近，常连成一体，称为“连二磉墩”或“连四磉墩”。与连磉墩相区别的是“单磉墩”。磉墩之间砌筑的墙体即“拦土”，拦土的砌筑称为“掐砌拦土”或“卡拦土”。磉墩和拦土的砌筑顺序是：先码磉墩后掐拦土。磉墩和拦土各为独立的砌体，以通缝相接，但也有少数小式建筑的基础，将磉墩和拦土连在一起，一次砌成，这种做法称为“跑马柱顶”。

2.4.2 包砌台明

包砌台明是在前、后檐及两山的拦土和磉墩外侧进行（图 2-21）。台明分为露明部分和背里部分。在露明部分中，阶条石使用石活，其他如陡板、埋头等或用石活，或用砖砌；背里部分用糙砖砌筑。有时也将拦土和包砌台明的背里部分连成一体，一次砌成，称为“码磉”。

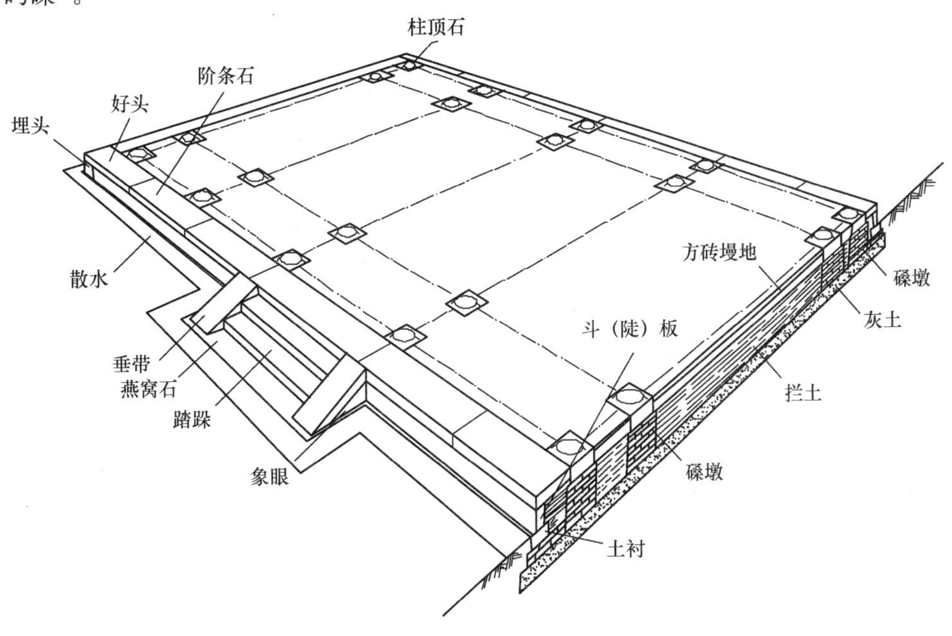

(a) 磉墩、拦土与台明的关系示意图

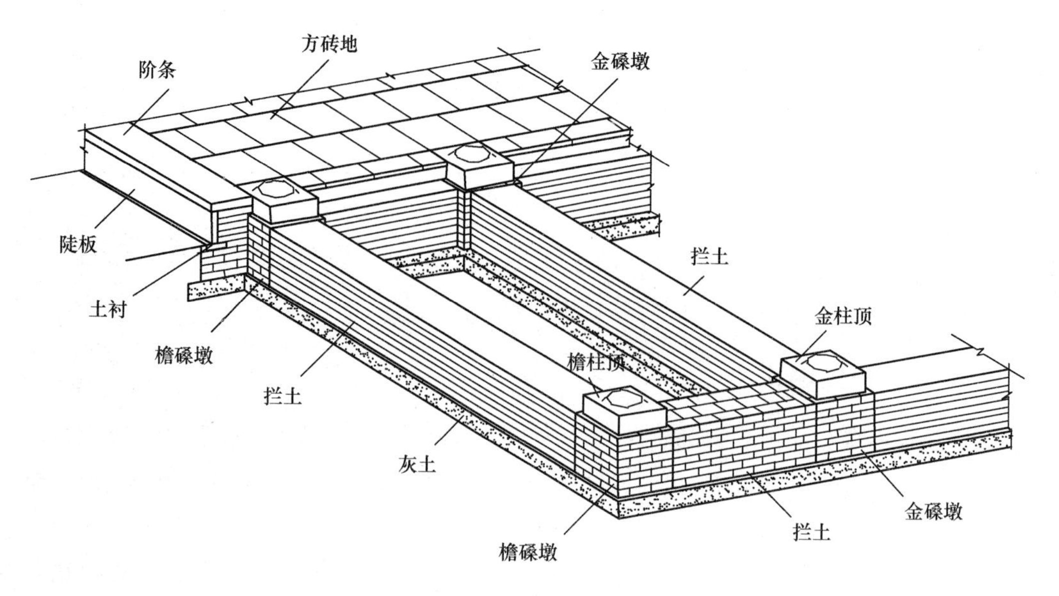

(b) 磉墩与拦土的关系示意图

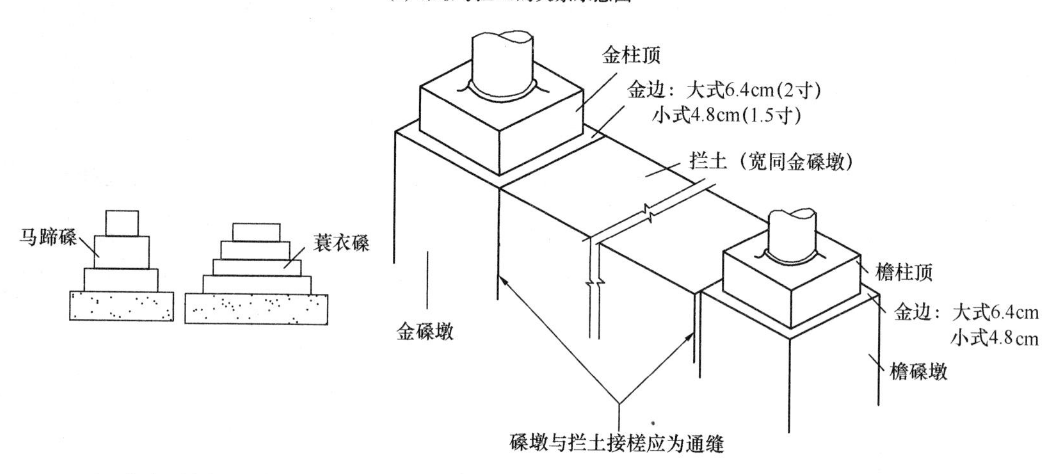

(c) 基础（拦土）的放脚示意图

(d) 磉墩与拦土的细部关系示意图

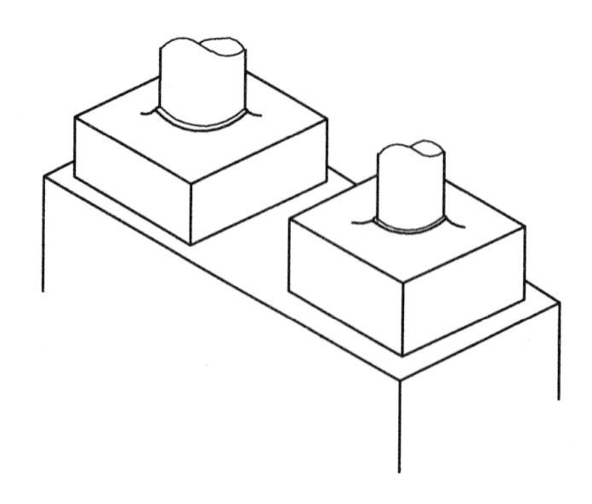

(e) 连二磉墩示意图

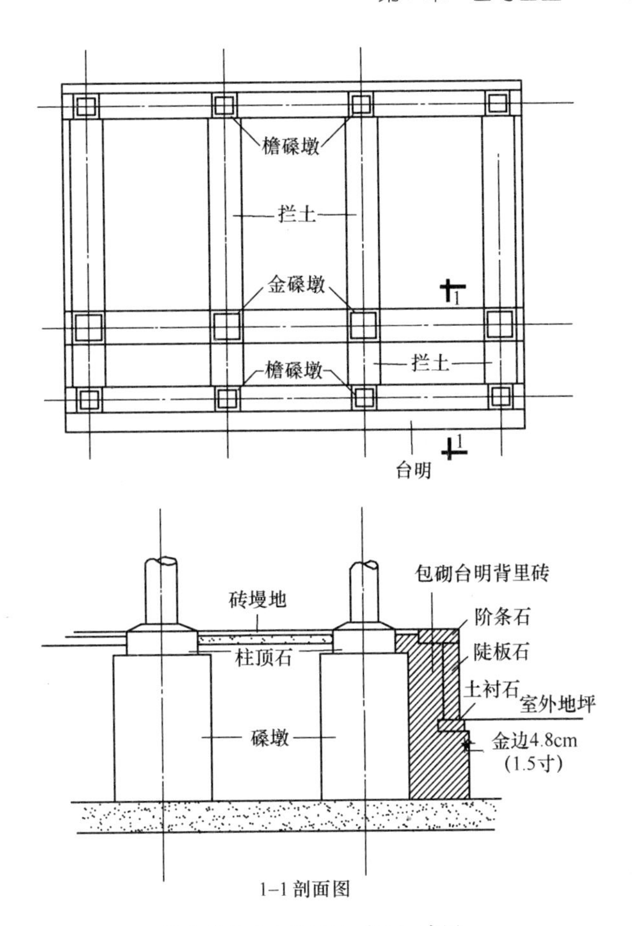

(f) 磉墩与拦土的平面、剖面示意图

图 2-21　磉墩与拦土

2.4.3　普通台基石构件

以清官式建筑标准台基为例，普通台基主要由下列石构件组成：土衬石（土衬）、陡板石（陡板）、埋头角柱（埋头）、阶条石（阶条）和柱顶石（柱顶）（图 2-22）。

在普通台基中，陡板石可不用，而以砖砌台帮形式做成，重要的宫殿建筑还可用琉璃砖。不甚讲究者，采用糙砌形式。除可不用陡板石外，也可不用埋头角柱。但在较讲究的建筑中，埋头角柱都不省去。在小式建筑或很次要的建筑中，可不用土衬石，而以城砖代之。做法简陋的建筑，甚至连阶条石也改做城砖。

1. 土衬石

土衬石是台明与“埋身”的分界。土衬以下（包括土衬）为台基埋身。土衬石一般应比室外地面高出 1～2 寸，应比陡板石宽出约 2 寸，宽出的部分称为“金边”。土衬石与陡板石接触的部分可以“落槽”，即按照陡板的宽度，在土衬石上凿出一道浅槽，陡板石就立在槽内。

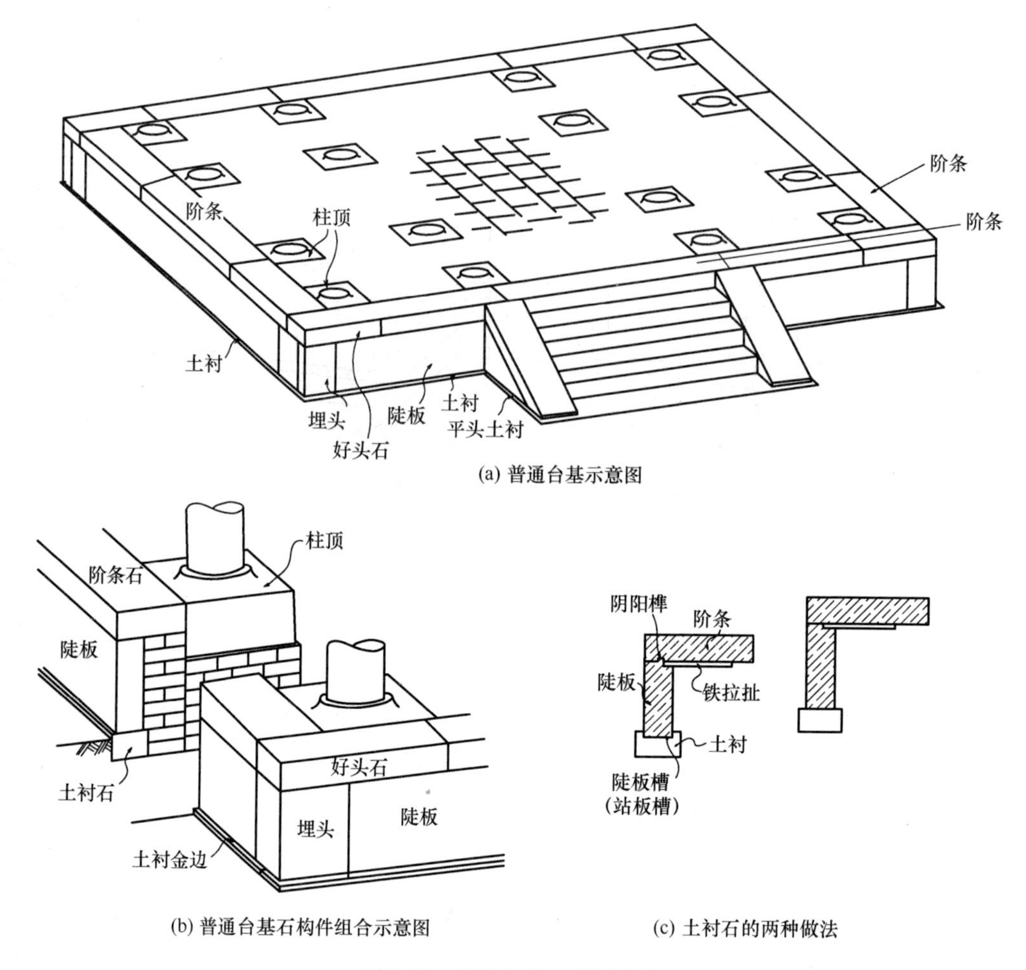

(b) 普通台基石构件组合示意图

(c) 土衬石的两种做法

图 2-22　普通台基上的石构件

2. 陡板石

陡板石外皮与阶条石外皮在同一条直线上。陡板下端装在土衬槽内，上端可做榫，装入阶条石下面的榫窝内。陡板的两端也可做榫，用以相互连接并与埋头角柱连接。

3. 埋头角柱

埋头角柱俗称"埋头"，位于台基四角。埋头与陡板的交接面上应凿榫或榫窝，以便和陡板连接（图 2-23）。埋头根据所处部位、做法、尺度比例不同，其种类也各不相同：

（1）出角埋头：位于阳角转角处的埋头。

（2）入角埋头：位于阴角转角处的埋头。

（3）单埋头：指转角处用一块埋头的。

（4）厢埋头：指转角处用两块埋头的。

（5）混沌埋头（俗称如意埋头）：宽与厚相同的埋头。

（6）琵琶埋头：厚度为 1/2～1/3 本身宽的埋头。

4. 阶条石

阶条石根据所处部位不同，其名称也各不相同：

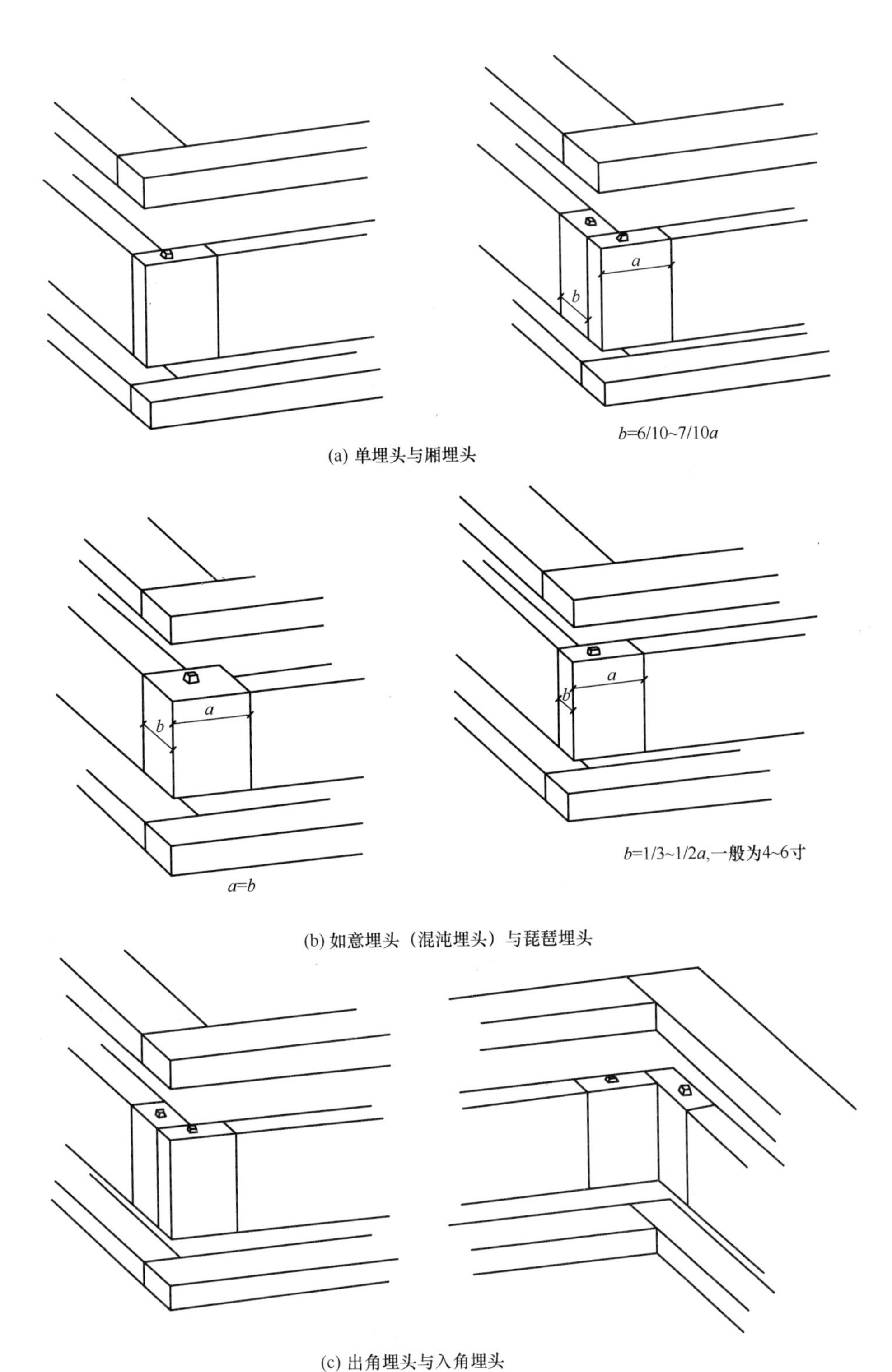

(a) 单埋头与厢埋头

(b) 如意埋头（混沌埋头）与琵琶埋头

(c) 出角埋头与入角埋头

图 2-23　埋头的种类

（1）好头：又称为横头，位于前、后檐的两端。

（2）联办好头：好头与两山条石合并砍制者。联办好头常见于宫殿建筑中。

（3）坐中落心：又称长活。位于前、后檐正中间。

（4）落心：位于长活与好头之间。

（5）两山条石：山墙侧的阶条石。

（6）擎檐阶条：重檐建筑平座上的阶条、楼房建筑二层以上的阶条均可称擎檐阶条。

（7）月台滴水石：月台与主体建筑台基相挨部分的阶条，由于处在屋檐下，因此称为滴水石，如图 2-24（a）所示。

阶条石的分部名称如图 2-24（b）所示。

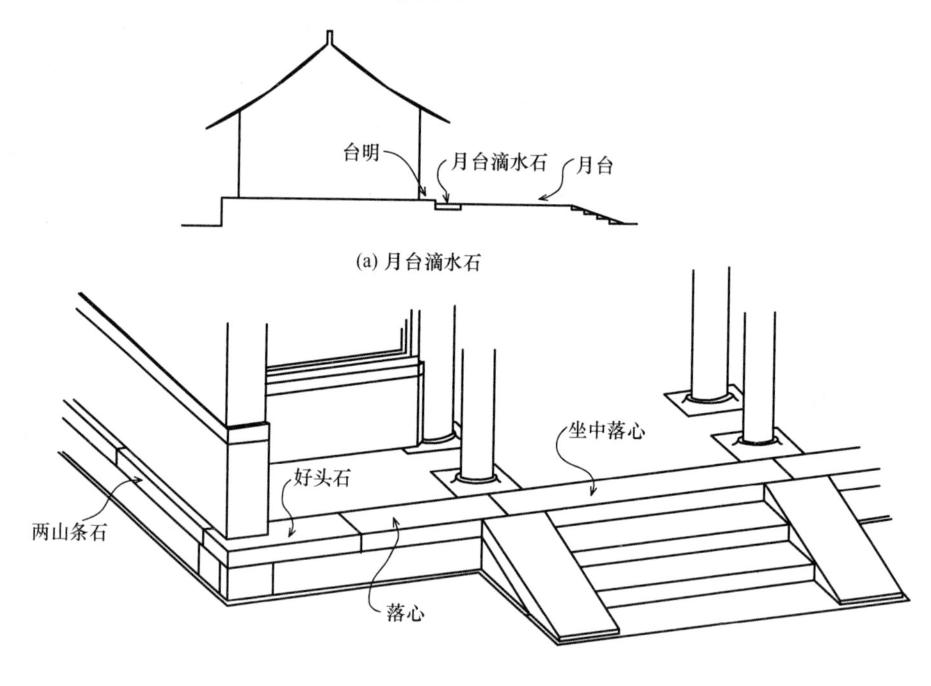

(a) 月台滴水石

(b) 阶条石的分部名称

图 2-24　阶条石示意图

一般情况下，前檐阶条石的块数应比间数多两块，如三间房放五块阶条石，称为“三间五安”，还有“五间七安”、“七间九安”等。次要建筑因材料所限时，可不必拘于此法。两山阶条石的块数一般不受限制。后檐阶条石的块数应视建筑等级而定，讲究者可与前檐阶条石的作法相同。

由于下檐出的尺寸变化较大，因此阶条石可以与柱顶石相挨，也可以离开柱顶石一段距离。如果下檐出的尺寸较小，阶条石的里皮甚至可以比柱顶石的外皮更加往里。在这种情况下，为保证柱顶石和阶条石两者互不妨碍，应将阶条石上多余的部分凿去，称为“掏卡子”。好头石上的卡子称为“套卡子”，落心石上的卡子称为“蝙蝠卡子”。

两山条石和后檐阶条石的宽度与建筑的形制有很大的关系，其宽度的决定如图 2-25 所示。

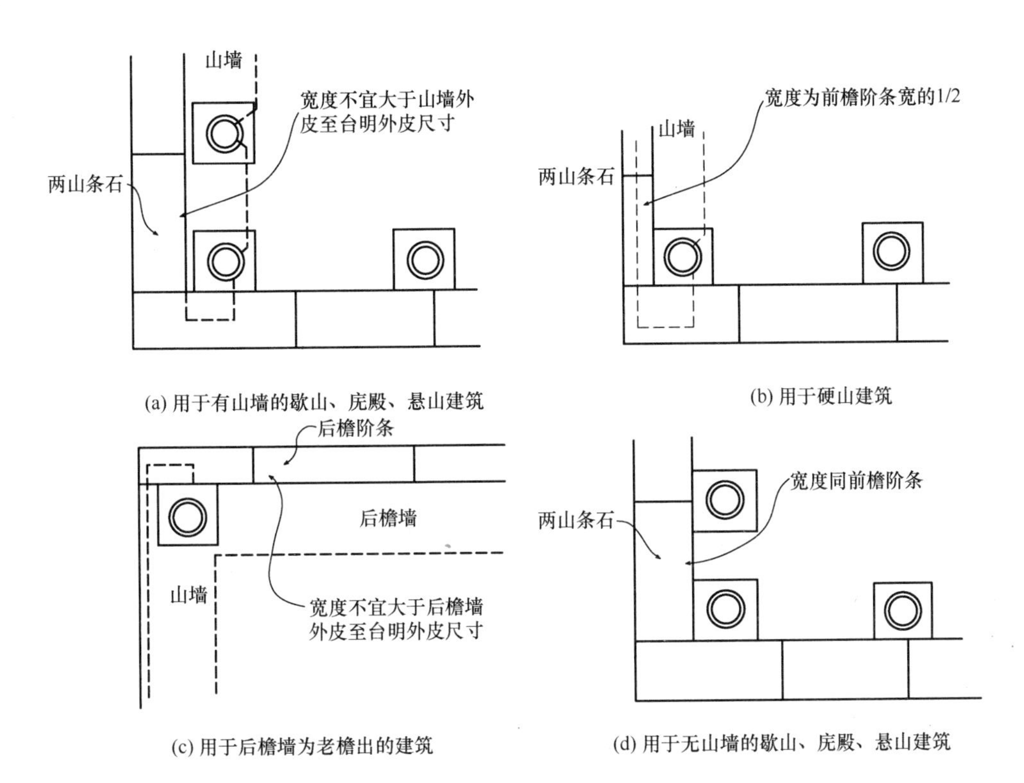

图 2-25　两山条石和后檐阶条石的宽度

做法讲究的阶条石可在大面上做出泛水，这个泛水一般应在石料加工时做出。阶条石的下面可凿做榫窝，以便和陡板石上的榫头相接。

5. 柱顶石

柱顶石位于柱子下面，用以承重。

（1）鼓镜：柱顶石上高出的部分称为鼓镜。安装时，鼓镜应高于台基。圆柱下的柱顶石，应为圆鼓镜。方柱（梅花柱子）下的柱顶石，应为方鼓镜，如图 2-26 所示。

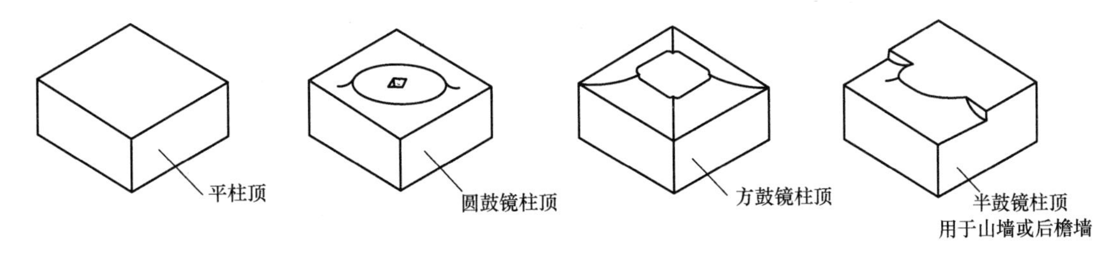

图 2-26　柱顶石的鼓镜

（2）平柱顶：不做鼓镜的柱顶称为平柱顶（图 2-26）。平柱顶常用于做法简陋的小式建筑或地方建筑中。

（3）管脚：在柱顶的中间凿出榫窝，以安装柱子下的管脚榫，这个榫窝称为管脚，如图 2-27（a）所示。稳定性较差的建筑，如游廊等，应做管脚；稳定性较好的建筑，柱顶石可不做管脚。

（4）插扦：插扦与管脚相似，是用以安装柱子下的插扦榫的，如图 2-27（b）所示。插扦比管脚深，至少应为 1/3 柱顶厚，比管脚宽，一般应为 1/3 柱径。

（5）套顶：中间有一个穿透孔洞的柱顶称为套顶，如图 2-27（c）所示。孔洞的大小可按柱径凿出，也可比柱径略小。套顶下还有一块石活，称为“套顶装板石”或“套顶底垫石”（简称“底垫石”），也称“暗柱顶”或“哑吧柱顶”。柱子从套顶中穿过，立在底垫石上。套顶做法可增加柱子的稳定性，故多用于牌楼、垂花门等建筑中。楼房使用通柱的，楼上的柱顶也应使用套顶做法。为安装方便，常做成两块拼合的形式。

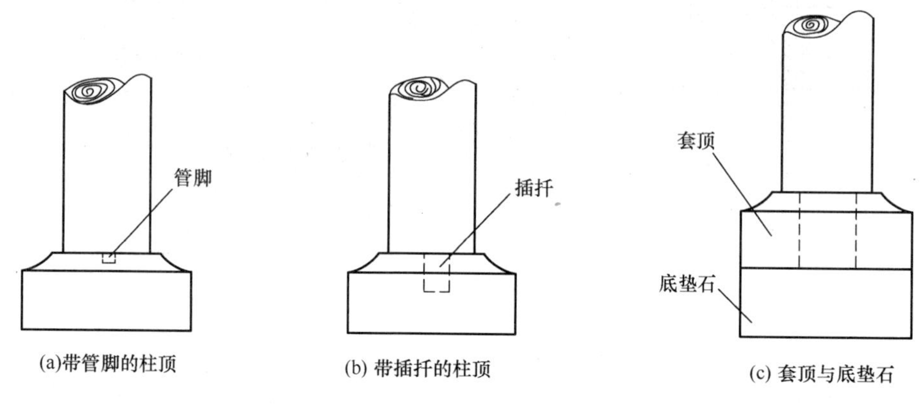

图 2-27　管脚、插扦、套顶与底垫石示意图

（6）带雕刻的柱顶：重要宫殿或庙宇建筑的柱顶上常凿做花饰。官式做法的柱顶花饰形式多为“巴达马”（莲瓣），地方建筑的柱顶花饰则有多种式样（图 2-28）。

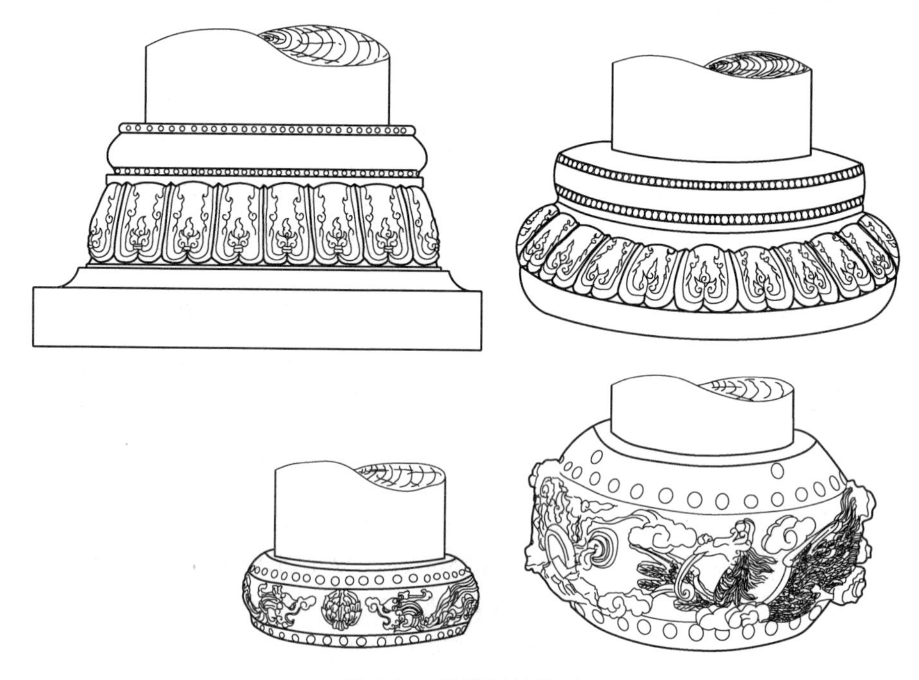

图 2-28　带雕刻的柱顶

（7）爬山柱顶：用于爬山廊子中。爬山柱顶的上面应做成倾斜面，并应凿做管脚或插扦（图 2-29）。

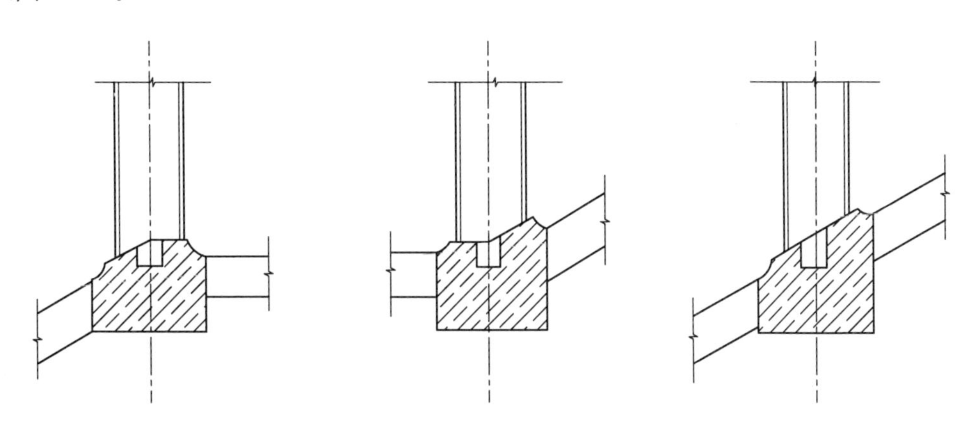

图 2-29　几种爬山柱顶

（8）联办柱顶：两个相挨的柱顶用一整块石料制成称为“联办柱顶”，见图 2-30（a），这种“联办柱顶”多用于连廊柱的下面。少数极讲究的宫殿建筑使用另一种联办柱顶，这种柱顶将柱顶与阶条的好头石用一整块石料联做而成，如图 2-30（b）所示。

（9）异形柱顶：指用于非 90°转角处的柱顶（图 2-31），也泛指其他不常见的柱顶，如爬山柱顶、联办柱顶等。

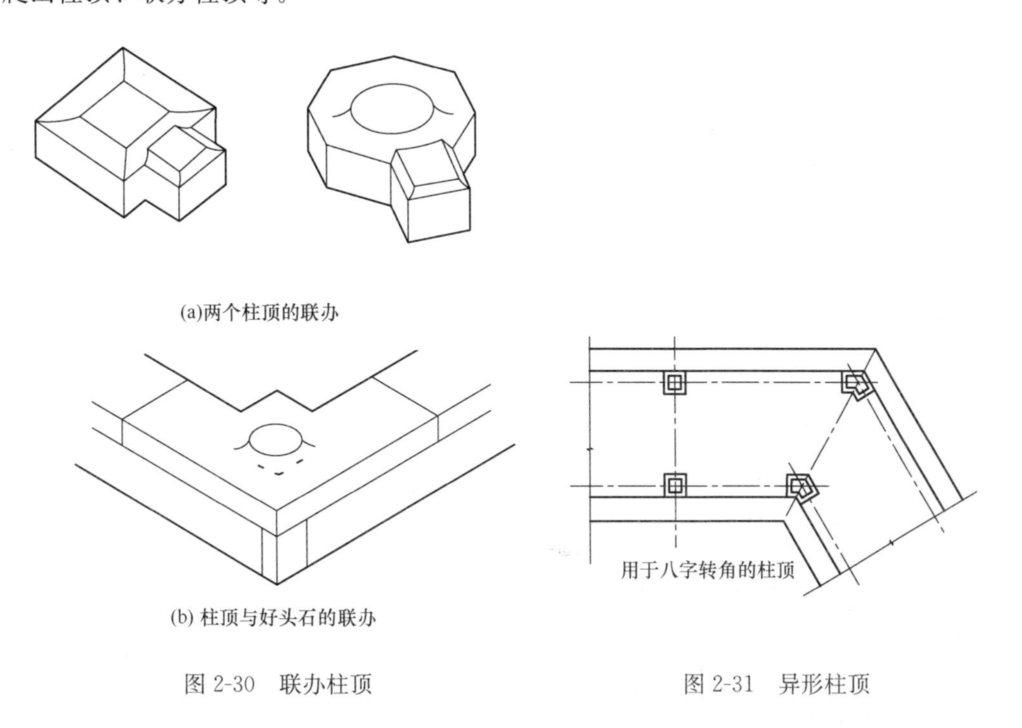

图 2-30　联办柱顶

图 2-31　异形柱顶

台基各部位石构件的权衡尺寸如表 2-2 所示：

表 2-2　台基石构件权衡尺寸表

<table>
<tr><th colspan="2">项目</th><th>长</th><th>宽</th><th>高</th><th>厚</th><th>其他</th></tr>
<tr><td colspan="2">土衬石</td><td>通长：台基通长加2倍土衬金边宽；
每块长：无定</td><td>陡板厚加2倍金边宽；
金边宽：大式宽约2寸；
小式宽约1.5寸</td><td>—</td><td>同阶条厚。大式不小于5寸，小式不小于4寸，土衬露明：1～2寸，或与室外地坪齐。必要时也可全部露出</td><td>如落槽（落仔口），槽深1/10本身厚。槽宽稍大于陡板厚</td></tr>
<tr><td colspan="2">陡板石</td><td>通长：台基通长减2倍角柱石宽。如无角柱者，等于台基通长；
每块长：无定</td><td>—</td><td>台明高（土衬上皮至阶条石上皮）减阶条厚。土衬落槽者，应加落槽尺寸</td><td>1/3本身高；
同阶条厚</td><td>与阶条石、角柱石相挨的部位可做榫头，榫长0.5寸</td></tr>
<tr><td rowspan="3">埋头角柱（埋头）</td><td>如意埋头（混沌埋头）</td><td rowspan="3">—</td><td rowspan="3">同阶条石宽，或按墀头角柱减2寸算；
厢埋头的两侧宽度相同</td><td rowspan="3">台明高减阶条厚。土衬落槽者，应再加落槽尺寸</td><td>同本身宽</td><td rowspan="3">侧面可做榫或榫窝与陡板连接</td></tr>
<tr><td>琵琶埋头</td><td rowspan="2">1/3～1/2本身宽，或按阶条石厚</td></tr>
<tr><td>厢埋头</td></tr>
<tr><td rowspan="5">阶条石</td><td colspan="2">阶条总长：同台基通长尺寸</td><td rowspan="3">最小不小于1尺，最宽不超过下檐出尺寸（从台明外皮至柱顶石中）。以柱顶外皮至台明外皮的尺寸为宜</td><td rowspan="3">—</td><td rowspan="3">—</td><td rowspan="5">大面可做泛水。泛水约为1/100～2/100；
台基上如安栏板柱子，阶条石上可落地栿槽</td></tr>
<tr><td>好头石</td><td>尽间面阔如山出1份，2/10～3/10定长</td></tr>
<tr><td>落心</td><td>等于各间面阔，尽间落心等于柱中至好头石之间的距离</td></tr>
<tr><td>两山条石</td><td>通长：两山台基通长减2倍好头石宽；
每块长：无定</td><td>硬山：1/2前檐阶条宽；周围廊歇山、庑殿及无山墙的悬山建筑：同前檐阶条宽；山面无廊的歇山、庑殿及有山墙的悬山建筑：可同前檐阶条，但一般不应大于山墙外皮至台明外皮的尺寸</td><td>—</td><td>大式：一般为5寸或按1/4本身宽；
小式：一般为4寸</td></tr>
<tr><td>后檐阶条石</td><td>长短不限，也可同前檐阶条石</td><td>一般可按前檐阶条宽，也可小于前檐阶条宽；老檐出形式的，不宜大于后檐墙外皮至台明外皮的尺寸</td><td>—</td><td>同前檐阶条厚</td></tr>
</table>

续表

项目	长	宽	高	厚	其他
月台上滴水石	通长；月台通长减2倍阶条宽；每块长：无定	上檐出与下檐出之差乘1.5，或按阶条石宽	—	1/3本身宽或同阶条厚	大面可做泛水。泛水约为1/100～2/100； 台基上如安栏板柱子，阶条石上可落地袱槽
柱顶石	大式：2倍柱径，见方； 小式：2倍柱径减2寸，见方； 鼓镜宽：约1.2倍柱径	—	—	大式：1/2本身宽； 小式：1/3本身宽，但不小于4寸； 鼓镜高：1/10～1/5檐柱径	檐柱顶、金柱顶及山柱顶虽宽度不同，但厚度可相同
套顶下装板石（底垫石）	同柱顶	—	—	1～1/2柱顶厚	—

2.5　须弥座台基

六朝以来，我国文化由外来了一支生力军，使其进入一个新的境界。佛法东来，不仅在思想界生出重大的变动，在艺术上亦有很大的影响。在建筑方面，我国基本的三部分结构虽没有摇动，柱梁屋顶完全维持原形，但是台基部分却发生不小的变化，增添了一种新的轮廓。其所以在这一部分特有影响，也许是因为印度原来也有显著的台基，所以其轮廓及雕饰用到我国原有的同样建筑结构上，是一件毫不费力的事情，于是须弥座就输入到我国。“须弥”二字，为Sumeru的音义，见于《佛经》，本是山名，亦做“修迷楼”，其实就是喜马拉雅的古代注音。《佛经》中以喜马拉雅山为圣山，故佛座亦称“须弥座”。在须弥座输入我国之初，直至唐代，其断面轮廓颇为简单，上下的线道都是方角的层层支出，初无圆和的莲瓣或枭混（cyma）。云冈刻塔（图2-32）及杭州闸口五代白塔（图2-33）及敦煌壁画所见，率多如此。有枭混莲瓣的须弥座，殆至五代乃渐渐盛行，至宋而盛。基身或以小立柱分格，内镶壶门等，其上下枭混始渐复

图2-32　云冈石窟第五窟南壁佛塔

杂。须弥座做法之定作成规，始见于宋《营造法式》。按“卷十五”须弥座条说：“垒砌须弥座之制，共高一十三砖（编者按同卷窑作制度，条砖厚二寸五分或二寸）；以二砖相并，以此为率。自下一层与地平，上施单混肚砖一层，次上牙脚砖一层（比混肚砖下龈收入一寸）；次上罨牙砖一层（比身脚出三分）；次上合莲砖一层（比罨牙收入一寸五分）；次上束腰砖一层（比合莲下龈收入一寸）；次上仰莲砖一层（比束腰出七分）；次上壸门柱子砖三层（柱子比仰莲收入一寸五分，壸门比柱子收入五分）；次上罨涩砖一层（比柱子出五分）；次上方涩平砖两层（比罨涩出五分）。如高下不同，约此率随宜加减之（如殿阶作须弥座砌垒者，其出入并依角石柱制度），或约此法加减。”

清代须弥座做法，亦有规定。按《营造算例》拙编本第七章第五节：“［须弥座各层］高低按台基明高五十一分归除，得每分若干；内圭角十分；下枋八份；下枭六分，带皮条线一分共高七分；束腰八分，带皮条线上下二分，共十分；上枭六分，带皮条线一分，共高七分；上枋九分。”宋式须弥座和清式须弥座如图 2-34 所示。

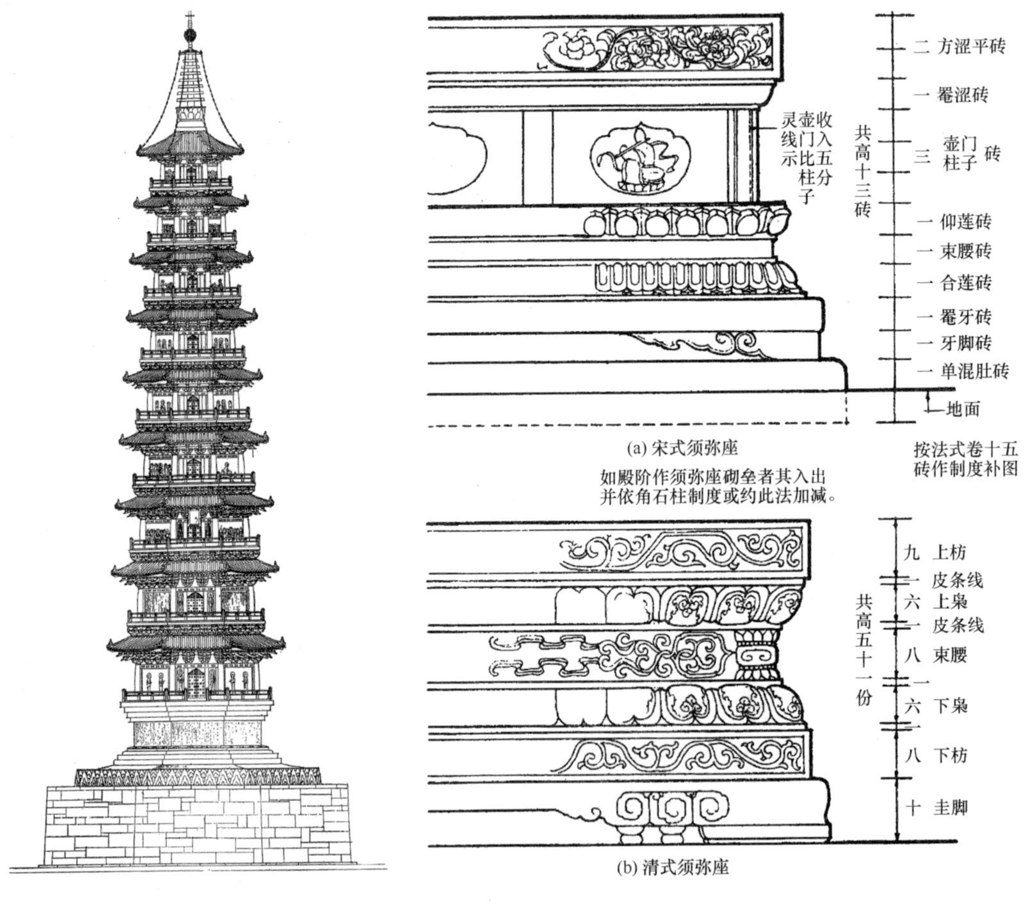

图 2-33　杭州五代闸口白塔立面图

图 2-34　宋式、清式须弥座

宋代遗物，则有河北正定隆兴寺佛香阁观音铜像须弥座（图 2-35），其全部布局与《营造法式》所定相若，其不同之点，只在上用两层方涩、罨涩刻作仰莲瓣，而仰莲部位却类似罨牙，束腰内有狮子为饰。清代遗物，北京故宫甚多（图 2-36）（以上选自梁思成《中国建筑艺术图集》上集）。

(a) 大悲阁石须弥座一角

(b) 大悲阁石须弥座南面中部

图 2-35　河北正定隆兴寺大悲阁石须弥座

(a) 太和殿东南角须弥座

(b) 太和殿须弥座中部

图 2-36　北京故宫太和殿须弥座

2.5.1　须弥座台基各部位名称及其权衡尺寸

须弥座台基多用于宫殿建筑，有时也用于一般大式建筑中。重要宫殿建筑的台基，常由普通台基和须弥座复合而成，或做成双层须弥座台基。极重要的宫殿建筑甚至做成三层须弥座，俗称“三台须弥座”，简称“三台”。

须弥座台基的基本构成（自下而上）为：土衬、圭角、下枋、下枭、束腰、上枭和上枋（图 2-37）。如果高度不能满足要求，可将下枋和上枋做成双层，必要时还可将土衬也做成双层，但应有一层土衬全部露明（图 2-38）。

须弥座各层的名称虽然不同，但在制作加工时，却可由同一块石料凿出，即所谓“联办”或“联做”。在实际操作中，一块石料能出几层应根据石料的大小及操作上的便利来决定。

须弥座的转角处，通常有三种作法：第一种是转角处不做任何处理；第二种是在转角处使用角柱石（又称金刚柱子），阳角处的称“出角角柱”，阴角处的称“入角角柱”；第三种是在转角处做成“马蹄柱子”，俗称“玛瑙柱子”（图 2-39）。

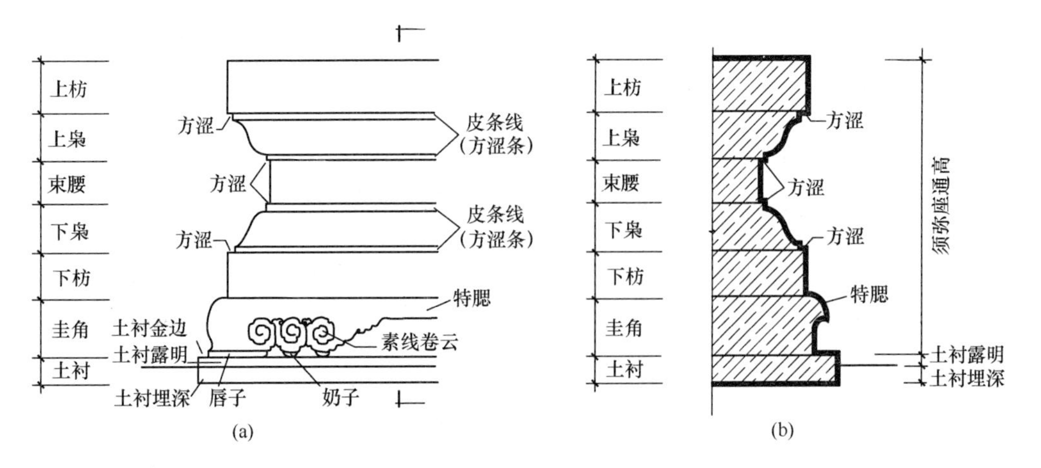

图 2-37　石须弥座各部位名称

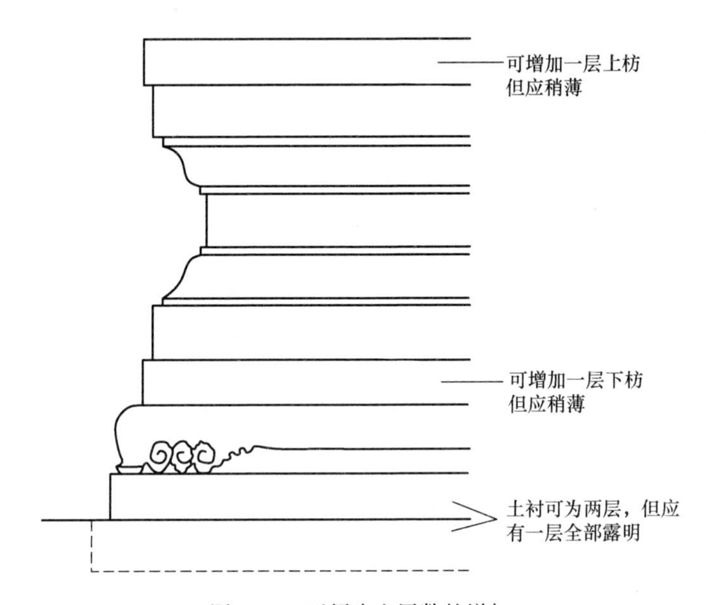

图 2-38　石须弥座层数的增加

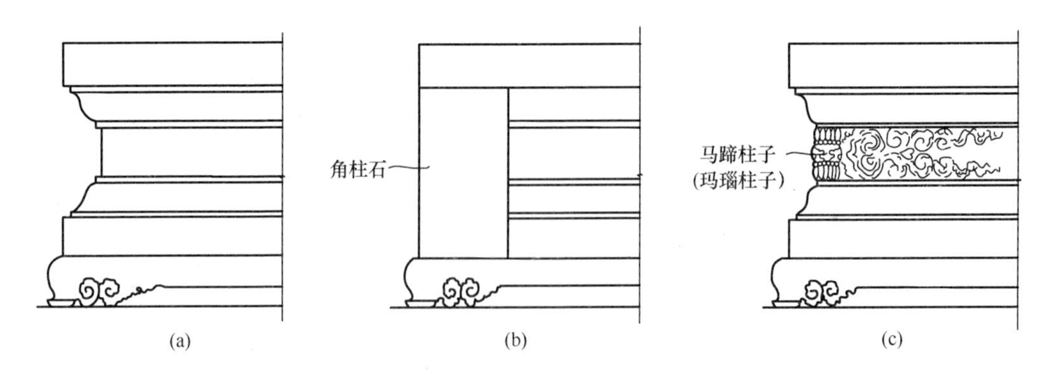

图 2-39　石须弥座转角处的不同处理

须弥座的各层高度比例：须弥座总高一般为 1/5～1/4 柱高，特殊情况可酌情增减。在这个总的高度范围内，一般将总高定为 51 份。各层所占份数有一定的规律，其规律如图 2-40 及表 2-3 所示。在须弥座的各层之中，圭角和束腰可再增高，但增高所需的份数应在 51 份之外另行增加。图 2-40 及表 2-3 中所示的须弥座各层的比例为一般规律，根据需要各层的比例可做适当调整。调整时，一般应遵循下述原则：①圭角和束腰的高度应基本一致，并应在各层的高度中最厚；②上枋应比下枋稍厚；③上、下枭的高度应一致，并应在各层高度中最薄。

须弥座的各层出檐原则：①上、下枋出檐一致，它们的外皮线就是台基的外皮线；②其他各层的出檐原则如表 2-3 所示。

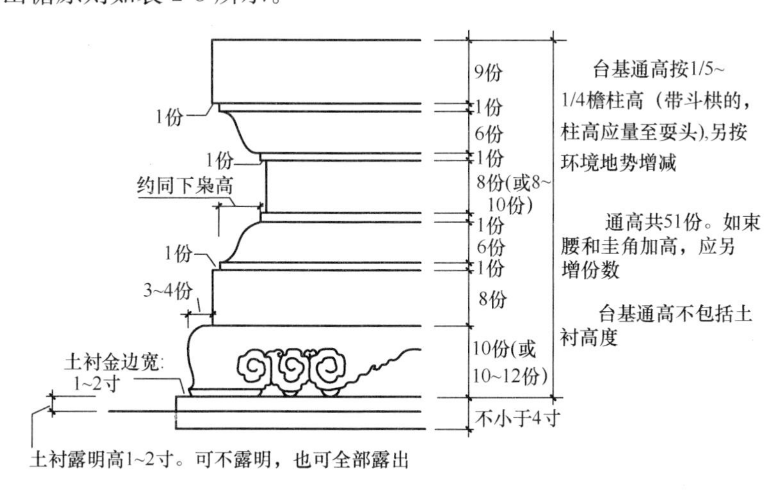

图 2-40　石须弥座的各部位尺度

表 2-3　石须弥座各部位权衡尺寸表

项目	长（出檐原则）	宽	高	说明
土衬	同圭角 金边 1～2 寸	圭角宽加金边宽	4～5 寸； 露明高：以 1～2 寸为宜。可不露明，也可超过 2 寸，但最高不超过本身高	（1）通高一般定为 51 份，如圭角和束腰需要增高时，应在 51 份之外另行增加； （2）上、下枋可为双层，高度另加，其中靠近上、下枭的一层较高； （3）带勾栏的须弥座，上枋表面可落地檐槽
圭角	台基通长加 1/4～1/3圭角高	3～5 倍本身高	10 份，可增高至 12 份（土衬如做落槽，应再加 1 份落槽深）	
下枋	等于台基通长	2～2.5 倍圭角高	8 份	
下枭	台基通长减 1/10 圭角高	同上	8 份（包括 2 份皮条线）	
束腰	下袅通长减下枭高	同上	8 份，可增高至 10 份	
上枭	同下枭	同上	8 份（包括 2 份皮条线）	

续表

<table>
<tr><th colspan="2">项目</th><th>长（出檐原则）</th><th>宽</th><th>高</th><th>说明</th></tr>
<tr><td colspan="2">上枋</td><td>同下枋</td><td>（1）不小于 1.4 倍径，不大于须弥座露明高；
（2）无柱者，不小于 3 倍本身厚</td><td>9 份</td><td rowspan="4">（1）通高一般定为 51 份，如圭角和束腰需要增高时，应在 51 份之外另行增加；
（2）下枋可为双层，高度另加，其中靠近上、下枭的一层较高；
（3）带勾栏的须弥座，上枋表面可落地檐槽</td></tr>
<tr><td colspan="2">角柱石</td><td>—</td><td>宽：约为 3/5 本身高；
厚：或同本身宽，或为 1/3～1/2 本身宽</td><td>上枋至圭角之间的距离</td></tr>
<tr><td rowspan="2">龙头</td><td>四角大龙头</td><td>总长：10/3 挑出长；
挑出长：约同角柱石宽</td><td>等于或大于角柱斜宽</td><td>大龙头高∶角柱宽≈2.5∶3 应大于上枋与勾栏地栿的总高度</td></tr>
<tr><td>正身小龙头</td><td>总长：5/2 挑出长或按后口与上枋里棱齐计算；
挑出长：约为 2.5/3 大龙头挑出长</td><td>小龙头宽∶望柱宽=1∶1</td><td>小龙头高：略大于本身宽</td></tr>
</table>

2.5.2　普通须弥座台基

普通须弥座的特点是：不做双层或“三台”式，不带雕刻，无栏板柱子和龙头（图 2-37）。

2.5.3　做法讲究的须弥座台基

2.5.3.1　带勾栏须弥座台基

带勾栏须弥座台基即带有栏板柱子的须弥座台基（图 2-41）。这种须弥座多用于较重要的宫殿建筑中。

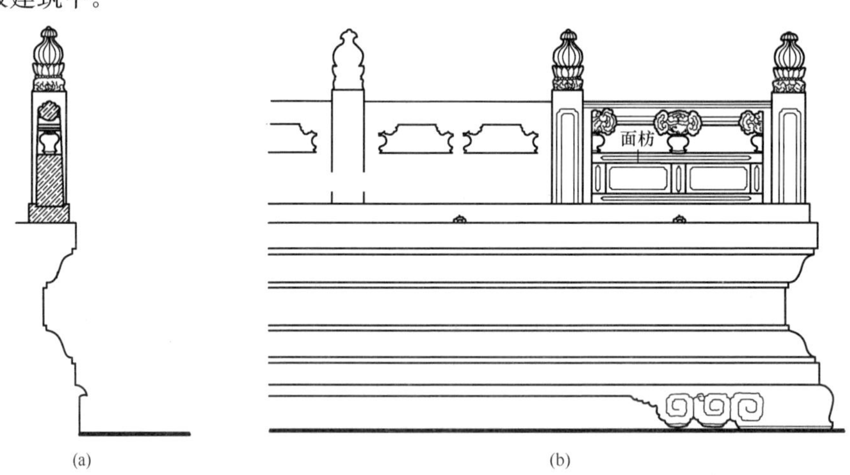

图 2-41　带栏板柱子的须弥座台基

2.5.3.2　带龙头的须弥座台基

带龙头的须弥座台基即在须弥座的上枋部位、勾栏的柱子之下，安装挑出的石雕龙头。龙头又称螭首，俗称喷水兽。台基四角位置的龙头称为大龙头或四角龙头，其他位置的龙头称为小龙头或正身龙头。须弥座台基如带龙头，必须为带勾栏须弥座，转角处必须为角柱做法（图 2-42）。

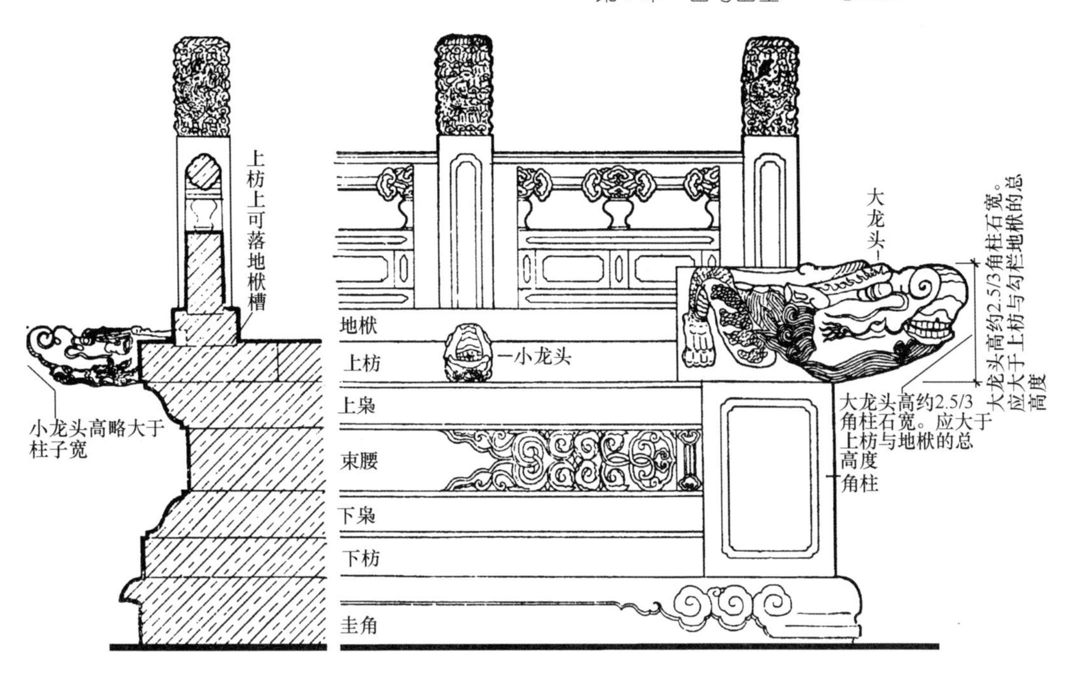

(a) 正立面与剖面示意图

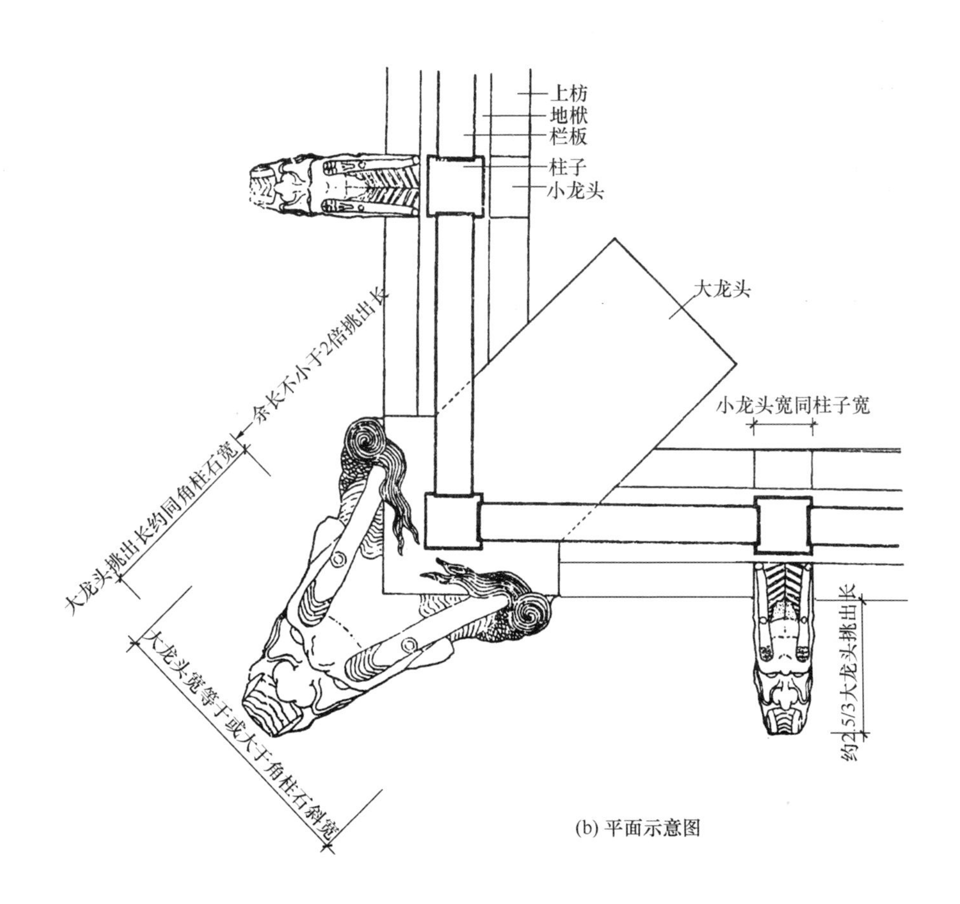

(b) 平面示意图

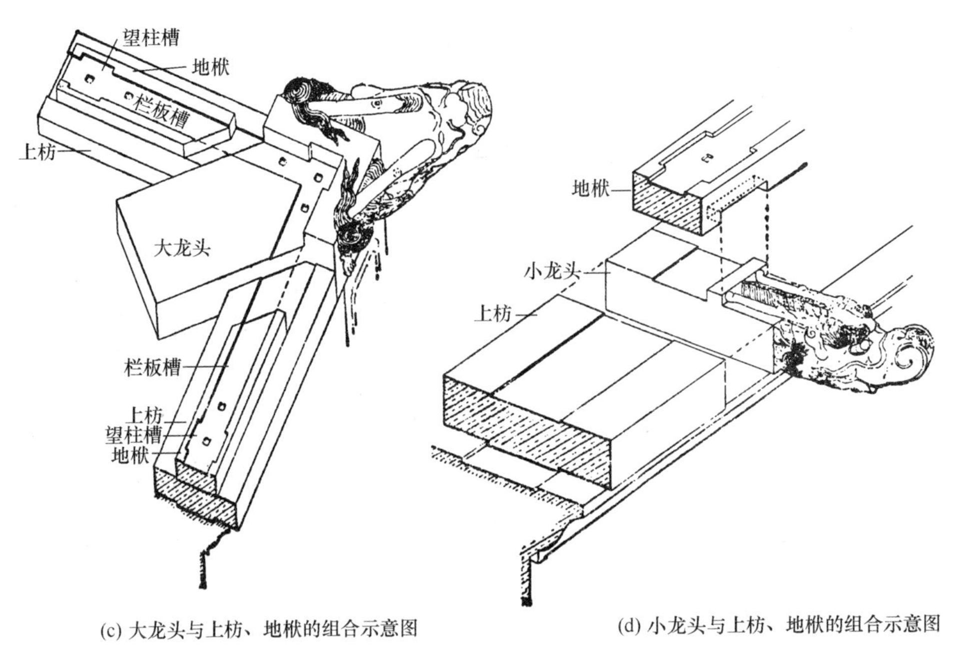

(c) 大龙头与上枋、地栿的组合示意图　　(d) 小龙头与上枋、地栿的组合示意图

图 2-42　带龙头的须弥座台基

2.5.3.3　多层须弥座台基

多层须弥座台基的层数大多为双层，极重要的宫殿建筑才采用"三台"做法（图 2-43）。多层须弥座作法的台基，下层须弥座必须为带龙头的须弥座，上层则比较灵活。多层须弥座台基一般较高大，增高的方法除了加大每层的高度外，还可以增加土衬的露明高度或将上、下枋做成双层。各层须弥座的高度可不相同，但最底层的应最高大。

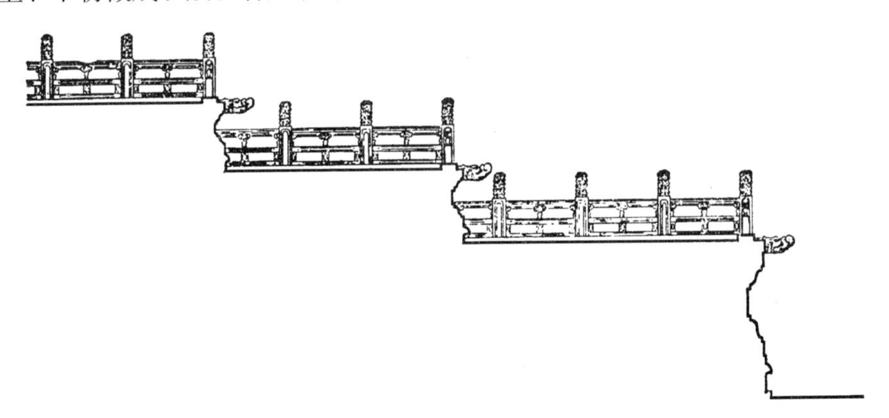

图 2-43　"三台"须弥座台基示意图

2.5.4　须弥座台基的雕刻

在须弥座台基上雕刻花纹，按其繁简程度可归纳为三种形式（图 2-44）。第一种，仅在束腰部位进行雕刻，这种形式最为常见；第二种，雕饰的幅度比第一种有所扩展，一般是在束腰和上枋这两个部位进行雕刻，但有时也在束腰和上、下枋三个部位上进行雕刻；第三种，所有的部位均有雕刻。

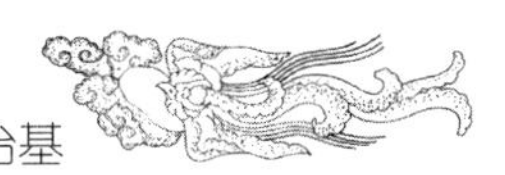

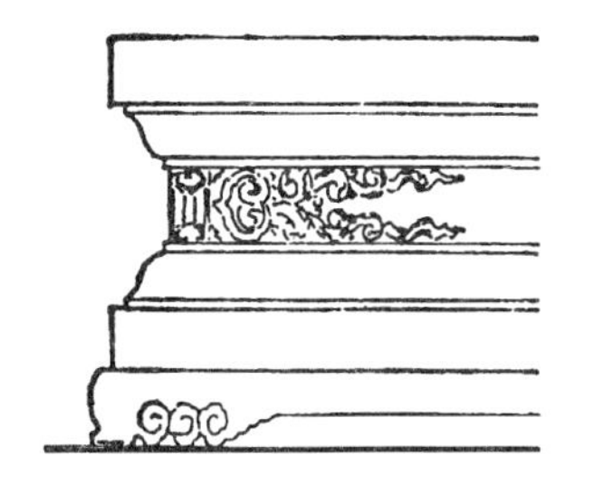

(a) 仅在束腰部位雕刻的须弥座

(b) 在束腰和上枋部位雕刻的须弥座

(c) 全部做雕刻的须弥座

图 2-44　石须弥座台基雕刻的部位

显然，在三种形式中，以第三者最为华贵。无论雕刻的程度多么简单，乃至不做雕刻的须弥座台基，圭角部位都要雕做如意云的纹样（图 2-45）。

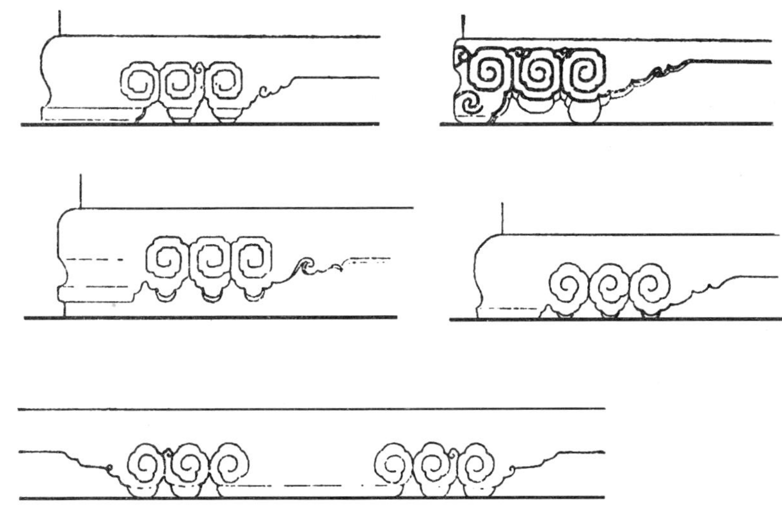

图 2-45　石须弥座台基圭角上的如意云纹样

束腰部位的雕刻图案以“椀花结带”为主（图 2-46），即以串椀状的花草构图，并以飘带相配。

庙宇中的须弥座，还可在束腰部位雕刻“佛八宝”等图案。束腰转角部位的雕刻式样一般做成“马蹄柱子”（俗称“玛瑙柱子”），或“金刚柱子”（又称“如意金刚柱子”），也可以不做什么特殊雕刻。庙宇中的须弥座，还可在束腰的转角处雕凿“力士”的形象。

上、下枭的雕刻多为“巴达马”，俗称“八字码”。巴达马是梵文的译音，意为莲花。但在古建筑雕刻图案中，“八字码”与“莲瓣”有很大区别。“莲瓣”为尖形花瓣，花瓣表面不做其他雕刻，而“八字码”的花瓣顶端呈内收状，花瓣表面还要雕刻出包皮、云子等纹样。虽然“八字码”和“莲瓣”都可以作为须弥座上的装饰纹样，但对于石制的须弥座来说，上、下枭雕刻更多采用的是“八字码”的式样（图 2-47）。

上、下枋上的雕刻图案以宝相花、番草（卷草）及云龙图案为主（图 2-48）。

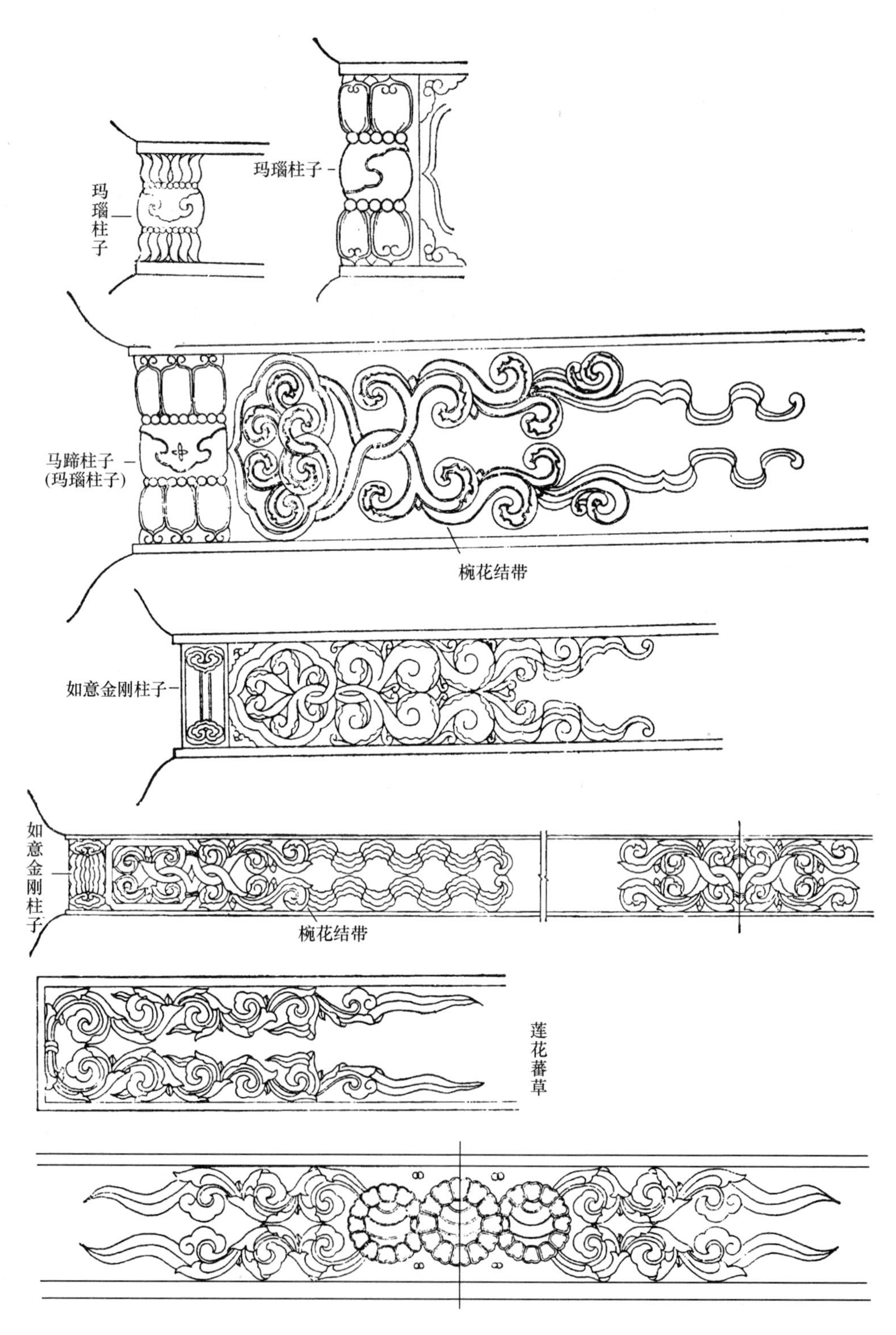

图 2-46　石须弥座台基束腰雕刻的常见图案

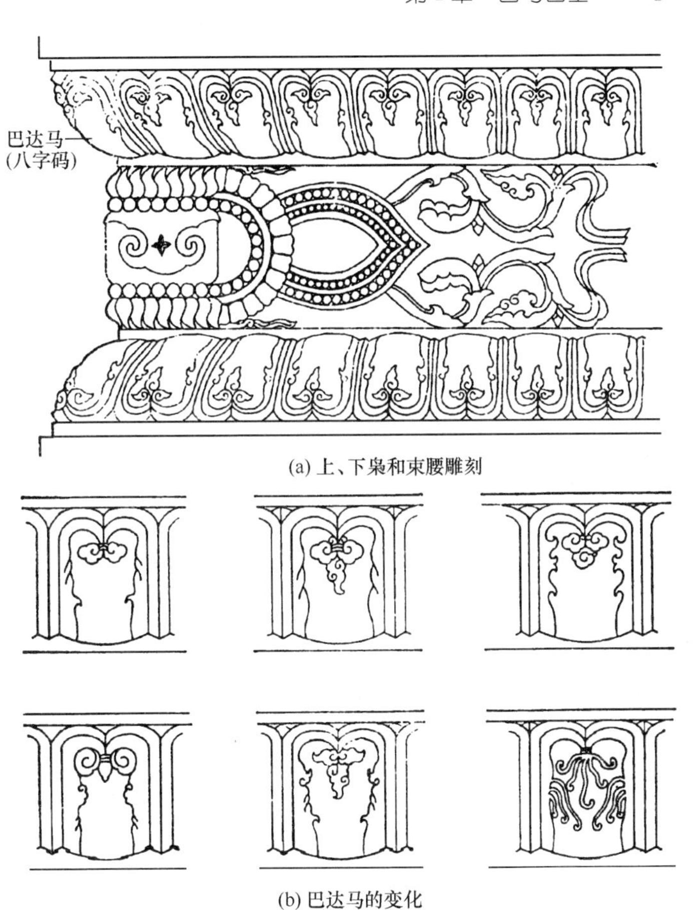

(a) 上、下枭和束腰雕刻

(b) 巴达马的变化

图 2-47　石须弥座台基上、下枭雕刻

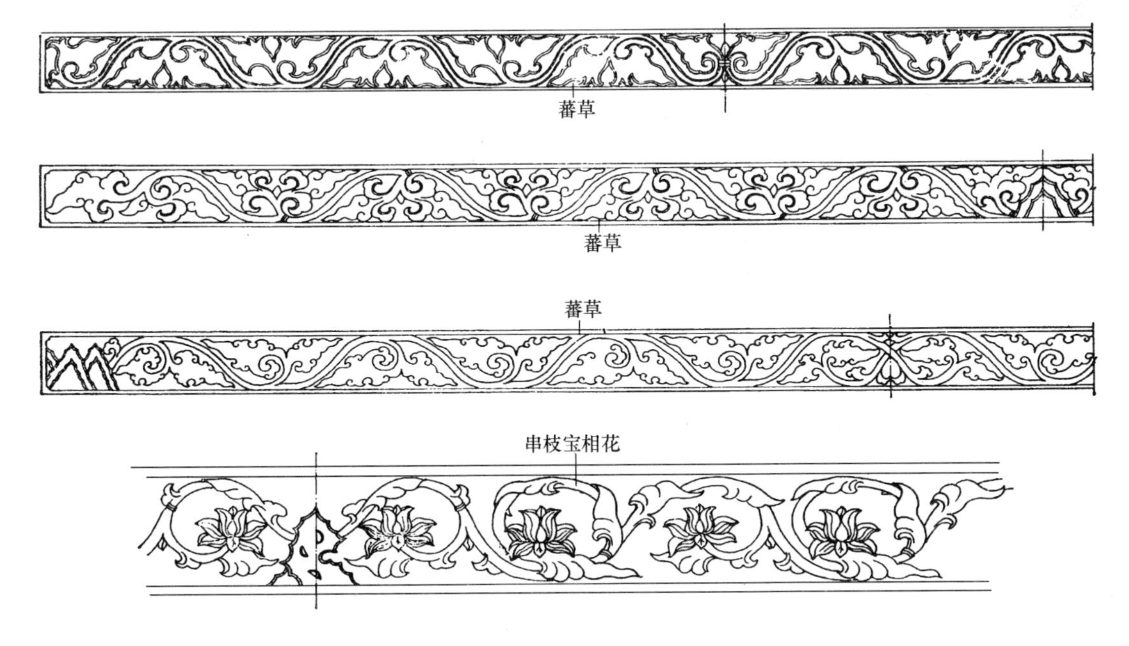

图 2-48　石须弥座台基上、下枋雕刻

2.6 台　阶

台阶是在建筑物入口处，不同标高地面之间设置的踏步，俗称“阶脚”。按作法可分成踏跺和礓礤（又作姜礤）两大类。

2.6.1 踏跺

2.6.1.1 踏跺的种类

（1）垂带踏跺（图 2-49）：两侧做“垂带”的踏跺，是常见的踏跺形式。

（2）如意踏跺（图 2-50）：不带垂带的踏跺，从三面都可上人，是一种简便的作法。

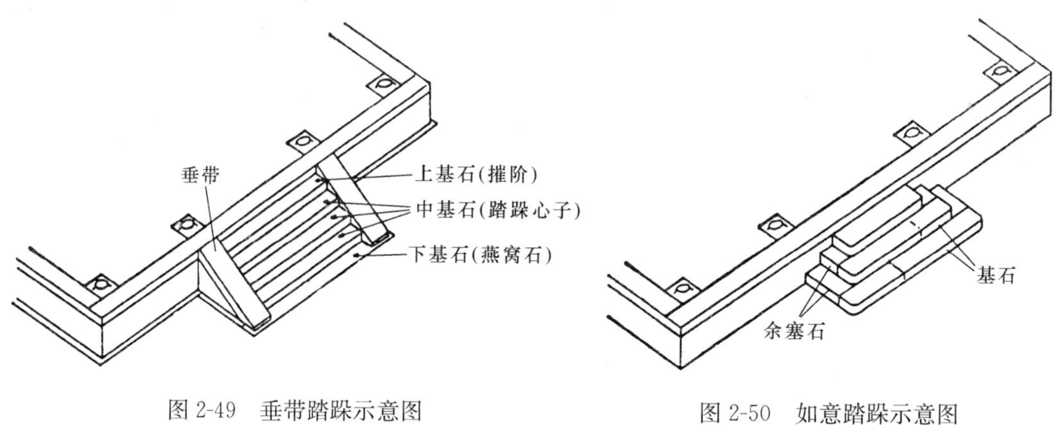

图 2-49 垂带踏跺示意图　　图 2-50 如意踏跺示意图

（3）御路踏跺（图 2-51）：带御路石的踏跺，仅用于宫殿建筑。

（4）单踏跺（图 2-52）：房屋间数较多时，踏跺常对应在三间的位置上。当特指只做一间踏跺时，称为单踏跺。

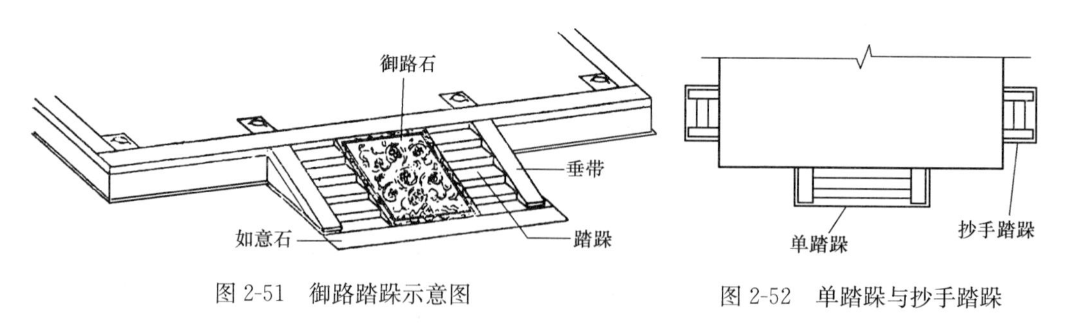

图 2-51 御路踏跺示意图　　图 2-52 单踏跺与抄手踏跺

（5）连三踏跺（图 2-53）：房屋的三间门前都做踏跺，且连起来做的。是垂带踏跺中较讲究的作法。

（6）带垂手的踏跺（图 2-54）：三间都做踏跺，但每间分着做的。中间的称为“正面踏跺”，两边的称为“垂手踏跺”。带垂手的踏跺仅用于宫殿式的建筑中。

（7）抄手踏跺（图 2-52）：位于台基或月台两侧面的踏跺。

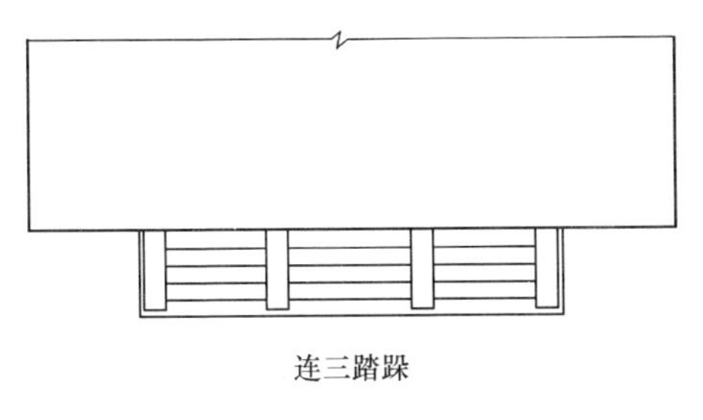

图 2-53 连三踏跺示意图

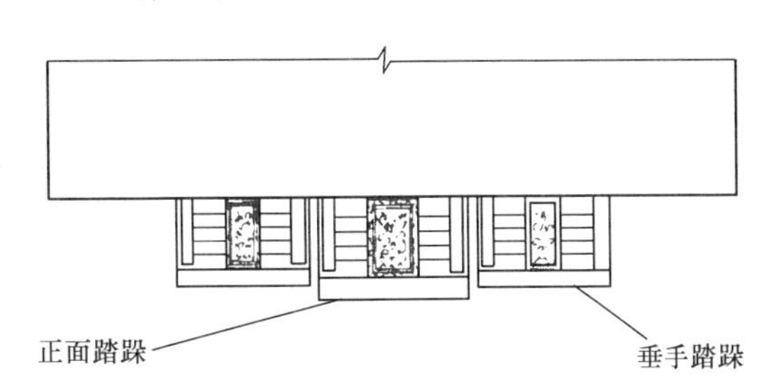

图 2-54 带垂手的踏跺示意图

(8) 莲瓣三和莲瓣五：“莲瓣三”指有三层台阶（不包括阶条石）的垂带踏跺。“莲瓣五”指有五层台阶的垂带踏跺。

(9) 云步踏跺（图 2-55）：用未经过加工的石料（一般应为叠山用的石料）仿照自然山石码成的踏跺。云步踏跺多用于园林建筑，故应兼顾实用与观赏的双重功能。

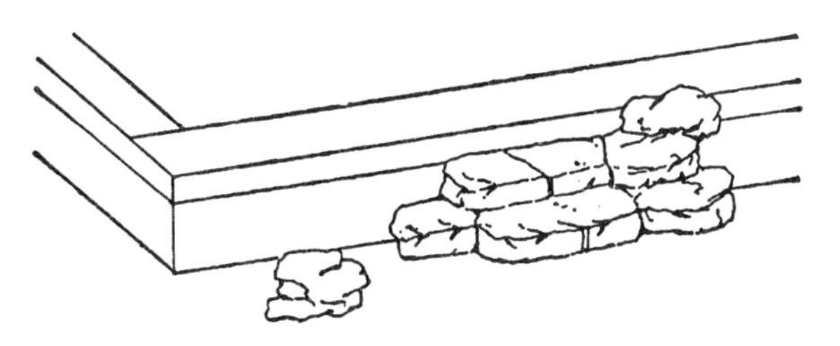

图 2-55 云步踏跺示意图

2.6.1.2 踏跺的组成（图 2-56）

(1) 燕窝石：垂带踏跺的第一层，又称“燕窝头”。台阶石活可通称为“基石”（俗称“阶石”），因此燕窝石又称为“下基石”。燕窝石与垂带交接处要按垂带形状凿出一个浅窝，称为“垂带窝”或“燕窝”。

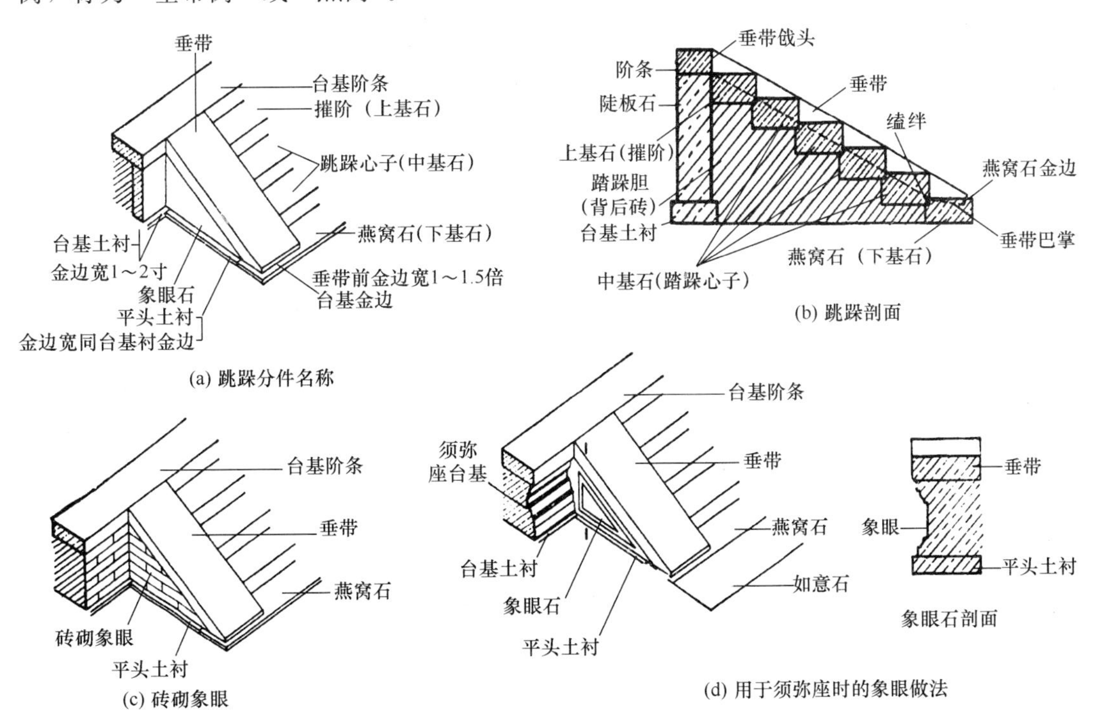

图 2-56 垂带踏跺的组成示意图

（2）上基石：台阶最上面的一层。由于紧靠阶条石，因此俗称“摧阶”。

（3）中基石：上基石与燕窝石之间的都称中基石，俗称“踏跺心子”。

（4）如意石：宫殿建筑的台阶燕窝石前，常再放置一块与燕窝石同长的石构件，称为如意石。如意石应与室外地面高度相同。

（5）平头土衬：平头土衬是台阶的土衬石，放在台基土衬和台阶燕窝石之间。平头土衬的露明高度及金边宽度应与台基土衬相同。

（6）垂带：垂带位于踏跺两侧，垂带与阶条石（或上枋）相交的斜面称为“垂带戗头”，垂带下端与燕窝石相交的斜面称为“垂带巴掌”。垂带戗头和垂带巴掌又可统称为“垂带靴头”或统称为“垂带马蹄”。垂带的规格形状应通过放大样来决定。先在地上弹出踏跺的高度、进深及阶条（或上枋），然后按图 2-56（b）所示画出垂带的侧面形状，并依此样制作出样板。

垂带与燕窝石的组合形式如图 2-57 所示。

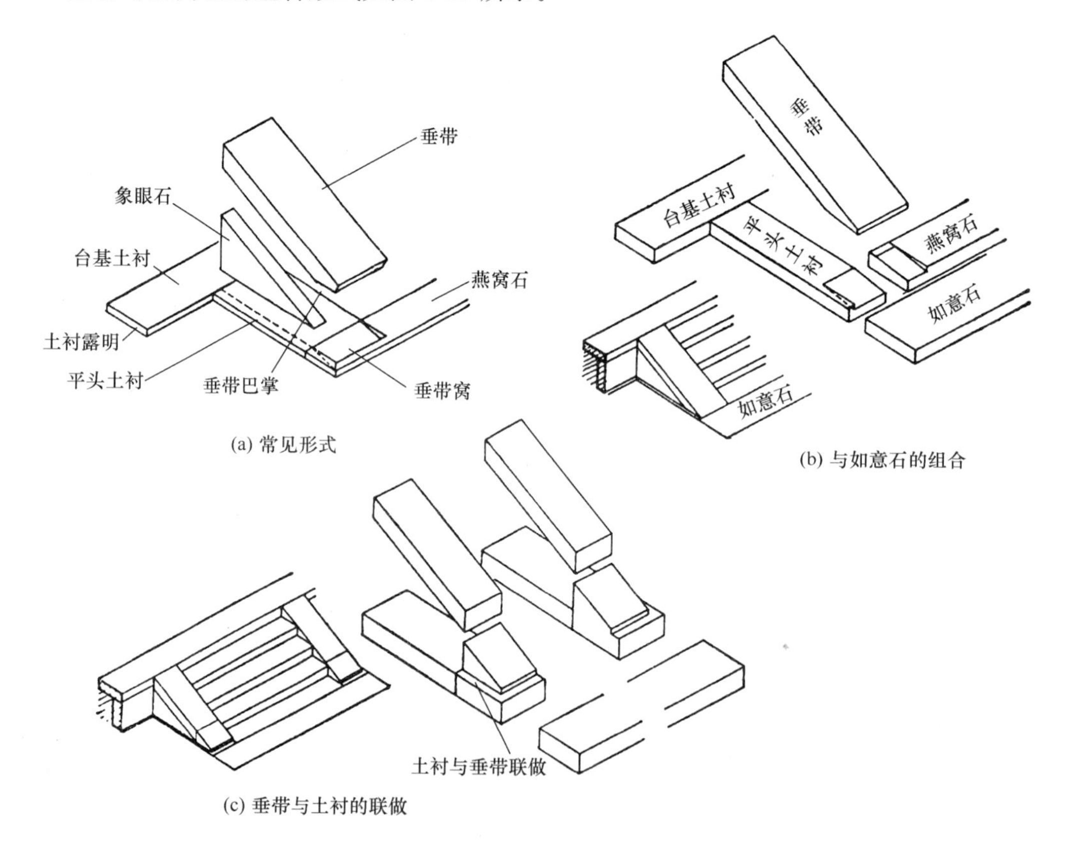

图 2-57　垂带与燕窝石的组合示意图

（7）象眼：垂带之下的三角形部分称为象眼。用石料做成的称象眼石。须弥座式的台基，象眼的剖面形状也可以呈图 2-56（d）中所示的样式。象眼与垂带可由一块石料联办而成。

（8）御路石：御路石放在御路踏跺的中间，将踏跺分成两部分（图 2-58）。御路石的侧面形状也应通过放大样的方法得到，具体方法与垂带放样方法类似。御路石的表面应做雕刻。雕刻的图案多为龙凤图案，如云龙、海水龙、龙凤呈祥等。寺庙建筑的御路石的雕刻图案多做宝相花图案（图 2-59）。

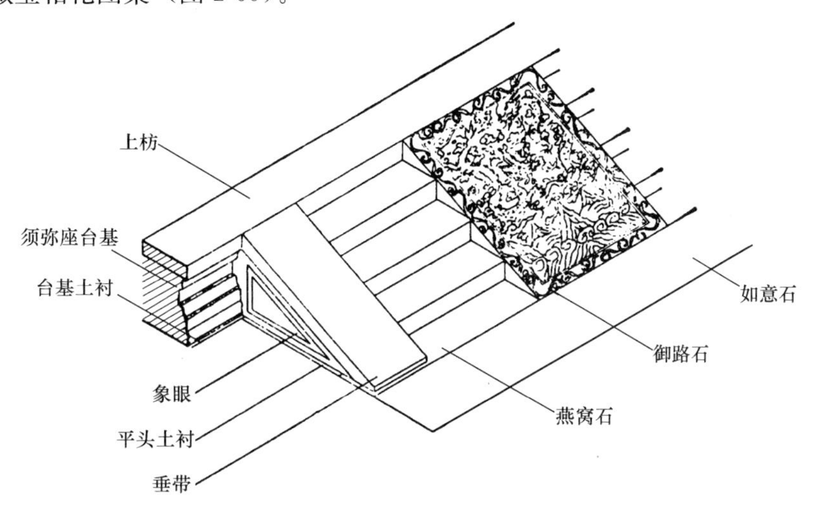

图 2-58　御路踏跺与御路石

(a) 海水龙纹样

(b) 宝相花纹样

图 2-59　御路石雕刻图案两例

2.6.1.3　踏跺层数与每层厚度的确定

踏跺的每一层为一“跺”，有几层就为几跺。在一般情况下，每一跺的习惯厚度为一

“阶”，即大式厚 5 寸、小式厚 4 寸。踏跺踩数的确定方法至少有三种，现分述如下：

(1) 在一般情况下，踏跺的燕窝石的水平高度是与台基土衬石的高度相同的。可用台明高（台基土衬上皮至阶条石上皮之间的距离）除以阶条石（或须弥座上枋）的厚度，得数即为台阶的层数（包括燕窝石）。如果阶条石（或须弥座）较厚，也可用台明高除以“一阶”（大式 5 寸、小式 4 寸），得数即为台阶的层数。当不能整除时，应适当调整厚度，但必须小于阶条石或须弥座上枋的厚度，直至得出的层数是整数为止。

如果在计算台阶层数的时候尚未最后确定台明的高度，也可适当调整台明的高度，以使台阶的层数能排出“好活”。

(2) 在台基没有土衬石、或台阶没有平头土衬的情况下，可用台明高除以阶条石厚度或“一阶”，得数即为台阶的层数（包括燕窝石）。未除尽的余数即为燕窝石的露明高度。

(3) 如意踏跺层数的确定与第一层的做法有很大关系。当第一层仅部分露出地面时，层数的确定方法为：用台明高除以阶条石厚，得数即为台阶的层数（包括第一层），未除尽的余数为第一层露出地面的高度。如意踏跺第一层的另一种做法是：全部露出地面。在这种情况下，可用台明高度减去阶条石厚，用得数除以阶条石厚（或“一阶”），得数即为台阶的层数。如不能整除时，应调整每层的厚度，直至能够除尽，得出整数为止。

2.6.2 礓礤

礓礤又称马尾礓礤，其特点是剖面呈锯齿形。礓礤的各部位名称如图 2-60 所示。礓礤台阶既可供人行走，又便于车辆行驶。因此多用于车辆经常出入的地方，如宫门、府门、过街牌楼等处。

与踏跺相同，礓礤也可分为“单礓礤”“连三礓礤”“抄手礓礤”等。礓礤还可以与踏跺混用，如“连三踏跺”中，中间的一间做成礓礤，两边做成踏跺。这种台阶既有富于变化的造型，又便于使用，可供车辆出入。

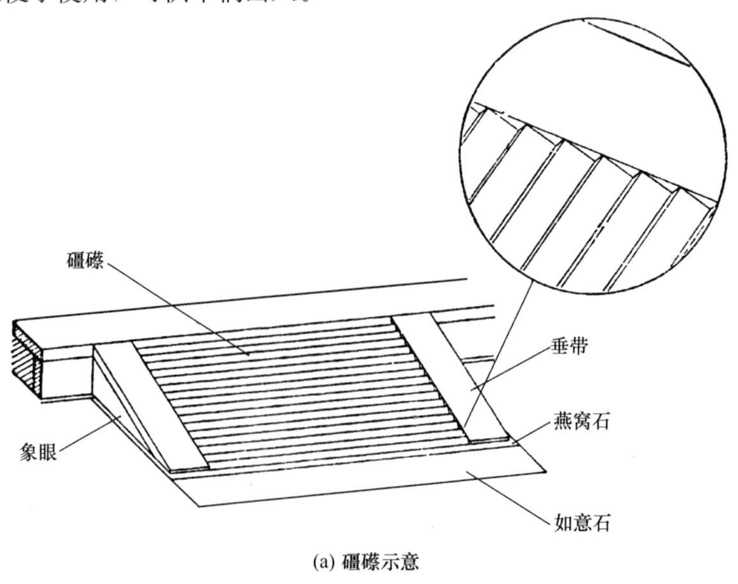

(a) 礓礤示意

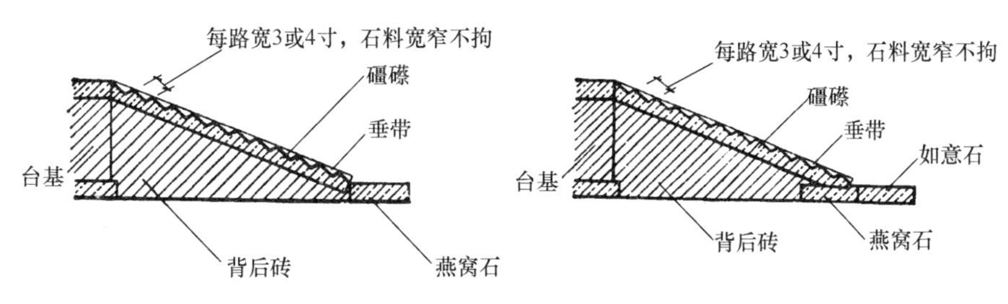

(b) 礓䃏剖面及端头的不同形式

图 2-60　礓䃏示意图

礓䃏一般不用御路，但必须用垂带。“连三礓䃏”应以垂带相分隔。礓䃏前的燕窝石有两种做法，一种同踏跺前的燕窝石做法相同，即应做出垂带窝来；另一种是不做垂带窝，整块石料完全露在垂带和礓䃏的外面，燕窝石的里皮与垂带及礓䃏相邻［图 2-60(b)］。讲究者，在燕窝石的外面还要放置一块如意石。礓䃏石所用的每块石料长度不拘，宽度不限，但每路礓䃏的宽度应相同。

2.6.3　台阶的权衡尺度及构件尺寸

台阶的面阔及进深权衡尺度见表 2-4。

表 2-4　台阶面阔及进深权衡尺度表

<table>
<tr><th colspan="3">项目</th><th>面阔</th><th>进深（台明外皮至燕窝石或如意石外皮）</th></tr>
<tr><td rowspan="5">垂带踏跺</td><td colspan="2">单踏跺</td><td>门楼踏跺：加垂带最宽不超过台基面阔，最窄不小于两扇门宽；
院内踏跺：等于或略小于单间房屋面阔，以两端垂带中到垂带中的尺寸等于房屋面阔为宜</td><td rowspan="3">方法 1：进深：台明高≈2.5～2.7：1；
方法 2：层数乘以踏跺宽度，就是踏跺进深</td></tr>
<tr><td colspan="2">连三踏跺</td><td>约等于三间房面阔，以两端垂带中到中的尺寸等于三间房的面阔为宜</td></tr>
<tr><td rowspan="2">带垂手的踏跺</td><td>正面踏跺</td><td>门楼踏跺：等于两扇门宽度（不包括垂带）；
院内踏跺：最宽不超过明间面阔，最小不小于两扇门宽（不包括垂带）</td></tr>
<tr><td>垂手踏跺</td><td>$\frac{3}{4}$正面踏跺</td><td>可比正面踏跺进深短 1 尺（即可以少一层台阶）</td></tr>
<tr><td colspan="2">抄手踏跺</td><td>等于或略小于$\frac{3}{4}$正面踏跺</td><td>宜小于正面踏跺进深</td></tr>
</table>

续表

项目	面阔	进深（台明外皮至燕窝石或如意石外皮）
如意踏跺	同垂带踏跺	同垂带踏跺
御路（御路踏跺）	同垂带踏跺	同垂带踏跺
礓磜	同垂带踏跺	不小于台明高的 3 倍，不大于台明高的 9 倍

台阶各部位构件尺寸见表 2-5。

表 2-5　台阶构件尺寸表

项目	长	宽	厚	其他
平头土衬	台基土衬外皮至燕窝石里皮	同台基土衬宽，金边同台基土衬金边宽	同台基土衬厚，露明高同台基土衬露明高	
垂带踏跺与御路踏跺的上基石、中基石	垂带之间的距离（御路踏跺减去御路石宽）	大式：1～1.5 尺；小式：0.85～1.3 尺，以 1～1.1 尺为宜	小式约 4 寸，大式约 5 寸。如做绦绊，再加绦绊 1 寸	（1）如做泛水，高度另加；（2）如火带垂手的踏跺，正面踏跺厚可比垂手踏跺稍薄，以保证正面踏跺的层数比垂手踏跺多一层；（3）燕窝石上的垂带窝深约 1 寸
燕窝石	踏跺面阔加 2 份平头土衬的金边宽度	同上基石宽度；垂带前金边宽：1～1.5 倍土衬金边	同上基石厚，露明高；同台基土衬露明高	
踏跺前如意石	同燕窝石长	1.5～2 倍上基石宽	3～4/10 本身宽	
垂带	阶条外皮至燕窝石金边	同阶条石宽，小式：可略大于阶条宽；大式：如果阶条较宽，可小于阶条，一般约为 5∶7	斜高同阶条石厚；台基为须弥座者，垂带斜高同上基石露明高	—
御路石	阶条（或上枋）外皮至燕窝石外皮	宽∶长≈3∶7	约 3/10 本身宽	
如意踏跺	最宽处同踏跺面阔，每层退进 2 倍踏跺宽	1.1～1.3 尺	大式约 5 寸；小式约 4 寸	如有泛水，高度另加
礓磜	同面阔	每路礓磜宽 3～4 寸每块石料宽窄不限	同垂带厚	—
象眼	台明外皮至垂带巴掌里皮	高：按台明高减阶条厚	按 1/3 本身宽或同陡板厚	

2.7　石　栏　杆

栏杆古作阑干，原是纵横之义；纵木为阑，横木为干。栏杆亦称钩阑，宋画中所常见的有木质镶铜的，或即此种名词的实物代表。梁思成先生在《中国建筑艺术图集》中对栏杆一词做了如下的解释：

“栏杆是台，楼，廊，梯，或其他居高临下处的建筑物边沿上防止人物下坠的障碍物；

其通常高度约合人身之半。栏杆在建筑上本身无所荷载，其功用为阻止人物前进，或下坠，却以不遮挡前面景物为限，故其结构通常都很单薄，玲珑巧制，镂空剔透的居多。英文通称 balustrade。”

我国最早的栏杆是木栏杆。在古代遗物中，我们所知最古的栏杆是汉画像石和冥器上的。在冥器中，有用横木直木的，有用套环纹的，有饰以鸟兽形的，图案不一，可见虽远在汉代，栏杆已是个富于变化性的建筑部分了。画像石中，如函谷关东门与两城山两画像石，却在寻杖之下用短柱，其下盆唇和地栿之间，复用蜀柱和横木，颇类云冈石窟中的料子蜀柱钩阑。次古的栏杆见于云冈，在中部第五窟中，门上高处刻有曲尺纹栏杆。这种形制，直至唐末宋初，尚通行于我国及日本。

图 2-61　南京栖霞山舍利塔曲尺钩阑

1930 年，卢树森、刘敦桢二位先生重修南京栖霞山舍利塔时，发掘得到曲尺纹残石栏版一块。后来重修栏杆便完全按照那形式补刻全部栏杆（图 2-61）。舍利塔的年代，梁思成先生认为是五代所重建，恐非隋朝原物。但是石栏版的年代，也许有比塔更古的可能；无论其为隋物抑或五代物，仍不失为现在所知道的我国最古的曲尺纹栏版实物。在这遗物上，可以看出它显然不仅完全模仿木栏杆的形式，而且完全模仿木质的权衡。以石仿木的倾向本极自然，千年来我国的石栏杆还没有完全脱离古法，也是为此。

在宋代李诫的《营造法式》中初次见到栏杆的比例。《营造法式》卷三，石作制度中，造钩阑之制：“[重台钩阑] 每段高四尺，长七尺。寻杖下用云栱瘿项，次用盆唇，中用束腰，下施地栿。其盆唇之下，束腰之上，内作剔地起突华版；束腰之下地栿之上亦如之。单钩阑，每段高三尺五寸，长六尺。上用寻杖，中用盆唇，下用地栿。其盆唇地栿之内作万字（或透空或不透空），或作压地隐起诸华（如寻杖远，皆于每间当中施单托神或相背双托神）。若施之于慢道，皆随其拽脚，令斜高与正钩阑身齐。其名件广厚皆以钩阑每尺之高积而为法。”

清式钩阑，梁思成先生的《营造算例》第七章第七节，也有规定的比例，但远不若宋式的严格：

“[长身地栿] 长按空当并面阔进深……宽按栏版厚二份。高同栏板厚。

[长身柱子] 高按台基明高二十分之十九。下榫长按见方十分之三。见方按明高十一分之二。柱头长按见方二份。如殿宇台基月台安做。高按阶条上皮至平板坊上皮高四分之一即是。

[长身栏板] 长按柱明高十分之十一为明长，外加两头榫各长按本身高二十分之一。明高按柱子明高九分之五，下面加榫同两头。厚按明高二十五分之六。”

宋、清两式钩阑相权衡，宋式比较纤细，而清式比较肥硕（图 2-62）。

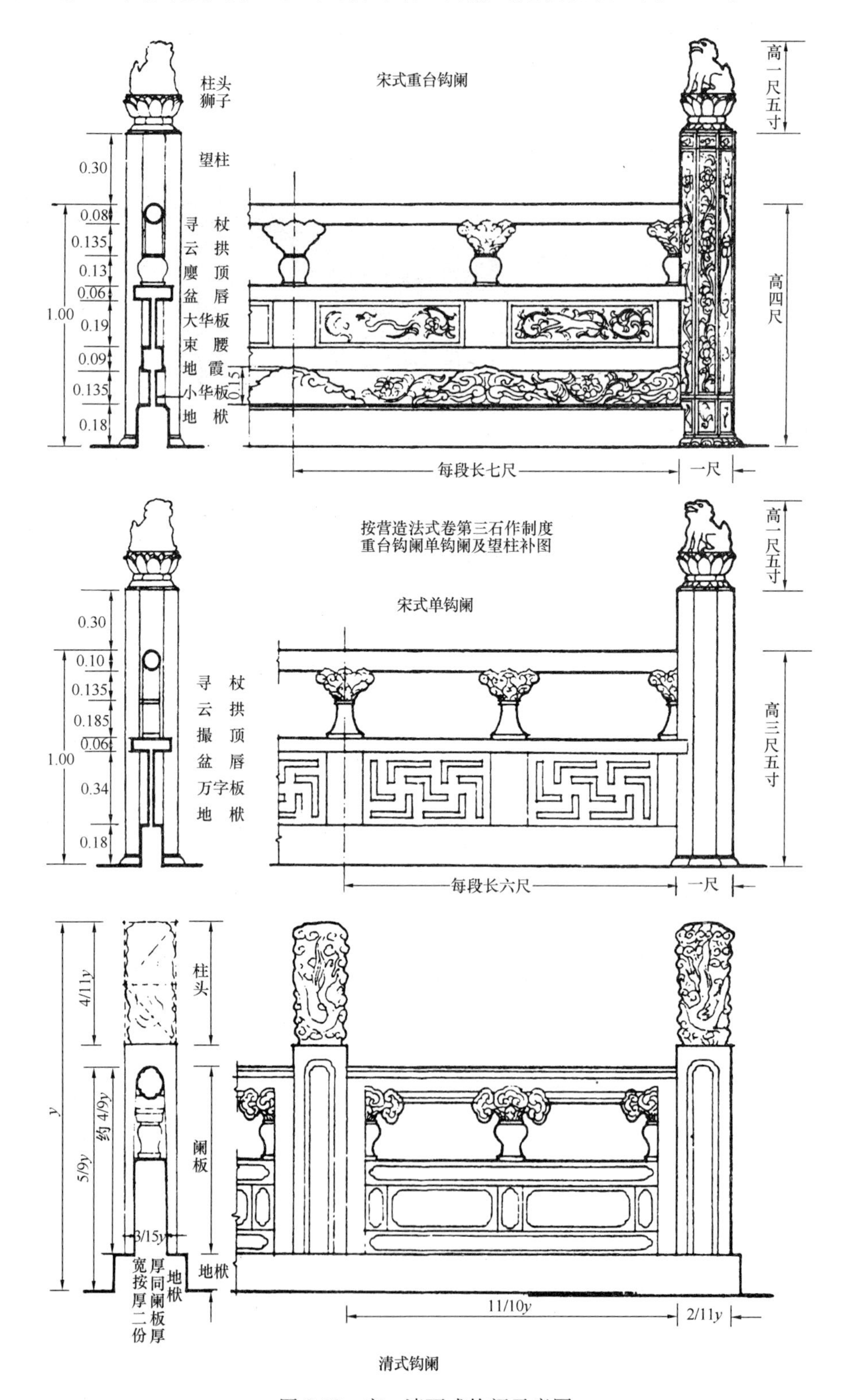

图 2-62 宋、清两式钩阑示意图

2.7.1　石栏杆的类别

（1）寻杖栏杆：也称禅杖栏杆，其特点是在栏板上半部分按照一定比例掏空，余留部分雕凿一些花饰。常用于台基、桥梁、楼阁等需要加以栏护的位置上，这种式样比较常见（图 2-63）。

图 2-63　北京故宫内石栏杆

（2）栏板式栏杆：即只有望柱及柱间栏板而不用寻杖宝瓶等物。栏板有的雕透空的花纹为卍字卷草等，玲珑华丽；有的不透空雕刻龙、云、故事等；有的栏板则是光平无华。也有的在栏杆上下加横枋的（栏板雕花上下枋光素），也很别致可爱（图 2-64）。

(a) 赵县济美桥石栏杆

(b) 北京北海静心斋内石栏杆

图 2-64　栏板式栏杆

（3）欃子式栏杆：这种栏杆只有望柱及立柱（欃子）而不用栏板，也觉大方不俗（图 2-65）。

（4）罗汉栏板：只有栏板而不用望柱的石栏杆叫罗汉栏板，这种式样常用在园林公园的石桥上。栏板两端并用抱鼓石，此种栏板颇为素雅而有园林气氛（图 2-66）。

图 2-65　欃子式栏杆示意图

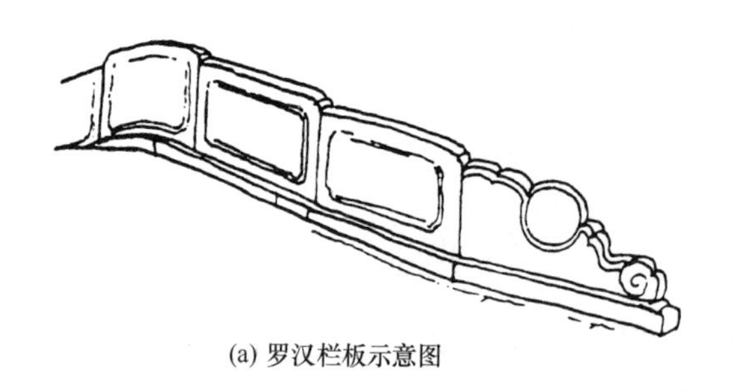

(a) 罗汉栏板示意图

(b) 北京颐和园内石桥上罗汉栏板

图 2-66　罗汉栏板

（5）石坐凳栏杆：在花园里或山中，庙内常用长石条搁在石墩子上或矮石柱侧，作为矮栏杆，可坐着休息及闲眺。此种栏杆在园林内常见（图 2-67）。

图 2-67　苏州网师园内石坐凳栏杆

2.7.2　各部位名称及其尺寸

现以常见的寻杖栏杆为例，将各部位名称及比例关系、尺寸分述如下：

石栏杆由地栿、栏板和望柱组成（图 2-68）。台阶上的栏杆由地栿、栏板、望柱（柱子）和抱鼓组成。台阶上的栏板、柱子等在垂带之上，故称为"垂带上栏杆"，分别有"垂带上柱子""垂带上栏板"和"垂带上地栿"。也称"斜柱子""斜栏板"和"斜地栿"。台基上的栏杆与垂带上的栏杆相应称为"长身柱子""长身栏板"和"长身地栿"。

栏杆的各部位名称、比例关系及尺寸如图 2-69 和表 2-6 所示。

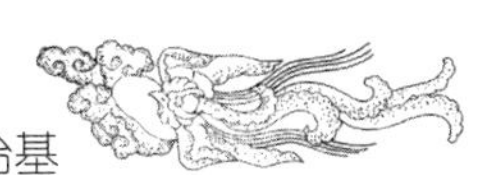

表 2-6 石栏杆各部构件权衡尺寸表

项目	长	宽	高	其他
地栿（长身地栿）	通长：等于台明通长减 1～1/2.5 地栿高； 每块长：无定	地栿宽：望柱宽≈1.5：1； 落槽（仔口）宽：等于望柱宽	地栿高：地栿宽＝1：2； 落槽（仔口）深：不超过 1/10 本身高	地栿落槽内凿榫窝，地栿下应凿过水沟
柱子（长身柱子）	—	望柱宽（见方）：望柱高≈2：11；栏板槽宽等于栏板宽，槽深不超过 1/10 本身宽	全高：2～4.5 尺，视台基高酌定，在可能情况下不超过台基高，但台基超过 1.5 米或低于 0.8 米时，可不受台基高的限制； 柱头高：约 1/3 全高； 多层须弥座望柱高：(1) 高度约为最上层须弥座高的 7/8；(2) 各层望柱高可相等	望柱底面要凿榫头，榫头宽为 3/10 望柱宽，榫头长约等于宽。栏板槽内应凿出榫窝，以备安装栏板榫头
栏板（长身栏板）	露明长：高≈2：1 根据实际通长和块数决定长度	栏板下口厚：8/10 望柱宽； 栏板上口厚：6/10～7/10 望柱宽	栏板高：望柱高＝5：9； 面枋高：栏板高≈5：10； 禅杖厚：栏板高≈2：10	每块长度应另加栏板槽深尺寸。栏板两端应做榫，榫头长约为 0.5 寸
垂带上地栿（斜地栿）	通长：垂带长加上枋金边（1/2～1/5 地栿厚）再减垂带金边（1～2 倍上枋金边）； 每块长：无定	同长身地栿	斜高同长身地栿高	地栿槽内应凿栏板和柱子的榫窝
垂带上柱子	—	同长身柱子宽	短边高等于长身望柱高	榫头规格同长身望柱榫头规格。栏板槽内应凿出榫窝，以备安装栏板榫头
垂带上栏板	约同长身栏板长，根据实际通长及块数合算	同长身栏板	斜高同长身栏板高	如只有一块栏板，且长度较短，可只凿出两个净瓶（均为半个）
抱鼓	1/2～1 份栏板长	同栏板	同垂带上栏板	—

2.7.2.1 地栿

地栿是栏板的首层（图 2-68、图 2-69）。地栿的上面须按望柱和栏板的宽度凿出一道浅槽来，即“落槽”，落出的槽又称“仔口”。槽内还应凿出栏板和柱子的榫窝(2-70)。长身地栿的底面应凿出“过水沟”(图 2-70)，以利流泻台基上的雨水。过水沟的位置应在望柱之间。在实际操作中，仔口、榫窝及过水沟可留待安装时再凿打。地栿的位置应比台基阶条石(或须弥座的上枋)退进一些，退进的部分叫“台基金边”或“上枋金边”。金边宽度约为 1/2～1/5 地栿厚。

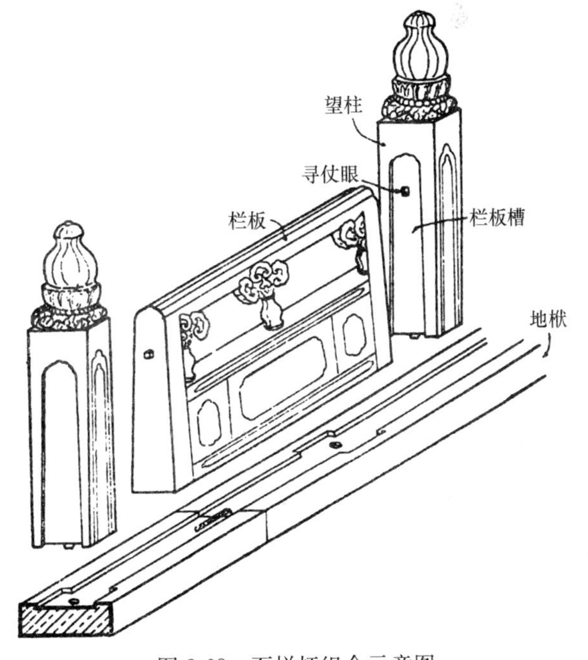

图 2-68 石栏杆组合示意图

2.7.2.2 望柱

俗称柱子（图 2-68、图 2-69）。

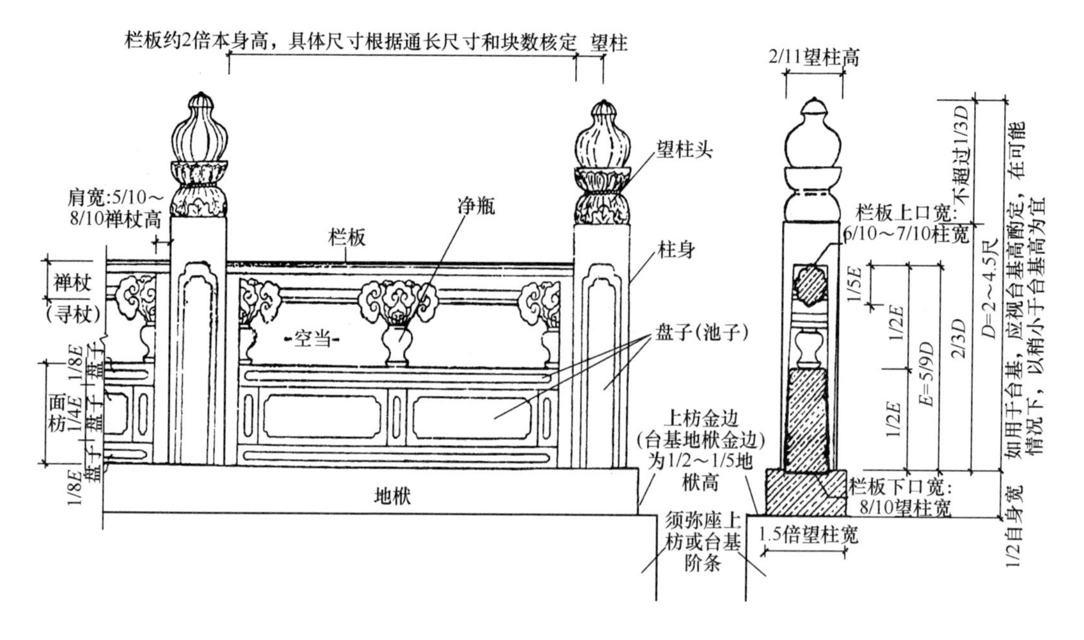

图 2-69　石栏杆各部位名称及比例关系示意图

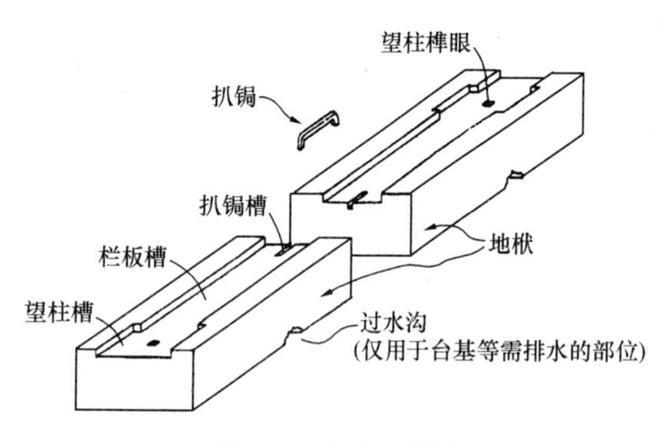

图 2-70　地栿示意图

柱子可分为柱头和柱身两部分。柱身的形状比较简单，一般只落两层“盘子”，又称“池子”。柱头的形式种类较多，常见的官式做法有：莲瓣头、复莲头、石榴头、二十四气头、叠落云子、水纹头、素方头、仙人头、龙凤头、狮子头、马尾头（麻叶头）、八不蹭等（图 2-71）。地方风格的柱头更是丰富多变，如各种水果、各种动物、文房四宝、琴棋书画、人物故事等等。选用柱头时应注意以下两点：(1) 在同一座建筑上，地方风格的柱头可采用多种式样，而官式建筑的柱头一般只采用一种式样；(2) 选择柱头式样时应注意与建筑环境的配合。如重要宫殿应采用龙凤头，与自然有关的（如地坛、天坛等），可采用二十四气头（取二十四个节气之意）。

柱子的底面要凿出榫头，柱子的两个侧面要落栏板槽，槽内要按栏板榫的位置凿出榫窝。在一般情况下，望柱的高度应比台基的高度略低，但台基超过 1.5m 或低于 0.18m 时，可不受此限制。多层须弥座的各层望柱高度一般均应与最上层的望柱高度相同。长身柱子的总块数应为双数，具体数量需结合栏板尺寸核算。

2.7.2.3　栏板

栏板在望柱与望柱之间，从侧面看，上窄下宽（图 2-68、图 2-69）。

栏板的式样可分为禅杖栏板和罗汉栏板（图 2-72）两大类。禅杖栏板也称寻杖栏板，按其雕刻式样又可分为透瓶栏板（图 2-73）和束莲栏板（图 2-74）。

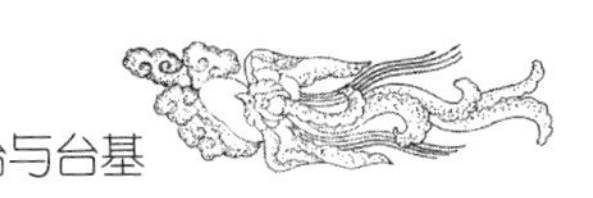

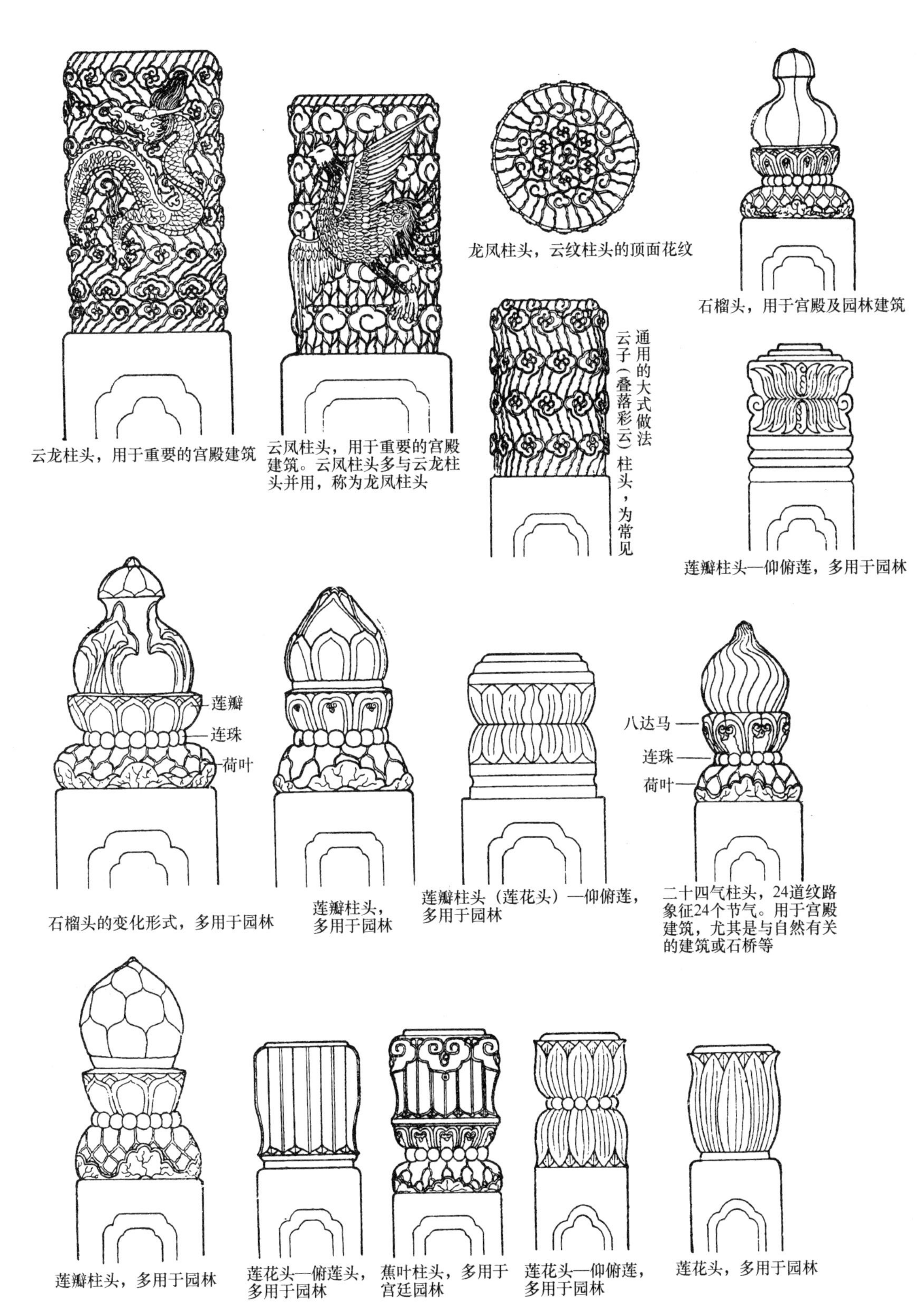
云龙柱头，用于重要的宫殿建筑
云凤柱头，用于重要的宫殿建筑。云凤柱头多与云龙柱头并用，称为龙凤柱头
龙凤柱头，云纹柱头的顶面花纹
通用的大式做法云子（叠落彩云）柱头，为常见
石榴头，用于宫殿及园林建筑
莲瓣柱头—仰俯莲，多用于园林
莲瓣
连珠
荷叶
石榴头的变化形式，多用于园林
莲瓣柱头，多用于园林
莲瓣柱头（莲花头）—仰俯莲，多用于园林
八达马
连珠
荷叶
二十四气柱头，24道纹路象征24个节气。用于宫殿建筑，尤其是与自然有关的建筑或石桥等
莲瓣柱头，多用于园林
莲花头—俯莲头，多用于园林
蕉叶柱头，多用于宫廷园林
莲花头—仰俯莲，多用于园林
莲花头，多用于园林

(a) 常见的官式柱头样式

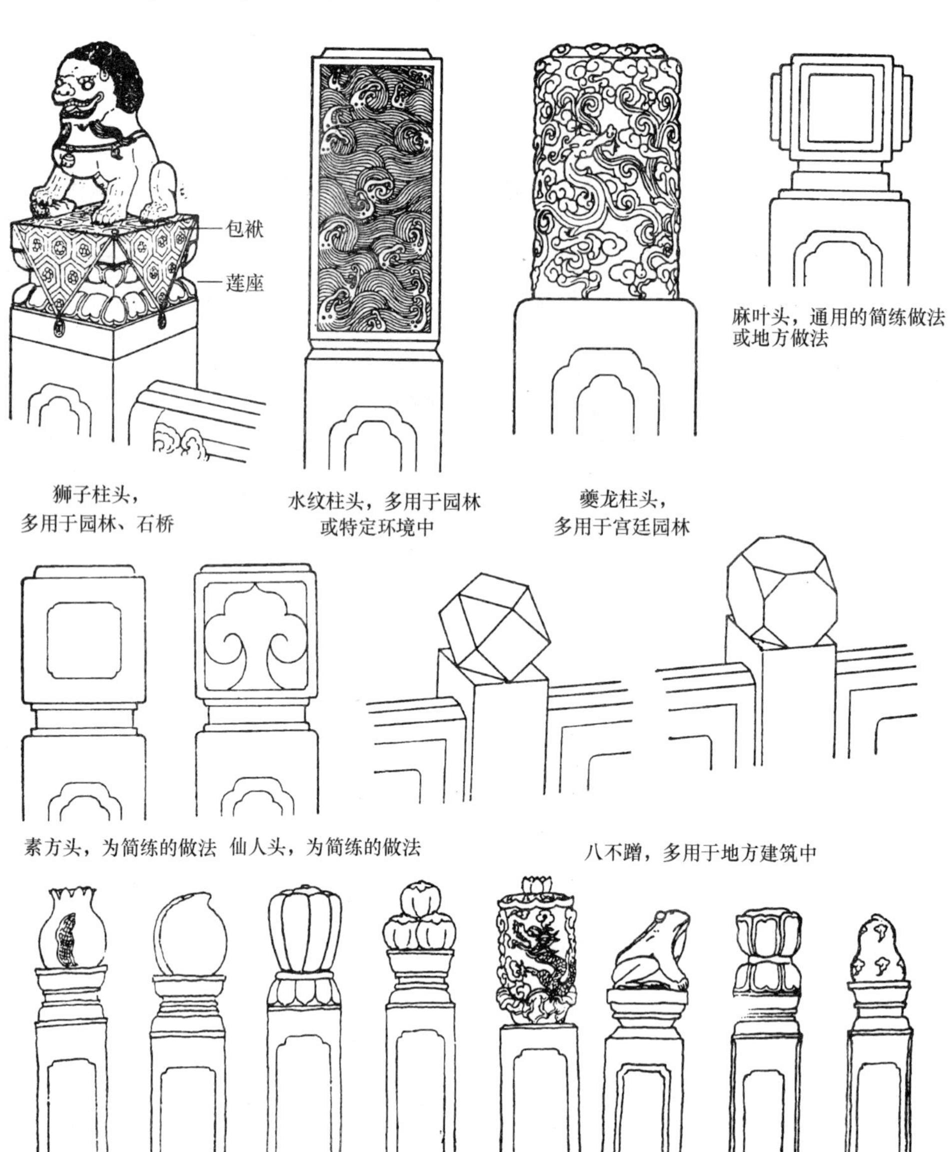

(b) 常见地方风格的柱头样式

图 2-71　望柱头的样式

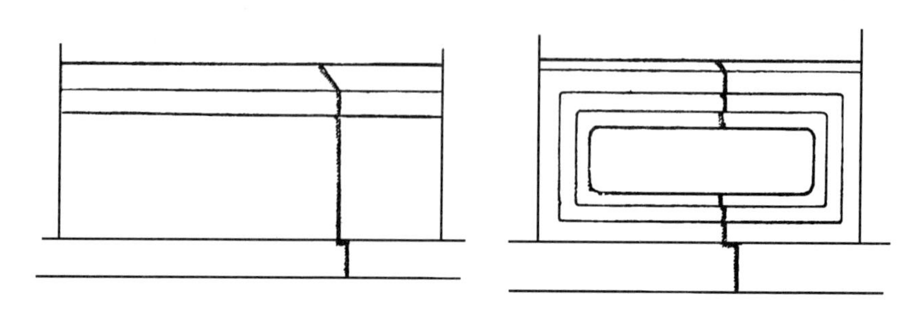

图 2-72　罗汉栏板示意图

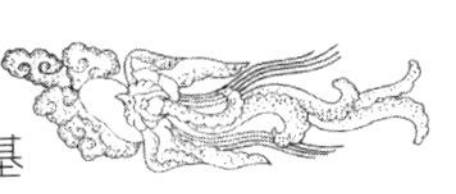

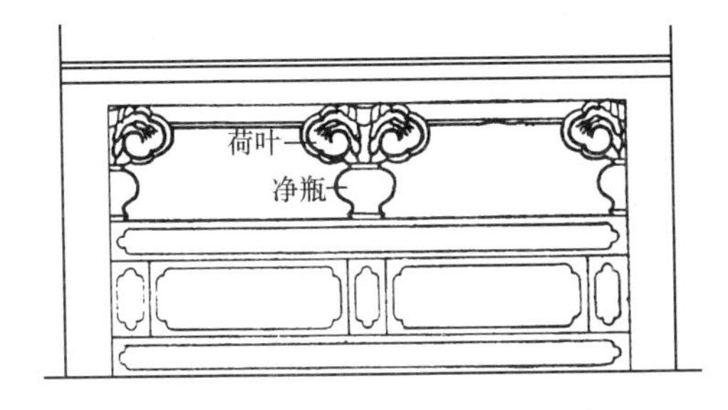

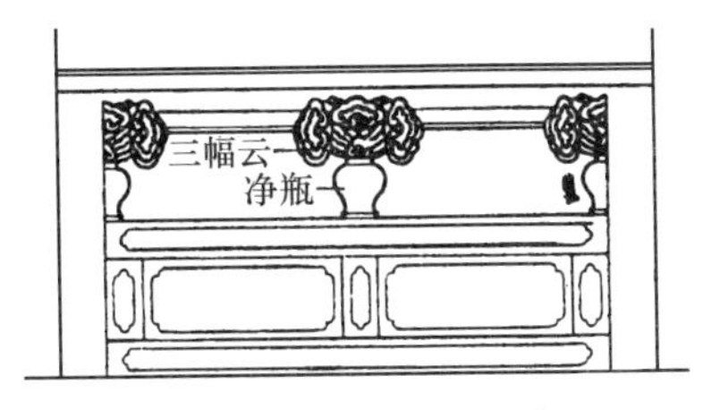

(a) 透瓶栏板的标准式样

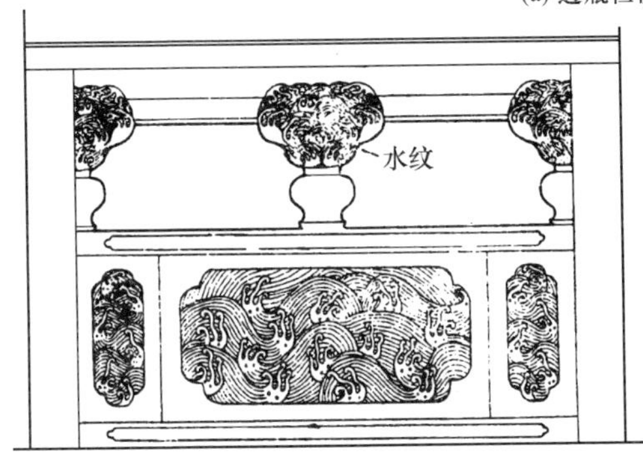

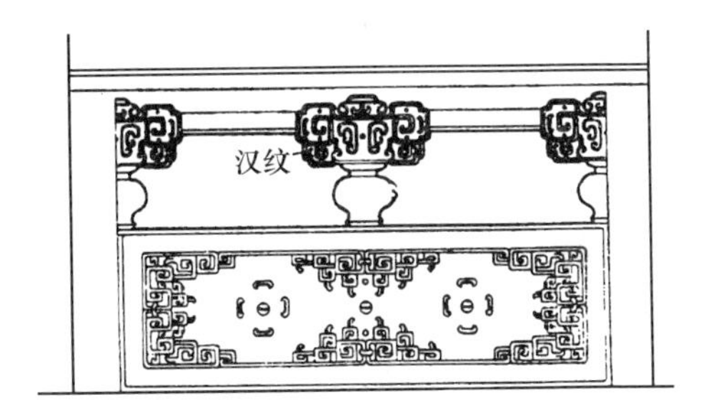

(b) 透瓶栏板的变化形式

图 2-73　透瓶栏板示意图

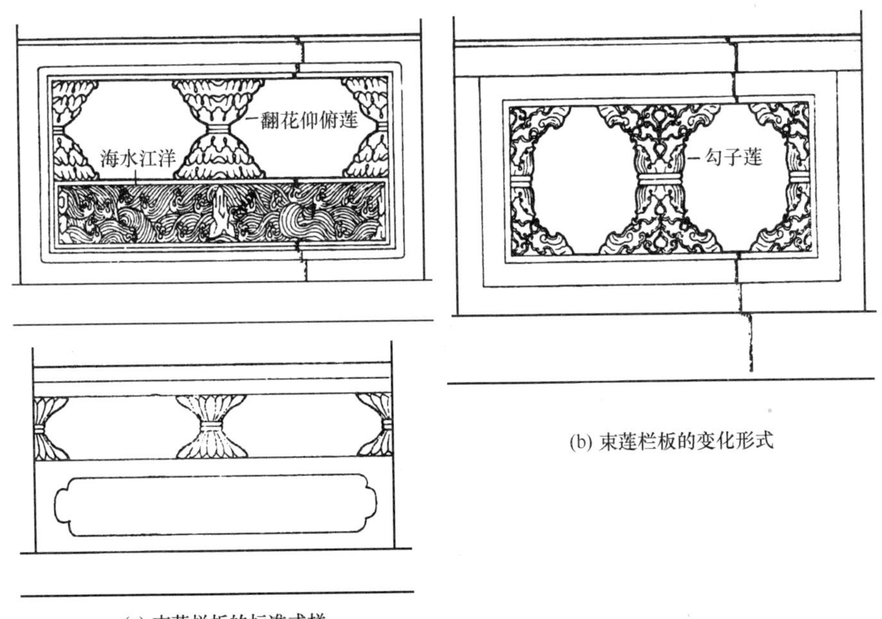

(b) 束莲栏板的变化形式

(a) 束莲栏板的标准式样

图 2-74　束莲栏板示意图

在各种式样的栏板中，禅杖栏板较为常见。禅杖栏板中又以透瓶栏板最常见。透瓶栏板由禅杖（寻杖）、净瓶和面枋组成。禅杖上要起鼓线。净瓶一般为三个，但两端的只凿做一半。垂带上栏板或某些拐角处的栏板，净瓶可为两个，每个都凿成半个的形式。净瓶部分一般为净瓶荷叶或净瓶云子，有时也改做其他图案，如牡丹、宝相花等，但外形轮廓不应改变。面枋上一般只“落盘子”，或称为“合子”。极讲究的，也可雕刻图案。在“合子”中雕刻者称为“做合子心”。

栏板的两头和底面要凿出石榫，安装在柱子和地栿上的榫窝内。

2.7.2.4　垂带上栏杆

垂带上栏杆的尺寸应以“长身柱子”“长身栏板”和“长身地栿”的尺寸为基础，根据块数核算出长度，再根据垂带的坡度，求出准确的规格（图 2-75）。垂带上柱子的顶部与“长身柱子”做法相同，但底部应随垂带地栿做成斜面（图 2-75）。

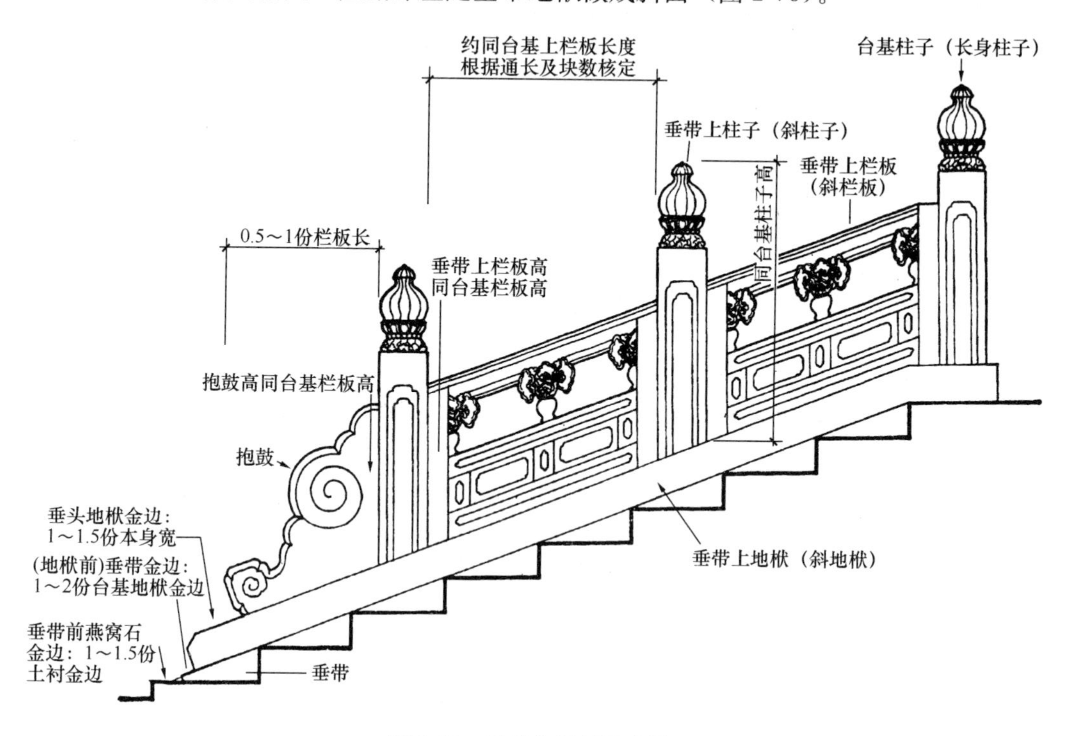

图 2-75　垂带上栏板示意图

垂带上地栿的两端称为“垂头地栿”。上下两端的做法各不相同，上端称为“台基上垂头地栿”，下端称为“踏跺上垂头地栿”（图 2-76）。踏跺上垂头地栿应比垂带退进一些，称为“地栿前垂带金边”，其宽度为台基上地栿金边的 1～2 倍。踏跺上垂头地栿之上的抱鼓退进的部分称为“垂头地栿金边”，其宽度为地栿本身宽度的 1～1.5 倍。

垂带地栿可与垂带“联办”，甚至可与垂带下的象眼“联办”。

抱鼓位于垂带上栏板柱子的下方（图 2-75）。抱鼓的大鼓内一般仅做简单的“云头素线”，但如果栏板的合子心内做雕刻者，抱鼓上也可雕刻相同题材的图案花饰（图 2-77）。抱鼓的尽端形状多为麻叶头和角背头两种式样。抱鼓石的内侧面和底面要凿做石榫，安装在柱子和地袱的榫窝内。

垂带上栏杆的各部位比例关系如图2-75和表2-6所示。

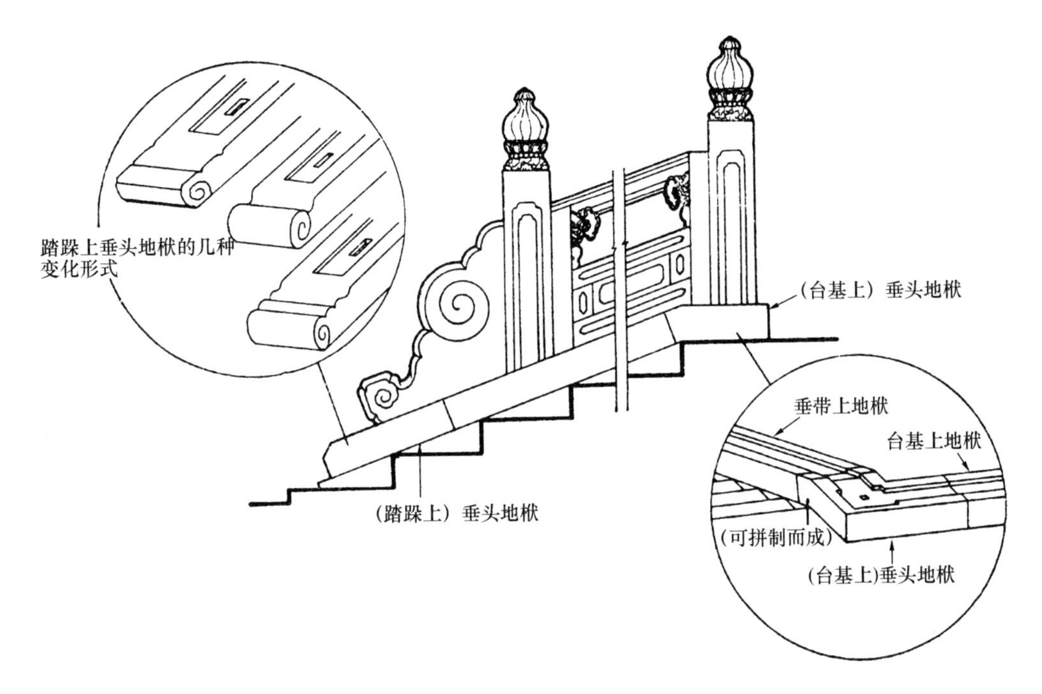

图2-76　垂头地栿示意图

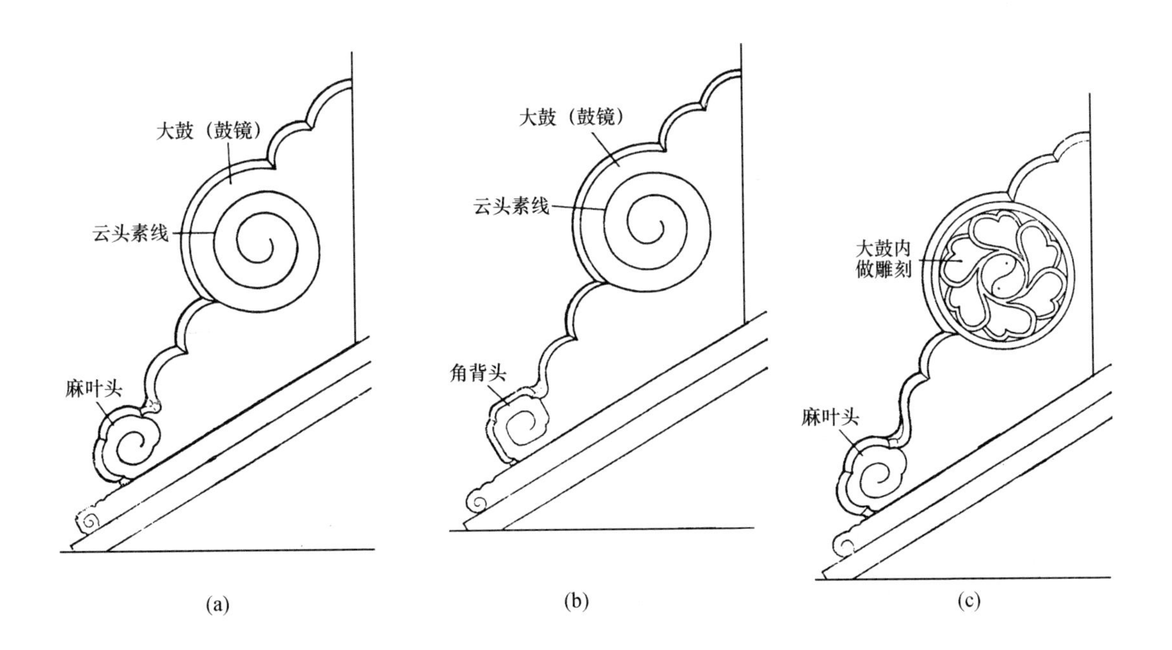

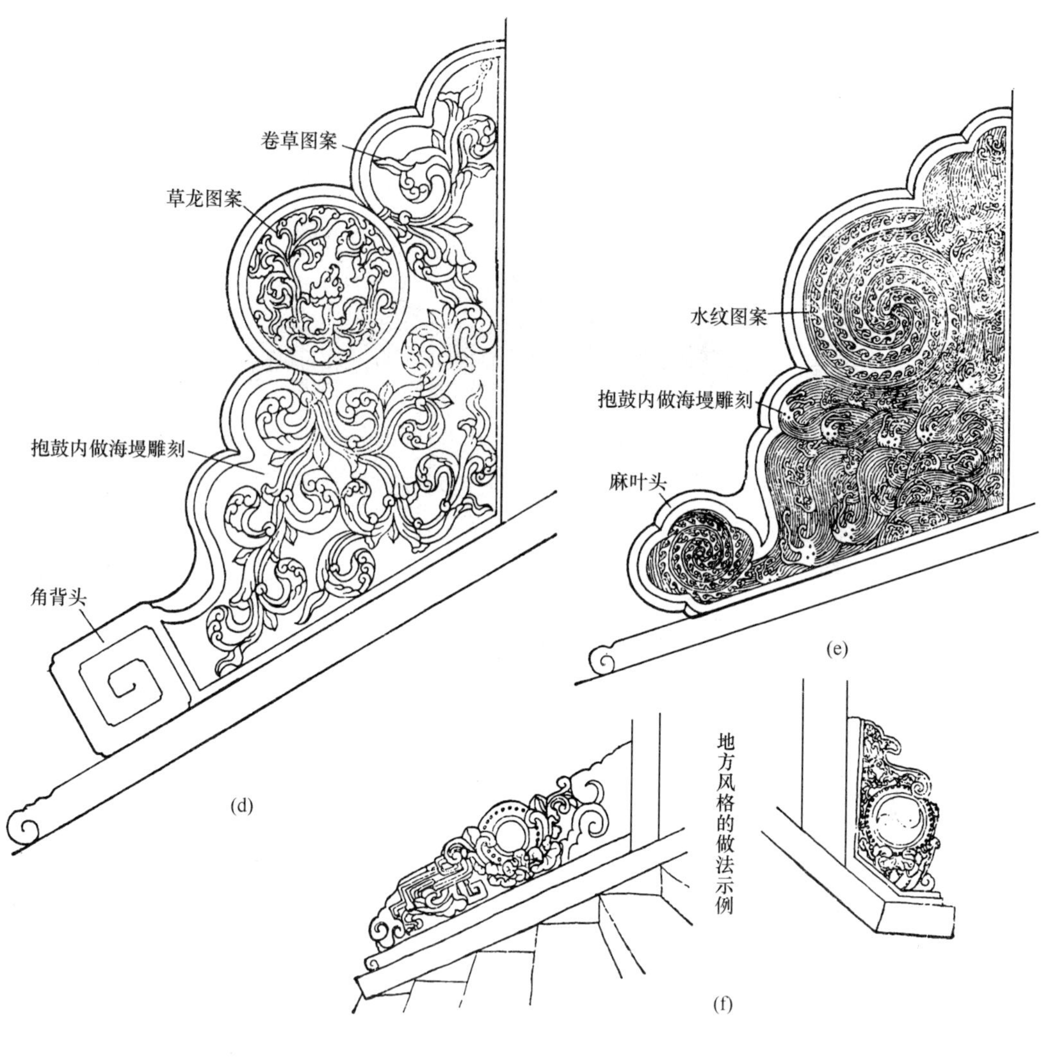

图 2-77　抱鼓石雕刻图案

2.8　柱顶石与栏杆参考图例

栏杆如图 2-78～图 2-91 所示。

(a)　(b)

图 2-78　广州陈氏书院月台栏杆局部

(a) 大政殿石雕栏杆

(b) 大政殿栏杆望柱、抱鼓石(摹本)

(c)

(d)

(e)

(c)、(d)、(e) 为大政殿石雕栏杆寻杖、宝瓶云拱、栏板（摹本）

图 2-79　沈阳故宫石雕栏杆（一）

(a) (b)

(c) (d)

(e) (f)

(a)、(b) 大政殿栏杆、望柱、寻杖、宝瓶云拱、栏板（摹本）；
(c)、(d)、(e)、(f) 栏杆寻杖、宝瓶云拱、栏板（摹本）

图 2-80　沈阳故宫石雕栏杆（二）

（a）、（b）、（c）崇政殿抱鼓石（摹本）；（d）、（e）崇政殿栏杆寻杖、宝瓶云拱、拦板（摹本）；（f）大政殿斜阶栏杆

图 2-81　沈阳故宫石雕栏杆（三）

(a) 栏板

(b) 望柱

(c) 寻杖、宝瓶云拱

(d) 抱鼓石

(e) 云拱、栏板的细部雕刻

图 2-82　清东陵慈禧陵石雕栏杆

(a)

(b)

图 2-83　五台山佑国寺石雕栏杆细部

(a)

(b)

图 2-84　昆明金殿石雕栏杆

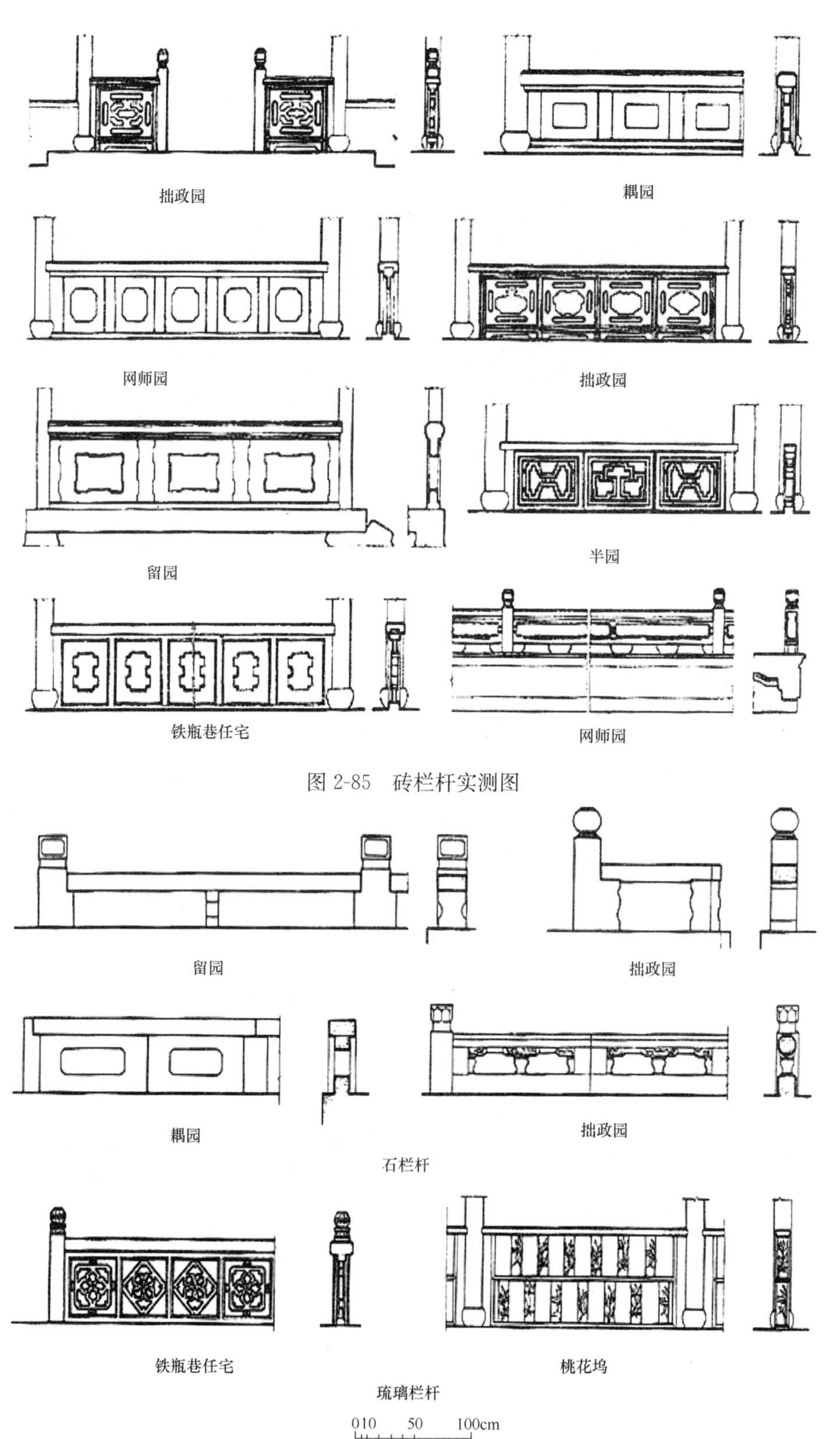

图 2-85　砖栏杆实测图

图 2-86　石栏杆与琉璃栏杆实测图

(a) 汉钟离
(b) 曹国舅
(c) 韩湘子
(d) 蓝采和
(e) 吕洞宾
(f) 何仙姑
(g) 张果老
(h) 李铁拐

图 2-87　大庸普光寺石雕栏杆八仙石望柱

(a) 豹

(b) 牛

(c) 象

(d) 下山虎

(e) 鹿

(f) 马

(g) 上山虎

图 2-88　福建安溪清水岩石雕兽形栏杆望柱头

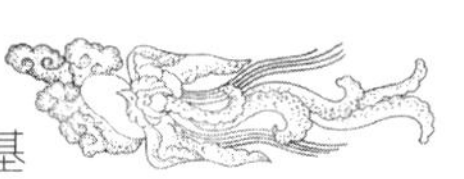

(a)

(b)

(c)

图 2-89　青城山天师洞人物栏杆望柱头

(a) 云凤望柱头

(b) 云龙望柱头

(c) 云凤望柱头

图 2-90　开封龙亭石雕望柱头

(a) (b) (c)

(d) (e) (f)

(a) 河北承德普宁寺御碑亭栏杆、望柱；(b)、(c) 南京明孝陵“四方城”栏杆望柱；
(d)、(e) 北京北海“琼岛春荫”碑座栏杆望柱；(f) 北京颐和园佛香阁栏杆望柱

图 2-91 石雕栏杆望柱头荟萃

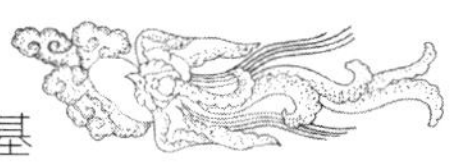

柱顶石如图2-92所示。

(a) 柱顶石图（一）

（b）柱顶石图（二）

图 2-92　柱顶石

第3章　墙　　壁

3.1　概　　述

我国古代建筑的墙壁，并不承重，只是起到分隔内外和加强整体建筑物刚性的作用。从所用材料来说，墙壁有土墙、砖墙、木壁墙等，其中以砖墙最多。古代建筑墙壁因做法不同，或做法近似而位置不同，或做法近似但功能不同等原因而产生了许多不同的墙壁名称，现按类别归纳概述如下：

3.1.1　按不同位置定名

（1）山墙：房屋两侧的围护墙，处于桁檩端头下方位置。

（2）檐墙：处于檐檩下的围护墙。后檐位置的为后檐墙，前檐位置的为前檐墙（较少见）。露出椽子的，称“老檐出”或“露檐出”，不露出椽子的，称“封护檐”或“封后檐”。

（3）槛墙：窗户隔扇之下的墙。

（4）廊墙和廊心墙：处于廊子部位，指内墙这一侧。廊墙上身做落膛墙心装饰者，称廊心墙。由于廊墙多指墙体的内侧部分，因此外侧往往又是其他墙面，如山墙、看面墙、檐墙等。

（5）囚门子：指木构架为排山柱作法的山墙内侧部分，并且做成落膛墙心装饰者。

（6）夹山：又称为隔断墙或截断墙，是与山墙平行的内墙。

（7）扇面墙：又称金内扇面墙，泛指金柱间的墙体。主要指前、后檐方向上的金柱之间的墙体。

（8）院墙：院落的界墙。

（9）卡子墙：两个房屋之间距离较近，有一段墙卡在两房之间，这段墙就叫做卡子墙。卡子墙常作为院墙使用。

3.1.2　按墙体表面艺术形式或平、立面造型特点定名

（1）看面墙：装饰形式与影壁基本相同（但一般不做须弥座式的下碱）。看面墙与其说是一种墙体，不如说是一种装饰形式，它常用于垂花门两侧的墙体上、需要装饰的卡子墙上及门楼两侧的院墙上。

（2）花墙：又称为花墙子，包括花瓦墙和花砖墙，即以瓦或砖摆成透空图案的墙体。

（3）云墙：墙顶立面作曲线变化的墙体。

（4）罗汉墙：剖面作规律性凹凸变化的墙体。

（5）八字墙：平面呈“八字”形的普通墙体。

（6）罗圈墙：平面呈圆弧形的墙体。

（7）影壁墙：用影壁为院墙者。

3.1.3 按功能定名

（1）拦土墙：用以挡土的墙体。

（2）迎水墙：用以挡水的墙体。

（3）泊岸：又称驳岸。水池、人工湖泊的护岸。无水地段高低不同的地面临界处的矮拦土墙，也可引申为泊岸。

（4）护身墙：具有护身栏杆功效的矮墙。

（5）夹壁墙：双层墙，中间可作为暗室、暗道等。

（6）城墙：城市的边界、护卫用墙。

（7）宇墙：用于划分界限、区域的墙体。宇墙的特点是比较矮，视线可以通过。宇墙多用于庙宇门前、祭坛四周及陵寝中宝城的区域限定。

（8）女墙：俗称女儿墙，是砌在平台屋顶上或高台、城墙上的比较矮小的墙体。

（9）影墙：俗称影儿墙，是平顶式铺面房上的装饰性砌体。其做法类似影壁上身做法（不做瓦顶和下碱）。

（10）平水墙：带半圆拱券的砌体中，拱券的起始水平线以下的部分。

（11）月墙：带门框的半圆拱券中，门上枋至券底的半圆部分，用砖砌筑者。

（12）余塞墙：又称鱼腮墙，是如意门的门框至山墙之间的墙体。

（13）金刚墙：位于某砌体背后，并以直槎相接者，或某些较隐蔽的墙体。如博缝砖的背后砌体；台基陡板石的背里砌体；单面露明的花瓦墙中，花瓦的背后砌体；天沟中用砖砌成的连檐；陵寝建筑中用土掩埋遮挡的墙体等等，都可以称为金刚墙。

古代建筑中最常见的墙壁大都属于厚墙类型，又称实体墙，大体上可以分为土墙、砖墙、石墙等。编壁墙属于薄墙类型。

3.2 土　　墙

土墙主要有夯土墙和土坯墙两种类型。

3.2.1 夯土墙

我国古代墙壁就实体墙的发展而言，最早最普遍的要属夯土墙。古代夯土技术始于原始社会晚期，在奴隶社会时期获得了巨大的发展，春秋时期已经达到成熟阶段。从商代开始出现了版筑夯土城墙，殷商时代不论宫室还是墓葬常用版筑来修建。战国时期也有许多城墙是版筑的，燕下都的版筑城墙如今还保存。此后直到元代，绝大多数的城墙仅在底部用砖包砌一段砖墙，其他部位仍为夯土墙。明代开始才普遍出现了用砖包砌夯土的砖砌城墙。著名的万里长城虽在明代多改为砖石垒砌，但是城墙内部仍为夯土墙。河南郑州和河北藁城台西的商代建筑遗址的土墙，是我们现知居住建筑中采用夯土墙的较早的实例。

夯土墙的做法直到今天仍在我国部分地区沿用。常用材料成分主要是自然土壤，这可以说是“就地取材”，在夯筑墙的附近挖出土来，只要少加些水有潮气即可。但是要注意，有风化砂石的土不能用，因墙体夯筑好后，经过一段时间，砂石块便风化破碎，所以就会使墙体毁裂。考古挖掘发现，西汉长安城是用纯黄土夯筑的，至今仍未大坏（图 3-1）。后来逐渐使用灰土、三合土夯筑。

图 3-1　西汉长安城城墙

3.2.2　土墙

据已知的考古发掘资料，最早的土坯墙见于河南省淮阳县平粮台龙山文化遗址中，圆屋内壁是用土坯错缝陡砌，土坯间用黄泥浆粘接。奴隶社会时期，土坯被广泛应用，之后开始用土坯砌筑城墙、建造房屋。汉代土坯墙称为“土墼墙”，颜师古云：“墼者抑泥土为之，令其坚激也”；《后汉书·酷吏传》载：“行廉洁无资，常筑墼以自给”；《旧唐书·李光弼传》载：“躬率士卒百姓于城外掘壕以自固，作墼数十万”。敦煌等处汉代土墼的亭障遗物现存较多。甘肃金塔县土墼修建的汉长城烽火台仍保存到现在（图 3-2），烽火台土墼长 35cm，宽 30cm，厚 18cm。在河南巩县出土的西汉土墼形状宽厚（图3-3）。从唐到宋，土坯墙一直在沿用；元代应用土坯墙非常广泛，如北京护国寺土坯殿（图 3-4）、敦煌土坯塔等都是典型的实例。明清两代用土坯墙就更普遍了，有好多土坯墙建筑完整地保存至今。我国部分地区至今仍在沿用土坯墙技术。

图 3-2　甘肃金塔县汉长城土墼烽火台

图 3-3　河南巩县出土的西汉土墼

图 3-4　北京护国寺土坯殿

3.2.2.1　土坯砌墙主要有三种砌法（图 3-5）：

（1）立砌，普通建筑用土坯砌墙时多将土坯立摆。

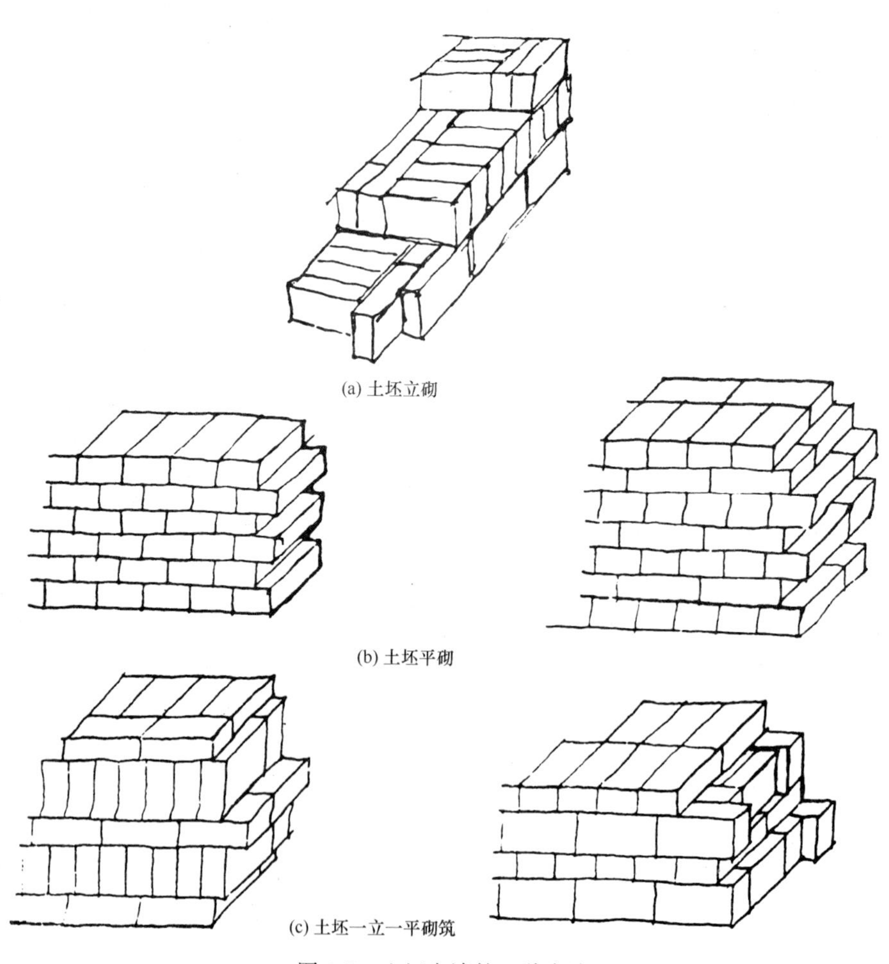

(a) 土坯立砌

(b) 土坯平砌

(c) 土坯一立一平砌筑

图 3-5　土坯砌墙的三种砌法

（2）平砌，即将土坯平摆砌筑。

（3）一立一平，即立摆一层土坯后再平摆一层土坯，这是比较常用的砌法。

3.2.2.2 土坯墙的五种类型：

（1）全土坯墙，即一堵墙里外上下全部用土坯砌筑。

（2）土坯填心墙，即在一堵墙内，上下四面都用砖砌，只用土坯填心，也称填充壁。

（3）土坯空心墙，即在墙之内用土坯砌筑，全部做空心横砌。

（4）半土坯墙，即在一堵墙壁上，下半部分全用夯土墙，上半部分全用土坯砌筑，也称为“金镶玉”。

（5）土坯与砖混合墙，即在土坯墙上部分用砖包边，或者是砖包皮，中间为土坯。

各种墙壁的厚度根据需要决定，砌筑土坯墙时一般用素泥，但泥内也可适当掺入些白灰。

3.3 砖 墙

砖墙一般指用条砖垒砌的墙身。从汉代开始，条砖被广泛应用，砖的规格逐渐趋向统一化。依据条砖的出现发展过程应与土坯的制造有关，故砖墙的出现应在土坯墙之后，但是完全使用条砖垒砌建筑物墙身的做法出现的时间却很晚。在明代以前，砖墙多数用于包砌，以保护夯土墙。除砖塔、砖顶结构建筑物的墙身全为砖砌以外，木构建筑中的墙体完全用砖垒砌，大约是从明代初期开始，明中期以后才比较普遍，但多是底部下碱磨砖精细，上部墙身糙砌，内外抹草泥或白灰。明代园林中已出现完全将砖露明不抹灰的清水砖墙，到了清代才比较广泛地应用。

3.3.1 砖墙垒砌形式

古代建筑中砖墙体砖的摆置方式如图3-6所示，砖墙的垒砌形式主要有以下几种：

（1）平砖丁砌错缝（图3-7）：这是一种比较早的砖墙砌法，这种砌法的砖块上下错缝，互相交搭，墙体较厚。如考古挖掘发现的河南新郑县战国时期冶铁遗址的通气井和西安西汉长安礼制建筑周围圜水沟拥壁下部墙基都是很好的实例。

（2）平砖顺砌错缝（图3-8）：这种砌法均为单砖墙，墙体较薄，稳定性差，不能过高，在条砖汉墓中多见这种砌法的砖壁。

（3）侧砖顺砌错缝（图3-9）：这种砌法较少见，因这种壁体单薄，受

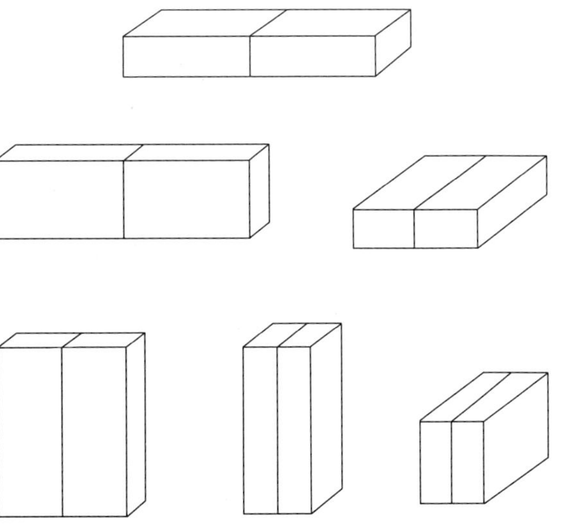

图3-6 砖的几种摆置方式

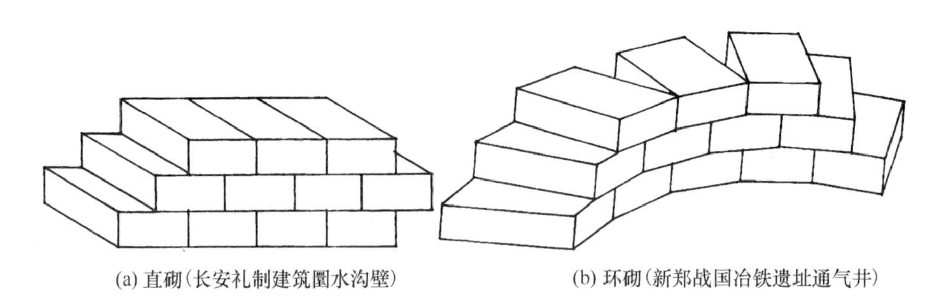

图 3-7　平砖丁砌错缝示意图

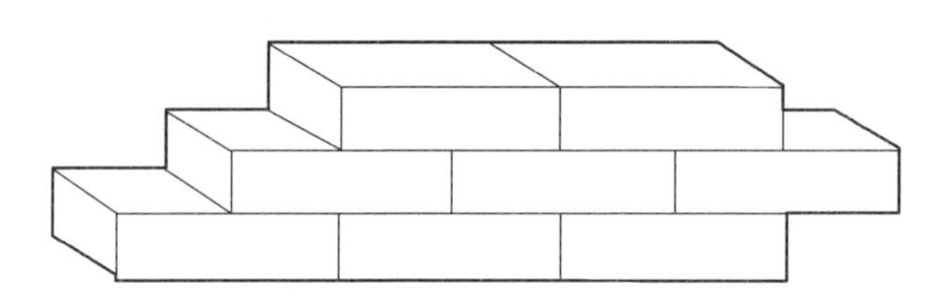

图 3-8　平砖顺砌错缝示意图（洛阳烧沟汉墓）

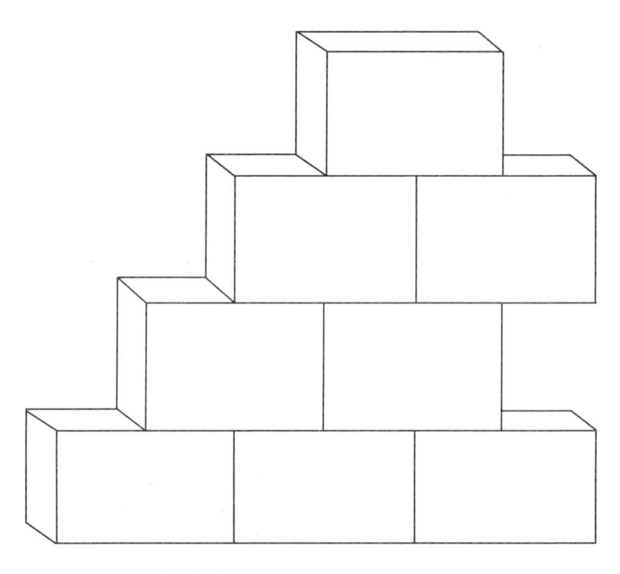

图 3-9　侧砖顺砌错缝示意图（河南新安铁门镇西汉墓）

力及稳定性都很差，故不可作为承重或受力结构墙体，一般采用此种砌法。

（4）平砖顺砌与侧砖丁砌上下层组合式（图 3-10）：这种砌法在东汉时期已盛行于黄河流域，之后扩展到江南地区，并流传到今。这类砖墙在江南地区也称为“玉带墙”或“实滚墙”。其组合方式有多种，可在平砖顺砌错缝的墙体当中，每隔一层或二、三层加砌一层侧砖丁砌，有规律地轮换平摆砖的层数；或只在墙脚，或只在墙头用一道或二道侧砖丁砌，作为墙面装饰。

（5）席纹式（图 3-11）：其砌法为平砖顺砌与侧砖丁砌两者轮流砌一层后，上层砖的砌法则与下层（平、侧）相反，即单层砖的砌法与双层砖的砌法相反。这种墙体在江南一

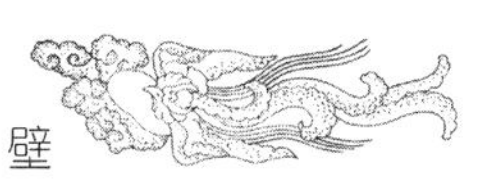

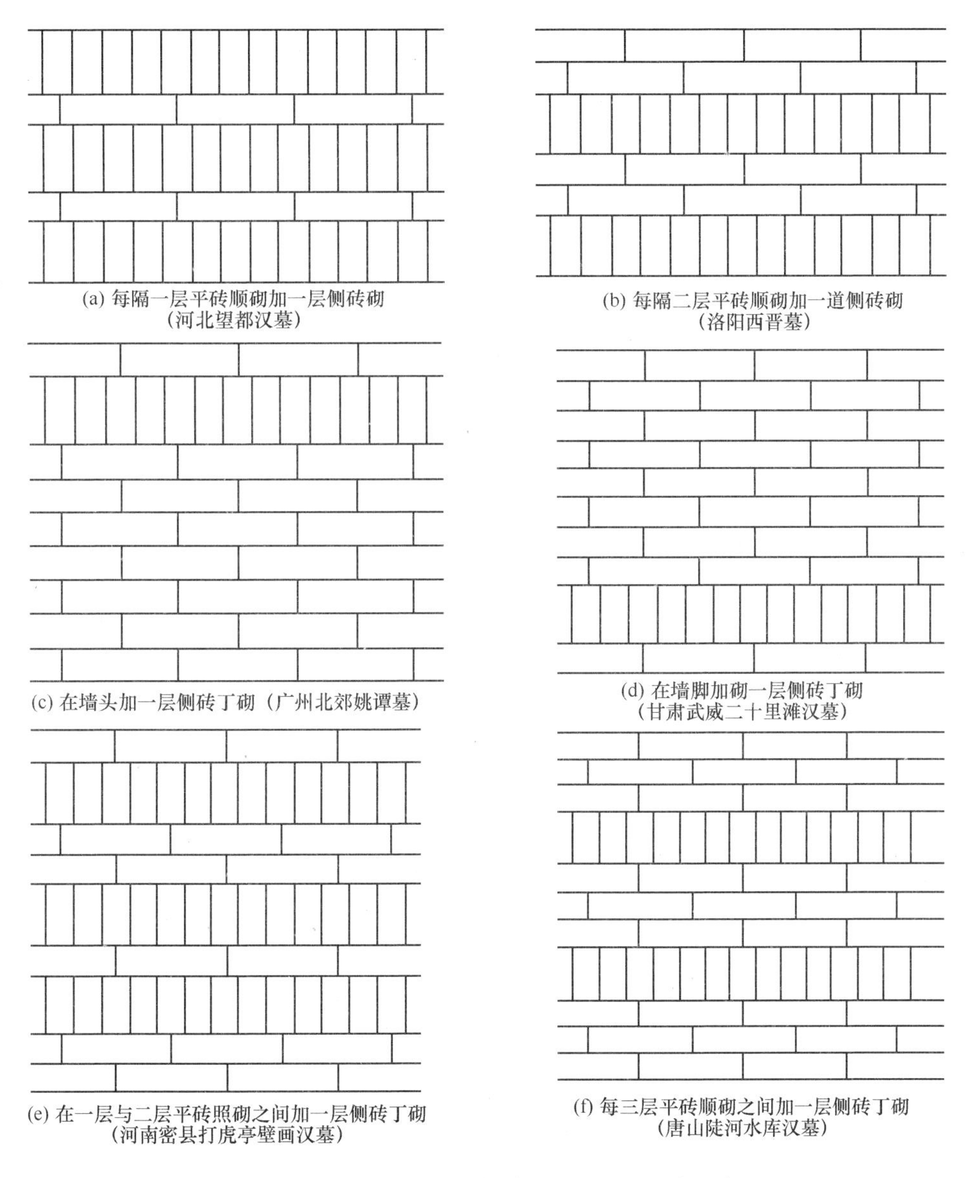

(a) 每隔一层平砖顺砌加一层侧砖砌
（河北望都汉墓）

(b) 每隔二层平砖顺砌加一道侧砖砌
（洛阳西晋墓）

(c) 在墙头加一层侧砖丁砌（广州北郊姚谭墓）

(d) 在墙脚加砌一层侧砖丁砌
（甘肃武威二十里滩汉墓）

(e) 在一层与二层平砖照砌之间加一层侧砖丁砌
（河南密县打虎亭壁画汉墓）

(f) 每三层平砖顺砌之间加一层侧砖丁砌
（唐山陡河水库汉墓）

图 3-10 几种平砖顺砌与侧砖丁砌上下层组合示意图

带也称为“实滚芦菲片”或“编苇式”墙。

（6）空斗式（图 3-12）：其砌法可以空砌，也可以实砌。北方称空斗墙为“丁抱斗”，但很少用；南方较为普遍，江南一带因空斗式的用砖结构不同，分单丁、双丁、大镶思、小镶思、大合欢、小合欢（图 3-13）。小合欢与小镶思墙厚仅半砖长，只能作隔墙或简易房屋用。四川地区的空斗墙基本为一砖长的厚度，它的做法有“合合斗”“马槽斗”“高矮斗”

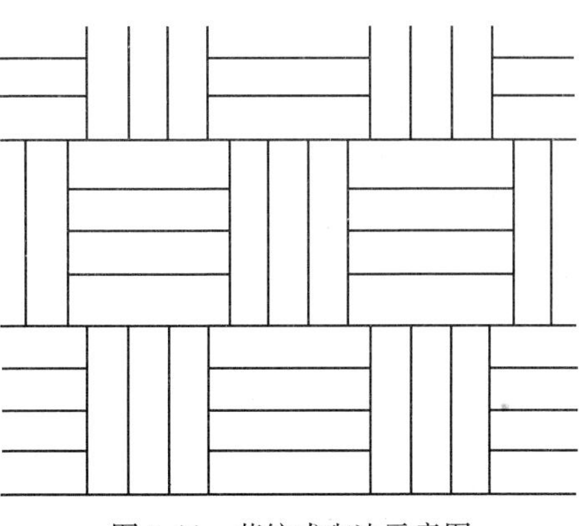

图 3-11 蓆纹式砌法示意图

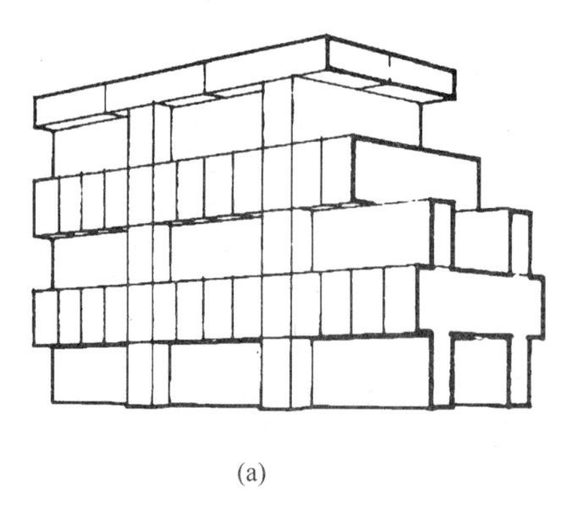
(a)

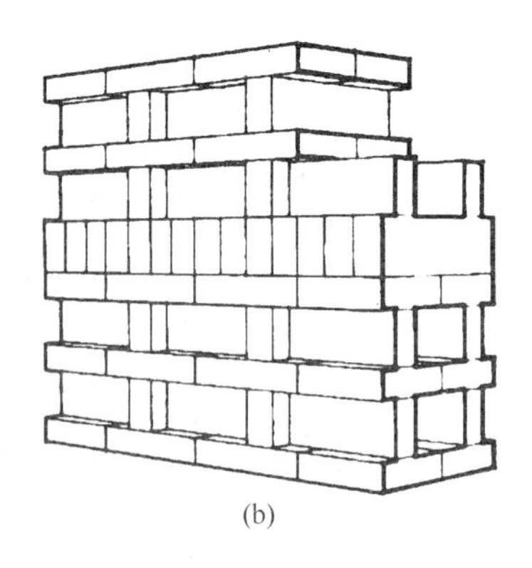
(b)

图 3-12　空斗式砌法示意图

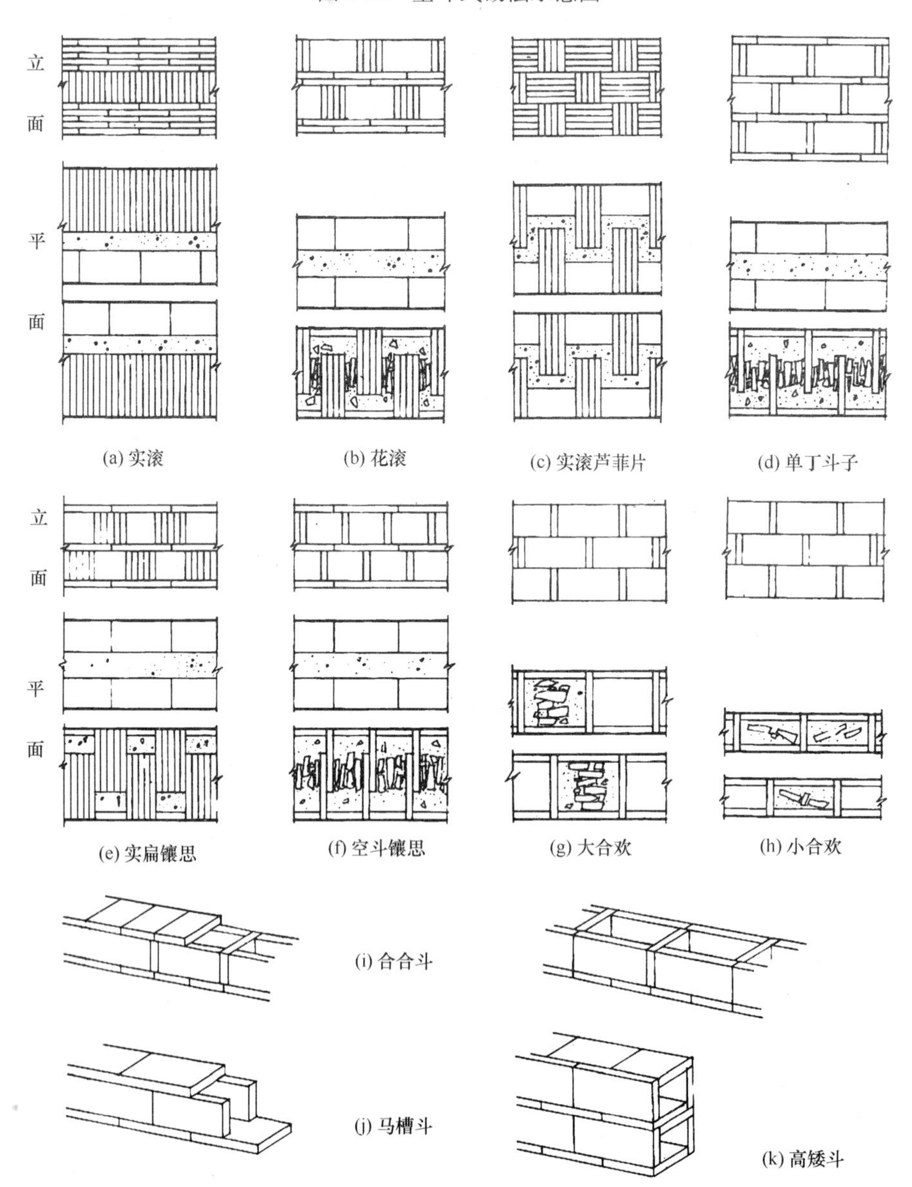

图 3-13　南方空斗墙示意图

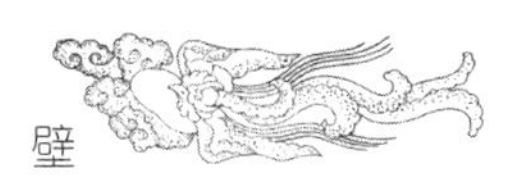

等。一般空斗墙均在斗里装填泥土、碎石、碎砖等。西南地区的空斗墙只在下部填泥，上部仍作空斗。

（7）平砌式：这种砌法形式，以全用平砖顺砌者最为常见，全用平砖丁砌者较少见。唐宋以来一般地面建筑物墙体下碱或槛墙都全用平砖顺砌，墙的上身每隔三、五层平砖顺砌加一层平砖丁砌。明清两代宫室建筑中，仍多采用平砖顺砌的墙体。平砌式的砖缝形式也是最多的，有十字缝、三顺一丁（又称三七缝）、一顺一丁（又称丁横拐或梅花丁）、五顺一丁、落落丁和×层一丁等（图 3-14）。

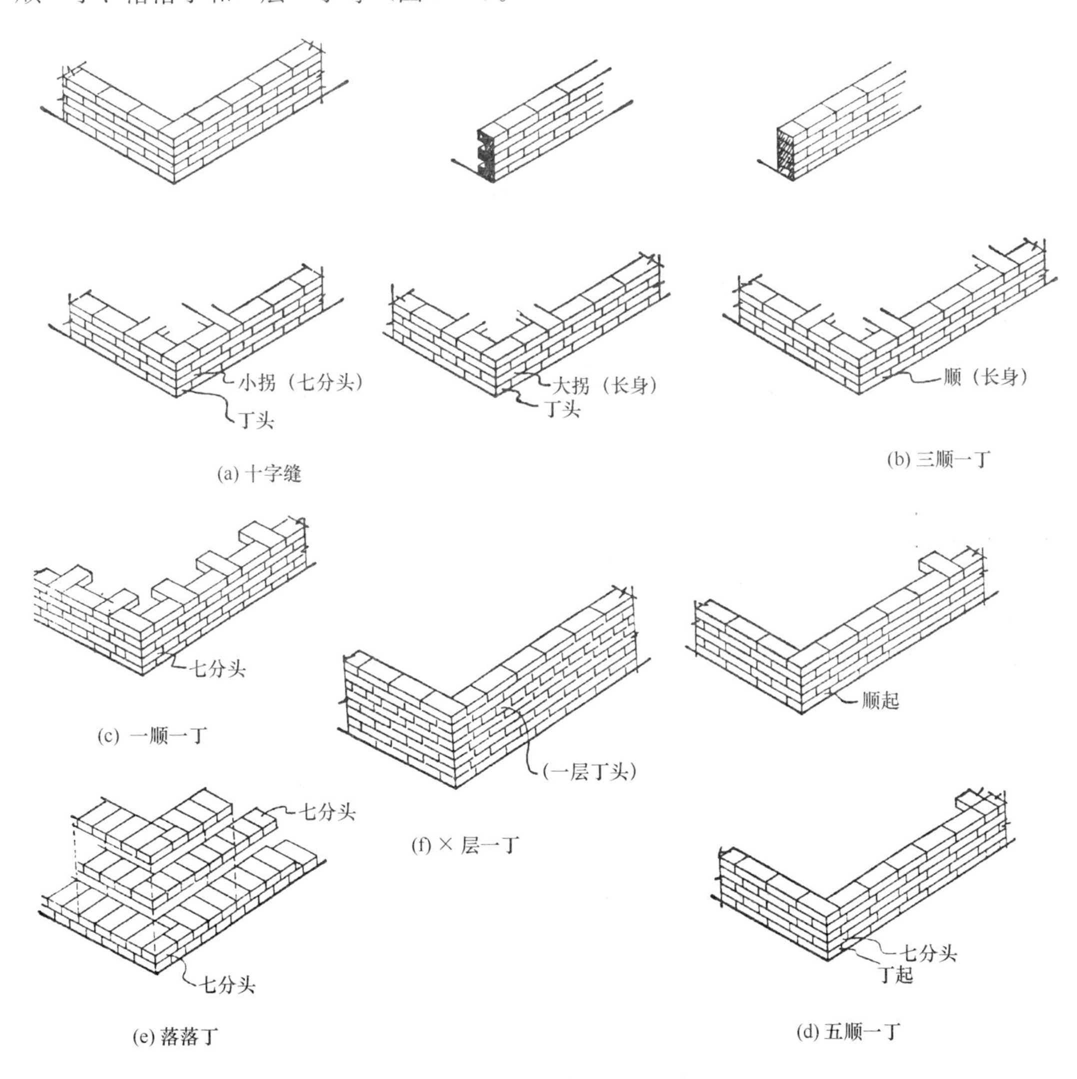

图 3-14 平砌式砖缝形式示意图

3.3.2 墙砌筑类型

按砖砌技术的粗细不同，可将砖墙的砌筑类型分为以下几种：

（1）干摆

干摆砖的砌筑方法即“磨砖对缝”做法（图 3-15）。磨砖对缝的砌法始于汉代，唐宋元明皆有实例，清代普遍应用。这种做法常用于较讲究的墙体下碱或其他较重要的部位，如梢子、博缝、檐子、廊心墙、看面墙、影壁、槛墙等。用于山墙、后檐墙、院墙等体量较大的墙体时，上身部分一般不采用干摆砌法。但在极重要的建筑中，也可同时用于上身和下碱，称为“干摆到顶”。

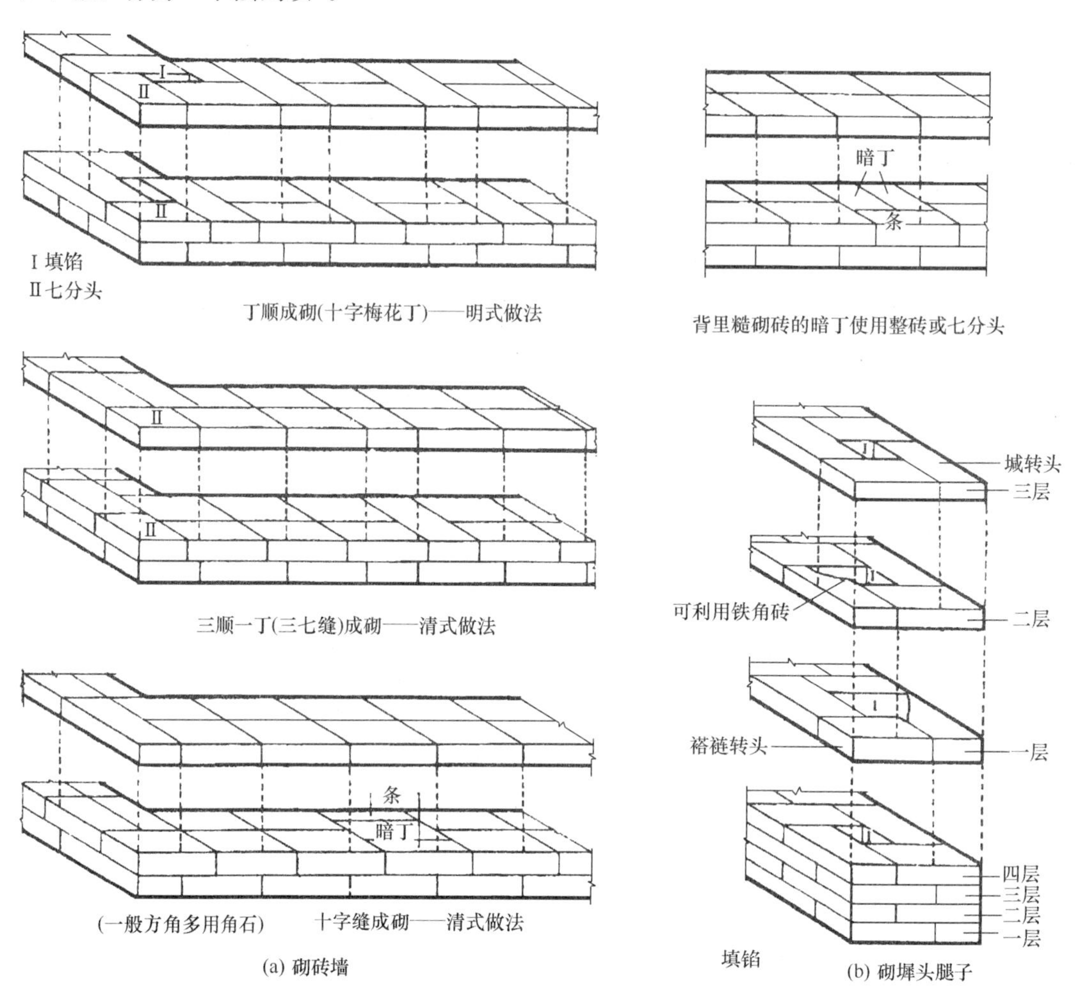

图 3-15　干摆砖墙示意图

干摆砌法多使用城砖或小亭泥砖，分别称为“大干摆”和“小干摆”。大干摆做法适用范围较广，小干摆一般不用于府邸、衙署等规模较大的建筑中。除了大、小干摆以外，有时也用大亭泥干摆、方砖干摆、斧刃砖陡板贴砌干摆、方砖陡砌干摆等。干摆砌法用于出挑部分时，如冰盘檐、梢子等，应称为“干推儿”而不称为干摆，如干推儿的冰盘檐、干推儿的梢子等。干摆墙大多用亭泥砖，如用沙滚砖摆砌者，称为“沙干摆”。干摆墙要用“五扒皮”砖（图 3-16），如用“膀子面”者，也称为“沙干摆”。总之，沙干摆是干摆中的简易做法，故工匠中有“沙干摆，不对缝”的说法。

（2）丝缝

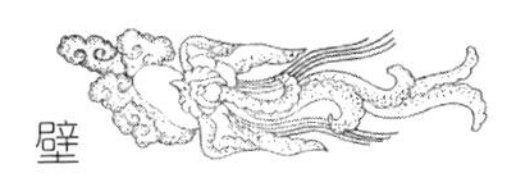

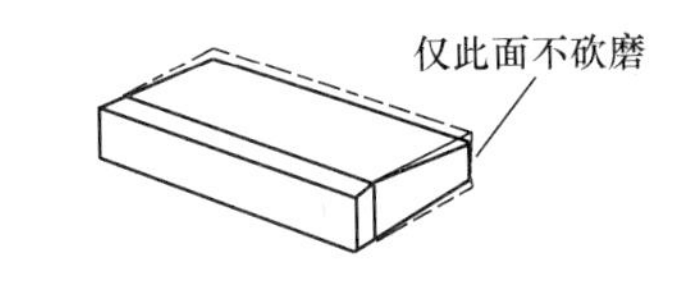

“五扒皮”示意(以长身砖为例)

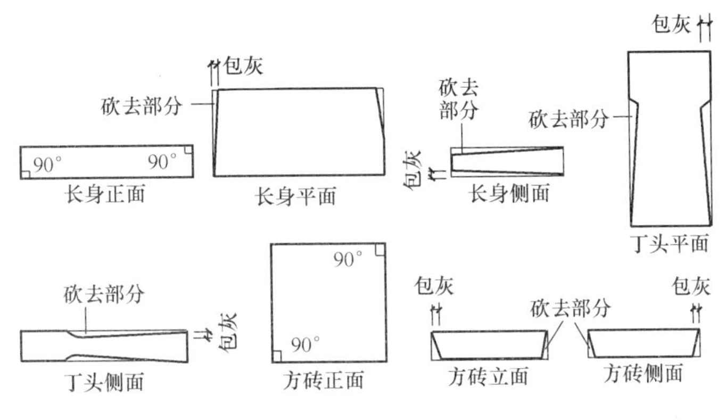

图 3-16　“五扒皮”砖

丝缝做法又称为“细缝”“撕缝”，俗称“缝子”。丝缝做法是可与干摆做法相媲美的一种砌筑类型，但丝缝做法大多不用在墙体的下碱部分，而是作为上身部分与干摆下碱相组合。丝缝做法也常用作砖檐、梢子、影壁心、廊心等。用于墙体上身，丝缝砌法大多使用小亭泥砖，但也可根据需要使用大型砖料。砖檐、廊心等常使用方砖。丝缝砌法多使用老浆灰，以求得灰砖青缝的效果。地方建筑中常使用白色灰膏，讲究灰砖白缝的效果。丝缝墙一般用停泥砖摆砌，如用沙滚砖者，称为“沙子缝”。丝缝墙用砖一般应砍成“膀子面”，如用“三缝砖”者，也称为“沙子缝”。也有人认为，丝缝墙应使用“五扒皮”，使用“膀子面”的，即为沙子缝做法。总之，沙子缝是丝缝墙中的简易做法。

（3）淌白

古建筑整砖墙的砌筑类型如果以砖料是否经过砍磨加工来分，可归纳为细砖墙和糙砖墙两大类，淌白墙是细砖墙中最简单的一种做法。淌白做法所用的砖料，大式以城砖、大开条、大亭泥为主，小式以大开条、四丁砖为主。

淌白墙又可分为三种做法：第一种是仿丝缝做法，又称为“淌白缝子”。这种淌白做法的特点是灰缝较细，力求做出丝缝墙的效果。淌白缝子所用的砖料应为淌白截头（细淌白）。第二种是普通的淌白墙，这种淌白做法是最常见的做法，所用砖料可以是淌白截头，也可以是淌白拉面（糙淌白）。墙面效果可以是灰砖灰缝，也可以是灰砖白缝。第三种是淌白描缝，由于砖缝经烟子浆描黑，所以墙面对比很强烈。描缝做法所用砖料与普通淌白墙相同，砖料截不截头均可。

淌白做法可在下列三种情况下适用：

① 投资有限，但建筑物仍要求有细的感觉。

② 为了造成主次感、变化感。常与干摆、丝缝相结合。如，墙体的下碱为干摆做法，

上身的四角为丝缝做法，上身的墙心为淌白做法。

③ 追求粗犷、简朴的风格。如府邸、宫殿建筑中具有田园风格的建筑，边远地区的庙宇等。

（4）糙砖墙

凡砌筑未经砍磨加工的整砖墙都属糙砖墙类。如按砌砖的手法可分为带刀缝（又称带刀灰）和灰砌糙砖两种做法。带刀缝做法是小式建筑中不太讲究的墙体做法中最常见的一种类型。由于这种做法的灰缝较小，故多用于清水墙。带刀缝做法除可施用于整个墙面外，还可作为下碱、墀头、墙体四角、砖檐部分，与碎砖抹灰等做法相组合。带刀缝做法所用的砖料以开条砖为主，有时用四丁砖代替。

灰砌糙砖与带刀缝做法的主要区别是：

① 带刀缝的铺灰方法是将灰挂在砖的四边上，即“打灰条”，而灰砌糙砖是满铺袭浆。

② 带刀缝的灰缝较小（5～8mm），灰砌糙砖的灰缝较大（8～10mm）。

③ 带刀缝以深月白灰为其材料。灰砌糙砖做法所用灰浆的颜色不限，但多以白灰膏为主。

④ 带刀缝多以开条砖等小砖为主，灰砌糙砖所用砖料规格不限。灰砌糙砖墙常用于建筑物的基础部分、墙体的背里部分、宫殿建筑上身的混水墙（外抹红灰），以及不太讲究的大式院墙。用于大式院墙时，多以城砖为主。

（5）碎砖墙

碎砖墙为碎砖压泥做法。这种做法见于小式建筑中，用于不讲究的墙体、基础等，也常作为上身或墙心，与其他做法的下碱或整砖“四角硬”相组合。碎砖墙还可作为“外整里碎”墙的背里部分。

3.4 石　　墙

我国在原始社会中就采用天然石块砌墙，汉墓中的四壁也有规整的石墙，但在重要的建筑中用石砌筑墙体并不多见。明清园林建筑中较多见。石墙主要有以下几种砌筑形式：

3.4.1 虎皮石砌筑

虎皮石墙做法即花岗岩毛石墙做法，可用灰或掺灰泥砌筑。这种砌筑类型的应用比较广泛，如驳岸（护坡）、拦土墙，小式建筑的基础，追求田园风格的大、小式建筑（一般用于下碱），园林建筑、民居或具有村野风格的庙宇等。

虎皮石墙的色调多为单一的黄褐色。园林建筑中偶见“什色”虎皮石墙，这种虎皮石墙的砌筑方法和花岗岩虎皮石做法完全一样，但墙面的色调追求“五光十色”的效果，为此，石料可不局限于花岗岩。虎皮石墙砌完后，要顺石料接缝处做出灰缝。灰缝一般都是做成凸形宽缝，这样，就勾勒出了墙体的虎皮特征。

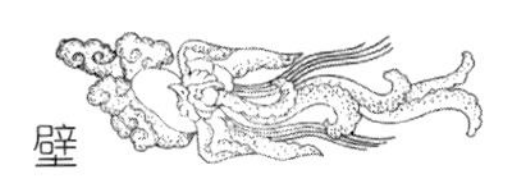

3.4.2 虎皮石干背山砌筑

这种做法类似砖墙的干摆砌法，是虎皮石墙中最讲究的做法。其特点是石料可经适当加工，砌筑时不铺灰，因此灰缝较细。干背山做法多用于府邸或宫殿建筑中仿地方手法的墙体。

3.4.3 方正石和条石砌筑

方正石和条石是经加工的规格料石（但长度一般可较灵活），其表面可经粗加工，如蘑菇石或经打道处理等，也可经细加工，如剁斧或磨光等。砌筑时可铺灰，也可采用干背山砌法。方正石和条石砌筑多用于泊岸、拦土墙、地宫、高台建筑、城墙的下碱，重要建筑的下碱（仿城砖干摆做法）等。

3.4.4 石板贴砌

石板贴砌又称碎拼石板，这种类型是园林建筑中的墙体装饰手法。具体可分为青石板做法和五色石板做法。碎拼青石板是将呈不规则形状的青石板贴砌在砖墙外，五色石板则是用红、黄、青、白、黑五色石板装饰于砖墙外，这种装饰手法只用于极讲究的皇家园林中。

3.4.5 石陡板砌筑

石陡板砌法是将较大的石料立置砌筑。这种砌法给人以气势宏大的感觉，适于宫殿、庙宇建筑。但由于这种砌筑类型不适用于高大的墙体，故一般多用于石台基，偶用于石下碱和石槛墙。

3.4.6 卵石砌筑

这种类型的墙体是用较大的卵形石砾砌筑的，多用于园林建筑及地方建筑中的台基、下碱等，具有强烈的民间风格。

3.5 几种墙体的构造

3.5.1 檐墙

檐墙在前檐位置的称为前檐墙，在后檐位置的称为后檐墙。为叙述方便，以下通称为后檐墙。檐墙露出椽子的称为“露檐出”或“老檐出”（图 3-17）；不露出椽子的，称为“封护檐”或“封后檐”（图 3-18）。

清式建筑多做封后檐式。老檐出式的后檐墙与山墙后坡的墀头相交。封后檐式的后檐墙，两端没有墀头。

（1）下碱

下碱的高度同山墙的下碱高度一致，用料及砌法也应与山墙下碱相同。砖的层数应为单数。后檐墙的里皮也应留柱门，规格同山墙柱门。

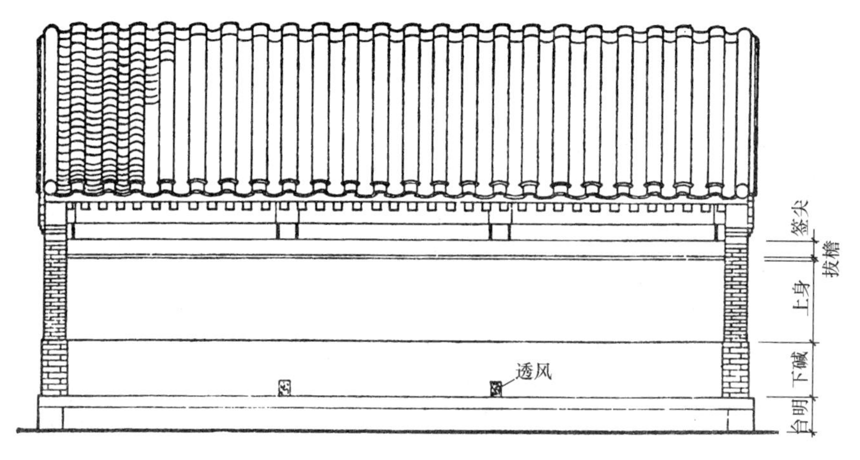

(a) 无窗的老檐出后檐墙立面

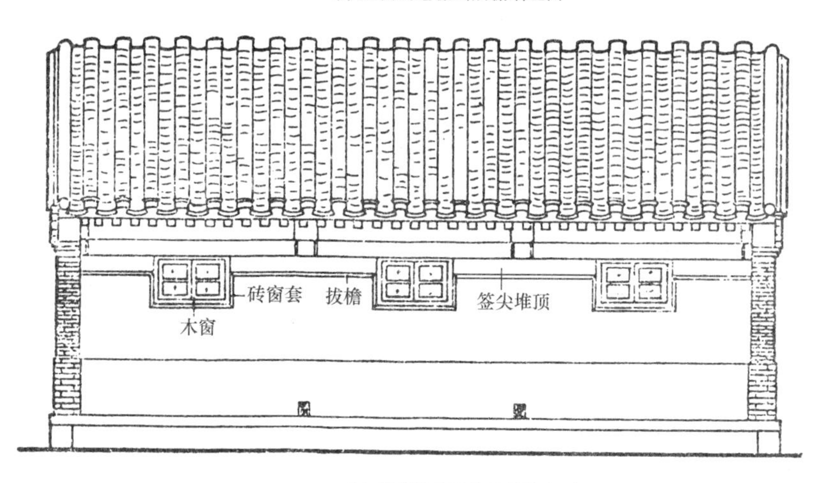

(b) 有窗的老檐出后檐墙立面

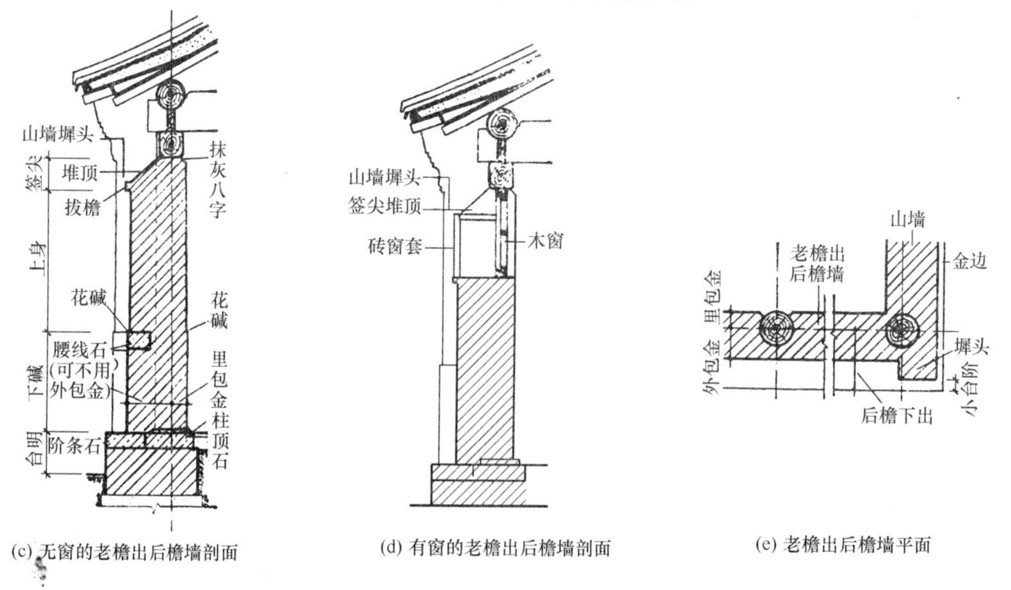

(c) 无窗的老檐出后檐墙剖面　(d) 有窗的老檐出后檐墙剖面　(e) 老檐出后檐墙平面

图 3-17　老檐出后檐墙示意图

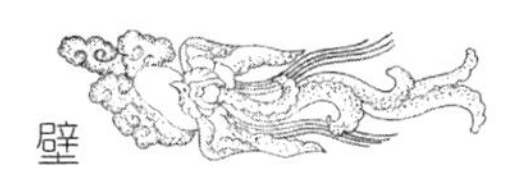

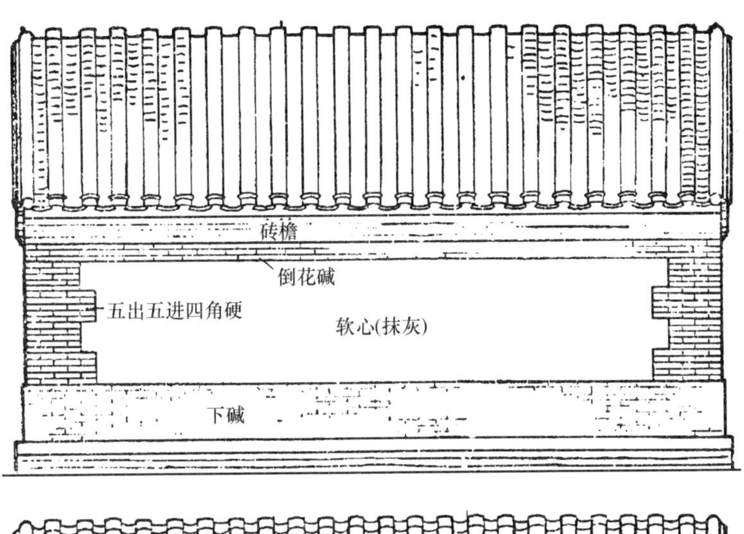

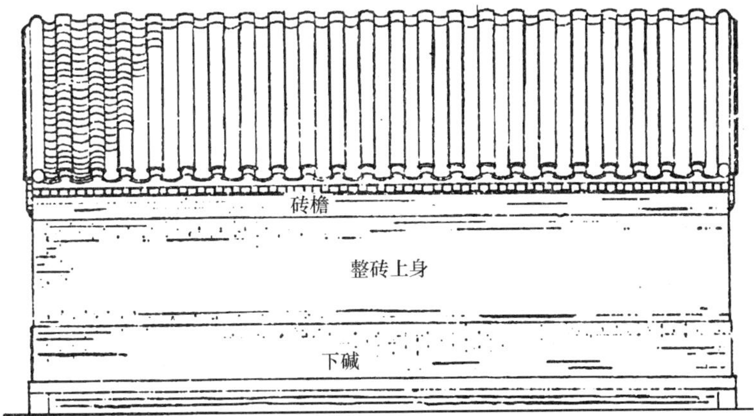

(a) 两种封后檐墙立面

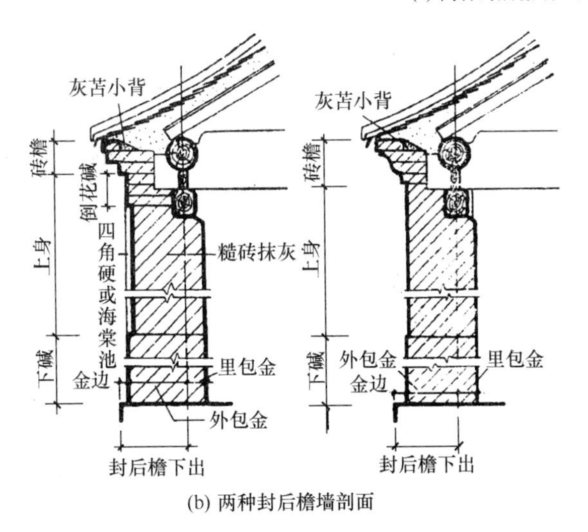

(b) 两种封后檐墙剖面

(c) 封后檐墙平面

图 3-18 封后檐后檐墙示意图

（2）上身

上身应退花碱。里皮下碱如为抹灰做法，则上身里皮不退花碱。上身的用料及砌筑类型可与山墙上身做法相同，也可以稍糙。老檐出后檐墙的外皮上身有整砖露明、抹灰做法、“五出五进”或“海棠池”等“软心四角硬”做法。“软心四角硬”做法的，砖檐以下可以砌 3～5 层整砖，称为“倒花碱”（图 3-18）。倒花碱的外皮应与“四角硬”的外皮在一条直线上，其用料及砌筑类型应同“四角硬”，砖缝形式应同下碱。

封后檐墙一般不设窗户，老檐出式的可设后窗。窗口的上皮应紧挨檩枋下皮，窗口的两侧和下端可用砖檐圈成“窗套”，其做法与签尖的拔檐砖相同（图 3-17）。

（3）老檐出后檐墙的签尖（图 3-19）

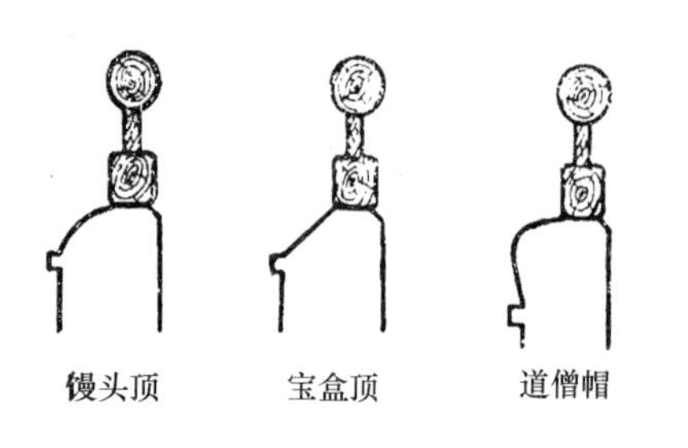

图 3-19　签尖的几种式样

老檐出后檐墙的上端，要砌一层拔檐砖并堆顶，称为“签尖”。签尖的高度约等于外包金尺寸，也可按大于或等于檩垫板的高度定。签尖的最高处不应超过檐枋下棱。签尖的形式有：馒头顶、道僧帽、蓑衣顶、宝盒顶，其中宝盒顶包括方砖宝盒顶和碎砖抹灰形式。讲究的方砖宝盒顶上还可以雕做花饰。

签尖的拔檐：一般仅为一层直檐。大式建筑上身为抹灰做法的，签尖不做拔檐。

（4）封后檐墙的砖檐

封后檐墙不做签尖而做砖檐（图 3-18）。砖檐的形式有菱角檐、鸡嗉檐、抽屉檐和冰盘檐（图 3-20）。

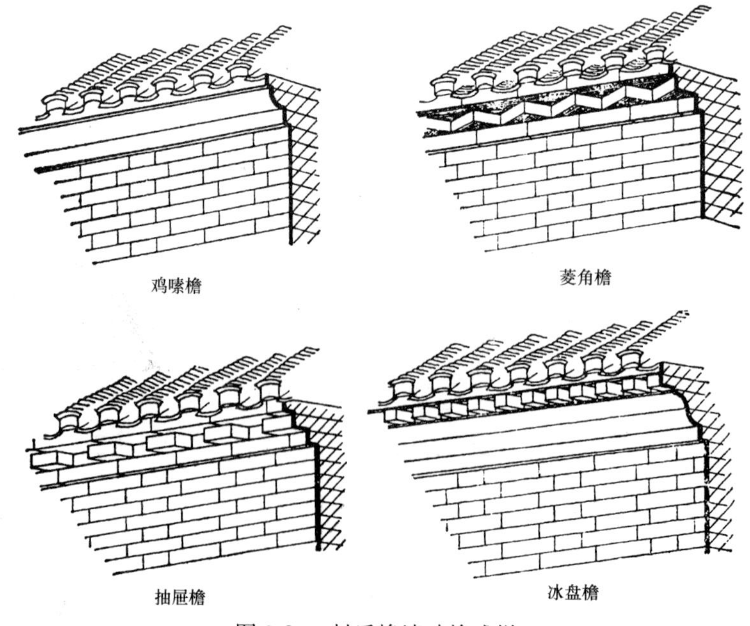

图 3-20　封后檐墙砖檐式样

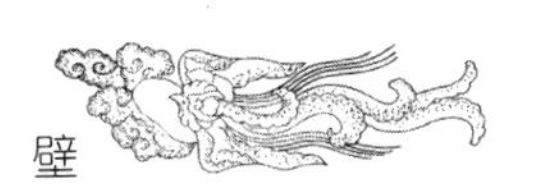

3.5.2 山墙

3.5.2.1 山墙的类型与各部位名称

硬山、悬山、庑殿（攒尖）、歇山式建筑的山墙形式及各部位名称如图 3-21 所示。庑殿、歇山山墙多见于大式建筑中，唐宋时期的民居山墙，悬山形式居多，用以保护土坯墙面免受雨水的冲刷。明清时期由于砖的大量生产使用，墙面以砖做法为主。材料的变化带来了风格的变化，小式建筑的山墙变为以硬山山墙为主。

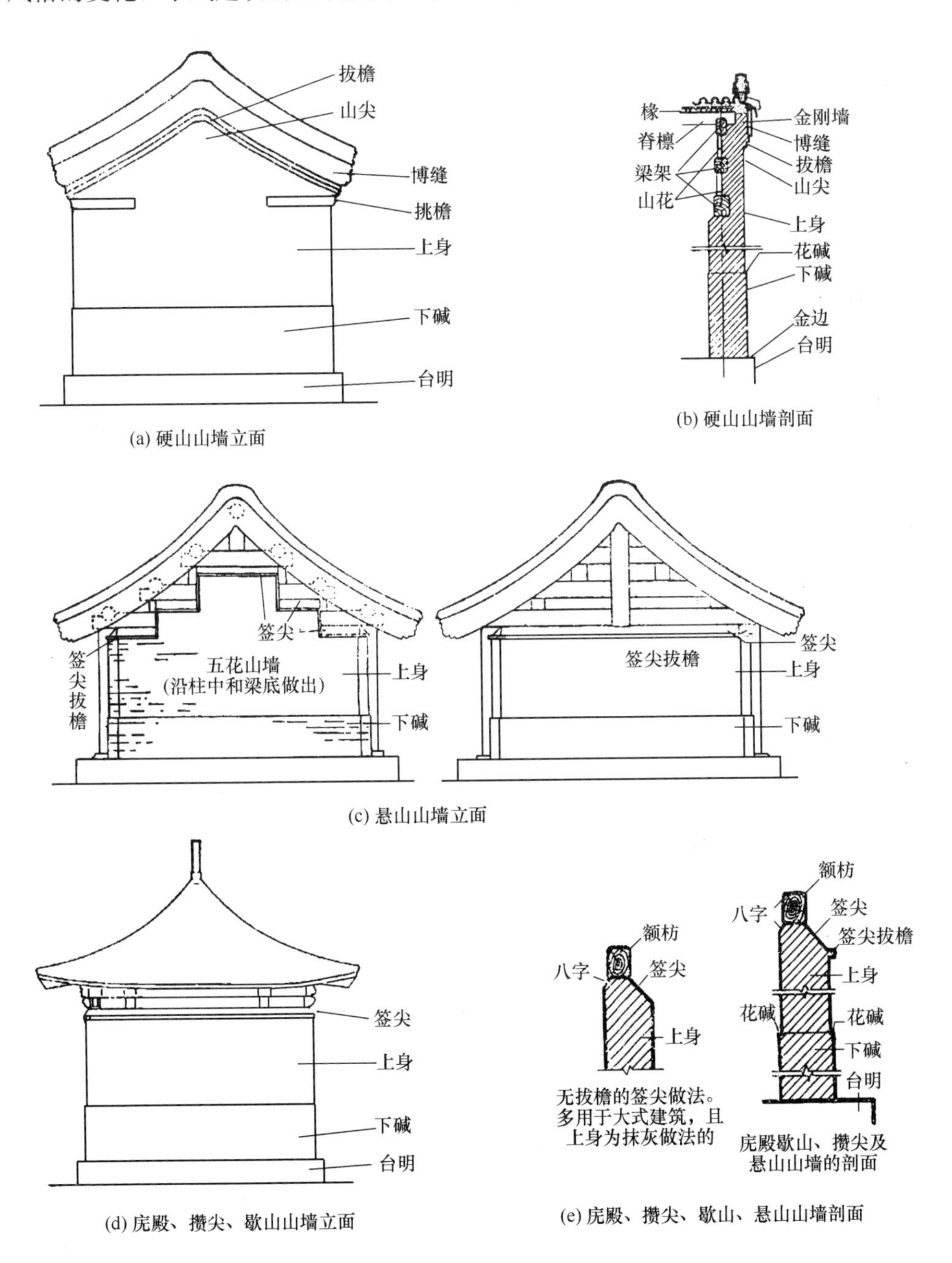

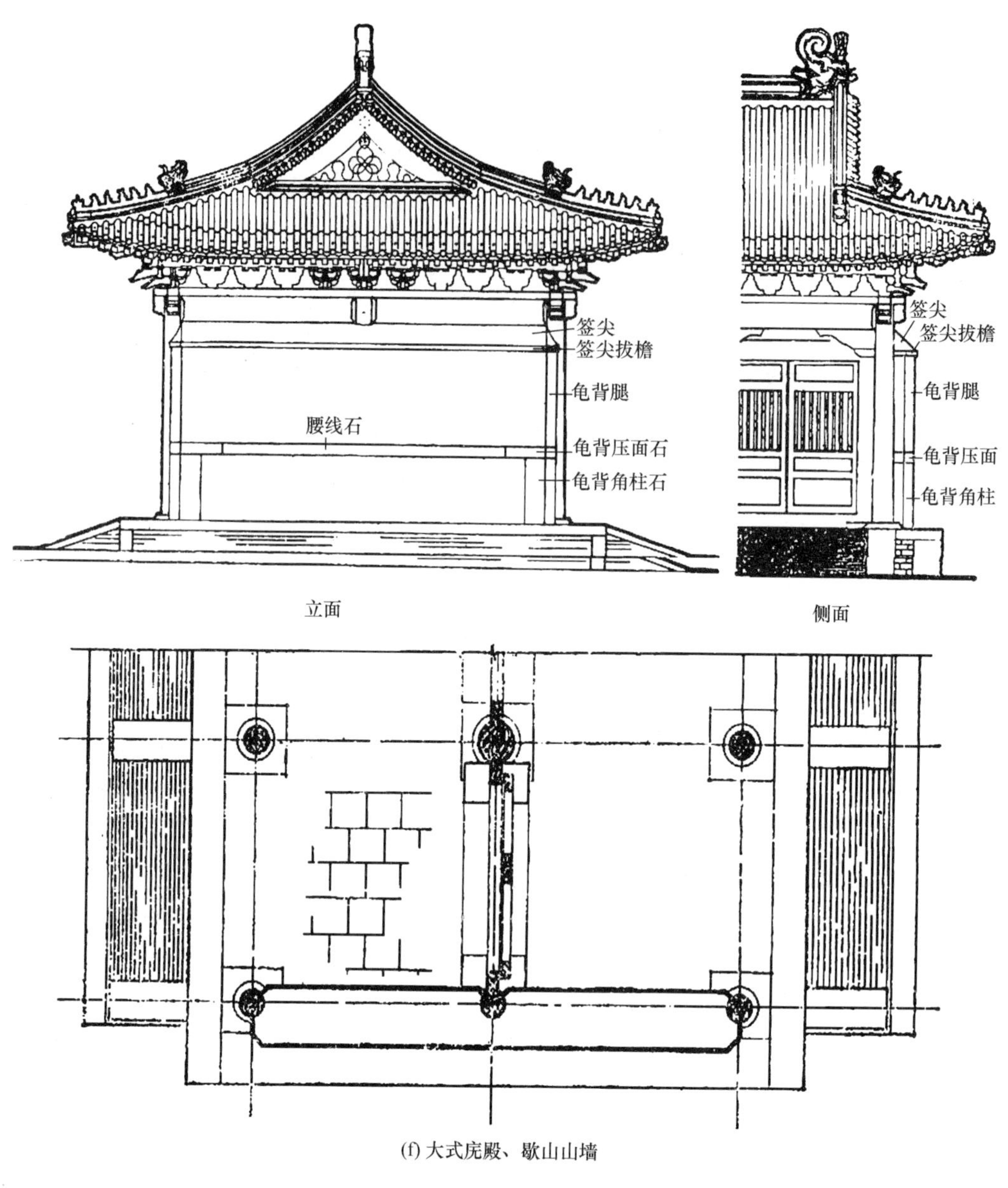

(f) 大式庑殿、歇山山墙

图 3-21　山墙的类型与各部位名称

3.5.2.2　悬山、庑殿及歇山式建筑的山墙

悬山、庑殿及歇山山墙的剖、立面构造形式如图 3-21 所示。

大式悬山建筑的山墙下碱多带有石活，上身一般为抹灰刷红浆做法，但也可用整砖露明做法。小式悬山建筑一般应全部为整砖露明做法。悬山山墙的立面造型有三种形式：①墙砌至梁底，梁以上的山花、象眼处的空当不再砌砖，用木板封挡。②墙体沿着柱、梁、瓜柱砌成阶梯状，叫“五花山墙”（简称“五花山”）。五花山墙的轮廓线应以柱子和瓜柱的中线为准。③墙体一直砌至椽子、望板。这种形式多见于唐宋时期的建筑中，明清

时期的官式做法中已不多见。明清时期的悬山建筑已不是为了墙面防雨的功能需要，而是出于建筑式样变化的需要。所以悬山山墙做法以露出梁架的两种做法为主，以获得形式新颖的立面效果。庑殿、歇山山墙的下碱多带有石活，上身多用抹灰刷红浆做法，但也可用整砖露明做法。

悬山、庑殿及歇山山墙的上身一般应有正升，抹灰做法的，正升不小于墙高的5～7/1000；整砖露明做法的，正升不小于3～5/1000；签尖的做法和形式参见后檐墙签尖做法。

3.5.2.3　硬山式建筑的山墙

硬山建筑山墙的外立面形式变化较多，常见的形式如图3-22所示。内立面的形式如图3-23所示。

（1）下碱

下碱又称下肩或裙肩，其高度可按檐柱高的3/10定。里皮靠柱子的砖要砍成六方八字形状，两块八字砖之间称“柱门”。柱门最宽处应与柱径同宽。下碱应使用最好的材料和最细致的做法，并常带有石活。下碱砖的层数应为单数。

（2）上身

上身应比下碱厚度稍薄，退进的部分称为“花碱”。上身砌法和用料一般应比下碱稍糙。干摆、丝缝或淌白墙面为三顺一丁做法的，在中间正对正脊的地方宜隔一层砌一块丁头，称“座山丁”。糙砖墙可不必拘泥此法。小式建筑中，经常采用“五出五进”“圈三套五”及“池子”做法。里皮的用料和砌法可比外皮粗糙。如里皮用碎砖，称为“外整里碎”。里皮下碱如果也是抹灰做法，上身不退花碱。墙的升的大小按悬山、庑殿、歇山山墙有关规定。

山墙里“皮的曳线一般不要正升，如有”排山柱，山柱与金柱之间的山墙里皮称为“囚门子”，囚门子的做法可以和普通山墙里皮做法相同，也可以同廊心墙做法相同，即采用落膛做法（图3-23）。如采用落膛做法，又称“棋盘心”或“圈套子”。

（3）山尖

大式山墙的山尖拔檐以下与上身做法相同。为了防止木架糟朽，在山尖正中，柁与柁之间的位置上，应砌一至两块有透雕花饰的砖，称“山坠”，又称“透风”。带琉璃博缝的山墙一般都放两块有透雕花饰的琉璃砖，称“满山红”。

小式山墙的上身如果是碎砖墙心，山尖外皮也可全部用整砖砌筑，称“整砖过河山尖”。过河山尖应从挑檐以上或荷叶墩同层开始，也可以根据“五出五进”能排上整活为准。过河山尖的缝子形式须同下碱一致。如采用“三顺一丁”摆法，山尖中间正对正脊的地方须隔一层砌一块“座山丁”。

山尖的里皮线在梁（柁）以上时。瓜柱之间的矩形空当称“山花”，瓜柱与椽子之间的三角部分称为“象限”。山花与象限部分的砌筑称为“点砌山花、象眼”，简称“点砌山花”。山花和象限与梁下的内墙不同，它们的里皮线应退进一些。当山花、象限露明（无顶棚）时，里皮线的位置一般可按柱中线加出1寸算；如山花、象限不露明（有顶棚）时，里皮线可按柱中线定位。山花、象眼如为露明做法，应采用较细致的做法，形式有三

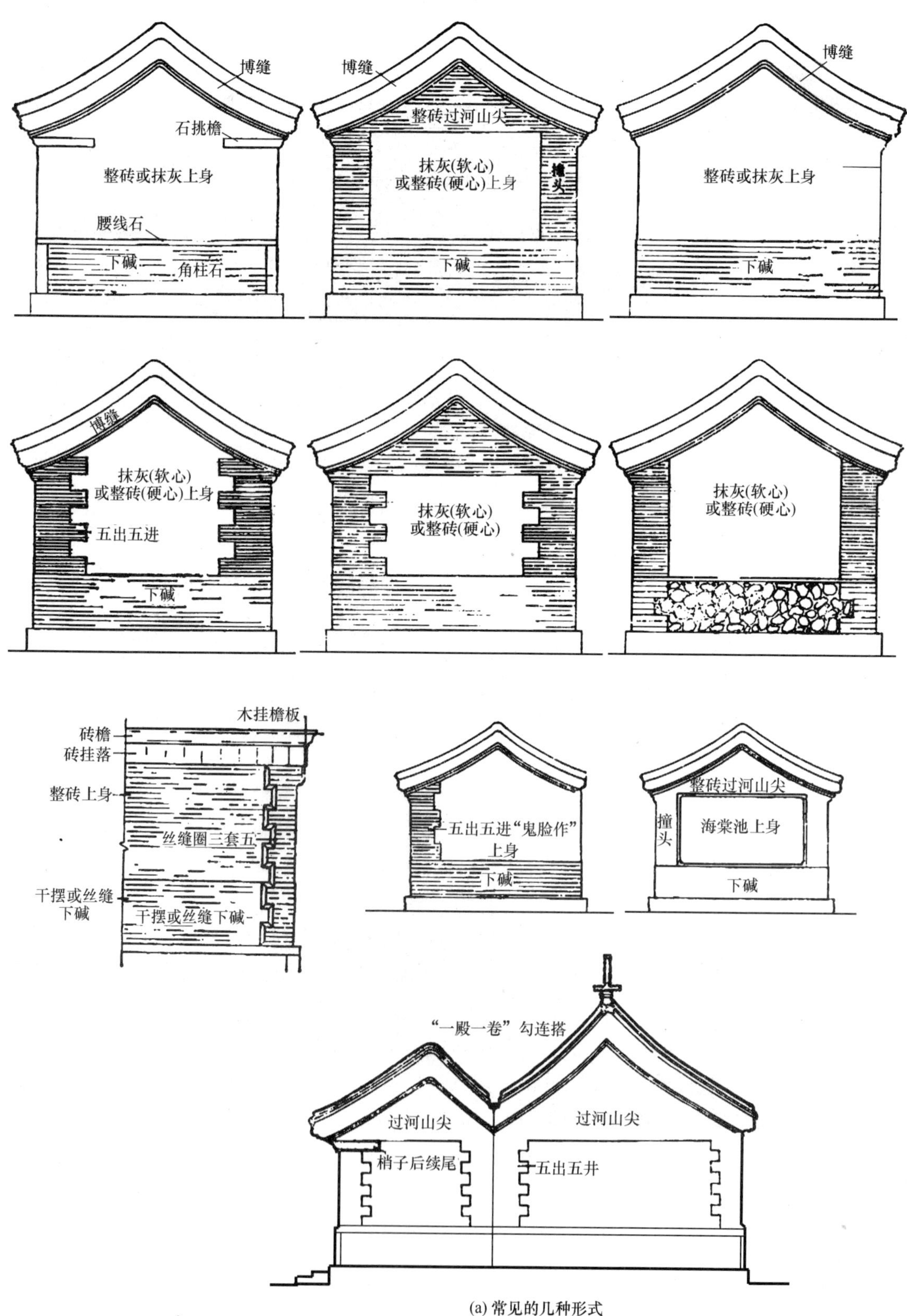

博缝
石挑檐
整砖或抹灰上身
腰线石
下碱
角柱石
博缝
整砖过河山尖
抹灰(软心)
或整砖(硬心)上身
墀头
下碱
博缝
整砖或抹灰上身
下碱
博缝
抹灰(软心)
或整砖(硬心)上身
五出五进
下碱
抹灰(软心)
或整砖(硬心)
抹灰(软心)
或整砖(硬心)
木挂檐板
砖檐
砖挂落
整砖上身
丝缝圈三套五
干摆或丝缝
下碱
干摆或丝缝下碱
五出五进"鬼脸作"
上身
下碱
整砖过河山尖
墀头
海棠池上身
下碱
"一殿一卷"勾连搭
过河山尖
过河山尖
梢子后续尾
五出五井

(a) 常见的几种形式

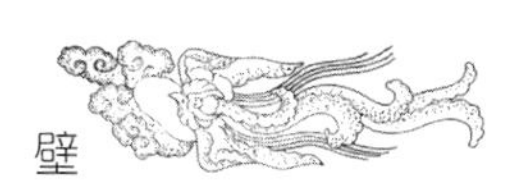

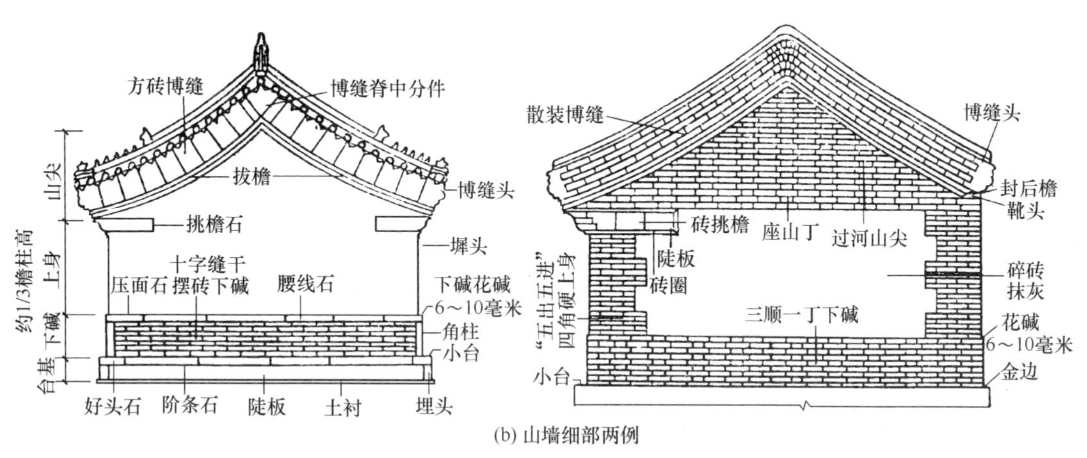

(b) 山墙细部两例

图 3-22 硬山建筑山墙的外立面形式

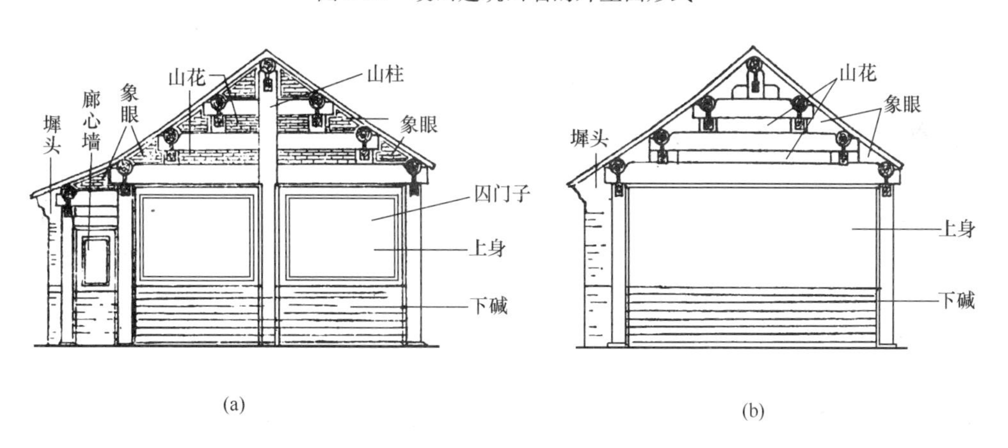

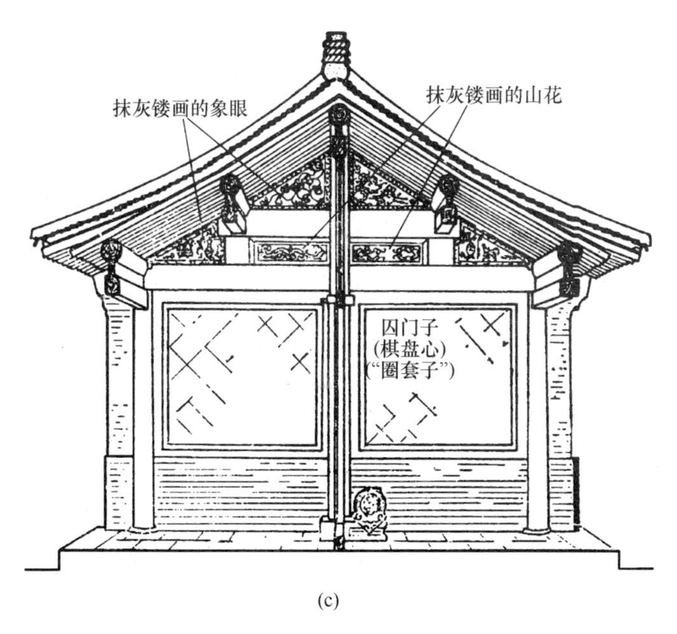

(c)

图 3-23 硬山建筑山墙的内立面形式

种：第一种丝缝墙面做法，砖缝应为十字缝；第二种做软活，即抹灰镂出假砖缝，砖缝应为十字缝，四周应做成砖圈（详见廊心墙象限部分）；第三种抹灰后刷烟子浆，镂出图案花纹（图 3-23）。山尖也应有正升，山尖正升随山墙上身正升。山尖的式样称为“山样”，主要有五种式样（图 3-24）。

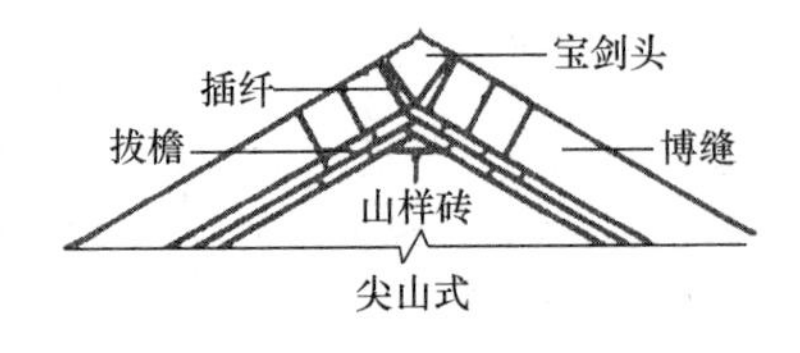

(1) 用于有正吻的大式建筑
(2) 用于清水脊、皮条脊做法的小式建筑

插扦
扇面
博缝
山样砖
圆山式(苇笠式)

圆山用于垂脊为罗锅卷棚做法的小式建筑

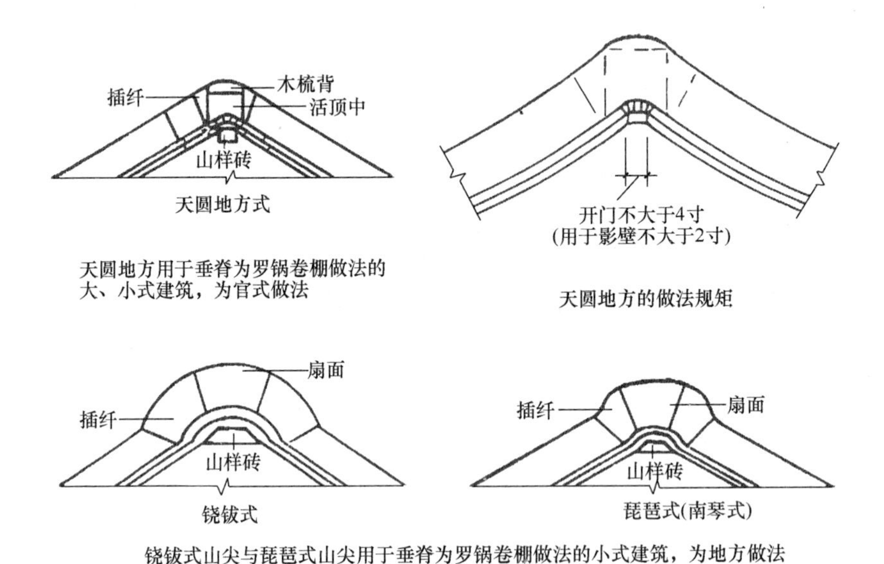

天圆地方用于垂脊为罗锅卷棚做法的大、小式建筑，为官式做法

天圆地方的做法规矩

铙钹式山尖与琵琶式山尖用于垂脊为罗锅卷棚做法的小式建筑，为地方做法

图 3-24　山尖的五种式样

（4）墀头

墀头俗称“腿子”，它是山墙两端檐柱以外的部分。后檐墙为封后檐墙做法的，后檐没有墀头。庑殿、歇山、悬山墀头没有盘头（梢子）。硬山墙的墀头可分成三个部分：下碱、上身和盘头（图 3-25）。

墀头下碱的外侧与山墙外皮在同一条直线上，里侧位置是在柱中再往里加上“咬中”尺寸的地方。知道了下碱宽度，再根据砖的规格，就可以决定墀头下碱的“看面”形式。墀头下碱和上身的看面形式一般分为“马莲对”“担子勾”“狗子咬”“三破中”“四缝”（又称“俩半”或“小联山”）、大联山（图 3-26）。下碱应采用同一建筑中最好的砌筑方法和材料，如干摆、丝缝等。腿子下碱如用石活，角柱石至柱子这一段多用城砖或方砖（立置）砌筑。

墀头上身每边比下碱应退进一些，退进的部分称为“花碱”。上身看面形式的选择方

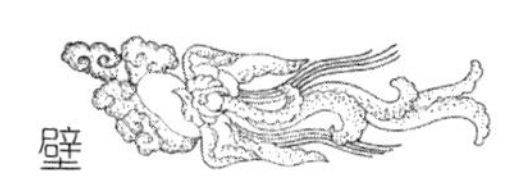

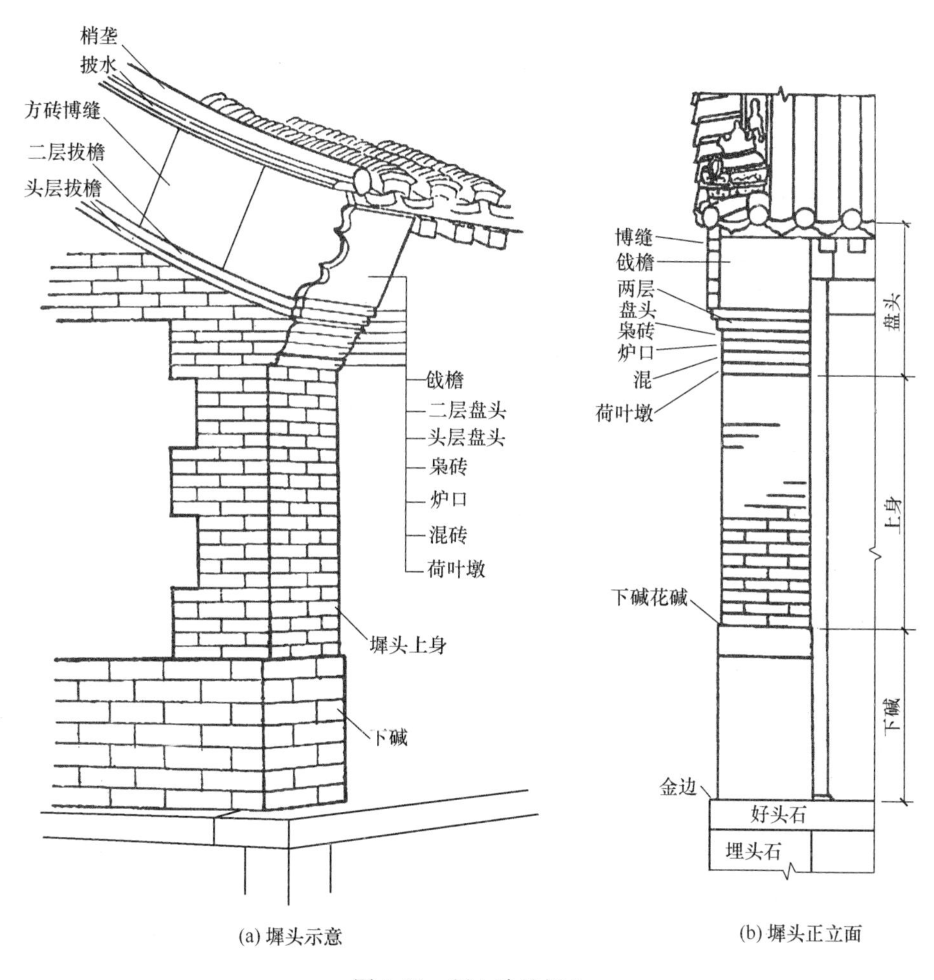

(a) 墀头示意

(b) 墀头正立面

图 3-25 硬山建筑墀头

法与下碱相同。

盘头又称“梢子”（图 3-25、图 3-27)，它是腿子出挑至连檐的部分。它的总出挑尺寸称为“天井”。根据盘头的层数，可分为五盘头和六盘头。五盘头比六盘头少一层炉口。六盘头的逐层是：荷叶墩、混砖、炉口、枭砖、头层盘头、二层盘头和戗檐。这些分件一般用方砖砍制（图 3-28)，小型盘头的分件也可用条砖砍制。

盘头各层出檐尺寸：

荷叶墩出檐 1.5 寸（4.8cm)；

混砖出檐 0.8～1.25 砖本身厚；

枭砖出檐 1.3～1.5 砖本身厚。

炉口出檐要小，只作为混砖和枭砖曲线连线的过渡，一般仅约 0.5～2cm，甚至可向内微微收进。总之，炉口的形状以能使半混砖和枭砖连成优美的曲线为宜。“五盘头”的做法，无炉口这一层。

两层盘头共出檐约 1/3 砖厚，每层约出檐 1/6 砖厚。

戗檐的出檐应由戗檐砖自连檐以下的砖长和戗檐的“扑身”（即斜率）算出，戗檐砖

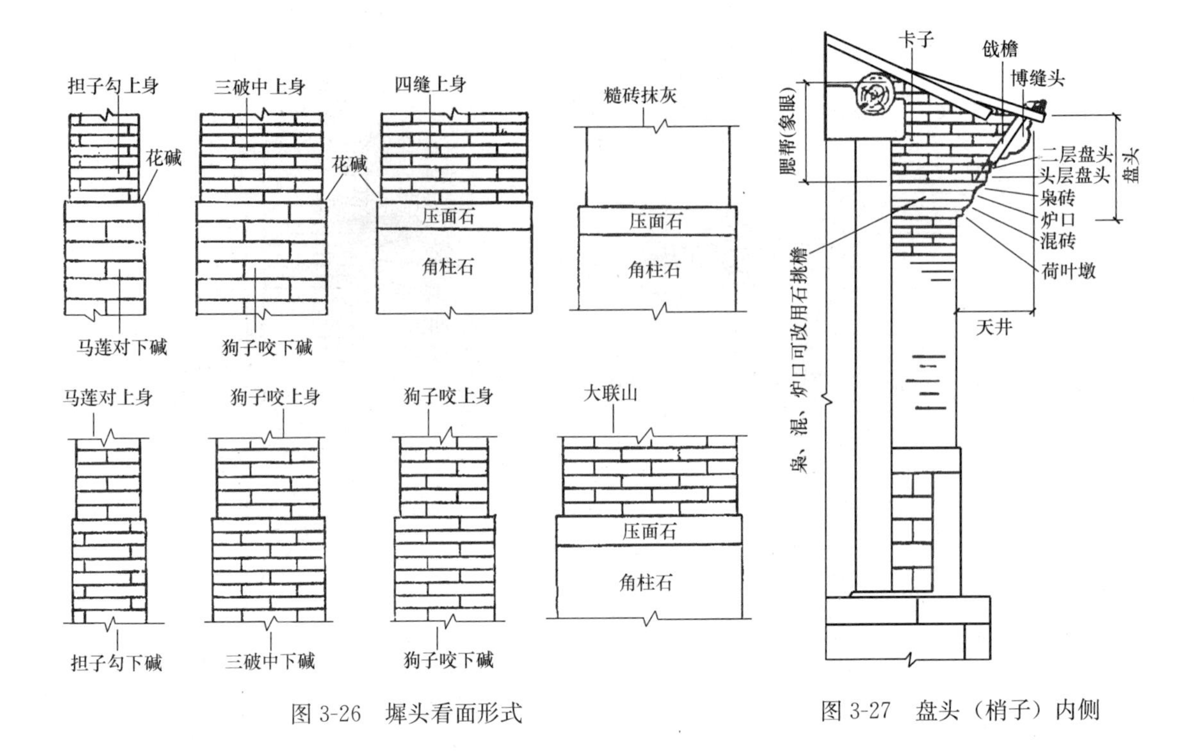

图 3-26　墀头看面形式　　　　图 3-27　盘头（梢子）内侧

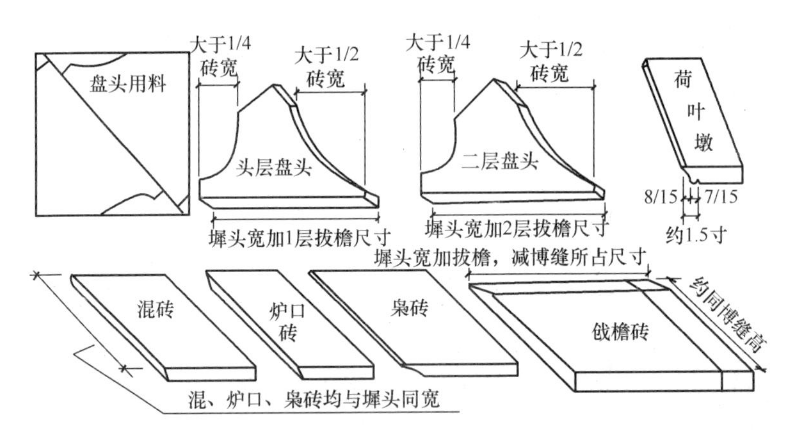

图 3-28　盘头（梢子）分件图

自连檐以下的砖长可用博缝砖的高度减去博缝在连檐以上的部分得到。戗檐的扑身可由两层盘头的出檐得到，如果把两层盘头出檐的最远点连成一条直线，戗檐砖的外棱线应与这条直线重合（图 3-27）。根据这个法则就可以得知戗檐的扑身，知道了戗檐砖在连檐以下的砖长和扑身，就可以算出戗檐砖的水平出檐尺寸了。

墀头梢子用挑檐石的，不做枭砖、混砖、炉口这三层砖。挑檐石的出檐可按 1.2 本身厚。

盘头各层构件的出檐总尺寸就是天井的尺寸。

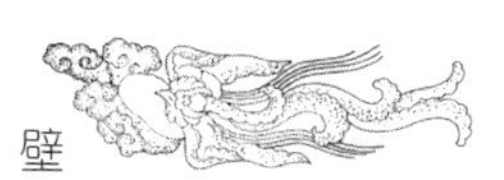

各地盘头实例如图 3-29 所示。

(a) 盘头实例图 (一)

(b)

(b）盘头实例图（二）

图 3-29　各地盘头

3.5.2.4　平台式建筑的山墙

平台式建筑的山墙没有山尖部分，它的下碱和上身部分的做法与起脊式建筑的山墙做法相同。山墙的上端，应以砖挂檐结束。挂檐砖的高随前檐挂檐板之高，并应与挂檐板交圈（图 3-30）。砖挂檐之上，多做成冰盘檐，与前檐冰盘檐交圈。山墙墀头的梢子与起脊式山墙的梢子做法可以相同，但这种做法实际上并不多见，这是由于平台式建筑的上檐出一般都比较小，所以平台式建筑山墙墀头的天井尺寸也很小。五盘头或六盘头式的梢子已不能相适应，因此往往只做成一层荷叶墩和一层戗檐的形式（图 3-29）。戗檐砖多垂直立置，或仅有微小的“扑身”。

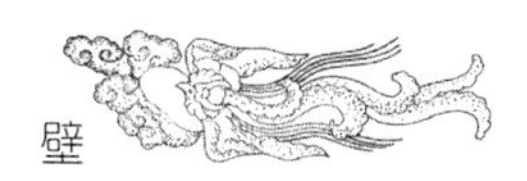

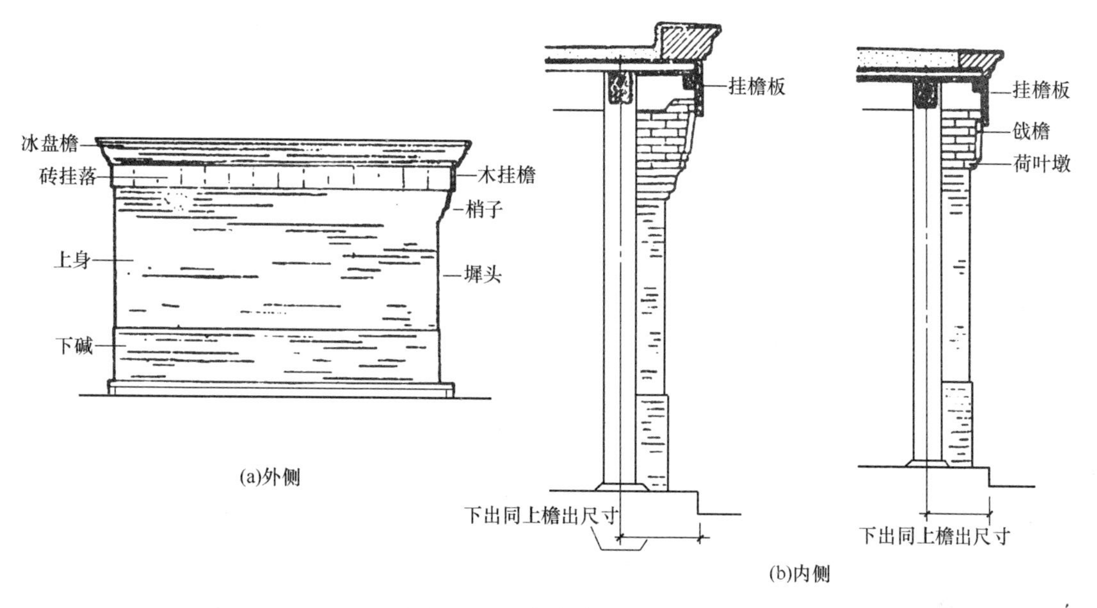

图 3-30 平台式建筑的山墙

砖挂落：用于门楼过木的外侧或楼房木挂檐板的外侧。

3.5.2.5 琉璃山墙

琉璃山墙多用于宫殿建筑中。全部使用琉璃砖砌筑的山墙比较少见，大多是用于局部。常见的形式主要有以下几种：

(1) 琉璃下碱

琉璃下碱可单独用于室内或室外一侧，也可在两侧同时使用。墙面的艺术形式除卧砖摆砌十字缝以外，还常用“贴落”砖组成各种图案，如龟背锦等。

(2) 琉璃小红山

小红山是指歇山建筑两侧的山花部位。琉璃小红山是用琉璃“贴落”拼成图案砌成的，图案式样大多仿照木山花板上的金钱绶带图案。

(3) 琉璃博缝与琉璃挂檐

① 硬山博缝（图 3-31）：琉璃博缝的砌筑方法与方砖博缝大致相同，但打点用灰要用小麻刀灰加颜色（黄琉璃加红土子，其他加青灰）。最后用“麻头”蘸水擦拭干净。琉璃博缝的第二层拔檐砖为半混砖，或者只用一层半混拔檐砖，称为随山半混

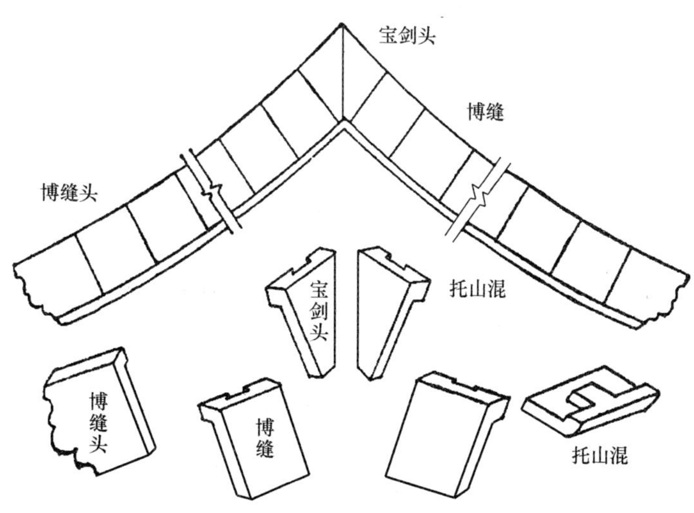

图 3-31 硬山琉璃博缝示意图

或托山混。

② 悬山博缝（图 3-32）：悬山琉璃博缝是贴在木博缝板外面的。事先应在木博缝板上面按分好的位置凿出榫眼，安装时把琉璃博缝后口的“胆”装在榫眼里，然后用铅丝将揪子眼拴牢。

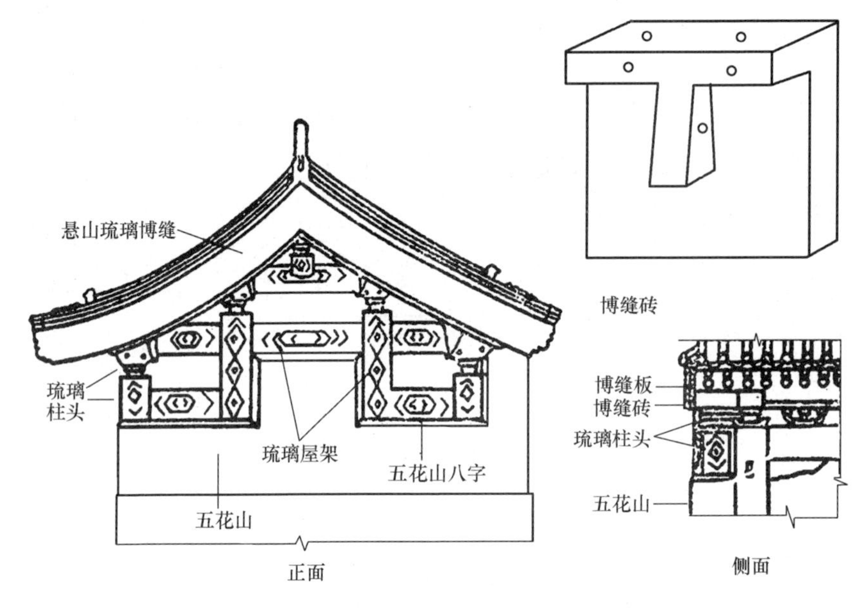

图 3-32　悬山琉璃博缝及硬山五花山示意图

③ 琉璃挂檐：琉璃挂檐多用于楼房或带平座的重檐建筑的挂檐板外面。琉璃挂檐的图案多为如意云头，故俗称“云板”。如果琉璃砖的底边轮廓为如意头形状，称为“滴珠板”。

④ 琉璃盘头：琉璃盘头的各层出檐应按照成品的形制决定，其中第二层盘头为半混形状，与山墙的随山半混交圈。如山墙拔檐只有一层随山半混，则在枭砖之上也只有一层盘头（半混形状）。盘头的外侧可做砖挑檐，也可省略。

⑤ 琉璃硬山五花山：琉璃硬山五花山的下碱及上身和山尖里皮与大式硬山墙做法一样。上身和山尖外皮是用预制的琉璃砖仿照木屋架的样子砌筑起来的。下碱和琉璃砖之间用普通砖仿五花山墙形式砌成阶梯形后抹灰并刷红土浆，与琉璃砖相接的地方要抹成“八字”。五花山墙外皮应比琉璃屋架宽 1/4 柱径。琉璃屋架之间及背后也要用普通砖砌筑并在外皮抹灰刷红土浆。这段墙的外皮应比琉璃屋架退进若干，即应露出琉璃砖侧面的花饰（图 3-32）。有少数琉璃硬山五花山没有墀头，前后檐的签尖拔檐与随山半混交圈，金柱前面的博缝同悬山琉璃博缝做法相同。

3.5.3　槛墙

槛墙是前檐木装修风槛下面的墙体。槛墙厚一般不小于柱径即可，槛墙高随槛窗，槛窗下的木榻板之下即为槛墙。如先定槛墙高，后做槛窗，一般可按 3/10 檐柱高定高，特殊情况例外，如净房（厕所）的槛墙可加高，书房、花房或柱子较高，槛墙的高度可适当

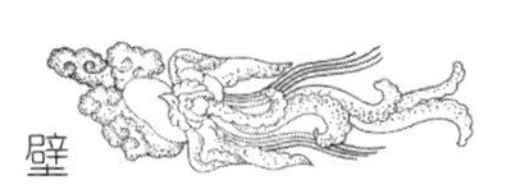

降低。槛墙的两端，无论里外皮都要砍成八字柱门，但与山墙里皮或廊心墙下碱交接处应不留柱门。槛墙的层数可为单数，也可为双数。砌筑类型应与山墙下碱一致，即应使用本建筑中最讲究的做法，但砖缝的排列形式应为十字缝形式。槛墙多用卧砖形式，有时也用落膛形式或海棠池形式（图 3-33）。重要的宫殿建筑可用琉璃槛墙。除琉璃卧砖外，还可以用琉璃贴落拼成图案。琉璃可在室内或室外一侧使用，也可以在两侧同时使用。无论建筑的等级高低或做法是否讲究，槛墙都很少采用抹灰做法，而均应为整砖露明做法。

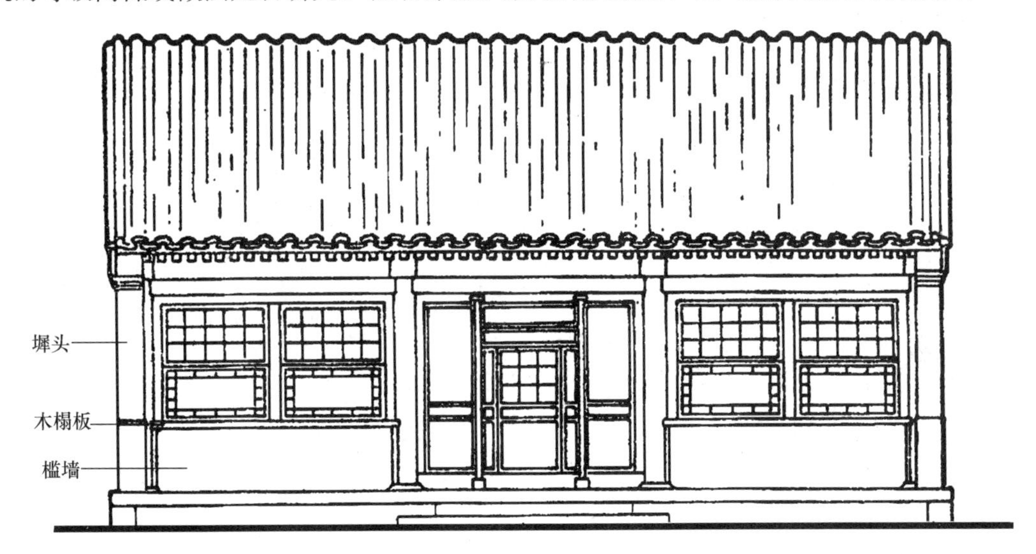

(a) 槛墙示意图

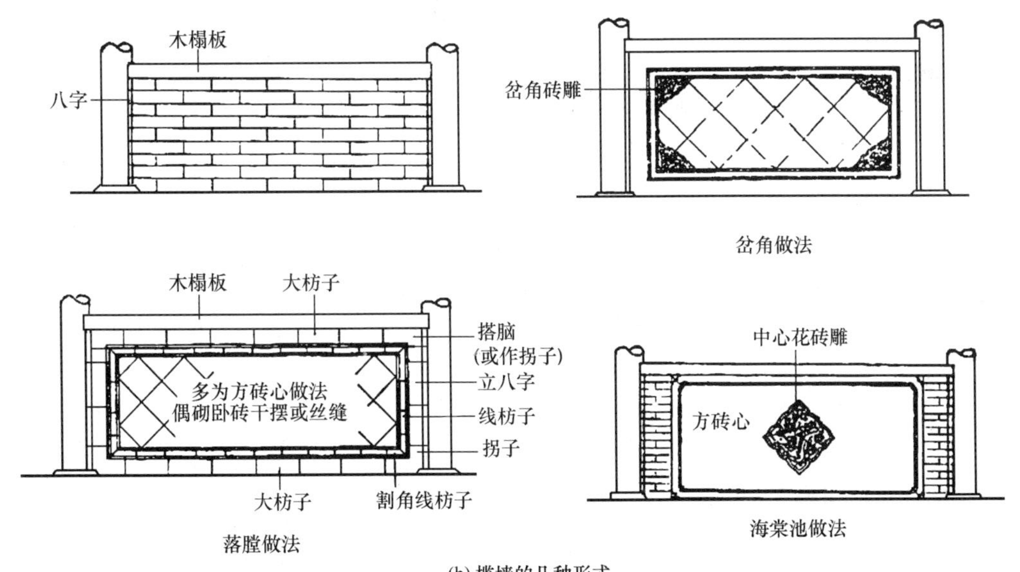

(b) 槛墙的几种形式

图 3-33　槛墙

3.5.4　廊心墙

廊心墙各部位名称及构造如图 3-34 所示。

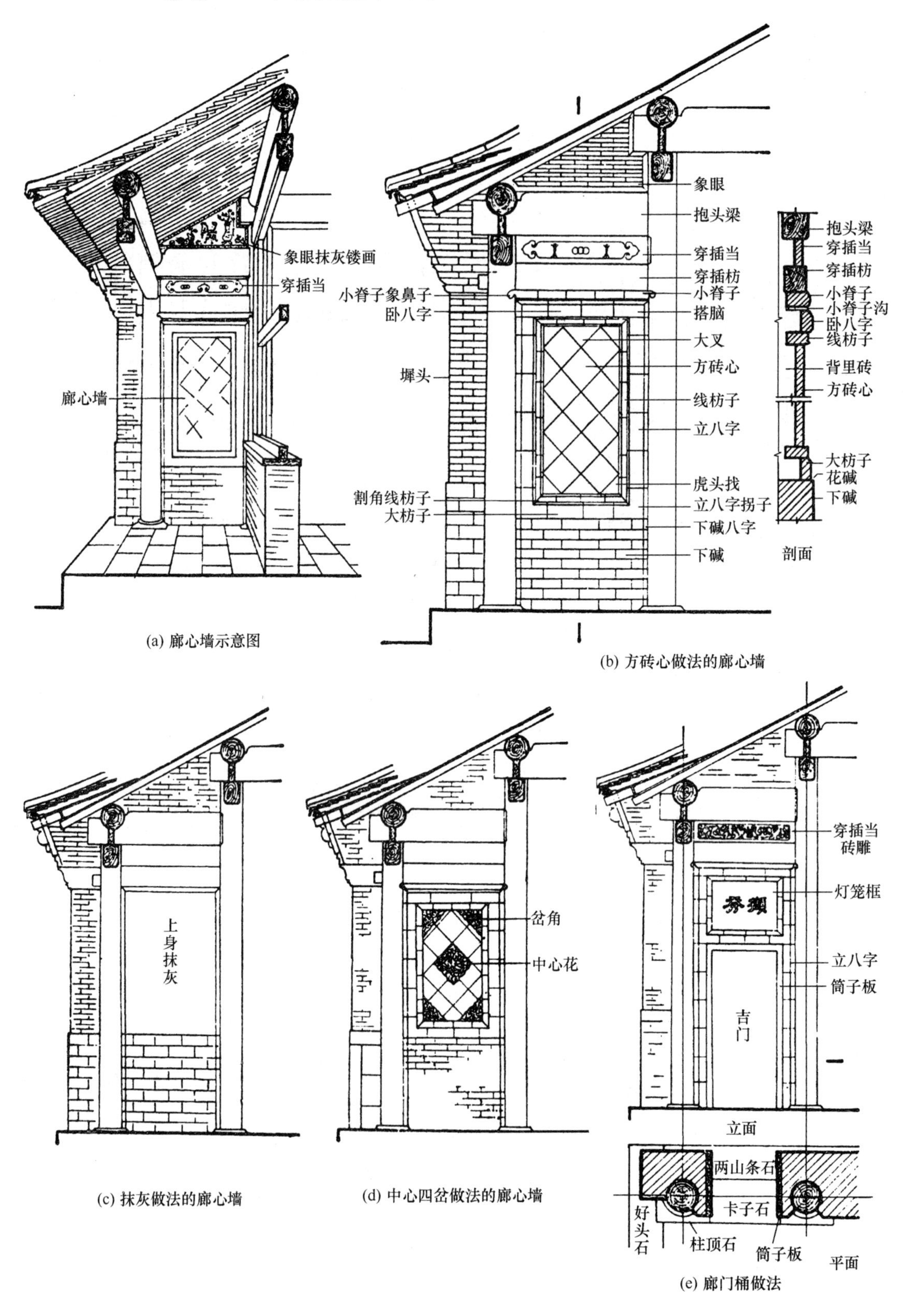

(a) 廊心墙示意图

(b) 方砖心做法的廊心墙

(c) 抹灰做法的廊心墙

(d) 中心四岔做法的廊心墙

(e) 廊门桶做法

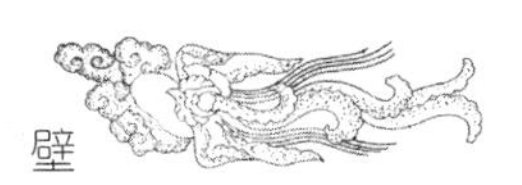

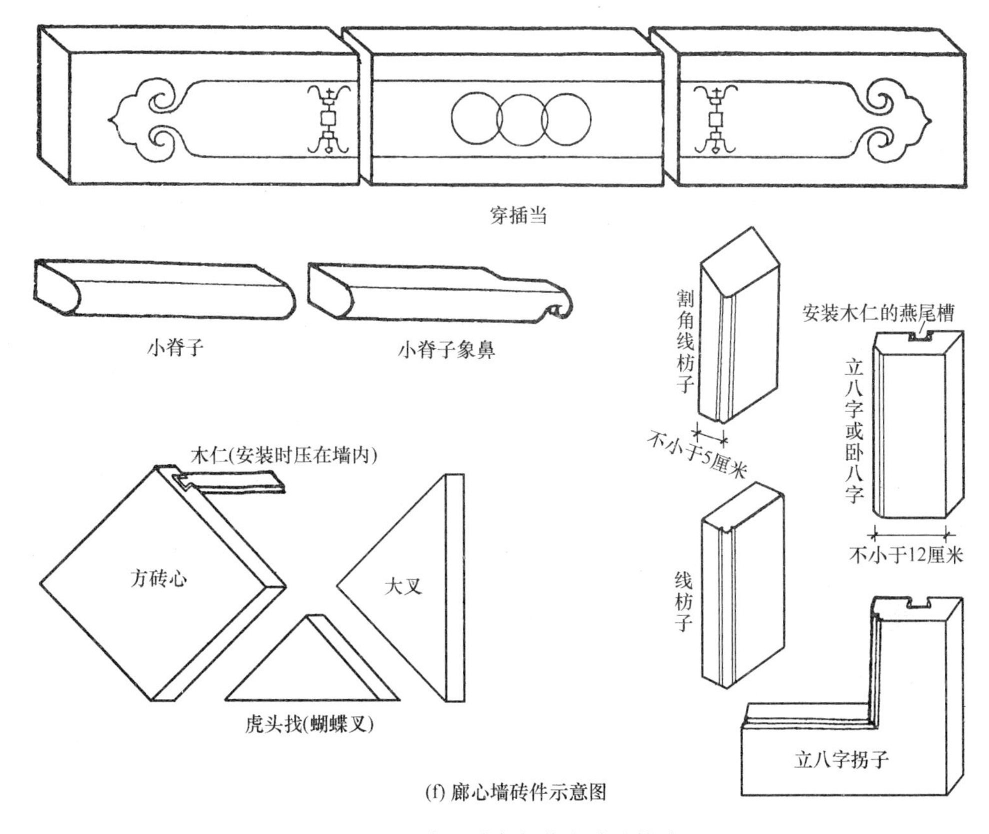

(f) 廊心墙砖件示意图

图 3-34 廊心墙各部位名称及构造

(1) 下碱

廊心墙下碱的外皮与山墙里皮在同一条直线上，背里部分即山墙背里，下碱的用料和砌筑类型应与山墙下碱一致，下碱的高度应与山墙下碱相近，但可以有差别，要以廊心的方砖心能排出“好活”为主。下碱的缝子形式须为十字缝，两端的砖要砍成六方八字，但廊心墙下碱与槛墙相交处可不留八字柱门，两墙直槎砌严即可。

(2) 上身

廊心墙上身较简单的做法是糙砌抹灰。这种做法虽然简单但等级较高，因此多用于大式建筑中。上身较细致的做法是落膛做法，用于廊心墙时通常称为廊心做法。这种做法比较常见，尤其是在小式建筑中。无论大式或小式建筑，廊心墙的上身都不采用卧砖墙面做法。

如果廊心墙恰在游廊的通道上，称为“廊门桶子”或“闷头廊子”。闷头廊子用木板圈成一个矩形门洞称为“吉门”，吉门上方的做法与廊心墙的廊心做法大致相同，只是不称为廊心而称为“灯笼框”。灯笼框以上做法则和廊心以上做法完全一样，如图 3-34 所示。游廊中的墙体与廊心墙完全一样，只是更加细致和考究，其廊心做法常采用砖雕（包括字画的雕刻）、琉璃、什样锦、彩绘及花瓦做法等。

3.5.5 院墙

院墙是建筑群或宅院的防卫或区域划分用墙。在我国古代建筑中，凡有建筑群，就必有院墙。建筑越重要，院墙的做法就越细致，高度和宽度也越大。院墙可以分成四部分：下碱、上身、砖檐和墙帽。

院墙的宽与高没有严格的规定，一般以不能徒手翻越为最低标准。如遇有屋檐，墙帽必须低于屋檐。院墙的宽度至少应在 24cm 以上，院墙里外皮均应有正升，小式建筑的院墙的正升可按墙高的 5/1000～7/1000，大式院墙的正升更大，最大可加大到墙高的 10％。

3.5.5.1　下碱

小式院墙的下碱高度可为下碱和上身总高度的 1/3；大式院墙的下碱高度一般不超过 1.5m。院墙下碱用料及砌法一般应较山墙下碱粗糙，但也可一样。下碱砖的层数应为单数。

3.5.5.2　上身

院墙上身里外皮都应退花碱，花碱尺寸为 0.6～1.5cm（不包括抹灰厚度）。上身用料及砌法一般应较下碱粗糙。小式建筑的院墙上身多采用亭泥、开条等小砖糙砌。大式建筑的院墙上身多采用城砖砌筑或糙砌抹红灰做法。园林建筑的院墙还可采用花墙子或云墙等形式。宫殿建筑的院墙，墙内可采用“哑吧过木”，以加强墙体的整体性。哑吧过木应横放与顺放相结合（十字卡口相交），过木间距约 2m。

3.5.5.3　砖檐

院墙砖檐的形式取决于墙帽的形式，二者之间常有较固定的搭配关系，其搭配关系如表 3-1 所示，极讲究的宫殿建筑的院墙可采用琉璃砖斗拱做法，这种院墙大多用头层砖檐代替斗拱的平板枋，头层檐以上即为砖斗拱。砖斗拱之上再砌一层盖板，盖板之上就是瓦顶，有些坛庙等礼制建筑的院墙的檐子部分不用砖檐而用木架代替。

表 3-1　墙帽与檐子搭配关系表

墙帽形式		檐子形式
宝盒顶		一层或两层直檐
道僧帽		一层或两层直檐
馒头顶（泥鳅背）		一层或两层直檐，用于院墙也可用锁链檐
眉子顶（真、假硬顶）		两层直檐，较大的眉子顶可用鸡嗉檐
蓑衣顶		菱角檐；四丁砖蓑衣顶可用两层直檐
花瓦顶或花砖顶		两层直檐或一层直檐
鹰不落		砖瓦檐（宜用薄砖和 3 号瓦）
兀脊顶		一层方砖或城砖直檐
瓦顶	黑活瓦顶	不带砖椽的冰盘檐（王府院墙常用大亭泥或城砖冰盘檐）
	绿琉璃瓦顶	绿琉璃冰盘檐
	黄琉璃瓦顶	头层檐用黄琉璃，其余为绿琉璃冰盘檐

（1）砖檐俗称“檐子”，主要有以下几种类型：

① 一层檐：一层檐包括一层直檐（俗称“箭杆檐”）、披水檐和随山半混。随山半混又称托山混（图 3-35、图 3-36）。

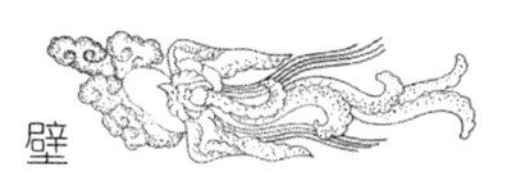

② 两层檐：多用两层普通直檐砖出檐，但用于讲究的山墙时，第二层的下棱往往倒成小圆棱，称“鹅头混”（图 3-36）。

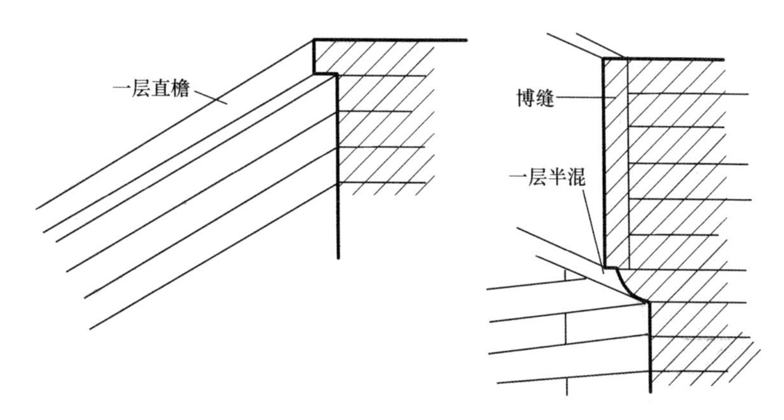

图 3-35 一层檐示意图

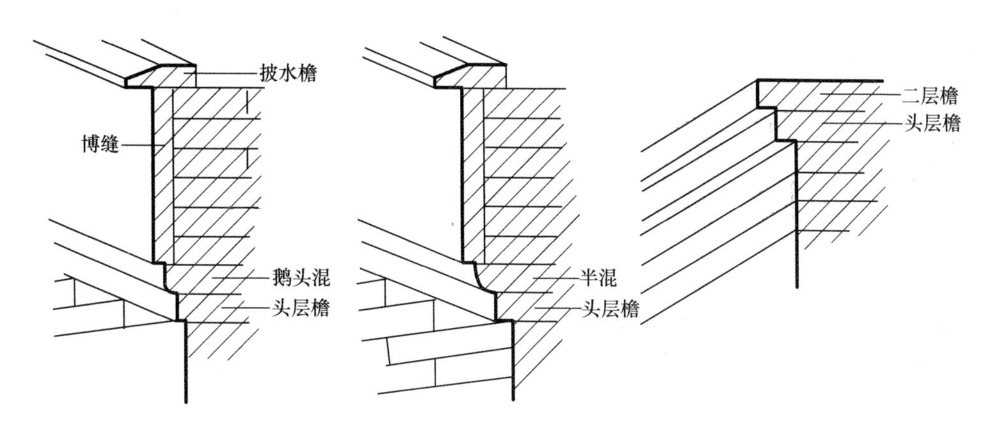

图 3-36 两层檐和披水檐示意图

③ 菱角檐：如图 3-37 所示，小砖的菱角檐多用于普通小式房屋的封后檐墙和小砖的蓑衣顶院墙，城砖菱角檐用于大式城砖的蓑衣顶院墙。

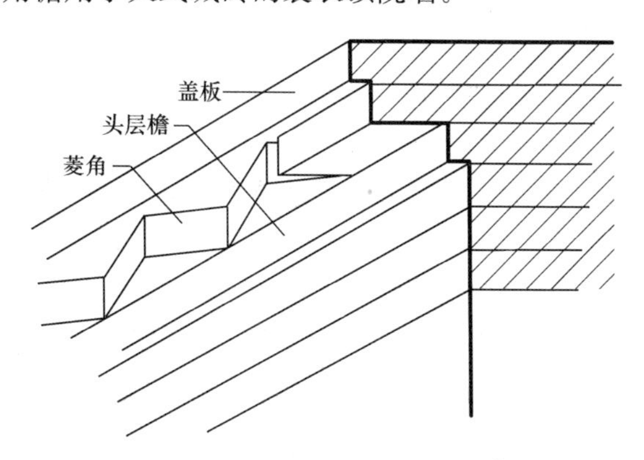

图 3-37 菱角檐示意图

④ 鸡嗉檐：如图 3-38 所示，用于院墙。

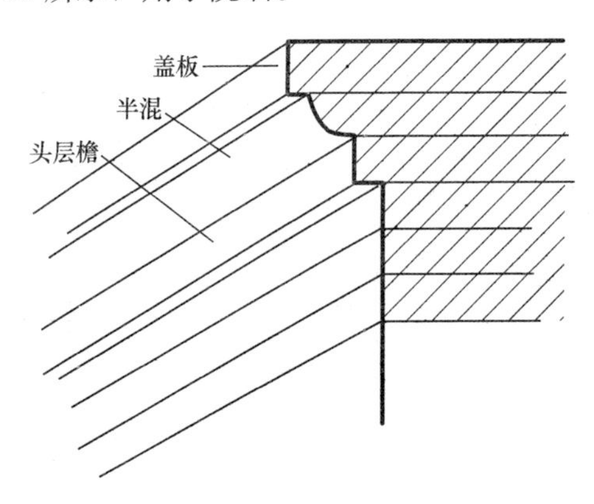

图 3-38 鸡嗉檐

⑤ 抽屉檐：如图 3-39 所示，抽屉檐是清代末年出现的做法，多见于普通民房的封后檐墙。

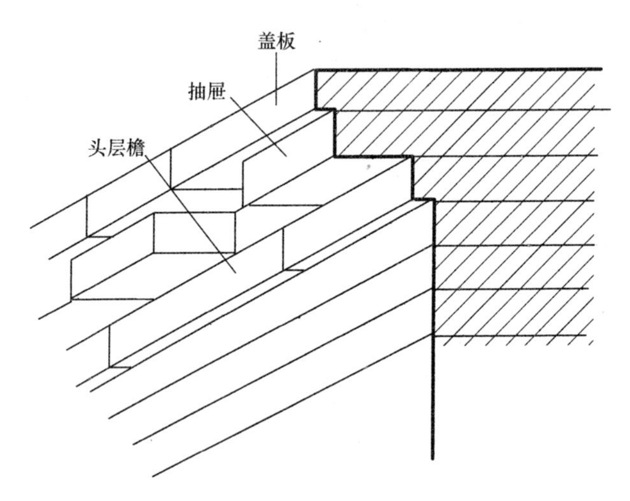

图 3-39 抽屉檐示意图

⑥ 冰盘檐：如图 3-40 所示，冰盘檐是各种砖檐中的讲究做法。多用于做法讲究的封后檐墙、平台房、影壁、看面墙、砖门楼及大式院墙。

冰盘檐的基本构造：直檐、半混、枭砖和盖板（直檐）可组成最简单的冰盘檐。除此而外，还可使用炉口、小圆混、连珠混（又称圆珠混）以及砖椽子（包括方椽、圆椽、飞椽）。上述砖件可组成各种形式的冰盘檐，如四层冰盘檐、五层冰盘檐、六层冰盘檐、七层冰盘檐等。五层和六层冰盘檐可根据有无砖椽子分为五层带椽子冰盘檐和六层带椽子冰盘檐。

冰盘檐按照砖的规格划分，可分为方砖冰盘檐、亭泥或开条砖冰盘檐、城砖冰盘檐和琉璃冰盘檐。

冰盘檐用于墙帽或平台屋顶时不得使用砖椽子，用于封后檐墙、小型门楼、影壁及看面墙时，可使用砖椽子。

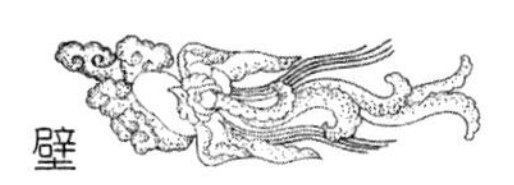

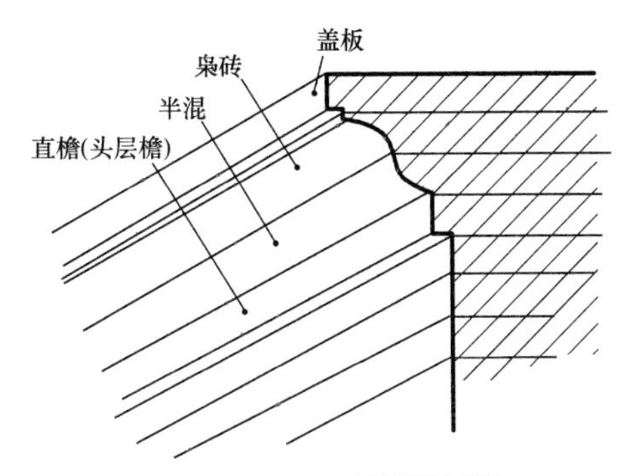

(a) 四层冰盘檐

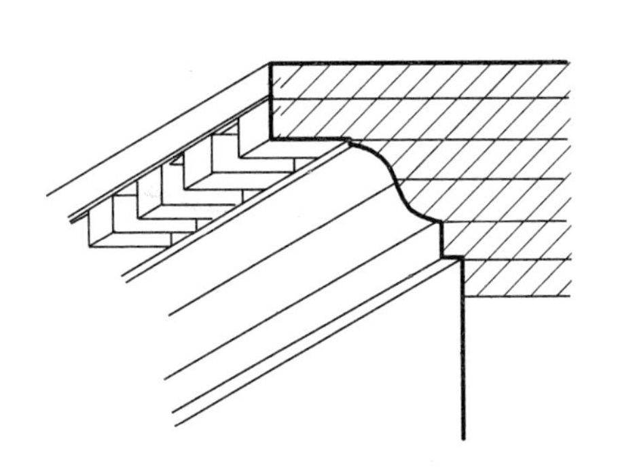

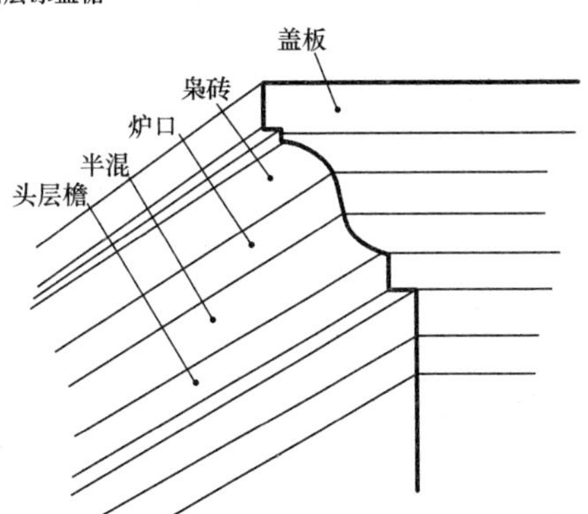

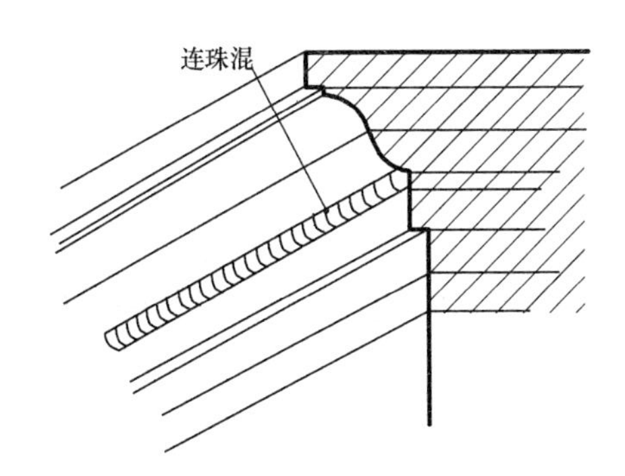

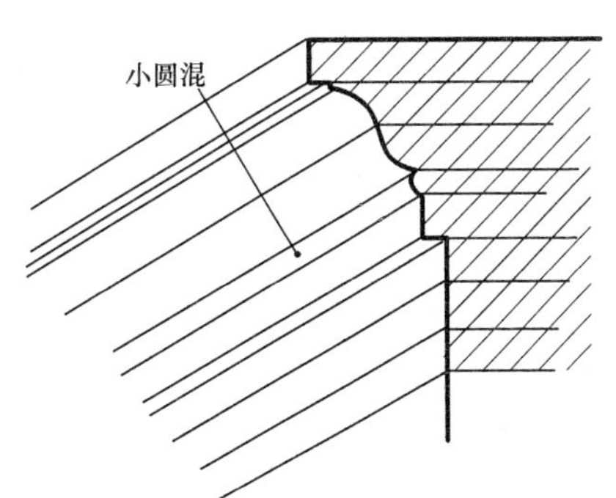

(b) 五层冰盘檐

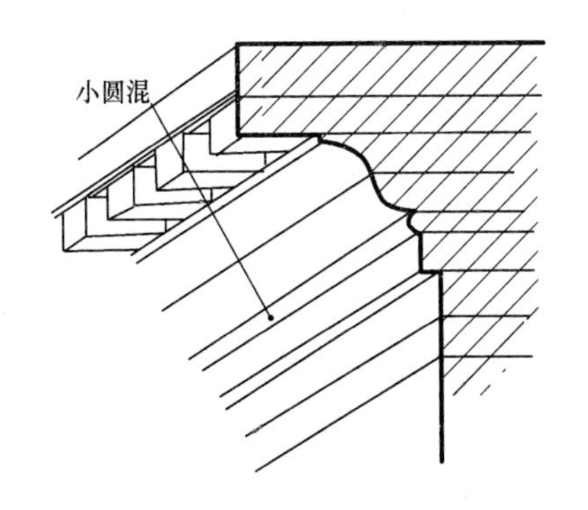

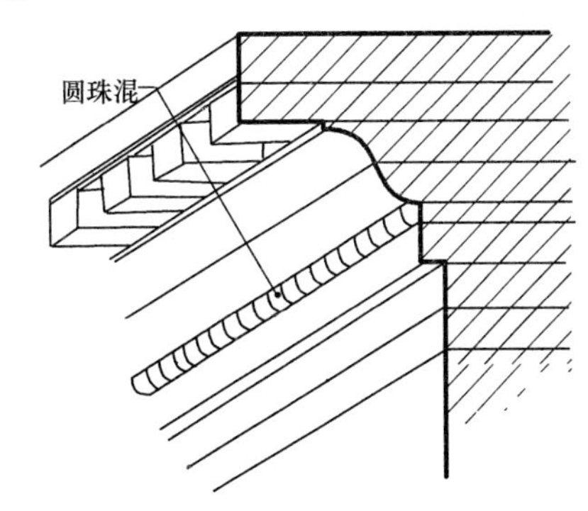

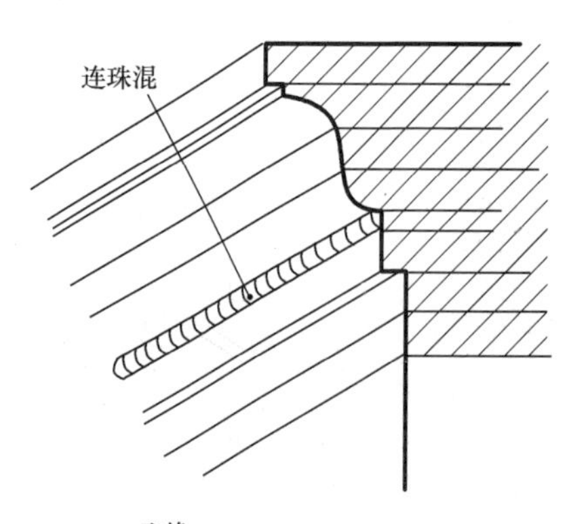

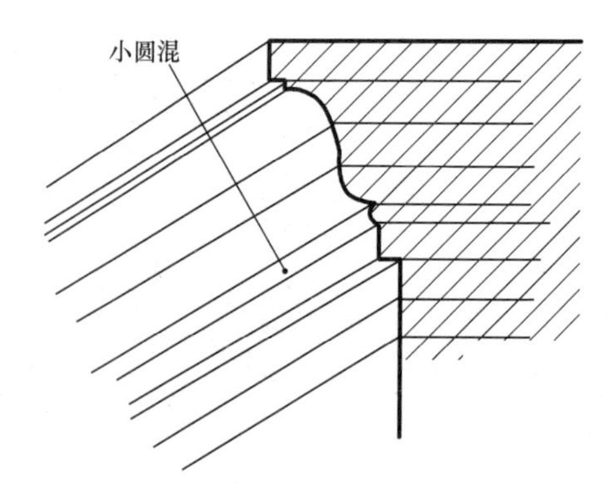

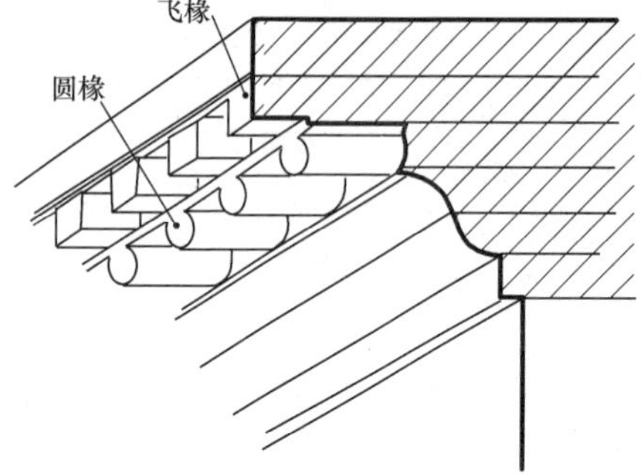

(c) 六层冰盘檐

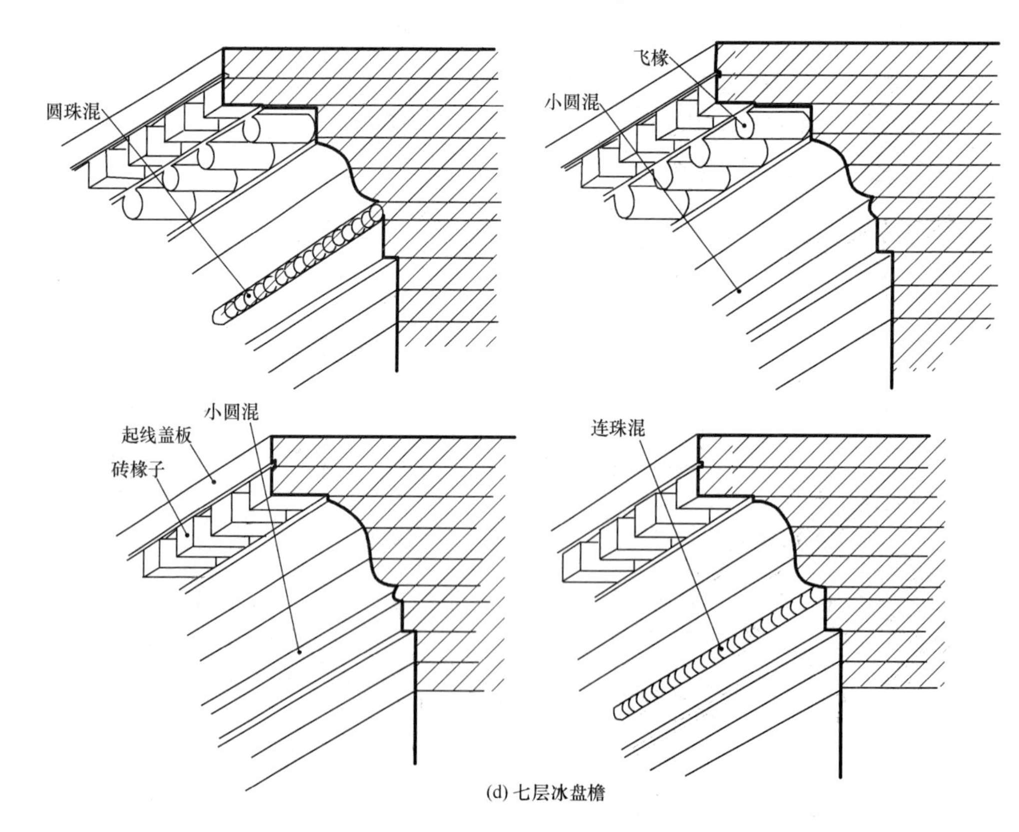

(d) 七层冰盘檐

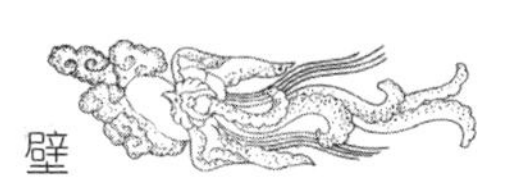

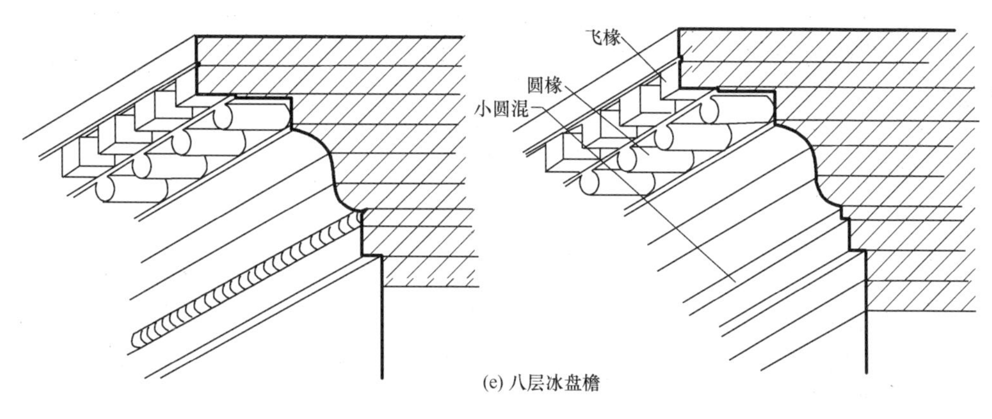

(e) 八层冰盘檐

图 3-40 冰盘檐示意图

城砖冰盘檐大多为四层或五层做法。

琉璃冰盘檐颜色的决定：瓦顶为黄琉璃瓦的，第一层檐子应为黄色，其余为绿色；瓦顶如为绿琉璃瓦的，冰盘檐也应为绿色。

⑦ 锁链檐：如图 3-41 所示，锁链檐又分为一层锁链檐和两层锁链檐，多用于地方建筑和做法简单的院墙。

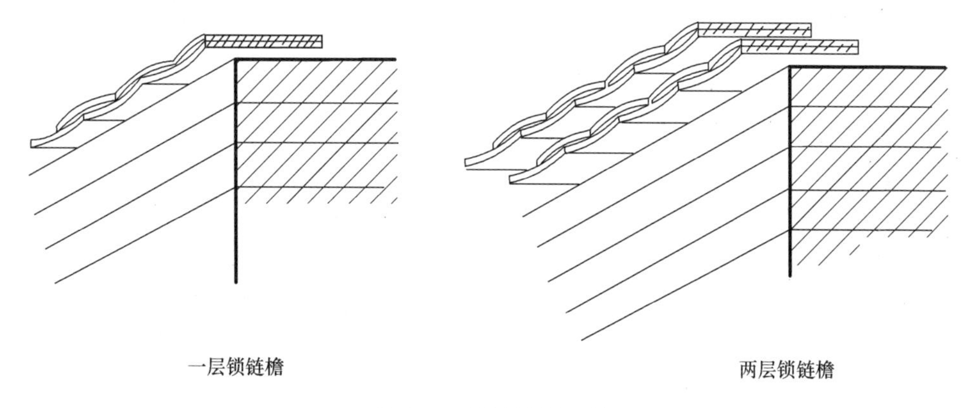

一层锁链檐　　两层锁链檐

图 3-41 锁链檐示意图

⑧ 砖瓦檐：如图 3-42 所示，多用于地方建筑和鹰不落墙帽做法的院墙。

⑨ 大檐子：如图 3-43 所示，大檐子泛指冰盘檐的变化类型，其做法与冰盘檐相似，

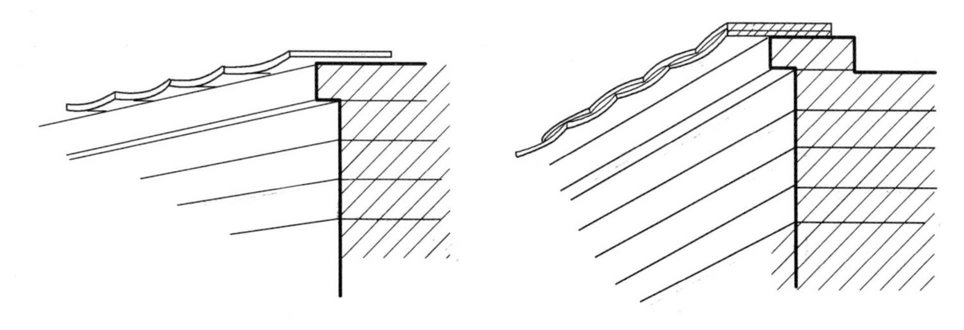

图 3-42 砖瓦檐示意图

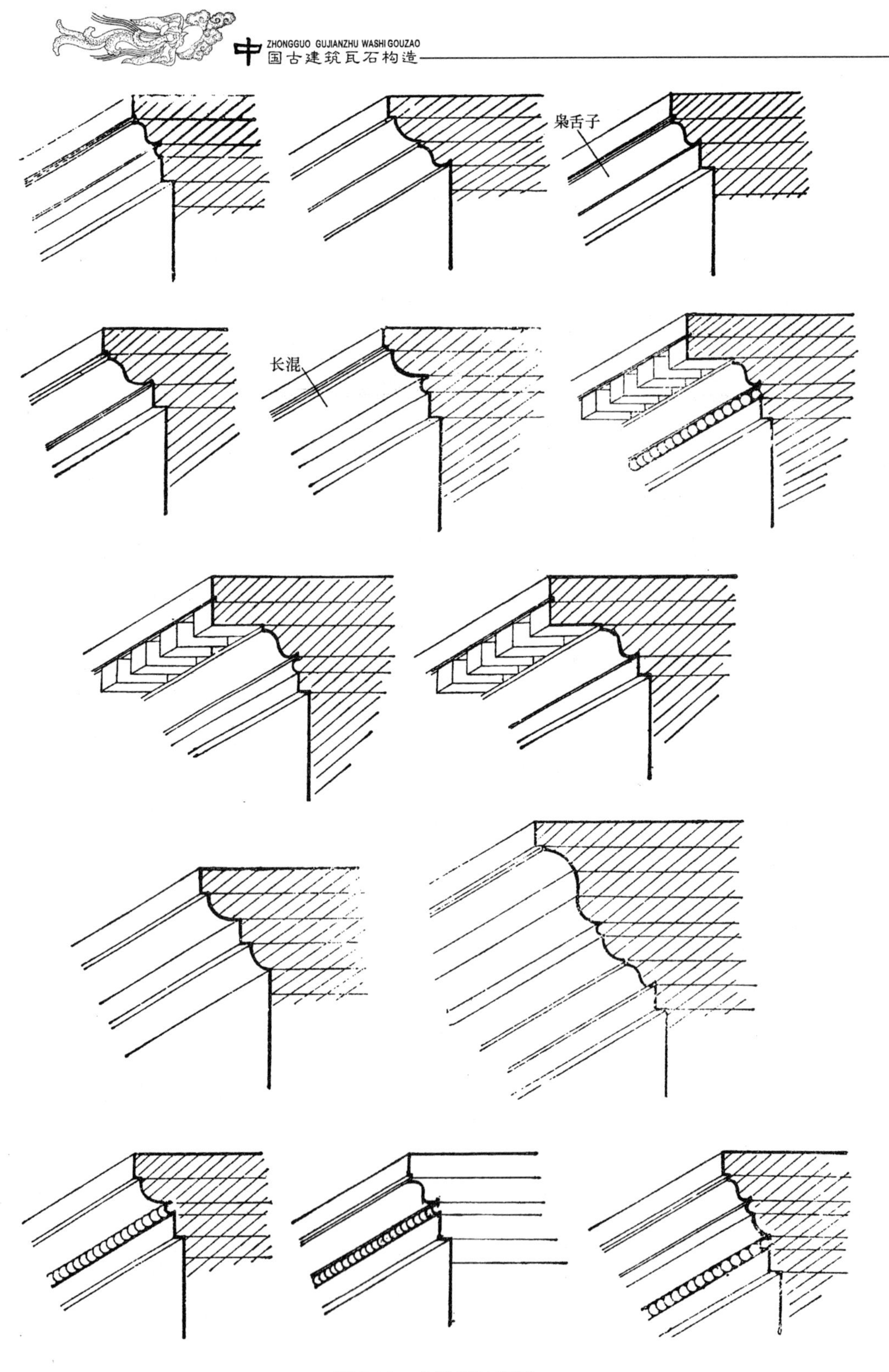

图 3-43　大檐子示意图

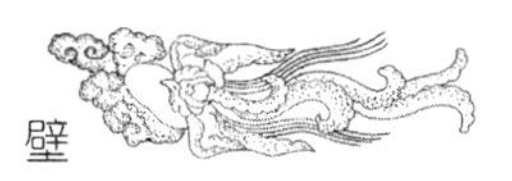

也是由枭砖、混砖、炉口、小圆混等组成，并常用枭舌子。各个层次之间的组合更加灵活多变。大檐子多用于讲究的铺面房、如意门以及讲究装饰效果的砖檐。

⑩ 其他类型的檐子：如图 3-44 所示，这类砖檐不是明、清官式建筑中的常见做法，多用于地方建筑及砖塔等，如多层直檐（叠涩）、多层菱角檐、灯笼檐等。有些砖件还可做其他形式的变化，如圆混变形为鸡子混，直檐变形为折子檐，连珠混变形为“八不蹭”等。

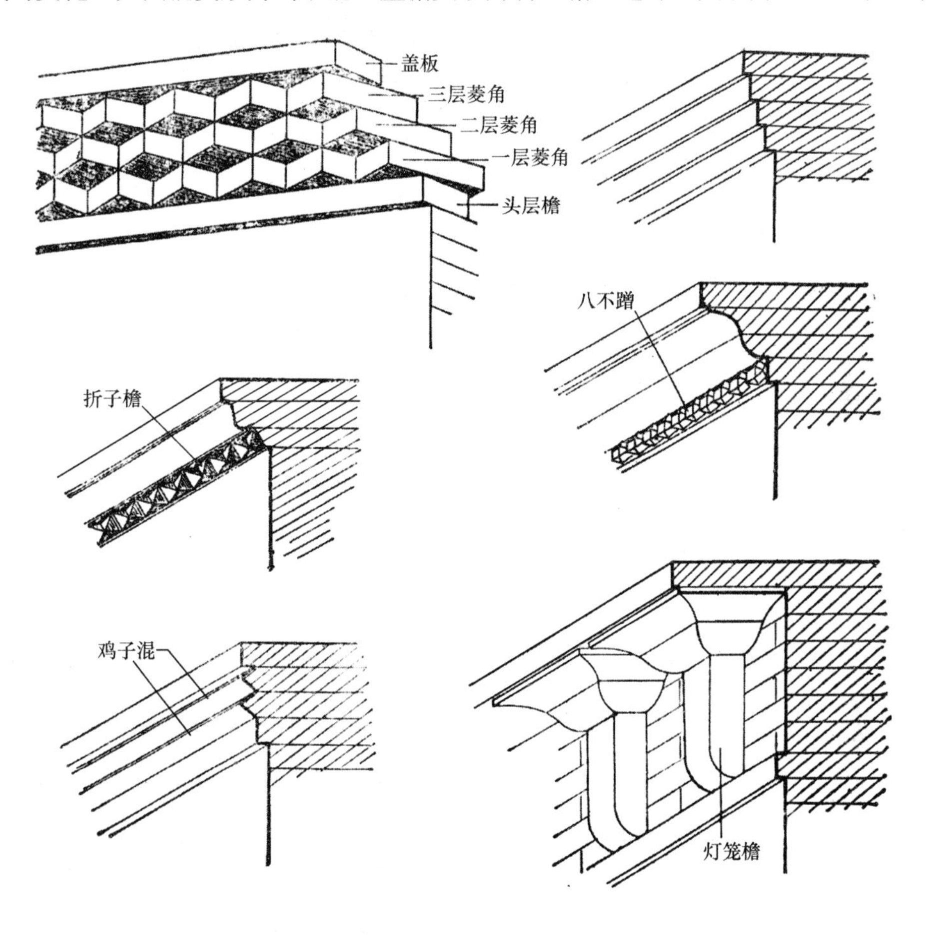

图 3-44 其他类型的檐子示意图

⑪ 带雕刻的砖檐：如图 3-45 所示，带雕刻的砖檐多为冰盘檐形式。雕刻的部位一般集中在头层檐、小圆混和砖椽子这三层砖上，较讲究的砖檐雕刻还可扩展到半混砖这一层上，极讲究的砖檐雕刻做法甚至将枭混这两层砖也凿成花活。

（2）檐子的出檐尺寸及适用范围如表 3-2 所示，适宜的出檐应掌握以下原则：

① 檐子的总出檐尺寸应尽量多一些，在相同的出檐尺寸情况下，层数或厚度越小越好。

② 冰盘檐的出檐以“方出方入”为宜。方出方入是指总出檐的尺寸能接近砖的总厚度。带砖椽子的冰盘檐的出檐尺寸至少应尽量做到“方出方入”。

③ 头层檐的出檐应适度，一般控制在 1/2 砖厚即可。

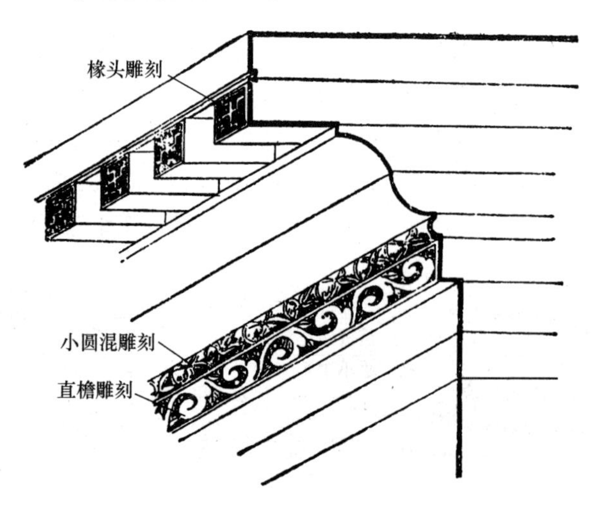

图 3-45　带雕刻的砖檐示意图

表 3-2　砖檐的出檐尺寸及适用范围

<table>
<tr><th colspan="2">名称</th><th>出檐参考尺寸（cm）</th><th>出檐原则</th><th>适用范围</th><th>说明</th></tr>
<tr><td colspan="2">一层直檐（亭泥、开条或方砖）</td><td>3～5（用于院墙）
5～6（用于签尖）</td><td>3/4～1 砖厚</td><td>后檐墙或五花山墙签尖；馒头顶、宝盒顶院墙</td><td>—</td></tr>
<tr><td colspan="2">被水檐（亭泥砖）</td><td>6</td><td>1/2 砖宽</td><td>坡水梢垄或被水排山脊</td><td>—</td></tr>
<tr><td colspan="2">随山半混（方砖或玻璃）</td><td>4～6</td><td>不超过砖厚</td><td>随山半混做法的山墙拔檐，多用于琉璃博缝下</td><td>—</td></tr>
<tr><td rowspan="2">两层直檐（亭泥、开条或方砖）</td><td>头层檐</td><td>4～4.5</td><td>3/4 砖厚或略大</td><td rowspan="2">宝盒顶、眉子顶、花瓦顶院墙；山墙拔檐</td><td rowspan="2">用于院墙应较小，用于山墙拔檐可稍大</td></tr>
<tr><td>二层檐</td><td>3～4</td><td>1/2 砖厚或略大</td></tr>
<tr><td rowspan="3">菱角檐（四丁或小亭泥）</td><td>头层檐</td><td>3～4</td><td>1/2～3/4 砖厚</td><td rowspan="3">普通小式封后檐；四丁砖蓑衣顶院墙</td><td rowspan="3">—</td></tr>
<tr><td>菱角</td><td>8～9</td><td>以砖宽尺寸为直角边作一个等腰直角三角形，三角形之高为出檐尺寸</td></tr>
<tr><td>盖板</td><td>2</td><td>略小于头层檐，加菱角出檐尺寸后不应超过盖板宽度</td></tr>
<tr><td rowspan="3">菱角檐（城砖）</td><td>头层檐</td><td>4～5</td><td>不大于 1/2 砖厚</td><td rowspan="3">城砖蓑衣顶院墙</td><td rowspan="3">—</td></tr>
<tr><td>菱角</td><td>15～17</td><td rowspan="2">同四丁砖菱角檐出檐原则</td></tr>
<tr><td>盖板</td><td>3～4</td></tr>
<tr><td rowspan="3">鸡嗉檐（四丁或小亭泥）</td><td>头层檐</td><td>3～4</td><td>1/2～3/4 砖厚</td><td rowspan="3">小式院墙</td><td rowspan="3">—</td></tr>
<tr><td>半混</td><td>4～7</td><td>约同砖厚</td></tr>
<tr><td>盖板</td><td>2～3</td><td>略小于头层檐</td></tr>
</table>

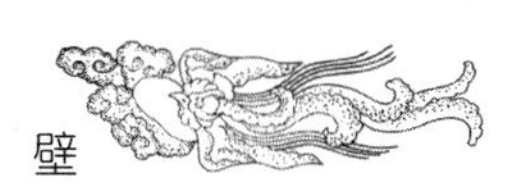

续表

名称		出檐参考尺寸（cm）	出檐原则	适用范围	说明
鸡嗉檐（城砖）	头层檐	4～5	不大于1/2砖厚	大式院墙	—
	半混	9～12	约同砖厚		
	盖板	3～4	略小于头层檐		
抽屉檐（四丁小亭泥）	头层檐	3	1/2砖厚	普通小式封后檐墙	—
	抽屉	8～9	加盖板出檐后的总尺寸不应超过盖板砖宽尺寸		
	盖板	2	略小于头层檐		
冰盘檐（城砖）	头层檐	4～6	1/2砖厚	大式封后檐墙；大式院墙	带括弧者可选用，其余为必用
	半混	9～12	约同砖厚		
	（炉口）	3～4	1/3砖厚		
	枭砖	12～15	1.2～1.5倍砖厚		
	盖板	2～3	1/5～1/4砖厚		
冰盘檐（小亭泥）	头层檐	3	1/2砖厚	讲究的小式封后檐墙；平台屋顶；影壁、看面墙、小型门楼	带括弧者可选用，其余为必用；小圆混和连珠混的厚度应稍薄
	半混	4～6	约同砖厚		
	（小圆混）	2	露出半圆		
	（连珠混）	4	露出圆珠		
	（炉口）	0.5～2	以能使枭砖混曲线优美为宜		
	枭砖	7～9	1.3～1.5倍砖厚		
	（砖椽）	7.5～12	1.2～2倍椽径		用于带砖椽的冰盘檐
	盖板（起线）	0	不出檐或稍退		
	盖板（不起线）	2	1/4～1/3砖厚		用于不带砖椽的冰盘檐
冰盘檐（大亭泥）	头层脊	4	1/2砖厚	大式封后檐墙；大式院墙；大型影壁、门楼	带括弧者可选用，其余为必用
	半混	6.5～8	约等于砖厚		
	（炉口）	2～3	1/3砖厚		
	枭砖	10～12	1.2～1.5倍砖厚		
	盖板	3	1/3砖厚		
冰盘檐（方砖）	头层檐	3～4	1/2砖厚	讲究的小式封后檐墙；平台屋顶；大式院墙；影壁、看面墙、门楼	—
	（连珠混）	4～5	露出圆珠		连珠混和小圆混厚度应稍薄
	（小圆混）	2	露出半圆		
	半混	5～7	约同砖厚		—
	炉口	0.5～2	以能使枭砖混连成优美的曲线为宜		
	枭砖	8～11	1.3～1.5倍砖厚		
	（枭舌子）	做法1 7～9	1.2～1.5倍砖厚		如用枭舌子就不用枭砖和半混砖，应使用较厚的砖
		做法2 10～12	1.5～1.7倍砖厚		
	（砖椽子）	10～15	1.5～2.5倍椽径		—
	（飞椽）	5～7	1/2砖椽出檐		如用飞椽，砖椽应为圆椽
	盖板（起线）	0	不出檐或稍退入		用于带砖椽的冰盘檐
	盖板（不起线）	1	1/6砖厚		用于无砖椽的冰盘檐

续表

名称		出檐参考尺寸（cm）	出檐原则	适用范围	说明
一层锁链檐		6～7	1/3～1/2 瓦长	馒头顶院墙、地方建筑	—
两层锁链檐	头层檐	4～5	小于 1/3 瓦长	民居院墙；地方建筑	
	二层檐	5～6	大于 1/3 瓦长		
砖瓦檐	头层砖檐	3	1/2 砖厚	鹰不落顶院墙	宜使用薄砖和 2～3 号瓦
	二层瓦檐	6～7	1/3～1/2 瓦长		

④ 炉口是半混与枭砖的过渡，因此炉口的出檐应能使枭砖与混砖的曲线生动、富于变化、过渡自然，一气呵成。

⑤ 枭砖、砖椽及抽屉檐中的抽屉的出檐应明显多于其他层次。

⑥ 盖板出檐以少出为宜。

3.5.5.4　墙帽

墙帽主要有以下几种：

（1）宝盒顶（图 3-46）：一般为抹灰做法，讲究者可用方砖铺墁，甚至可在方砖上凿做花活。宝盒顶多用于小式建筑的院墙。

（2）道僧帽（图 3-47）：为抹灰做法。道僧帽形式极少用于院墙，一般多用于后檐墙。

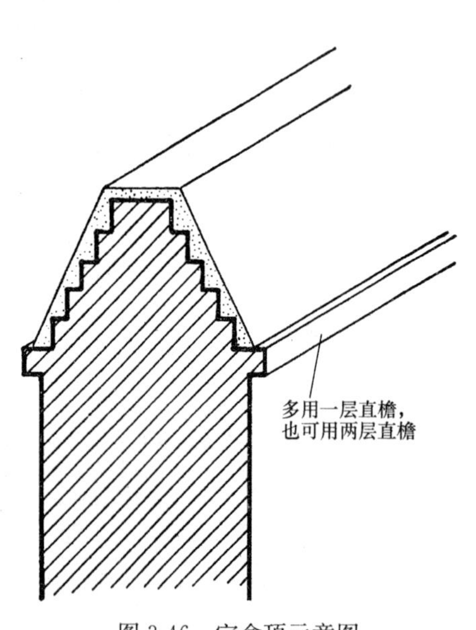

图 3-46　宝盒顶示意图

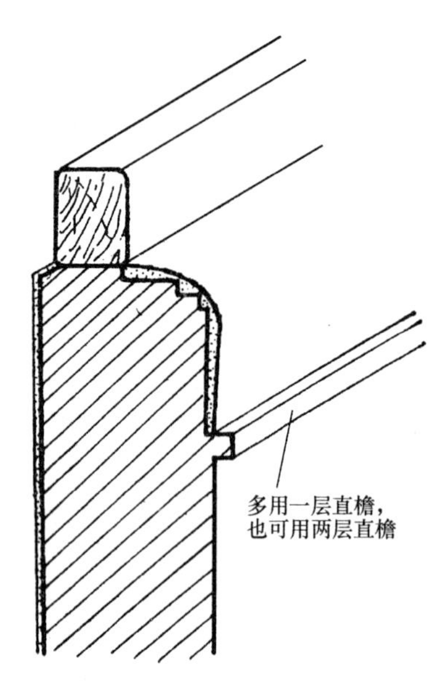

图 3-47　道僧顶示意图

（3）馒头顶（图 3-48）：又称“泥鳅背”，为抹灰做法。馒头顶多用于不太讲究的民居院墙。

（4）眉子顶：又称硬顶，抹灰做法的称为“假硬顶”（图 3-49）；露出真砖实缝的称

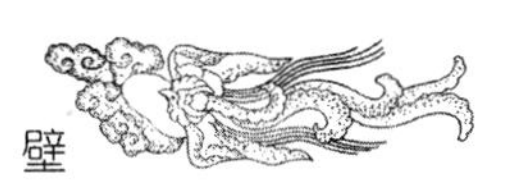

为“真硬顶”（图 3-50）。眉子顶多用于小式建筑的院墙，讲究者多用真硬顶。

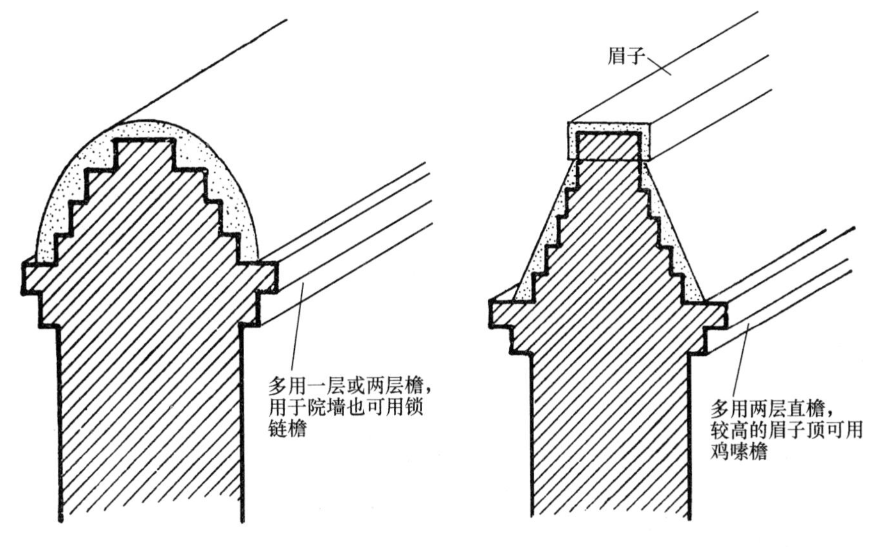

图 3-48 馒头顶示意图

图 3-49 假硬顶示意图

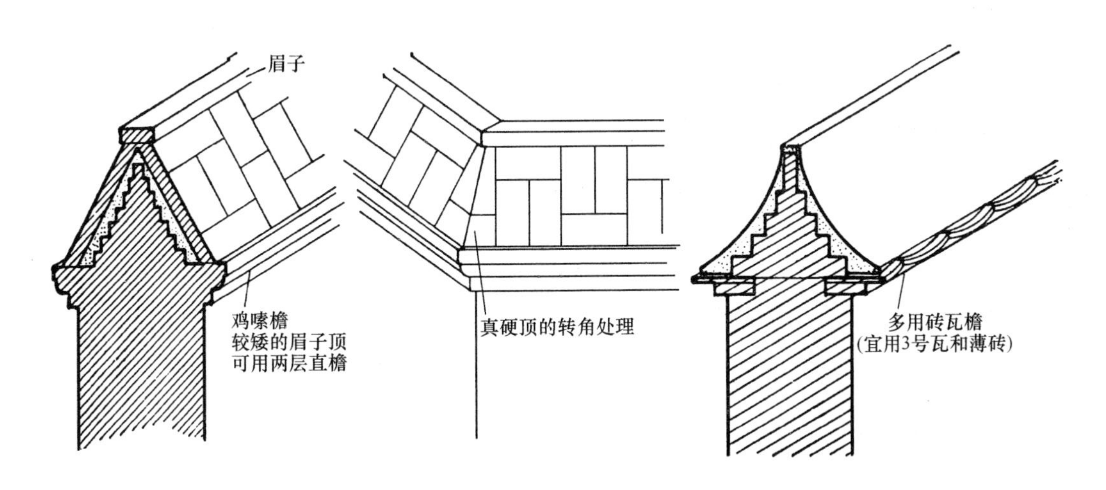

图 3-50 真硬顶示意图

（5）蓑衣顶（图 3-51）：用于小式建筑院墙时，蓑衣顶须用小砖（如四丁砖）摆砌，用于大式建筑院墙时，多用城砖摆砌。

（6）鹰不落（图 3-52）：为抹灰做法。鹰不落顶多用于小式建筑和民居院墙。

（7）兀脊顶（图 3-53）：多用于大式建筑的女儿墙、护身墙、宇墙、琉璃花墙，很少用于院墙和后檐墙。

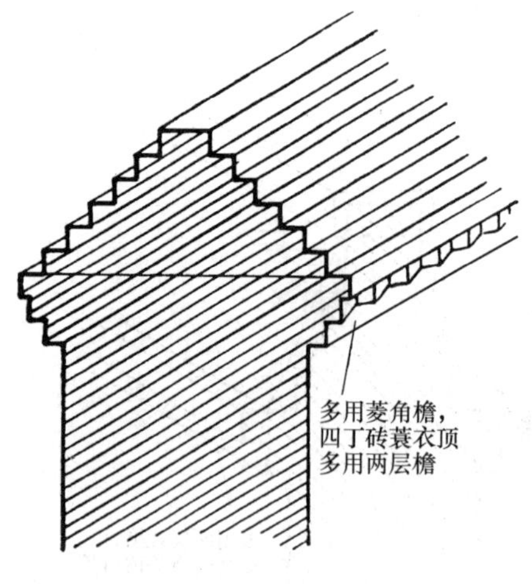

图 3-51　蓑衣顶示意图

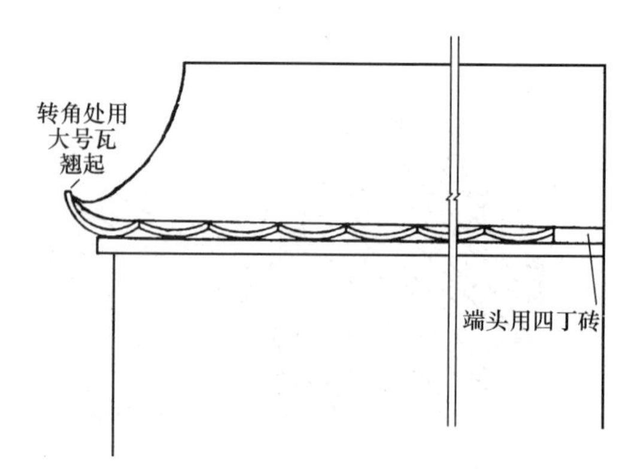

图 3-52　鹰不落示意图

（8）瓦顶（图 3-54）：用于大式建筑的院墙。王府多用筒瓦或绿琉璃瓦顶。皇宫院墙多用黄琉璃瓦顶。对于皇家园林建筑的院墙来说，黄、绿两种琉璃瓦顶都可使用。瓦顶的形式与屋顶形式基本相同，但瓦面多采用筒瓦做法，偶尔也用合瓦做法。正脊除可做过垄脊以外，也可做较复杂的正脊，但应比房屋正脊做简化处理，如黑活瓦顶用皮条脊（无陡板）。琉璃活的正脊多以三连砖或承奉连砖代替脊筒子。垂脊上的小跑一般仅放 1～3 个。

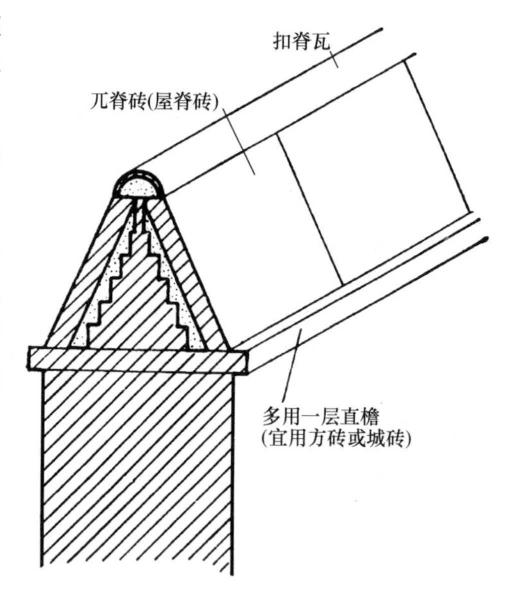

图 3-53　兀脊顶示意图

（9）花瓦顶（图 3-55）：花瓦顶就是在墙帽部分采用花瓦做法，多用于小式建筑或园林建筑的院墙。常见的官式手法有：轱辘钱（又称古老钱）、沙锅套、十字花、锁链、竹节、长寿字、甲叶子、鱼鳞、银锭、料瓣花等以及它们的变化和组合，如套沙锅套、套轱辘钱、十字花顶轱辘钱、轱辘钱加料瓣花、斜银锭、十字花套金钱等。此外，还有许多流传于民间的花瓦图案，也很优美。

（10）花砖顶（图 3-56）：花砖顶就是在墙帽部分采用花砖做法，花砖做法俗称“灯笼砖”（图 3-57）。花砖顶多用于小式建筑或园林建筑的院墙。

院墙的砖檐和墙帽所采用的形式，要根据主体建筑的形式及院墙本身的高度来决定，其用料和做法的细致程度不应超过主体建筑。院墙越高，其砖墙的层数应越多，墙帽也就越大。反之，就要相应减少，否则就会给人以不协调之感。如果院墙的某段恰处在屋檐之

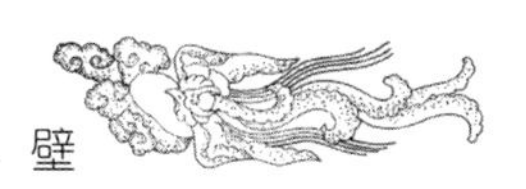

下，而墙帽做法又为假硬顶等抹灰做法，则应考虑在墙帽上做“滚水”（图 3-58），以保护墙帽不受屋顶雨水的直接冲击。

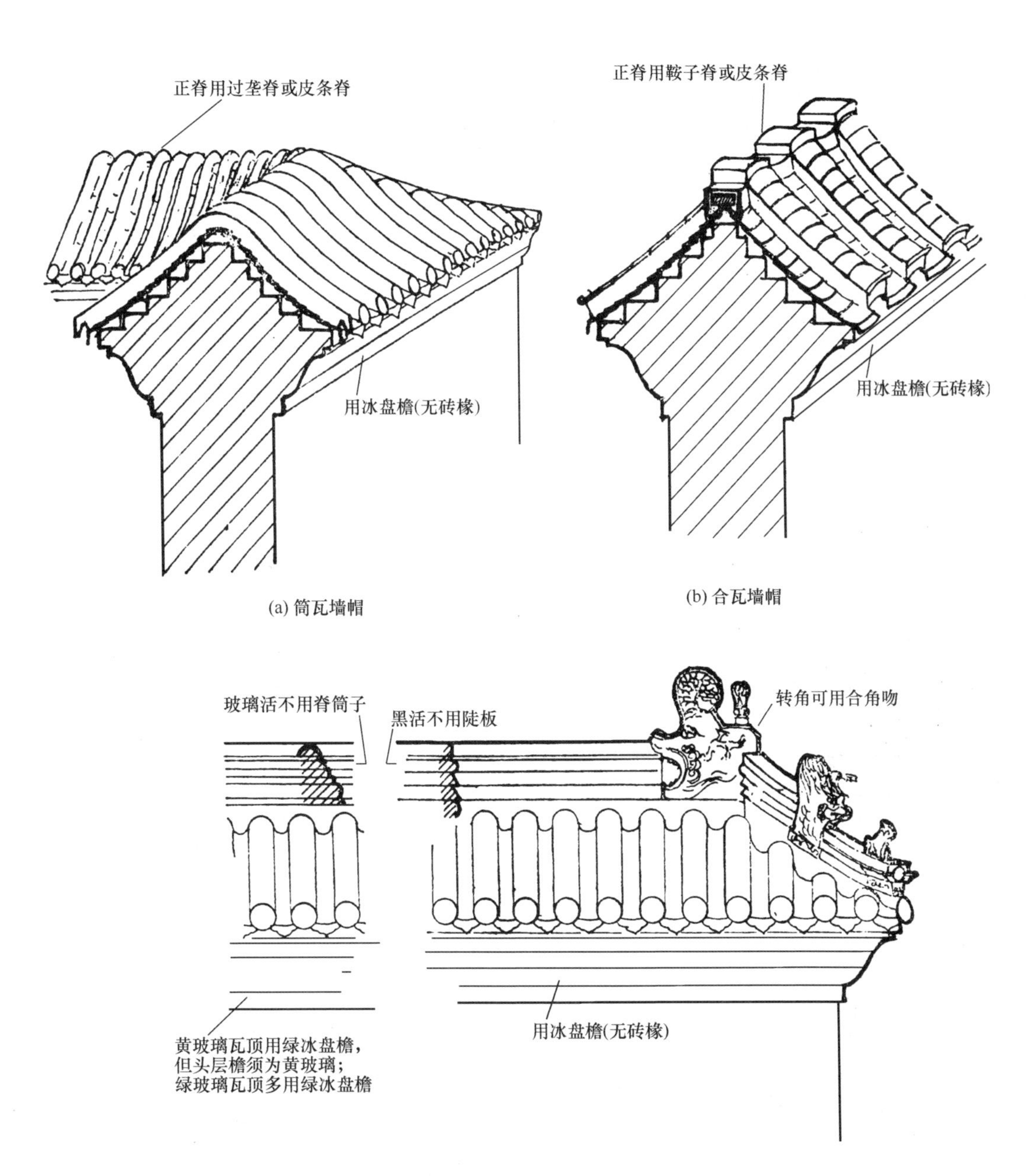

(a) 筒瓦墙帽

(b) 合瓦墙帽

(c) 带吻兽的墙帽

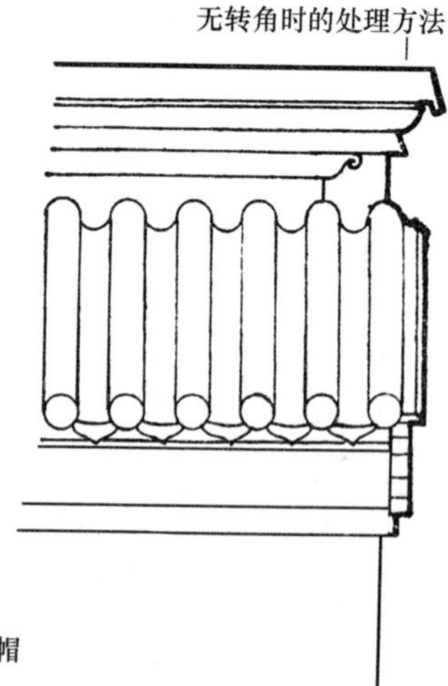

(d) 用皮条脊的墙帽

图 3-54　瓦顶墙帽示意图

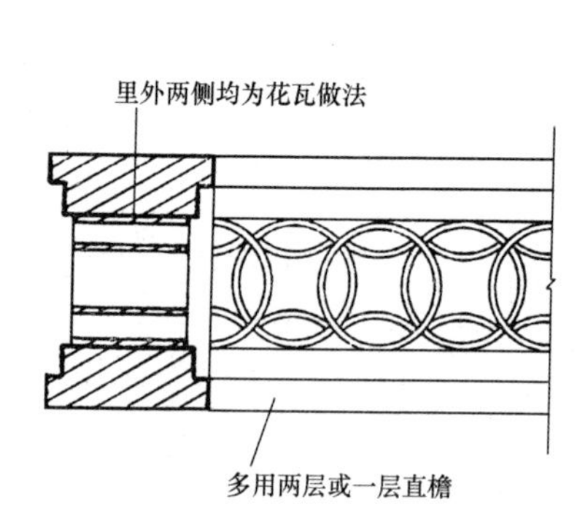

(a) 两侧做法相同的花瓦顶

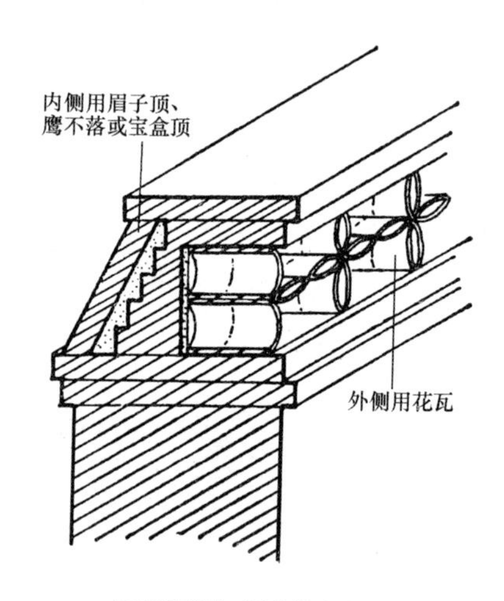

(b) 两侧做法不同的花瓦顶

图 3-55　花瓦顶示意图

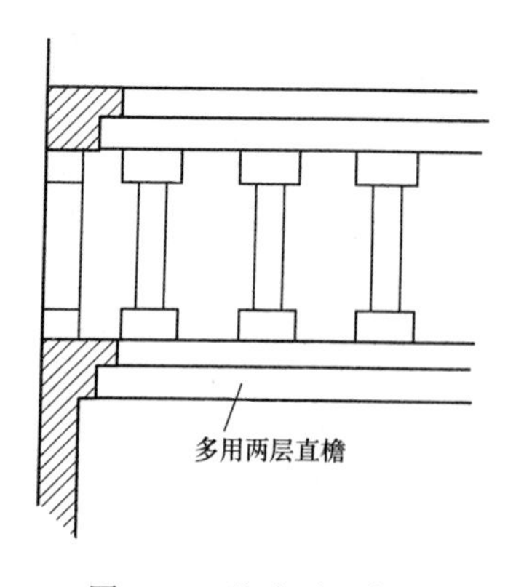

图 3-56　花砖顶示意图

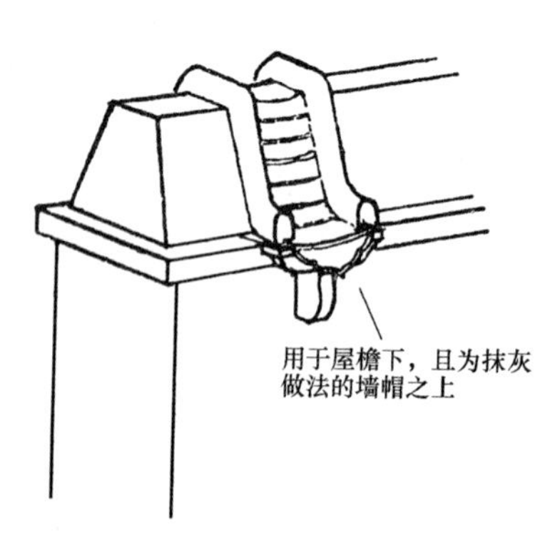

图 3-57　滚水示意图

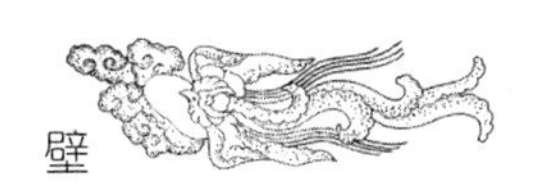

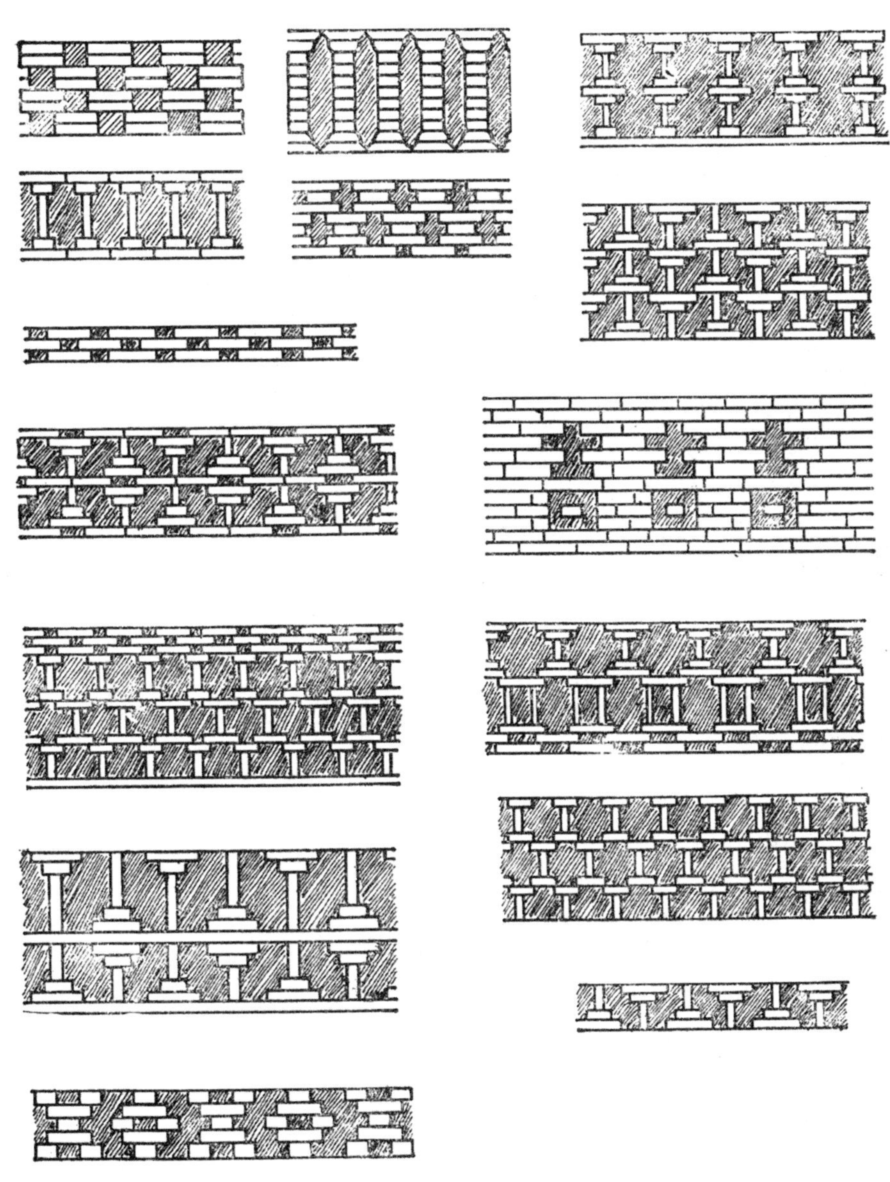

图 3-58 花砖的式样图

3.6 南方地区墙体结构

我国南方建筑密度大，为了防火，在房子两端筑高耸的封护山墙。封护山墙顶加覆瓦屏风墙、观音兜等。山墙在廊柱以外称垛头。垛头分为三部分：上部挑出以承檐口；中部为墙身；下部为勒脚。垛头高为 1/10 廊檐柱高，做细清水砖墙，上部雕饰花纹。

3.6.1 南方地区封护山墙

南方地区封护山墙如图 3-59 所示。

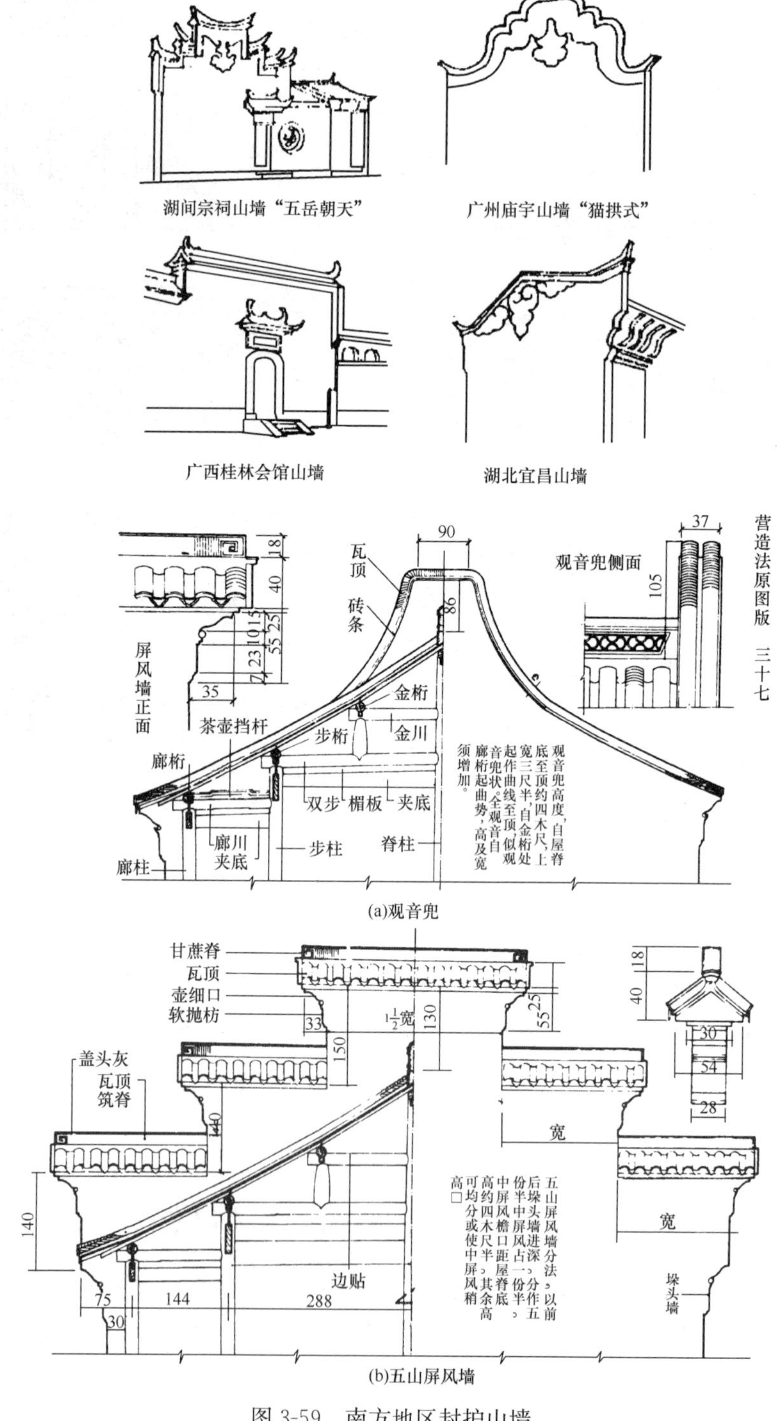

图 3-59　南方地区封护山墙

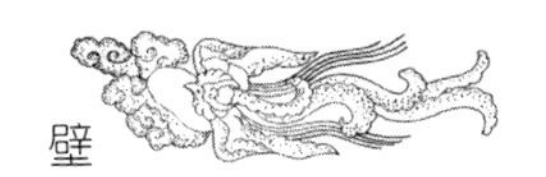

3.6.2 清水砖垛头

清水砖垛头如图 3-60 所示。

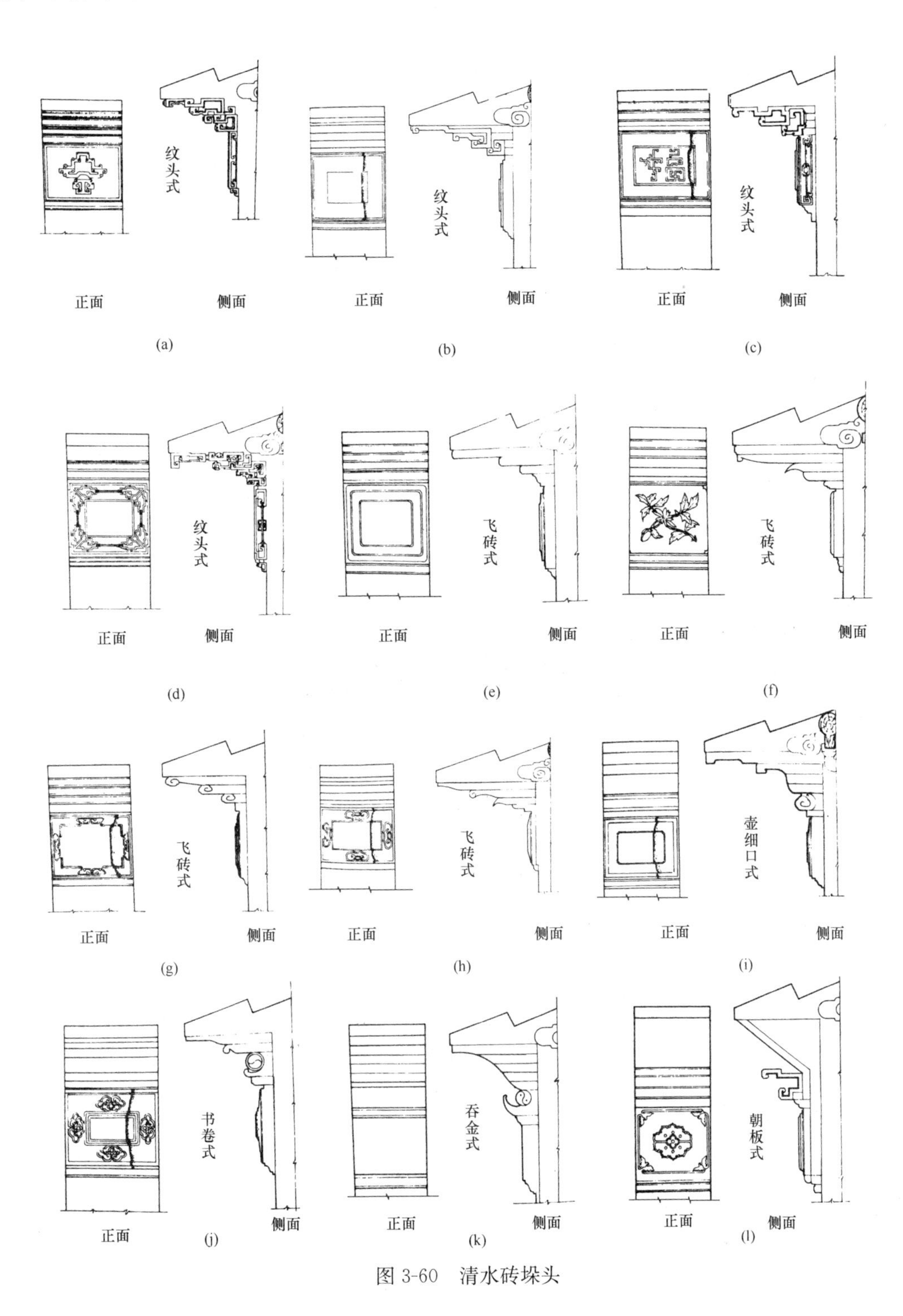

图 3-60 清水砖垛头

3.6.3 南方园林建筑的墙

南方建筑墙体多做成各式云墙或龙墙（图 3-61），而且墙上常做成各式的什锦窗，门做成各式的什锦门（图 3-62～图 3-64）。

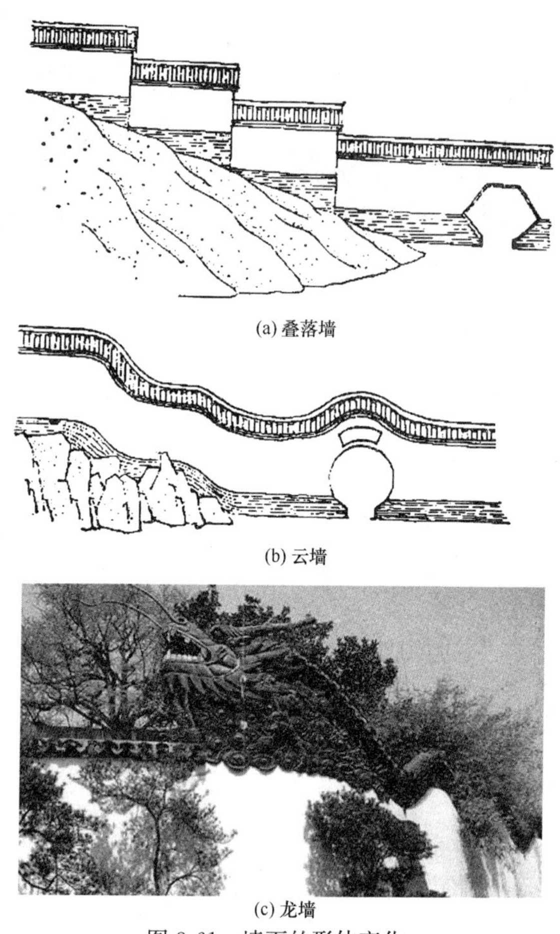

(a) 叠落墙

(b) 云墙

(c) 龙墙

图 3-61　墙面的形体变化

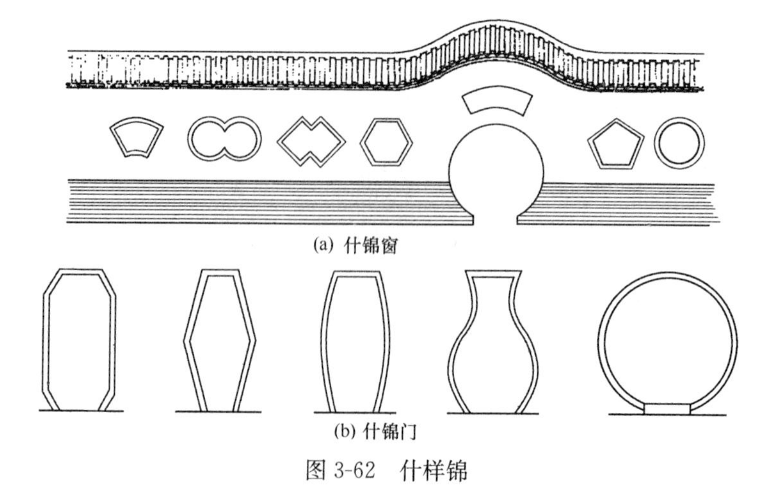

(a) 什锦窗

(b) 什锦门

图 3-62　什样锦

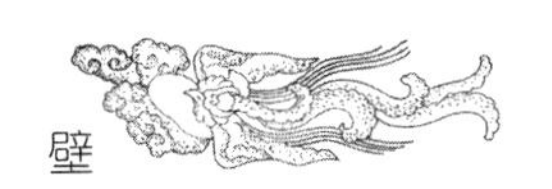

留园漏窗

狮子林漏窗(一)

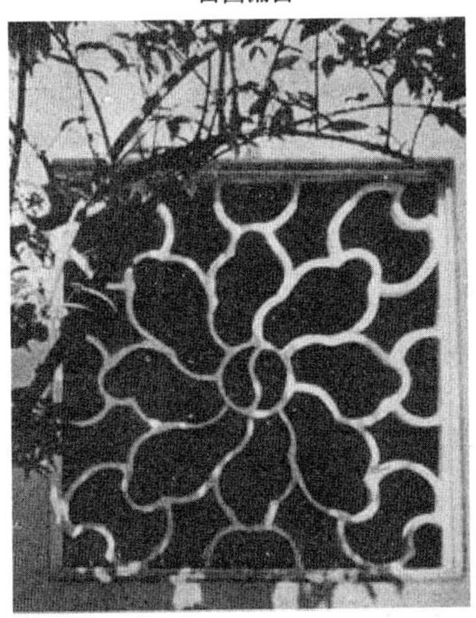

狮子林漏窗(二)

狮子林漏窗(三)

狮子林漏窗(四)

图 3-63 园林漏窗实例

留园古木交柯前走廊

狮子林燕誉堂北走廊东端

狮子林小方厅北走廊东端

狮子林燕誉堂北院走廊

狮子林燕誉堂北院走廊

狮子林燕誉堂北院走廊

狮子林燕誉堂北院走廊

留园古木交柯前走廊

留园古木交柯前走廊

0 10 50 100cm

沧浪亭瑶华境界东走廊

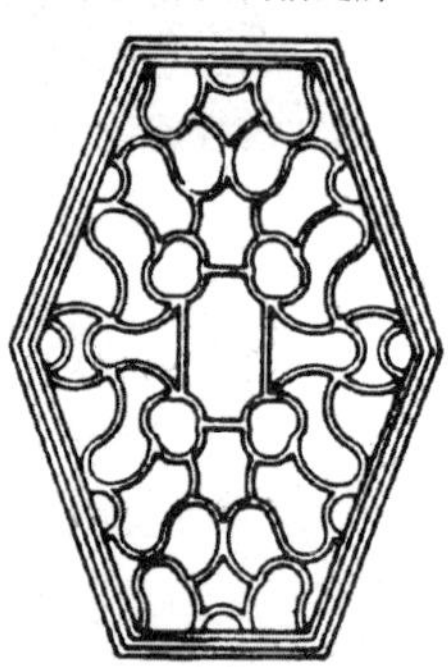
沧浪亭瑶华境界西走廊

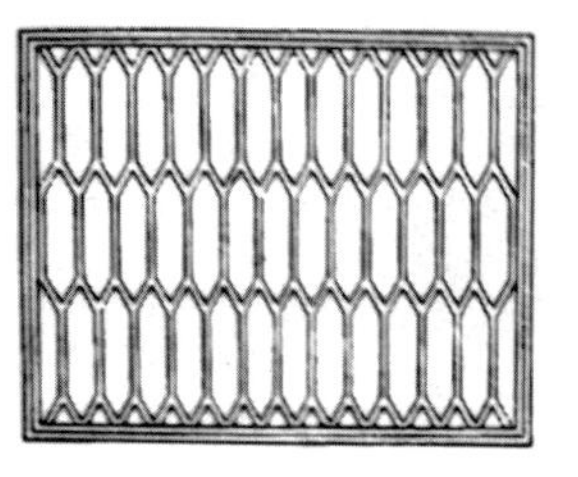
怡园拜石轩南院院墙

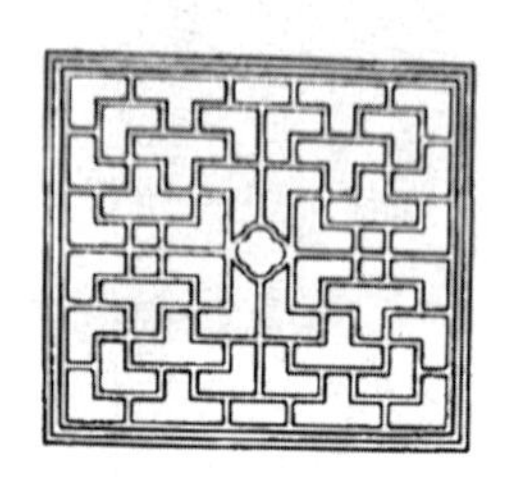
留园古木交柯前走廊

留园古木交柯前走廊

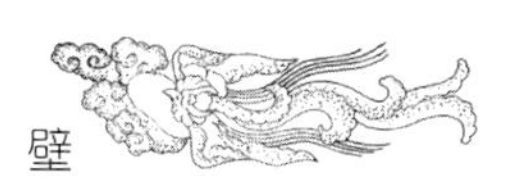

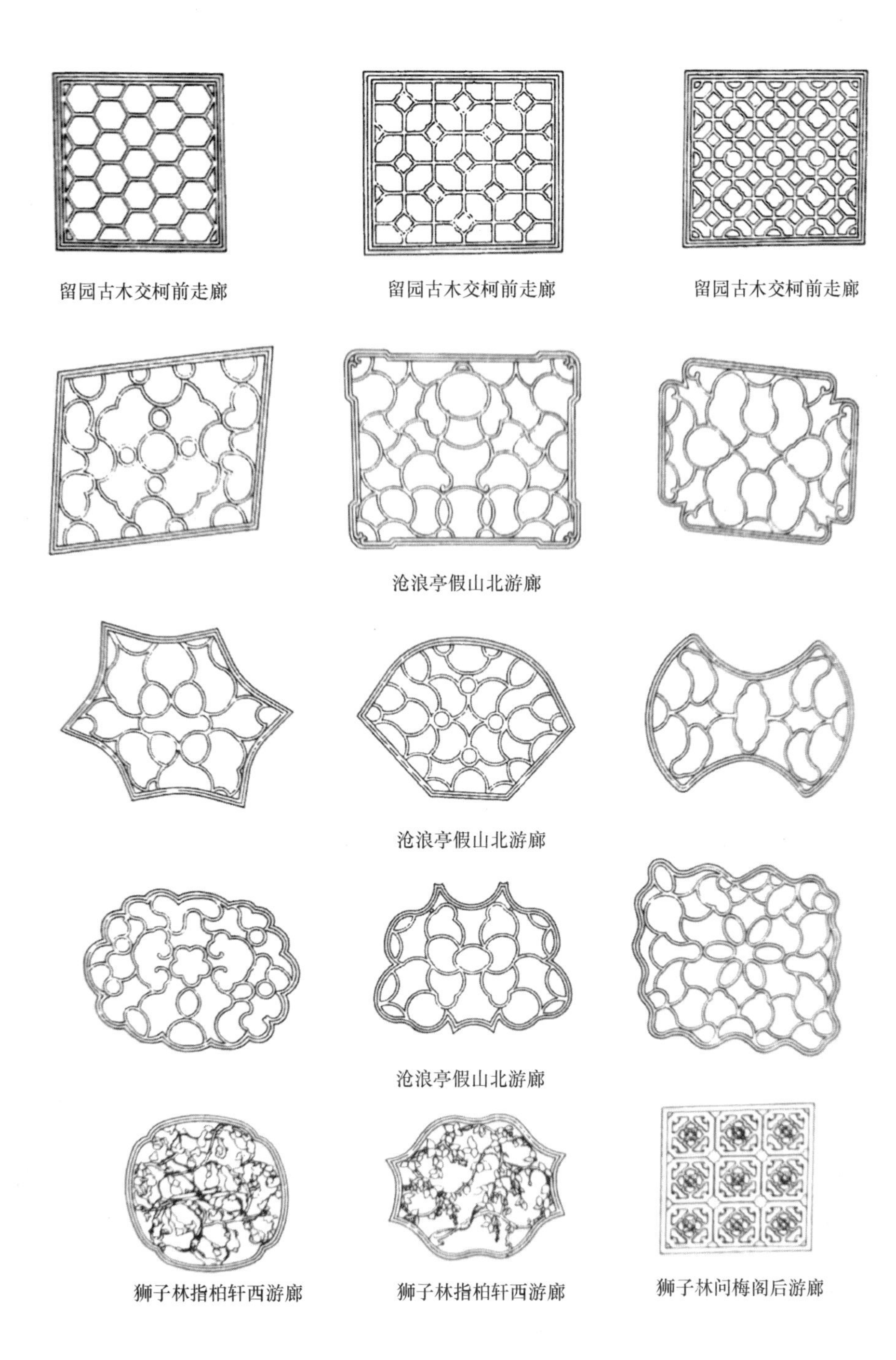

图 3-64 漏窗实测图

3.6.4 城墙与长城

3.6.4.1 城墙

古代城墙作城防工事，起到了防卫的作用，最早的城墙使用夯土筑造，即所谓的土城。后来砖的出现使其用来包砌城墙。大的城市城墙里外两侧均用砖包砌。如北京、南京、西安等。一般的县城则是外侧用砖包砌而里面用土夯筑。城上满铺砖做道路。现以北京城墙和平遥县城墙为例说明。

(1) 北京的城墙（图 3-65、图 3-66）展示了元、明、清时代北京城墙和城门的位置，可惜这些宝贵的历史文物却被错误地拆除了（目前仅留下了德胜门箭楼、东南角楼、正阳门及箭楼）。

图 3-65　北京内城城墙，远处为朝阳门（1860 年）

其东西南北城墙的横纵剖面说明如下：

① 东垣长 5330m，自东北角箭楼，今东直门北大街北口处，至今建国门古观象台（元大都城东南角楼）一段，城垣内之夯土芯尚有元大都城夯土残存，经明、清补建加筑砖石，自建国门古观象台以南至内城东南角箭楼一段，为永乐十七年（1419 年）拓展南垣时所补筑，东垣南端城垣夯土，经明、清砌砖石修缮。东垣外侧高 11.10～11.40m，内侧高 10.70～10.48m，基厚 18.10～16.90m，顶宽 11.30～12.30m，东垣外侧有大、小墩台 46 个。东垣内侧南、北各设登城马道 1 对，有水窦 2 处；北水窦在东直门瓮城南侧，南水窦在朝阳门瓮城南侧墩台南侧。东垣设二门，北为“东直门”、南为“朝阳门”（图 3-67），现在崇文门以东至东南角箭楼范转围内尚存约 500m，明代永乐时所南拓之东垣南端北京市已建北京城墙遗址公园。

② 西垣长 4910m，自今西直门立交桥南，至今复兴门立交桥南一段城垣内尚有元大都城夯土残存，经明、清补建加筑砖石，自今复兴门桥南，至复兴门南大街与宣武门西大街交汇处，为永乐十七年（1419 年）因拓展南城垣时所筑西垣南端、经明、清修缮、砌砖石。西垣外侧高 10.30～10.95m，内侧高 10.10～10.40m，基厚 14.80～17.40m，顶宽 11.50～14m。

东、西垣墙体内土芯有元大都城城垣之残存，其基础深入原地表约 2m。其夯层分布为梅花式，夯层厚 6～11cm，明代填补部分，为每层黄土夯层中加夯一层 10cm 的碎砖瓦，瓷片的渣土夯层，城垣外侧内层砌小薄砖，砖层厚 1.3m 左右，小砖层尚分两层，内层为素泥浆砌筑，厚约 0.7m。外层为掺白灰之泥浆砌筑，二者之间没有咬口，只有一条明显的通缝，外层明代大城砖用纯白灰浆砌筑，厚度为 70cm，异常坚固。砌筑时每层大

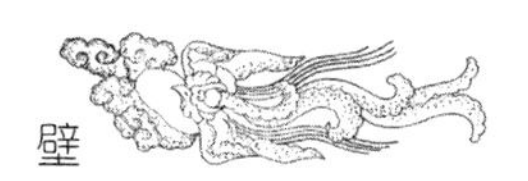

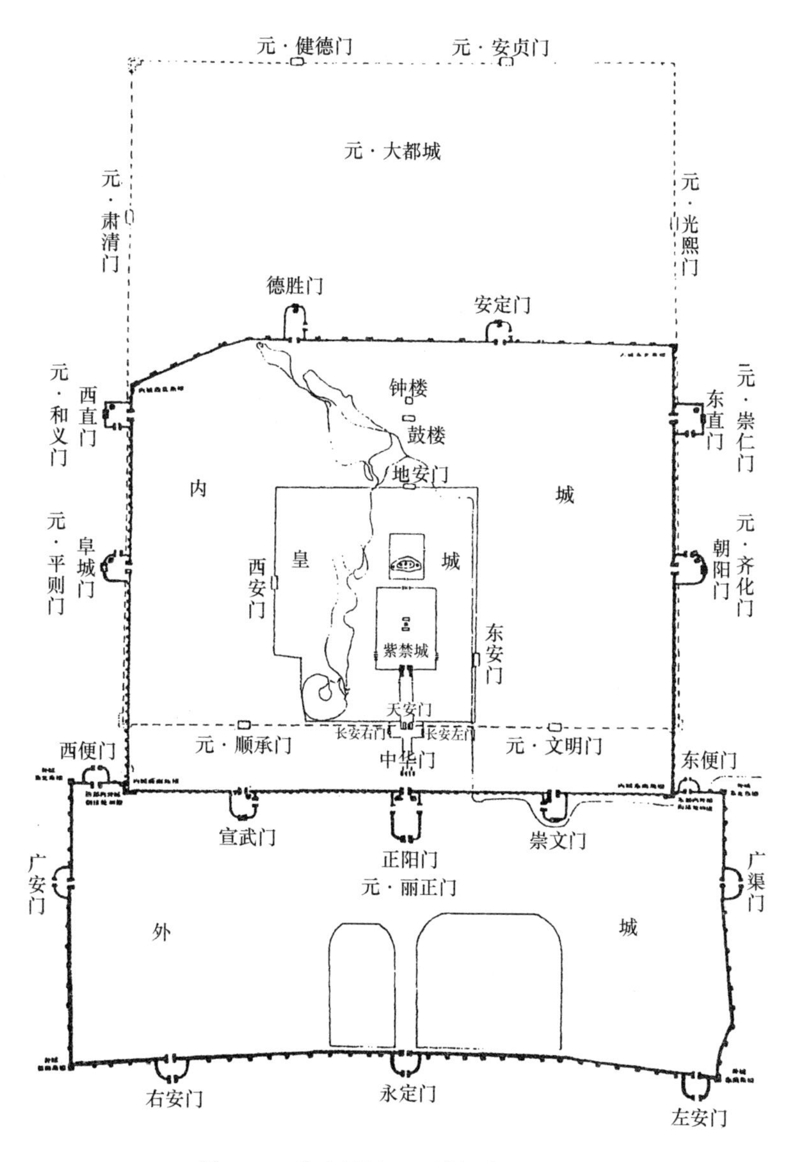

图 3-66　北京城城垣、城门位置示意图

城砖均向内收缩 2～3cm 之收分，底层为基石，马面内之夯土与墙身为整体，系一次筑成。其断面如图 3-68 所示。西垣外侧有大、小墩台 46 个，西垣内侧南、北各设登城马道一对。西垣设二门，北为“西直门”、南为“阜成门”。

③ 南垣长 6690 米，初建于永乐十七年（1419 年）。明正统元年（1436 年）加砌砖石，全垣经明清历年修缮，南垣外侧高 12.12～11.10m，内侧高 10.72～11.08m，基厚 18.48～20.40m，顶宽 16.10～14.80m，南垣自崇文门至宣武门之间，在地基下深达 5m 的流沙层中，横、顺排列十五层长 6～8m 的圆松木，每层 60～70 根，根与根之间、层与层之间，均用铁扒钉钉固，成为整体，以此为基础起筑夹杂碎砖瓦之黄土夯层，城垣外皮亦为小砖层及大砖层两重，但内层用掺白灰之泥浆砌筑，外层大砖用白灰砌筑。南垣外侧有墩台 62 个，水窦 4 个；一在崇文门瓮城东侧第四墩台东侧，一在正阳门瓮城迤东。第

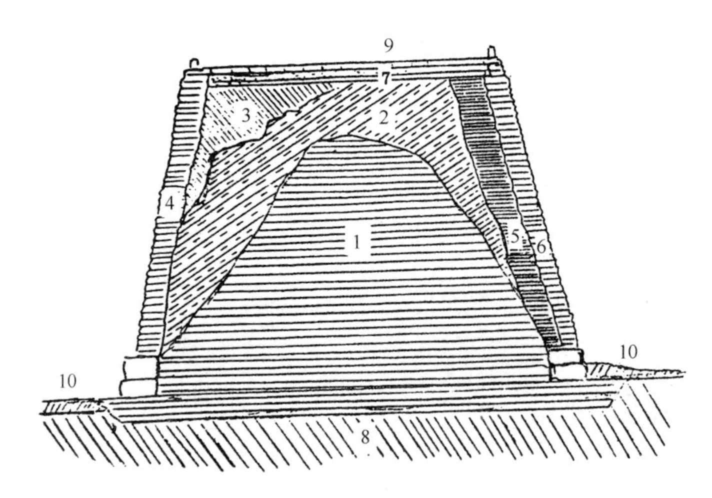

图 3-67 内城东城垣墙身断面示意图（自南向北）

1—元大都土城垣夯土层；2—明代夯土；3—清代堆积夯层；
4—内壁包皮大砖层；5—外壁小砖层；6—外壁大砖层；
7—城墙顶三合土；8—生土；9—上顶甬道铺地砖；
10—地表堆积层

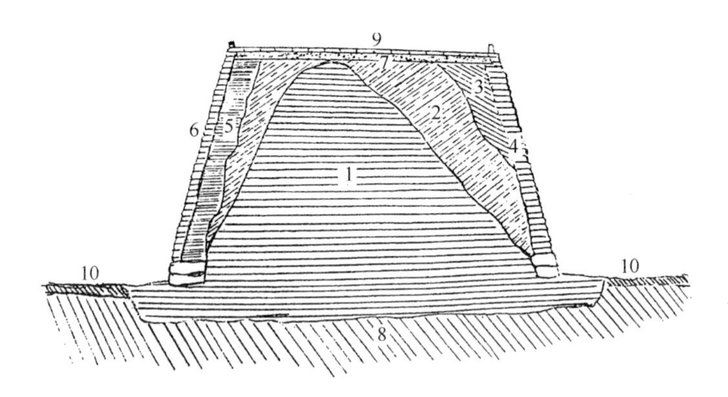

图 3-68 内城西城垣墙身断面示意图（自南向北）

1—元大都土城垣夯土层；2—明代夯土；3—清代堆积夯层；
4—内壁包皮大砖层；5—外壁小砖层；6—外壁大砖层；
7—城墙顶三合土；8—生土；9—上顶甬道铺地砖；
10—地表堆积层

六墩台东侧；此水窦后改为水门；一在宣武门瓮城迤东，第八墩台之东侧（原化石桥）；后于此处辟和平门。一在宣武门瓮城西侧第四墩台西侧。南城垣墙身断面如图 3-69 所示。

南垣设三门，正中为“正阳门”（前门）、东为“崇文门”（哈德门）、西为“宣武门”（顺承门）。清光绪三十一年（1905 年）使馆区将正阳门与崇文门之间的水窦辟为“水门”，中华民国十五年（1926 年）在正阳门与宣武门之间辟为“和平门”。

④ 北垣长 6790m，明洪武元年（1368 年）初建，洪武年四年（1371 年）复建，永乐四年（1406 年）修缮，正统元年（1436 年）加宽、加高、加砌砖石，外侧高 11.92～11.90m，内侧高 9.20～11m，基厚 24.72～24m，顶宽 19.50～17.60m。北垣外壁砖也分

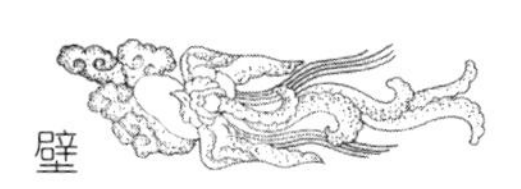

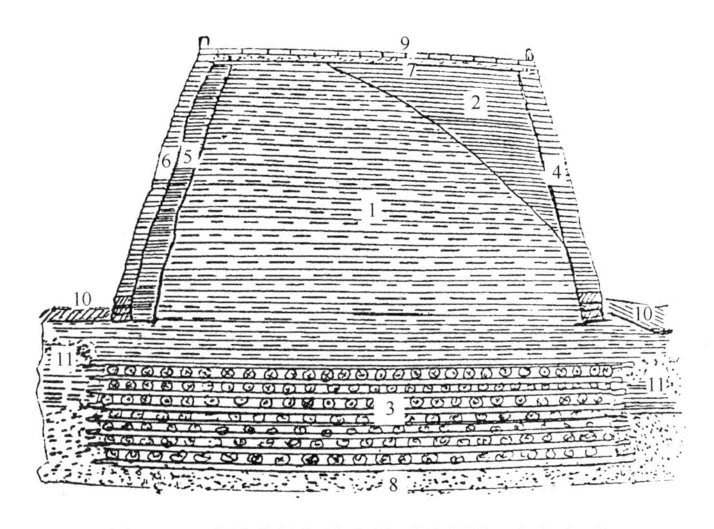

图 3-69 内城南城垣墙身断面示意图（自东向西）

1—明永乐时夯土；2—明代夯土；3—土质基础结构；

4—内壁包皮大砖层；5—外壁小砖层；6—外壁包皮大砖层；

7—城墙顶三合土；8—流沙层；9—上顶甬道铺地砖；

10—地表堆积层；11—流沙层加黄土层

为小薄砖与明代大城砖各一层，顶部海墁大城砖一层，顶砖下为三合土夯层厚 50cm，北垣内层小薄砖为素泥直砌，未见筑马面迹象，证明北垣马面是后补筑的。北垣墙身夯土下面普遍发现有建筑木料或木料腐朽后之空洞，并有砖瓦、灰渣、石材、石碑等物，是明初建时拆除民居所遗，城垣外层明大城砖为白灰砌筑。北城垣墙身断面如图 3-70 所示。北垣外侧有墩台 19 个，北城垣内侧东、西各设登城马道一对，水窦一个位于德胜门瓮城迤西墩台之西侧，为北京城水源进水口，北垣设二门，东为“安定门”、西为“德胜门”。

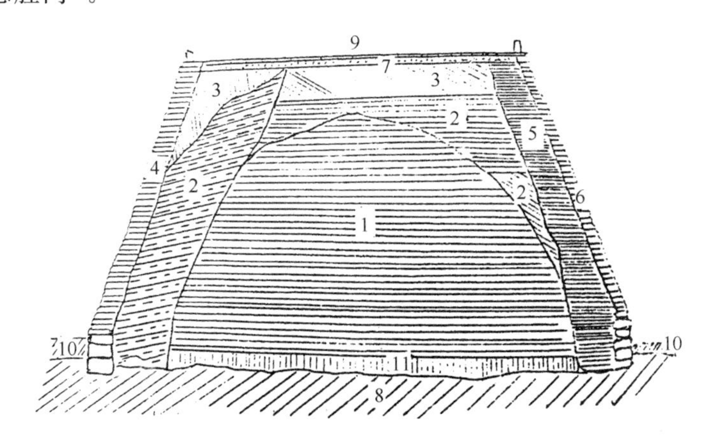

图 3-70 内城北城垣墙身断面示意图（自东向西）

1—明初夯土；2—明代夯土；3—清代堆积夯层；

4—内壁包皮大砖层；5—外壁小砖层；6—外壁大砖层；

7—城墙顶三合土；8—生土；9—上顶甬道铺地砖；10—地表堆积

(2) 平遥城墙

历代平遥城如图 3-71～图 3-73 所示。

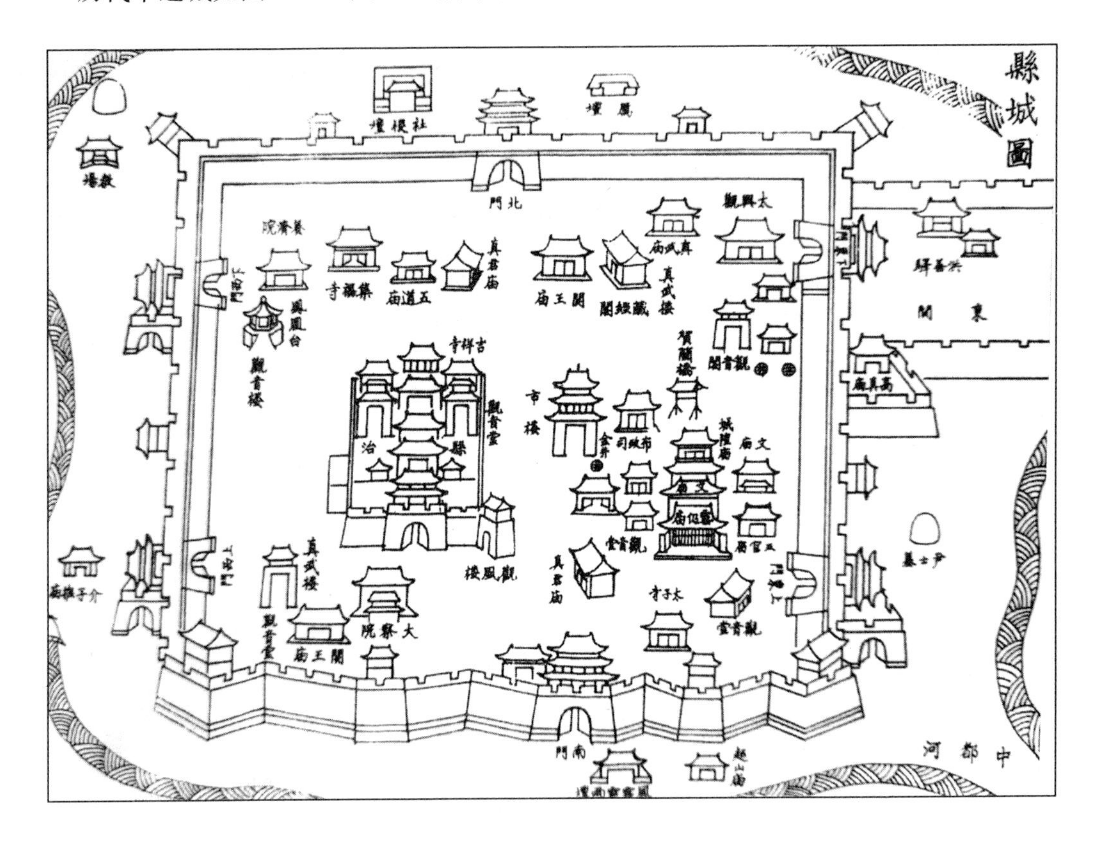

图 3-71 明代平遥县城图

① 墙体与关城

平遥墙的平面布局呈方形，坐北向南，偏东 15°。平遥城墙周长 6162.68m，其中东墙 1478.48m，南墙 1713.80m，西墙 1494.35m，北墙 1476.05m，东、西、北三面俱直，唯南墙随中都河蜿蜒而顿缩逶移如龟状。我国古代礼制规定：天子的城方九里，公爵的城方七里，侯爵和伯爵的城方五里，子爵的城方三里。平遥城三华里见方，显然是古代最低一级城市（即县城）中最大的城了。早期的墙体用夯土筑，夯土墙基用自然土夯填。明代遗留的夯土层中有直径 6～7cm 的木栓，由地面以上起，每二米为一层，木栓平面分布的间距为 2～3m。夯土内的夯窝直径为 15cm，深 2～3cm，夯层 12～15cm。墙体收分 15%～20%。夯土墙外侧有条石作基，以特制的青砖（34cm×17cm×7.7cm）包砌挡土墙。挡土墙内测每隔 5～6m 筑有 58cm×80cm 的砖砌内垛，与夯土墙联系。挡土墙厚度由底至顶分别为 87cm、70cm、53cm，各层高度约占墙体总高度的 1/3，墙体收分为 90%。墙身的断面形成一个梯形。外檐墙根，顺大墙走向筑散水台阶，俗称小城墙，台阶高 1m，宽 3～5m，台面以半砖侧铺。外檐墙头，砖砌垛口墙，高 2m，厚 53m，每垛长 1.39m，上施檐砖 3 层，中有

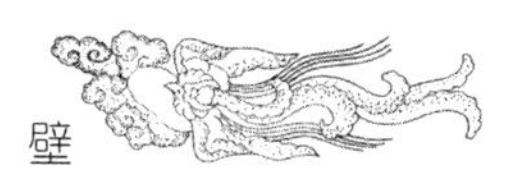

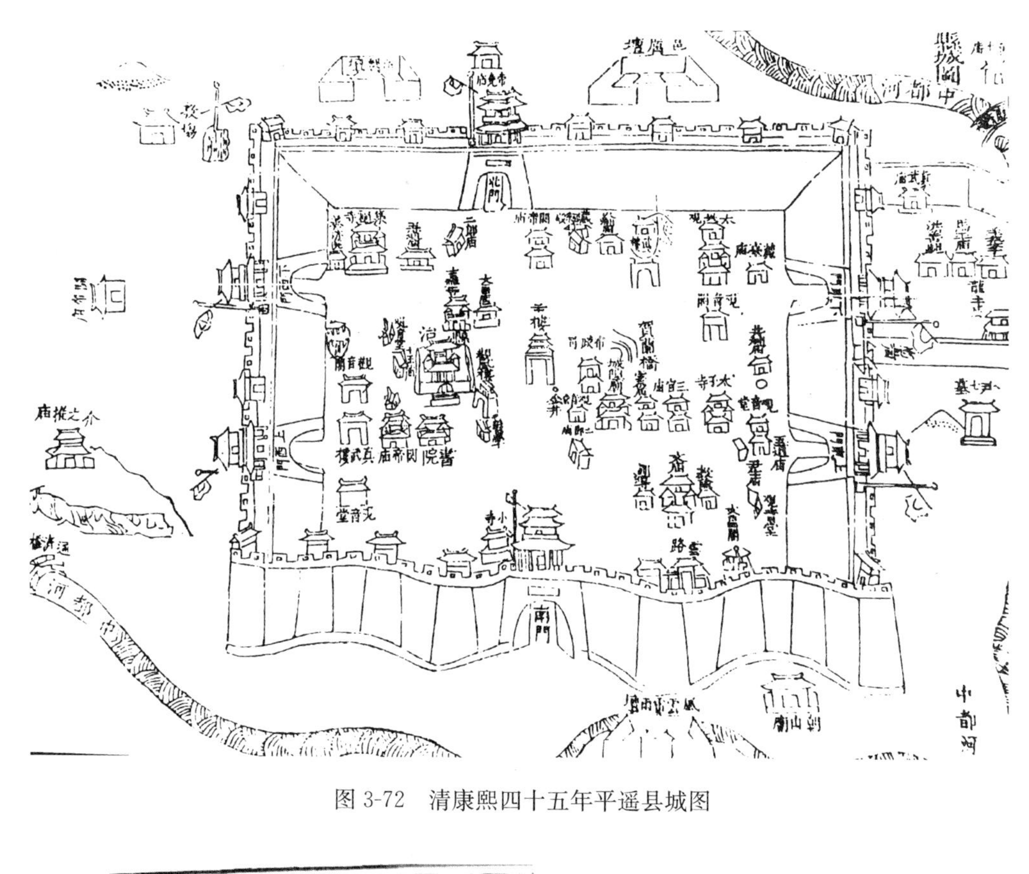

图 3-72 清康熙四十五年平遥县城图

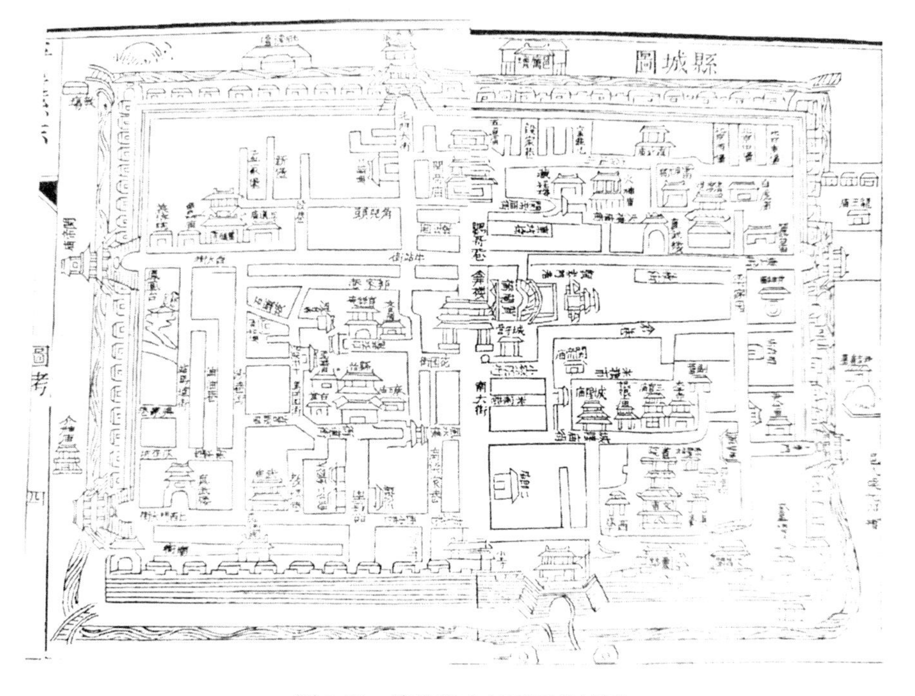

图 3-73 清光绪八年平遥县城图

高 25cm、宽 17.7cm 的了望孔。垛堞间留有垛口，宽 53cm，好供射击。每段垛口墙下，辟一与垛口同样大的矩形“铳眼”，用以容纳炮身，跪姿发射。具有 3000 个垛口的垛口墙在平遥城头虚实相间，内檐墙墙头，砖筑护卫安全的矮墙，它的高度虽仅 60cm，但毕竟是高层建筑之上的墙，故名女儿墙。城墙顶以青砖海墁，散水于女儿墙下的水口，通过砖砌水槽，排往城内“马道”（图 3-74～图 3-76）。

图 3-74　城垣沧桑（南城）

图 3-75　城墙内侧

图 3-76　城墙顶步道与窝铺

② 角台与角楼

角台是突出与城墙四角、与墙身联为一体的墩台。每个角台上建楼橹一座，名角楼（图 3-77）。

③ 城门与城楼

平遥城有古城门六道，东西各二，南北各一。鸟瞰平遥古城，形同一只欲行而未动的乌龟，此“龟”头南尾北，东西四门比拟为龟之四足，民间故有“龟城”之说，从而引发了古代文人“龟前戏水，山水朝阳，城之攸建，以此为胜”的感慨。乌龟是吉祥、长寿的象征，“龟城”之说源于古人对“四灵”的崇拜，“龟城”寓意固着金汤，长治久安。平遥城南高北低，四方开门，民间以朝向和地势相区别，将六道城门分别叫南门、北门、上东门、下西门、下东门和下西门（图 3-78）。

图 3-77 西北角台与角楼

图 3-78 下西门（凤仪门）

④ 马面与敌楼

“马面”是城墙中向外突出的附着墩台，因为它的形体修长，如同马的脸面，故称。平遥城墙每隔 60～100m 即有马面一个，马面之上筑有了望敌情的楼橹，称“敌楼”。据旧志称，“明代初年重修平遥城墙时，仅建敌台窝铺四十座，隆庆三年（1569 年）增至 94 座，万历三年（1575 年），在全城以砖石包城的同时，重修成砖木结构的敌楼 72 座，后经历代修葺，遗存至今。”周城 3000 个垛口，72 座敌楼，以数理与孔子“三千名弟子，七十二贤人”的历史典故相吻合（图 3-79）。

图 3-79　马面与城楼

3.6.4.2　长城

长城是我国古代规模最宏大的军事防御工程，始建于战国时期，迄今二千三百余年，全长约六千余公里。至明代由于砖的生产增加，在 15—16 世纪，河北、山西省内长达千余公里的城墙全部包砌成砖墙，沿线的城堡、关隘、烽火台、敌台等建筑也都使用砖结构（图 3-80、图 3-81）。

明代长城包括内边和外边两大部分（图 3-82），沿线碉堡、烽火台踞险而布，关塞、

图 3-80　北京八达岭长城（明）

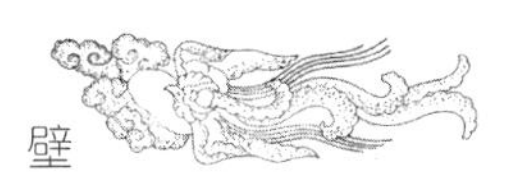

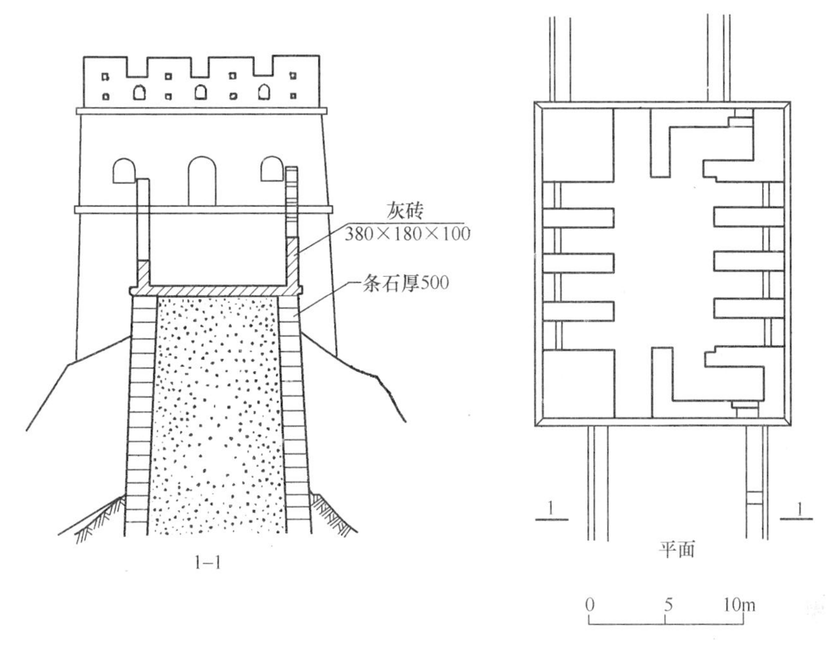

图 3-81 北京八达岭附近敌台及城墙（明）

水口因地而置（图 3-83～图 3-86）。墙身用整齐的条石和特制的大型城砖砌成，内填泥土石块，平均高 6.6m，墙基平均宽 6.5m，顶宽约 5.5m。墙身南侧（内侧），每隔 70～100m 就有门洞，循石梯可通墙顶。墙顶使用三、四层巨砖铺砌，宽 4.5m，可容五马并骑。墙上还有女儿墙和垛口，用以瞭望和射击。长城每隔一段距离，筑有敌楼或墙台以司巡逻放哨。

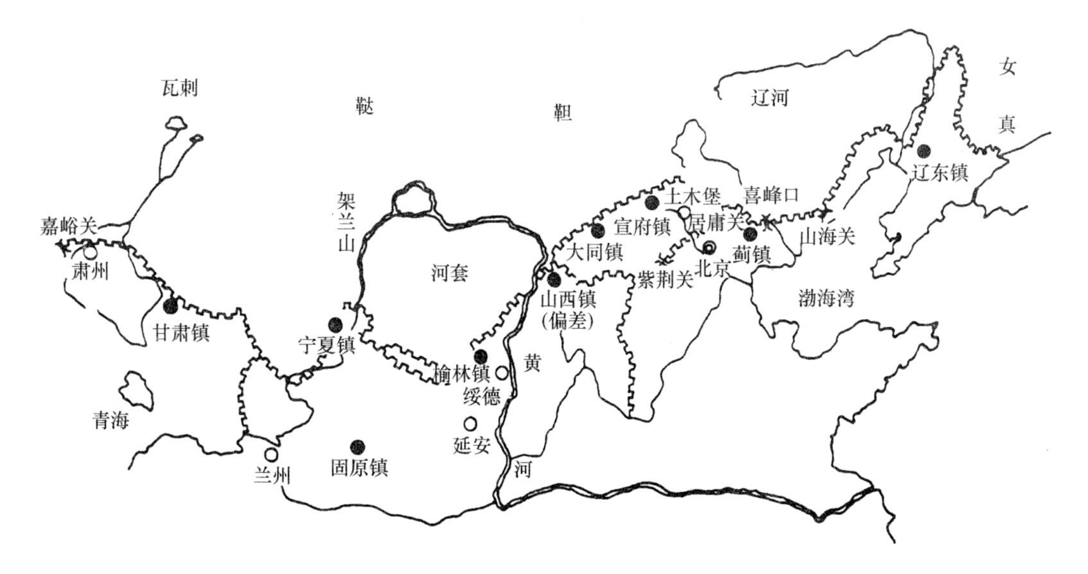

图 3-82 明长城示意图

图 3-83　司马台长城段与烽火台

图 3-84　嘉峪关长城段与碉堡

图 3-85　山西雁门关

图 3-86　司马长城段与水口

明代边防的关城也很多，都选择在地势险峻或山水隘口处，即所谓关塞。用人工设防来加强天险或弥补自然不足，古称“堑山堙谷”或“用险制塞”。在内边，有京师恃之为“内三关”，即居庸关（昌平）、紫荆关（河北易县紫荆岭上）和倒马关（河北唐县西北）。还有京师恃之为外险的“外三关”，即雁门关（山西代县）、宁武关（山西宁武县）和偏头关（山西偏关县），均地位显要，有“令之急务，唯在备三关之险”的记载。在外边，最著名的关城有嘉峪关和山海关。嘉峪关是明代长城西端的起点，建在酒泉西 70 里通往新疆的大道上，长城起点从祁连山下经几百米和关城相连，形势极险，称为“天下第一雄关”（图 3-87～图 3-90）。山海关是明代长城东端的要塞，是渤海和燕山之间的“辽蓟咽喉”的关隘，素有“两京锁钥无双地，万里长城第一关”之称。

山海关是万里长城著名的关隘，倚燕山，傍渤海，山、海之间相距仅十五华里，为华北通往东北的咽喉，形势险要，素有“京都锁钥”之称。山海关“卫城周八里一百三十七步四尺，高四丈一尺，土筑，砖包其外。”城墙顺应地形成南北长东西短的不规则四边形（图 3-91）。东南西北各开门，曰镇东、望洋、迎恩和威远。

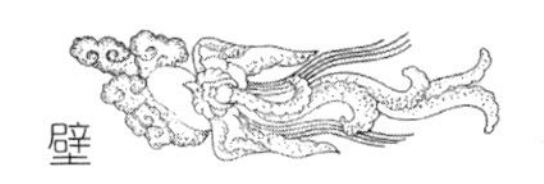

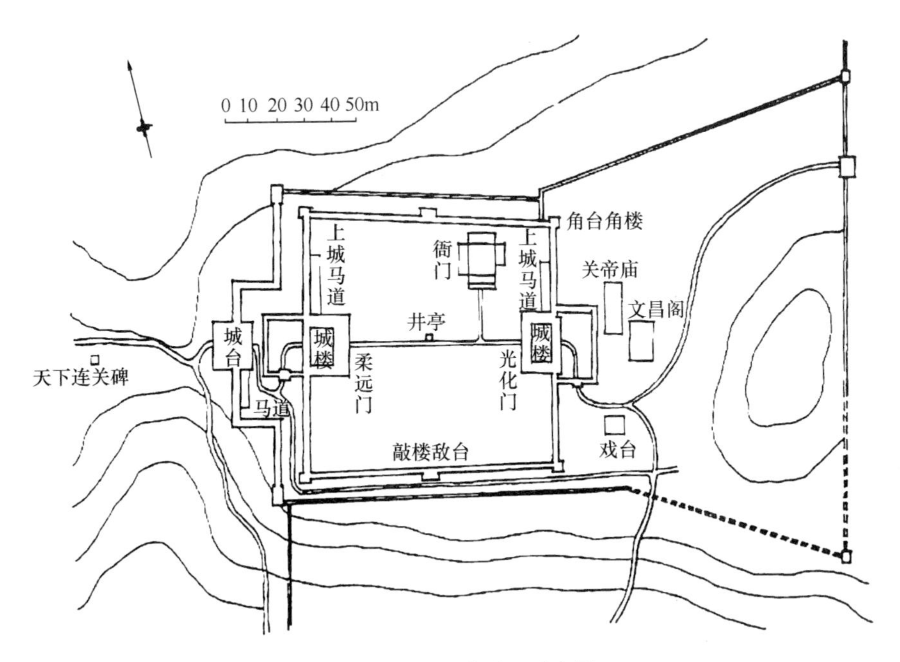

图 3-87 嘉峪关平面示意图

图 3-88 嘉峪关城与城楼

图 3-89 嘉峪关城墙与敌楼

图 3-90 嘉峪关马面

图 3-91 山海关城墙

在明初建在山海关城之后，又陆续建有东罗城、西罗城。山海关的东城门是向东通向关外的东大门。城台上建有高大的城楼。城楼上层西向檐下，悬挂有明宪宗成化八年（1472年）进士肖显所成书“天下第一关”巨幅横匾（图3-92）。城墙上有临闾楼、奎光楼、靖边楼高耸（图3-93～图3-95）。在关城南北各二里处建有南翼城、北翼城，在山海关南八里老龙头入海处（图3-96），有明蓟镇总兵戚继光所建的入海石城，老龙头入海城堡宁海城台上建有澄海楼（图3-97）。在山海关城东二里的欢喜岭高地上，有威远城。再往外，为长城沿线，凡高山险岭水陆要冲处设有南海关、南水关、北水关、旱门关、角山关、三道关，在长城线外山峦制高点上又分布了许多烽火台。

图3-92 山海关东城门楼与天下第一关

图3-93 山海关临闾楼

图3-94 山海关奎光楼

图3-95 山海关靖边楼

图3-96 山海关老龙头

图3-97 山海关澄海楼

第4章　屋　　顶

4.1　屋顶的式样与构造

4.1.1　屋顶的式样

屋顶式样，早在原始社会时期已有两坡顶、四坡顶和圆锥顶。到奴隶社会时期，四坡顶成为统治阶级殿堂建筑的屋顶专用式样。到了秦、汉时期也大体如此，重要建筑物的屋顶用四坡顶，一般民居建筑用悬山顶。唐代及以后出现了重檐庑殿顶，为最高等级建筑物的屋顶式样，直到清末仍是如此。硬山顶出现较晚，大约在元末明初开始使用，明以后使用比较普遍。古代匠师创造出的屋顶式样非常丰富且富有特色，表现出了我国古代建筑的美妙与多彩。

我国古代建筑屋顶的式样主要有：硬山顶、悬山顶、歇山顶、庑殿顶、攒尖顶五种基本式样；除此之外还有单坡顶、平顶、囤顶、盝顶、盔顶、圆顶等以及由这些屋顶式样组合而成的各种组合形式屋顶，如两个或三个硬、悬山屋顶前后连在一起，可组成“勾连搭”，两个屋顶勾连搭又称“一殿一卷”；把两个矩形屋顶横穿在一起就组成了“十字顶”等（图4-1、图4-2）。

4.1.2　常见屋顶的构造

4.1.2.1　硬山和悬山式屋顶构造

硬山屋顶和悬山屋顶都是两坡顶，两者区别并不大，只是在山面木檩有挑出与无挑出的区别，硬山顶建筑的山面木檩不挑出山墙外，即所谓“封山下檐”；悬山顶建筑的山面木檩挑出山墙以外，即所谓“出梢”。除此，屋面构造基本相同，由两坡瓦屋面、一条正脊和四条垂脊等组成，如图4-3、图4-4所示。

硬山和悬山屋顶根据屋面的形式又可分为尖山和卷棚两种形式。

（1）尖山式屋顶（图4-5）：建筑物屋顶的剖面轮廓为尖顶形，由前、后两坡瓦屋面相交组合成“人”字形尖顶，称为“尖山”。

（2）卷棚式屋顶（图4-6）：建筑物屋顶的剖面轮廓为圆弧形，也称为“罗锅形”，前后两坡瓦屋面由圆弧形正脊连接成整体，称为“过垄脊”。

4.1.2.2　歇山式屋顶构造

歇山顶也称“九脊殿”。将一座硬山或悬山建筑取其山尖以上部分（包括山尖），再向四周伸出屋檐，就是歇山形式。歇山建筑屋顶两侧坡面也称“撒头”，歇山的山尖部分称为“小红山”。歇山式屋顶有单檐歇山屋顶和重檐歇山屋顶两种做法。

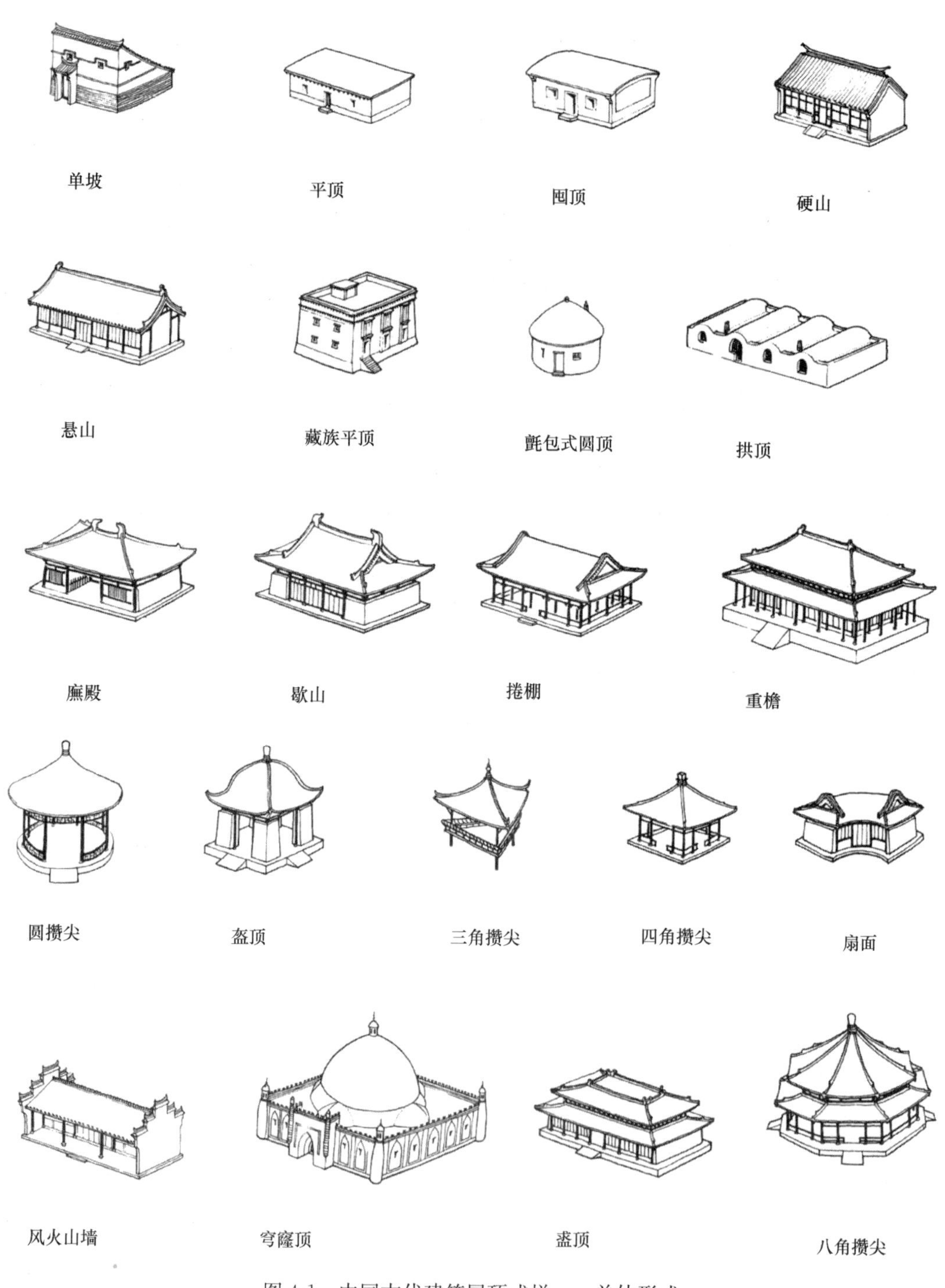

图 4-1 中国古代建筑屋顶式样——单体形式

（1）单檐歇山屋顶

单檐歇山屋顶是指只有一层屋檐的歇山式屋顶，有尖山顶和卷棚顶两种形式。其构造是由前、后两坡瓦屋面、两山的坡瓦屋面、一条正脊、四条垂脊、四角的戗脊和小红山底的博脊等组成，如图 4-7 所示。

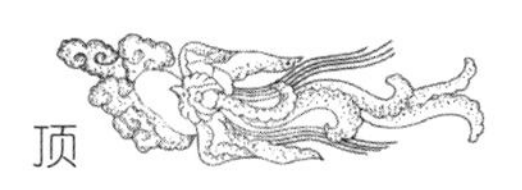

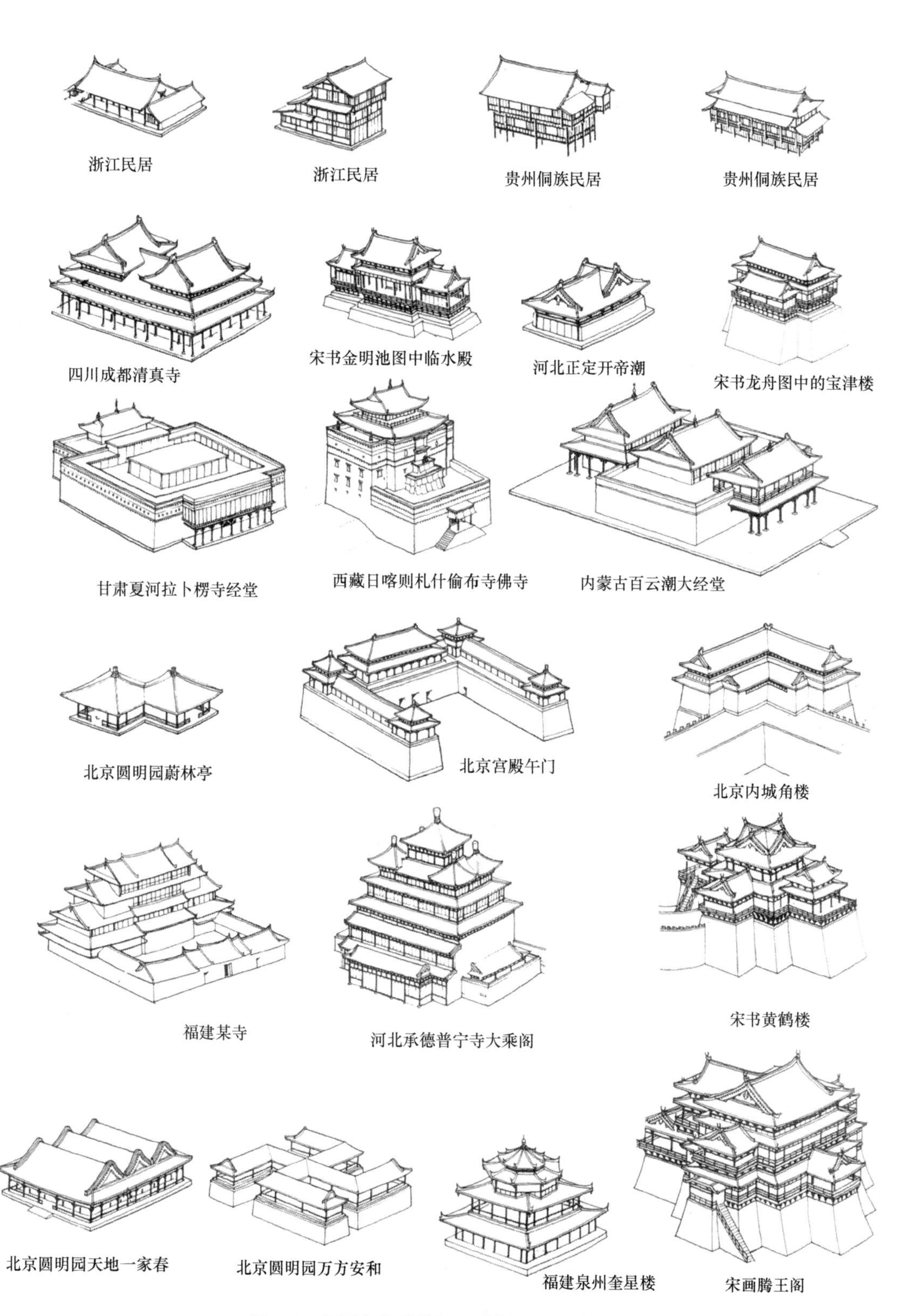

图 4-2　中国古代建筑屋顶式样——组合形式

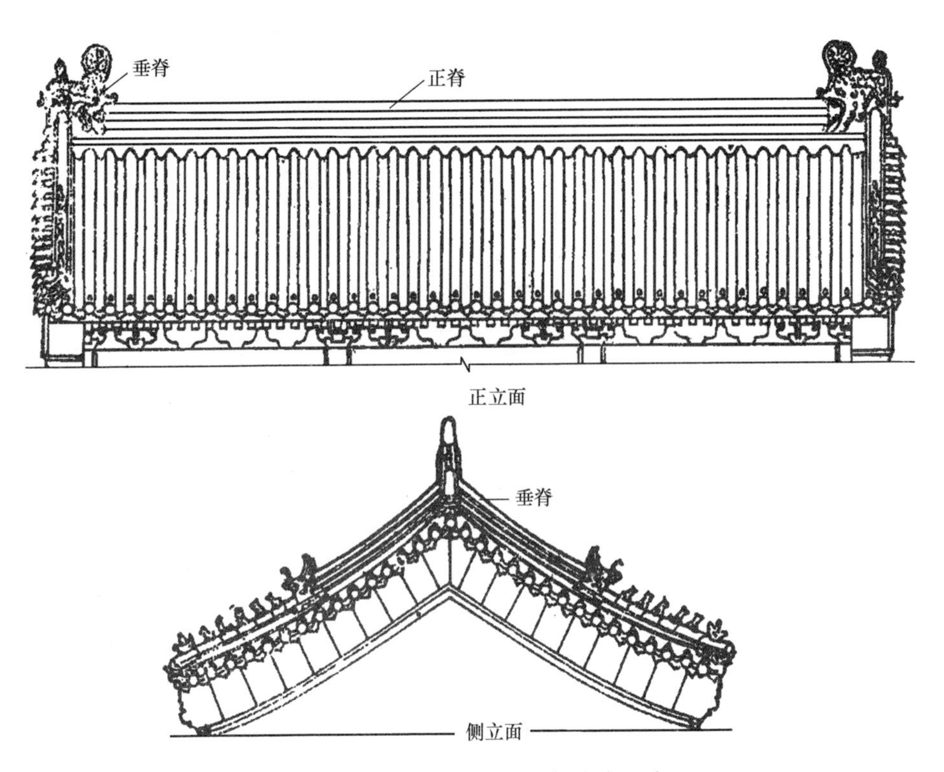

图 4-3　硬山屋顶示意图（本例为尖山式）

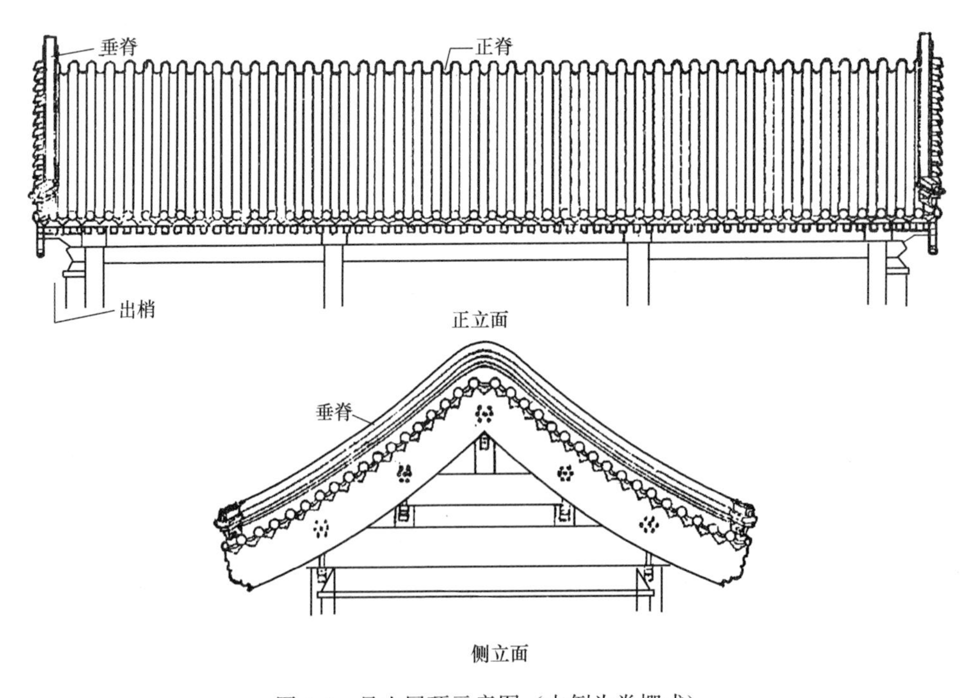

图 4-4　悬山屋顶示意图（本例为卷棚式）

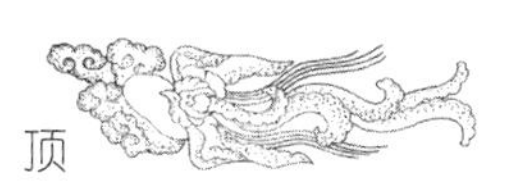

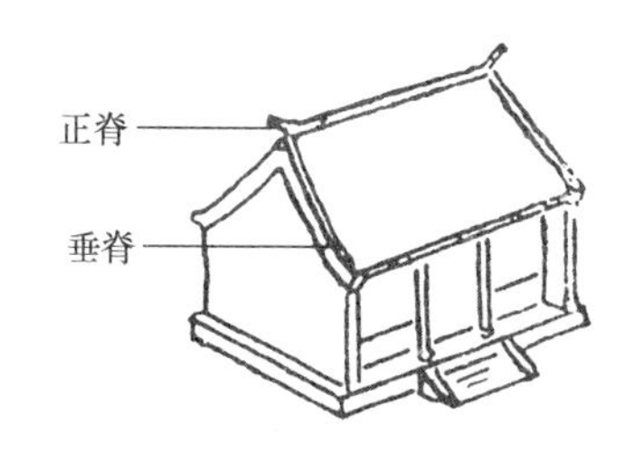

(a) 尖山式硬山顶

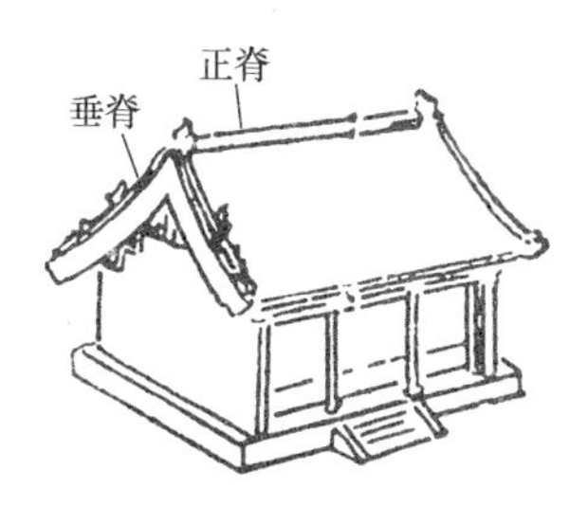

(b) 悬山式硬山顶

图 4-5　尖山式屋顶示意图

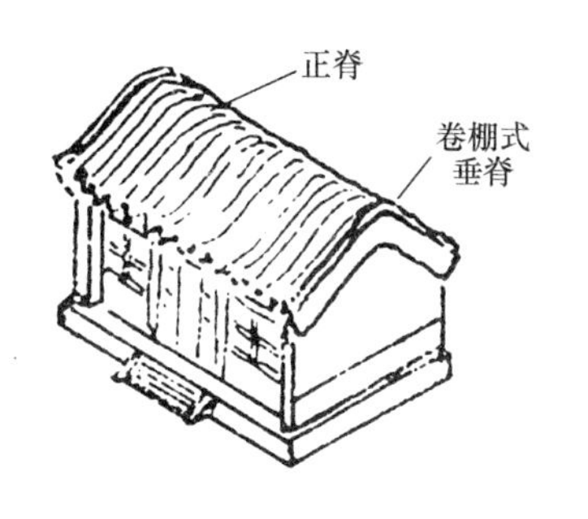

(a) 硬山式卷棚顶

(b) 悬山式卷棚顶

图 4-6　卷棚式屋顶示意图

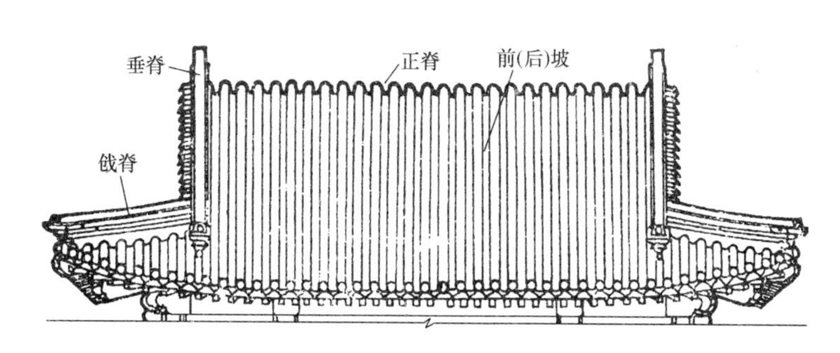

(a)正立面

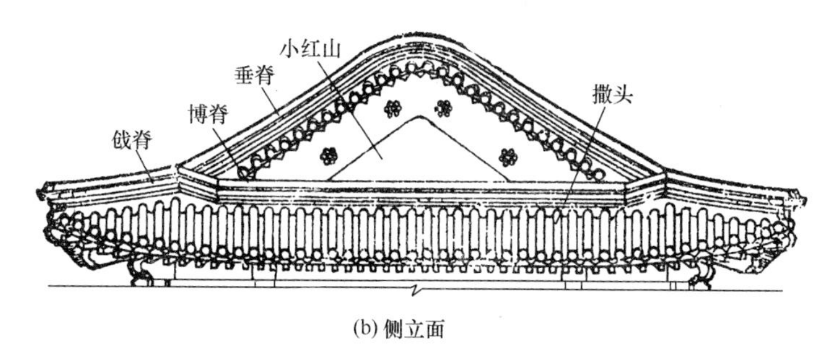

(b) 侧立面

图 4-7　单檐歇山屋顶示意图（本例为卷棚式）

（2）重檐歇山屋顶

重檐歇山屋顶是指在单檐歇山顶的屋檐下，再增加一层四坡屋檐的一种屋顶式样。也有尖山顶和卷棚顶两种形式。其顶层屋顶的构造同单檐歇山屋顶的构造完全相同，下层屋檐的屋面构造是由四坡瓦屋面、四条戗脊和四条围脊等组成，如图 4-8 所示。

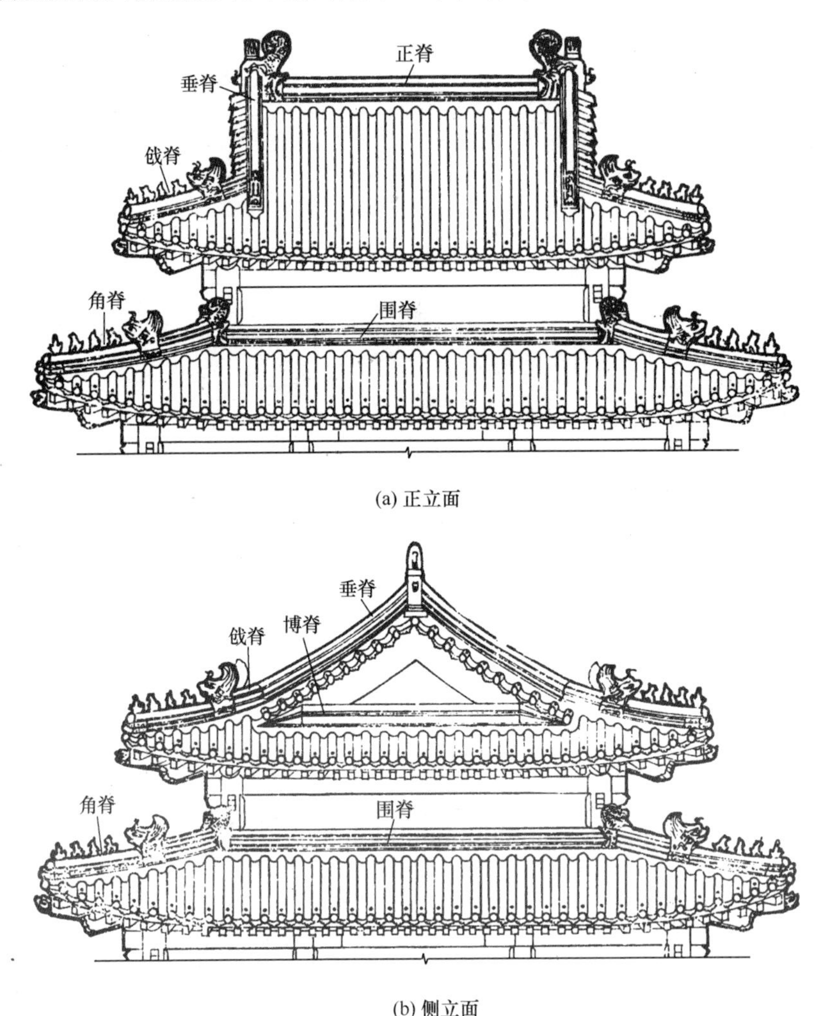

(a) 正立面

(b) 侧立面

图 4-8 重檐歇山屋顶示意图（本例为尖山式）

4.1.2.3 庑殿式屋顶构造

庑殿顶是四坡形屋顶，故又称“四阿顶”，也俗称“五脊殿”，其前后坡两侧的坡瓦屋面称为“撒头”，如图 4-9 所示。庑殿式屋顶有单檐庑殿顶和重檐庑殿顶两种形式。

(1) 单檐庑殿屋顶（图 4-10）

单檐庑殿屋顶的构造是由前后两坡瓦屋面、两山坡瓦屋面、一条正脊和四条垂脊等组成。

(2) 重檐庑殿屋顶（图 4-11）

重檐庑殿屋顶是指在单檐庑殿顶的屋檐下，再增加一层四坡屋檐的一种屋顶式样。其顶层屋顶的构造同单檐庑殿屋顶的构造完全相同，下层屋檐的屋面构造是由四坡瓦屋面、四条戗脊和四条围脊等组成。

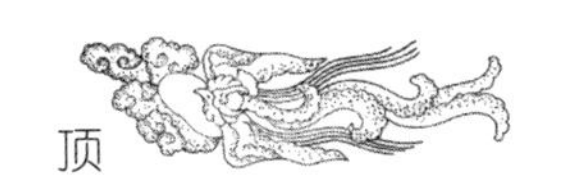

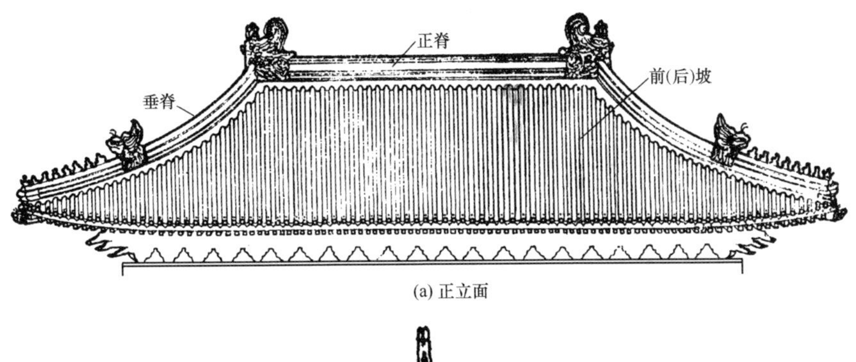

(a) 正立面

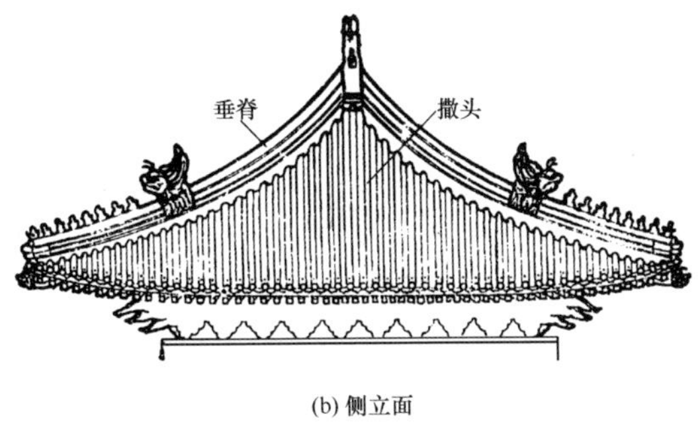

(b) 侧立面

图 4-9　庑殿式屋顶示意图

图 4-10　北京太庙戟门（单檐庑殿顶）

图 4-11　北京故宫太和殿（重檐庑殿顶）

4.1.2.4　攒尖式屋顶构造

攒尖式屋顶是指将屋顶的所有坡瓦屋面顶端都攒在一起，在顶部交汇于一个顶点所构成的屋顶。攒尖屋顶分为多边形和圆形两大类，每一类有单檐攒尖顶和重檐攒尖顶两种形式。

（1）多边形攒尖屋顶（图 4-12）

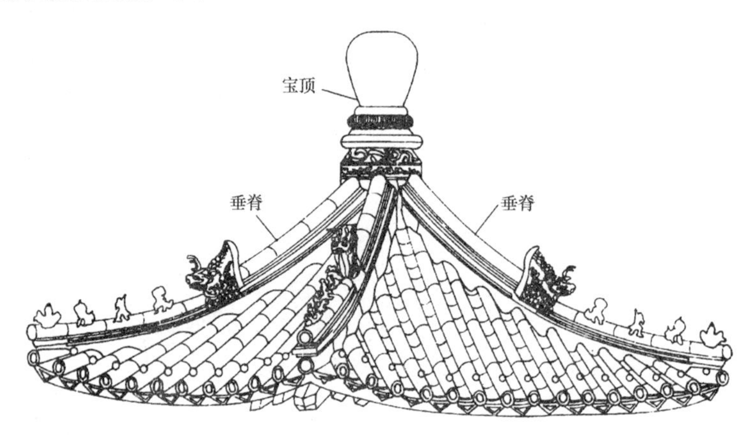

图 4-12　多边形攒尖屋顶示意图

多边形单檐攒尖屋顶的常见形式有四、五、六、八方亭形式，其屋顶构造是由 x（边数）块三角形坡瓦屋面、x 条垂脊和一个宝顶等组成。

多边形重檐攒尖屋顶是指在单檐攒尖屋顶的檐子下，再加一层屋檐的一种屋顶式样。其屋顶构造是由单檐屋顶、x（边数）块梯形坡瓦屋面和 x 条戗脊等组成。

（2）圆形攒尖屋顶（图 4-13）

圆形单檐攒尖屋顶的构造是由一个锥形坡瓦屋面和一个宝顶组成。

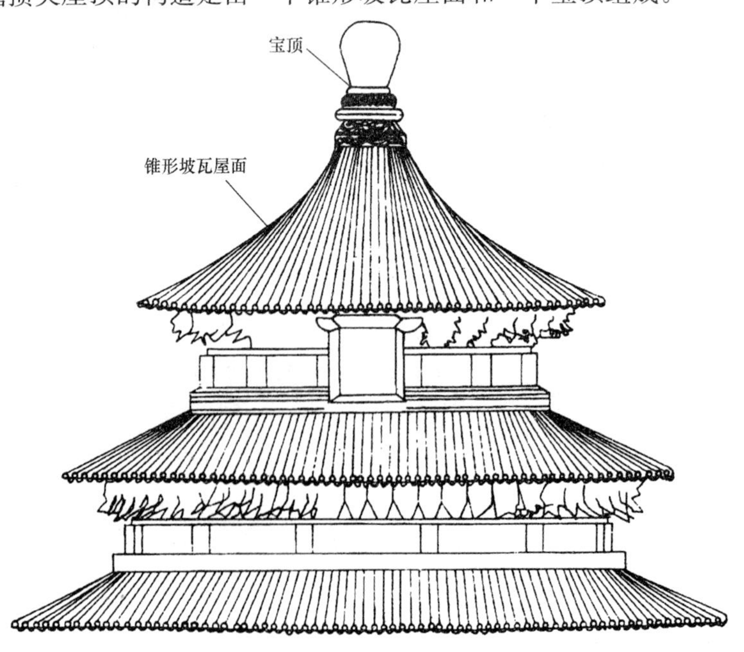

图 4-13　圆形攒尖屋顶示意图（此例为重檐攒尖顶）

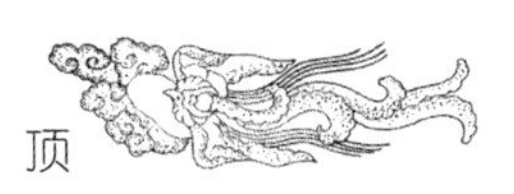

圆形重檐攒尖屋顶是指在单檐圆形攒尖屋顶的檐子下，再加一层屋檐的一种屋顶式样。其屋顶构造是由单檐屋顶、一个圆台形坡瓦屋面和一条围脊等组成。

4.1.3 屋顶瓦面种类

4.1.3.1 琉璃瓦屋面

琉璃瓦是表面施釉的瓦，其规格大小从二样至九样共有八种。在我国，琉璃的使用在战国就已发现，不过是琉璃珠之类，并非用在瓦件上的釉料。瓦上带釉见于汉明器，到南北朝时琉璃瓦已正式应用在最主要的宫殿建筑上，以后则是越来越多，主要以黄、绿为主色，至元、明、清以来琉璃瓦件颜色较多。在我国古代，琉璃瓦只用于宫殿建筑中，如清代就有严格的规定，亲王、世子、郡王王府建筑中只能用绿色琉璃瓦或绿剪边，只有皇宫和庙宇中的建筑才能用黄色琉璃瓦或黄剪边，离宫别馆和皇家园林建筑可以用黑、蓝、紫、翡翠等颜色及由各颜色的琉璃瓦组成的“琉璃集锦”屋面。削割瓦一般指琉璃瓦坯子素烧成型后“焖青”成活，而不再施釉的一种瓦件。削割瓦的外观虽然接近布瓦，但其做法却遵循琉璃瓦屋面规矩，削割瓦虽无釉面，但从等级和做法角度讲，属琉璃瓦屋面。

4.1.3.2 布瓦屋面

布瓦屋面又称为黑活屋面。布瓦是颜色呈深灰色的黏土瓦，其规格从特号至十号共有五种。布瓦屋面有多种做法，用弧形片状板瓦做底瓦垄，用半圆形的筒瓦盖住两垄底瓦垄间缝隙的屋面做法称为筒瓦屋面。如底、盖瓦垄都用板瓦的屋面做法称为合瓦屋面或阴阳瓦屋面。如仅用板瓦直接铺成屋面，而不再做盖瓦的屋面做法称为干槎瓦屋面。如在两垄底瓦的接缝处用灰堆出梗条的做法称为仰瓦灰梗屋面。

4.1.3.3 其他做法的屋面

除了琉璃瓦屋面和布瓦屋面之外还有一些不常见的屋面做法，如坡屋顶屋面用石板瓦（以薄石片代替瓦件）；“棋盘心”做法，即在合瓦屋面的中间及下半部改做灰背或石板瓦；建筑物为平屋顶时，可采用抹灰或焦渣背的做法，叫做“灰平台”做法；滑秸泥背屋面，这种屋面做法较简单，材料用较纯净的黄土（或掺少量白灰），再掺入麦秆或稻草等；草顶屋面，又叫茅草房，是用麦秆、稻草或茅草覆盖的屋面；金瓦顶屋面，其突出特点是瓦面具有金灿灿、明晃晃的外观效果，金瓦顶有三种，第一种名为金瓦，实为铜瓦，多见于皇家园林建筑；第二种是铜胎镏金瓦，多见于皇家园林或喇嘛教建筑；第三种是在铜瓦的外面包“金页子”，见于喇嘛教建筑。明瓦做法，用玻璃覆盖屋面的做法就称为明瓦做法，宫殿建筑中也有用云母片加工而成的。

4.1.4 屋面分层做法

屋顶瓦屋面由垫层和瓦面组成。垫层在古建筑中称为“背”。背可分为泥背、月白灰背、青灰背等多种形式。背的操作过程称为“苫背”。屋顶瓦屋面的常见屋面分层做法如表4-1～表4-4所示。

表 4-1　普通民宅的屋面分层作法

分层做法	参考厚度（cm）	分层做法	参考厚度（cm）
合瓦、干槎、仰瓦灰梗等		滑秸泥背 1～2 层	5～8
宽瓦泥	4	木椽、上铺席箔或苇箔	—
月白灰背 1 层	2～3	—	—

4.1.5　屋脊名词解释

脊：沿着屋面转折处或屋面与墙面、梁架相交处，用瓦、砖、灰等材料做成的砌筑物。脊兼有防水和装饰两种作用。

表 4-2　小式建筑的屋面分层做法

分层做法	参考厚度（cm）	分层做法	参考厚度（cm）
合瓦（影壁、门楼可为 10 号筒瓦）	—	滑秸泥背 1～2 层	5～8
宽瓦泥	4	木椽、上铺席箔或苇箔	—
青灰背	2～3	—	—

表 4-3　大式或小式建筑的屋面分层做法

分层做法	参考厚度（cm）
小式用合瓦（影壁、门楼可为 10 号筒瓦）；大式用筒瓦或玻璃瓦	—
宽瓦泥	4
青灰背	2～3
月白灰背	2～3
滑秸泥背 1～2 层	5～8
护板灰	1～1.5
木椽，上铺木望板	—

表 4-4　宫殿建筑的屋面分层做法

分层做法	参考厚度（cm）	分层做法	参考厚度（cm）
玻璃瓦或筒瓦	—	麻刀泥背 3 层以上	12～18
宽瓦泥或宽瓦灰	4	护板灰	1～1.5
青灰背	2～3	木椽，上铺木望板	
月白灰背或纯白灰背 3 层以上	月白灰背 2～3 纯白灰背 10～18	—	

正脊：特指屋脊位置时的称谓，指沿着前后坡屋面相交线做成的脊。正脊往往是沿桁檩方向，且在屋面最高处。不同作法的正脊各自有着不同的名称，一般多直称其名，如过垄脊、清水脊等。

垂脊：特指屋脊位置的称谓，凡与正脊或宝顶相交的脊都可统称为垂脊。庑殿垂脊常称为庑殿脊。歇山及硬山、悬山垂脊常称为排山脊。

戗脊：又称金刚戗脊，俗称"岔脊"，是歇山屋面上与垂脊相交的脊。垂脊与戗脊宜严格区分，戗脊为歇山建筑屋顶脊式的专有名称。

博脊：歇山屋顶的小红山与撒头相交处的脊。当某坡屋面与墙面交接时，往往要沿接缝

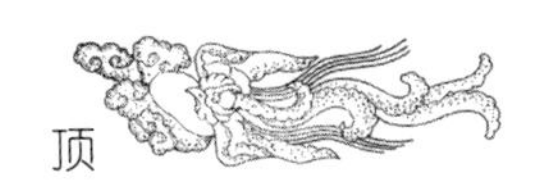

处做脊，如果具有明显的正脊特征可称为正脊，如果特征不突出，一般也都统称为博脊。

围脊：沿着下层檐屋面与木构架（如承椽枋、围脊板等）相交处的脊。围脊多能头尾相接呈围合状，故俗称“缠腰脊”。

角脊：重檐屋面，下檐瓦面的坡面转折处，沿角梁方向所做的脊。

盝顶正脊：盝顶正脊之所以被称为正脊，是因为它处在屋顶的最高处，但也有人把它称为围脊，这是因为它呈围合状，又使用合角吻，所以可说是一脊二名。由于同样的围脊比正脊规格小，因此如称之为围脊，应使用大一样的脊件，如将五样围脊改为四样围脊。如称之为正脊，则要使用大一样的合角吻，这样才能保证与垂脊的高度相配。只要注意了这个问题，无论称正脊还是围脊都是可以的。

宝顶：俗称“绝脊”，是在攒尖建筑瓦面的最高汇合点所做的脊。

大脊：正脊有多种做法，每种做法都有各自的名称。当正脊两端做吻兽，脊件层次较多，以示区别于其他做法稍简单的正脊时，可特称为大脊。

过垄脊：又称元宝脊，是筒瓦屋面正脊的一种做法。其主要特点有两个：①脊的做法与瓦垄相同，但瓦件都是罗锅状，形如元宝，这就是元宝脊名称的来历；②前后坡瓦面的底瓦垄是相通的，这就是过垄脊名称的来历。

鞍子脊：小式合瓦屋面正脊的常见做法，也是合瓦屋面所独有的屋脊，因形似马鞍形而得名。

合瓦过垄脊：小式合瓦屋面正脊之一，实际上是鞍子脊的简单做法。因前后坡的底瓦垄是相通的（鞍子脊不通），具备了“过垄”的特征，所以叫合瓦过垄脊。

墙帽正脊：来源于琉璃瓦顶的墙帽，指一种固定的正脊做法。由于墙帽的坡长较短，正脊不宜太高，脊件需简化，这样就形成了一种独特的正脊形式，这种作法被称为墙帽正脊。当其他部位如牌楼的夹楼正脊，也采用这种做法时，往往仍然习惯称它为墙帽正脊。

清水脊：小式黑活屋面正脊做法之一，两端有砖雕的“草盘子”和翘起的“蝎子尾”。清水脊是北方建筑借鉴南方做法的范例，“清水”二字即源于南方方言，有清洁、美观、细致之意。

皮条脊：黑活屋脊的一种。与大脊的区别是：比大脊做法简单，与大脊陡板以下（不含陡板）的部分做法相同。与清水脊的区别是：两端不做“草盘子”和“蝎子尾”。皮条脊的称呼在习惯上限于正脊部位，用于其他部位时，一般应直接称为垂脊、戗脊或博脊等。

扁担脊：一种简易的正脊，属民间做法，因形似扁担而得名。

排山脊：歇山、硬山或悬山建筑屋面垂脊的专用称谓。排山，顺山尖而上之意，故歇山、硬山或悬山建筑屋面的垂脊有排山脊之称。

排山勾滴：勾滴是勾头瓦和滴水瓦的统称。歇山、硬山或悬山山尖博缝板上的一排勾滴就是排山勾滴。

铃铛排山脊：排山脊的一种。勾头、滴水瓦可称为“铃铛瓦”，故使用排山勾滴的排山脊即为铃铛排山脊。

披水排山脊：排山脊的一种。排山脊中，将排山勾滴改作披水砖者就是披水排山脊。

披水梢垄：屋面瓦垄中，靠近山墙博缝的一垄称为梢垄。梢垄必须是筒瓦垄，即使是合瓦或干槎瓦屋面等，梢垄也必须是筒瓦垄。披水梢垄的做法特点是：①不做垂脊而仅做梢垄；②博缝上不做排山勾滴而做披水砖檐。这种做法多用于不太讲究的小式硬、悬山建筑黑活屋面上。

边梢：即边垄与梢垄的统称。自山面博缝数起，第一垄盖瓦（筒瓦垄）称梢垄，第二垄盖瓦称边垄，合称“边梢”。对于合瓦、干槎瓦或棋盘心屋面的边梢来说，梢垄为筒瓦垄，边垄则须用板瓦瓦成。

罗锅脊：形容垂脊顶部做法的名词。当正脊为过垄脊或鞍子脊时，前后坡排山脊相交处为一圆弧形，为此，脊件也要随之加工成“罗锅”状，罗锅脊的称呼即由此而来。

卷棚：也写作“捲棚”，形容屋顶外形的名词。正脊为过垄脊或鞍子脊时，屋面顶部呈圆弧状，卷棚即形容其形似曲卷之棚。

卷棚脊：也写作“捲棚脊”，形容排山脊外形的名词。卷棚脊是罗锅脊的同义词，形容排山脊顶部的圆弧曲卷状。所以有人称它“罗锅卷棚脊”或“卷棚罗锅脊”。

箍头脊：就是罗锅脊或卷棚脊。是因形容的侧重点有所不同而派生出的新词。当正脊做成大脊时，前后坡两条排山脊被正脊吻兽隔开，而当正脊做过垄脊或鞍子脊时，前后坡两条排山脊在屋顶上相连，因而被形象地形容为“箍头”，箍头脊即由此而来。罗锅或卷棚是形容排山脊的顶部为圆弧状，箍头是形容屋面被排山脊箍住了。小式排山脊肯定是箍头脊做法，大式排山脊要看正脊的做法。做大脊的，排山脊肯定不是箍头脊做法。

挑脊：亦作“调脊”。指屋脊的砌筑过程。

压肩做法：先做好瓦面以后再挑正脊称为压肩做法。琉璃屋脊多采用压肩做法。

撞肩做法：先挑完正脊以后再做瓦面称为撞肩做法。黑活屋脊多采用撞肩做法。

官式做法：包括大式和小式做法。泛指京城地区定型化、规范化、程式化了的做法。

大式屋面：官式做法的一种类型。用于王府、庙宇和宫殿建筑，其基本特征是：瓦面用筒瓦，屋脊上有吻兽、小兽等脊饰。琉璃屋脊无论有无吻兽都属于大式做法。

小式屋面：官式做法的一种类型。用于普通建筑，多见于民宅，也见于大式建筑群中的某些次要建筑。小式屋面的基本特征是，瓦面不用筒瓦（不包括 10 号筒瓦），屋脊上没有吻兽、小兽。

大式小作：具有大式屋脊的基本特征，但屋脊的脊件做了必要的简化。

小式大作：具有小式屋脊的基本特征，但脊件做法借鉴了大式屋脊的脊件特点。

4.2 琉璃屋脊构造

4.2.1 硬、悬山建筑琉璃屋脊的构造

4.2.1.1 卷棚式硬、悬山建筑琉璃屋脊的构造

卷棚式硬、悬山建筑琉璃屋脊的构造做法如图 4-14 所示。

（1）正脊

卷棚式硬、悬山建筑琉璃屋面的正脊为过垄脊做法。过垄脊的做法比较简单，前、后

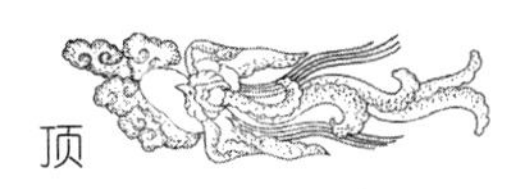

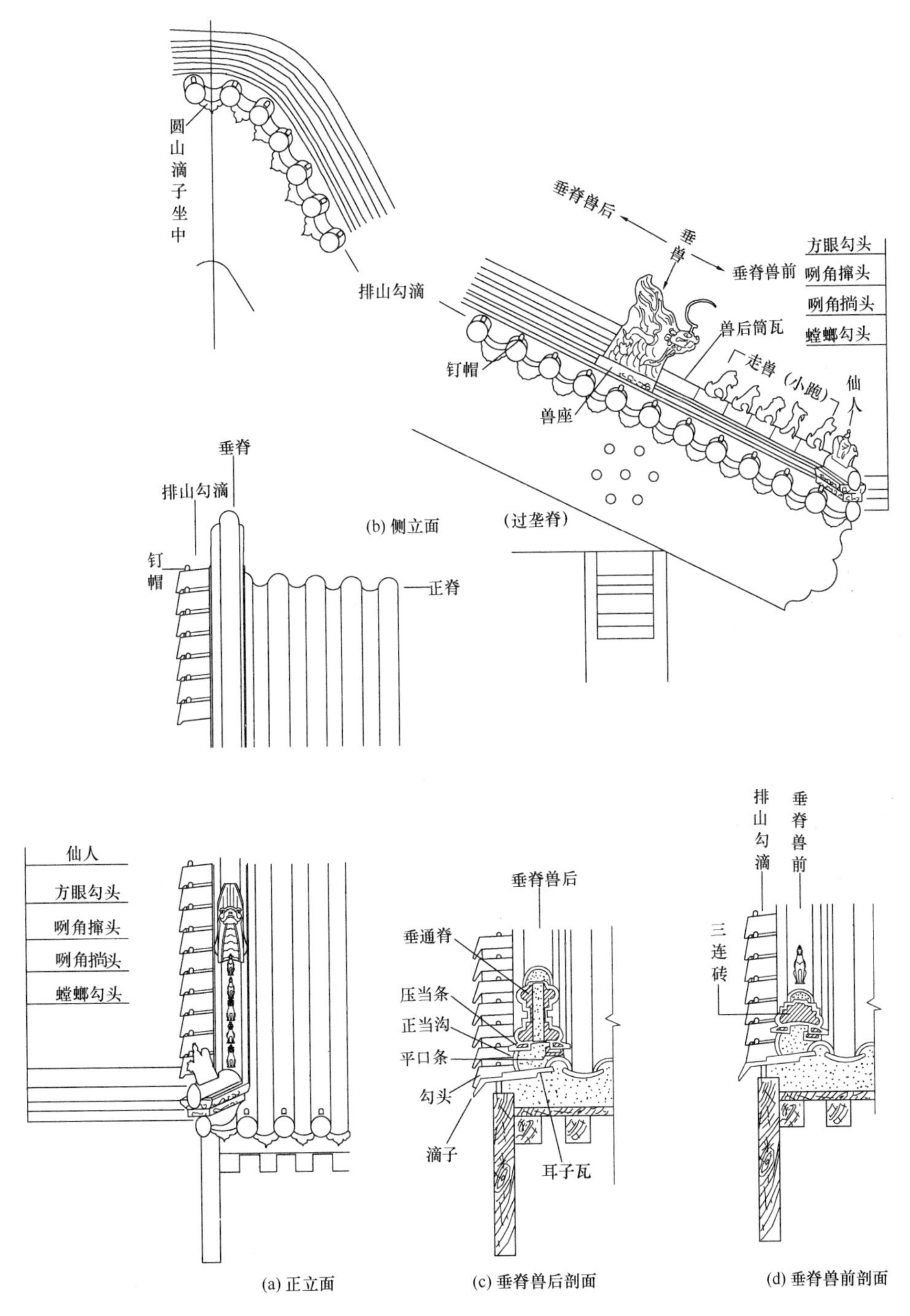

图 4-14　琉璃卷棚式硬、悬山建筑屋脊构造示意图（此例为悬山）

坡只用三或五块“折腰瓦”，一或三块“罗锅瓦”相互连接。

（2）垂脊

硬、悬山建筑琉璃屋面的垂脊俗称“排山脊”。如做排山勾滴则称为“铃铛排山”。卷棚式的垂脊俗称“箍头脊”或“罗锅卷棚脊”。

（3）垂脊兽前

垂脊兽前放仙人和小兽。小兽又称走兽、小跑或小牲口。小兽的先后位置顺序是：龙、凤、狮、天马、海马、狻猊、押鱼、獬豸、斗牛、行什。工匠称之为："一龙二凤三狮子，四天马五海马，六狻七鱼八獬九吼十猴。在小兽之后安放一块筒瓦，即兽后筒瓦"。在"兽后筒瓦"之后、压当条之上安放兽座，在兽座之上安放垂兽并安好兽角。垂兽一般应在正心桁（无斗栱的为檐檩）位置上。

（4）垂脊兽后

在垂兽之后、压当条之上安放"垂通脊"（俗称"垂脊筒子"）。兽座如果不是"联办兽座"，其后面的脊筒子应使用"搭头通脊"。在通脊砖上安放"盖脊筒瓦"（又称"扣脊筒瓦"）。屋面两坡相交处的垂脊分件，应是罗锅形状的，否则就不能做成"卷棚式"。

4.2.1.2　尖山式硬、悬山建筑琉璃屋脊的构造

尖山式硬、悬山建筑琉璃屋脊的构造做法如图 4-15 所示。

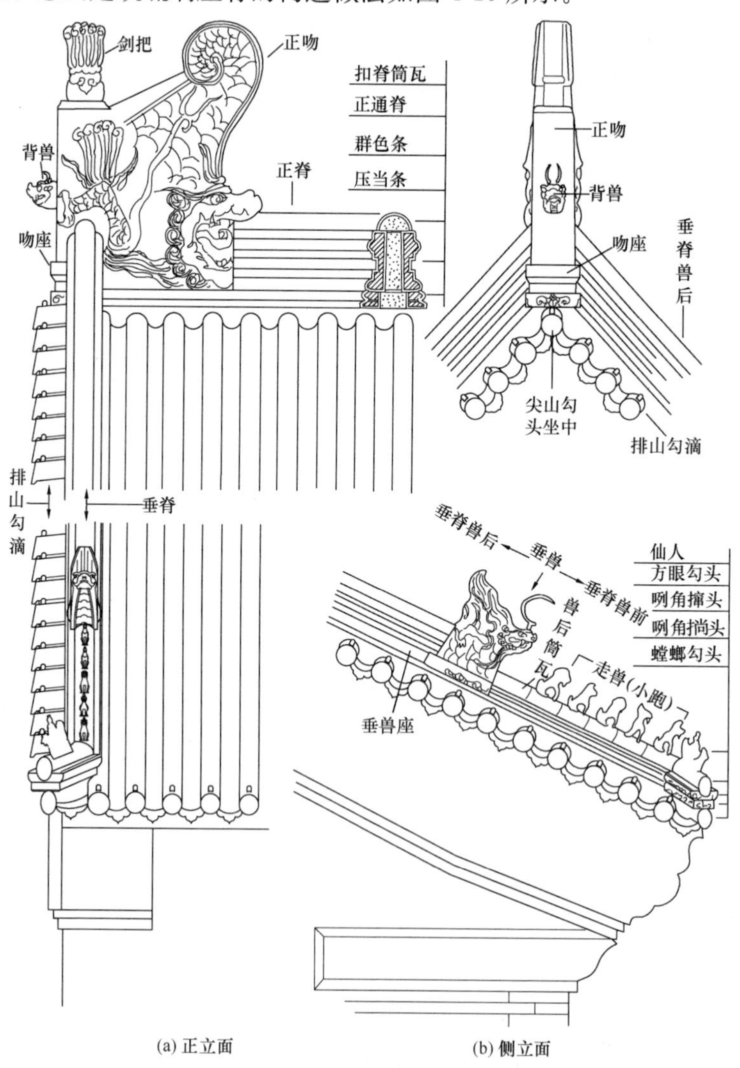

图 4-15　琉璃尖山式硬、悬山建筑屋脊构造示意图（此例为硬山）

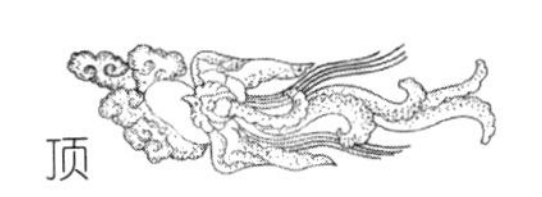

（1）正脊

正脊由压当条、群色条、正通脊、扣脊筒瓦、吻座、正吻等构件组成。为了突出正脊的高大，正脊的瓦件样数可以比其他脊的瓦件大一样，如垂脊用六样，正脊可以用五样。

城楼或某些府第建筑屋顶的正吻常改为“正脊兽”，也称为“望兽”，俗称“带兽”，其形象与垂兽相同，放置时应将兽的嘴唇朝外（图 4-16）。

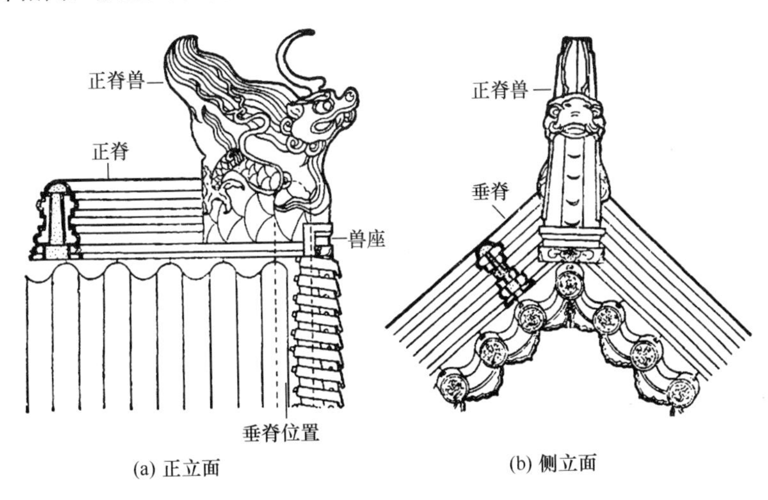

图 4-16 正脊兽示意图

（2）垂脊

尖山式垂脊与卷棚式垂脊的做法基本相同。不同的是，卷棚式垂脊是前后坡相通的，在脊部作卷棚状，而尖山式垂脊被正吻或正脊兽隔开。垂脊与正吻相交处，要使用一块“戗尖脊筒子”。当瓦面坡长很短（如院墙），并为披水排山做法时，可以不做兽前，垂脊做到垂兽为止。兽座下放“托泥当沟”，卡在边垄与梢垄之间。

4.2.2 歇山建筑琉璃屋脊的构造

歇山建筑琉璃屋脊的构造做法如图 4-17、图 4-18 所示。

（1）正脊

歇山建筑正脊可分为过垄脊和大脊两种做法，卷棚式歇山建筑即为过垄脊（图 4-17），尖山式歇山建筑即为大脊（图 4-18）。

（2）垂脊

正脊做过垄脊的，垂脊就应做罗锅卷棚脊（箍头脊）；如正脊做大脊的，垂脊做法与尖山式硬、悬山建筑屋面垂脊兽后的做法相同。

（3）戗脊

歇山戗脊又称为“岔脊”，分为戗兽前和戗兽后两部分。戗兽前一般由斜当沟、压当条、三连砖、小兽、仙人组成；戗兽后一般由斜当沟、压当条、戗脊筒子、扣脊筒瓦组成。

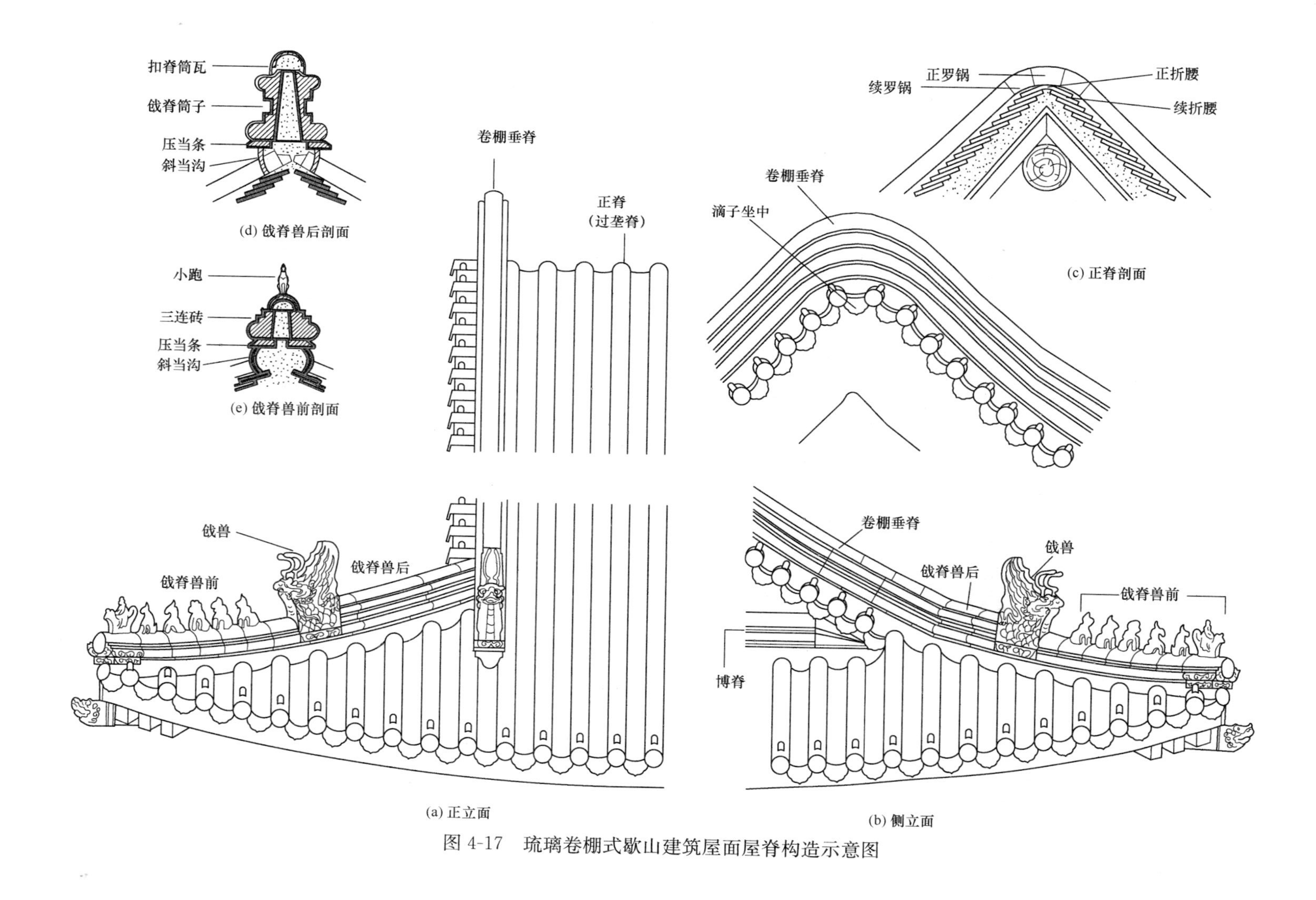

图 4-17　琉璃卷棚式歇山建筑屋面屋脊构造示意图

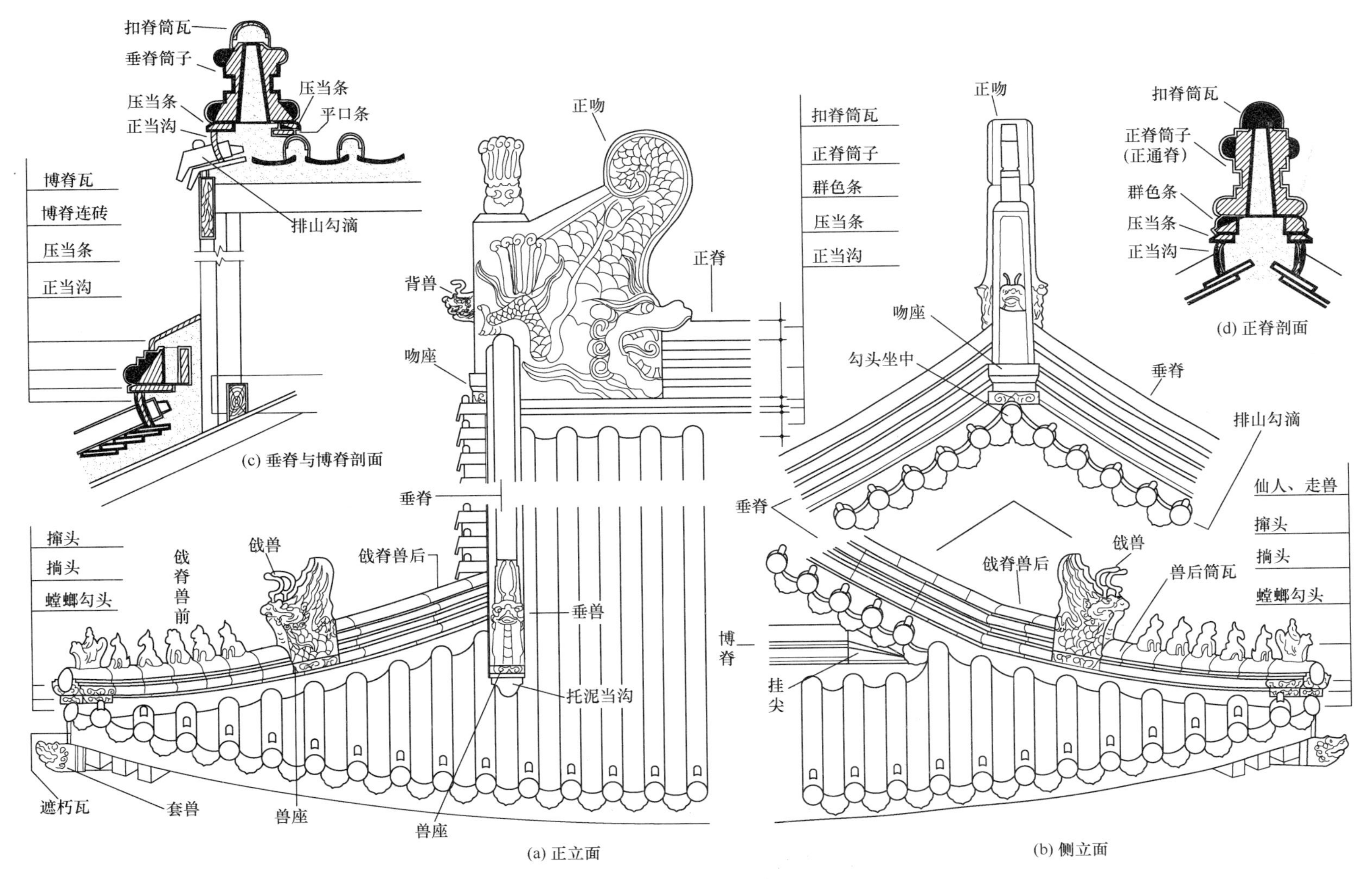

图 4-18 琉璃尖山式歇山建筑屋面屋脊构造示意图

八样琉璃瓦屋面的戗脊，戗兽后一般不用脊筒子，而改用连砖做法，如戗兽后用大连砖（又称承奉连砖），戗兽前用三连砖；或戗兽后用三连砖，戗兽前用小连砖。九样琉璃瓦屋面的戗脊由于更加矮小，所以戗兽后多使用三连砖或小连砖，戗兽前的压当条以上仅用平口条，平口条以上直接放小兽，撺、揣头改用三仙盘子。

（4）博脊

在歇山撒头瓦面和“小红山”相交的地方所做的屋脊称为博脊。博脊两端隐入排山勾滴的部分称为“博脊尖”，俗称“挂尖”。

博脊一般应由下列脊件组成：正当沟、压当条、博脊连砖和博脊瓦（俗称“滚水”）。五样以上琉璃瓦件，应将博脊连砖改为承奉博脊连砖。

4.2.3 庑殿建筑琉璃屋脊的构造

庑殿建筑琉璃屋脊的构造做法如图 4-19 所示。

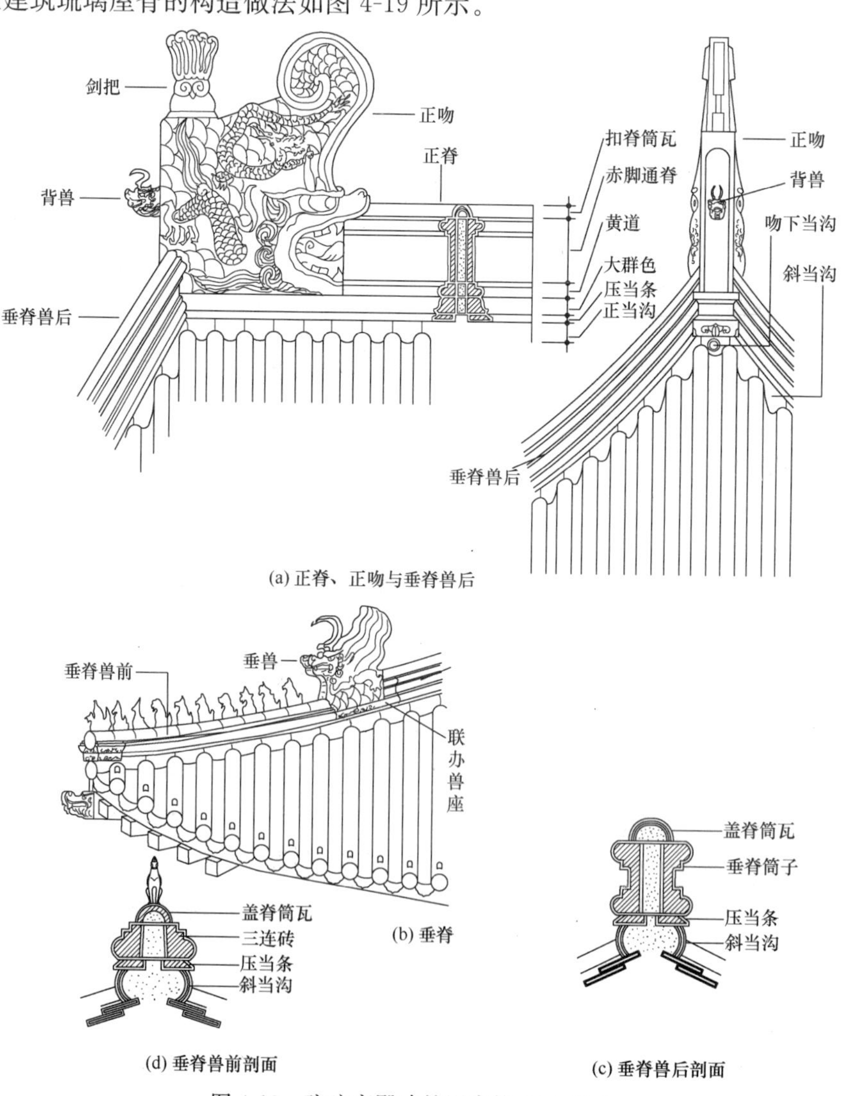

图 4-19 琉璃庑殿建筑屋脊构造示意图

（1）正脊

庑殿建筑屋顶正脊与尖山式硬山建筑屋顶正脊基本相同，但因庑殿建筑无排山勾滴，所以吻座应放在“吻下当沟”之上。

（2）垂脊

庑殿建筑屋顶垂脊与硬、悬山建筑屋顶垂脊基本相同。不同的是庑殿建筑屋顶垂脊应使用斜当沟，垂兽位置在角梁上，咧角撺、捎头改用撺、捎头。

4.2.4 攒尖建筑琉璃屋脊的构造

攒尖建筑屋顶只有宝顶和垂脊两种屋脊，圆形攒尖建筑屋顶只有宝顶而无垂脊。

琉璃宝顶的造型大多为须弥座上加宝珠的形式，也有做成其他形状的，如宝塔形、鼎形等。常见的宝顶造型如图 4-20 所示。

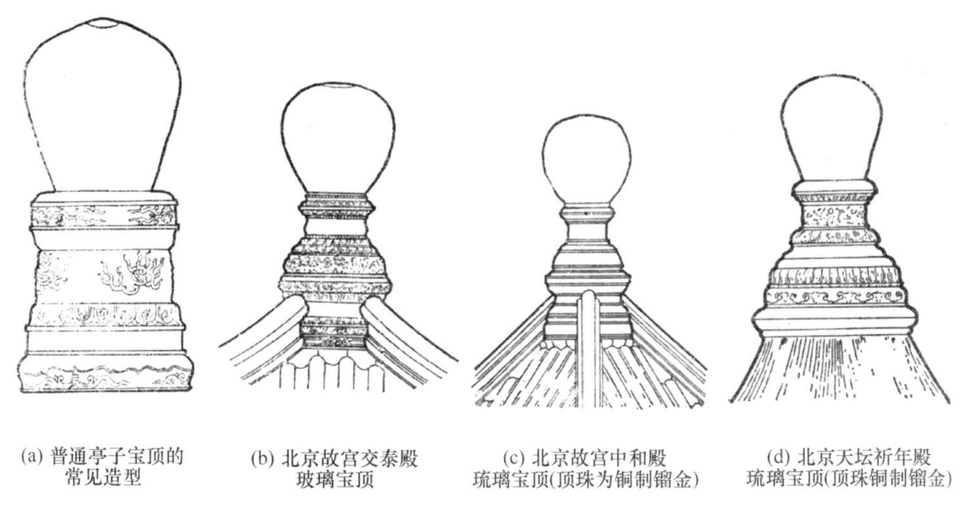

(a) 普通亭子宝顶的常见造型　(b) 北京故宫交泰殿玻璃宝顶　(c) 北京故宫中和殿琉璃宝顶(顶珠为铜制鎏金)　(d) 北京天坛祈年殿琉璃宝顶(顶珠铜制鎏金)

图 4-20　琉璃宝顶造型实例

宝顶的常见形式可分为宝顶和宝珠两部分，无论建筑物屋顶平面是什么形状，琉璃宝顶的顶座平面大多为圆形，顶珠也多为圆形，但也有做成四方形、六方形或八方形等。小型的顶珠多为琉璃制品，大型的顶珠常做成铜胎鎏金的。

常见琉璃宝顶的组成构件如图 4-21 所示。

宝顶除可用在攒尖建筑屋顶上，也可用在建筑物屋顶正脊上（图 4-22），但不常见。

攒尖建筑琉璃屋顶垂脊做法与庑殿建筑屋顶垂脊做法基本相同，但小型攒尖建筑屋顶的垂脊，常把脊筒子改为承奉连砖或三连砖。其构造做法如图 4-23 所示。

4.2.5 重檐建筑琉璃屋脊的构造

重檐建筑屋顶的上层檐屋脊，与庑殿、歇山或攒尖建筑屋顶的屋脊构造完全相同。无论上层檐是哪种屋面形式，下层檐的屋脊做法都是相同的，即采用围脊和角脊做法。其构造做法如图 4-24 所示。

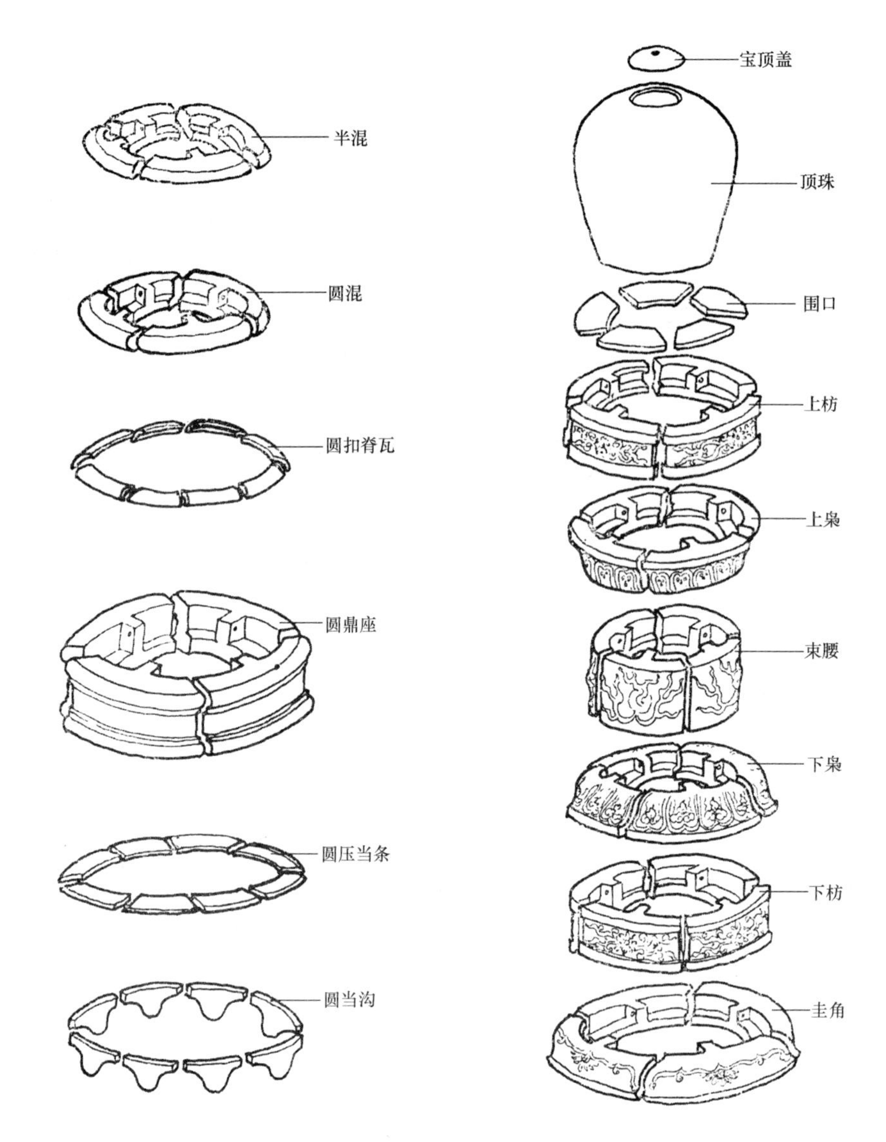

图 4-21　常见琉璃宝顶的组成构件示意图

(a) 北京故宫角楼琉璃宝顶　　(b) 北京颐和园四大部洲琉璃宝顶

图 4-22　用在正脊上的宝顶实例

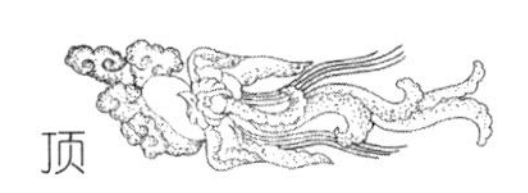

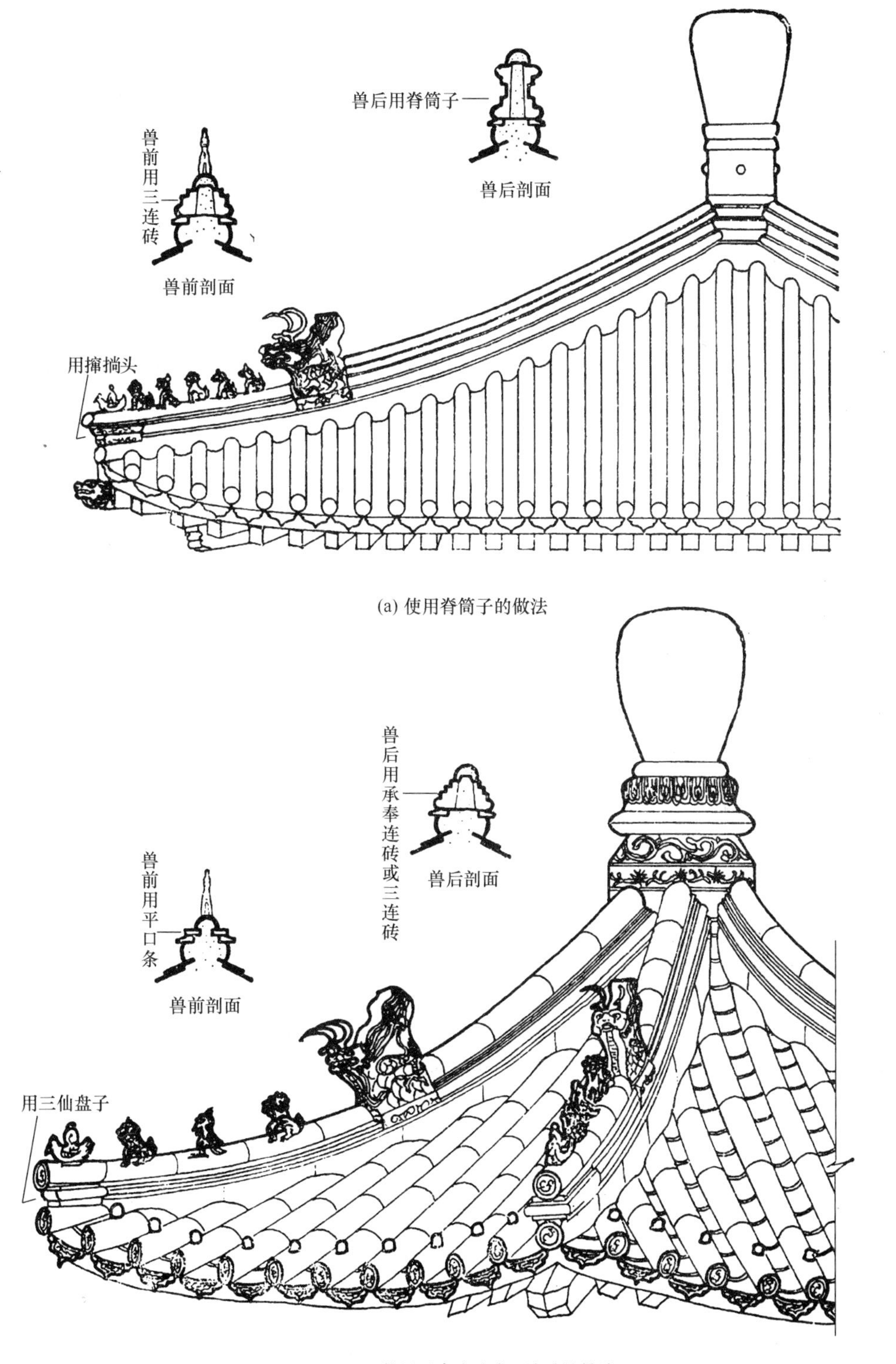

(a) 使用脊筒子的做法

(b) 使用承奉连砖或三连砖的做法

图 4-23 琉璃攒尖建筑屋脊构造示意图

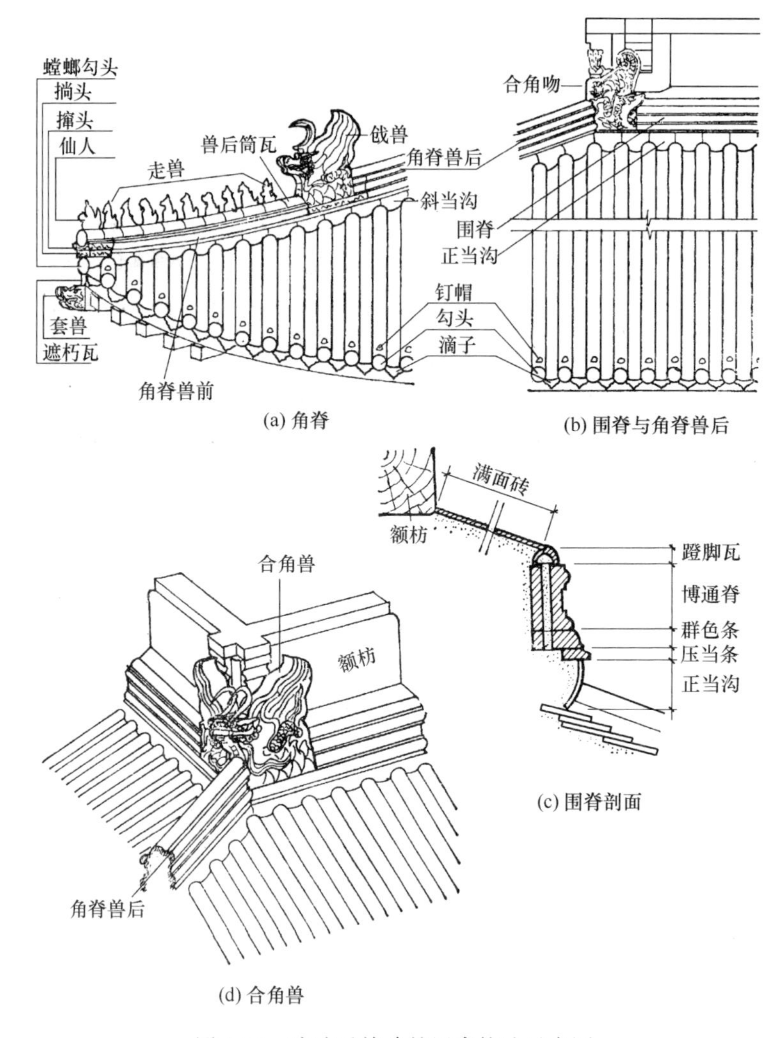

图 4-24　琉璃重檐建筑屋脊构造示意图

（1）围脊

围脊的构造一般由下列构件组成：当沟、压当条、博通脊（围脊筒子）、蹬脚瓦和满面砖。当建筑物的体量较大时，比如屋顶瓦件在四样以上，可加一层群色条。当围脊需要降低时，可将博通脊、蹬脚瓦及满面砖改作博脊连砖和博脊瓦。

合角吻安放在围脊四角的压当条之上，如有群色条，应放在群色条之上，然后安放合角剑把。当上层檐的正吻改为正脊兽做法时，合角吻也应改为合角兽。

（2）角脊

角脊的做法与歇山建筑屋顶戗脊的构造做法基本相同。不同的是：囊要小，或者可以没有囊；与合角吻相交处的戗通脊（戗脊筒子）要用一块燕尾形的脊筒子。

4.2.6　常见琉璃瓦件

常见琉璃瓦件如图 4-25 所示。

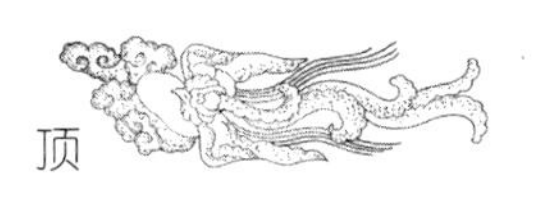

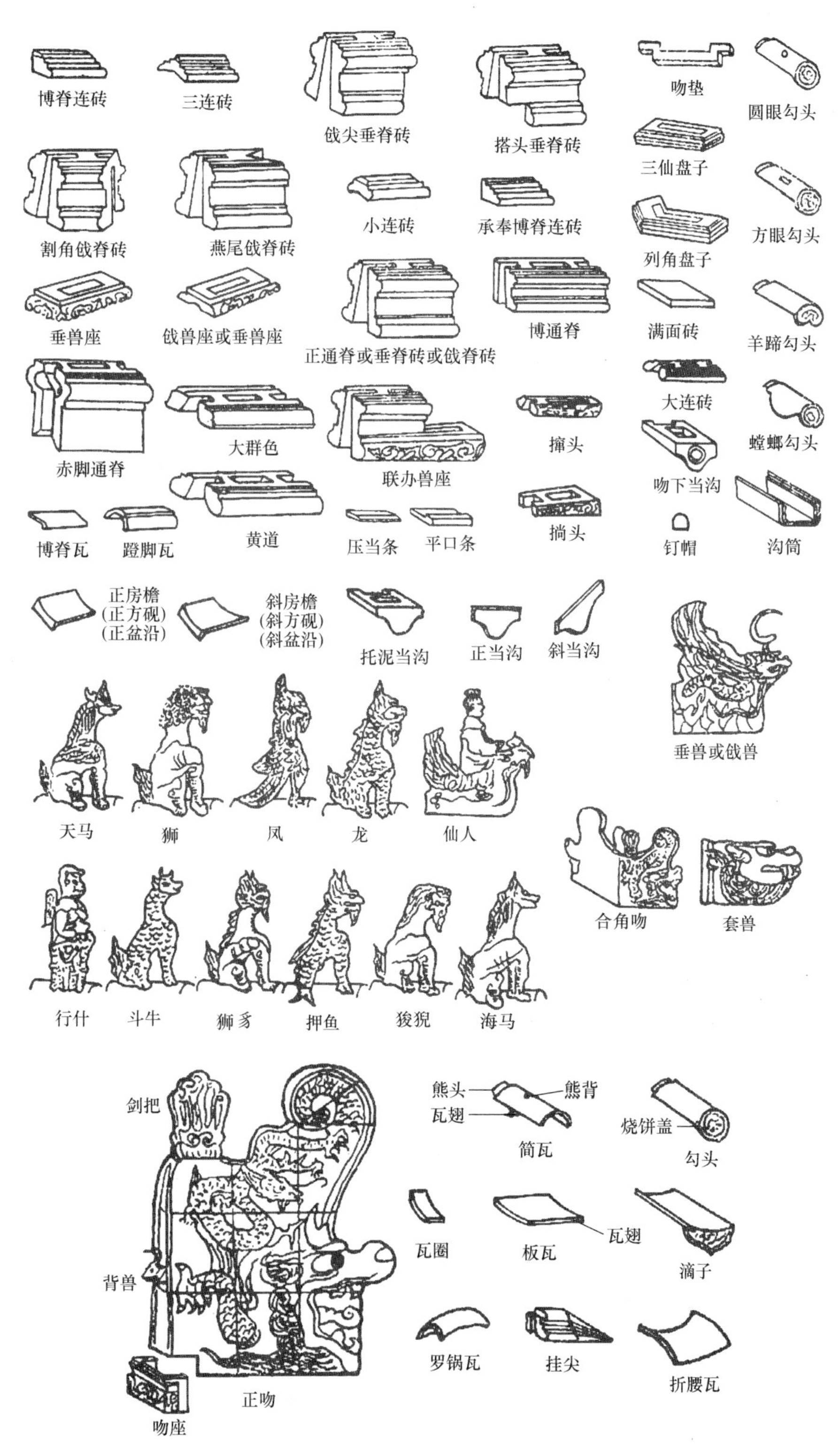

图 4-25　常见琉璃瓦件示意图

4.2.7 琉璃屋脊脊件的变化规律

同一位置的琉璃屋脊样数不同时，屋脊的脊件常有所变化，其变化规律如表 4-5 所示。

表 4-5 琉璃屋脊样数不同时脊件的变化规律表

<table>
<tr><th rowspan="2">屋脊</th><th colspan="8">样数</th><th rowspan="2">备注</th></tr>
<tr><th>二样</th><th>三样</th><th>四样</th><th>五样</th><th>六样</th><th>七样</th><th>八样</th><th>九样</th></tr>
<tr><td>正脊</td><td colspan="3">四样以上用黄道、赤脚通脊、大群色</td><td colspan="2">五样以下无黄道，赤脚通脊改为正通脊，大群色改为群色条</td><td>群色条可用也可不用</td><td colspan="2">多不用群色条</td><td>（1）墙帽正脊应降低，方法有三种：
①用小 1～2 样的正脊；②不用群色条；③用承奉连砖或三连砖。其中第三种方法最常见；
（2）可以比垂脊大一样</td></tr>
<tr><td>垂脊</td><td colspan="3">四样以上三连砖改用大连砖</td><td colspan="5">五样以下兽前用三连砖，八样以下可用大连砖代替兽后垂脊筒子，或兽后用三连砖，兽前用小连砖</td><td>（1）如是门楼、影壁、墙帽可以不要兽前，兽座须用带花饰兽座，兽座下放托泥当沟和压当条；
（2）如是“小作”做法，兽后用三连砖或小连砖，兽前用平口条，撺、捎头改用三仙盘子，列角撺、捎头改用咧角盘子</td></tr>
<tr><td>戗脊</td><td colspan="6">七样以上兽后用戗脊砖，兽前用三连砖</td><td>兽后可用大连砖，兽前用三连砖，或兽后用三连砖，兽前用小连砖</td><td>兽后可用三连砖或小连砖，兽前用平口条，撺，捎头改用三仙盘子</td><td>—</td></tr>
<tr><td>博脊</td><td colspan="3">四样以上可用通博脊，并可用蹬脚瓦和满面砖代替博脊瓦</td><td>五样以上用承奉脊连砖</td><td colspan="4">六样以下用博脊连砖</td><td>—</td></tr>
<tr><td rowspan="2">围脊</td><td colspan="3" rowspan="2">四样以上用赤脚通脊、黄道和大群色</td><td colspan="5">六样以下无群色条</td><td rowspan="2">如大额枋与承椽距离较小，可用承奉博脊连砖或博脊连砖代替通博脊</td></tr>
<tr><td colspan="5">五样以下无黄道，赤脚通博脊改为通博脊，大群色改为群色条</td></tr>
<tr><td>角脊</td><td colspan="8">同戗脊</td><td>—</td></tr>
</table>

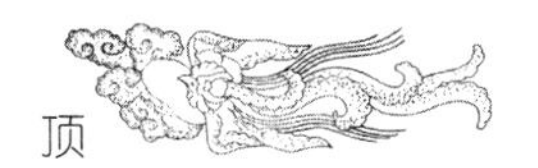

4.2.8 琉璃瓦及屋脊规格的选择确定

琉璃瓦及屋脊规格的选择确定如表4-6所示。

表4-6 琉璃瓦及屋脊规格的选择确定参考表

<table>
<tr><th>规格</th><th>筒瓦宽度（厘米）</th><th>瓦样适用范围</th><th>项目</th><th>选择确定依据</th></tr>
<tr><td>四样</td><td>17.6</td><td>大体量重檐建筑的上层檐；现代高层建筑的顶层</td><td>屋脊与吻兽</td><td>（1）一般情况下，与瓦样相同，如六样瓦用六样脊和吻兽；
（2）重檐建筑宜大一样，如六样瓦用五样脊和吻兽；
（3）墙帽、影壁、小型门楼、牌楼等，比瓦样小1～2样，如六样瓦用七样或八样的屋脊与吻兽</td></tr>
<tr><td>五样</td><td>16</td><td>普通重檐建筑的上层檐；大体量重檐建筑的下层檐；大体量的单檐建筑；现代高层建筑及多层建筑中五层以上檐口</td><td rowspan="2">小兽数量</td><td rowspan="2">（1）计算小跑数目时，仙人不计入在内，除北京故宫太和殿用10个小跑以外，最多用9个。小跑数目一般应为单数；
（2）在一般情况下，每柱高二尺放一个小跑，另视等级和檐出酌定，要单数；
（3）同一院内，柱高相似者，可因等级或檐出的差异而有差异，如柱高同为8尺，正房用5个，配房用3个；
（4）墙帽、牌楼、影壁、小型门楼等瓦面坡短者，可根据实际长度计算，得数应为单数，但可为2个；
（5）柱高特殊或无柱子的，参照瓦样决定数目：九样用1跑至3跑，八样用3跑，七样用3跑或5跑，六样用5跑，五样用5跑或7跑，四样用7跑或9跑，三样，二样用9跑；
（6）小跑的先后顺序是：龙、凤、狮子、天马、海马、狻猊、押鱼（鱼）、獬豸、斗牛（牛）、行什（猴），其中天马与海马、狻猊与押鱼的位置可以互换。数目达不到9个时，按先后顺序，用在前者。小跑（即小兽）与垂（戗）兽之间用筒瓦一块，叫“兽后筒瓦”，小跑下面的筒瓦称为“坐瓦”，坐瓦与坐瓦之间可有一段空当，但最远不超过1块筒瓦</td></tr>
<tr><td>六样</td><td>14.4</td><td>普通重檐建筑的上层或下层檐；较大体量（如建筑群中的主要建筑）或普通的单檐建筑；牌楼；现代建筑中的三或四层高檐口</td></tr>
<tr><td>七样</td><td>12.8</td><td>普通或较小体量的单檐建筑；普通亭子；牌楼；院墙或矮墙；墙身高在3.8m以上的影壁；现代建筑中的二或三层高</td><td>套兽</td><td>应选择与角梁宽相近的尺寸，宜大不宜小，如瓦样为七样，但角梁宽20cm，与六样尺寸相近，故应选择六样套兽</td></tr>
<tr><td>八样</td><td>11.2</td><td>小型门楼：墙身高在3.8m以上的影壁；游廊；小体量的亭子；院墙或矮墙</td><td rowspan="2">合角吻</td><td rowspan="2">（1）围脊用博通脊的，样数随博通脊；
（2）用承奉博脊连砖或博脊连砖的，合角吻的样数应随之减小；
（3）在已知瓦件尺寸的情况下，根据所选定的做法，查出博通脊或博脊连砖等的高度，吻高不宜超过博通脊或博脊连砖的2.5～3倍，几样的高度合适就选择几样</td></tr>
<tr><td>九样</td><td>9.6</td><td>很小的门楼：墙身高在2.8m以下的影壁；园林中小型游廊；小型的建筑小品</td></tr>
</table>

4.3 大式黑活屋脊构造

4.3.1 硬、悬山建筑大式黑活屋脊的构造

4.3.1.1 卷棚式硬、悬山建筑大式黑活屋脊的构造

卷棚式硬、悬山建筑大式黑活屋脊的构造做法如图 4-26 所示。

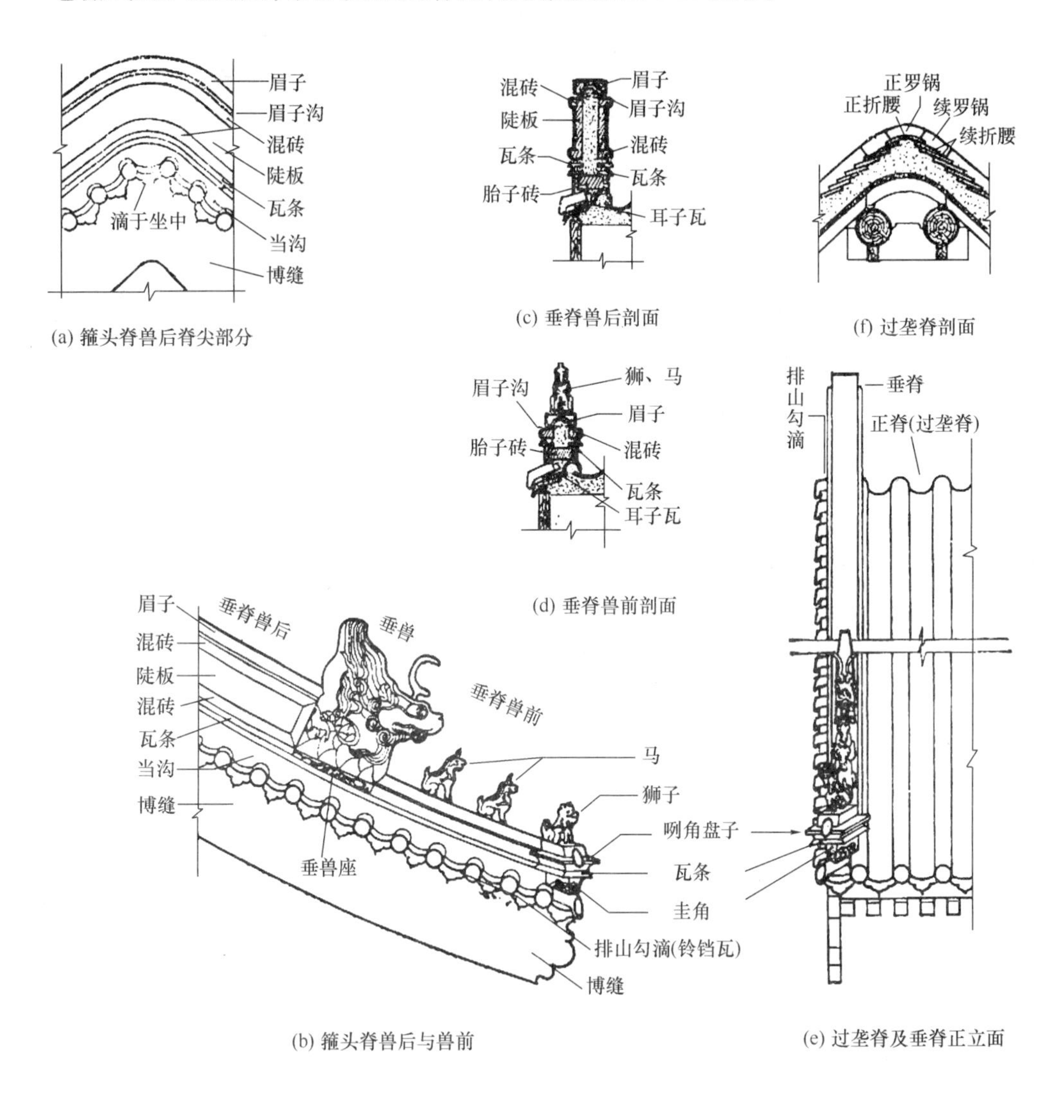

图 4-26 大式黑活卷棚式硬、悬山建筑屋脊构造示意图（此例为悬山）

4.3.1.2 尖山式硬、悬山建筑大式黑活屋脊的构造

尖山式硬、悬山建筑大式黑活屋脊的构造做法如图 4-27 所示。

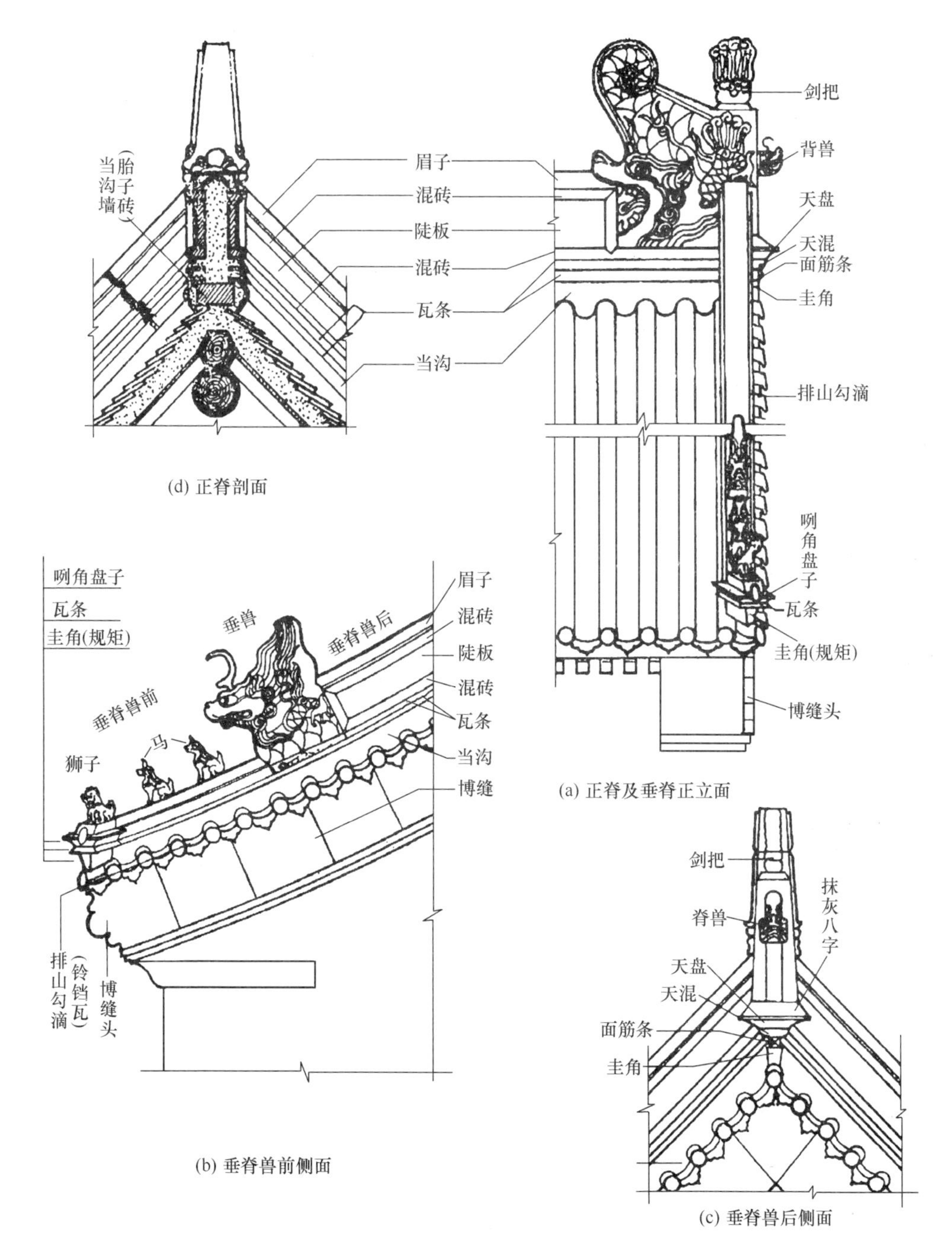

图 4-27 大式黑活尖山式硬、悬山建筑屋脊构造示意图（此例为硬山）

4.3.2 歇山建筑大式黑活屋脊的构造

歇山建筑大式黑活屋脊的构造做法如图 4-28 所示。

大式黑活歇山建筑屋顶一般为尖山形式，很少将屋顶做成卷棚形式，所以屋顶正脊一般应做成大脊。

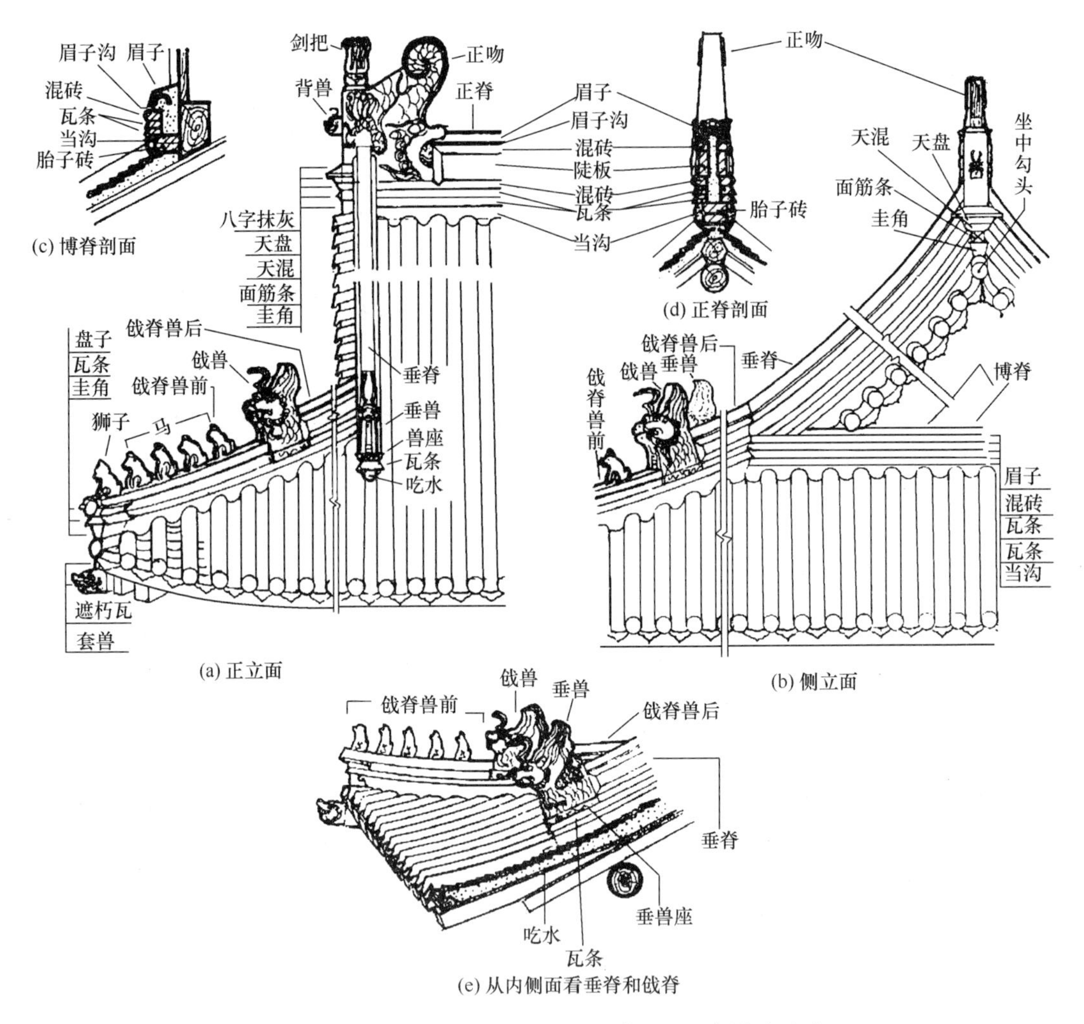

图 4-28　大式黑活歇山建筑屋脊构造示意图（此例为尖山式）

4.3.3　庑殿建筑大式黑活屋脊的构造

庑殿建筑大式黑活屋脊的构造做法如图 4-29 所示。

4.3.4　攒尖建筑大式黑活屋脊的构造

攒尖建筑大式黑活屋脊的构造做法如图 4-30 所示。

4.3.5　重檐建筑大式黑活屋脊的构造

重檐建筑大式黑活屋脊的构造做法如图 4-31 所示。

重檐建筑的上层檐屋脊的构造做法与歇山、庑殿、攒尖建筑屋脊的构造做法相同。无论上层檐为何种形式，下层檐的屋脊只有围脊和角脊两种。

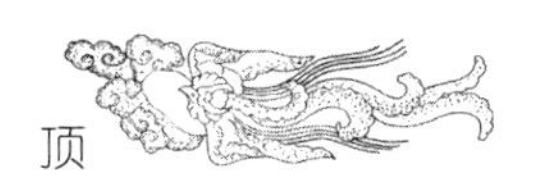

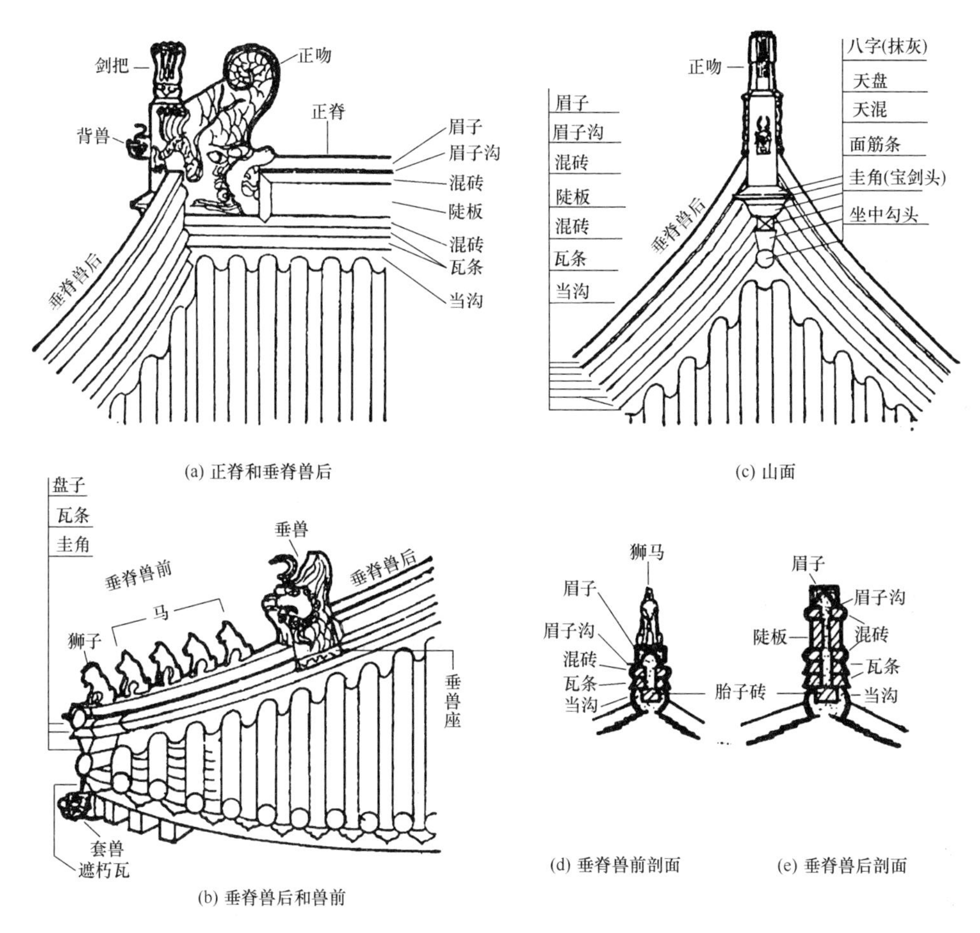

图 4-29 大式黑活庑殿建筑屋脊构造示意图

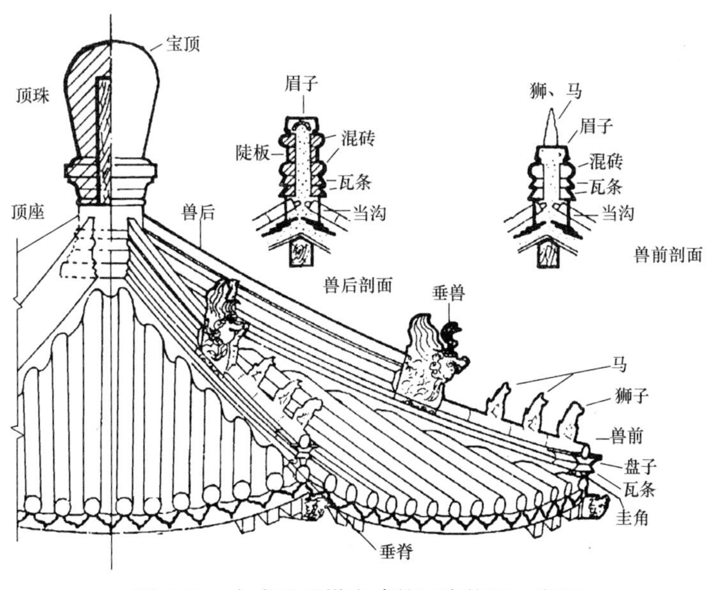

图 4-30 大式黑活攒尖建筑屋脊构造示意图

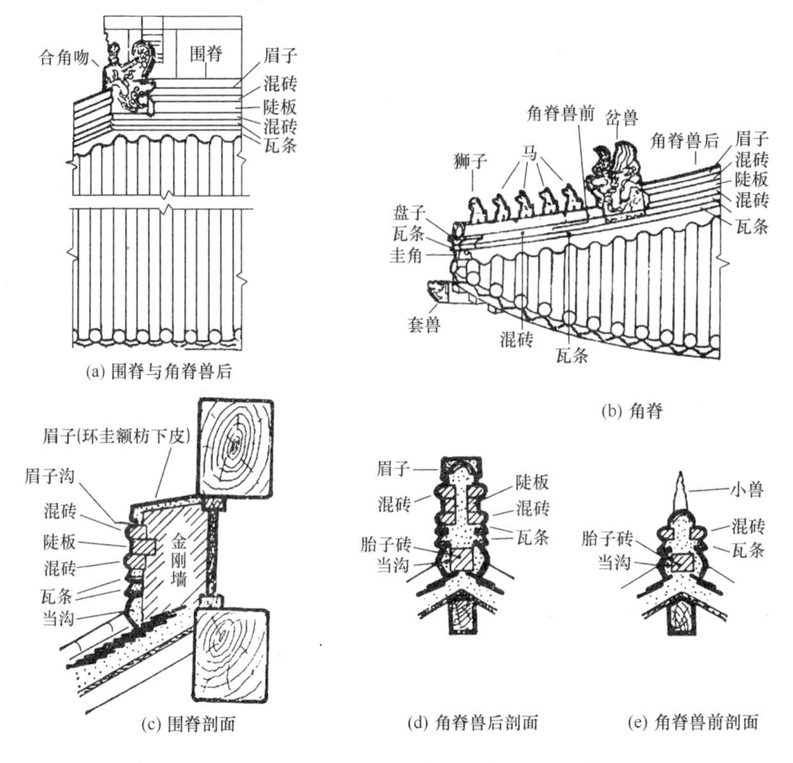

图 4-31　大式黑活重檐建筑屋脊构造示意图

4.4　小式黑活屋脊构造

4.4.1　硬、悬山建筑小式黑活屋脊的构造

4.4.1.1　正脊的构造做法

（1）筒瓦过垄脊

筒瓦过垄脊又称“元宝脊”。既可用于大式屋面也可用于小式屋面。当垂脊做法为大式做法时，即为大式做法；反之，即为小式做法。其构造做法如图 4-26 所示。

（2）鞍子脊

鞍子脊仅用于合瓦（阴阳瓦）或局部合瓦屋面（如棋盘心屋面）。其构造做法如图 4-32 所示。

（3）合瓦过垄脊

合瓦过垄脊构造做法与鞍子脊构造做法相似，但底瓦垄内不卡条头砖，也不做仰面瓦，如图 4-33 所示。前、后两坡的老桩子底瓦的交接处放一块折腰瓦。如果没有折腰瓦，也可以用普通的板瓦代替。这块板瓦要横向反扣放置，为能与前、后坡的老桩子底瓦接缝严一些，这块反扣的板瓦要删掉四个角。因板瓦删掉四角后形状如螃蟹的盖，故将这块板瓦称为“螃蟹盖”。

（4）清水脊

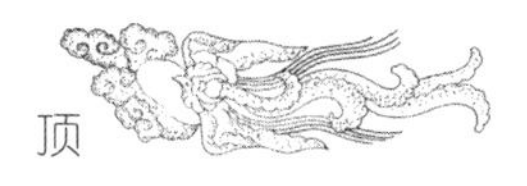

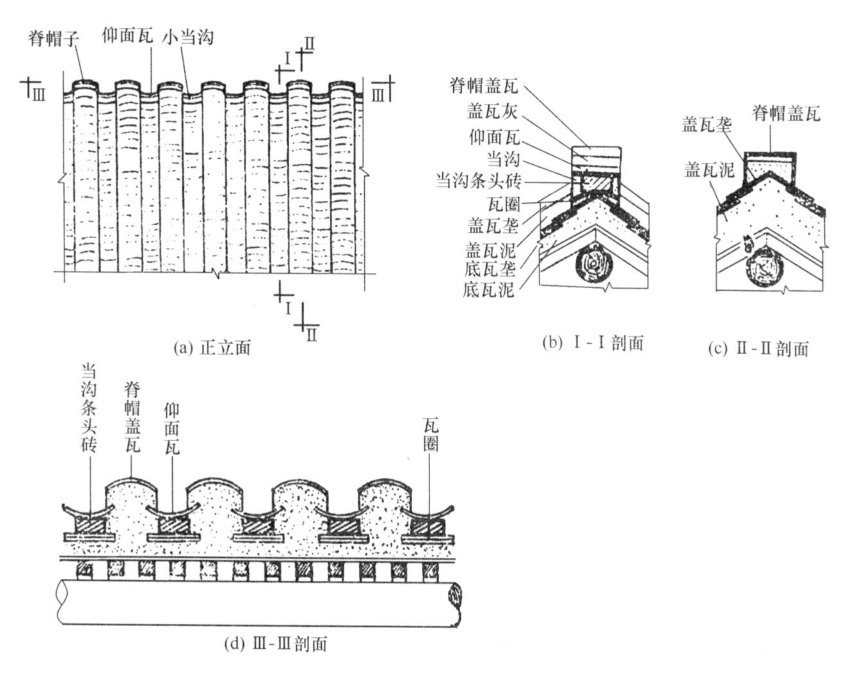

图 4-32 鞍子脊构造示意图

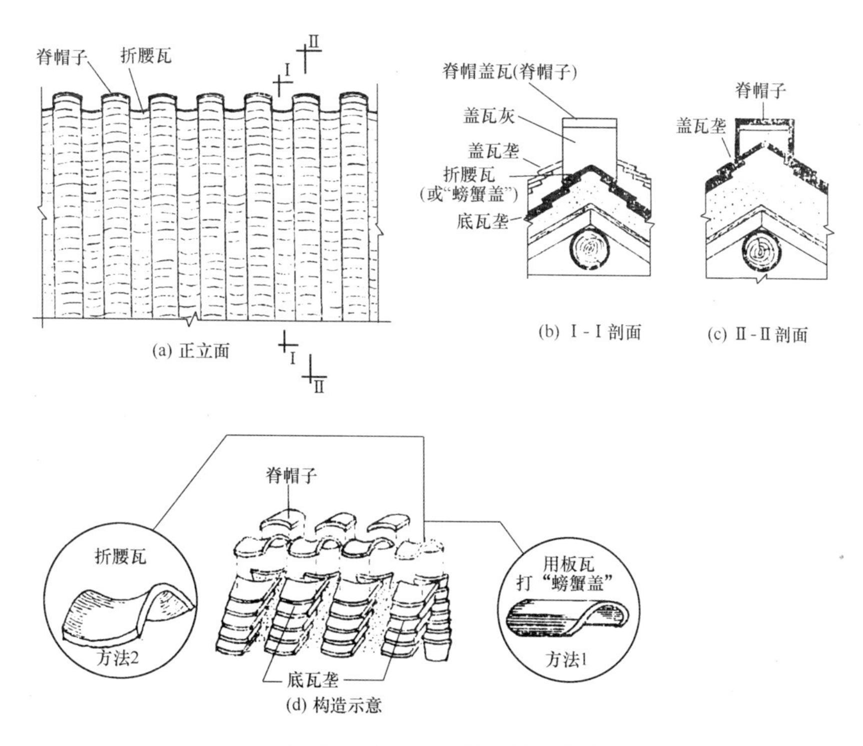

图 4-33 合瓦过垄脊构造示意图

清水脊是小式屋面正脊中构造做法最复杂的一种，如图 4-34 所示。清水脊瓦件分件如图 4-35 所示。

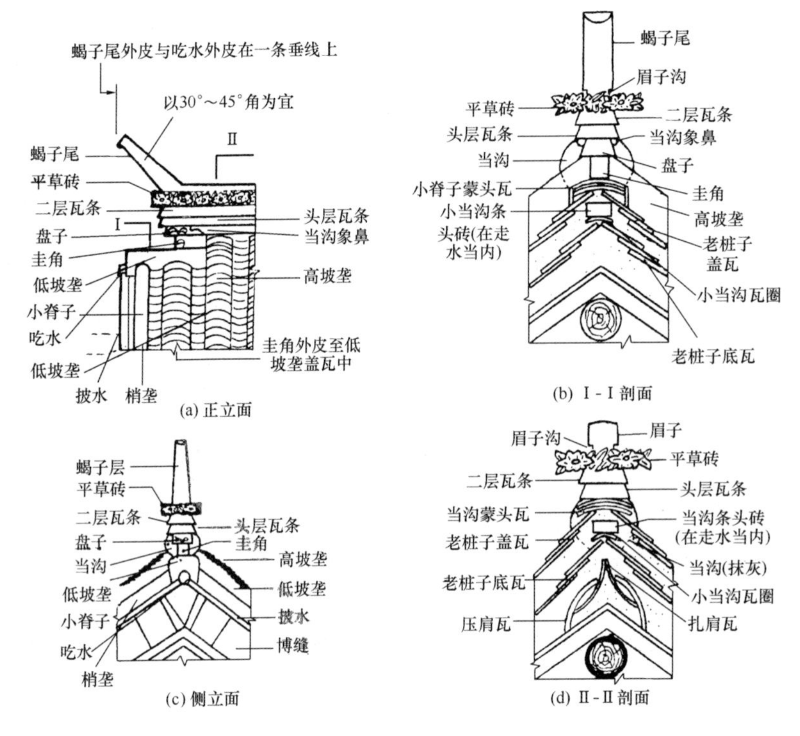

图 4-34 清水脊构造示意图

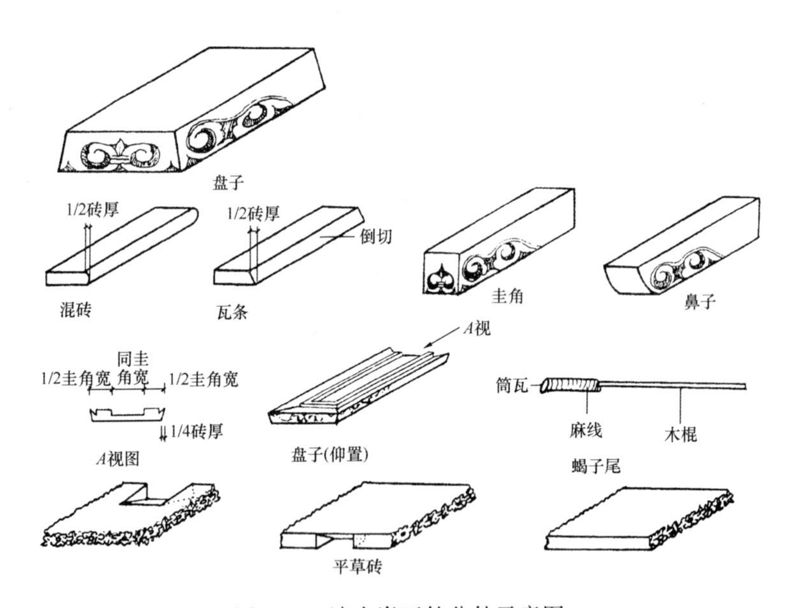

图 4-35 清水脊瓦件分件示意图

注：(1) 圆混砖和瓦条用停泥或开条砖砍制，瓦条也可用板瓦对开代替，即为软瓦条做法；

(2) 圭角或鼻子用大开条砍制，宽度为盘子宽度的一半；

(3) 盘子用大开条砍制；

(4) 蝎子尾其余部分留待安装时与眉子一起完成；

(5) 草砖用 3 块方砖（如脊短可用 2 块），宽度为脊宽的 3 倍。

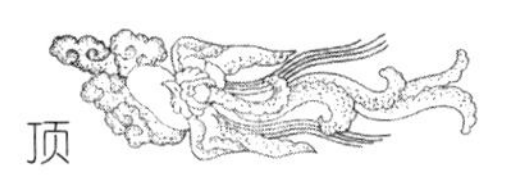

(5) 皮条脊

皮条脊的构造做法如图 4-36 所示。

皮条脊用于大式屋顶瓦面时，也可视为“大式小作”做法，用于 3 号及 3 号以上的筒瓦墙帽时，或脊的两端用吻兽时，即为大式做法。

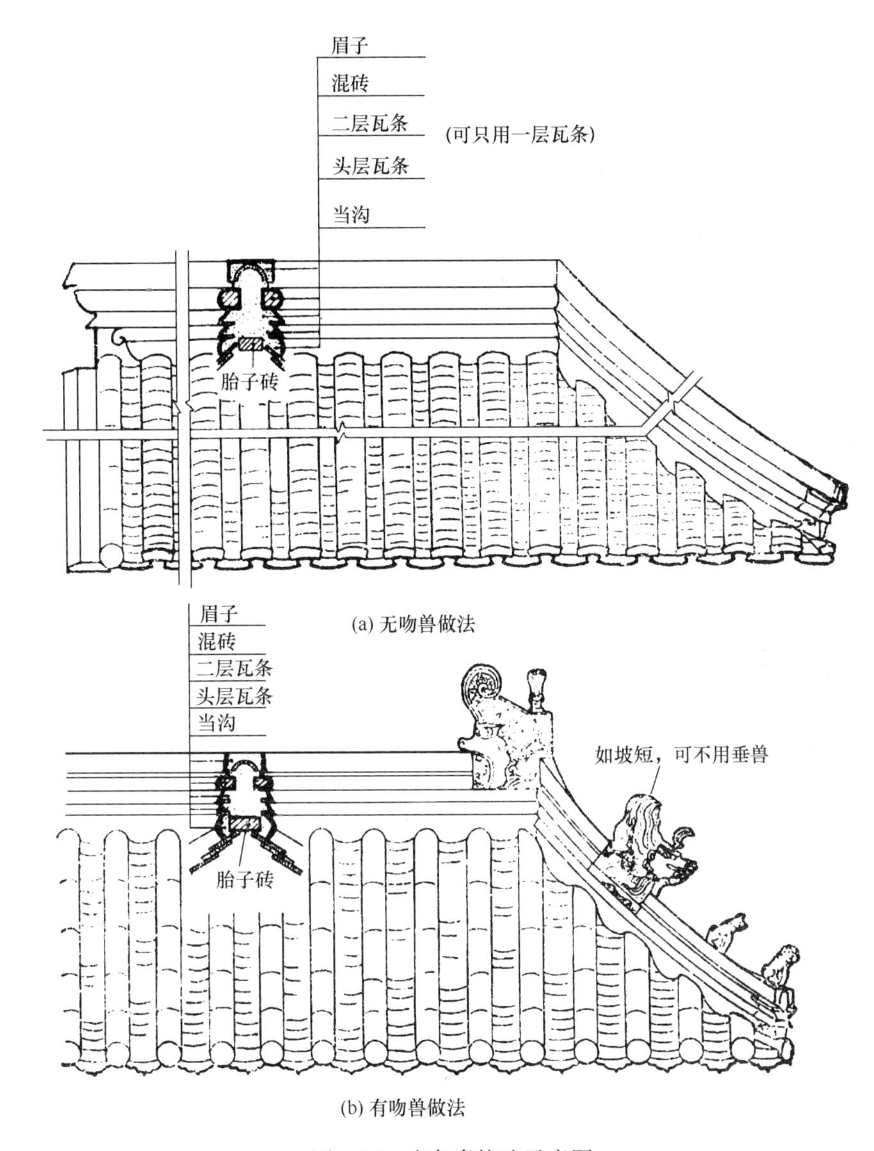

图 4-36 皮条脊构造示意图

(6) 扁担脊

扁担脊是一种简单的屋面正脊做法，多用于干槎瓦屋面、石板瓦屋面，也可用于仰瓦灰梗屋面。其构造做法如图 4-37 所示。

4.4.1.2 垂脊的构造做法

(1) 铃铛排山脊

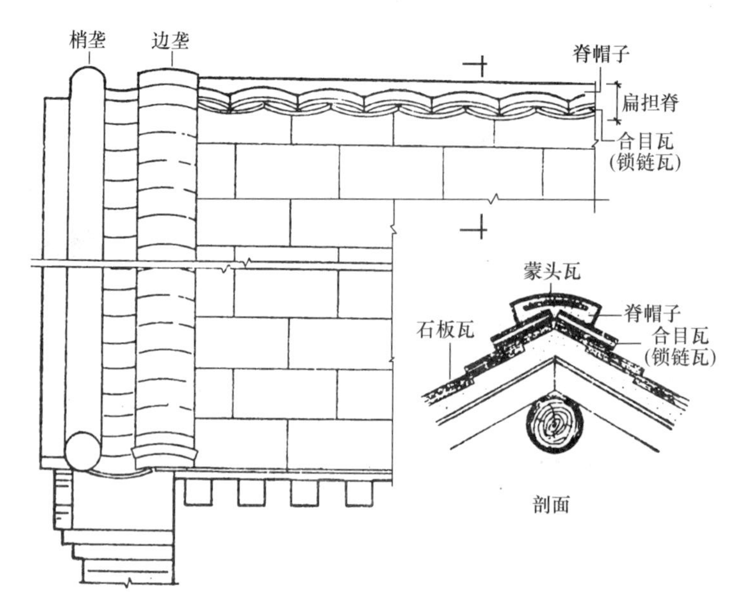

图 4-37　扁担脊构造示意图

硬、悬山建筑小式黑活铃铛排山脊的构造做法如图 4-38 所示。

小式铃铛排山脊的排山勾滴构造做法与大式铃铛排山脊的排山勾滴构造做法相同。由于小式铃铛排山脊均为罗锅卷棚形式，因此山尖正中必须为滴水坐中。小式铃铛排山脊不分兽前和兽后，也没有垂兽和狮、马做法。

(2) 披水排山脊

披水排山脊的构造做法如图 4-39 所示。

披水排山脊不做排山勾滴（铃铛瓦）。在博缝之上砌一层披水砖檐，称为下披水檐。瓦面的梢垄应压住披水檐，但最多不要超过砖宽的 1/2。

(3) 披水梢垄

严格地说，披水梢垄不应算为垂脊，而是位于垂脊位置但又不做脊的一种做法。

披水梢垄的构造做法如图 4-40 所示。

4.4.2　歇山建筑小式黑活屋脊的构造

歇山建筑小式黑活屋脊的构造做法如图 4-41 所示。

小式黑活歇山建筑屋顶正脊应为过垄脊形式，当瓦面为合瓦做法时，应将正脊改为鞍子脊或合瓦过垄脊做法。不过由于在官式做法中，歇山建筑屋面大多为筒瓦做法，所以合瓦过垄脊做法是小式歇山建筑屋顶正脊做法的常见形式。

由于歇山建筑的小式正脊不做大脊，所以屋顶垂脊的脊尖部分应为罗锅卷棚形式，即小式歇山垂脊为箍头脊做法。歇山小红山博缝之上可为铃铛瓦（排山勾滴），也可为披水砖做法，所以有铃铛排山脊和披水排山脊两种做法。

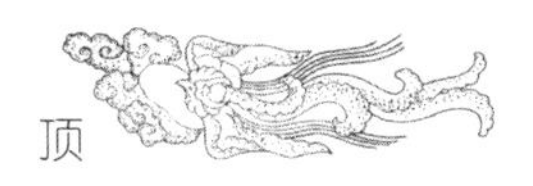

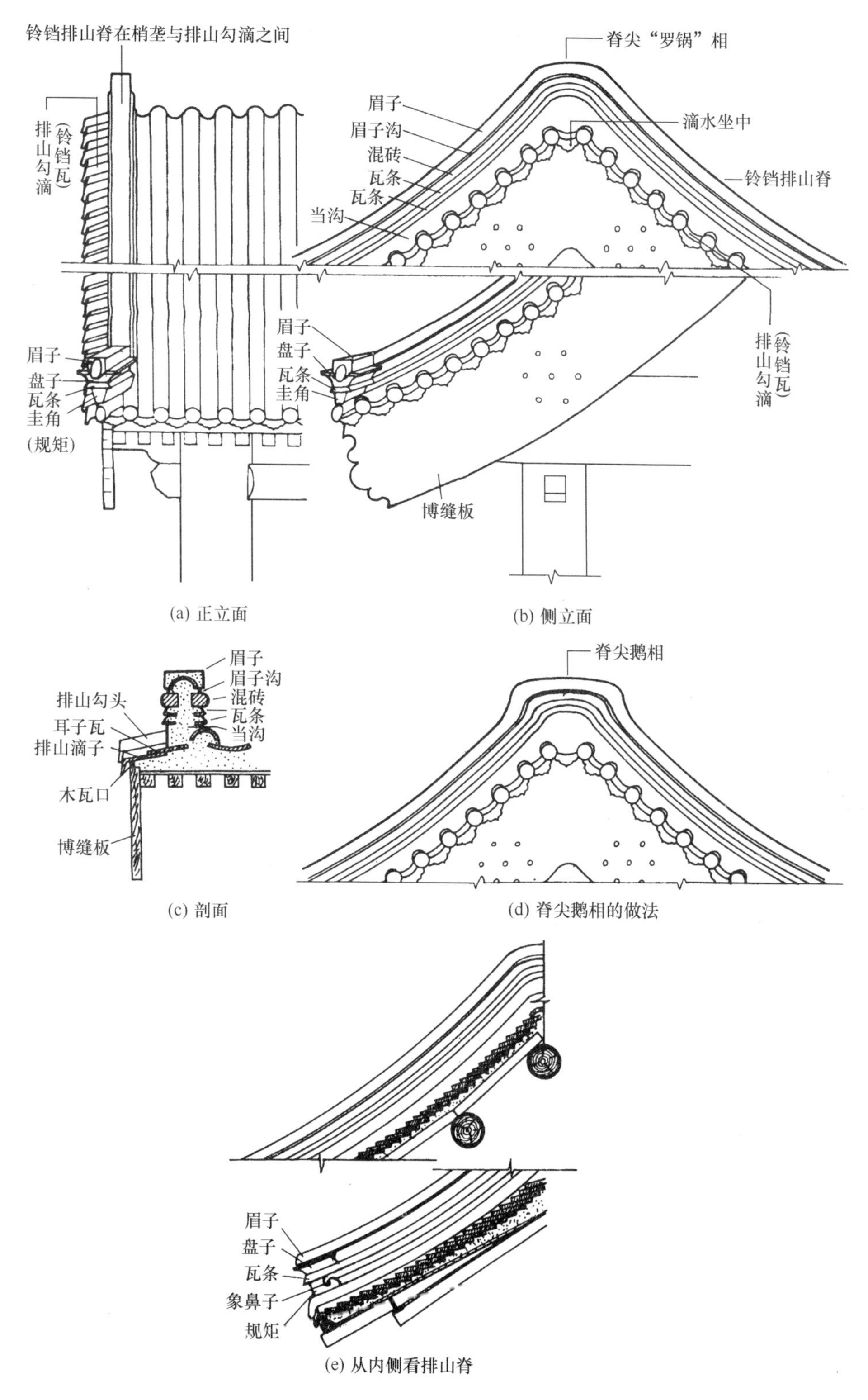

(a) 正立面

(b) 侧立面

(c) 剖面

(d) 脊尖鹅相的做法

(e) 从内侧看排山脊

图 4-38　小式黑活铃铛排山脊构造示意图（此例为悬山式）

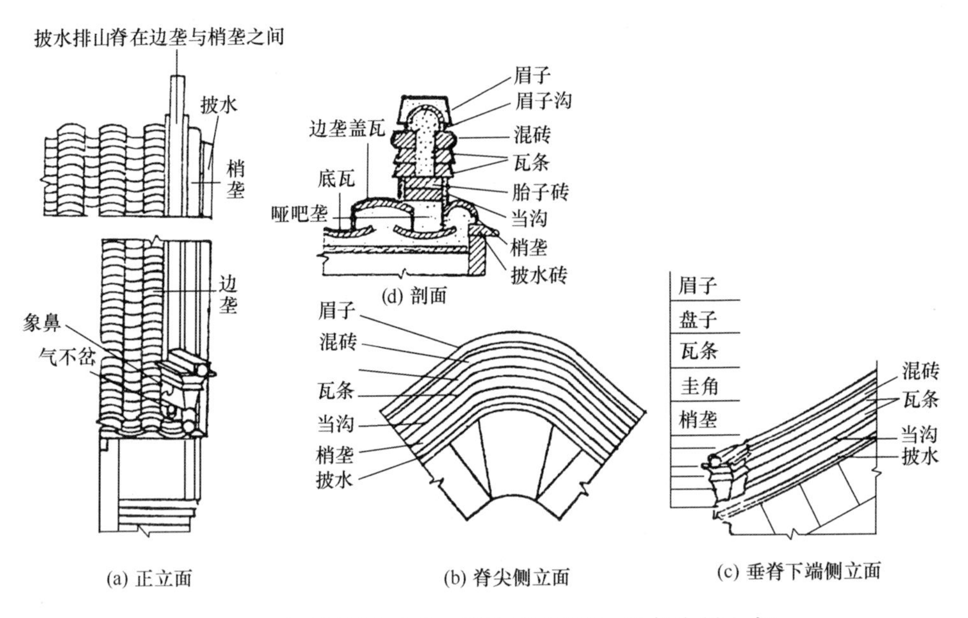

(a) 正立面　(d) 剖面　(b) 脊尖侧立面　(c) 垂脊下端侧立面

图 4-39　小式黑活披水排山脊构造示意图（此例为硬山式）

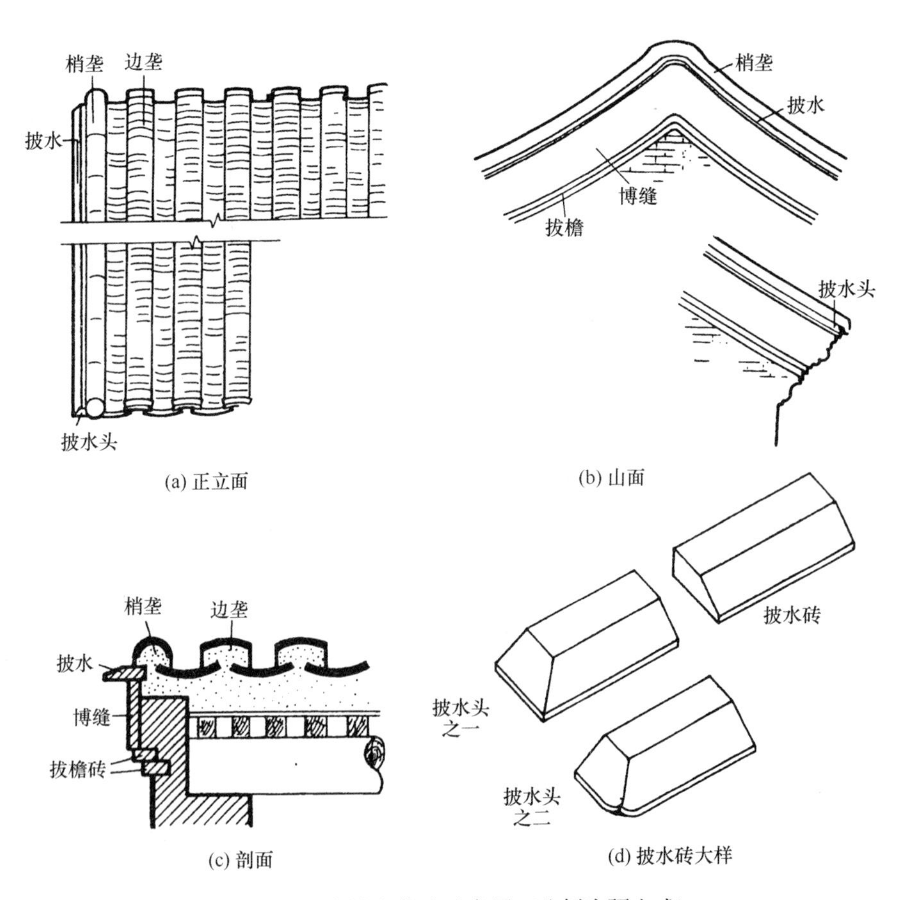

(a) 正立面　(b) 山面　(c) 剖面　(d) 披水砖大样

图 4-40　披水梢垄构造示意图（此例为硬山式）

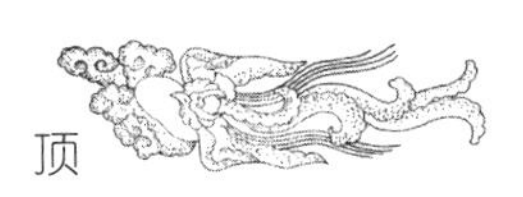

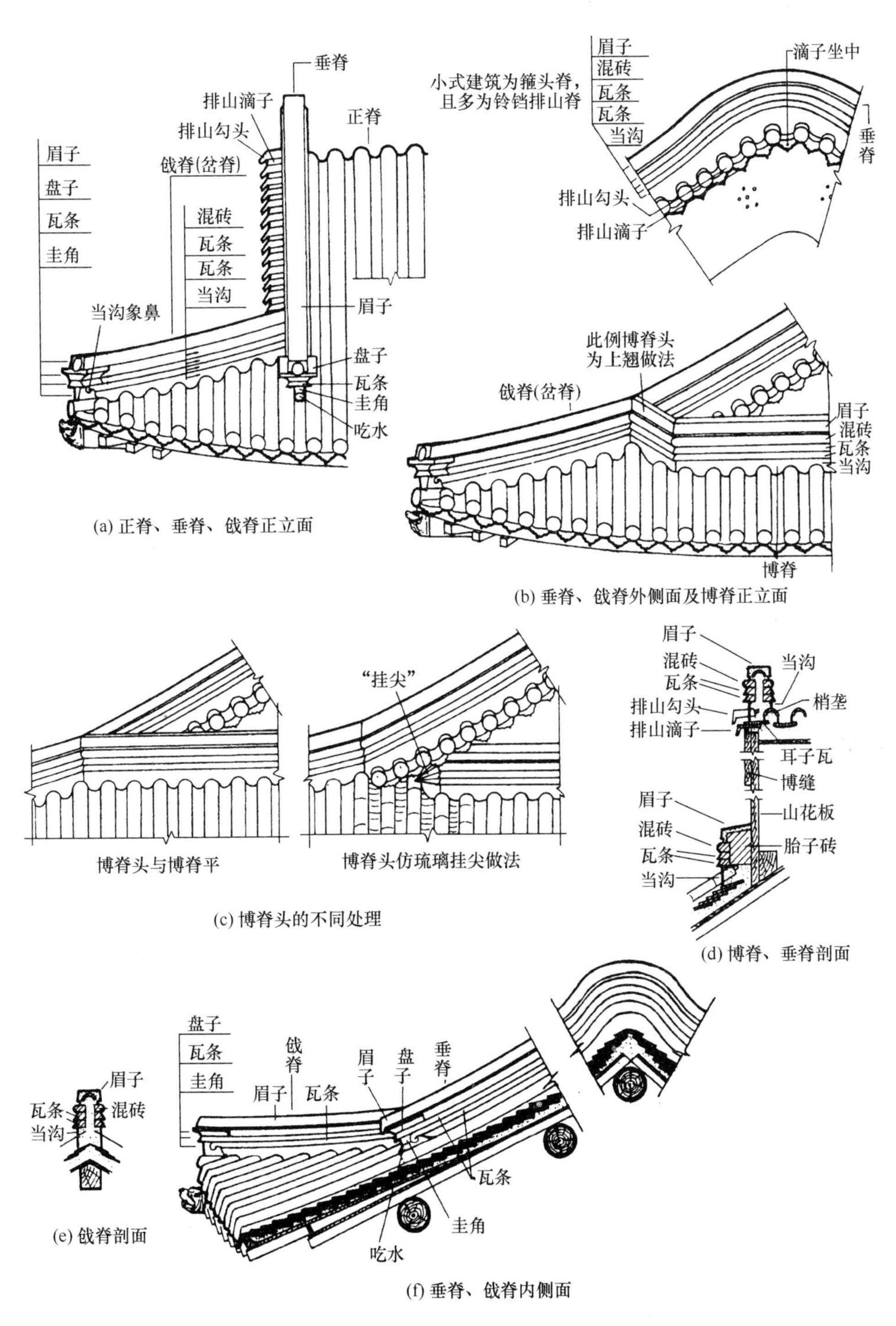

图 4-41　小式黑活歇山建筑屋脊构造示意图

4.4.3 攒尖建筑小式黑活屋脊的构造

攒尖建筑小式黑活屋脊的构造做法如图 4-42 所示。

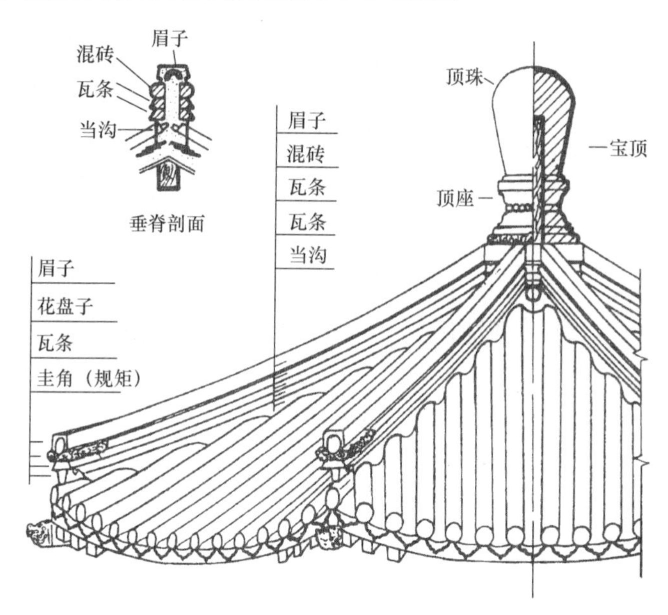

图 4-42 小式黑活攒尖建筑屋脊构造示意图

黑活攒尖建筑宝顶与垂脊的结合有两种方式：一种是宝顶座落在底座上，底座的做法与垂脊做法相同；另一种是宝顶座落在瓦垄的当沟上，如图 4-43 所示。

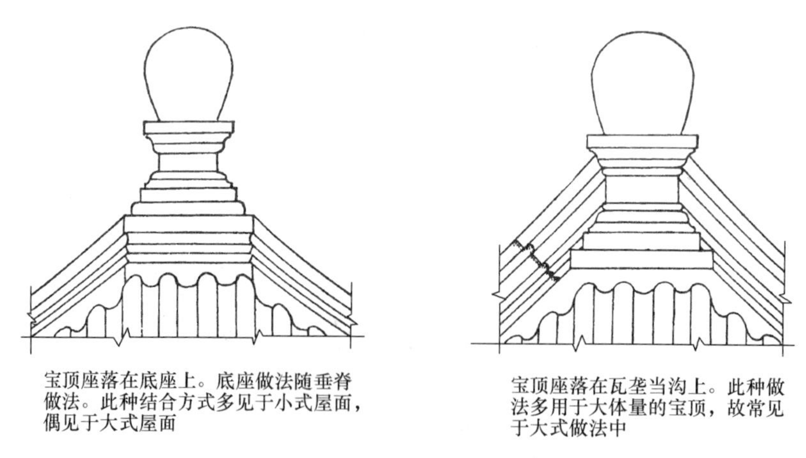

图 4-43 黑活宝顶与垂脊的结合方式

4.4.4 重檐建筑小式黑活屋脊的构造

重檐建筑屋顶上层檐的屋脊构造做法与硬、悬山及歇山、攒尖建筑屋顶的屋脊构造做法完全相同。重檐建筑小式黑活屋顶下层檐屋脊的构造做法如图 4-44 所示。

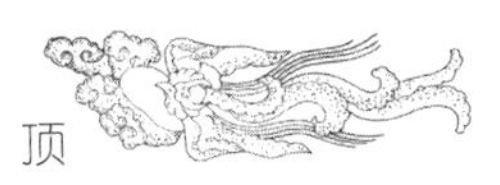

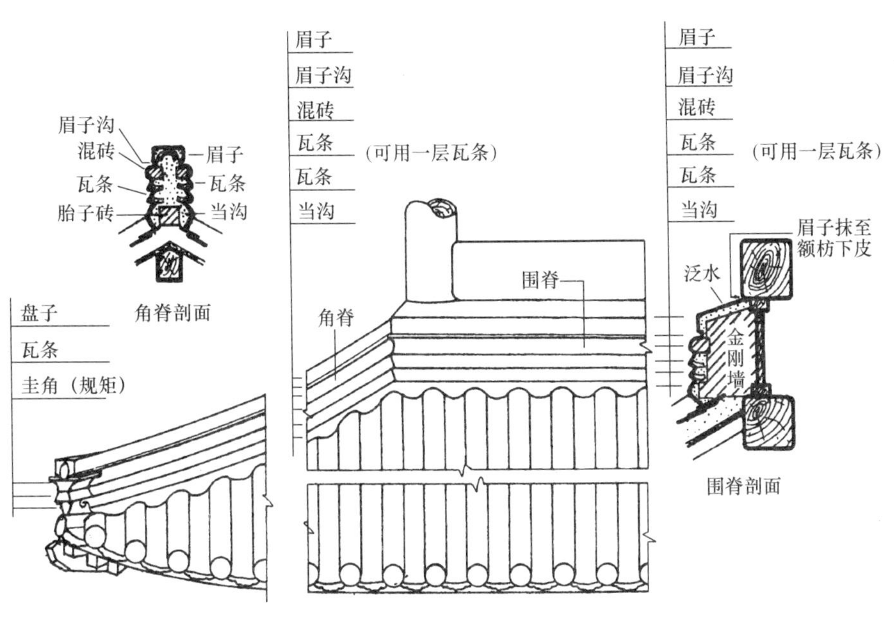

图 4-44　小式黑活重檐建筑屋顶围脊与角脊构造示意图

4.4.5　布瓦及屋脊规格的选择确定

合瓦规格的选择确定如表 4-7 所示。

表 4-7　合瓦规格的选择参考表

规格	盖瓦垄宽度（cm）	瓦号适用范围
1 号合瓦	20	椽径 10cm 以上的建筑；檐口高 3.5m 以上的建筑
2 号合瓦	18	椽径 7～10cm 的建筑；檐口高 3.5m 以下的建筑
3 号合瓦	16	椽径 6～8cm 的建筑；檐口高 2.8m 以下的建筑；檐口高 3m 以下用 3 号瓦或 2 号瓦

筒瓦及黑活屋脊、吻兽规格的选择确定如表 4-8 所示。

表 4-8　筒瓦及黑活屋脊、吻兽规格选择确定参考表

规格	筒瓦宽度（cm）	瓦号适用范围	项目	选择确定依据
特号瓦	16	大体量重檐建筑的上层檐；檐口高在 8m 以上的仿古建筑	脊高	正脊高：(1) 按檐柱高的 1/5～1/6。(2) 仿古建筑：10 号瓦，脊高 40cm 以下；3 号瓦，脊高 55cm 以下；2 号瓦，脊高约 65cm；1 号瓦，脊高约 70cm；特号瓦，脊高不低于 85cm。(3) 小型门楼、影壁：檐口高 3m 左右，脊高 40cm 以下；檐口高 4m 左右，脊高 55cm 以下；檐口高 4m 以上，脊高约 65cm。(4) 牌楼：用 3 号瓦时，脊高约 65cm；用 2 号瓦时，脊高约 70cm； 垂脊、围脊高：按 8/10～9/10 正脊高； 戗脊高：按 9/10 垂脊高； 角脊高：按 9/10 围脊高
1 号瓦	13	大体量重檐建筑的下层檐；普通重檐建筑的上层檐；大体量或较大的单檐建筑；檐口高在 6～8m 的仿古建筑		

续表

规格	筒瓦宽度（cm）	瓦号适用范围	项目	选择确定依据
2号瓦	11	普通重檐建筑的下层檐；普通的单檐建筑；牌楼；皇家或王府花园中的亭子；檐口高在5m以下的王府院墙；墙身高在3.8m以上的影壁；檐口高在5m以下的仿古建筑	吻兽	吻高：(1) 按脊高定吻高。先计算出正吻吞口应有的高度，这个高度应等于陡板高加一层混砖高，然后按这个高度及吞口与正吻高的比例，就能得知正吻应有的高度。如陡板高30cm，混砖为7cm，则吞口高为37cm。吻高应为吞口高的3倍以上，因此应选择高1.11m以上的正吻。在没有合适的正吻时，可选择稍小一些的正吻，相差的尺寸可通过垫高正吻进行调整； (2) 按柱高定吻高。吻高约为柱高的2/5～2/7，选用与此范围尺寸相近的正吻； (3) 影壁、牌楼：墙帽上的正吻：①其吞口尺寸宜小于陡板和一层混砖的总高。②正吻全高一般不超过吞口高的3倍； (4) 墙帽正脊一般不用陡板，因此正吻或合角吻吞口尺寸应等于瓦条、混砖的高度；垂兽、戗兽高：兽高与其身后的垂脊或戗脊之比为5∶3
3号瓦	9	较小体量的单檐建筑；大式建筑群中的游廊；小体量的亭子；墙身高在3.8m以下的院墙、影壁或砖石结构的小型门楼（亦可用2号瓦）；牌楼；檐口高在4m以下的仿古建筑	狮马	(1) 第一个放狮子（抱头狮子），从第二个开始，无论几个，都要放马； (2) 狮、马高（量至脑门）约为兽高（量至眉）的6.5/10； (3) 数目决定： ① 狮、马应为单数，狮子计入在内（注：这与琉璃不同，琉璃小兽前的仙人不计数）； ② 一般最多放五个； ③ 每柱高二尺放一个，要单数，另视等级和出檐决定； ④ 同一院内，柱高相似者，可因等级、出檐之不同而有差异； ⑤ 墙帽、牌楼、小型门楼等坡长较短者，可放两个或一个
10号瓦	7	大型建筑群中的小型建筑小品；小式建筑群中的影壁、亭子、看面墙和檐口高在3.2m以下的小型门楼；仿古院墙及檐口高在2.8m以下的仿古屋面	套兽	应选择与角梁宽度（两椽径）相近的宽度，宜大不宜小。如角梁宽20cm，可选用宽稍大于20cm的套兽
			合角吻	(1) 按陡板和一层混砖的总高定吞口尺寸，然后选择吞口尺寸与此相近的合角吻，宜小不宜大； (2) 吞口尺寸与合角吻高之比约为1∶2.5或1∶3； (3) 如不用陡板，吞口尺寸应等于一层瓦条和一层混砖的高度； (4) 如因木构件高度所限，合角吻高度需要降低时，吞口尺寸可以小于上述高度，相差的部分要用砖垫平，表面用灰抹平

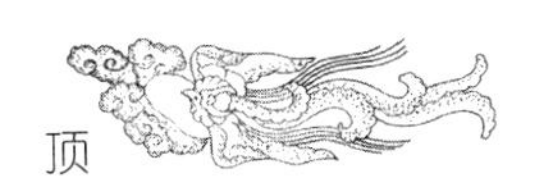

4.5 其他地域屋顶各部位参考资料

北京地区古建筑屋顶代表着明清时期北方皇家建筑的屋顶构造，实际上明清皇家建筑是由唐宋建筑演变而来，大量宋代以前的建筑散落在山西、陕西、河南、福建、四川等地。这些地方古建筑屋顶的形式以及屋顶上的各种艺术造型是我国古代建筑屋顶装饰艺术的宝贵财富，下面从不同的角度，主要以图片形式做介绍。

4.5.1 古代建筑的正脊

古代建筑正脊如图 4-45 所示。

(a) 广胜上寺地藏殿

(b) 广胜上寺毗卢殿

(c) 广胜下寺前殿

(d) 晋祠奉圣寺大雄宝殿

(e) 晋祠奉圣寺山门

(f) 晋祠圣母殿

(g) 朔州崇福寺弥陀殿

(h) 四川犍为文庙大成宝殿

(i) 河南洛阳白马寺

(j) 河南沁洛阳清真寺

(k) 河南新乡东岳庙

(l) 山西介休后土庙

(m) 山西洪洞广胜寺

(n) 山西陵川安寺

(o) 山西陵川崇安寺

(p) 山西太原晋祠

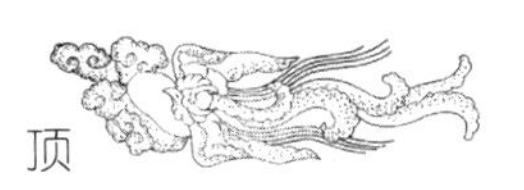

(q)山西应县佛宫寺

(r)四川大足圣兽寺

(s)四川峨眉山伏虎寺

(t)四川丰都鬼城名山(一)

(u)四川丰都鬼城名山(二)

(v)四川眉山县三苏祠

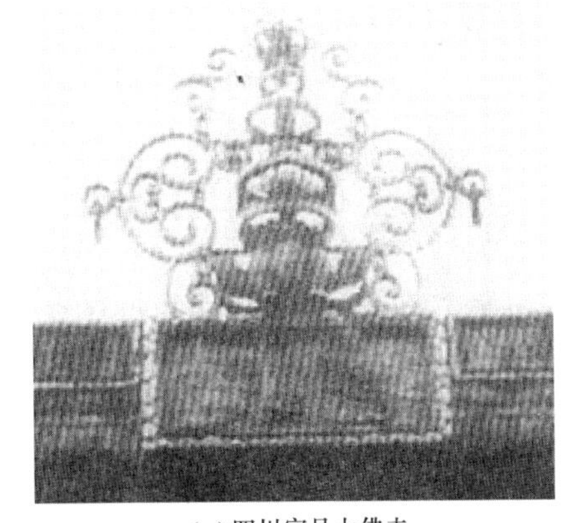

(w)四川容县大佛寺

图4-45 古代建筑正脊图

4.5.2 古代建筑的鸱吻

关于鸱吻这里引用刘致平先生在《中国建筑类型及结构》一书中的几句话："在南北朝时代佛教大盛，这时便将印度的摩竭鱼传到中国来。摩竭鱼（即鲸鱼）在形式上有足，在佛经上是雨神的座物，能灭火。到中国使用鸱尾还是晋以后的事""汉代最重要建筑多用凤凰""南北朝鸱尾在云冈、龙门石窟的雕刻上可以随时见到""唐、宋时鸱尾南方也常叫鱼尾，而且是地道的鱼形""鸱尾与鱼尾同是由印度摩竭鱼变来的"。

"元代鸱尾（或鸱吻）的尾部已不是向脊中央卷曲，而是渐有向上向外卷曲的趋势，到了明代吻则是尾向后卷，吻身上部有小龙，鳞飞爪张颇为富丽。清代大吻也是与明代差不多，但更程式化……在明、清时南方的大吻，也有叫鳞尾的，与北方是有很多不同的地方，最显著之点即是尾卷曲时不相并拢而是透空，或是在吻边缘加了很多花样。"

下面介绍一些现存古建筑上的鸱吻图样（图 4-46～图 4-48）。

(a)关帝庙崇宁殿前坡

(b) 关帝庙崇宁殿正脊

(c)关帝庙春秋楼正脊

(d)广胜下寺前殿

(e)晋祠圣母殿

(f)晋祠钟楼(一)

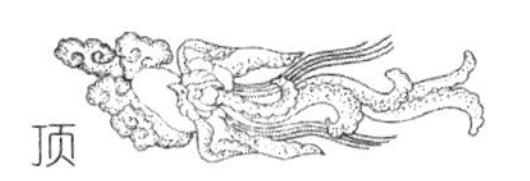

(g)晋祠钟楼(二)

(h)晋祠钟楼(三)

(i)晋祠钟楼(四)

(j朔州崇福寺弥陀殿 (一)

(k)朔州崇福寺弥陀殿(二)

(l) 朔州崇福寺弥陀殿(三)

(m)朔州崇福寺弥陀殿(四)

(n)二仙庙后殿

(o)福建泉州文庙

(p) 广州潮州开元寺(一)

(q) 广州潮州开元寺(二)

(r) 河南新乡东岳庙

(s) 山西陵川崇安寺

(t) 山西芮城永乐宫

(u) 四川都江堰二王庙

(v) 四川荣县大佛寺

图 4-46　古代建筑鸱吻图

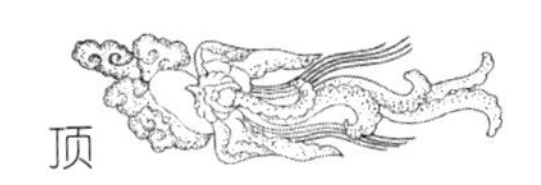

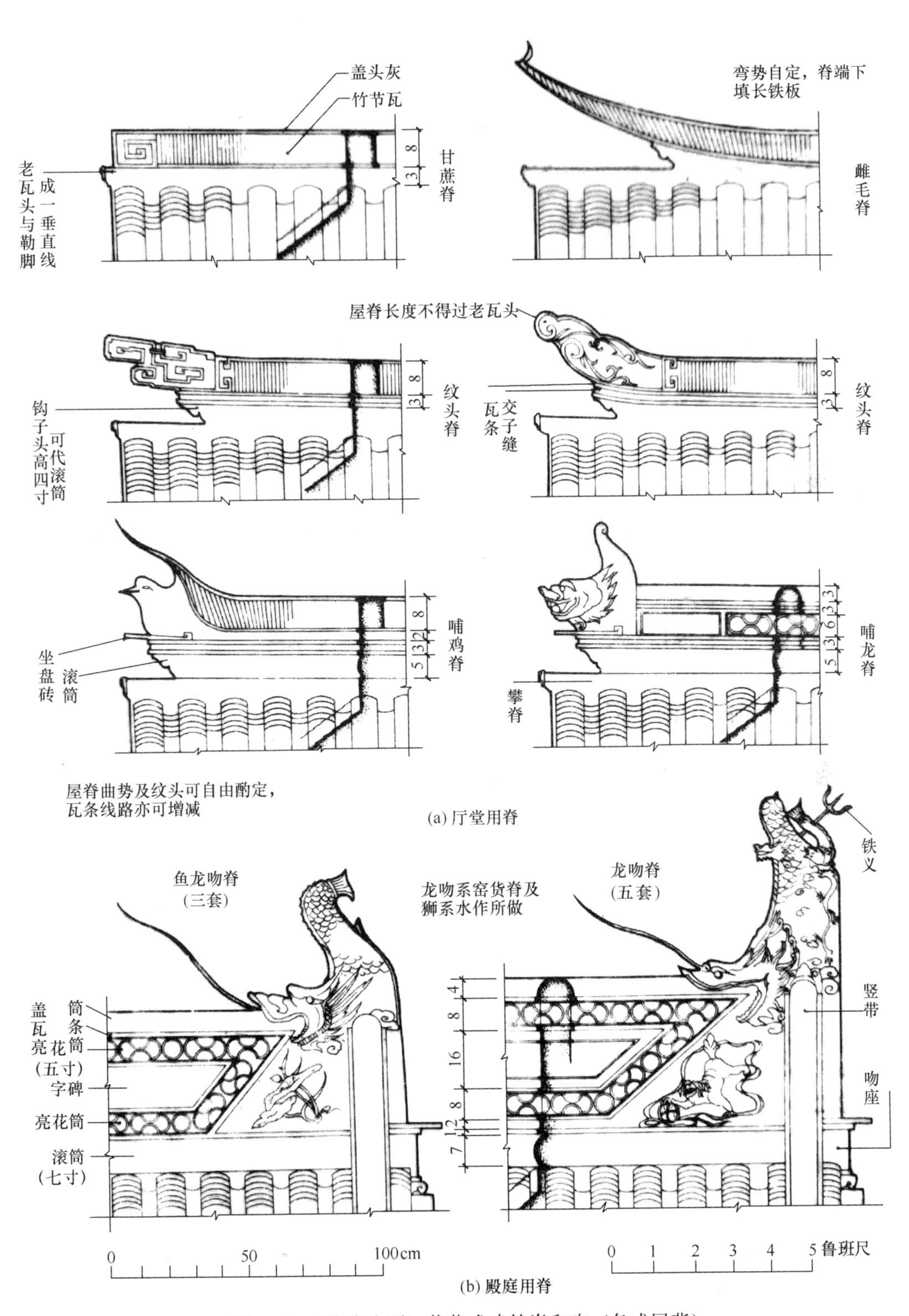

图 4-47 《营造法原》载苏式建筑脊和吻（各式屋背）

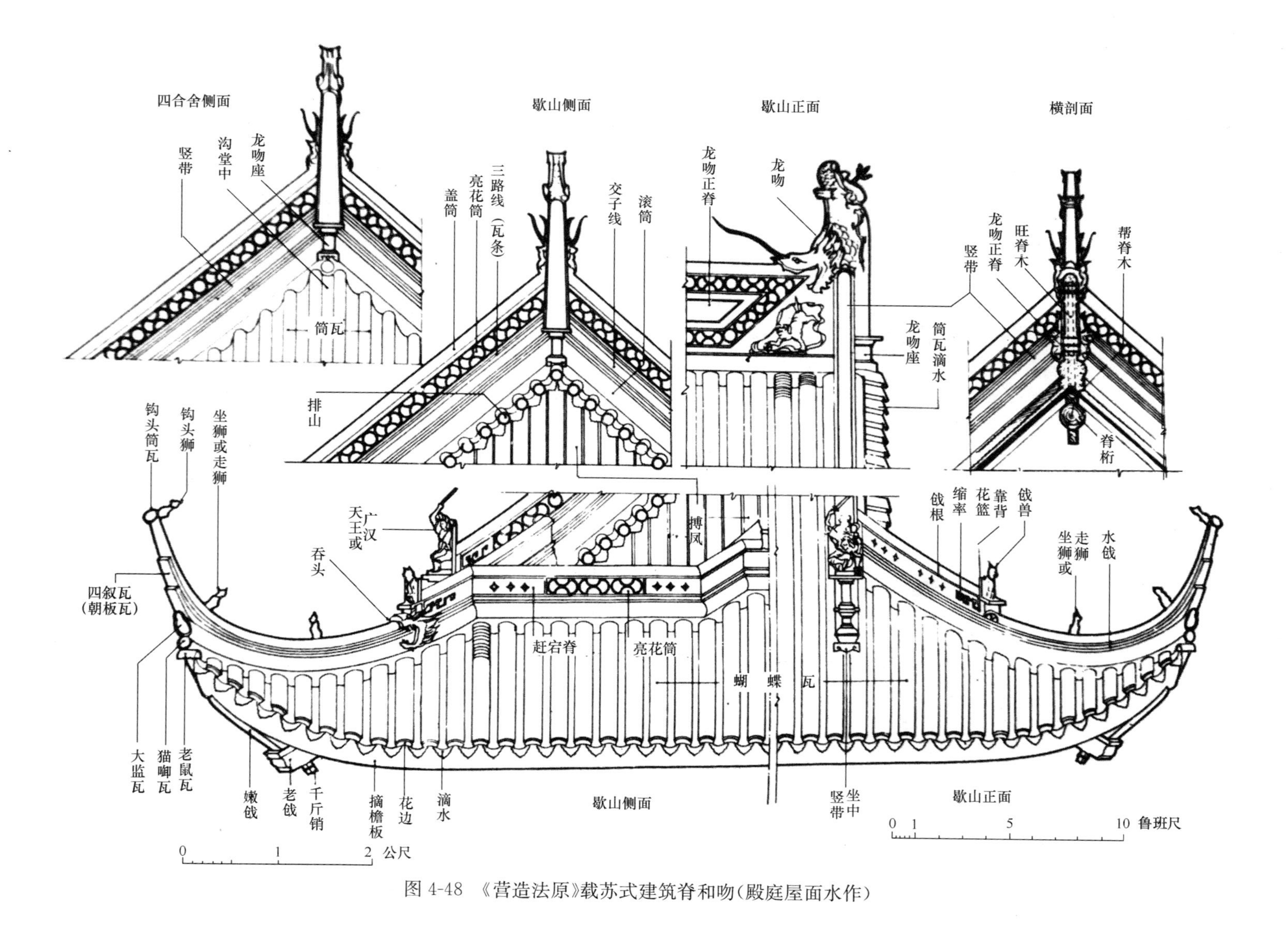

图 4-48 《营造法原》载苏式建筑脊和吻(殿庭屋面水作)

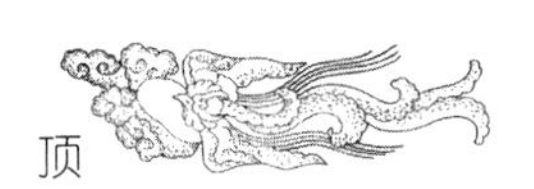

4.5.3 翼角

我国各地古建筑的屋面翼角部分除北方明清皇家建筑饰以仙人走兽外，也大都以龙、凤、麒麟、祥鸟等为装饰面，以增加建筑物的美感。北方建筑物的翼角大都比较低垂，而南方建筑物的翼角都高翘，如图 4-49 所示。

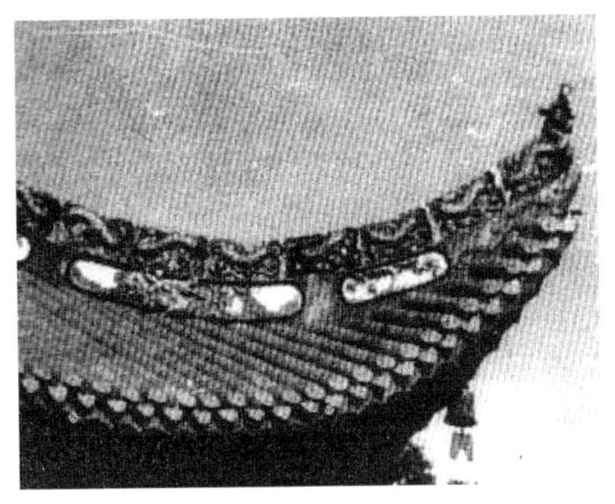

(a) 长沙开福寺真啊兰若殿翼角(一)

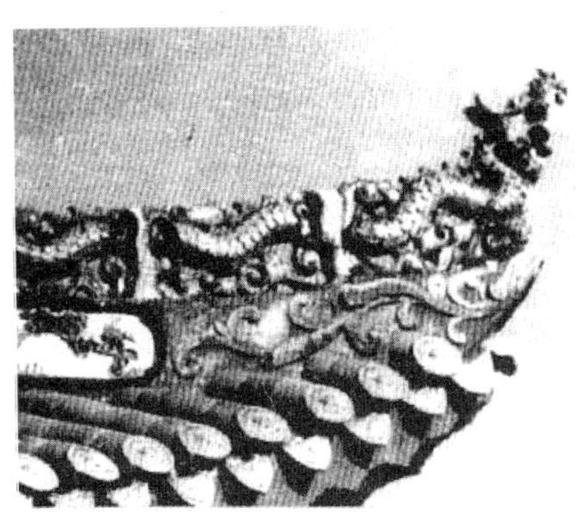

(b) 长沙开福寺真啊兰若殿翼角(二)

(c) 长沙开福寺大雄宝殿翼角

(d) 湖南衡山南岳大庙翼角

(e) 沈阳故宫崇谟阁翼角

(f) 广西恭城文庙大成殿翼角

(g) 福建南安雪峰寺翼角(一)

(h) 福建南安雪峰寺翼角(二)

(i) 重庆市北温泉接引殿翼角

(j) 广西城阳风雨桥亭翼角

(k) 广东德庆学宫大成殿翼角

(l) 广东德庆学宫配殿翼角

(m) 湖南张家界大庸普光寺翼角

(n) 北京故宫皇极殿翼角

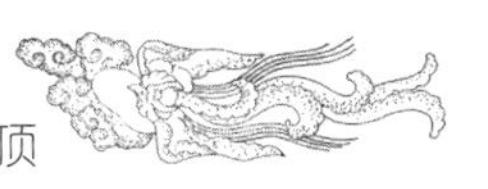

(o) 甘肃张掖大佛寺翼角

(p) 北京故宫乾清宫翼角

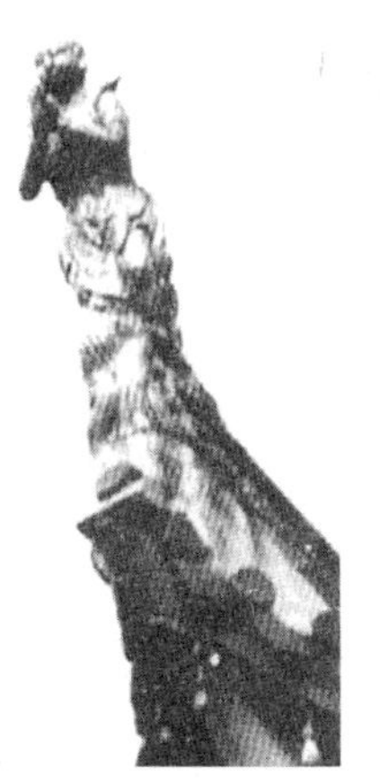

(q) 贵阳甲秀楼翼角(一)

(r) 贵阳甲秀楼翼角(二)

(s) 泉州文庙翼角

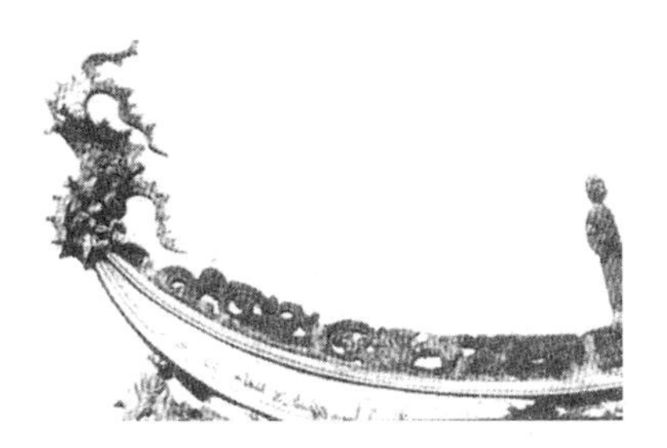

(t) 广州文庙翼角

(u) 广州文庙

(v) 云南渤海景真八角亭翼角

(w) 广州光孝寿寺翼角

(x)南昌青云谱翼角

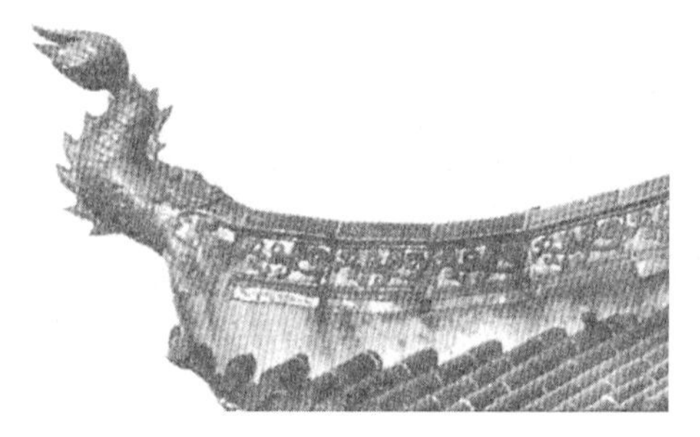

(y)四川大足圣寿寺翼角

(z)贵阳弘福寺翼角(一)

(I)贵阳弘福寺翼角(二)

(Ⅱ)承德普陀宗乘之庙翼角

(Ⅲ)承德普陀宗乘之庙翼角

图 4-49　各地古建筑的屋面翼角

4.5.4　屋面其他部位的装饰

下面选择了部分民居的祠堂、寺庙等屋面的陶塑、灰塑等。这些雕塑具有极高的艺术价值，是我国屋面建筑文化上杰出的代表。

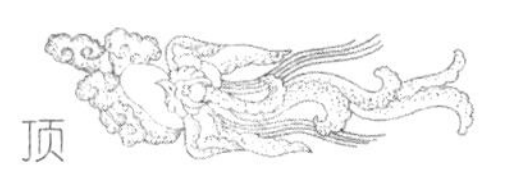

4.5.4.1 广州陈氏书院屋面的雕塑（图 4-50）

(a) 后进庭院连廊灰塑装（一）

(b) 后进庭院连廊灰塑装（二）

(c) 后进正厅

(d) 后西厢房

(e) 山墙垂脊灰塑装饰（一）

(f) 山墙垂脊灰塑装饰（二）

(g) 山墙垂脊陶塑独角狮

(h)首进东厅脊饰局部

(i) 首进东厅脊饰局部

(j) 首进庭院局部(一)

(k) 首进庭院局部（二)

(l) 首进西厅脊饰局部“凤凰和合”

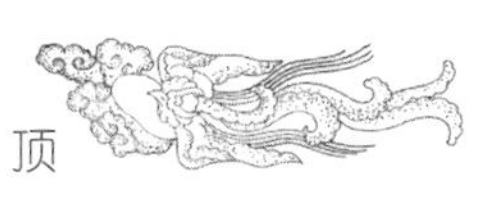

(m) 首进正厅偏间陶塑、灰塑脊饰

(n)庭院连廊灰塑装饰——竹林七贤图

(o) 中进东厅陶塑脊饰局部

(p) 中进建筑雕饰

(q) 中进聚贤堂

(r) 中进聚贤堂脊饰局部

(s) 中进西厅脊饰局部

(t) 中进西厅陶塑脊饰局部“太白退番书”

图 4-50　陈氏书院屋面的雕塑

4.5.4.2　山西民居大院局部做法（图 4-51、图 4-52）

图 4-51　山西乔家大院局部做法图

图 4-52 山西曹家大院局部做法图

第5章 地　　面

5.1 概　　述

我国古代建筑中最早的地面做法是夯土地面，最初以自然土壤为材料，后来发展成灰土地面。仰韶文化的烧烤地面和龙山文化的“白灰面”地面，都是较早的人工处理地面的做法。三合土地面是古代广泛应用的一种地面做法。李笠翁在《闲情偶寄·甃地》中说：“以三合土甃地，筑之极坚，使完好如石，最为丰俭得宜。”说明古人对三合土地面的做法技术掌握的已很成熟。砖地面是古代最主要的地面做法。我国古代建筑上用砖，最早就是出现在铺地工程中。《考工记》中，有“堂涂十有二分”的记载。据东汉末郑玄对此话的解释是“若今令甓裓也”。“裓”，指堂前的道路，“令甓裓”者，就是用砖铺成的道路。由此可以证明在《考工记》之前就已有了砖铺地的做法。石材铺地也是古代建筑地面的常见做法，主要有条石地面、仿方砖形式的方石板地面、碎拼石板地面和卵石地面等。在我国部分地区还流传一种焦渣地面的做法，这可以说是古人利用废料作为建筑材料的范例。

铺地主要指建筑物室内铺地和庭院路径铺地。室内铺地的意义，主要在于解决防潮、耐磨及清洁等问题。《墨子·辞过》中有“古之民，未知为宫室时，就陵阜而居，穴而处，下润湿伤民”之说，说明我们的祖先早就认识到潮湿对人的危害。夯土地面、红烧土地面、砖地面的做法，对于建筑物室内防潮都能起着一定的作用。我国垂足坐之风至唐代渐绝。此后人们开始穿鞋进屋，这就必然会将许多尘土从室外带进室内。为了除尘方便起见，室内铺地必须平整而光滑。所以室内铺地一般都用素面砖。铺地砖本身不起尘土，是室内地面清洁的先决条件。如北京现存宫廷建筑内的铺砖地面，距今已五百多年，仍然明洁似镜。宋《营造法式》对殿堂地面的铺砌进行了规定，书中载：“每柱心内方一丈者，令当心高二分，方三丈者，高三分”。意思是说铺砌殿堂地面时，房间的中心部位，应比靠柱壁的地位稍高起一些。说明古人已考虑到因长期走动被摩擦的中心部位要高一些，以免使室内地面形成凹地。在明、清两代的铺地工程中，基本承袭旧制。庭院路径铺地的意义，主要在于解决雨水冲刷、排水及防滑等问题。特别是建筑物檐口下的散水、道路等处，都是必须要重点加以处理的地方。早期的散水是用卵石砌成的，据考古资料知殷墟就已有卵石散水。砖产生以后，就用砖与卵石合砌散水，如秦咸阳宫遗址回廊外的散水铺砌，是将卵石居中，两边用砖镶边。到了汉代，开始用条砖竖立镶砌散水的两边，中间为卵石。随着砖的普遍采用，天然卵石散水就逐渐被淘汰。用砖铺砌的散水，不容易损坏，其整体性、稳定性都很好。道路的铺砌比散水的铺砌要求要高，因为道路除了受雨水冲击之外，还要承受人行车马的沉重压力和撞击。宋《营造法式》对露道的砌法进行了说明，

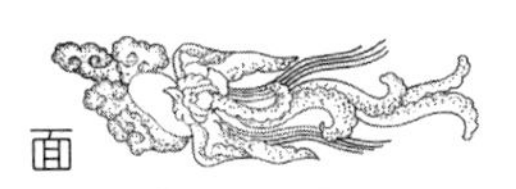

书中载："长广量地，取宜两边各侧砌双线道，其内平铺砌，或侧砖虹面垒砌，两边各侧砌四砖为线"（图 5-1）。将路两边的砖侧砌，较深地埋入地基中，是为了更好地固定路面砖，使其不易发生位移。一般庭院砖铺地面，多用侧砖也是这个道理。散水、庭院地面的铺砌要略做排水坡，称为"批水"。为保证建筑物室内更好得防潮，台阶边沿的铺砌也要向外侧倾斜，使雨水不倒流。庭院路径铺地除了解决排水之外，还要考虑防滑。由考古发掘资料知，自秦汉以来的地面建筑遗址中就已有花砖。唐代以前花砖铺地较多（图 5-2），一般多用在慢道或庭园之中。明清以后，花砖铺地就逐渐减少了，逐步发展为利用废料与砖合铺地面。特别是在我国南方园林、民居建筑中常见。

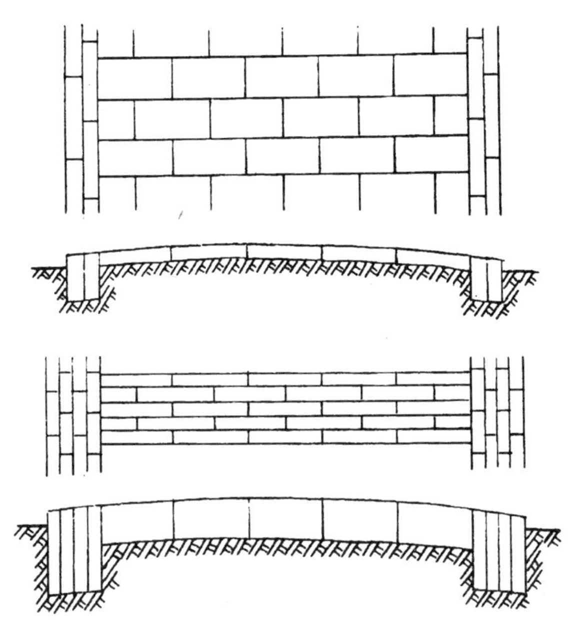

图 5-1 按宋《营造法式》露道砌法所绘示意图

(a) 河北易县燕下都出土的铺地花砖

(b) 秦咸阳宫出土的蔓草纹铺地花砖

图 5-2 铺地用花砖

5.2 夯土地面

我国古代的夯土技术始于原始社会晚期，在奴隶社会时期获得了很大的发展，春秋时期已达到成熟阶段。据考古挖掘发现，河南汤阴县白营遗址圆屋地面就是采用夯筑的做法，夯土密实坚硬。这是目前所知最早的夯土地面实例。后来由于砖的出现，铺砖地面被广泛推广使用，夯土地面逐渐减少，但在做法简单的建筑中仍继续沿用。至今，夯土地面已不多见。

夯土地面主要有素土地面、灰土地面、滑秸黄土地面三种做法。

5.2.1 素土地面做法

（1）按设计要求找平、夯实。

（2）虚铺素土，厚约 20cm。素土应为较纯净的黄土。

（3）用大夯或雁别翅筑打两遍，每窝筑打 3～4 夯头。

（4）用平锹找平。

（5）落水。

（6）当土不粘鞋时，用大夯或雁别翅夯筑一遍，每窝筑打 3～4 夯头。

（7）打硪 2～3 遍。

（8）再次用平锹找平。

5.2.2 灰土地面做法

（1）按设计要求找平、夯实。

（2）白灰、黄土过筛，拌匀。灰土配合比为 3∶7 或 2∶8。灰土虚铺厚度为 21cm，夯实厚度为 15cm。

（3）用双脚在虚土上依次踩实。

（4）打头夯。每个夯窝之间的距离为 38.4cm（三个夯位）。

（5）打二夯。打法同头夯，但位置不同。

（6）打三、四夯。打法同头夯，但位置不同。

（7）剁梗。将夯窝之间挤出的土梗用夯打平，剁梗时，每个夯位可打一次。

（8）用平锹将灰土找平。

以上程序反复 1～2 次。

（9）落水。

（10）当灰土不再粘鞋时，可再行夯筑。打法同前，但只打一遍。

（11）打硪 2 遍。

（12）用平锹再次将灰土找平。

灰土地面用于室内时，最后要用铁拍子将表面拍平蹭亮。

我国南方部分地区用蛎灰（贝壳烧制的石灰）与黏土掺和，做成的灰土地面效果更佳。

5.2.3 滑秸黄土地面做法

（1）按设计要求找平、夯实。

（2）虚铺滑秸黄土。厚度 10～20cm。黄土与麦秆（或稻草）的体积比为 3∶1。

（3）用脚将土依次踩实。

（4）用石碾碾压 3～4 次。

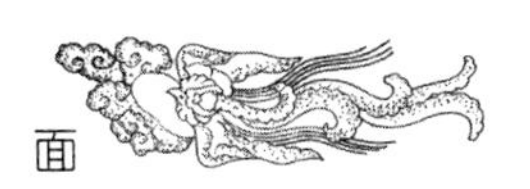

(5) 落水。

(6) 用平锹将地面找平。

(7) 用石碾再碾压2～3次。

(8) 再次用平锹找平。

5.3 砖铺地面

我国西周时期已有了铺砖地面，早期铺地砖都是异型砖。秦汉以后普遍应用方砖和条砖铺地。为了保证铺地的质量，古人常在方砖、条砖的外形上稍加处理。如考古发掘发现，临潼县秦俑坑长廊内的铺地条砖的两端横断面略呈楔形，两砖相连，互相咬结，使砖铺地面十分牢固。古人还常在砖的背面刻下绳纹、文字、整个手印等各种纹样，这些都在构造上合理的使铺地砖与基层进行有机地结合，从而更好得保证了砖铺地面的质量。随着磨砖技术的出现和石灰被选作为建筑的胶结材料后，砖铺地面的质量有了很大的提高。到了唐宋，铺砖技术更加成熟。宋《营造法式》对砖铺地面做法进行了规定，书中“卷十五”载：“铺砌殿堂等地面砖之制，用方砖，先以两砖面相合，磨令平，次斫四边，以曲尺较令方正，其四侧斫，令下棱收入一分”。这种砖铺地面做法直到明清仍在沿用。明清建筑中的铺地工程，已普遍采用白灰作为胶结材料。

5.3.1 砖铺地面的做法类型

5.3.1.1 *用砖铺砌地面称为“墁地”，做法主要有以下几种：*

(1) 细墁地面

细墁地面多用于大式或小式建筑的室内，作法讲究的宅院或宫殿建筑的室外地面也可用细墁做法，但一般限于甬路、散水等主要部位，极讲究的做法才全部采用细墁做法。

室内细墁地面一般都使用方砖。按照规格的不同，有“尺二细地”“尺四细地”等不同做法。小式建筑的室外细墁地面多使用方砖，大式建筑的室外细墁地面除用方砖外，还常使用城砖。

细墁地面的做法特点是：砖料应经过砍磨加工，加工后的砖规格统一准确、棱角完整挺直、表面平整光洁。地面砖的灰缝很细，表面经桐油浸泡，地面平整、细致、洁净、美观，坚固耐用。

(2) 淌白地面

淌白地面可视为细墁地面做法中的简易做法。

淌白地面的主要特点是：墁地所用的砖料仅要求达到“干过肋”，不磨面；或者砖料只磨面但不过肋。总之，淌白地面的砖料的砍磨程度不如细墁地面用料那么精细，墁地的操作程序可与细墁地做法相同，也可稍微简化一些（如：不揭趟）。墁好后的外观效果与细墁地面相似。

(3) 金砖墁地

金砖地面可视为细墁做法中的高级做法。其砖料应使用金砖，做法也更加讲究，多用于重要宫殿建筑的室内地面。

（4）糙墁地面

糙墁地面多用于一般建筑的室外地面。在做法简单的建筑及地方建筑中，糙墁做法也用于室内地面。

糙墁地面的做法特点是：砖料不需砍磨加工，地面砖的接缝较宽，砖与砖相邻处的高低差和地面的平整度都不如细墁地面那样讲究，相比之下，显得粗糙一些。

大式建筑中，多用城砖或方砖糙墁，小式建筑中多用方砖糙墁。普通民宅建筑中可用四丁砖、开条砖等条砖糙墁。

5.3.1.2　地面砖的排列形式

地面砖的排列形式较多，常见的形式、名称及用途如图5-3所示。

5.3.2　砖墁地面的一般程序

1. 细墁地面

（1）垫层处理。普通砖墁地面可用素土或灰土夯实作为垫层。大式建筑地面的垫层比较讲究，至少要用几步灰土作为垫层。重要的宫殿建筑地面常以墁砖的方式作为垫层。

（2）按设计标高抄平。

（3）冲趟。在两端拴好曳线并各墁一趟砖，即为“冲趟”。室内方砖地面，应在室内正中再冲一趟砖。

（4）样趟。在两道曳线间拴一道卧线，以卧线为标准铺泥墁砖。

（5）揭趟、浇浆。将墁好的砖揭下来，必要时可逐一打号，以便对号入座。泥的低洼之处可作必要的补垫，然后在泥上泼洒白灰浆。浇浆时要从每块砖的右手位置沿对角线向左上方浇。

（6）上缝。用“木剑”在砖的里口砖棱处抹上油灰（即“挂油灰”）。

（7）铲齿缝。又叫墁干活，用竹片将表面多余的油灰铲掉即“起油灰”，然后用磨头将砖与砖之间凸起的部分（相邻砖高低差）磨平。

（8）刹趟。以卧线为标准，检查砖棱，如有多出，要用磨头磨平。

以后每一行都如此操作，全部墁好后，还要做以下工作：

（9）打点。砖面上如有残缺或砂眼，要用砖药打点齐整。

（10）墁水活并擦净。将地面凸凹不平处，用磨头沾水磨平。磨平之后应将地面全部沾水揉磨一遍，最后擦拭干净。

（11）钻生。钻生即钻生桐油。如果条件有限，可用麻刷沾油仅将地面刷抹一面，称为“刷生”。宫殿建筑细墁地面可采用“钻生泼墨”做法。极讲究的细墁地面采用“使灰钻油”做法。

2. 金砖墁地

金砖墁地的操作方法与细墁地面大致相同。不同的是：

（1）金砖墁地一般不用泥，而用干砂或纯白灰。

（2）如果用干砂铺墁。每行刹趟后要用灰“抹线”，即用灰把砂层封住，使其不外流。

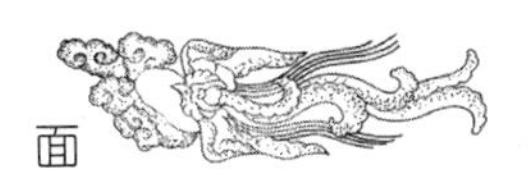

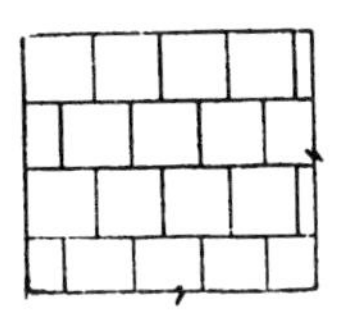

方砖十字缝
常见形式

条砖十字缝
多用于小式建筑室内外

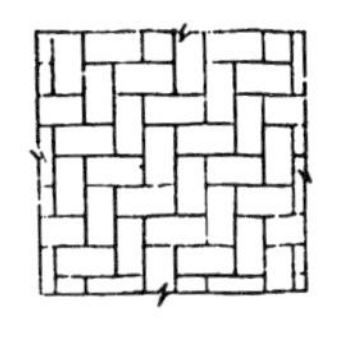

拐子锦（插关地）
多用于小式建筑室内外

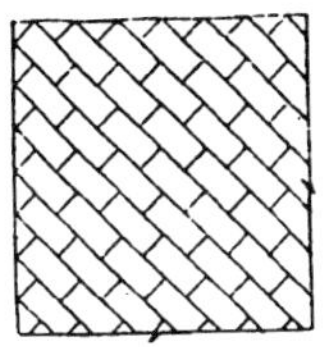

条砖斜墁
多用于小式建筑

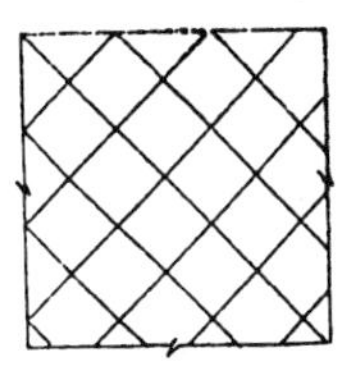

方砖斜墁
多用于较讲究的建筑

城砖陡板十字缝
多用于宫殿建筑

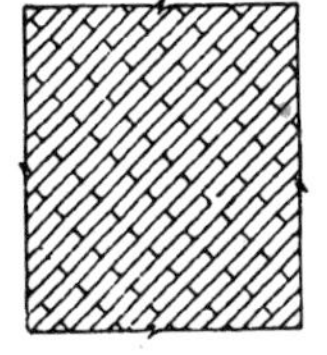

城砖斜柳叶
多用于宫殿室外

城砖直柳叶
多用于宫殿室外

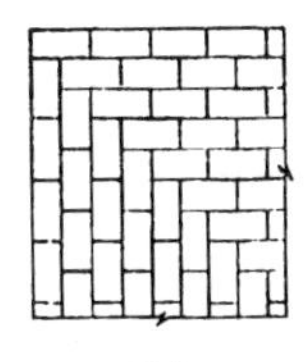

席纹
多用于民居或园林

人字纹
多用于民居或园林

柳叶人字纹
多用于民居或园林

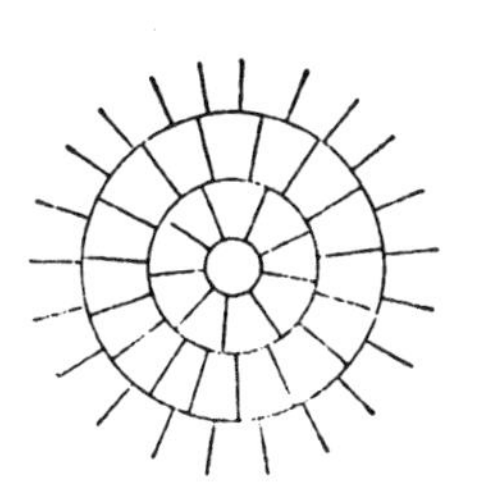

车辋地
用于圆亭地面

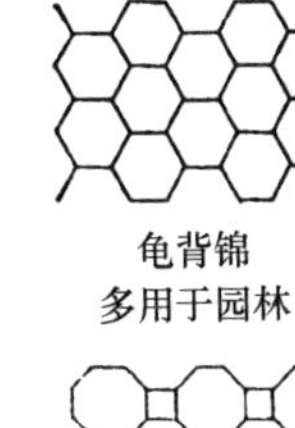

龟背锦
多用于园林

八卦锦
多用于园林建筑

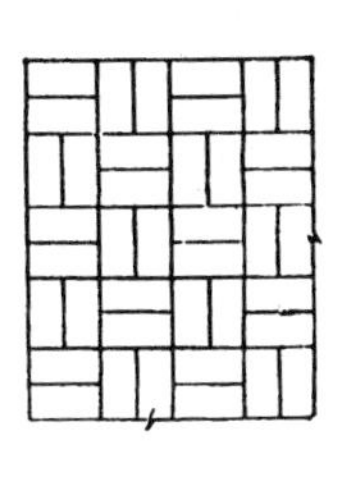

卐字锦
多用于园林、民居室外

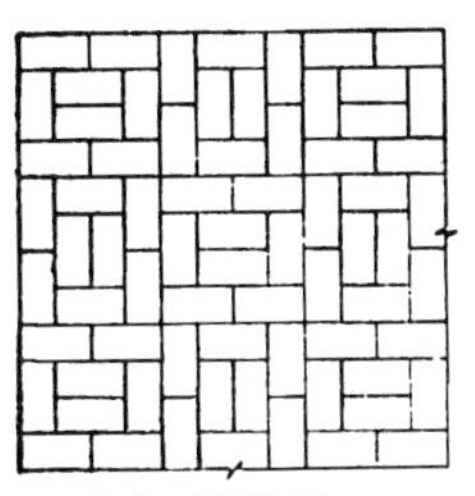

套方（八锦方）
多用于民居或园林

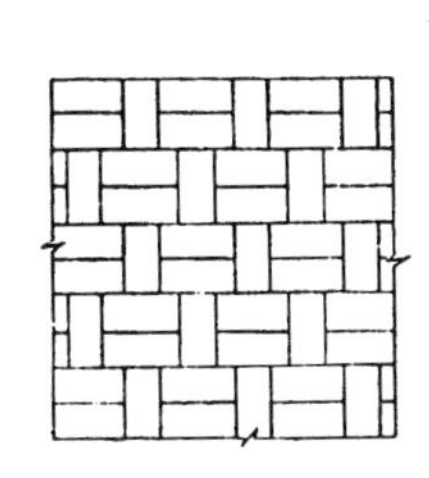

中字别
多用于园林

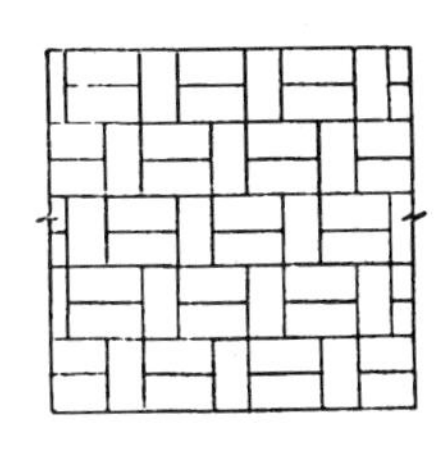

梯子蹬
多用于园休

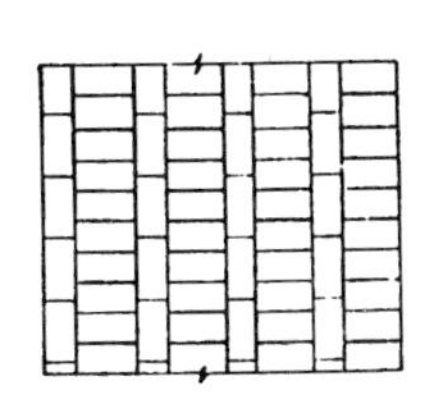

一顺一横
多用于园林

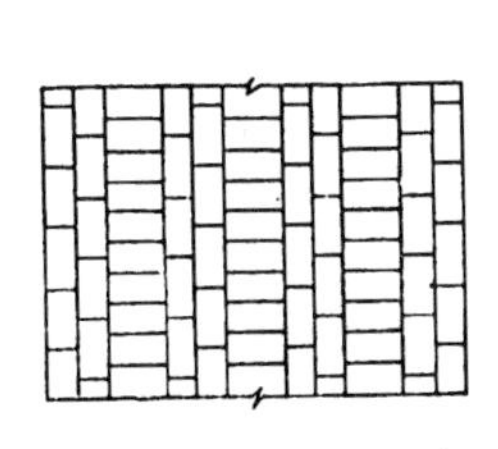

两顺一横
多用于园林

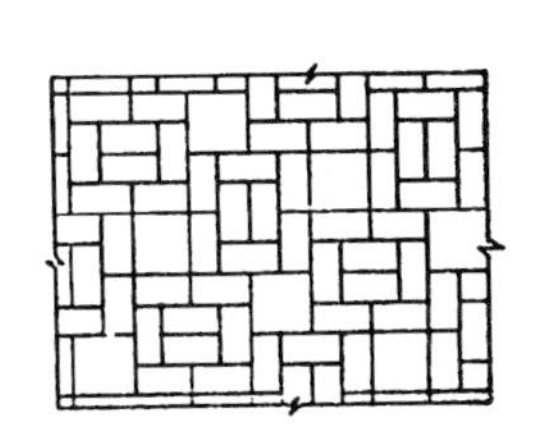

套八方（八锦方）
多用于民居或园林

图 5-3　地面砖的排列形式

（3）将钻生改为“钻生泼墨”做法。金砖墁地在泼墨后也可以不钻生而直接烫蜡。

3. 糙墁地面

糙墁地面所用的砖是未经加工的砖，其操作方法与细墁地面大致相同，但不抹油灰、不揭趟（称为“坐浆墁”）、不刹趟、不墁水活、也不钻生，最后要用白灰将砖缝守严扫净。

5.3.3 砖墁地面的各部位做法

地面可分为室内地面和室外地面。室外地面根据所处位置的不同又有相应的名称，如散水、甬路等。散水用于房屋台明周围及甬路两旁。甬路是庭院的道路，重要宫殿建筑前的主要甬路用大块石料铺墁的称为“御路”。

1. 室内地面

室内地面墁砖多用细墁做法，较重要的宫殿建筑中选用金砖墁地。墁室内地面时，应将中间一趟砖安排在室内正中；砖的趟数应为单数，如有“破活”必须打砖时，应安排到里面和两端。门口附近必须见整活（图 5-4）。

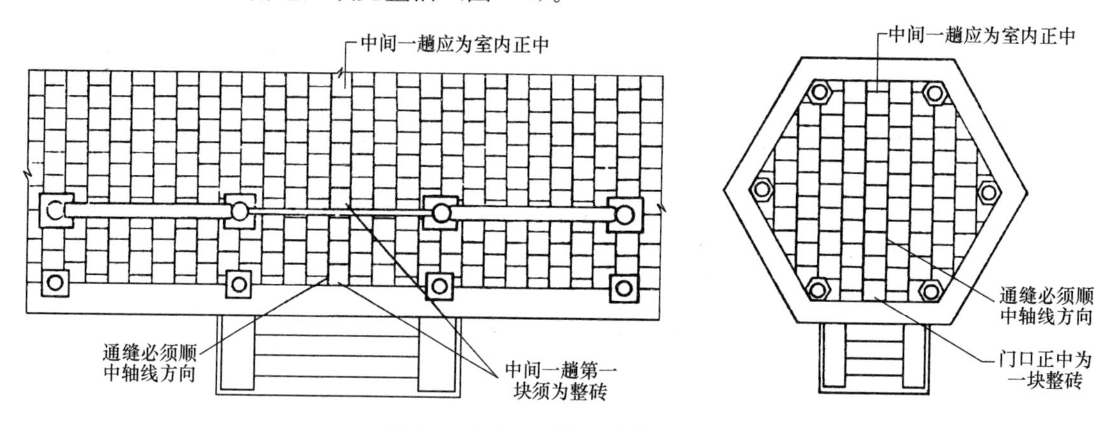

图 5-4　室内地面墁砖分位示意图

2. 散水

散水的位置如图 5-5 所示。

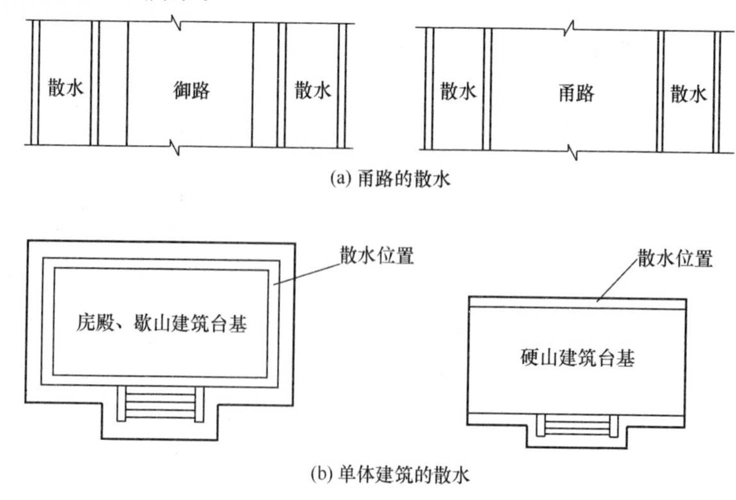

图 5-5　散水位置示意图

做散水的工序包括“栽牙子”“攒角”和墁砖，称为“砸散水”。房屋周围的散水，其宽度应根据出檐的远近或建筑物的体量大小决定，从屋檐流下的水要保证能砸在散水上。散水要有泛水，即所谓“拿栽头”。里口应与台明的土衬石找平，外口应按室外海墁地面找平。由于土衬石为水平的，而室外地面并不水平，因此散水的里、外两条线不是在同一个平面内，即散水两端的栽头大小不同，此点应予以注意。

建筑物散水砖的排列式样如图 5-6 所示。

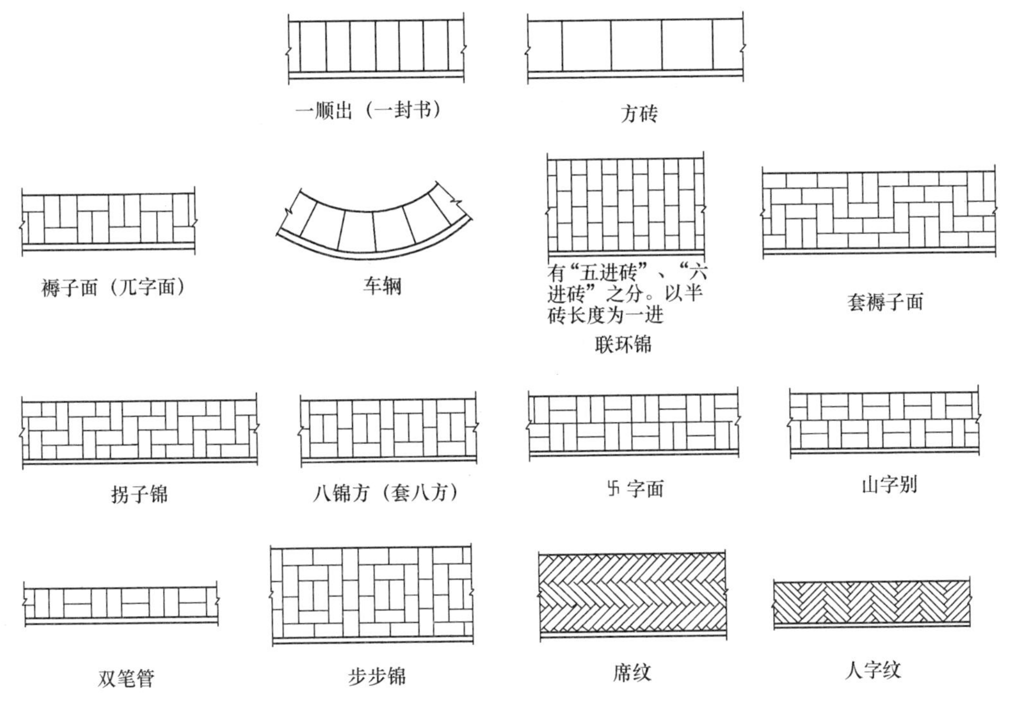

图 5-6 建筑物散水砖的排列式样

甬路散水砖的排列式样如图 5-7 所示。

散水转角处的排砖方法如图 5-8 所示。

3. 甬路

甬路的铺墁过程称为“冲甬路”。

甬路铺墁分为大式和小式做法。大式建筑中一般要用大式做法铺墁甬路，但在园林建筑中，也可用小式做法铺墁甬路，这种手法称为“大式小作”。小式建筑中须用小式做法铺墁甬路。

小式甬路的各种做法如图 5-9 所示。

大式甬路的各种做法如图 5-10、图 5-15 所示。

甬路一般都用方砖铺墁，趟数应为单数，如一趟、三趟、五趟、七趟、九趟等。

甬路的宽窄按其所处位置的重要性来决定，最重要的甬路砖的趟数应最多，小式建筑的甬路一般不超过 3～5 趟。

甬路一般应有泛水，即中间高、两边低，散水应更低。散水外侧应与海墁地面同高。大

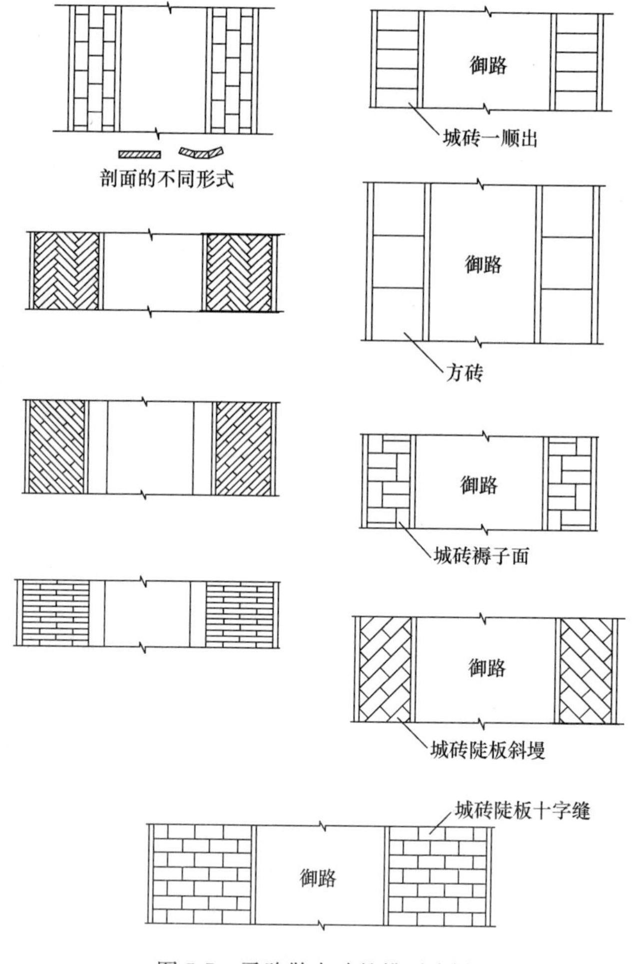

图 5-7 甬路散水砖的排列式样

式建筑的甬路，牙子可用石活（图 5-10）。甬路的交叉和转角部位的排砖方法如图 5-11～图 5-15 所示。大式甬路以十字缝为主，园林中也可“大式小作”，适当采用小式做法。小式建筑中的甬路多为“筛子底”和“龟背锦”做法，一般不用十字缝做法。

4. 海墁

海墁即指将除了甬路和散水以外的全部室外地面铺墁的做法。四合院中被十字甬路隔开的四块海墁地面又称为“天井”，其铺墁过程称为“装天井”。室外墁地的先后顺序应为：砸散水，冲甬路，最后才做海墁。海墁地面应注意以下几点：

（1）海墁应考虑到全院的排水问题。

（2）方砖甬路和海墁的关系有“竖墁甬路横墁地”之说，即甬路砖的通缝一般应与甬路平行（斜墁者除外），而海墁砖的通缝应与甬路互相垂直，方砖甬路尤其如此（图 5-9）。

（3）排砖应从甬路开始，如有“破活”，应安排到院内最不显眼的地方。

（4）条砖海墁地面转角处的排砖方法如图 5-16 所示。

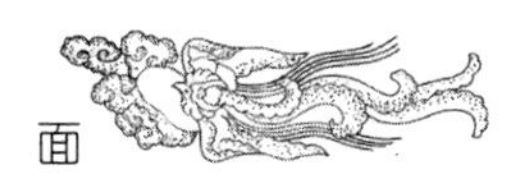

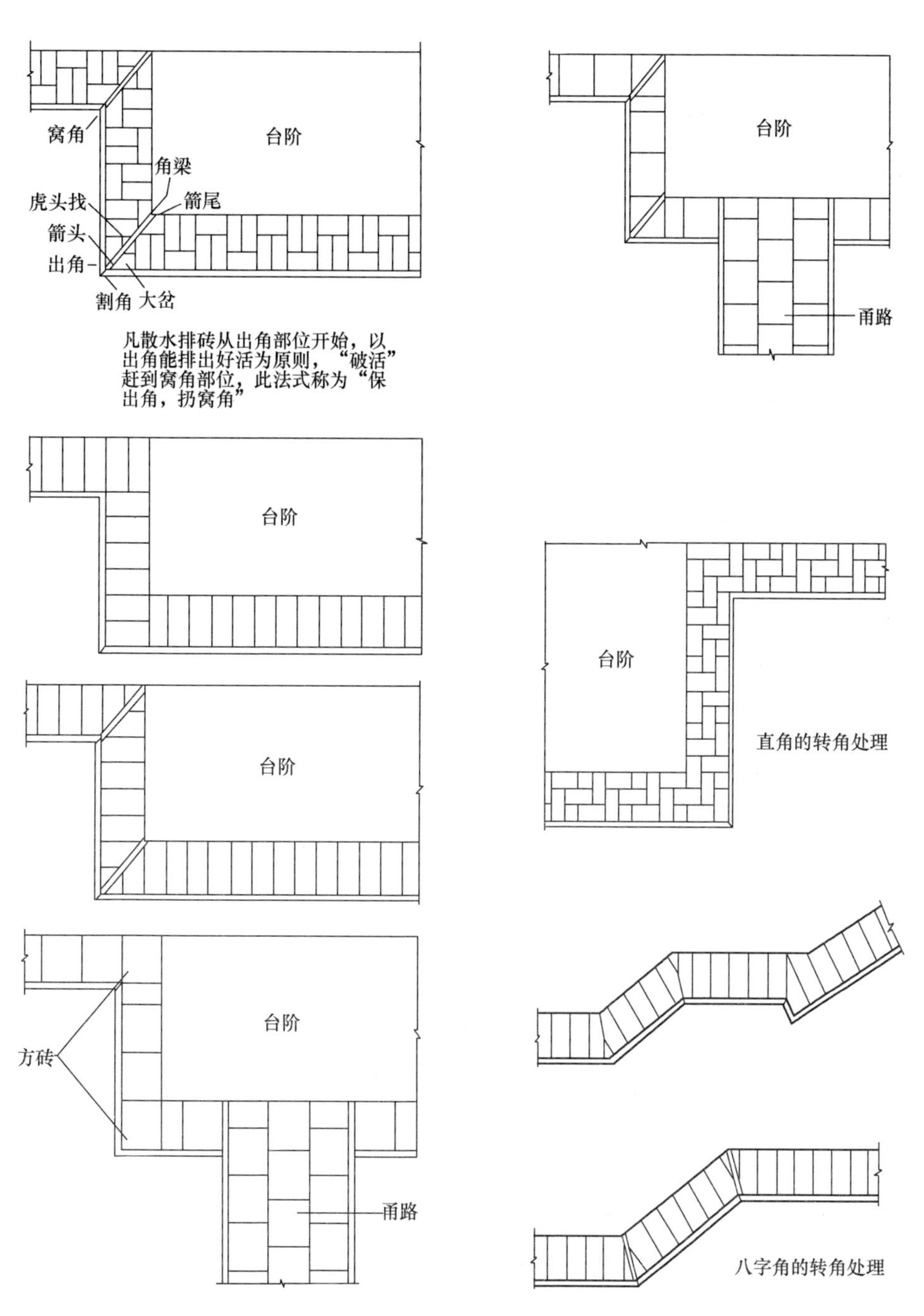

图 5-8　散水转角处的排砖方法

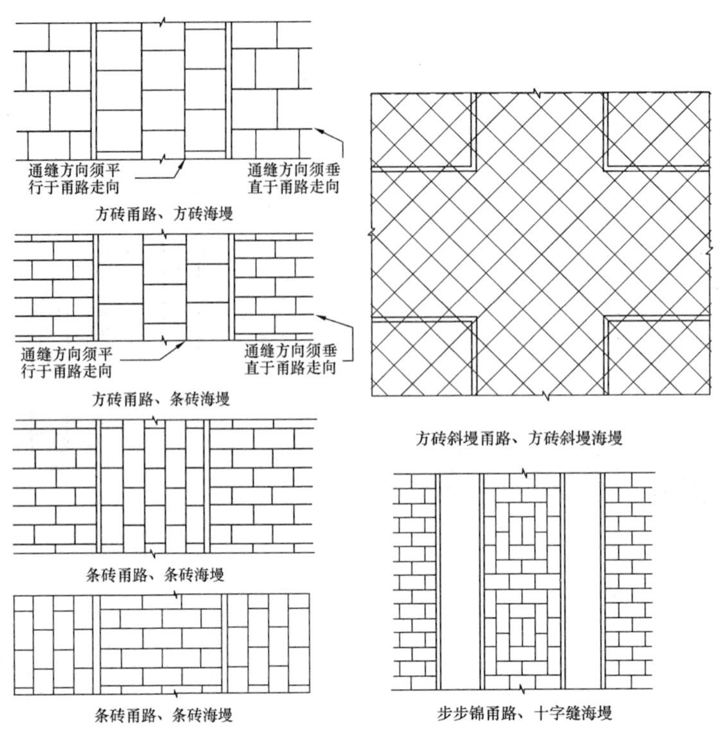

图 5-9　各种小式甬路及海墁地面

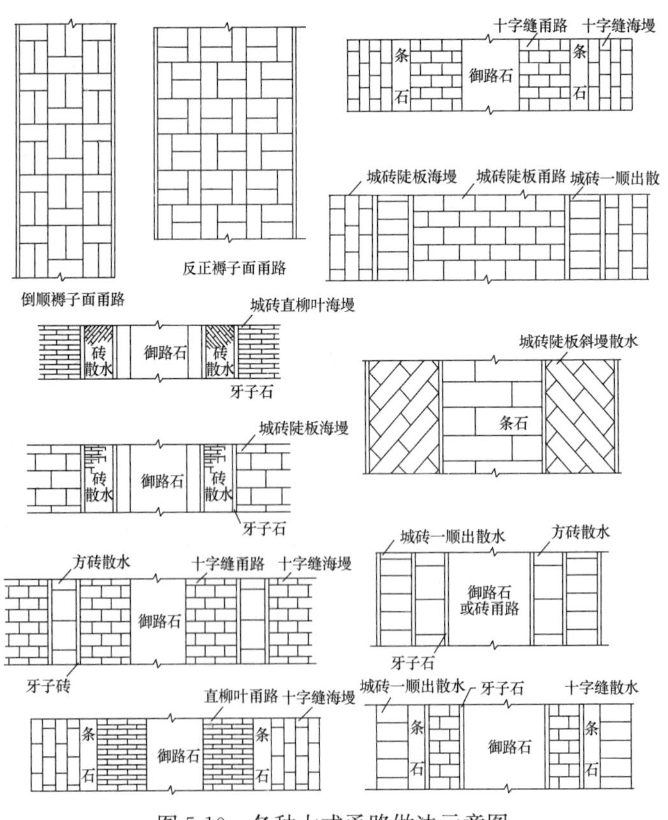

图 5-10　各种大式甬路做法示意图

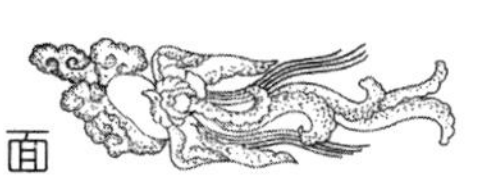

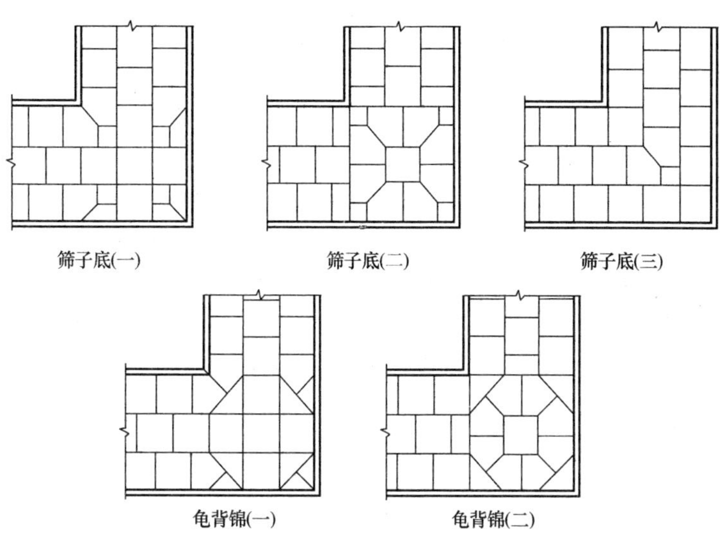

图 5-11 三趟方砖小式甬路的转角排砖方法

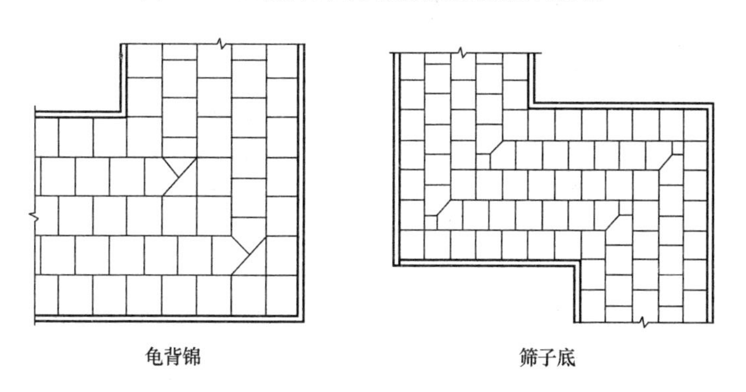

图 5-12 五趟方砖小式甬路的转角排砖方法

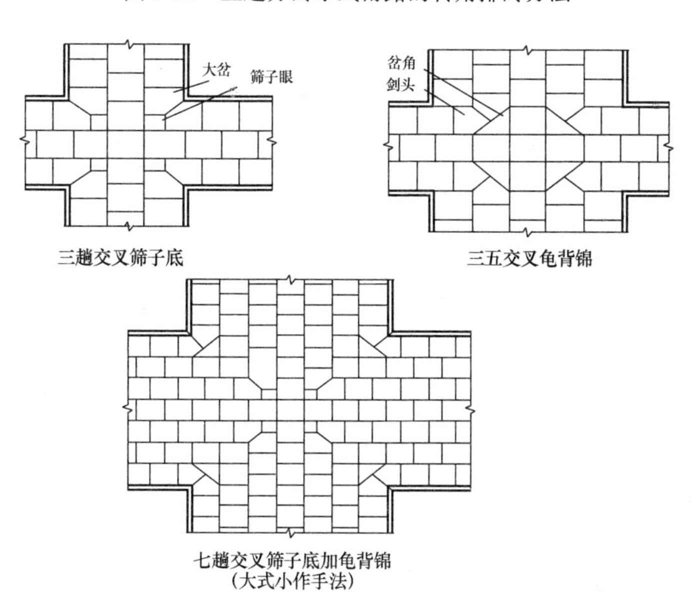

图 5-13 小式方砖甬路十字交叉排砖方法

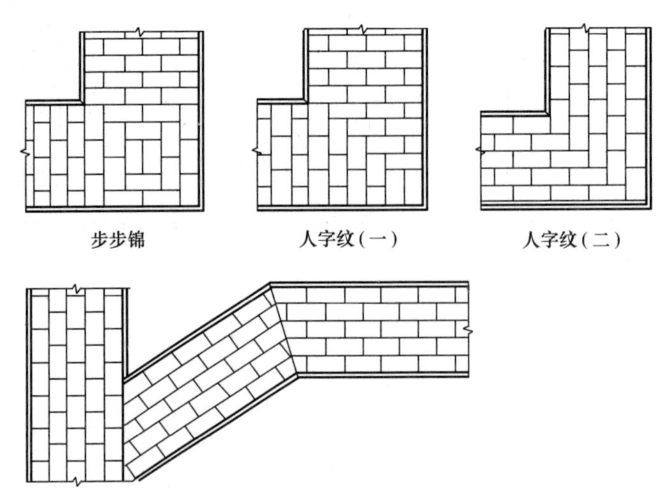

图 5-14　小式条砖甬路的转角排砖方法

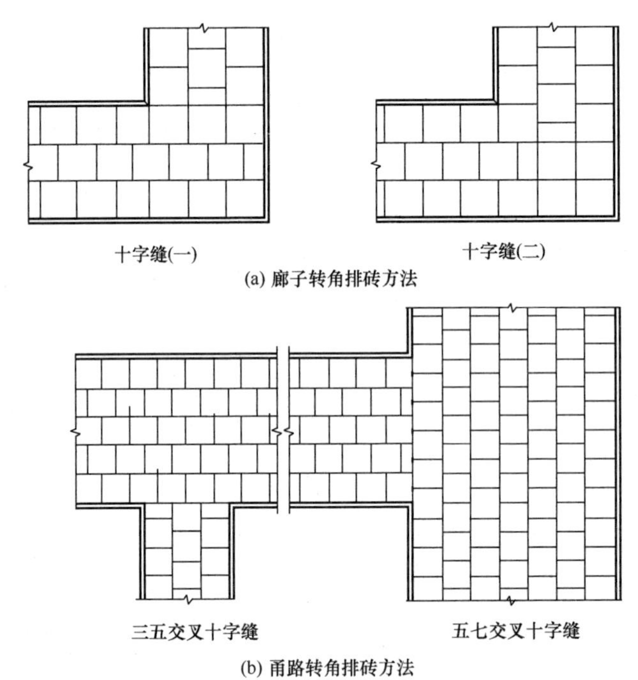

图 5-15　大式方砖甬路及廊子的转角排砖方法

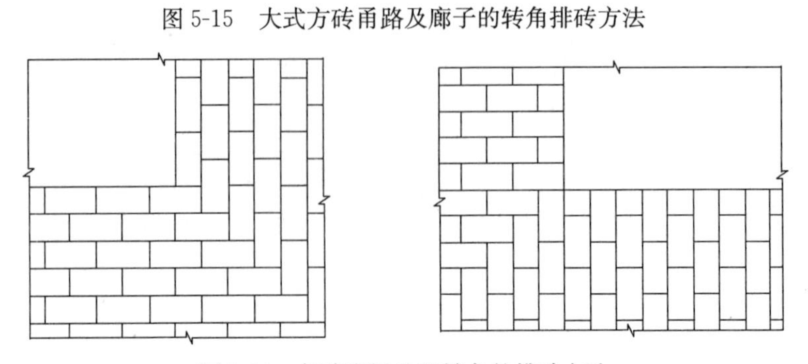

图 5-16　条砖海墁地面转角的排砖方法

5.4 石铺地面

石铺地面指采用石板、石块、鹅卵石等材料所铺设的地面。

5.4.1 仿方砖石板铺地

仿方砖的石板铺地是将石料做成与方砖形状、规格相仿的石砖，以石代砖的一种地面做法。这种做法主要用于重要宫殿建筑的室内或檐廊地面；在室外多用于主建筑的路面、主入口处等部位，以示庄重。仿方砖的石板多为青白石，以颜色与质感近似方砖者为宜。其做法与细墁地面大致相同，但不刹趟、不墁水活，也不钻油。重要的宫殿建筑室内地面可采用花石板（俗称"五音石"）做法，花石板地面的表面可做烫蜡处理。石板地须用硬基础，一般常在基础面铺设一定厚度的砂子，使石板地均衡受力。

5.4.2 虎皮石铺地

虎皮石铺地适用于面积不大的平台或不规则的路面，多用于园林中，其艺术效果自然朴实（图 5-17）。

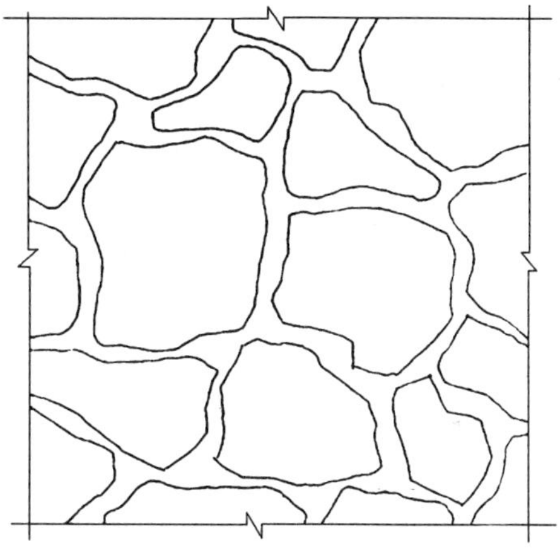

图 5-17　虎皮石铺地示意图

5.4.3 鹅卵石铺地

鹅卵石铺地是用多种石色、形状大小不等的鹅卵石拼成各种图案铺成，主要用于园林内的路面（图 5-18）。

5.4.4 海墁条石地面

海墁条石地面是以规格的条石做成的海墁地面。海墁条石的表面多以刷道或砸花锤交活，一般不剁斧或磨光，以便防滑（图 5-19）。

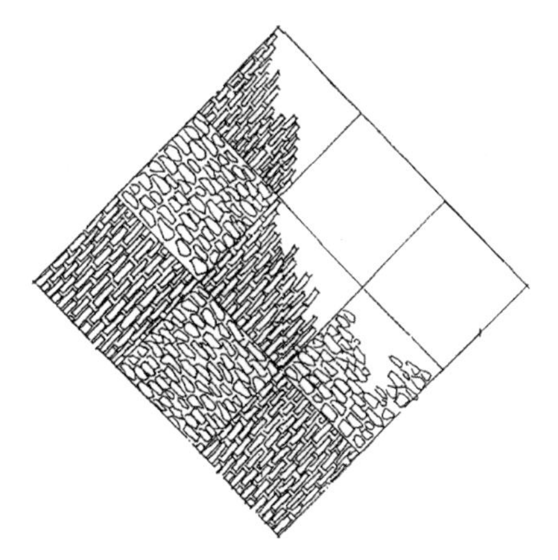

图 5-18　鹅卵石铺地示意图

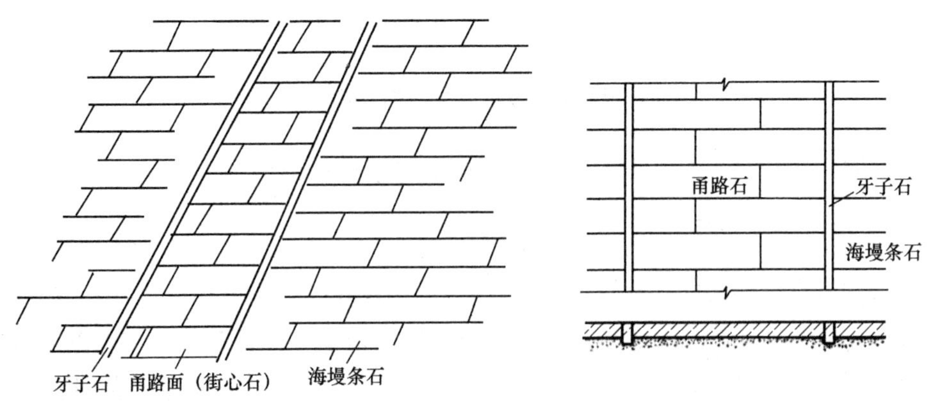

图 5-19　海墁条石地面示意图

5.5　焦渣地面和砖瓦石混合铺地

5.5.1　焦渣地面

5.5.1.1　材料要求

焦渣灰可用泼灰与焦渣拌合，也可用生石灰浆与焦渣拌合，但生石灰浆必须经沉淀后过细筛再用，以免石灰块混入焦渣灰内。焦渣须经过筛，筛出的细焦渣用于面层。底层用 1∶4 白灰焦渣，面层用 1∶3 白灰焦渣。搅拌均匀后放置 3 天以上才能使用，以防生灰起拱。

5.5.1.2　操作程序

（1）素土或灰土垫层按设计标高找平后夯实。

（2）将地面浇湿。

（3）铺底层焦渣灰，厚 8～10cm。铺平后用木拍子反复拍打，直至将焦渣拍打坚实。高出的局部应拍打平整。

（4）“随打随抹”做法的，不再抹面层，而应在此基础上继续将表面打平，低洼处可做必要的补抹。趁表面浆汁充足时用铁拍子反复揉轧，并顺势将表面轧光。局部糙麻之处可洒一些焦渣浆。在适当的时候再用铁抹子反复赶轧 3～4 次，直至表面达到坚实、光顺、无糙麻现象为止。现代有在表面撒 1∶1 水泥细砂后再揉轧出浆，赶光出亮的，效果不错。“随打随抹”做法适用于室外地面。

（5）抹面层做法的，应按下述方法操作：抹一层细焦渣灰，厚度以刚能把地面找平为宜，一般不超过 1～2cm。先用木抹子抹一遍，然后用平尺板刮一遍，低洼之处用灰补平。

（6）在焦渣灰干至七成时进行赶轧。

做焦渣地面时需要进行必要的养护。地面要经常洒水，保持湿润。三天之内，地面不能行走，15 天之内不能用硬物磨蹭地面。

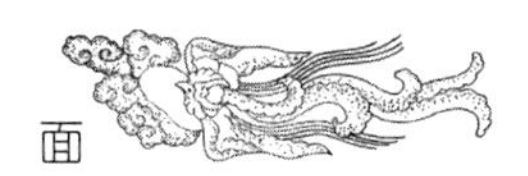

5.5.2 砖瓦石混合铺地

砖瓦石混合铺地是使用两种以上颜色的卵石并铺以青石碎块、黄石碎块、瓦片等材料组合成各种图案，也俗称花街铺地。这种铺地做法在园林中应用最为广泛。铺地的式样有很多种，如用砖加碎石组合成长八方式、砖与鹅卵石组合成六方式、瓦与鹅卵石组合成球门式、砖瓦加卵石和碎石组合成“冰裂梅花式”等（图 5-20）。所组合成的图案也十分丰

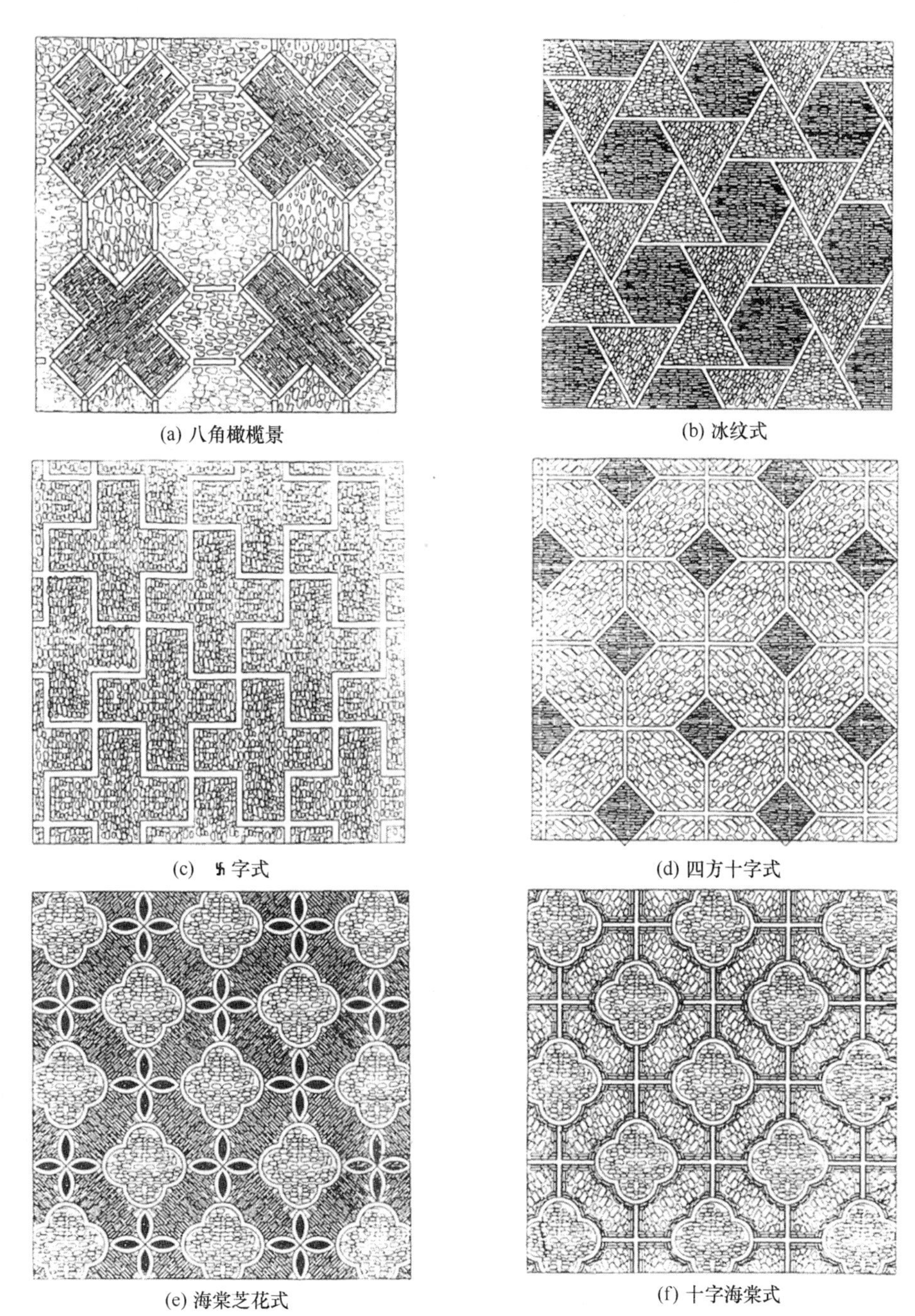

(a) 八角橄榄景　(b) 冰纹式　(c) 卐字式　(d) 四方十字式　(e) 海棠芝花式　(f) 十字海棠式

图 5-20　铺地图案

富，每组图案寓意吉祥，如有五福捧寿、六合同春、松鹤长寿等。

明代计成著《园冶》铺地条载："大凡砌地铺街，小异花园住宅，惟厅堂广厦中，铺一概磨砖。如路径盘蹊，长砌多般乱石。中庭或宜叠胜，近砌亦可回文。八角嵌方，选鹅子铺成蜀锦，层楼出步，就花梢琢拟秦台，锦线瓦条，台全石版，吟花席地，醉月铺毡。废瓦片也有行时，当湖石削铺，波纹汹涌。破方砖可留大用，绕梅花磨斗，冰裂纷纭。路径寻常，阶除脱俗。莲生袜底，步出个中来；翠拾林深，春从何处是。花环窄路偏宜石，堂迴空庭须用砖。各式方圆，随宜铺砌，磨归瓦作，杂用钩儿。"

"乱石路——园林砌路，惟小乱石砌如榴子者，坚固而雅致，曲折高卑，从山摄壑，惟斯如一。有用鹅子石间花纹砌路，尚且不坚易俗"。

"鹅子地——鹅子石，宜铺于不常走处，大小间砌者佳；恐匠之不能也。或砖或瓦，嵌成诸锦犹可。如嵌鹤、鹿、狮球，犹类狗者可笑"。

"冰裂地——乱青版石，斗冰裂纹，宜于山堂、水坡、台端、亭际（见前风窗式）。意随人活，砌法似无拘格，破方砖磨铺犹佳"。

"诸砖地——诸砖砌地屋内，或磨、扁铺；庭下，宜仄砌。方胜、叠胜、步步胜者，古之常套也。今之人字、席纹、斗纹，量砖长短合宜可也。有式。"可见古人早就开始利用碎砖、碎瓦及各种大小不同的石子铺成各种花样的地面。如北京故宫御花园的路面，颐和园的路面以及苏杭一带园林的路面都是现保存较好的实例（图 5-21、图 5-22）。

(a) 故宫御花园内的铺地

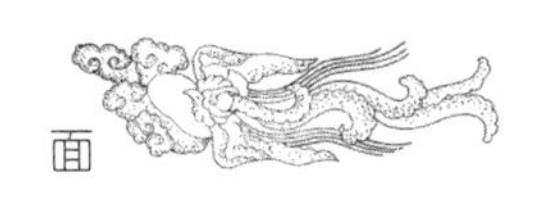

(b) 江苏退思园内的铺地

(c) 苏州拙政园内的铺地

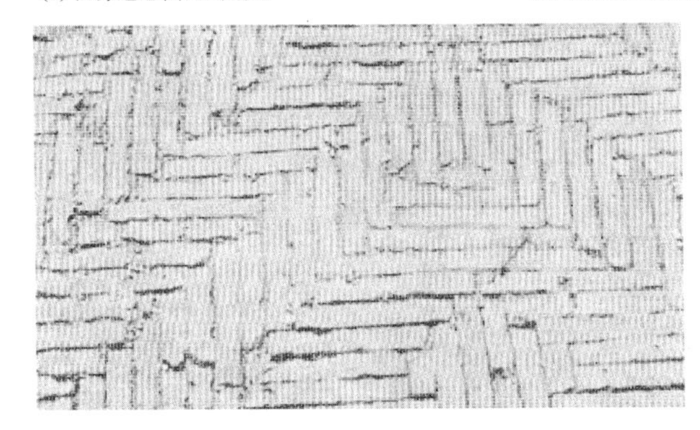

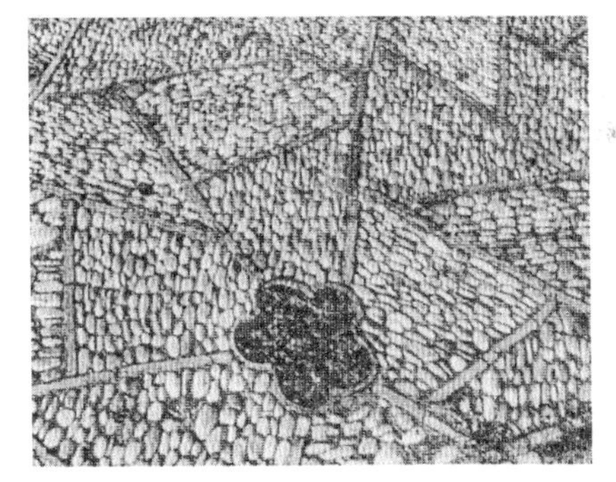

(d) 留园铺地

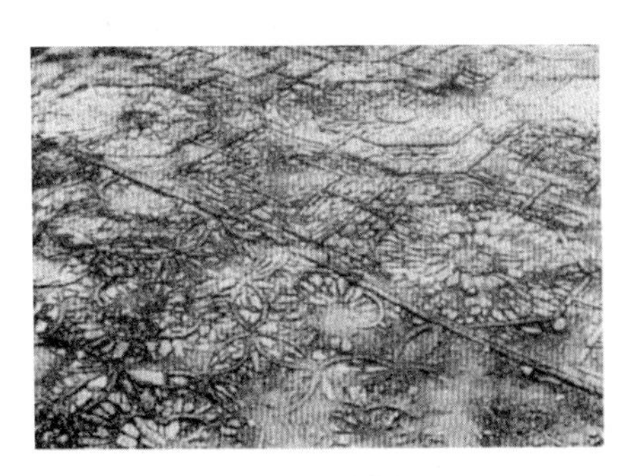

(e) 半园铺地

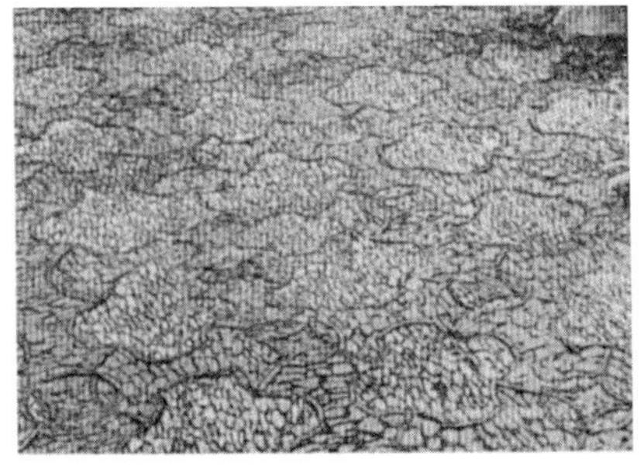

(f) 狮子林铺地

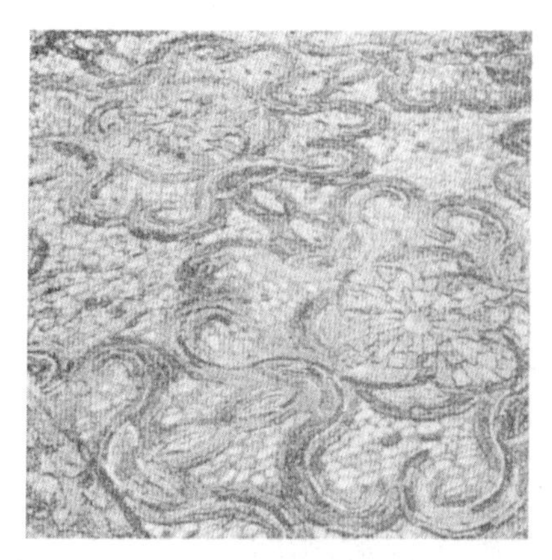

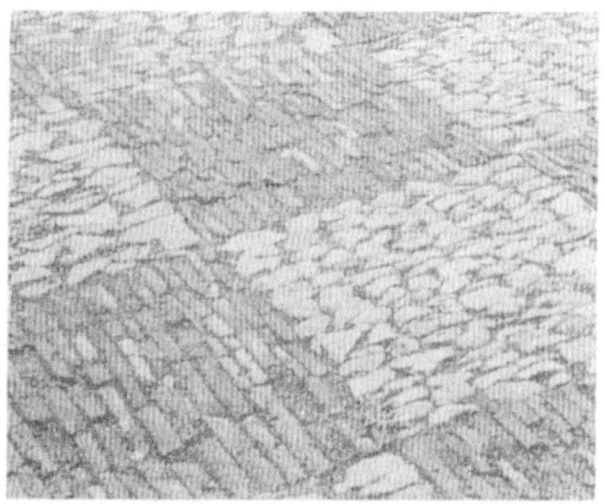

(g) 网师园铺地

图 5-21　砖瓦石混合铺地实例

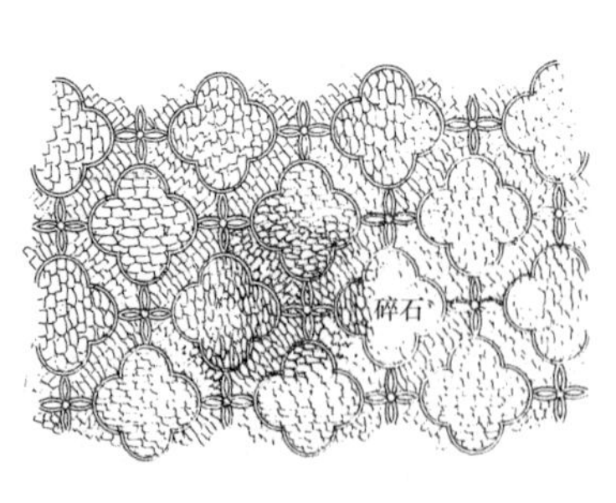

狮子林修竹阁

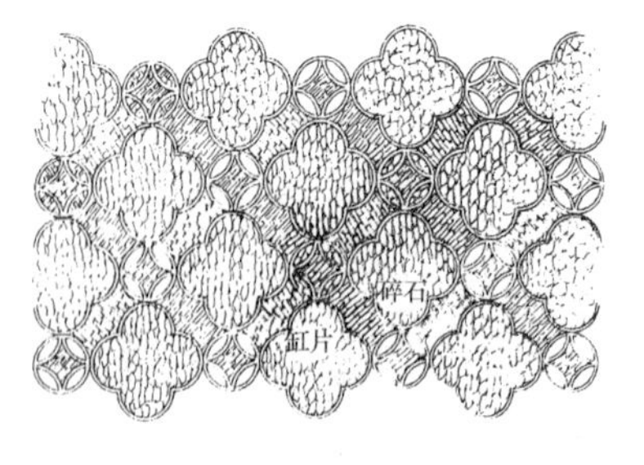

狮子林燕誉堂

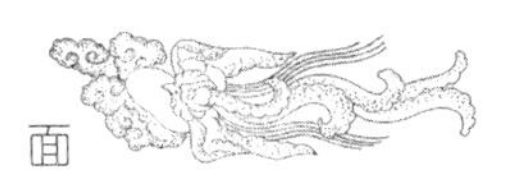

狮子林指柏轩

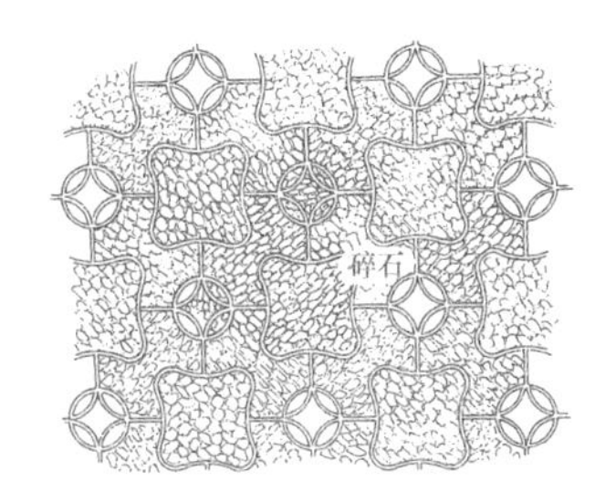

狮子林古五松园

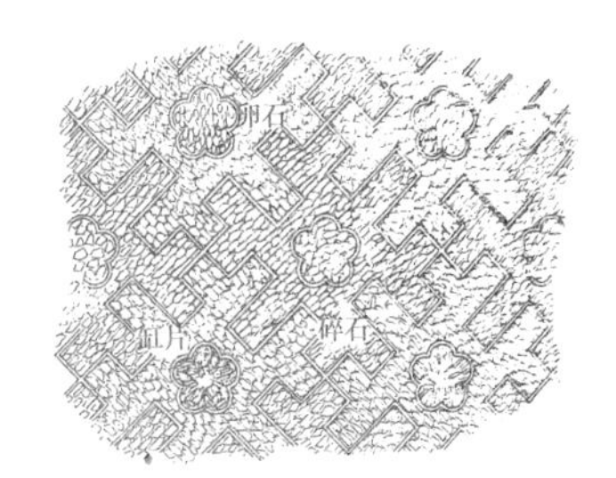

狮子林荷花厅

留园东园一角

狮子林小方厅

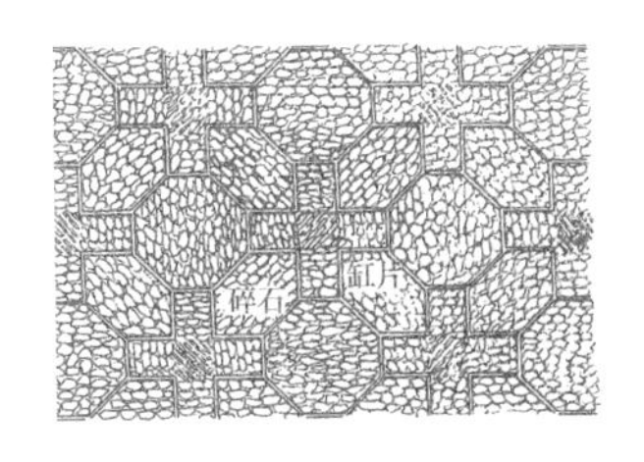

狮子林燕誉堂

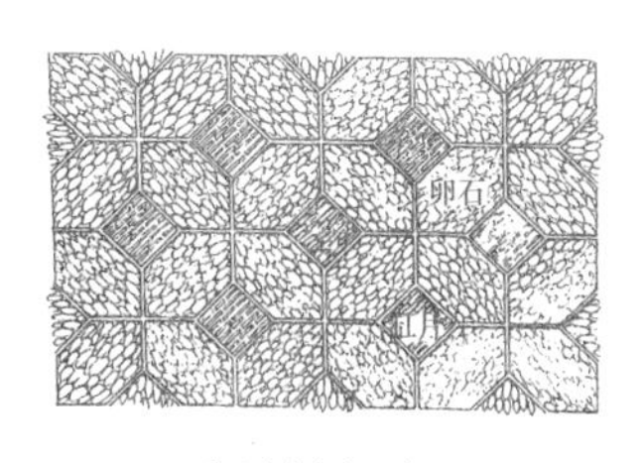

留园东园一角

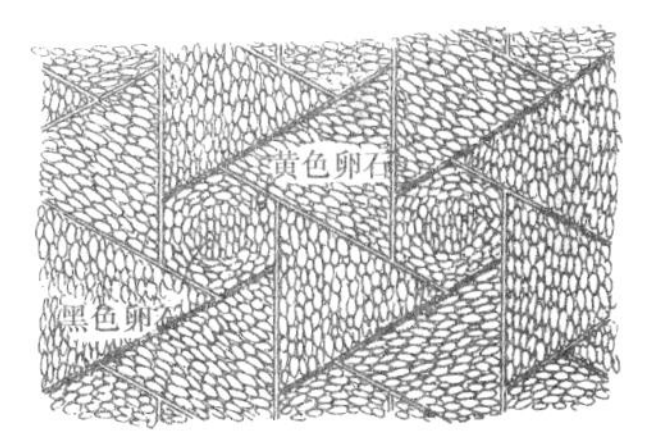

拙政园枇杷园

图 5-22 铺地图案实例图

5.6 御 路

故宫、帝陵、大的殿堂的台阶中央一般都设有御路。御路是由一整块汉白玉精雕而成，上面雕刻着龙、凤、祥云等各种图案，其中最特别的是故宫保和殿后面的一块御路长16.57m，宽3.07m，厚1.07m，重量超过200t，更为御路之首，下面列出了御路的一些照片供参考（图5-23）。

(a) 故宫坤宁宫御路

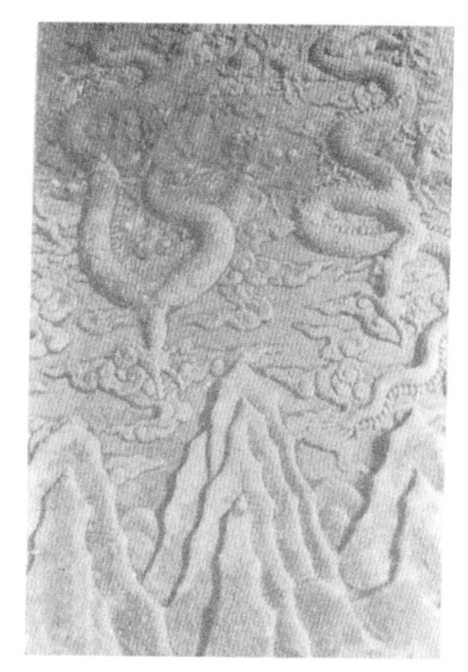

(b) 故宫中和殿御路

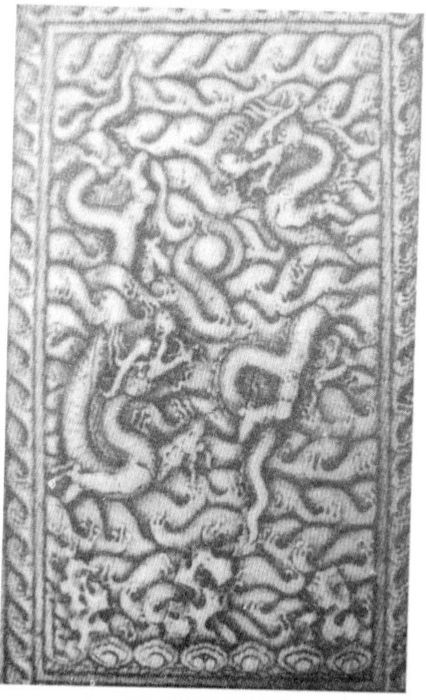

(c) 北海天王殿御路

(d) 明十三陵长陵棱恩殿御路

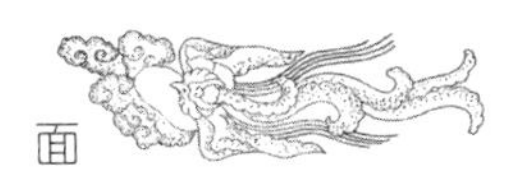

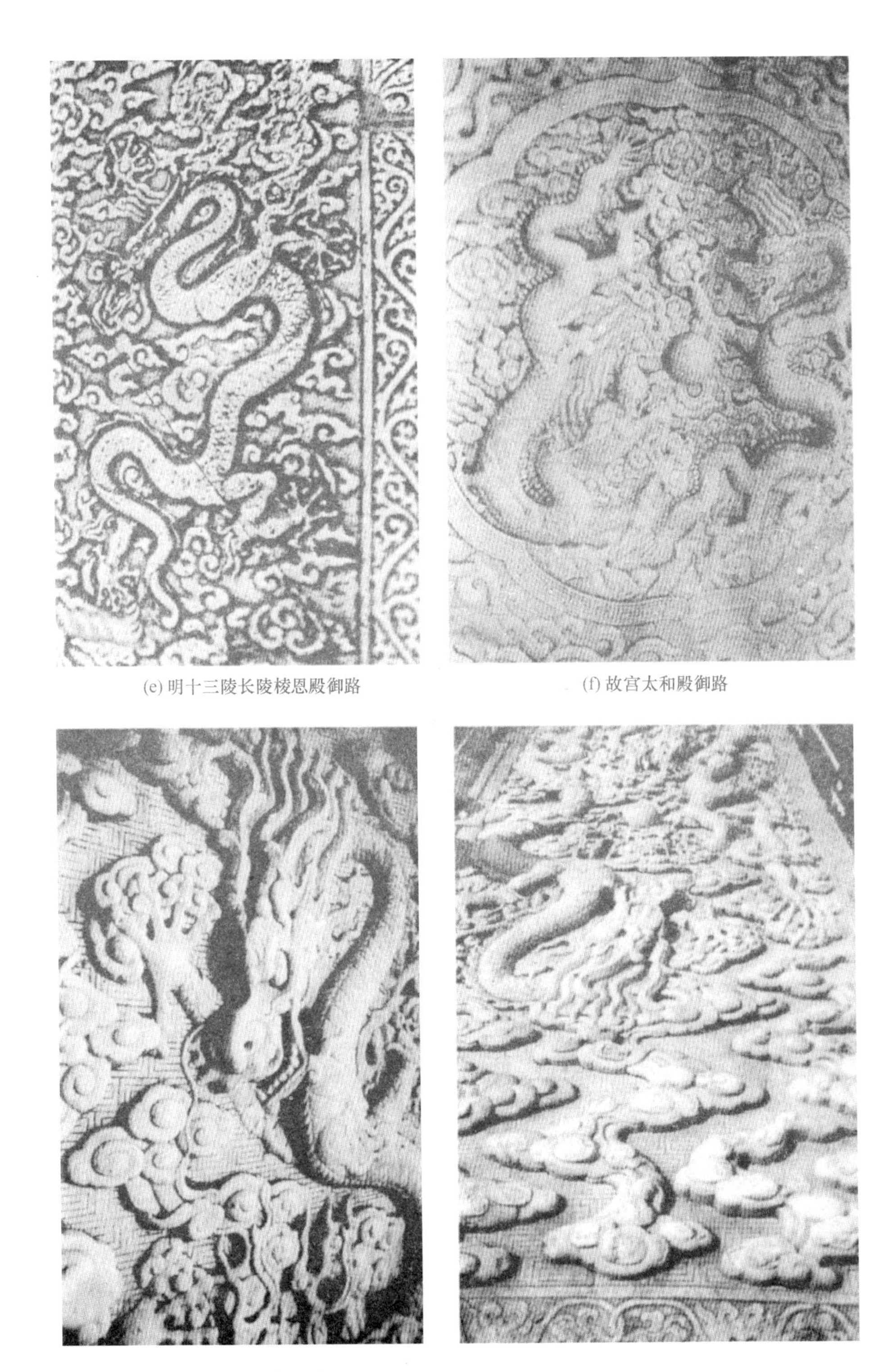

(e) 明十三陵长陵棱恩殿御路

(f) 故宫太和殿御路

(g) 天坛皇穹宇御路

(h) 天坛皇穹宇御路

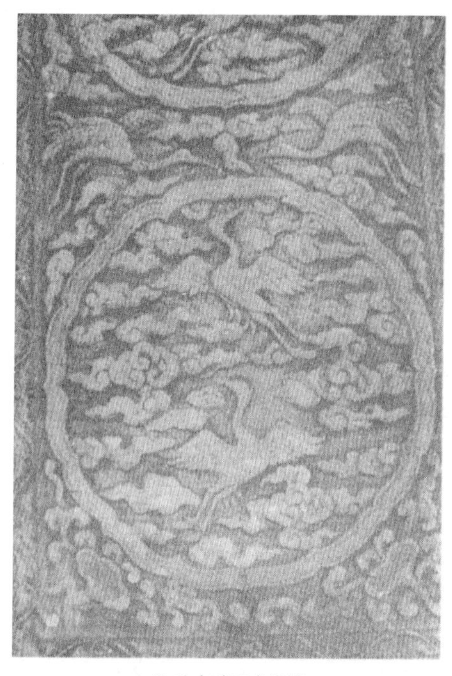
(i) 香山碧云寺御路

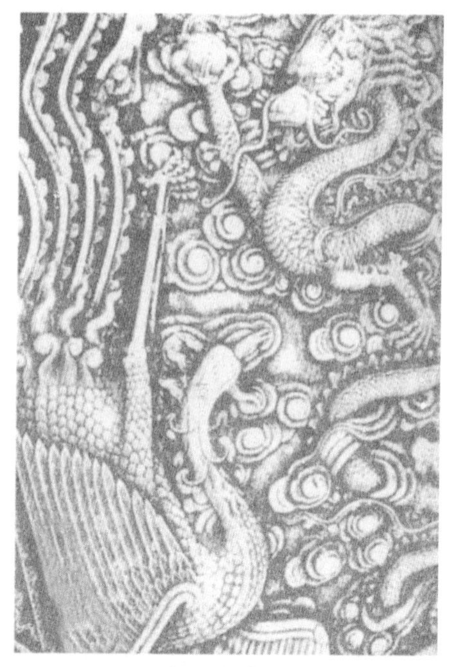
(j) 清西陵慕陵隆恩殿御路

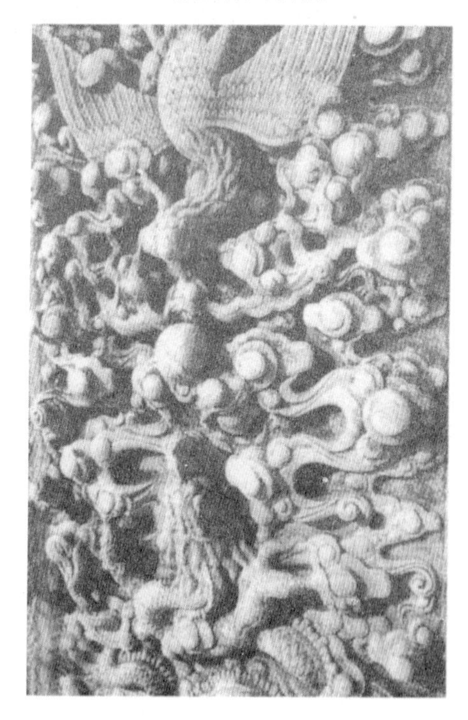
(k) 清东陵慈禧陵御路

(l) 湖南凤凰朝阳宫御路

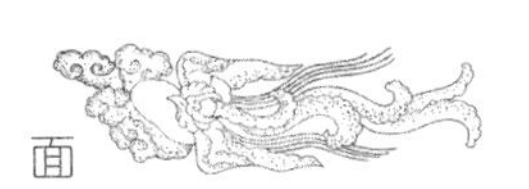

(m) 河南省社旗山陕会馆御路

(n) 清东陵慈禧陵御路

图 5-23 御路实例

第6章 砖石拱券

6.1 砖 拱 券

6.1.1 砖券的种类

砖券又作“砖碹”“砖碹”。按其形状可分为平券（又称“平口券”）、半圆券、车棚券（又称枕头券或穿堂券）和木梳背券等，除此而外，砖券还应用于门窗什样锦中，因此产生了圆光券、瓶券、多角券及其他异形券（图6-1）。

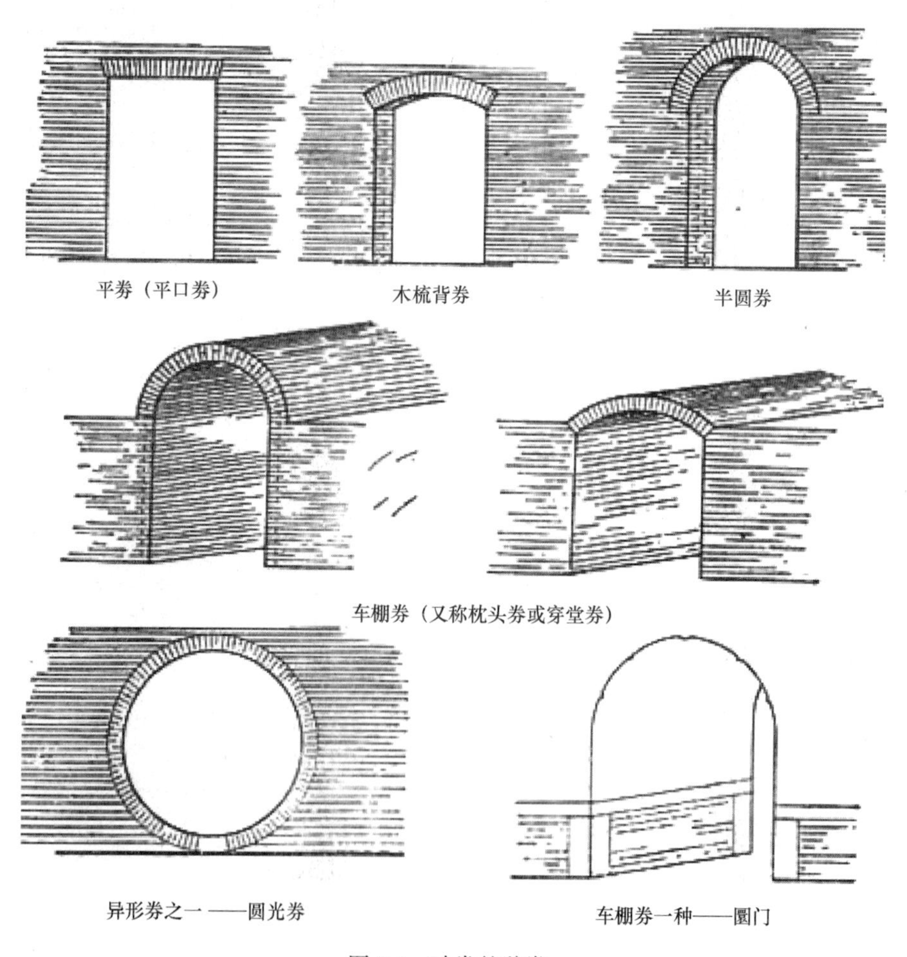

图6-1 砖券的种类

6.1.2 砖券的名称术语与看面形式

砖券的砌筑称“发券”(读“伐”)。砖券中立置者称为“券砖”，卧砌者称为“伏券”(图 6-2)，统称为“几券几伏”，如一券一伏、三券三伏等。平券大多只做券砖，不做伏券，木梳背券、车棚券和锅底券大多为两券两伏做法。糙砖的平券或木梳背券，可占有少许砖墙尺寸，被占用的部分称为“雀台”(图 6-2)。平券和木梳背券两端“张”出的部分称为“张口”。细作砖券的砖料应经过放样，砍制成上宽下窄的形状，称为“镐楔”(图 6-2)。糙砌的砖券所用的砖料不需砍磨，可直接使用。券正中的砖称为“合龙砖”或“龙口砖”，合龙砖的灰缝称为“合龙缝”。

砖券的看面形式有：甃(读“皱”)砖、马莲对、狗子咬和立针券。两券两伏以上作法或车棚券、锅底券，多用甃砖形式(图 6-3)。

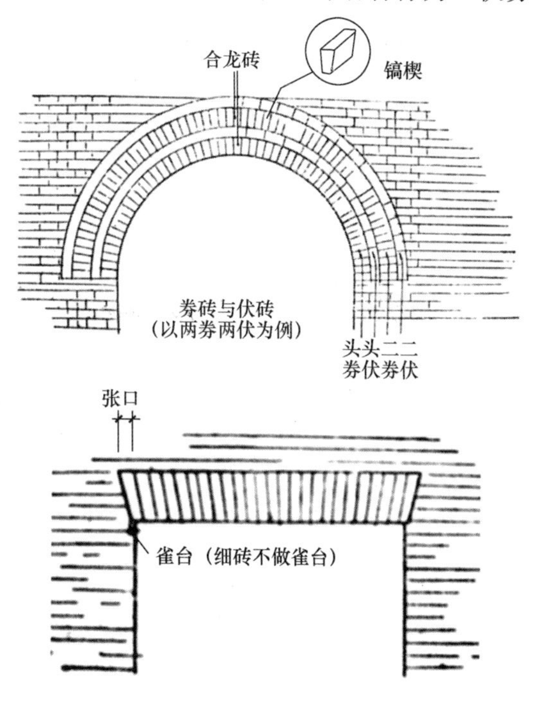

图 6-2 砖券的细部名称

6.1.3 券的起拱和砍砖放样

发券用的券胎，应适当增高起拱，这样做既可以抵消沉降，而且也更符合人们的视觉习惯。

传统的习惯起拱高度是：半圆券(包括半圆形式的车棚券、圆管券等)起拱高度为跨度的 5%；木梳背券的起拱高度为跨度的 4%；平券起拱高度为跨度的 1%。制作券胎及砍制镐楔砖需弹线放样。放样的具体步骤如图 6-4～图 6-6 所示。灰砌糙砖券的券胎可以不经弹线放样，但也应按规定起拱。

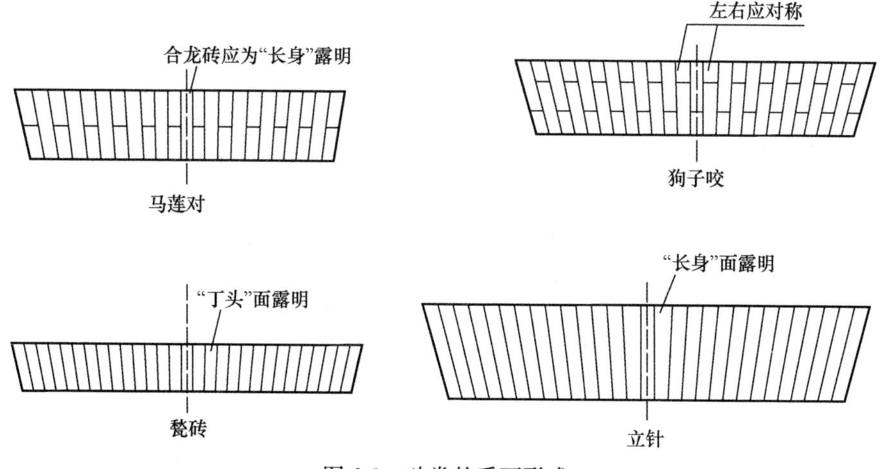

图 6-3 砖券的看面形式

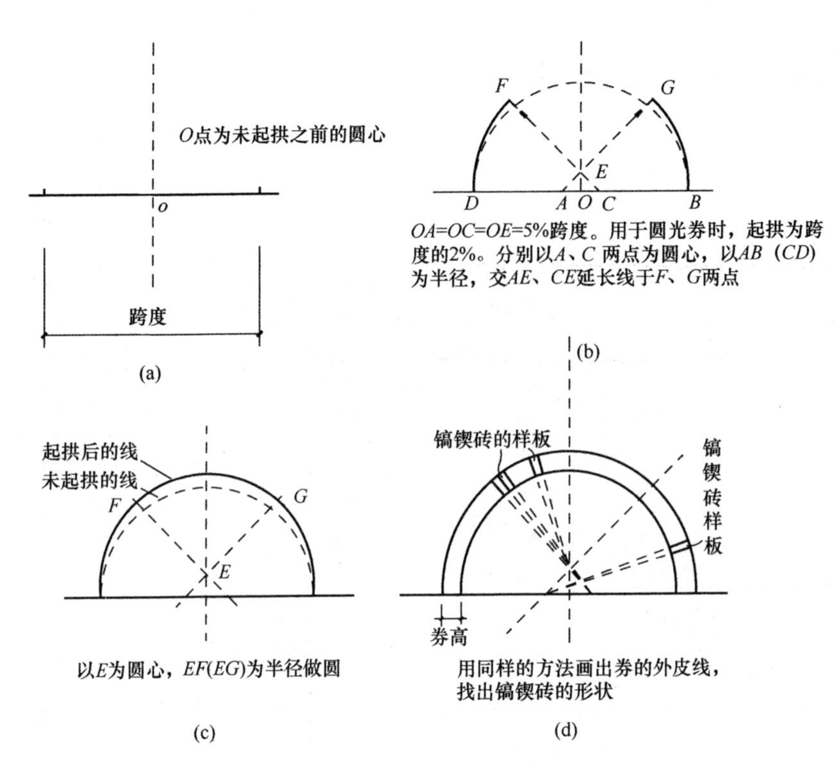

图 6-4　半圆券券胎及镐锲砖的放样方法

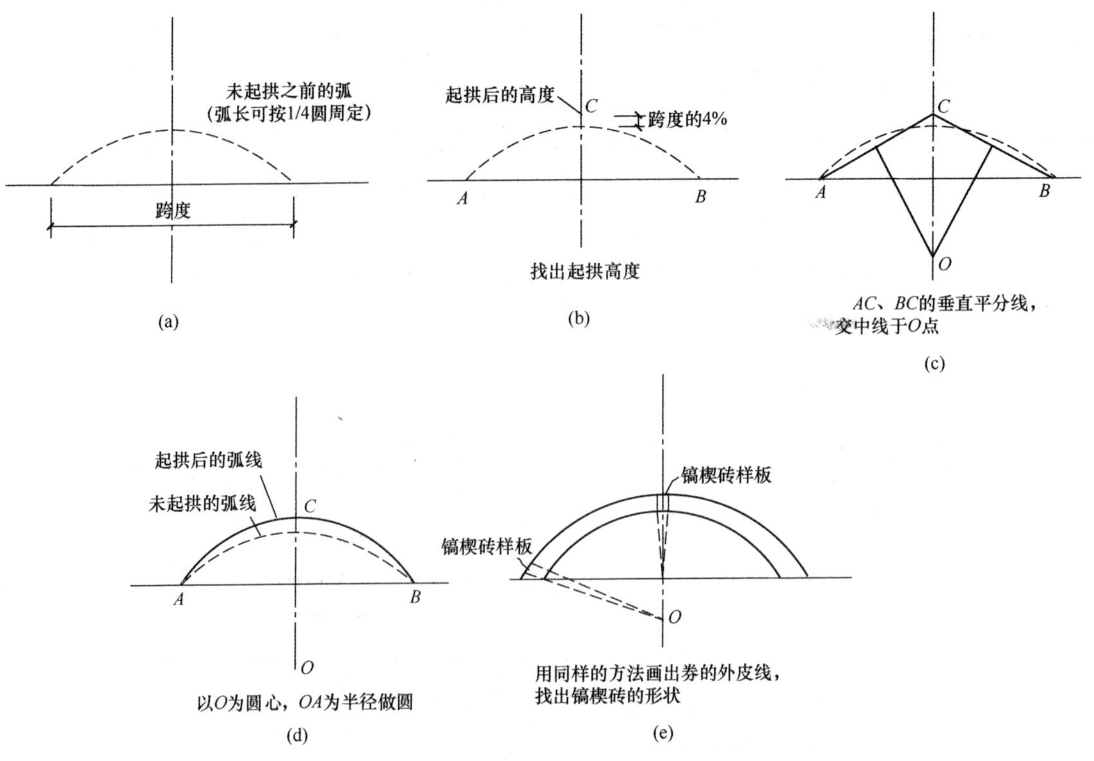

图 6-5　木梳背券券胎及镐楔砖的放样方法

6.1.4　摆砌

6.1.4.1　*摆砌规则*

（1）券砖应为单数。

（2）看面形式为马莲对的合龙砖应为“长身”露明（图 6-3）。

（3）如为细作砖券，不应留有“雀台”。

（4）平券的高度不小于跨度的 25%。

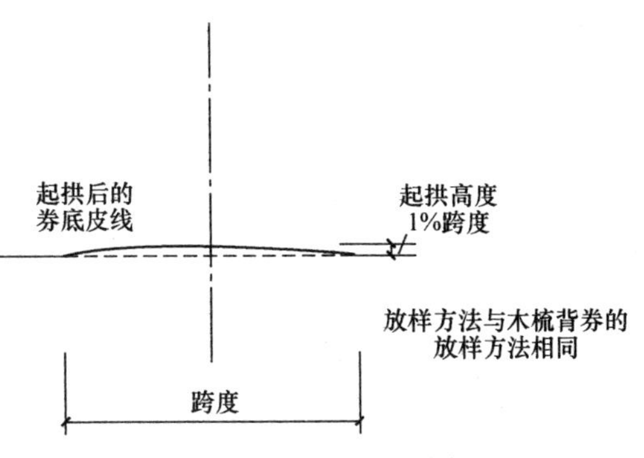

图 6-6　平券券胎的放样方法

6.1.4.2　*券胎制作*

发券应在券胎上进行。券胎可由木工制成木券胎，也可用砖搭制成大致形状，然后用灰抹出券的形状和起拱。大型券（如城门洞车棚券）多用杉槁支搭券胎满堂红架子，然后在架子上铺板支成券胎。半圆券、木梳背券、车棚券的木券胎应经放样制成，其他券胎也应以样板为标准支搭。异形券应先按形状制成样板，下半部一般可不做成券胎，上半部则需按样板制做木胎或支搭砖胎。下半部为圆形的（如圆光券），可先在圆心部位用砖砌一个砖垛，然后用一根木杆作为半径指针，称为“抡杆”。用钉子钉入抡杆的一端，并钉在圆心位置上，砌筑时旋转抡杆，根据抡杆指示的位置就可以知道砖的准确位置（图 6-7）。

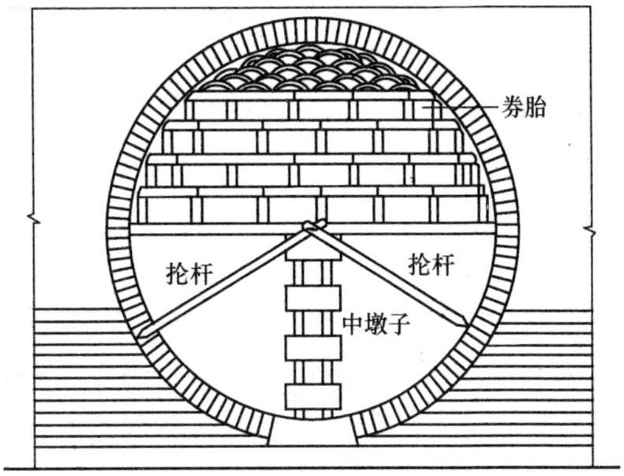

图 6-7　圆光券（月亮门）券砖的定位

注：下半部用抡杆，上半部用券胎。券胎增拱为跨度的 2%，也可按增拱 1 寸算。

6.1.4.3　*操作注意事项*

（1）灰砌糙砖者，灰缝应上宽下窄。计算块数时，灰缝厚度应按下口宽度计算。

（2）由于发券应从两端开始，最后放合龙砖，为保证看面形式和砖缝排列的正确，应从合龙砖开始往两端排活，经排活确定了两端砖的摆法后再开始发券。比如马莲对形式的券，龙口砖确定为长身露明，龙口两端的砖应为丁头露明（图 6-3），所以两端的砖应为长身露明。

（3）灰砌糙砖者，块数是用跨度除以砖厚（包括灰缝厚）得到的，计算时应注意，合龙砖的灰缝为两份，此处的灰缝厚度应加倍计算。

（4）在实际操作中，为避免误差，可将计算后确定的每块砖的准确位置点画在券胎上。

（5）发券时应拴卧线，厚度较大时，可拴两道以上。

（6）砖与灰浆的接触面应达到 100%。为保证灰浆的密实，可用瓦刀轻轻砸砖。砌完后应在上口用石片“背楔”，即将石片塞入灰缝内，然后灌浆。应注意不能采用先打灰条，然后灌浆的方法，这样会降低强度。

（7）抹红灰的墙面，如一些宫门或庙宇的山门等，一般应做成圈门形式（图 6-1）。

圜门牙子可用方砖制成，然后贴砌在墙的表面。墙面抹灰与砖抹平，表面涂刷红浆。券底要抹月白灰或黄灰。

6.2 砖券结构

砖券广泛应用于砖塔、无梁殿、墓室、桥梁、民居等之中。在我国古建筑中存在大量的实例，下面介绍无梁殿和墓室两种类型，砖塔另外介绍。

6.2.1 无梁殿

无梁殿为我国古代全部采用砖结构的房屋建筑，较多出现于公元十五至十六世纪中叶。无梁殿建筑有单层和双层两种。屋顶、楼层结构有筒拱、穹窿、叠涩、斗八等类型。建筑外形有全部模仿木结构楼阁，屋顶有举折，用泥顶盖筒瓦；也有屋檐、平坐、柱额、斗拱都用砖或石块仿木结构形式制造，拼装而成。还有简化仿木结构的屋檐斗拱等部分，作为砖砌叠涩。用砖砌穹窿、叠涩的圆形屋顶与方形建筑墙体之间的过渡，常在屋内四角用叠涩或砖制斗拱出挑承托圆顶。当面积较大时，将平面分隔成三部分，用三座穹窿或两侧筒拱、中央斗八等不同形式。

6.2.1.1 *南京灵谷寺无梁殿*

灵谷寺无梁殿位于南京紫金山下，为面阔五间重檐歇山顶建筑（图 6-8～图 6-11）。东西宽 53.8m，南北深 37.85m。殿前有月台，后有甬道，正面开三门二窗，背面开三门，两山墙各开三窗，门窗均为三券三伏的拱券。殿身内部结构为券洞式，正面广五间，每间开一券，侧面进深三间，各为一列半圆形筒拱，中列最大，跨度为 11.25m，高 14m；前、后券洞跨度各为 5m，高 7.4m；其他的券洞跨度为 3.35m，高 5.9m。四周外墙厚约 4.2m，三个筒拱间的两道拱脚墙厚约 2.4m，均为一顺一丁砌法。此殿为现存明代诸无梁

图 6-8　南京灵谷寺无梁殿

图 6-9　南京灵谷寺无梁殿内景

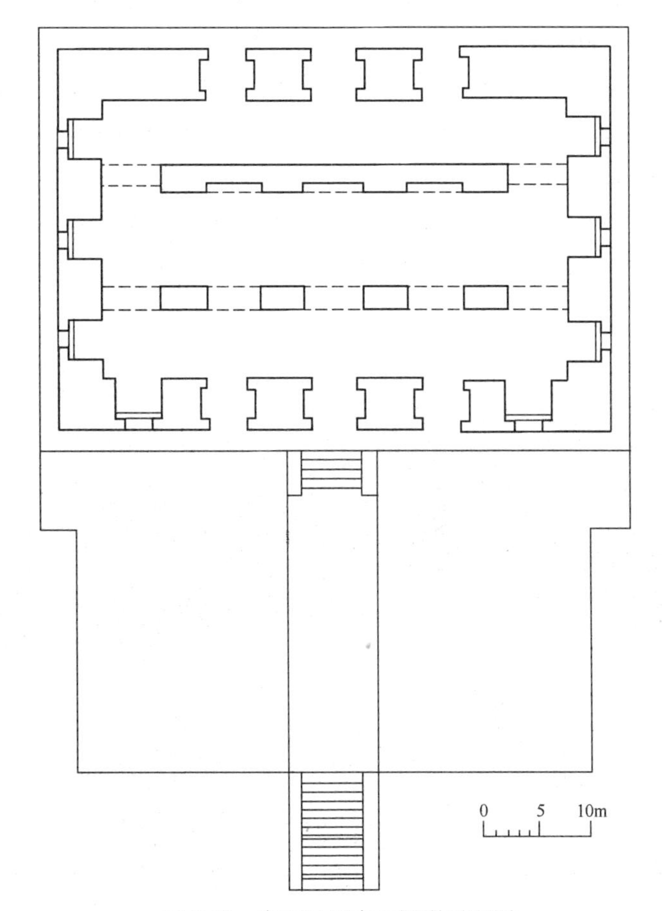

图 6-10　南京灵谷寺无梁殿平面图

殿中，建造年代最早（洪武至嘉靖年间建）、建筑规模最大的一座，表现出了明代较高的砖结构建造技术。

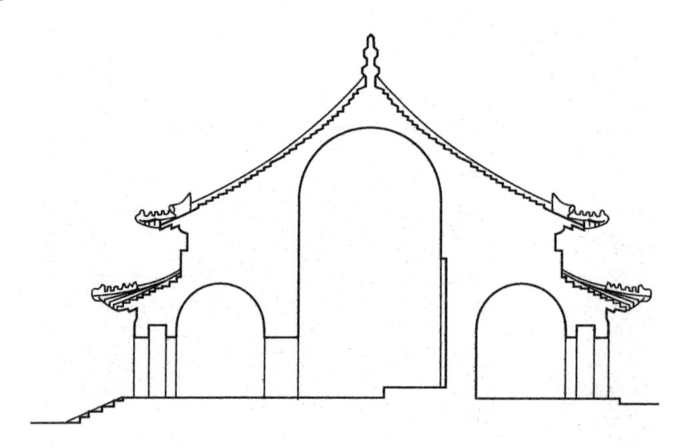

图 6-11　南京灵谷寺无梁殿横剖面图

6.2.1.2　北京皇史宬

皇史宬位于北京皇城东南部，始建于明嘉靖十三年（1534 年），初名神御阁，嘉靖皇帝指定要建在明代南内中，“制如南郊斋宫，内外用砖石团甃”，嘉靖十五年（1536 年）建成后改名皇史宬，是仿照古代“石室金匮”之意修建的一座用砖石垒砌的防火档案库。此殿为面阔九间、进深五间的黄琉璃瓦单檐庑殿顶建筑（图 6-12～图 6-14），建在高 1.42m 的石须弥座台基上，前有月台，台基四周以精美雕凿的汉白玉栏杆环绕。殿正面开五个拱门，中间三间各开一门，然后隔间再对称开门。殿身全部为砖垒砌，前檐墙厚 6.8m，后檐墙厚 5.95m，两山墙厚 3.4m，其间建一道长 40.5m、跨度为 9.05m、高 8.09m 的东西向筒拱。在大小阑额之上完全用石料仿木造柱子、阑额、斗拱、檐椽、飞椽等构件。

图 6-12　北京皇史宬

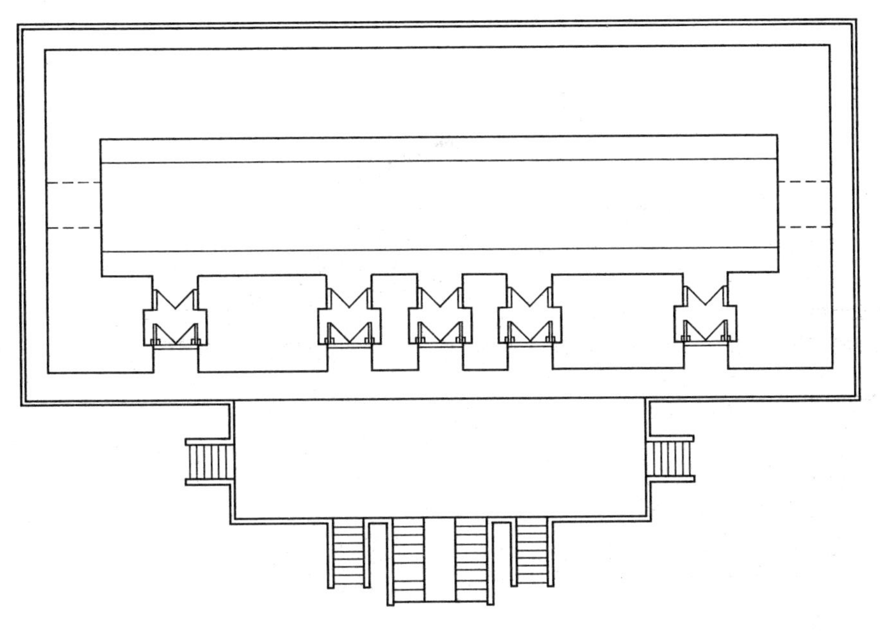

图 6-13　北京皇史宬平面图

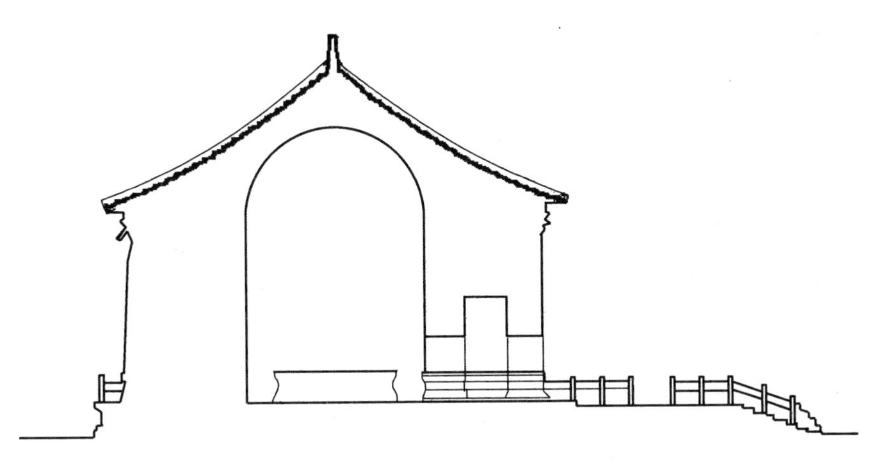

图 6-14　北京皇史宬横剖面图

6.2.1.3　北京天坛斋宫正殿

天坛斋宫正殿始建于明永乐十八年（1420 年），为黄琉璃瓦单檐庑殿顶建筑（图 6-15～图 6-17）。殿外观面阔七间，宽约 47m，进深两间，深约 18m，正面中间五间各开一门，背面明间开一门，与常见无梁殿惯用券洞门不同，均为上置木过梁的平门。殿内部结构为纵向并列的五个连续半圆形筒拱，在近后檐墙处与隔墙上开券门连通，明间拱的跨度约 8m，其他间拱的跨度约 6m，两侧为厚约 5m 的山墙，以平衡拱之推力。此殿为现存明代无梁殿中用纵列拱结构的最早实例。

6.2.1.4　山西五台山显通寺无梁殿

显通寺无梁殿位于山西五台山台怀镇，建于明万历三十四年（1606 年），为僧妙峰所建，是一座砖砌仿木构形式的两层楼阁式歇山顶建筑（图 6-18）。面阔七间，进深三间，

图 6-15　北京天坛斋宫正殿

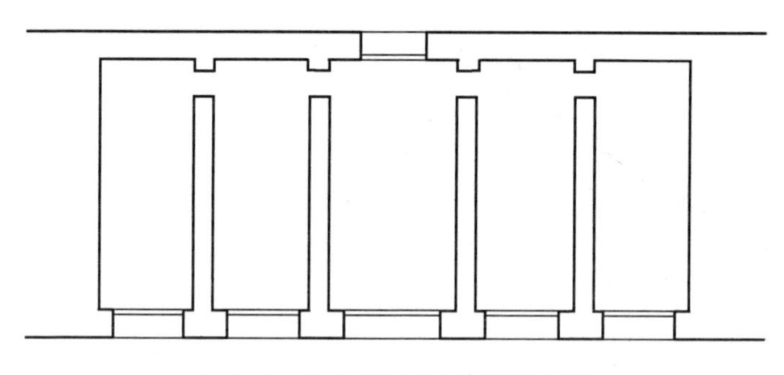

图 6-16　北京天坛斋宫正殿平面图

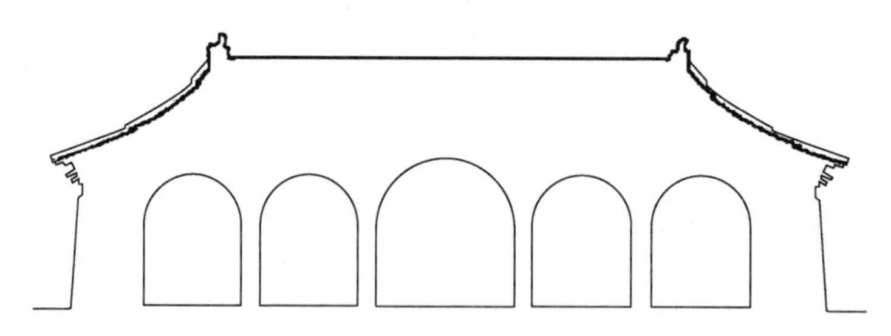

图 6-17　北京天坛斋宫正殿纵剖面图

殿内上、下层均分前、中、后三部分，中部为大厅，是一通高二层、跨度 9.5m 的横向筒拱，一层用隔墙分为三间，正中间用四角叠涩砖斗八藻井，上铺木地板，为二层的地面，形成上下两层。一层的前、后逐间砌筑一沿进深方向的小筒拱，内端抵在中跨拱脚墙上，各开一券门与大厅相通。二层的前、后也同样是逐间各砌筑一小筒拱，抵在中跨拱脚墙上，在小拱间的共用脚墙上各开一券门，使得各小拱相通，形成周圈回廊（图 6-19～图 6-21）。此殿的结构特点是以中间通高两层的大跨筒拱为主体，两侧为上、下两层与它垂

图 6-18　山西五台山显通寺无梁殿

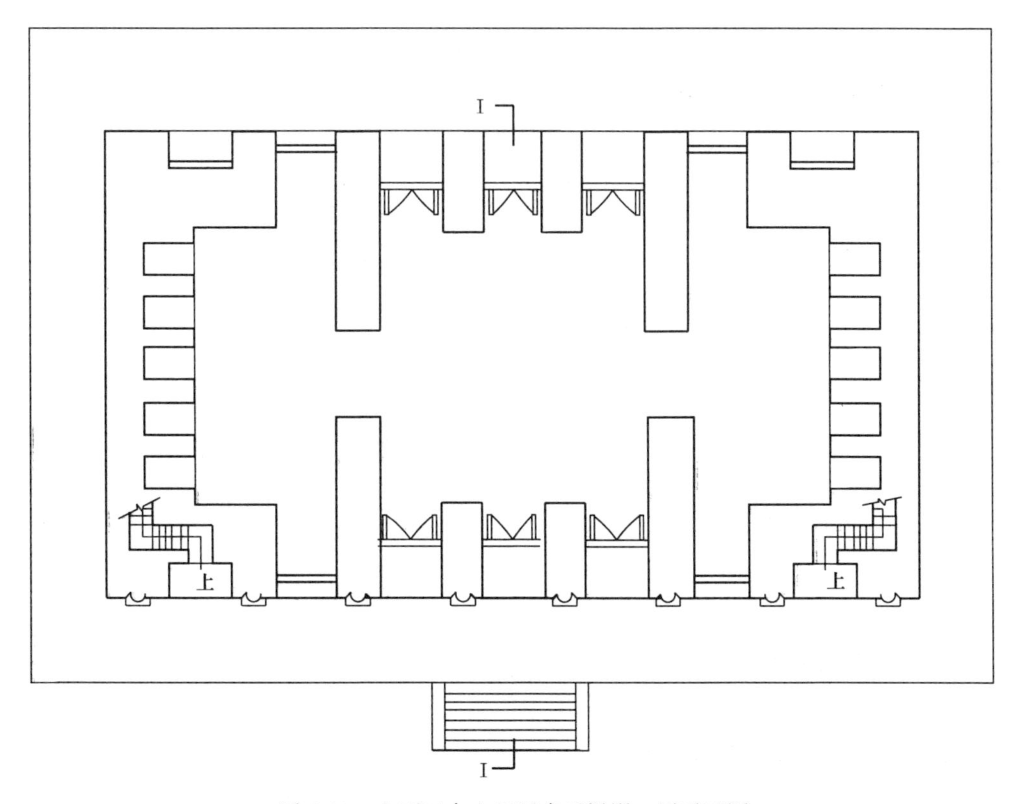

图 6-19　山西五台山显通寺无梁殿一层平面图

直的小筒拱，与主体的拱脚墙连接，上、下层纵向小筒拱间共用的多道拱脚墙与横向大筒拱的拱脚墙垂直相交，这样有利于平衡大拱的推力。

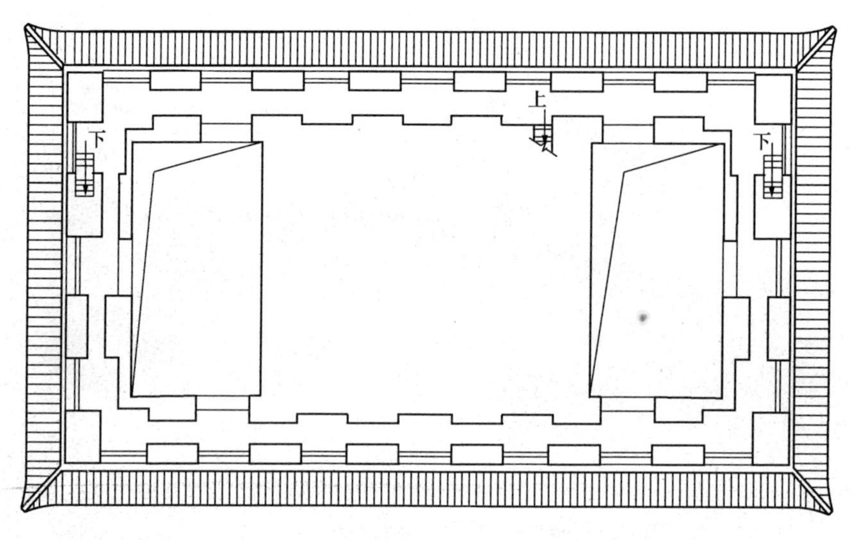

图 6-20　山西五台山显通寺无梁殿二层平面图

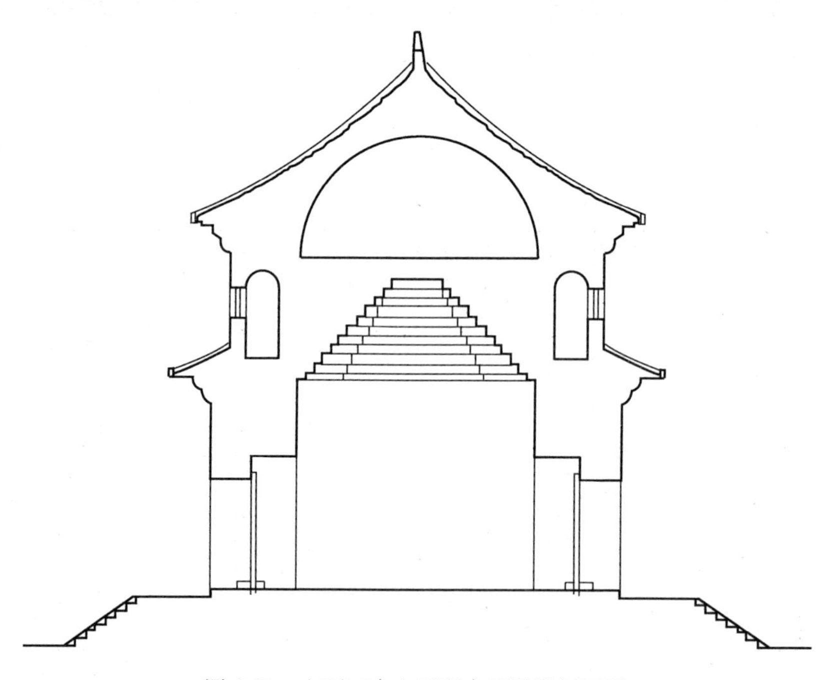
图 6-21　山西五台山显通寺无梁殿剖面图

6.2.1.5　苏州开元寺无梁殿

苏州开元寺无梁殿为藏经阁，建于明万历四十六年（1618 年），为面阔五间、进深三间砖砌仿木构形式的两层楼阁式歇山顶建筑（图 6-22）。一层中间三间为一沿面阔方向的大筒拱，其前、后建与之垂直的小筒拱，分别开有门、窗。小筒拱间共用的拱脚墙与中间大筒拱的拱脚墙垂直相交，有利于平衡大拱的推力，两端各一间为沿进深方向的筒拱，靠砖砌加厚的山墙来平衡其推力。上层为通长五间的横向筒拱，跨度为4.6m，将室内分成三间，中间一间出叠涩以承托木藻井（图6-23～图6-25）。

图6-22 苏州开元寺无梁殿

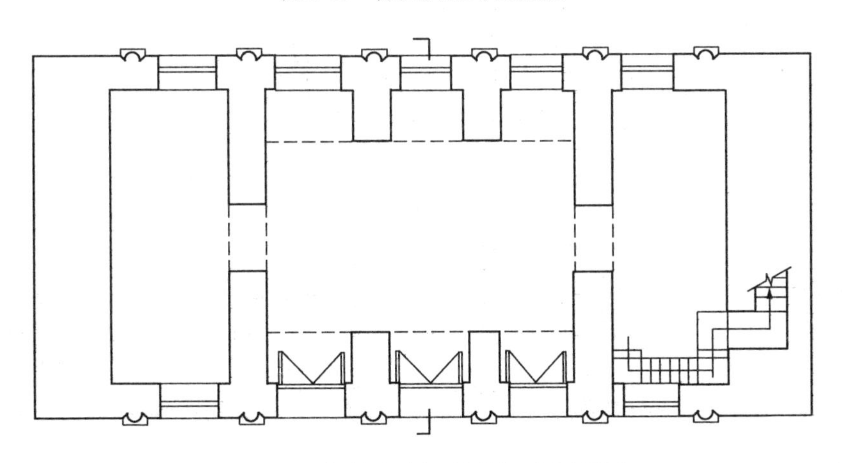

图6-23 苏州开元寺无梁殿一层平面图

6.2.1.6 其他无梁殿

上面仅介绍几座比较大的现存建筑，实际上在我国各地还存在大量的无梁殿，如北京颐和园万寿山上的“智慧海”建筑、山西天龙山无梁殿、山西源山老君洞无梁殿、杭州凤凰寺无梁殿、山西永济万固寺无梁殿、无锡保安寺无梁殿、滁县琅琊山无梁殿、峨眉山万年寺无梁殿、江苏宝华山隆昌寺无梁殿、山西太原永祚寺无梁殿等，就不再详细介绍。

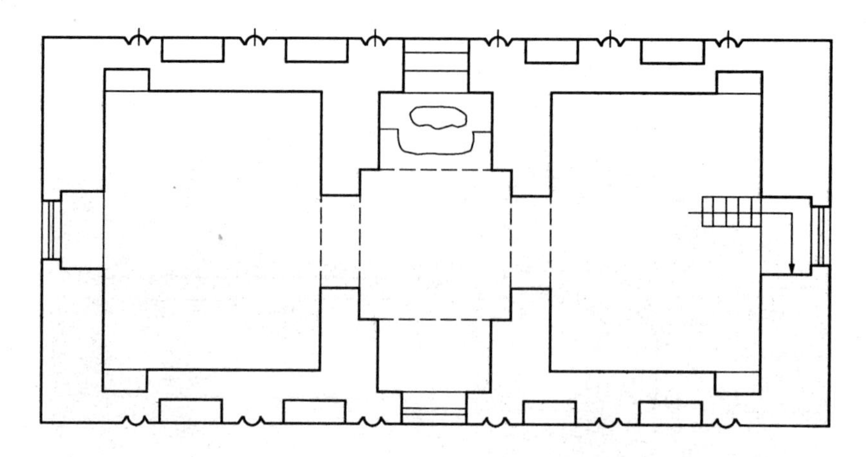

图 6-24　苏州开元寺无梁殿二层平面图

图 6-25　苏州开元寺无梁殿剖面图

6.2.2　砖墓室

我国古代砖结构最早用于墓室。砖顶结构最初以梁板形式的空心砖砌成（图 6-26）。以后因为增加跨度的需要，逐步向拱的方向发展，至西汉时（公元前 2 世纪）墓室采用了条砖顶的筒拱结构（图 6-27）。由于主墓室跨度的逐渐加大，又采用了砖砌拱壳和砖砌穹窿（图 6-28～图 6-32）。至宋代以后（10 世纪），墓室砖顶大多采用叠涩砖砌，即用条砖平砌逐层内挑，收拢成穹窿，施工简便（图 6-33、图 6-34）。

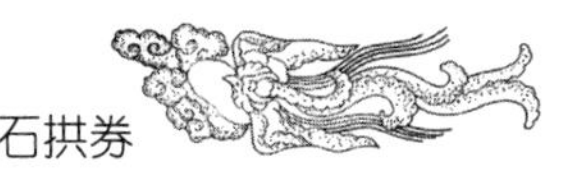

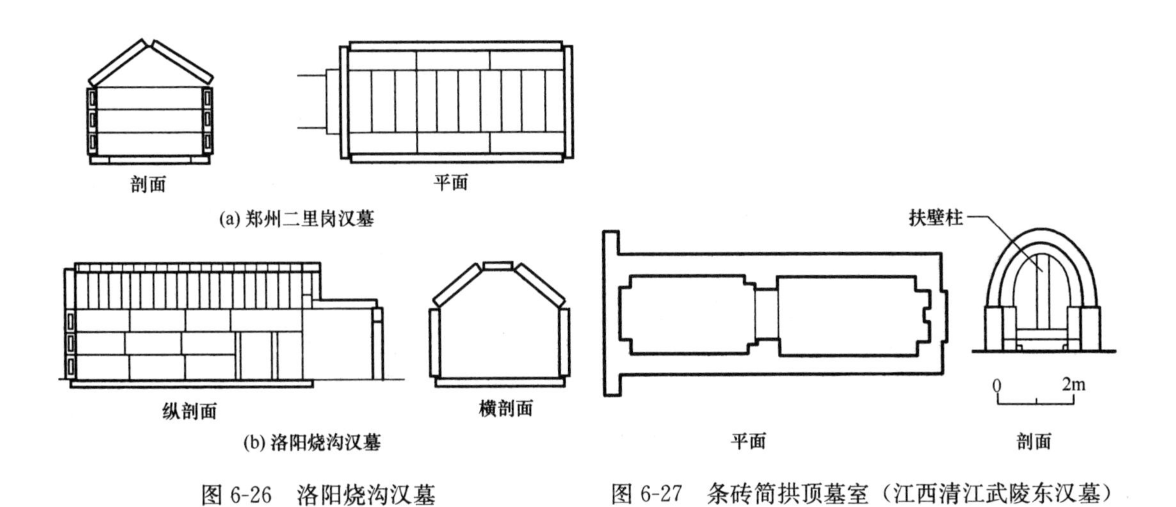

图 6-26　洛阳烧沟汉墓

图 6-27　条砖筒拱顶墓室（江西清江武陵东汉墓）

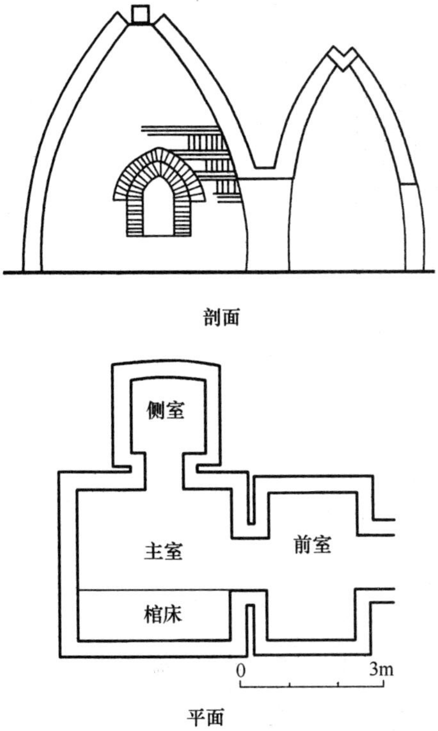

剖面

侧室
主室
前室
棺床
0
3m
平面

图 6-28　条砖穹窿顶墓室
（旅大营城河岗屯砖墓）

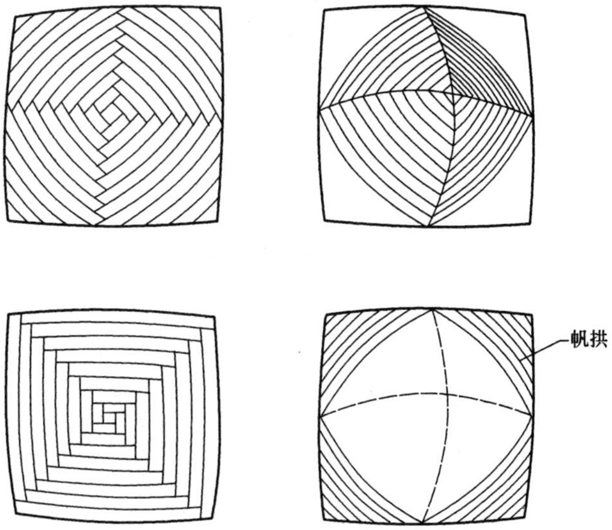

帆拱

图 6-29　拱壳顶

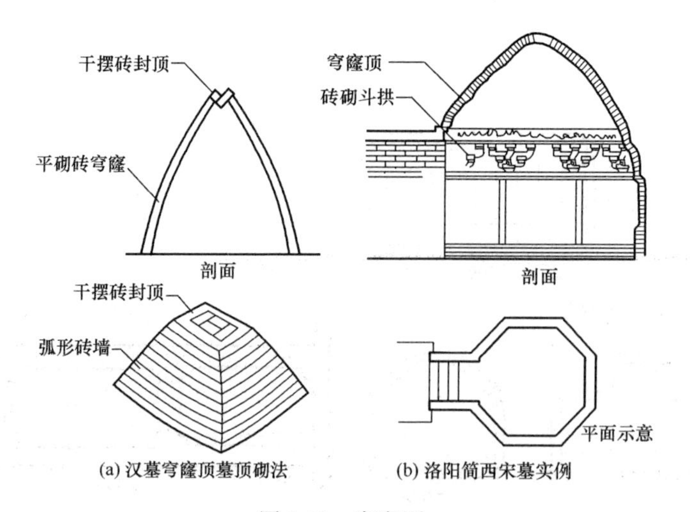

图 6-30　穹窿顶

图 6-31　河南洛阳西晋元康九年（299 年）徐美人墓的双曲扁壳顶

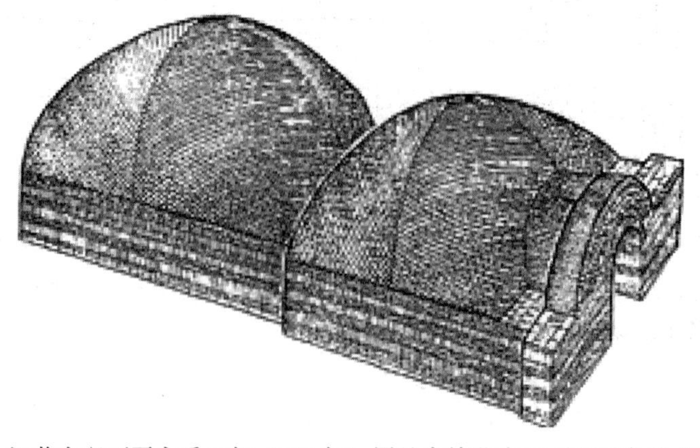

图 6-32　江苏宜兴西晋永乐二年（302 年）周处家族墓中用“四隅券进式”穹窿顶

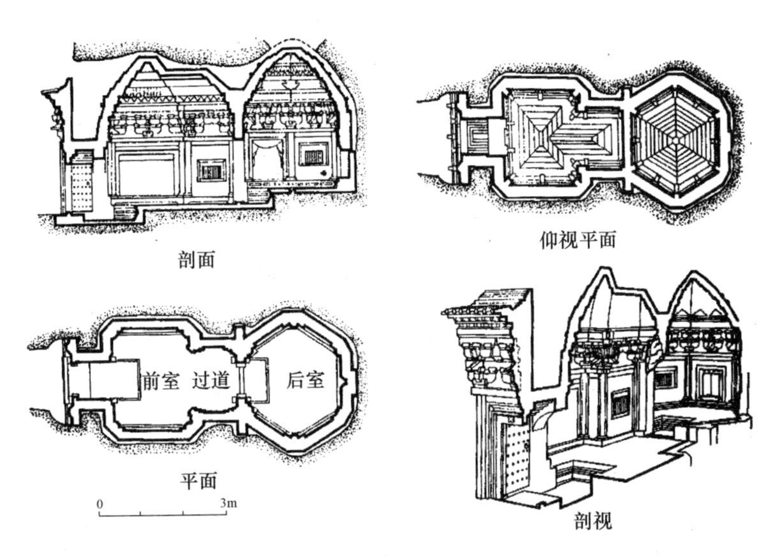

图 6-33　条砖叠涩顶墓室（河南白沙宋墓一号墓）

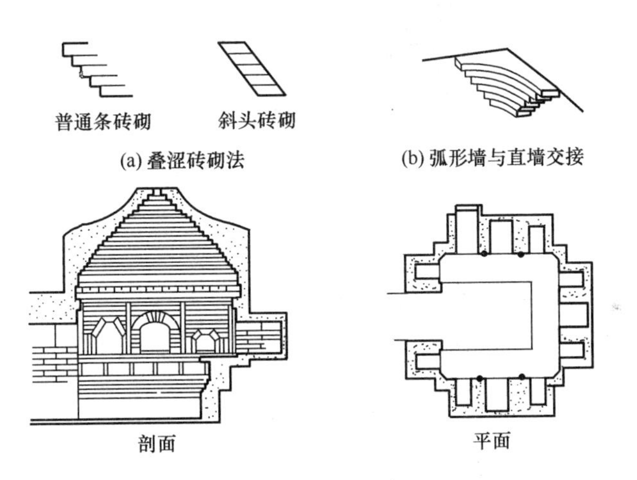

图 6-34　叠涩顶

6.3　石　拱　券

6.3.1　石拱券的用途及类型

石拱券多见于砖石结构，如石桥、无梁殿形式的宫门或庙宇山门等。此外，一些带有木构架的建筑，也常以设置石拱券为其惯用形制，如碑亭、钟鼓楼、地宫、庙宇的山门等（图 6-35）。

石拱券大多为半圆券形式。同为半圆形式，又因外形的不同分为锅底券、圆顶券和圜门券三种类型。锅底券的特点是，两侧的孤线做增拱后在中心顶端交于一点，略呈尖顶状，形似旧时的铁锅底；圆顶券的特点是，两侧的孤线虽做增拱但在顶端形成圆滑的孤线；圜门券的特点是，券的底部做出“圜门牙子”的装饰性曲线（图 6-36）。

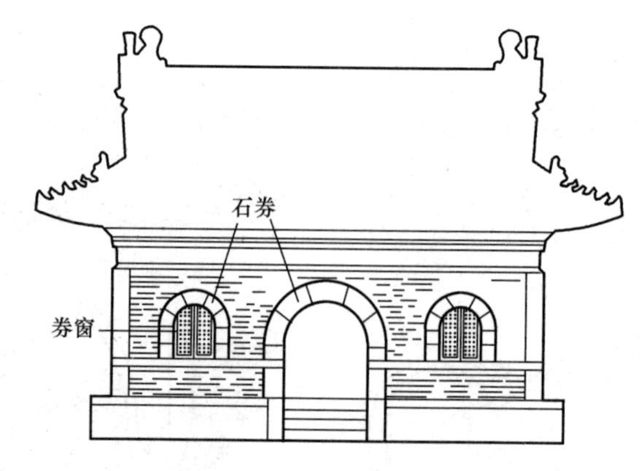

图 6-35　石券的位置示例

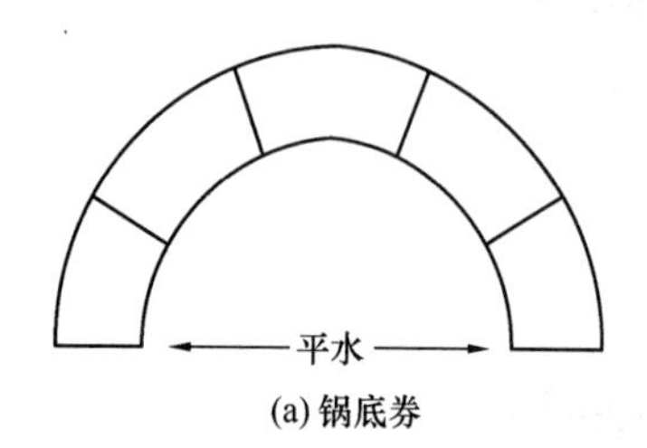

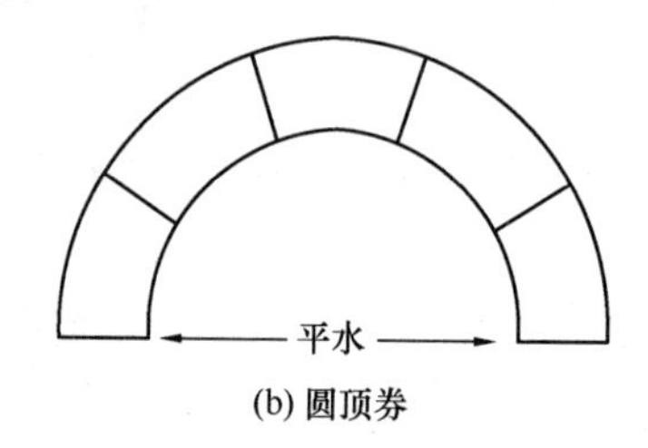

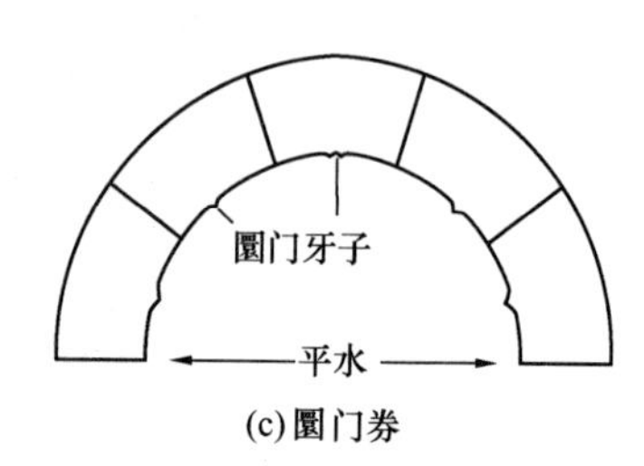

图 6-36　半圆券的三种类型

6.3.2　名词解释

发（读“伐”）券：券的砌筑安装过程。

合龙：安装券的正中间石料的过程。

样券：券石制成后的试摆、修理过程。

金门：券口的代称（图 6-37）。也可以泛指整个石券。

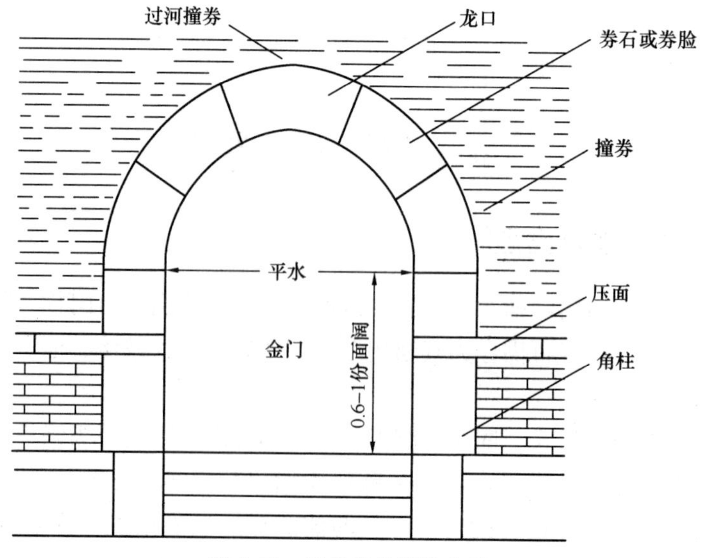

图 6-37　石券的各部位名称

券石和券脸石：石券由众多的券石砌成，其中最外端的一圈券石称为券脸石，简称券脸（图 6-35、图 6-36）。券体较薄时，直接由券脸组成。较厚的券体，券脸以内既可以由券石组成，也可以采用砖券形式。券脸石的规格尺寸如图 6-38 所示。

龙口石：简称“龙口”。券脸正中间的一块石料。也称“龙门石”。

平水：券体垂直部分与半圆部分的分界（图 6-35）。平水以上为石券，平水以下叫平水墙。

撞券：券脸两侧的砖或石料。龙口以上的撞券称为“过河撞券”（图 6-35）。

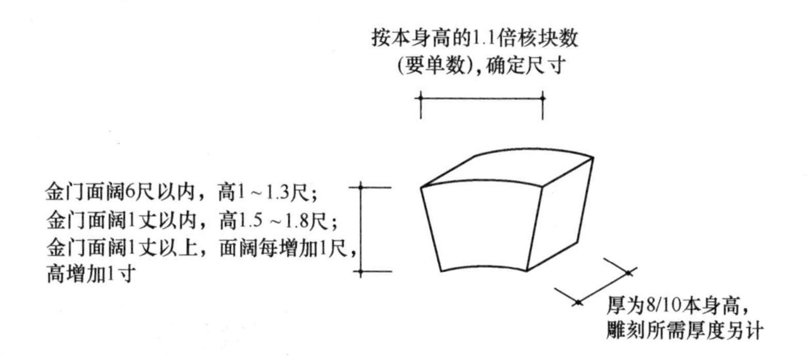

图 6-38　券脸石规格尺寸

6.3.3　石券的起拱与权衡尺寸

石券虽为半圆形式，实际上应向上升拱。升拱的高度一般为跨度的 5%～8%。锅底券、圆顶券和圜门券的实样画线方法如图 6-39 所示。

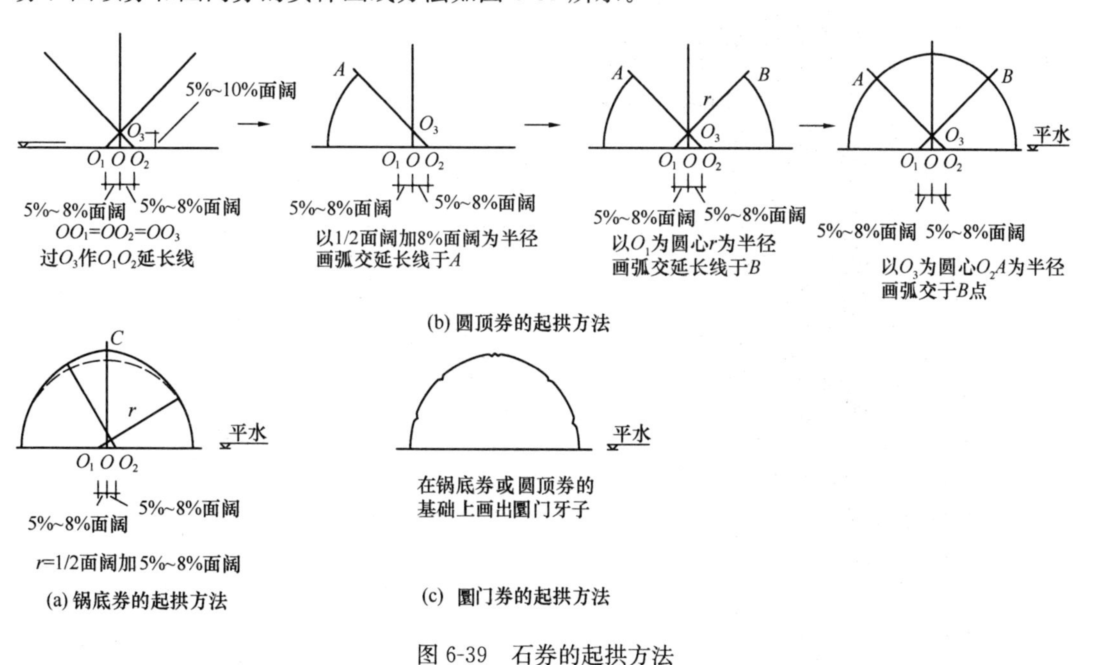

图 6-39　石券的起拱方法

石券的权衡尺寸如表 6-1 所示。

表 6-1 石券权衡尺寸

	高	长	厚
平水	0.6～1 份面阔（跨度）	—	—
起拱	5～8%面阔	—	—
券脸石	面阔 6 尺以内，高 1～1.3 尺；面阔 1 丈以内，高 1.5～1.8 尺；面阔 1 丈以上，面阔每增 1 尺，高增加 1 寸	1.1 倍本身高，结合块数确定具体尺寸，要单数	8/10 本身高，墙薄者，随墙厚。外露雕刻所需厚度另计
内券石	小于或等于券脸石高	6/10 本身高，结合块数确定具体尺寸，要单数	按宽加倍，再以进深核定尺寸

6.3.4 券脸雕刻

券脸雕刻的常见图案有：云龙、蕃草、宝相花、云子和汉纹图案（图 6-40～图 6-44）。雕刻手法多为浮雕形式。每块接缝处的图案在雕刻时应适当加宽，留待安装后再最后完成，这样才能确保接槎通顺。

图 6-40 券脸雕刻作云龙图案的石券

图 6-41　券脸雕刻作蕃草图案的石券

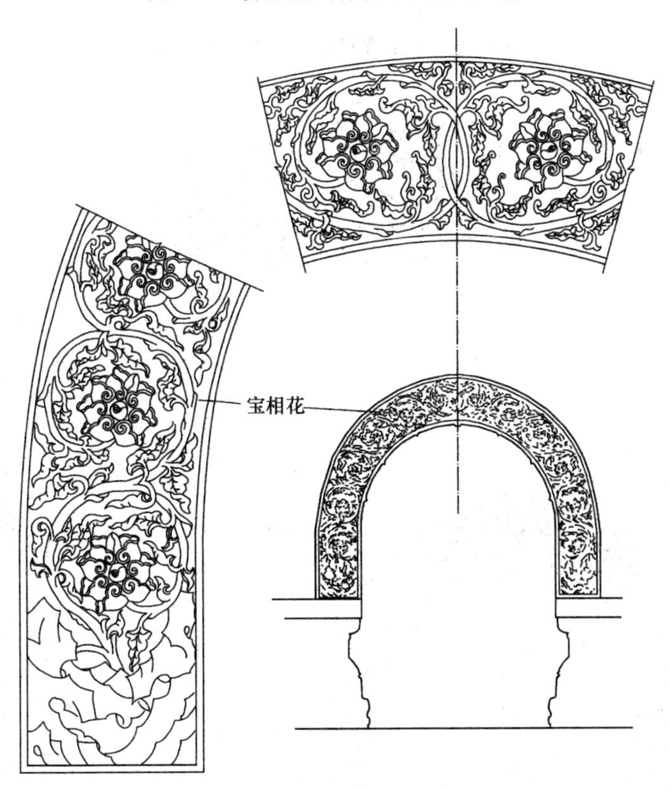

图 6-42　券脸雕刻作宝相花图案的石券

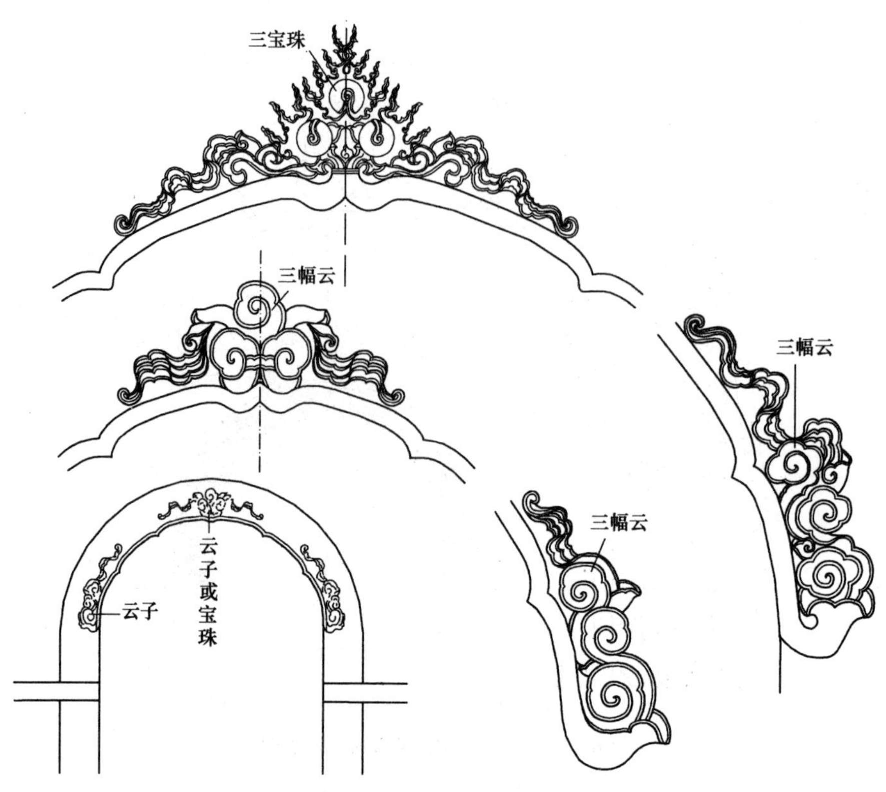

图 6-43　券脸雕刻作云子图案的石券

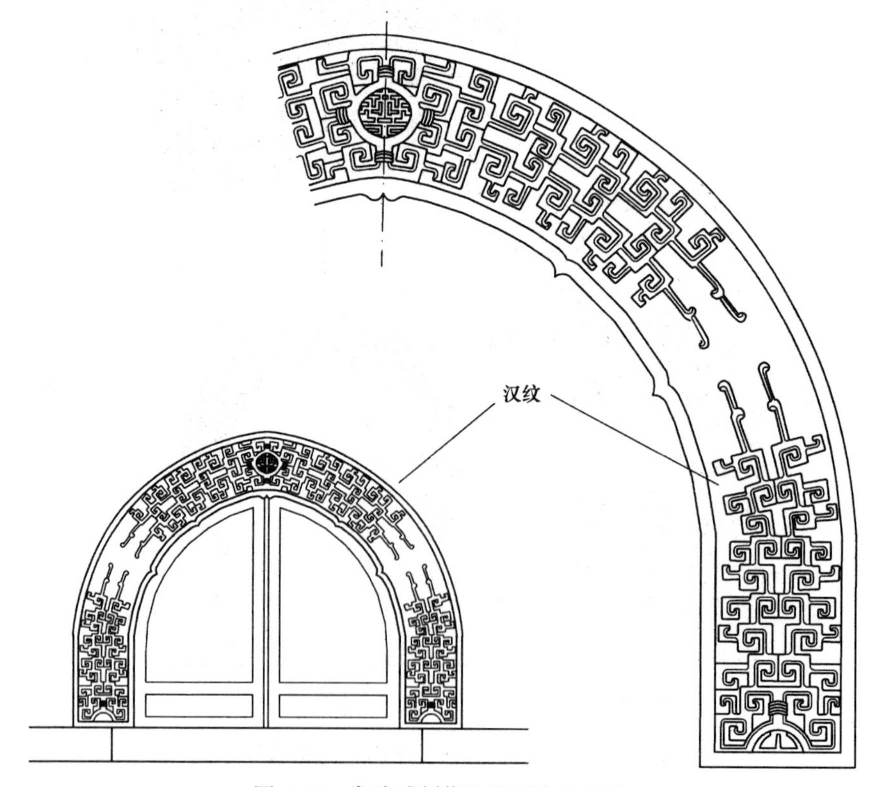

图 6-44　券脸雕刻作汉纹图案的石券

6.3.5 石券制作安装要点

6.3.5.1 制作

制作前应根据石券的有关规制画出实样，并按实样做出样板（一般用胶合板制成）。样板经拼摆检验证实无误后，即可以每块样板为准分别对每一块券石进行加工。龙口石可以加工成半成品，就是说，两侧的肋可多留出一部分，等发券合龙时确定了精确的尺寸后再进一步加工完成。券石的露明面应剁斧、扁光或雕刻。侧面的表面虽然可以不像露明面那样平整，但不得有任何一点高出样板。做雕刻的石券，应先经“样券”，再开始雕凿。每块石料线条接缝处的图案可适当加粗，等安装后再进一步凿打完成。

6.3.5.2 支搭券胎

发券前应先做出券胎，石券的券胎一般有两种。小型券胎由木工预先做好，放在脚手架或用砖临时堆砌的底座上。较大石券的券胎应先搭券胎满堂红脚手架（图6-45），脚手架的顶面按照券的样板搭出雏形，然后由木工在此基础上进一步钉成券胎。钉好后，在其上拼摆样板进行验核。发现误差应及时进行调整。券胎制成后要按照样板把每块券石的位置点画在券胎上。

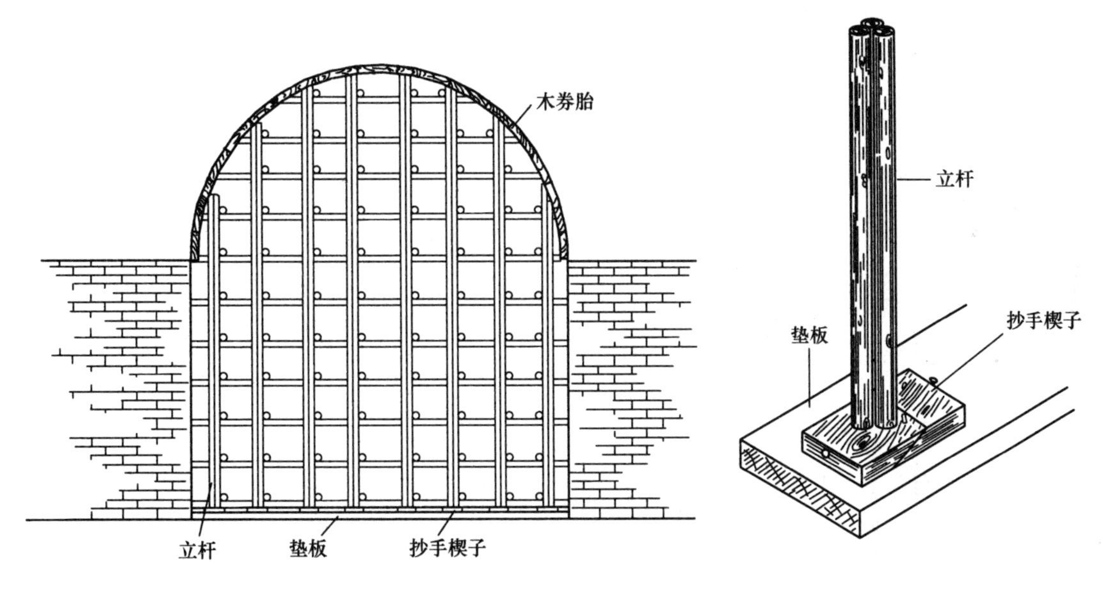

图6-45 大型券胎

6.3.5.3 样券、发券

小型石券可以不进行样券，每块券石经过与样板校核后即可直接发券。讲究的大型石券往往要经过样券后才能开始发券。样券时可将石券逐块平摆在地上；下面用石碴垫平，然后用样板验核，发现误差应及时修理。发券从平水开始，由两侧向中间对应进行。就位时以券胎上事先画出的位置标记为准，并与样板相比较，发现误差应及时调整，多出样板的部分应打掉。每块券石都应用铁片垫好。石券之间的缝隙处用铁片背撞。合龙之前用“制杆”测出龙口的实际尺寸。制杆是两根短木杆，每根长度稍小于龙口的长度。使用时将两根制杆并握在手中，两头顶住两端的石券，即可量出龙口的实际长度。这种方法称为“卡制子”。按照卡出的长度画出龙口石的准确长度，并进一步加工，完成后即可开始合龙。合龙缝要用铁片背搔。合龙的质量与石券的坚固程度有直接关系，所以合龙缝处可适当多背搔，且一定要将搔背紧。合龙后即可以开始灌浆。在灌浆之前可先灌一次清水，以冲掉券内的浮土。然后开始灌生灰浆，讲究的做法可灌江米浆。操作时既要保证灌得饱满密实，又要注意不要弄脏了石券表面。为此，券脸的接缝处可用油灰勾抹，也可用补石“药”勾缝。浆口的周围要用灰堆围，以防止浆汁流到券脸上。

6.3.5.4 打点、整理

券脸或券底接缝的高低差要用錾子凿平。弄脏的地方要重新剁斧。较大的缝隙要用补石药填补找平。带雕刻的券脸，要对每块石料的接缝处进行“接槎”处理，使图案纹样的衔接自然、通顺。

第7章　砖　　塔

7.1　概　　述

砖塔，是我国古代建筑技术发展的一个重要标志。“塔”这一建筑类型，是随着佛教从印度传入我国的，是我国传统建筑形式与外来文化相结合的产物。对于“塔”有多种解释，一种解释为，“塔”是梵文Stupa汉文音译之缩略，曾译为窣堵波、苏偷婆、斗薮婆。古印度巴利文又称Thupa，所以又译成兜婆、偷婆或塔婆。以后这两种译称合流，并简化为“塔”，Stupa还意译为方坟、圆冢、高显等多达二十余种不同的译名；第二种解释为，“塔”是梵文Budda（佛陀）的一种音译。佛陀又被译为浮图、浮屠、浮都、佛图，原意是佛，古人以塔是佛的代表，所以迳以佛来称呼，应是一种讹称；第三种解释为，与“塔”相对应的梵文是“Chaitya”，音译为“支提”“枝提”“制提”“制多”等，意译为“净处”“灭恶生善处”等。后来又有人将二者合译为“支提浮都”“灵庙”“佛塔”等。我国汉字中原无“塔”字，据资料记载在还没有创造出“塔”字之前，还一度借用过同音的“鞳”字。

佛塔在古印度最主要的用途是用来藏佛之舍利。窣堵波的原意是坟墓，早在佛教出现以前，古印度吠陀时期（约公元前1500—公元前600年）已有建造，在当时的宗教盛典《梨俱吠陀》中即有窣堵波的名称。据说释迦死后，他的遗骨曾分葬于八座窣堵波中。孔雀王朝时，窣堵波已形成一定的规制。阿育王时期，佛教信徒在释迦的重要行经处修建了许多塔，使窣堵波脱离了单纯的坟墓之意，成了佛教的纪念性建筑。随着佛教在我国的发展传播，塔不仅作为一种建筑类型在我国古代建筑中出现，而且塔的含义也在不断扩大，凡贮藏佛舍利、佛像、佛经之所，甚至高僧坟墓上的建筑物，一般具有集中式平面和高耸的体形，同时在顶上具有一套“塔刹”装饰者，都可名之为塔。根据文献记载，我国最早的塔为木构建筑，《后汉书·陶谦传》中载：“大起浮图寺，上累金盘，下为重楼……”，当时建造的就是木塔。我国砖塔较木塔略晚，西晋时有砖塔建造，《洛阳伽蓝记》中记载晋太康寺塔：“……崇义里，里内有京兆人杜子休宅……时有隐士赵逸……正光初来至京师，见子休宅，叹息曰：‘此宅中朝时太康寺也’。时人未信，遂问寺之由绪。逸云：‘龙骧将军王浚平吴之后，始立此寺。本有三层浮图，用砖为之’。指子休园中曰：‘此是故处’。子休掘而验之，果得砖数十万，并有石铭云：‘晋太康六年，岁次乙巳，九月甲戌，八日辛巳，仪同三司襄阳侯王浚敬造’……子休遂舍宅为灵应寺，所得之砖，还为三层浮图。”自此之后，各地接连不断地建造砖塔。东晋义熙十二年（416年），于太尉府门前造有砖塔。北魏皇兴元年（467年），在平城（今山西省大同市）建造高层的砖塔。现存河南嵩山脚下的嵩岳寺塔就是北魏时所建。从北魏经唐、宋、辽、金、元、明，到清代，这一封建社会的发展过程中，砖塔的建造被历代统治阶级所看重，一直不曾减少，制砖业出现了前所未有的大发展、大普及，使得砖塔的建造就更为突出。

砖塔的出现和发展，使得我国古代砖结构建筑技术大大提高。

7.2 砖塔的类型

7.2.1 砖石塔

砖石塔是我国古代高层砖石结构建筑遗存至今的实物，历史悠久，数量多。

我国古代砖石塔有楼阁式、密檐式、藏式、金刚宝座塔等不同建筑类型（图 7-1）。

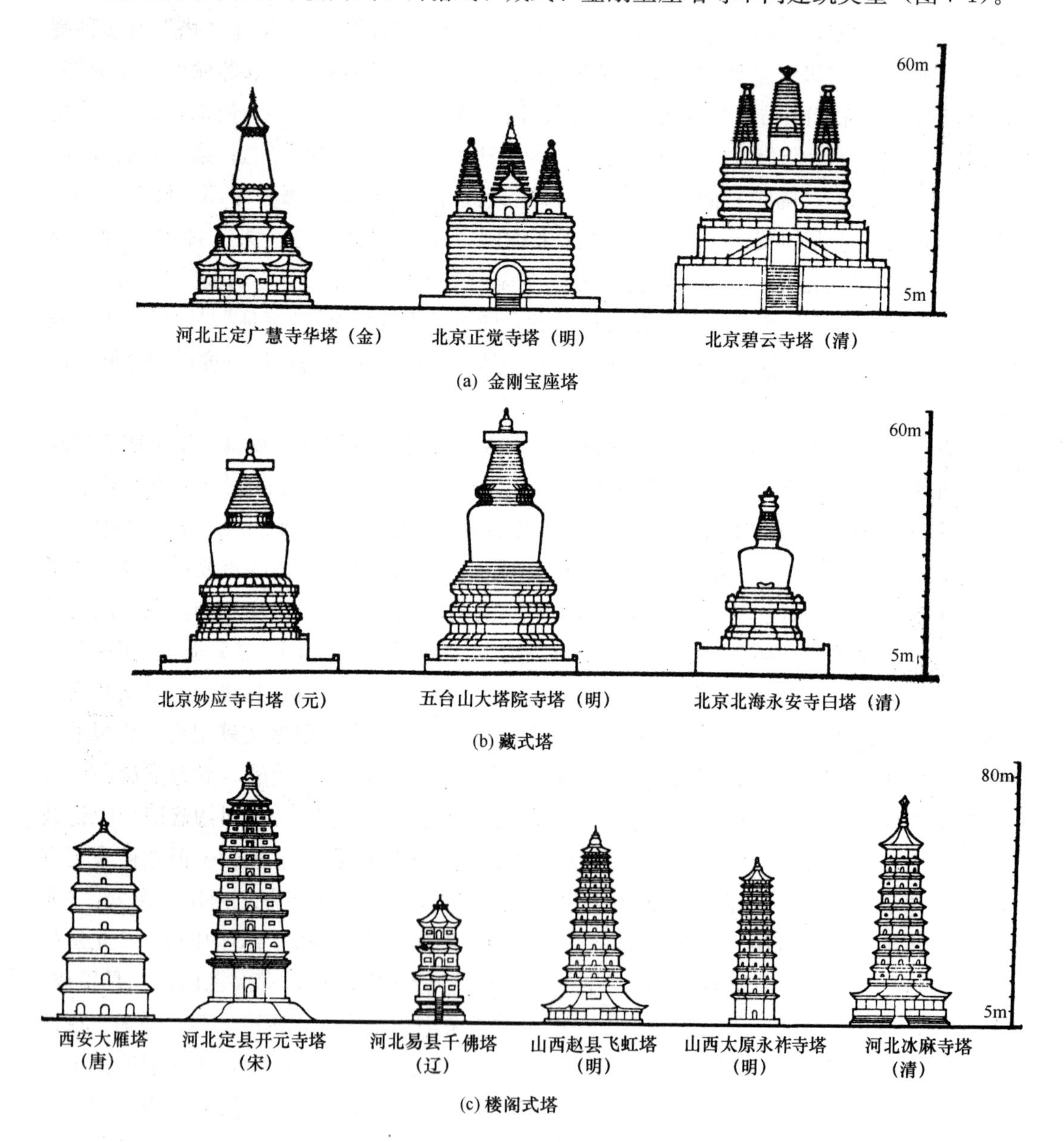

(a) 金刚宝座塔

(b) 藏式塔

(c) 楼阁式塔

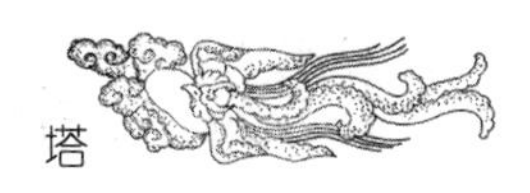

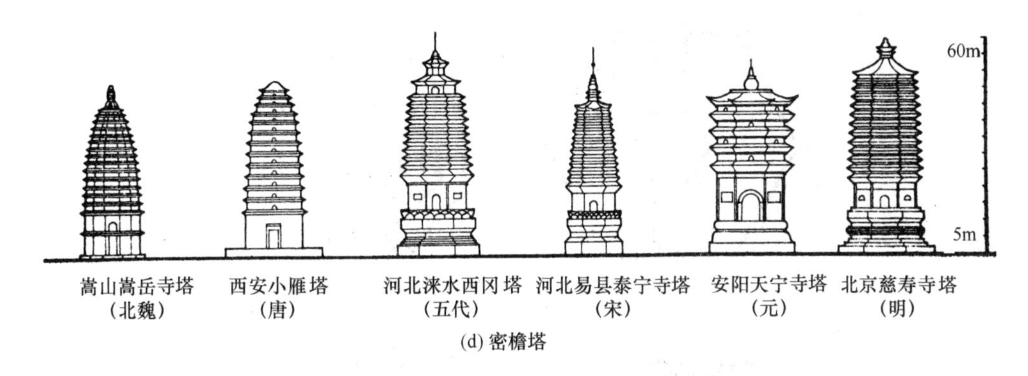

(d) 密檐塔

图 7-1　砖塔的主要类型

楼阁式塔是我国古代砖石塔的主要形式，平面有：方形、六边形、八边形、十二边形等（图 7-2）。塔身结构形式有实心、空筒、双筒砖阶梯、塔心柱和塔心室等；外观形式有：外檐用木结构，形同木塔；全部砖石砌筑，仿楼阁式木塔；全部砖石砌，外檐用砖叠涩等三种。

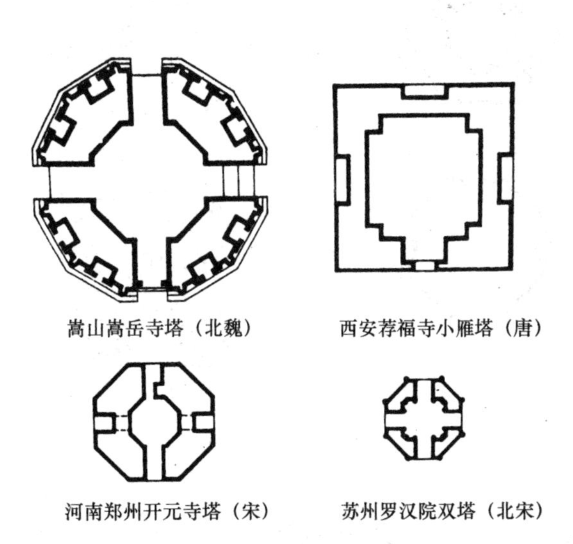

(a) 单筒塔身

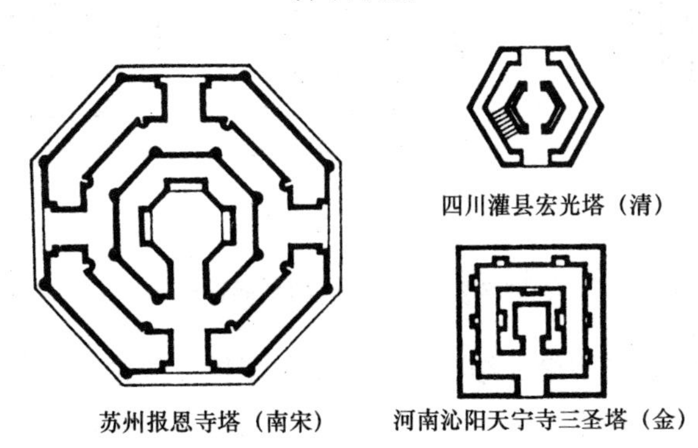

(b) 双层套筒式塔身

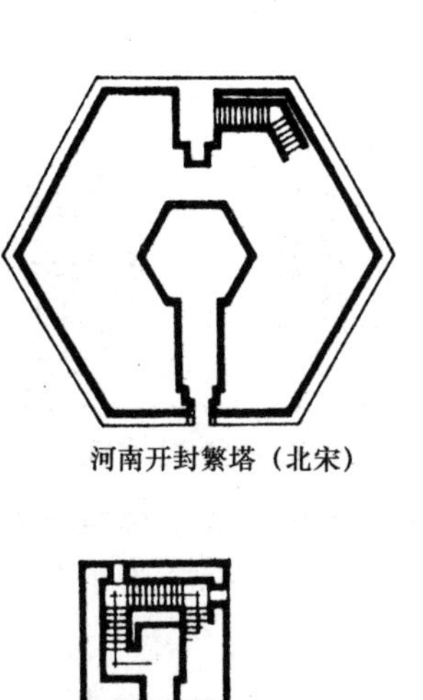
河南开封繁塔（北宋）

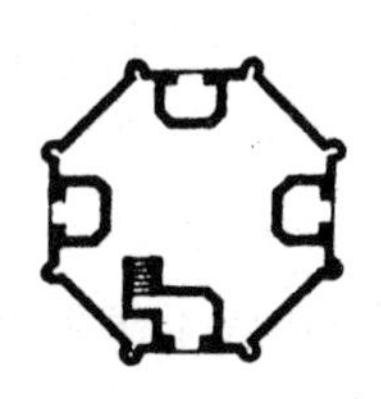
四川内江文光塔（清）

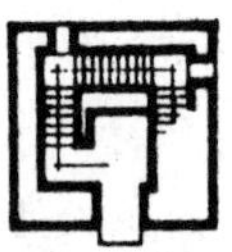
四川宜宾白塔（宋）

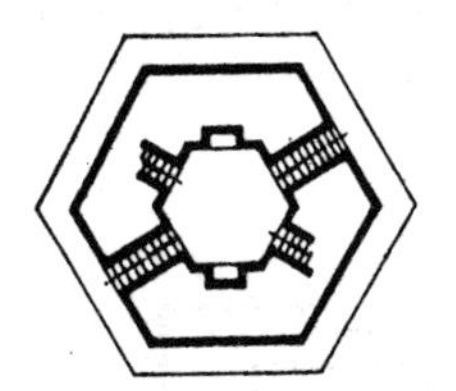
河南开封祐国寺塔（北宋）

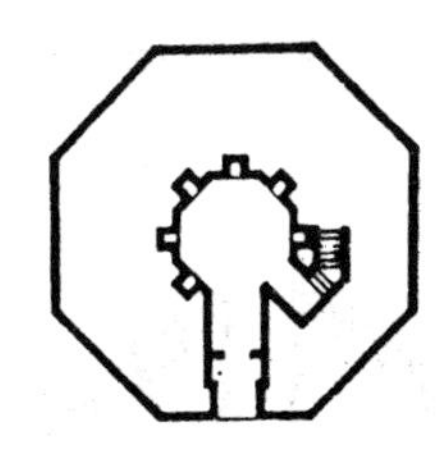
江西九江能仁寺塔（宋）

山西阳城龙泉寺塔（明）

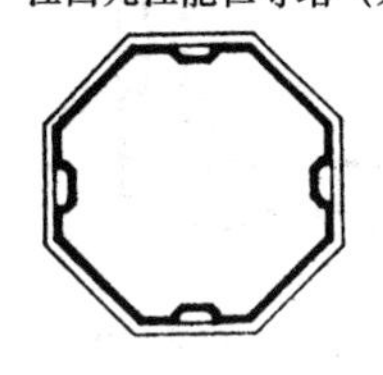
河北正定天宁寺塔（金）

河北正定广惠寺华塔（金）

(c) 实心及异形塔身

浙江湖州飞英塔（宋）

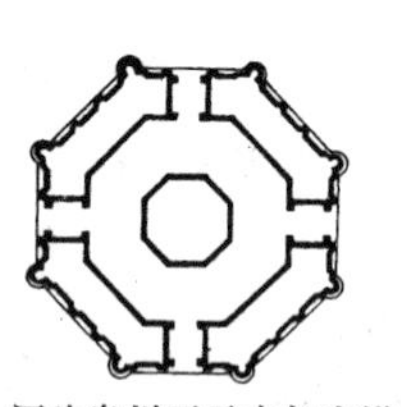
福建泉州开元寺仁寿塔（石砌·宋）

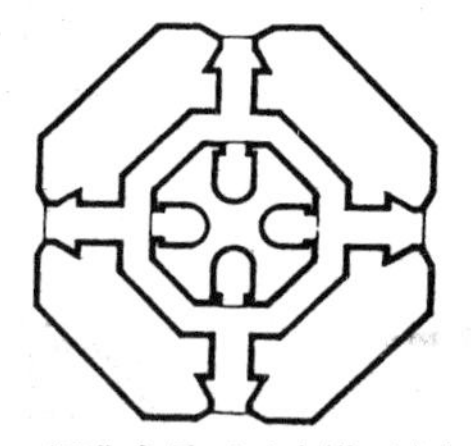
河北定县开元寺塔（宋）

(d) 塔心柱式塔身

图 7-2　楼阁式塔的平面形状

楼阁式塔的楼层，除了空筒式结构的砖塔用木楼板以外常采用砖拱券和叠涩。

宋代以后，楼阁式砖塔平面大多八角形，塔身门窗逐层交错开启，以增加墙体的整体性和抗震能力。

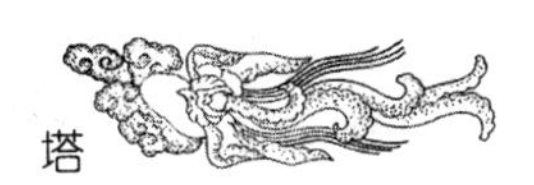

7.2.2 塔基、塔檐和塔刹

7.2.2.1 塔基

建造砖塔这类高层建筑，基础工程显得十分重要。砖塔的基础深度与做法，根据塔的高低、大小、地点位置以及土质性质等都有所不同，这些都需要根据具体要求情况分别处理，分别确定。

每一座砖塔，基础工程做得坚固耐久，是塔能达到坚实稳固、年代久、寿命长的根本保证。我国古塔保存至今者，有的达到了千年以上的历史，虽然经历了长期风霜雨雪的侵蚀，大多数仍完好，这充分证明建筑造砖塔时对基础进行了妥善的处理。个别砖塔歪斜走闪或者倒塌，多数是基础出问题所导致的。

砖塔塔基的特点是基底面积小而承载重量大。将基础面向外扩展，是使塔基稳固的一个办法。如西安小雁塔塔基夯土范围自塔身向外扩展达 30 多米。人工处理地基面积大，就需要有一定的深度，才能保证传力的要求，才能对塔身的坚固稳定有利。

根据已发掘的砖塔，塔基有以下五种做法：

夯土基础——唐代以来常常采用此法；

木桩灰土基础——唐代已采用此法；

木桩砖基础——宋代以来常采用此法；

岩石基础——宋代以来采用此法；

砖石混合基础——宋代以来采用此法。

(1) 夯土基础：以西安小雁塔基础为例，先取土挖槽，再进行全面夯打。大片夯土 2m 深，边缘减至 1m 深，呈锅底形。范围自塔中心向四周展出 30m。在夯土上施用木炭一层，木炭吸水率强，能防水防潮，防止地下水的侵蚀，再用石条纵横相砌。石条之上开始砌砖二皮再砌 3.3m 高的基座，这样构成一个大型台基基础，在这个基础上再砌砖塔的第一层塔身。

(2) 木桩灰土基础：这种做法主要以木桩为主。凡遇到土质杂乱或松土的地基上进行造塔时，常采用这个方法。如以江苏太仓茜泾塔的桩基础为例（图 7-3），首先是在地面下按设计深度夯打木桩，木桩布置为“梅花桩”。在木桩头及桩子周围放上砖块或石块，用夯夯紧，这可使木桩桩头挤紧无空隙。砖上再加 10cm 砂，2～4cm 石灰层，再交替地铺一层石灰一层夯土共二十层，全部经过夯实夯紧，在这个基础上即可砌筑砖塔的基座与塔身。

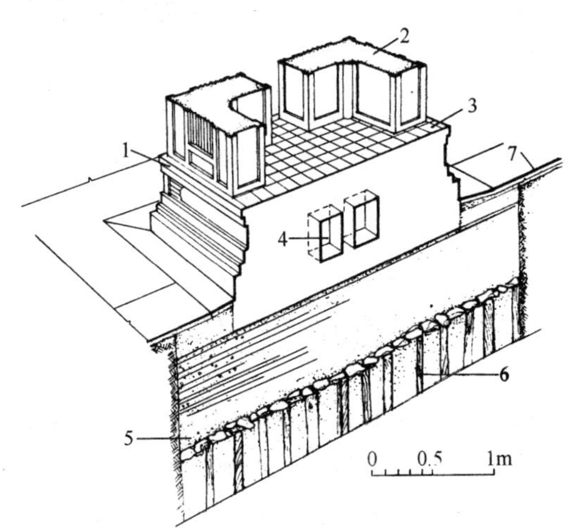

图 7-3 江苏太仓广孝教寺塔塔基剖视示意图

1—须弥座；2—塔身；3—塔内地面；4—地宫；5—塔基础；6—木椿；7—地面

(3) 木桩砖基础：这种做法仍然适用于纯土地带及土质松软地区，必须打木桩，挤紧松土，承担重量。而且砖与枕木混合适用，能固定地基基础（图 7-4）。

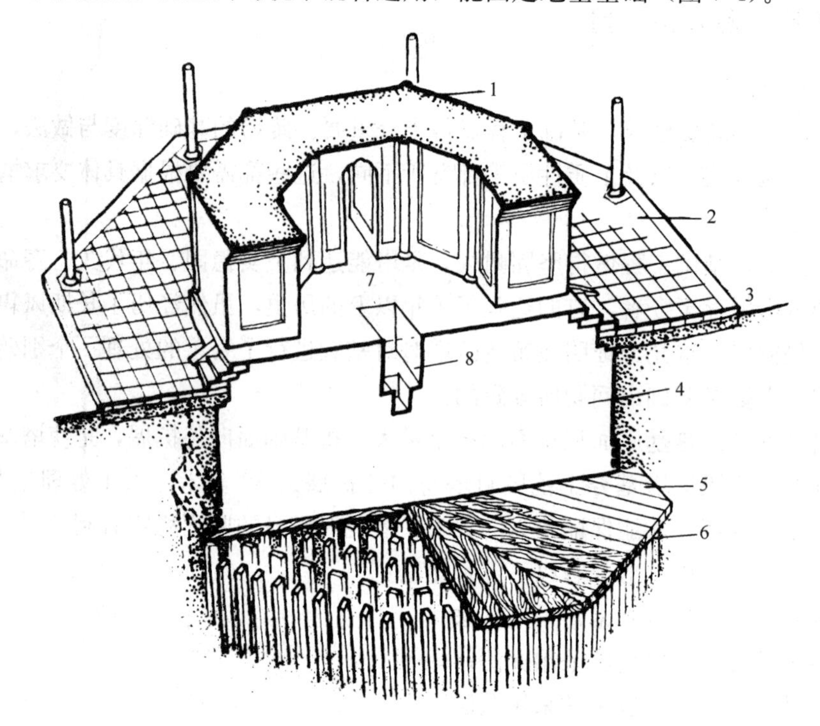

图 7-4　上海龙华塔塔基示意图

1—塔身；2—副阶；3—地面；4—塔基；5—木枋；6—地丁；7—塔室；8—地宫

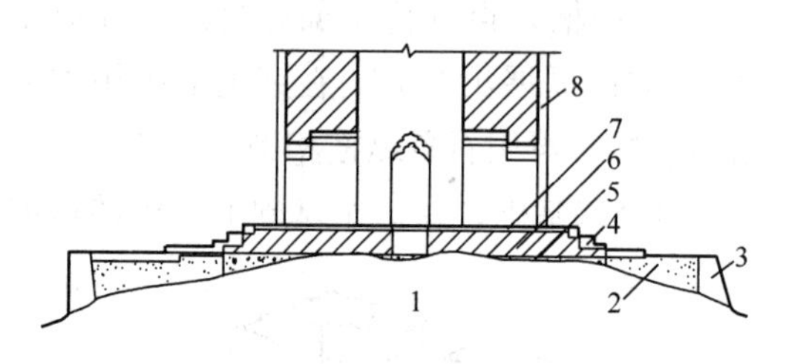

图 7-5　苏州灵岩寺塔塔基示意图

1—岩石；2—夯土；3—挡土墙；4—石块；5—三合土；6—砌砖；7—砖铺地；8—倚柱

（4）岩石基础：以苏州云岩寺砖塔为例，就是将砖塔基础直接置于岩石层上，从岩层上直接砌塔身（图 7-5），这可以说是一种天然基础。但是，这只适用于岩层以上土层很薄的状况。

（5）砖石混合基础：在建塔时，碰到软土和松软土地基时，地基要加固，才能建塔。其处理方法除上述桩基础外，还有用碎石碎砖加固的方法。

7.2.2.2　塔檐

砖塔檐可分成下面三种（图 7-6）。

7.2.2.3　塔刹

塔刹是塔的最高部分的构件，也是塔顶的收束。大致有五种类型：

第一种下为砖基座，上施刹杆。砖座上置金属（铜或铁）承露盘，刹杆上串联相轮3～7层，其间有水烟、日月元光及宝珠等，加设铁拉链牵引至檐角，以抵抗风力、防止歪倒。

第二种为葫芦刹，其式样如同束腰葫芦的造型。在塔顶端先用砖做基底，座上安置葫芦，石造或砖造，其中心仍置刹杆（图 7-7）。

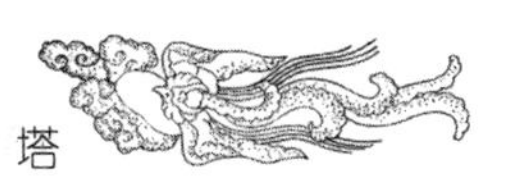

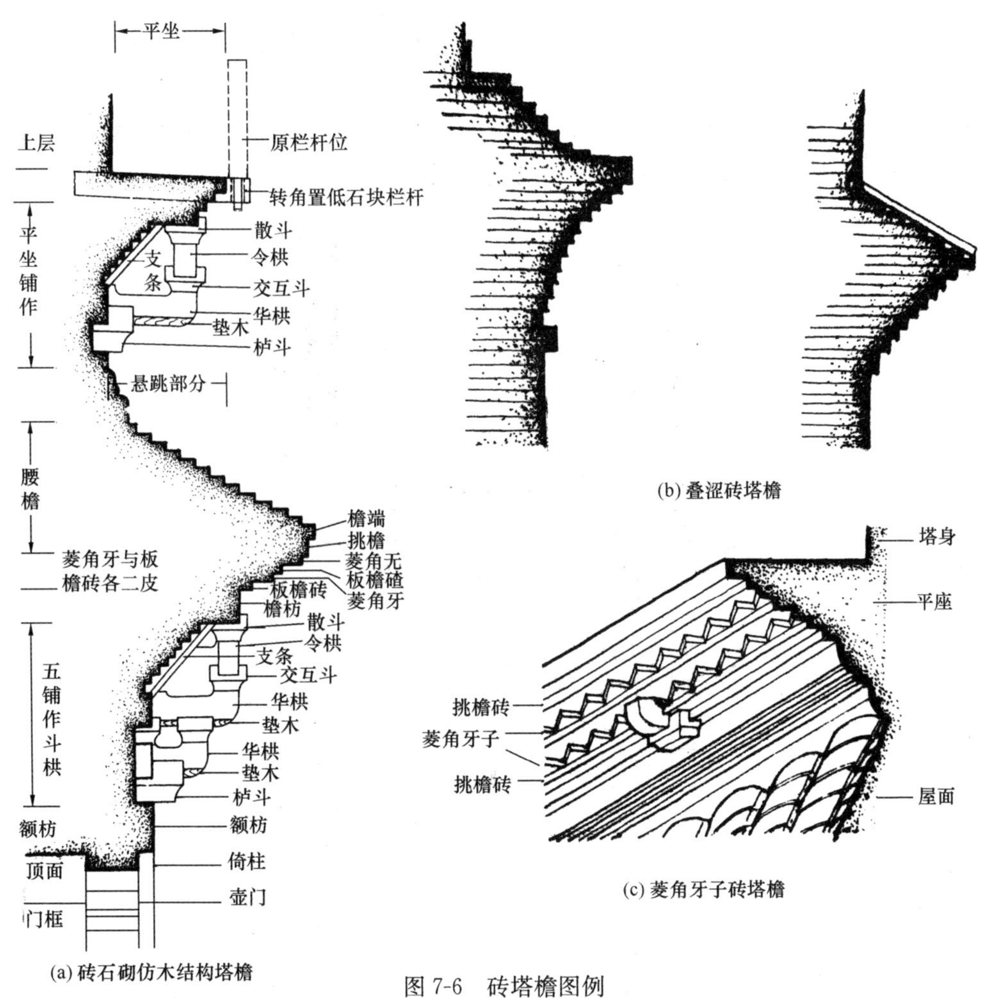

(a) 砖石砌仿木结构塔檐

(b) 叠涩砖塔檐

(c) 菱角牙子砖塔檐

图 7-6　砖塔檐图例

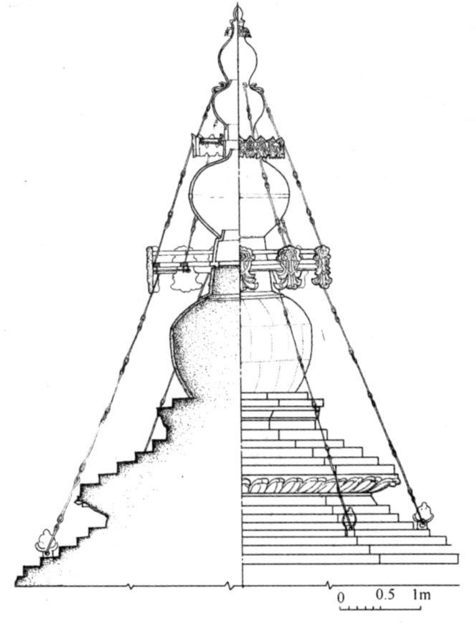

图 7-7　山西洪洞广胜寺飞虹塔塔刹

第三种为宝珠刹，又称为宝顶。它的方法是用很粗的一只铜杆，下端伸入砖塔顶中，上端套入这个尖桃形铜刹，这代表明代流行的式样。

第四种为喇嘛塔刹，这种式样在塔刹部位先砌基座，然后安装一个小型喇嘛塔代替刹尖。

第五种即砖木混合塔所采用的木刹柱塔刹（图 7-8）。

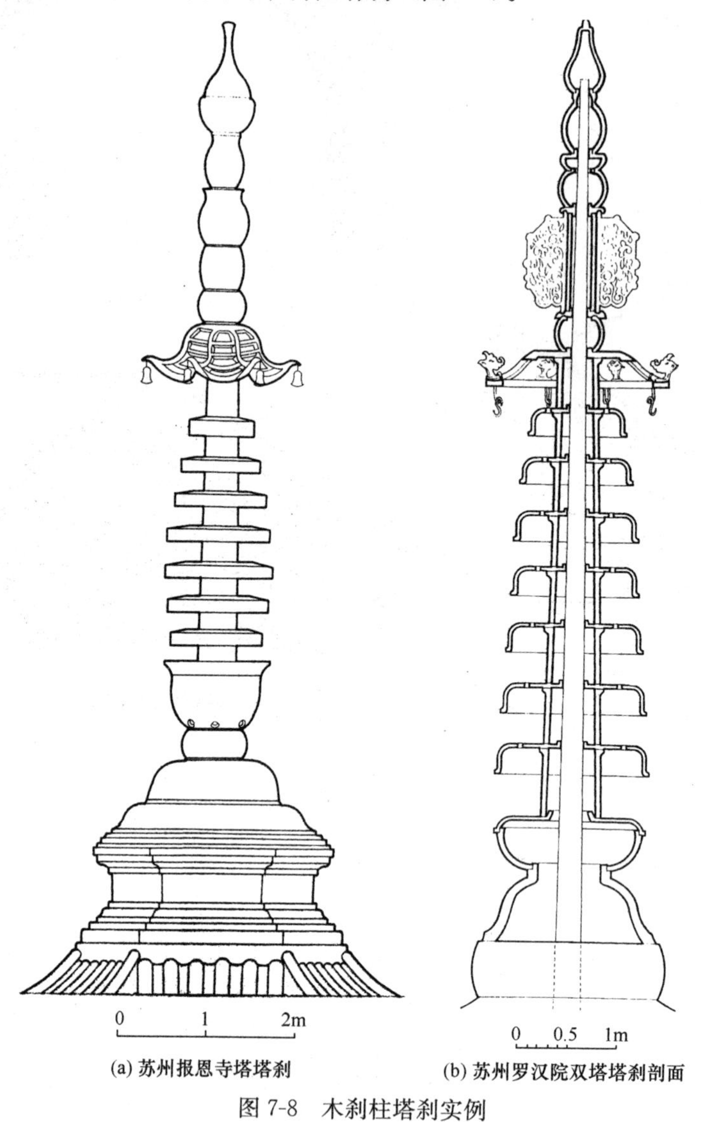

(a) 苏州报恩寺塔塔刹　　(b) 苏州罗汉院双塔塔刹剖面

图 7-8　木刹柱塔刹实例

7.3　塔　实　例

7.3.1　楼阁式砖塔

7.3.1.1　河北正定开元寺塔

开元寺塔又称料敌塔（图 7-9），位于正定城内，始建于北宋咸平四年（1001 年），仁

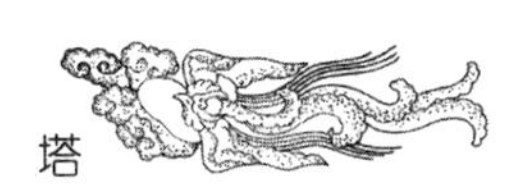

图 7-9 河北正定开元寺塔

宗至和二年（1055 年）建成。平面呈八角形，十一层，高 84m，第一层塔身较高，上有塔檐平座，以上各层只有塔檐而无平座，塔檐用砖层层叠涩挑出（图 7-10、图 7-11）。塔身四正面均开有门，其余四面为假窗，窗上用砖雕饰有窗棂。塔内部为穿心式楼梯，可上

图 7-10　河北正定开元寺塔平面图

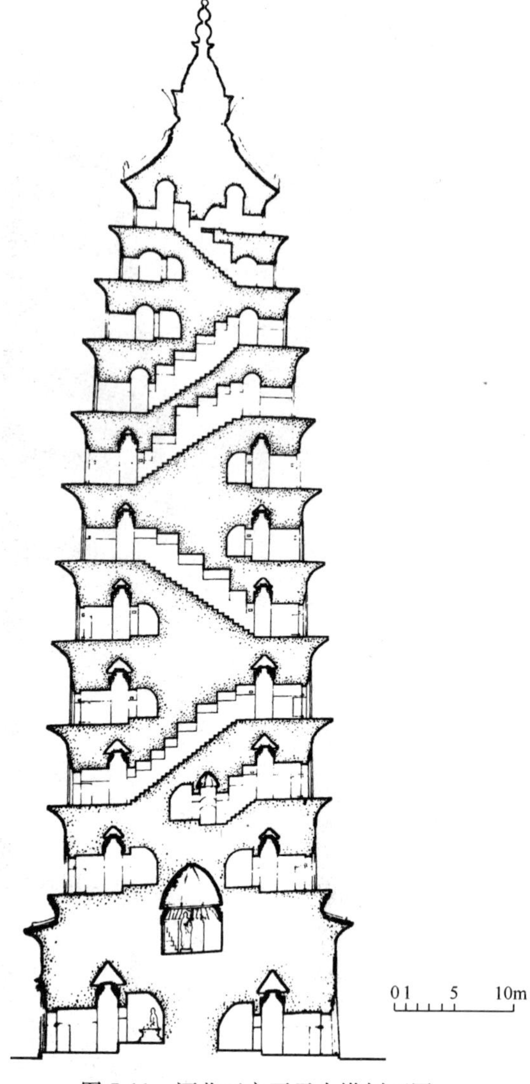

图 7-11　河北正定开元寺塔剖面图

到各层，每层均有回廊，顶部为砖制斗拱，上施以砖制天花，雕饰有各式精美的花纹，第四层至第七层的天花板为木制，上绘有彩画，第八层之上则没有斗拱，以砖砌筑做拱顶。塔刹由刹座、覆钵、相轮露盘和宝珠组成。塔的第一层内又分隔成两层，上部为圆顶，用砖骨八条以承载逐层挑出的砖块，结构别具匠心。第二层的夹层内有彩画、壁画，为北宋时期的作品。此座砖塔的内部中央为一根上下贯通的砖柱，其外形为一塔的形状，称为塔内包塔。为我国现存最高的一座砖塔。

7.3.1.2　江苏苏州云岩寺塔

云岩寺塔坐落在苏州虎丘山上，故俗称虎丘塔（图 7-12），始建于五代末期后周显德六年（959 年），建成于北宋初建隆二年（961 年），距今已有一千多年。此塔为一座七层八角形仿木结构楼阁式砖塔，由内、外壁回廊和塔心三部分组成，高 47.68 米。外壁每面各辟一门，门内有走道一段，导至内部回廊，廊以内即是塔心。其次，在塔心的东西南北四面各设一门，复经走道一段，进至塔中央的方形小室，第二和第七两层，此室平面为八角形。塔身外部在各层转角处砌有圆倚柱，每面三间，完全模仿木塔形状。中央一间设门，上部做成壶门式样，左右两间隐起直棂窗。每层有内外壶门 12 个，全塔共有壶门 84 个，每层均施以腰檐平座。塔内部为套筒式回廊结构，楼梯为木制活动梯。各层以砖砌叠涩楼面连成整体。内墩之间有十字通道与回廊沟通，各层均设有塔心室（图 7-13～图 7-15）。此塔是我国江南现存最古老的一座大型砖塔。

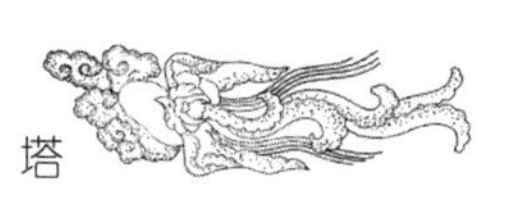

图 7-12 江苏苏州云岩寺塔

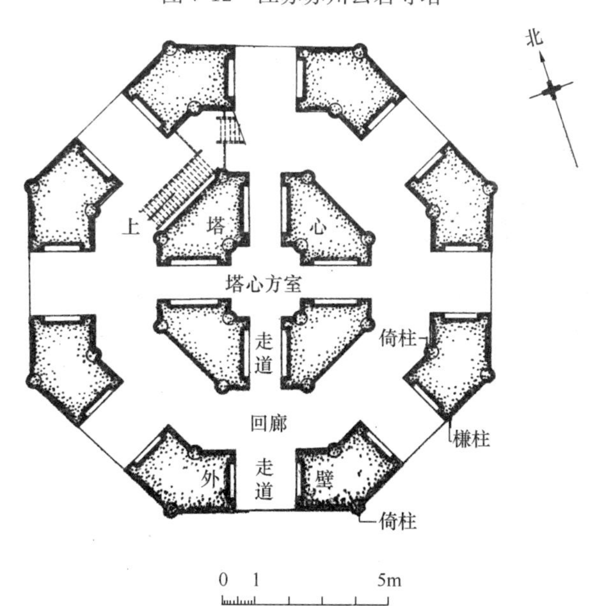

图 7-13 江苏苏州云岩寺塔平面图

图 7-14　江苏苏州云岩寺塔剖面图

图 7-15　江苏苏州云岩寺塔局部

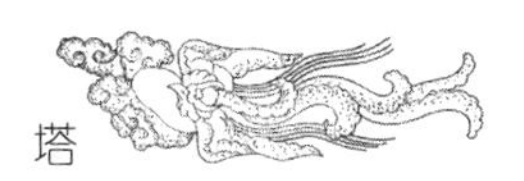

7.3.2 密檐式塔

7.3.2.1 河南登封嵩岳寺塔

嵩岳寺塔（图7-16）位于河南登封县城西北五十公里太室山南麓的嵩岳寺内，始建于北魏正光元年（520年）。平面呈十二边形，共十五层，除塔刹部分用石雕刻成以外，全部用砖砌筑而成，塔高约40m，底层直径约10.6m，内部空间直径约5m，壁体厚

图7-16 河南登封嵩岳寺塔

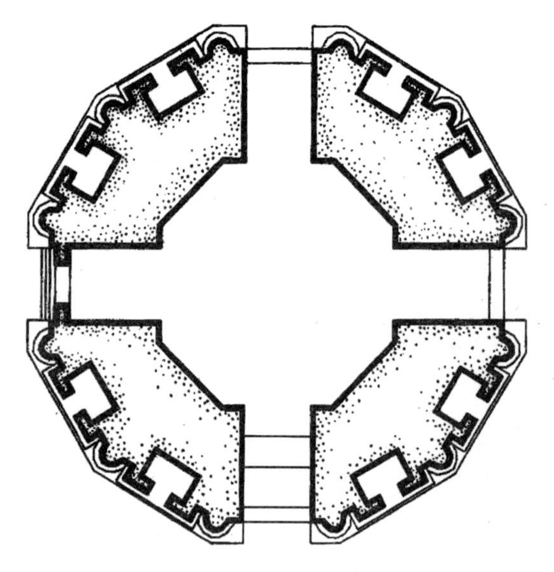

图 7-17　河南登封嵩岳寺塔平面图

2.5m。塔身下的基台低矮而简朴，之上为第一层塔身，以叠涩平座将其分为上下两段，上段建在叠涩上，比下段稍大，在四个正面开有贯通上下两段的门，门上在半圆形拱券上做成尖形券面装饰。下段其余的八个面都是光素的砖面，上段塔身的这八个面上，各砌出一个单层方塔形的壁龛，龛座隐起壶门和狮子做装饰。同时又在上段塔身的角上砌出角柱。柱下有雕砖的莲瓣形柱础，柱头饰以砖雕的火焰和垂莲。塔身以上，用叠涩做成十五层密接的塔檐。每层檐之间只有短短的一段塔身，每面各辟有一个小窗，但多数仅具窗形，并不采纳光线。塔的内部结构为空筒式，直通塔顶，有挑出的叠涩八层，塔身内部下层平面也是十二边形，自一层以上则改成正八边形（图 7-17、图 7-18）。塔刹全部为石制，由刹座、刹身、刹顶三部分组成。刹座为巨大仰莲瓣组成的须弥座，之上承托着七重相轮组成的刹身，刹顶冠以宝珠（图 7-19）。此塔的整体轮廓呈和缓的抛物线，十分秀丽，是我国现存最早的一座砖塔，也是唯一的一座十二边形平面的塔。

7.3.2.2　云南大理崇圣寺三塔

崇圣寺三塔（图 7-20）位于云南大理洱海之滨的崇圣寺古刹内，始建于南诏、大理国时期，是云南现存的早期佛塔群之一。三座塔的大小不同，中间的大塔叫千寻塔，大塔南北各有一座八角形的小塔，鼎足而立，蔚为壮观（图 7-21）。千寻塔平面呈四方形，在第一层高大的塔身上施密檐十六层，内部为空筒结构十六层，高约 59.6m（图 7-22～图 7-23）。塔下部为两层台基，之上为塔身，从东侧塔门进入塔心室仰视塔顶，形如空井，塔内四壁基本垂直，从第十四层塔身开始收砌内顶，共二十一层砖四面均匀内收成覆斗状，中央盖一块石板。塔的最上一层，即第十六层为实体结构，从力学上分析，主要是为埋置和固定高大的塔刹基座，以求坚固耐久。塔身通体线条简练，朴素无华，其上施密檐十六层，第九层以下各塔檐均用十七层砖砌出叠涩檐，每层挑出 5.7～14cm，越往外挑出越长，从整体看，塔檐的断面呈现出轻舒俊俏的弧线形。第十层开始，塔身和塔檐的尺度逐层递减，塔的整体造型呈优美的抛物线线形。在第十六层塔檐之上，以反叠涩砖收砌塔顶，顶之中央砌筑方形塔刹基座，之上为铜制覆钵（图 7-26）。

位于千寻塔两旁的两座小塔，南北对峙，均为八角十层密檐式塔，高约 43m（图 7-27～图 7-30），出檐做枭混曲线形，浮刻山花蕉叶、宝相花、佛像等。平座饰有莲瓣，塔身转角处置圆倚柱，壁面上塑有方，建造年代比千寻塔晚。

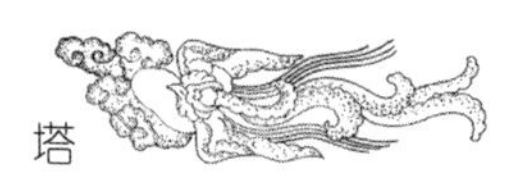

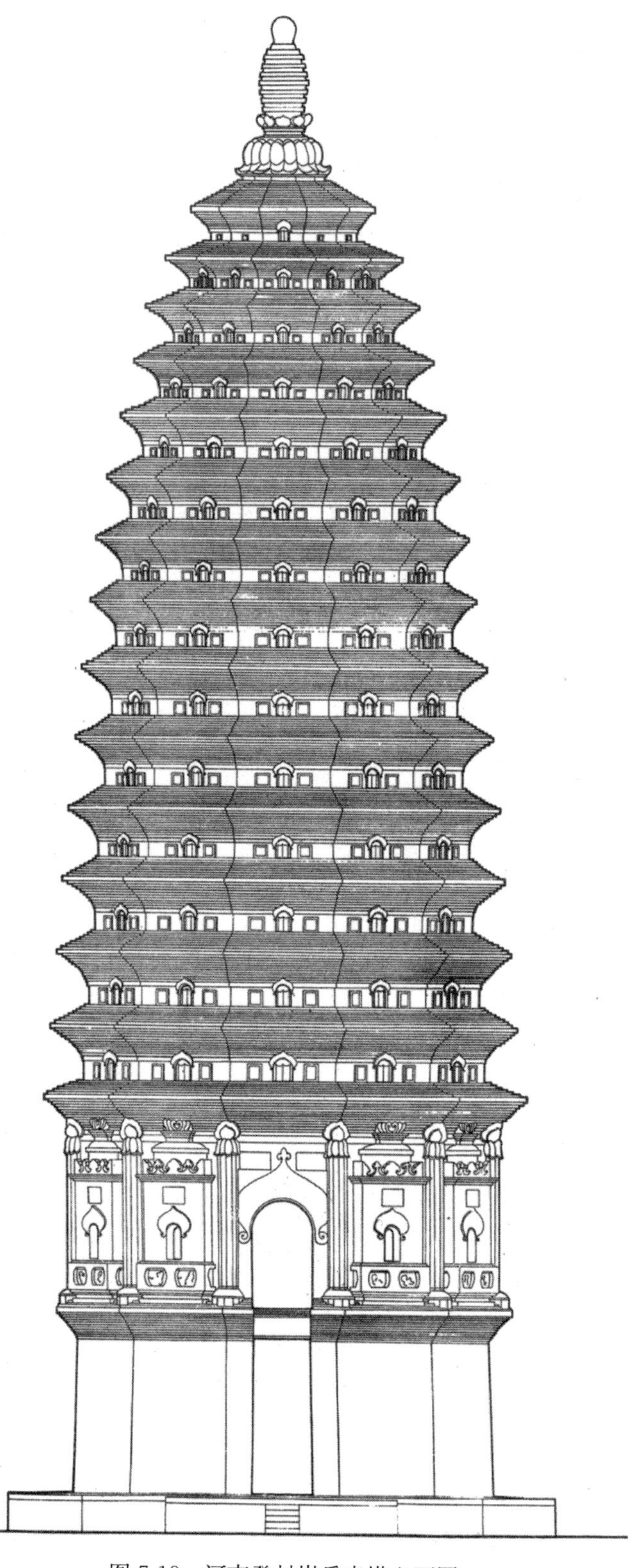

图 7-18 河南登封嵩岳寺塔立面图

图 7-19　河南登封嵩岳寺塔塔刹

图 7-20　云南大理崇圣寺三塔

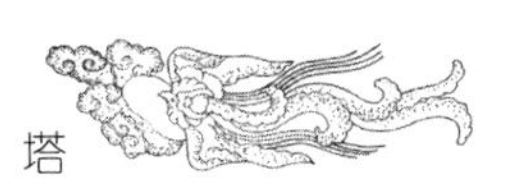

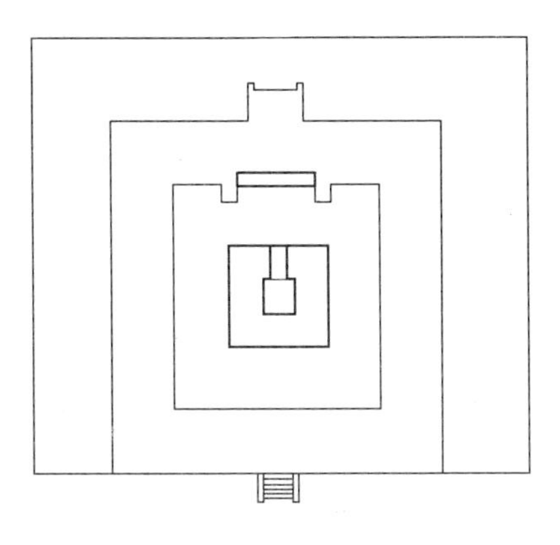

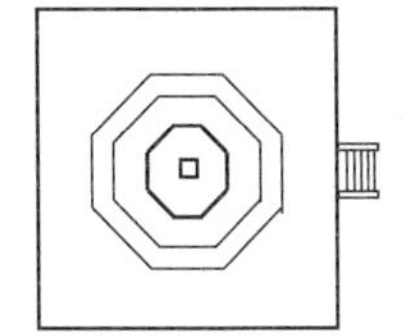

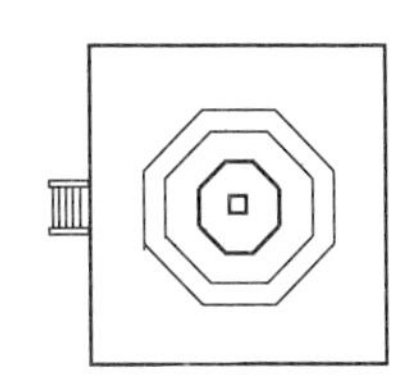

图 7-21 云南大理崇圣寺三塔总平面图

图 7-22 云南大理崇圣寺千寻塔

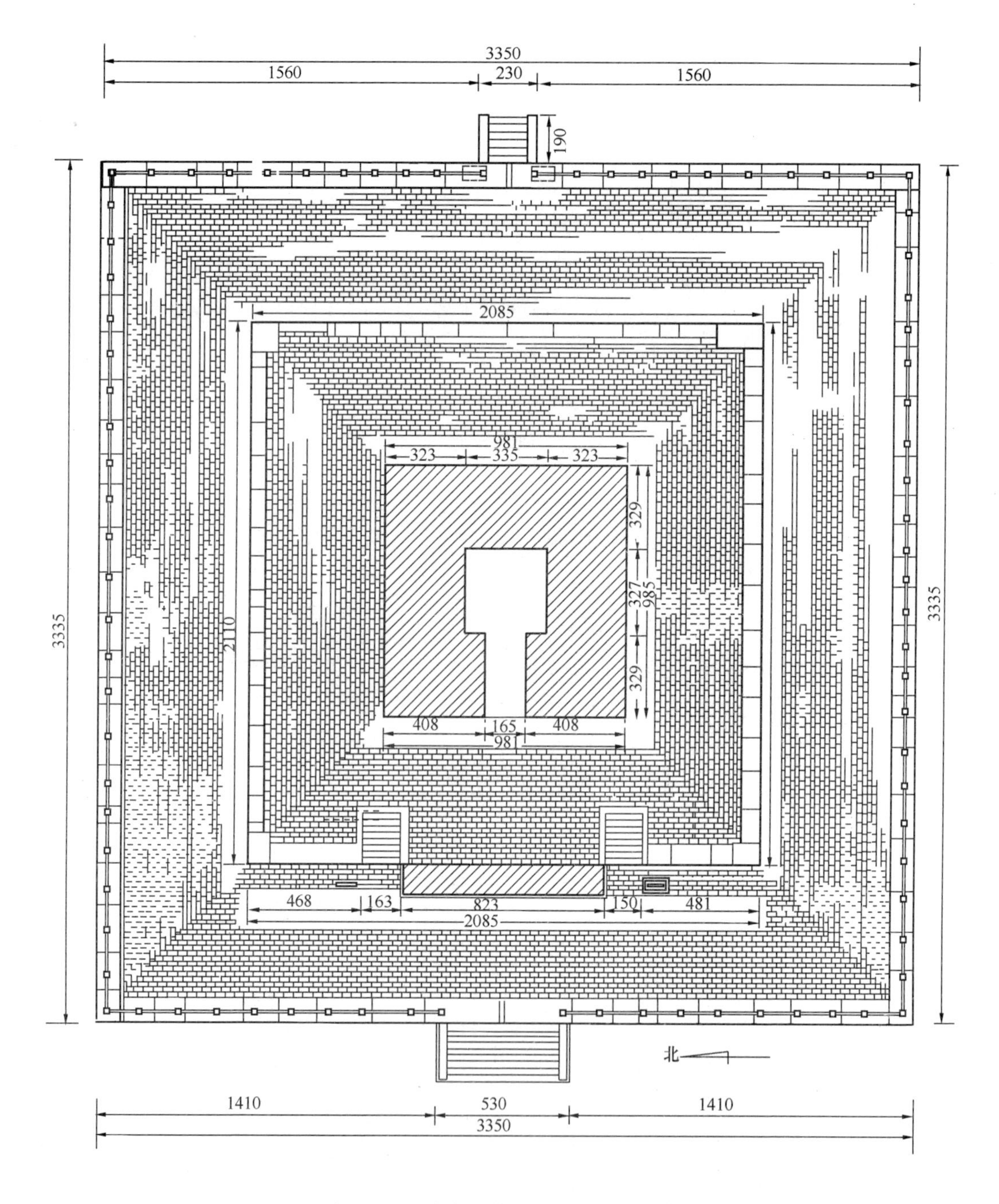

图 7-23　云南大理崇圣寺千寻塔平面图

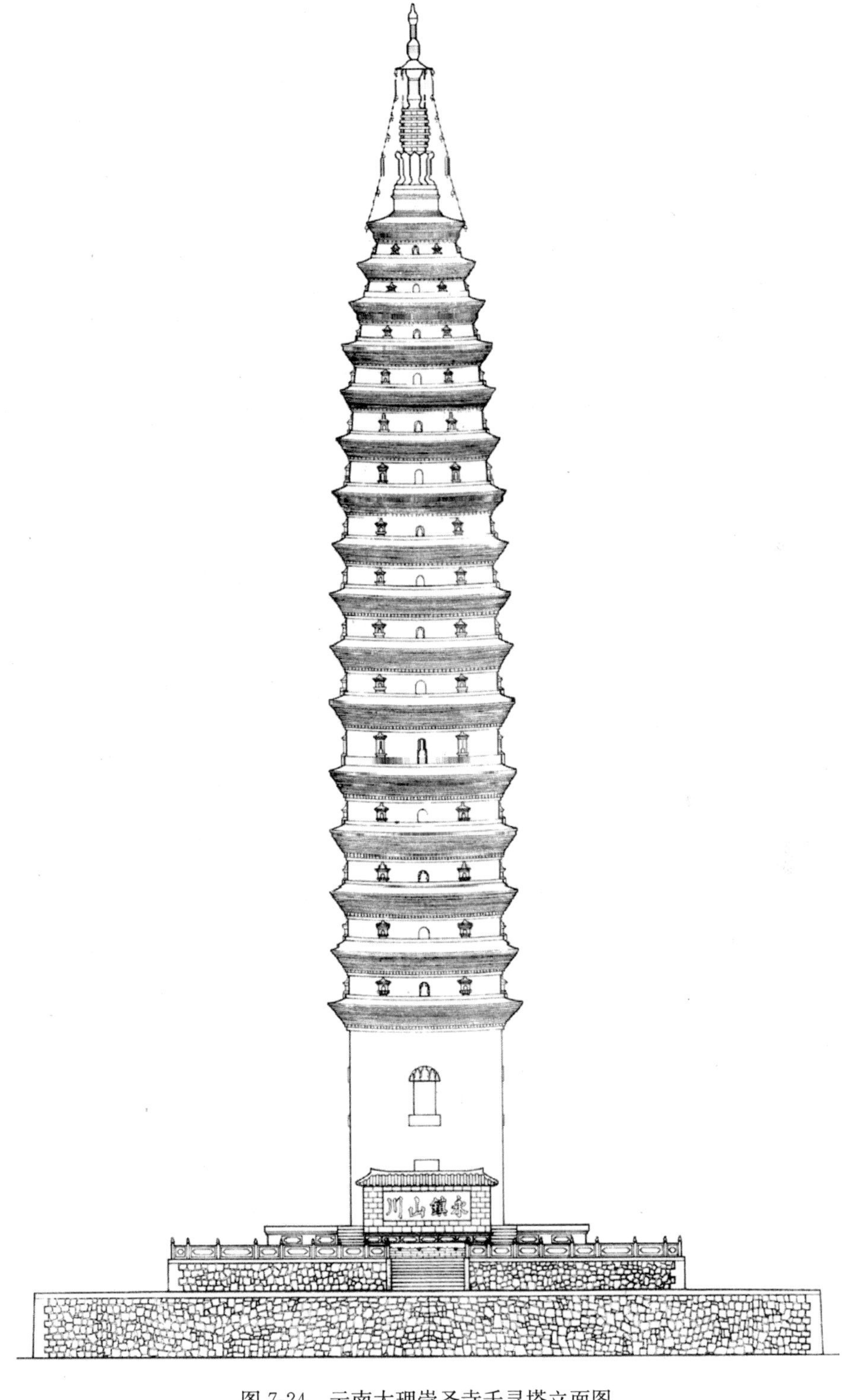

图 7-24 云南大理崇圣寺千寻塔立面图

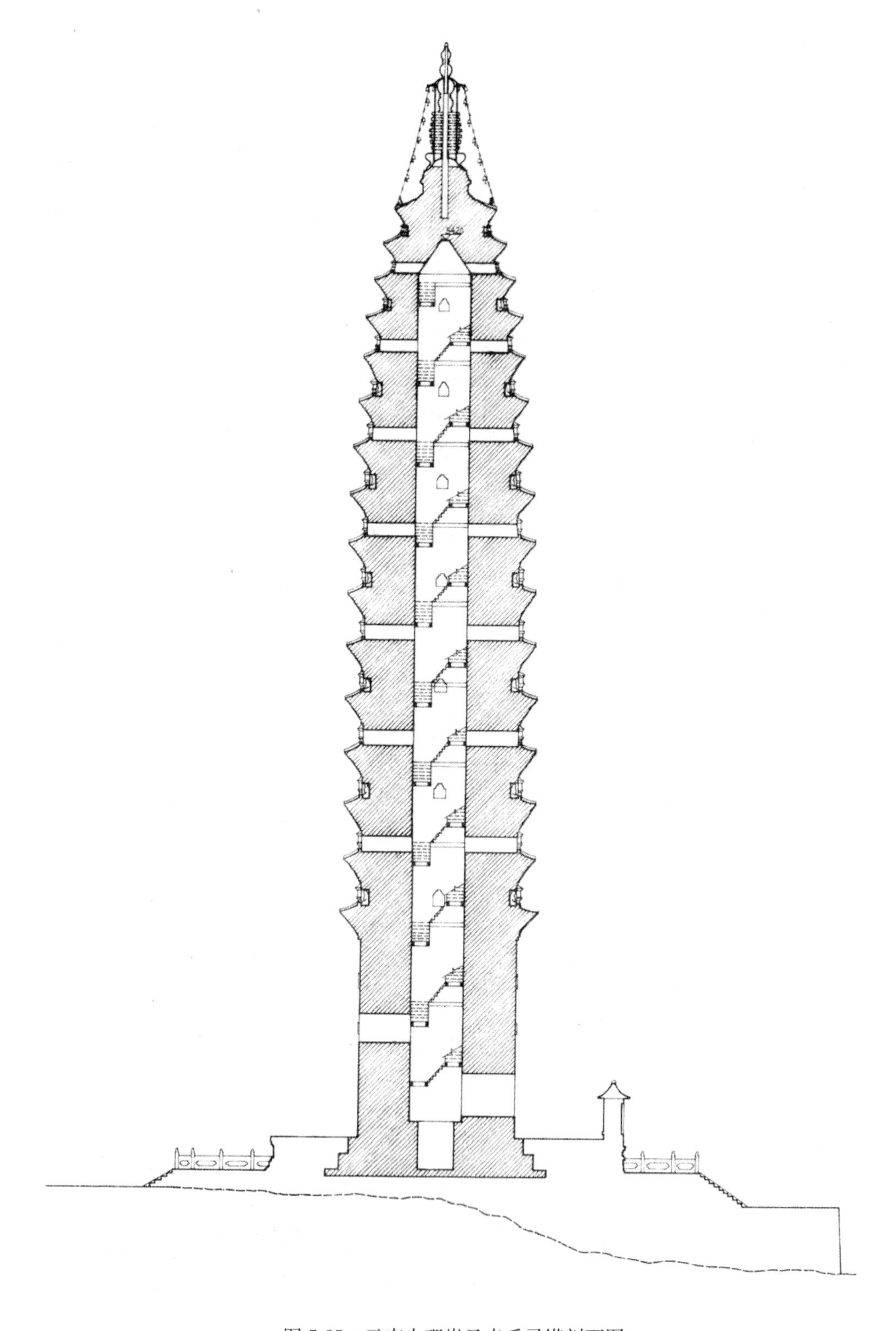

图 7-25　云南大理崇圣寺千寻塔剖面图

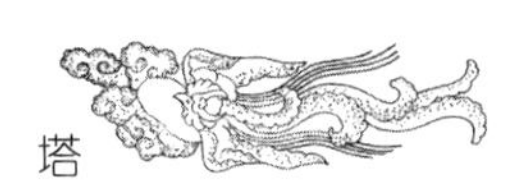

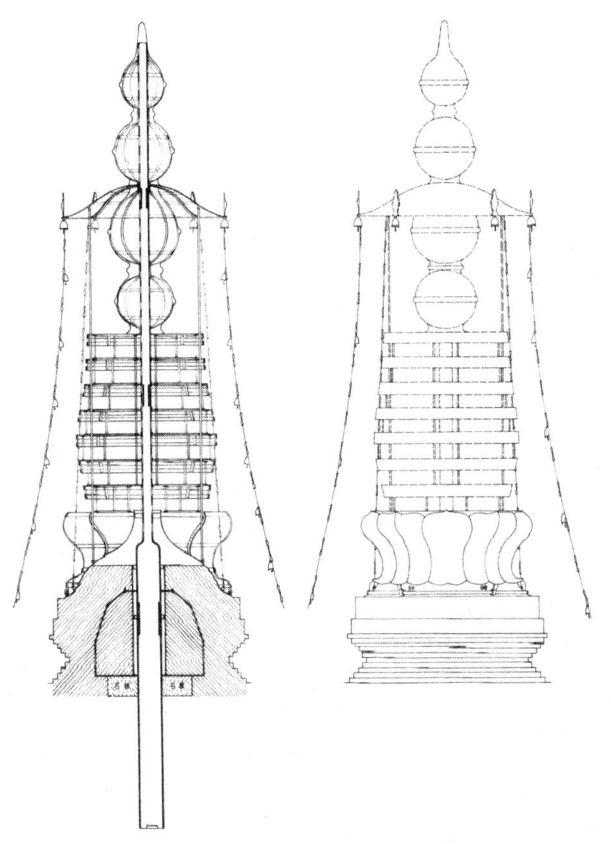

图 7-26　云南大理崇圣寺千寻塔塔刹

图 7-27　云南大理崇圣寺南塔

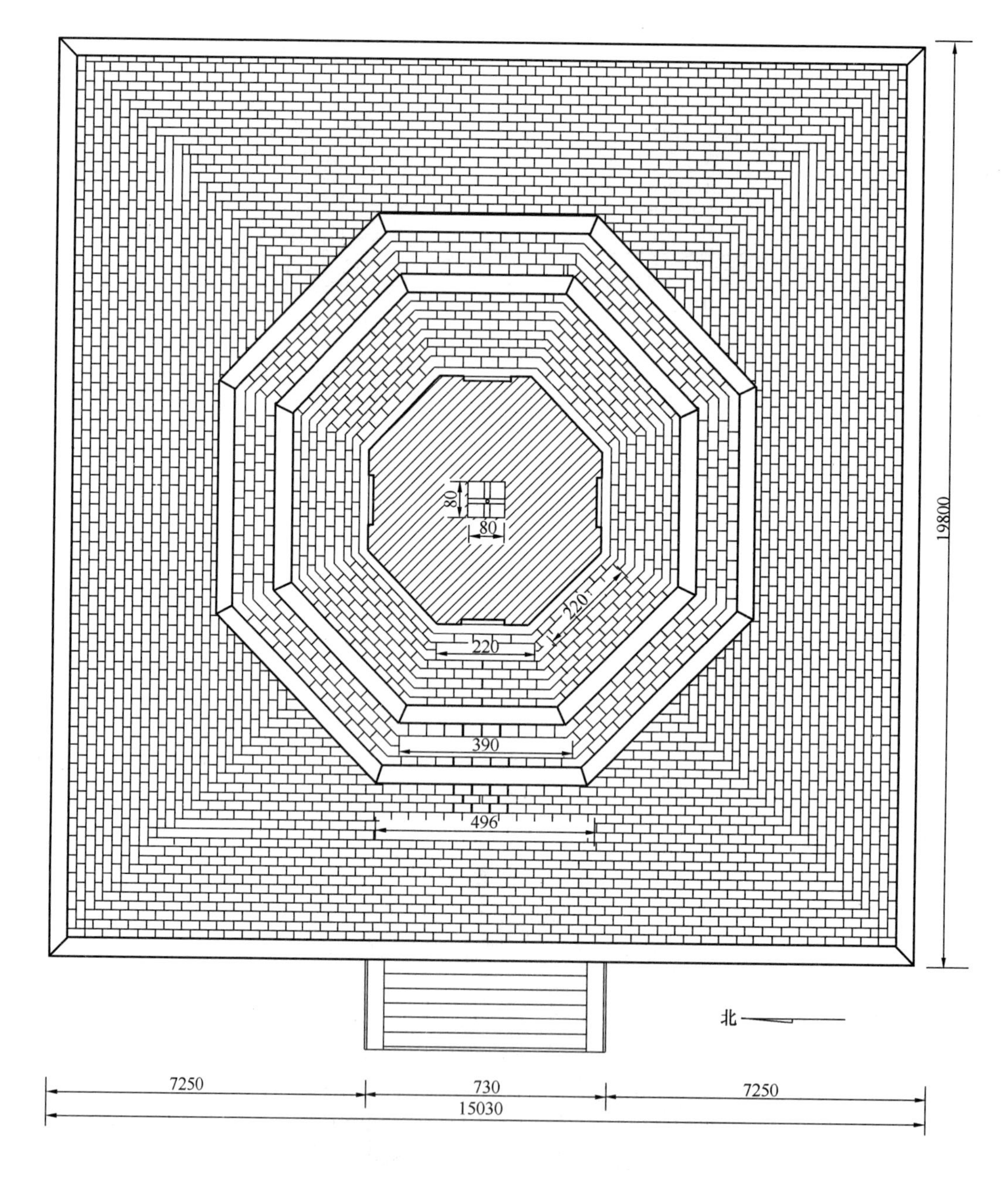

图 7-28　云南大理崇圣寺南塔平面图

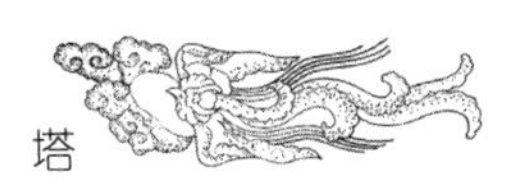

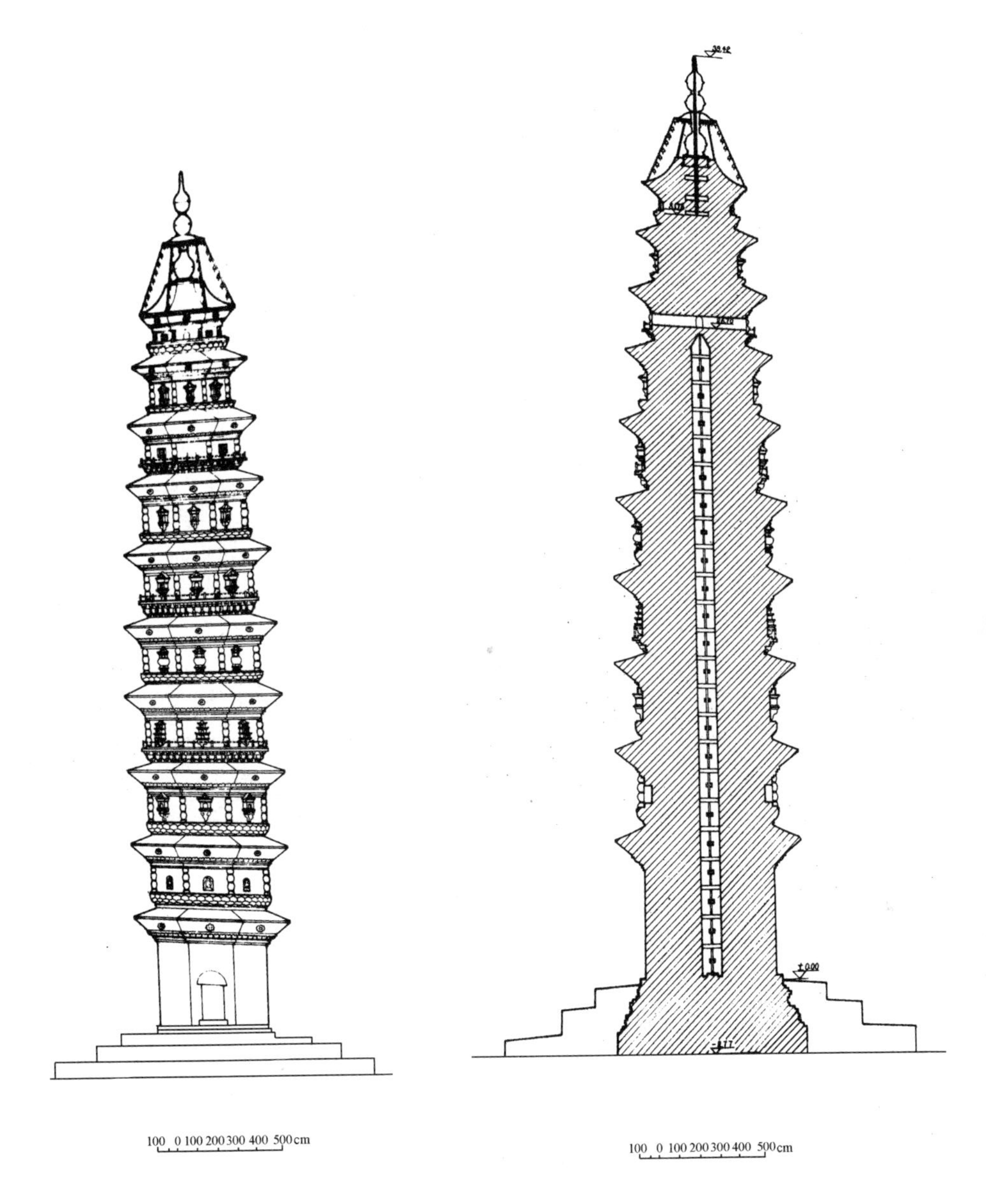

图7-29 云南大理崇圣寺南塔立面图

图7-30 云南大理崇圣寺南塔剖面图

7.3.3 亭阁式塔

山西五台山佛光寺祖师塔：祖师塔（图7-31、图7-32）位于五台山佛光寺东大殿南侧，为佛光寺初祖禅师砖砌墓塔。由台基、塔身、塔刹组成，平面呈六角形，通高8m，塔身分上下两层，仅下层塔身内建有塔室，内原供祖师像，正面开有圆拱形券门，门楣做壶门状假门基座，基座上以三重仰莲承托塔身。塔身正面刻有假门，六角以三重仰莲花束装饰，并用砖砌叠涩出檐。塔刹也为砖制，下部以仰莲作为塔刹座，之上以仰莲一层承托六瓣形宝瓶，其上为覆莲瓣两层，顶上冠以宝珠。整座塔的造型、艺术风格独具，为古塔中所少见。

图 7-31　山西五台山佛光寺祖师塔

图 7-32　山西五台山佛光寺祖师塔图

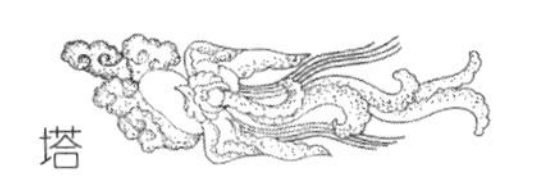

7.3.4 花塔

河北正定广惠寺花塔：花塔位于河北正定县城广惠寺内，为金代所建。是一座三层八角形楼阁式花塔，高约 45m，全部用砖砌筑（图 7-33）。第一层平面为八角形，在第一层塔身的四个角建有扁平的六角形单层小塔，有如金刚宝座塔状。塔身的正面和小塔正面均有圆形拱券门，檐下为砖制斗拱。第二层平面也是八角形，四个正面辟瓮门，四侧面各设格子假窗，塔身上出斗拱承托塔檐。檐上设八角形平座，之上置第三层塔身。第三层塔身突然收小，仅正面辟方门，其余各面设假门，四隅面则隐做出斜纹格子窗。第三层塔身之上即是花塔的上半部花束形塔身，约占塔身全高的三分之一左右。塔身上，按八面八角的垂直线刻塑有虎、狮、象、龙和佛、菩萨等形象，均为砖砌泥塑。再之上为砖制斗拱、椽飞、枋子，上覆八角形塔檐屋顶，上冠以塔刹。

图 7-33 河北正定广惠寺花塔

7.3.5 覆钵式塔（喇嘛塔）

北京妙应寺白塔：妙应寺（图 7-34）位于北京阜成门内，建于辽寿昌二年（1096年），现存白塔为元代至元八年（1271 年）所建。据记载，此塔为尼泊尔工匠阿尼哥设计修造，是佛塔中比较原始形式的“窣堵波”变体的代表作品。塔由须弥座式基座、覆钵形的塔身和十三天相轮塔刹三部分组成，高约 50m，基座三层，上、中两层为须弥座，平面作亚字形，四角向内递收两折，在转角处有角柱，轮廓分明（图 7-35）。在近年修缮时发现，在须弥座的上层均有巨大的圆木挑出以承托挑出的平盘部分。须弥座基座上用砖砌筑并雕刻出较大的覆莲瓣，外涂白灰塑饰成为形体雄浑的巨型莲座，以承托塔身。塔身为巨大的覆钵，形如宝瓶，粗壮稳健（图 7-36）。塔刹的刹座也做成须弥座，形状与塔的基座相仿，其上置下大上小、非常稳重的刹身，为砖砌筑的相轮十三重，即所谓的“十三天”。在十三天之上放有铜制的宝盖，也称化盖，四周悬有佛像、佛字和风铎。宝盖之上是塔刹之顶，为一铜制小型喇嘛塔（图 7-37）。此塔是我国现存最大且年代较早的一座喇嘛塔。

图 7-34　北京妙应寺白塔

图 7-35　北京妙应寺白塔平面图

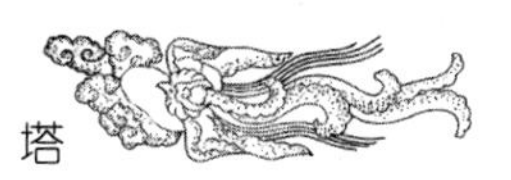

图 7-36　北京妙应寺白塔立面图

图 7-37 北京妙应寺白塔塔刹

7.3.6 过街塔

青海塔尔寺门塔：塔尔寺位于青海省东部湟中县鲁沙尔镇境内，是喇嘛教黄教派六大寺院之一。门塔建在塔尔寺寺院入门处，始建于清乾隆十三年（1748 年），于道光七年（1827 年）翻修过。门塔为青砖砌筑，由拱门、塔座、塔身、塔顶组成，总高约 11m。基底平面为 6.6m×6.6m 的方形，基座墙身上有四幅大型花卉砖雕，檐口为砖仿木构斗拱，每面四朵，转角一朵，其上为砖挑檐出椽，覆琉璃瓦坡顶面。基座上为一座喇嘛塔，塔身与十三天饰之间，增设一层方木椽出檐，上覆琉璃瓦面（图 7-38～图 7-40）。

图 7-38　青海塔尔寺门塔

图 7-39　青海塔尔寺门塔一侧

图 7-40　青海塔尔寺门塔立面图

7.3.7　金刚宝座塔

7.3.7.1　山西五台山圆照寺金刚宝座塔

圆照寺金刚宝座塔位于山西五台山台怀镇显通寺的左侧，建于明宣德九年（1434年），为印度高僧宝利沙的舍利塔。塔建在一高 2.3m 的四方形台座上，由五个喇嘛塔组成，正中的塔较四隅小塔高大，下为须弥座，高 3.1m，上置半圆形覆钵，高约 3m。覆钵之上为塔刹，之上冠华盖和仰月宝珠，高 9.1m（图 7-41）。四隅的小塔与正中大塔的形式相同，但比例较小。此塔在我国现存的金刚宝座塔中是建造年代较早的一座，与现存的北京真觉寺金刚宝座塔大约同时期。

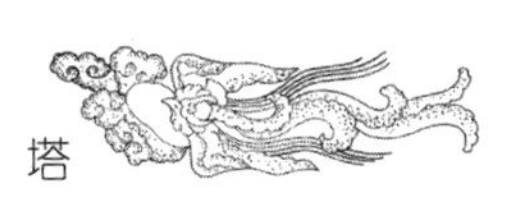

图 7-41 山西五台山圆照寺金刚宝座塔

7.3.7.2 湖北襄阳广德寺多宝佛塔

多宝佛塔位于湖北襄樊市襄阳县城西约 10km 的广德寺内，建于明弘治七年（1494 年），为一座金刚宝座形式的塔，高约 17m。建在一高大的八角形台座上，台座四面辟拱形石券门，正门上保存有一石匾，上刻有“多宝佛塔”四个字。台座上正中为一高大的覆钵式喇嘛塔，四隅的小塔为六角密檐式实心塔，从台座内部可登上台顶（图 7-42）。此塔的造型独特，下部的八角形台座在金刚宝座塔中较少见。

图 7-42 湖北襄阳广德寺多宝佛塔

7.3.8 上海龙华塔与山东长清辟支塔实测图

上海龙华塔与山东长清辟支塔如图 7-43、图 7-44 所示。

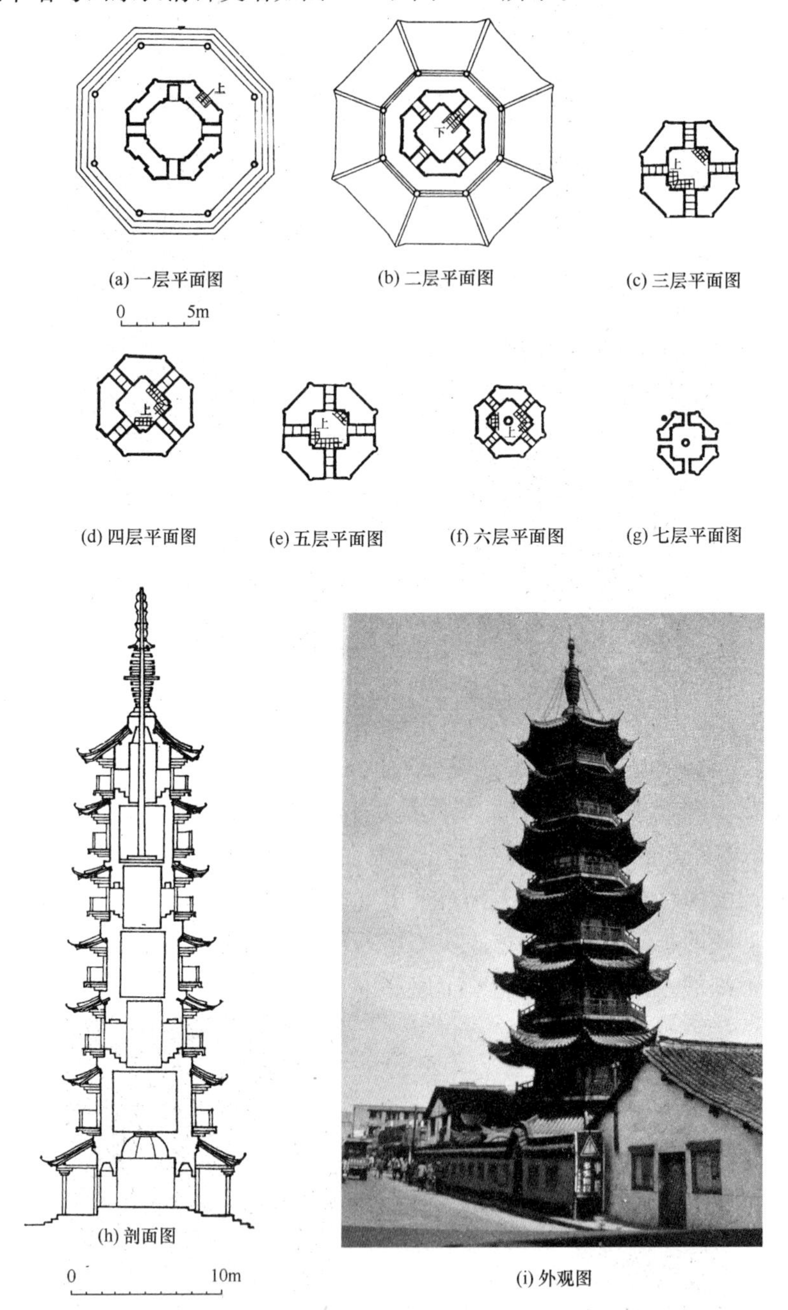

(a) 一层平面图 (b) 二层平面图 (c) 三层平面图

(d) 四层平面图 (e) 五层平面图 (f) 六层平面图 (g) 七层平面图

(h) 剖面图 (i) 外观图

图 7-43 上海龙华塔（宋）

注：龙华塔耸立在黄浦江西岸，相传始建于三国时间，但史料不足，今之龙华塔是北宋太平兴国二年（977 年）所造，此后历代多有修缮。

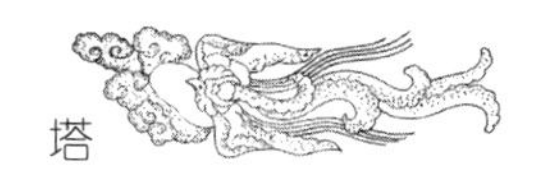

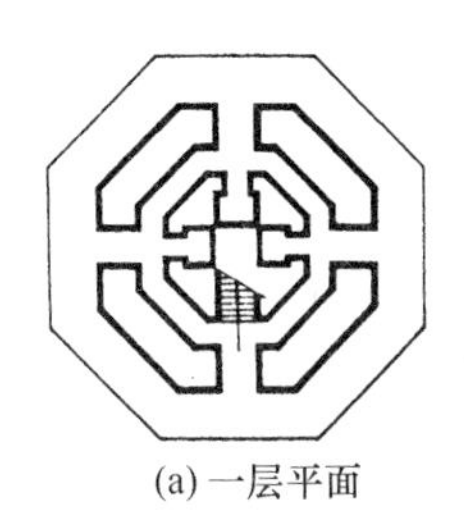

(a) 一层平面

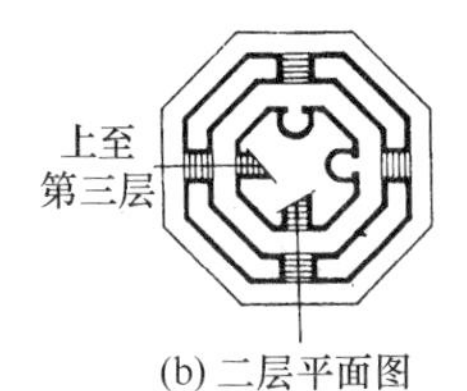

(b) 二层平面图

(c) 三层平面图

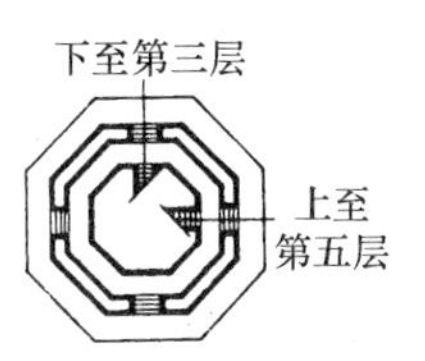

(d) 四层平面图

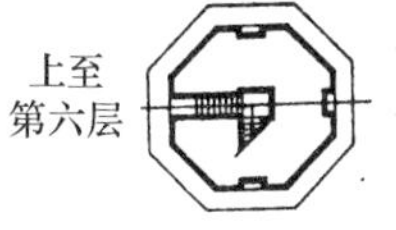

(e) 五层平面图

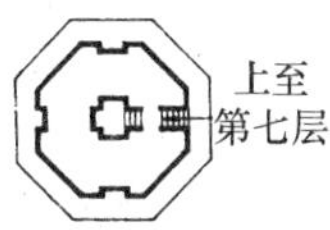

(f) 六层平面图

(g) 七层平面图

(h) 八层平面图

(i) 九层平面图

0 10m

(k) 外观图

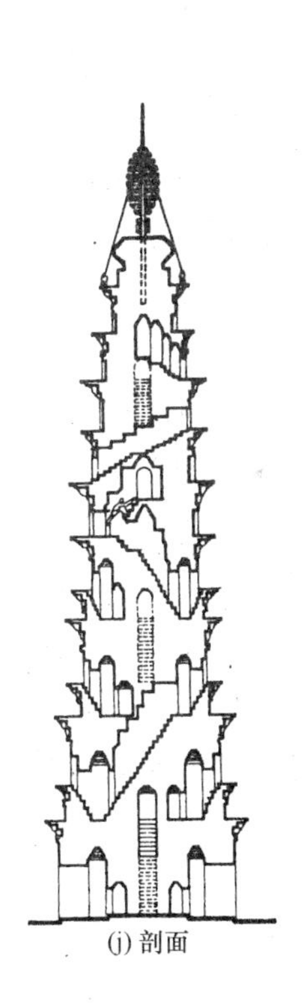

(j) 剖面

图 7-44 山东长清辟支塔（宋）

注：辟支塔位于长清县灵岩寺千佛殿西北隅。根据碑铭题记和考察，辟支塔始建于北宋淳化五年（1994 年），完成于嘉祐二年（1057 年）。

第 8 章　石结构建筑

8.1 概　　述

石结构建筑是我国古代建筑中的一个重要组成部分。在人类认识自然和改造自然的过程中，石材是最早被人类选用的建筑材料之一。在我国原始社会时期已出现用天然石块垒成的"石棚"。从史料和现存实物来看，石材被人们开采迅速发展时期应该在秦汉以后。汉代铁工具使用普遍，对石材的开采加工能力增强，在建筑中石材的使用量大增，出现了较多的石构建筑。在我国山东、四川等地的汉代石构建筑实物一直保留到现在。到了南北朝，石构建筑又有了新的发展，出现了石柱。宋代石构建筑，在形式上摹仿木结构建筑较为具体，《营造法式》一书中按石每立方尺重 143.75 斤折算，对石材的比重亦有计量。但在这个时期的石构建筑技术仍不出叠涩、挑梁、过梁等这几种方法。现存宋代的石构建筑物除石塔外，还有石幢、石桥等。元代石构建筑物基本上继承了宋代的结构技术。到了明、清两代，石构建筑在结构技术上有两种发展趋势：一种是竭力摹仿木结构建筑技术，最突出的建筑物是石牌坊，现存的大量石牌坊中，北京昌平明十三陵石牌坊和安徽歙县许国牌坊可分别为南北方的代表作；另一种是向拱券方面发展，建造了较大的石构建筑物，这可能与明代的砖结构中无梁殿的盛行有关。

我国古代石结构建筑，虽然在构造和形式上往往受到木结构建筑的影响，暴露出了摹仿木结构技术的痕迹，但是石构建筑物在结构上都能符合石材的性能和力学原理。古代的石砌体承重结构可达 48m 之高；石拱券结构跨度可达 23m 之多；梁式结构的石梁跨度可达 23m，连续长度可达 2000m……这些都是古代劳动人民智慧和血汗的结晶，表现出了古代匠师精湛的技能和高超的艺术水平，成为古人留给我们的一份珍贵的文化遗产。

8.2 石　　桥

我国古代石桥，具有悠久历史和卓越成就。几千年来，我国古代的桥工匠师通过辛勤劳动创作和反复实验，在祖国各地架起了一座座坚固美观的石桥。许多古代石桥至今仍然保存着，如河北赵县隋代赵州桥、北京芦沟桥等已成为世界人类科技文化的重要遗产。古代石桥主要有石梁桥和石拱桥两种形式。

8.2.1 石梁桥

石梁桥是用石梁作为桥的直接主要承重构件，以跨越河谷等天然或人工障碍。我国各地至今仍保存着许多座石梁桥，跨径从不足 1m 至超过 20m。乡间、小城镇的石梁桥桥面宽度一般在0.8～3m；省、市交通大道上的石梁桥桥面宽度一般在4～6m。石梁石板桥的结构比较简单，桥的上部结构有石梁、石板和石梁板相结合三种型式。其中石梁板结构又分为两种型式，一种是石梁上面铺石板；另一种是将石梁凿成边角，上面嵌以石板。

浙江平湖永兴桥（图8-1）是我国江南典型的单孔石梁桥；天津宝坻萧河桥（图8-2）是明代修建的单孔石板桥，跨径3m，桥面石板长3.5m，宽3m；江苏苏州周通桥（图8-3）则是石梁板相结合石桥的较好实例。

图8-1 浙江平湖永通桥

图8-2 天津宝坻萧河桥

图 8-3　江苏苏州周通桥

8.2.1.1　*石梁柱桥*

石梁柱桥的起源较早，汉兴之后，有石梁石柱桥的记载。在一些地方的史志中有不少对石梁桥的记载，如宋《平江城坊考》中记载了苏州马禅寺西桥承重梁石板下题字为："皇宋宝元元年（1038 年）桥柱有十二。"清光绪《安徽通志》中载："大桥在宿松县西南一里……旧制木桥，山洪冲坏。明万历中，建石梁石柱……嘉庆二十二年（1817 年）重修，己卯（1819 年）为石柱石梁桥。"

我国现存完好的石梁柱桥已不多见，河北省蠡县渡津桥［图 8-4（a）、（b）］为石梁柱桥典型的实例，在各层轴柱之间，用一块长条石相联系，成为一个整体的排架墩，在石柱帽梁上，平铺石板作为桥面。

8.2.1.2　*石梁墩桥*

石梁墩桥是石桥中较常见者。我国江浙一带多用石壁墩，如浙江吴兴将军坝桥（图 8-5），为七孔六墩，至今结构完好。石梁石墩桥极盛于宋代，福建泉州等地较为多见。

福建的石梁和木梁石墩桥为数甚多，为工甚巨，"郡境之桥，以十百丈计者不可胜记"（《读史方舆纪要》）。北宋·庆元四年（1198 年）一次在漳州就造石桥 35 座。《泉州府志》所记桥梁极多，笼统称宋修、宋建及具体标明宋代建桥年号的就有 110 座之多；起自宋太祖建隆年间（960—962 年）到宋理宗宝祐年间（1253—1258 年），大部分桥梁集中建造于十一、十二世纪。宋绍兴（1131—1162 年）三十年间修建的石梁墩桥，载明桥长者共计 11 座，总长 5147 丈（约 16470m），平均年修桥约 550m。

现存泉州府最古老的宋代石梁墩桥，是晋江的大桥（图 8-6）和小桥（图 8-7）。《泉

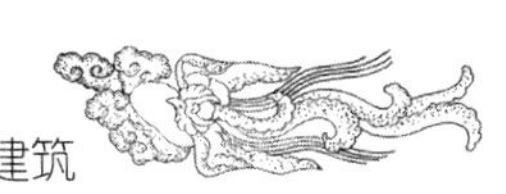

(a) 桥体全貌

(b) 桥体局部

图 8-4　河北省蠡县渡津桥

图 8-5　浙江吴兴将军坝桥

图 8-6　福建泉州大桥

州府志》“晋江县记”：“小桥，在三十一都；大桥，在三十二都，以上两桥俱宋太平兴国（976—983年）间建”。桥墩为长条石横直干垒，上架石梁，设简单的石栏。福建地区的石梁墩桥，基本上都是这样的结构类型。

图8-7　福建泉州小桥

福建泉州最著名的石梁墩桥为万安桥，又名洛阳桥（图8-8、图8-9）。洛阳桥位于福建泉州在晋江、惠安两县交界处的洛阳江的入海尾间上，为当年福州到厦门之间的重要通道。《泉州府志拾遗》中记载：“万安桥未建，旧设渡渡人，每岁遇飓风大作，沉舟而死者无数”。洛阳桥原来是个渡口，称万安渡。洛阳桥是我国闻名中外的巨大石桥之一，现为全国重点文物保护单位，旧称：“北有赵州桥，南有洛阳桥”。

福建福清县海口乡方良里江近入海处的龙江桥（图8-10、图8-11），为我国现存较好的石墩石梁桥。此桥创建于宋政和三年（1113年），全长476m，共42孔，平均每孔长度为11m左右，桥宽约5m，翼以扶栏，气势雄伟。桥墩上两边各用挑梁伸出，约60～80cm，桥墩做成两头分水尖，桥墩尺寸长9.6m，宽3m左右。《福清县志》中记载：“龙江桥在万良里，江阔五里，深五、六丈，始太平寺僧宋恩垒石为台，宋政和三年癸巳

图 8-8　福建泉州洛阳桥

图 8-9　福建泉州洛阳桥桥墩

(1113 年)，林迁兴、僧妙觉募缘成之，空其下为四十二间，广三十尺，翼以扶栏长一百八十余丈，势甚雄伟，费五百万缗，名曰螺江，绍兴庚辰改名龙江，万历三十三年重修，清顺治十二年邑侯朱廷瑞重修”。龙江桥每孔用 5 根石梁，上搁石板，桥墩基础，亦用牡蛎固结。

图 8-10　福建福清龙江桥

图 8-11　福建福清龙江桥局部

被誉为“天下无桥长此桥”的晋江安平桥（图 8-12、图 8-13），长近 5 里，俗称五里桥。此桥在郑州黄河大桥（建于 1905 年）建成之前，一直是我国最长的一座桥，也是我国古代最长、工程最为浩大的一座石墩石梁桥，现为全国重点文物保护单位。

图 8-12　福建泉州晋江安平桥

安平桥位于晋江县安海镇，从晋江安海镇跨安海港直到南安县水头镇。建于宋绍兴年间。《安海志》中记载：“安海渡介晋江南安，隔海相望六、七里，往来以舟渡。绍兴八年（1138 年）僧祖派始筑石桥，里人黄护与僧智资各施万缗为之倡，派与护亡，越十四载未竟。绍兴二十一年（1151 年）郡守赵公令衿卒成之”。历时 16 年，工程巨大，在古代桥梁中，可谓首屈一指。其长 801 丈，广 1.6 丈，酾水 362 道。桥梁结构系模仿洛阳桥的结构形式，上面桥面用巨大石梁拼成，每根梁重约 12～13t，下部桥墩仍用条石纵横叠砌而成。桥墩形式有方形、尖端船形，也有半船形的，形式多样，并不统一。宋代泉州郡守赵

图 8-13 福建泉州晋江安平桥桥面

令衿《咏安平桥》诗中曰："玉帛千丈天投虹，直栏横槛翔虚空"。

福建福州城南门外的万寿桥（图 8-14～图 8-16），为我国现存较好的元代所建石梁墩桥，跨越南台江（闽江）通往仓前山，是一座简支大石桥。桥的中间有一中洲，洲之北面

图 8-14 福建福州万寿桥

图 8-15　福建福州万寿桥局部

图 8-16　福建福州万寿桥桥墩

有石桥约 36 孔，洲之南面有石桥约 10 孔，每孔长约 12m，全桥总长 800m；石墩高约 4～5m，桥宽 3～4m，墩之上下游均做成三角形分水尖，三角形略向上翘，颇似船形，对排水有利。桥面做法，每孔用两根大石梁，间距 3～4m，横架石板（厚约 20～30cm，长约 2～3m）于梁上，桥宽约 4.5m，两边护以石栏。大石梁的宽度约 1m，高约 1.2m，长约 9～10m，是花岗岩，每根大梁约重 40t。1929 年，为了汽车通行，乃于古老石桥上加筑钢筋混凝土桥面，将石栏拆去，利用原有石梁作模架，桥面用两根钢筋混凝土大梁，置于古老石梁外边，两梁之间，有横梁及纵横梁联系，桥面宽约6m，两边设有人行道。

我国古代石桥梁中，构造雄伟、石梁最为巨大的，则为福建漳州江东桥（图8-17、图8-18），其每根石梁重达100～200t。江东桥又名虎渡桥，位于今漳州东四十里公路上。《读史方舆纪要》中记载："柳营江在漳州府东四十里上有虎渡桥"。

图8-17 福建漳州江东桥

图8-18 福建漳州江东桥石梁

江东桥在宋绍熙年间（1190 年）为浮桥；嘉定七年（1214 年）易为板梁；嘉熙元年（1237 年）乃易梁以石，历四年建成。全桥总长 336m，桥宽 5.6m 左右，由三块巨梁组成，共 19 孔，孔径大小不一，其中最大孔径为 21.3m 左右。每块石梁都在 100t 以上，最大石梁长 23.7m，宽 1.7m，高 1.9m，重近 200t。古代匠人手工修建成如此巨大的石梁，数百年来，让中外桥梁专家学者深为惊奇，不能不称其是鬼斧神工。

我国除福建省外，其他各省市亦有石梁墩桥保存至今。

8.2.1.3　*石伸臂梁桥*

石伸臂梁桥的石伸臂自桥台或桥墩上挑出，在一定的梁长之下，可增加大桥的净跨。云南省云县的河湾桥（图 8-19），石梁长 3.5m，宽 1.5m，厚 18cm，便各于每侧挑出桥台 80cm 的两层石伸臂梁端，每层厚 10cm。

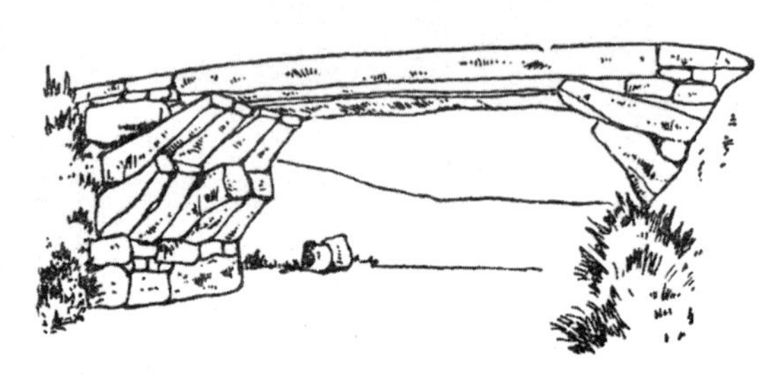

图 8-19　云南省云县河湾桥示意图

云南大理观音堂桥为三孔石伸臂梁（图 8-20、图 8-21），净跨中孔 4.5m，边孔 3.5m，亦为 3 层伸臂，各约 25cm。

云南诸石伸臂梁桥，各层石伸臂直接相压递出，都是多层并列砌筑，墩台横向缺乏联系。大多数石伸臂梁，是按丁、顺的砌筑方式砌筑的，虽是伸臂，但与木伸臂不同，它与墩身浑然连成一片，这在我国古代建筑中是脱胎于砖砌结构，名为“叠涩”。我国现存的福建莆田熙宁桥（图 8-22），安徽舒城南桥（图 8-23）等，都是“叠涩”出檐结构。

图 8-20　云南大理观音堂桥

图 8-21　云南大理观音堂桥石伸臂梁

图 8-22　福建莆田熙宁桥

有部分石伸臂梁桥将上下桥的坡道垒砌在石伸臂及锚首部分，如现存的浙江平湖兴隆桥（图 8-24），净跨 7.1m。

8.2.1.4　*三边石梁桥*

三边石梁桥也称为“八字形石撑架”，是介于梁、拱、刚架之间的一种结构形式，多

图 8-23　安徽舒城南桥

图 8-24　浙江平湖兴隆桥

见于浙江一带。在浙江省这种样式的大小桥梁现存共一千多座，有经历了几百年的老桥，最大跨径达 14m。在民间对这种样式的桥有着不同的称呼，永康称“三搭桥”，东阳称“三踏牮”，仙居称“无柱桥”“神仙桥”“六股肩”（指多边形石梁）。在永康和东阳地区所称呼的桥式名称，道出了此种样式石桥的结构受力情况。“牮”，意即扶持房屋倾斜的打撑，斜撑起搭架、踏紧、挤压的作用。

浙江省丽水桃花桥（图 8-25），修建于清光绪十九年（1893 年），全长 10.7m，桥面宽 1.2m，净跨 8m。可称空腹式的“三搭桥”，或者严格地说应称为“五搭桥”。三搭石梁桥不但可建成单孔，也可建成连续多孔，如有建成 2 孔、3 孔、5 孔、7 孔、11 孔等。例如现存的浙江省仙居镇安桥（图 8-26），修建于清光绪十一年（1885 年），全长 13.5m，桥宽 1.25m，有 2 个孔，各孔净跨 6m，是满腹式的石撑架桥。又如现存的浙江省东阳庄溪桥（图 8-27），全长 26m，桥面宽 1.7m，有 3 个孔，各孔净跨 7.45m。现存浙江省肖山洲口沿桥（图 8-28），全长 47m，桥面宽 3.5m，有 5 个孔，各孔净跨 7.4m。现存浙江省缙云永济桥（图 8-29），全长 74.8m，桥面宽 3.1m，有 7 个孔，每孔净跨 7.8m。现存最长的桥为浙江省东阳湖溪桥（图 8-30），全长 135m，桥面宽 3.45m，共有 11 个孔，每孔净跨 9.4m。三边石梁桥的结构较简单，作为步行桥是比较合适的，由三边、五边、七边等石梁桥便转化为石拱桥形式。

图 8-25　浙江省丽水桃花桥

图 8-26　浙江省仙居镇安桥

图 8-27　浙江省东阳庄溪桥

图 8-28　浙江省肖山洲口沿桥

图 8-29　浙江省缙云永济桥

图 8-30　浙江省东阳湖溪桥

8.2.2　石拱桥

我国的石拱桥是土生土长的，形成和发展自有其渊源和流派，一脉相承，自成系统。在我国，拱形结构的起源甚早。公元前 770—公元前 476 年的春秋时期所著的《礼记——儒行篇》一书中记载："儒有蓬户瓮牖"。以瓮——坛子（整或破）嵌在墙壁上面作窗户，这就是拱形的窗。迄今我国石作工匠称砌筑石拱为"发券"，也称"骈或券瓮"。考古挖掘发现在新石器时代（公元前 5000—公元前 4000 年）的村落遗址中已有土壁房屋和陶瓮，可由此而引导出其后的砌拱方法。我国现存石拱尚存有上下都有拱的瓮式石拱桥，这可能就是"券瓮"的遗制。

石拱桥主要承重构件的外形均是曲折的，因此古时称为曲桥。在古文献中，还用“囷”“窦”“瓮”等字来表示拱。《水经注》中记载了晋太康三年（282 年）在洛阳七里涧上建成的旅人桥，又名七里涧桥，是一座单跨石拱桥。文中写道：“其水又东，左合七里涧，涧有石梁，即旅人桥也……凡是数桥，皆垒石为之，亦高壮矣，制作甚佳，虽以时往损功，而不废行旅。朱超石《与兄书》云：‘桥去洛阳宫六七里，悉用大石，下圆以通水，可受大舫过也，题其上云：太康三年十一月初就功，日用七万五千人，至四月末止……’”。这是我国对石拱桥的最早文字记录。

在近两千年的漫长历史中，石拱桥一直是我国特别重要的一种桥梁型式，遍布祖国各地。据不完全统计，我国现存民国以前的石桥尚有十万座，其中石拱桥占近一半。现存最古老的石拱桥，是建于隋开皇末大业初（605 年左右）的河北赵县赵州桥（图 8-31）。《赵州志》中称赵州桥：“奇巧固护，甲于天下”，是世界上第一座敞肩式（即空腹式）单孔圆弧形石拱桥，也是我国传统石拱桥中技术最高、跨度最大、年代最久的唯一的一座。

图 8-31　河北赵县赵州桥

我国传统石拱桥的构造做法及各部位名称如图 8-32、图 8-33 所示，在古籍中较少见。宋代李诫所著《营造法式》及清代官书《工部工程做法则例》等少数资料中均无记载，只是散见于工匠师傅秘藏底册之中。但是这些散见的记录术语不统一，名称定义不清楚，叙述无次序，不易了解。1935 年，中国营造学社王璧文先生根据流传稿本《营造算例》桥座做法、《石桥分法》《工程备要随录》诸书和参照实有工程，予以整理，写成《清官式石桥做法》一文，对我国北方清官式石桥的做法及各部位的名称作有详细记录。清官式石拱桥各部位名称如图 8-34、图 8-35 所示。

我国石拱桥的拱券形式种类比较多，常见的主要有半圆、马蹄、全圆、圆弧、锅底、

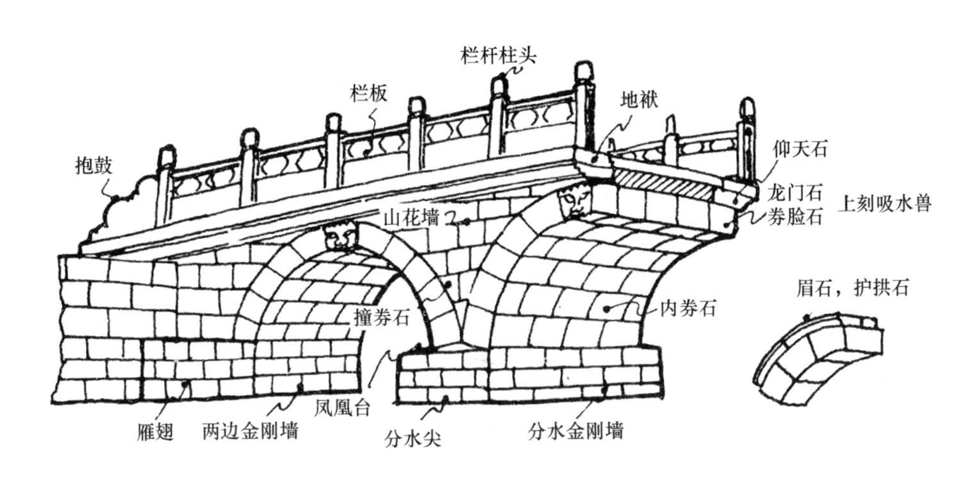

图 8-32　北方石拱桥构造及各部位名称示意图

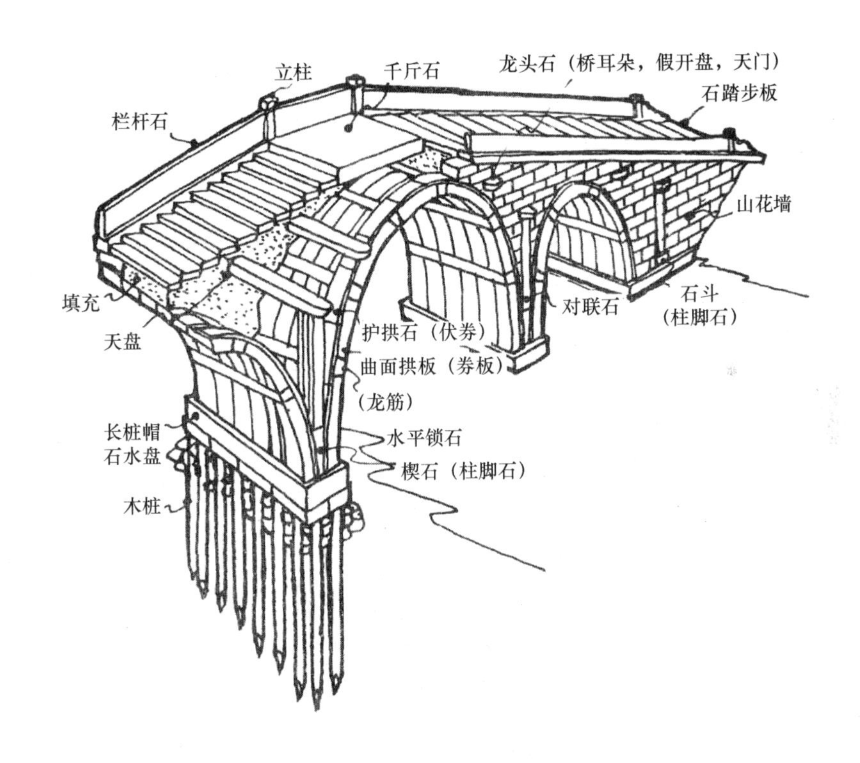

图 8-33　江南石拱桥构造及各部位名称示意图

蛋圆、椭圆、抛物线及折边拱券（图 8-36）。半圆拱是最普遍采用的拱券。国内较大跨度的半圆拱桥拱跨约在 20m 左右。石拱拱券的排列方法基本上是并列和横联两种类型，逐步派生出其他变化的类型（图 8-37）。并列拱券是由许多独立拱券栉比并列而成。横联拱券是应用最多的排列法，诸拱券在横向交错比砌，于是券石便在横向起了压紧联实的作用，使全桥拱石基本上成一整体。由于用料或建筑处理上的需要，横联券又派生出镶边和框式两种。镶边横联拱如北京颐和园玉带桥（图 8-38）、山西晋城永固桥（图 8-39）和山

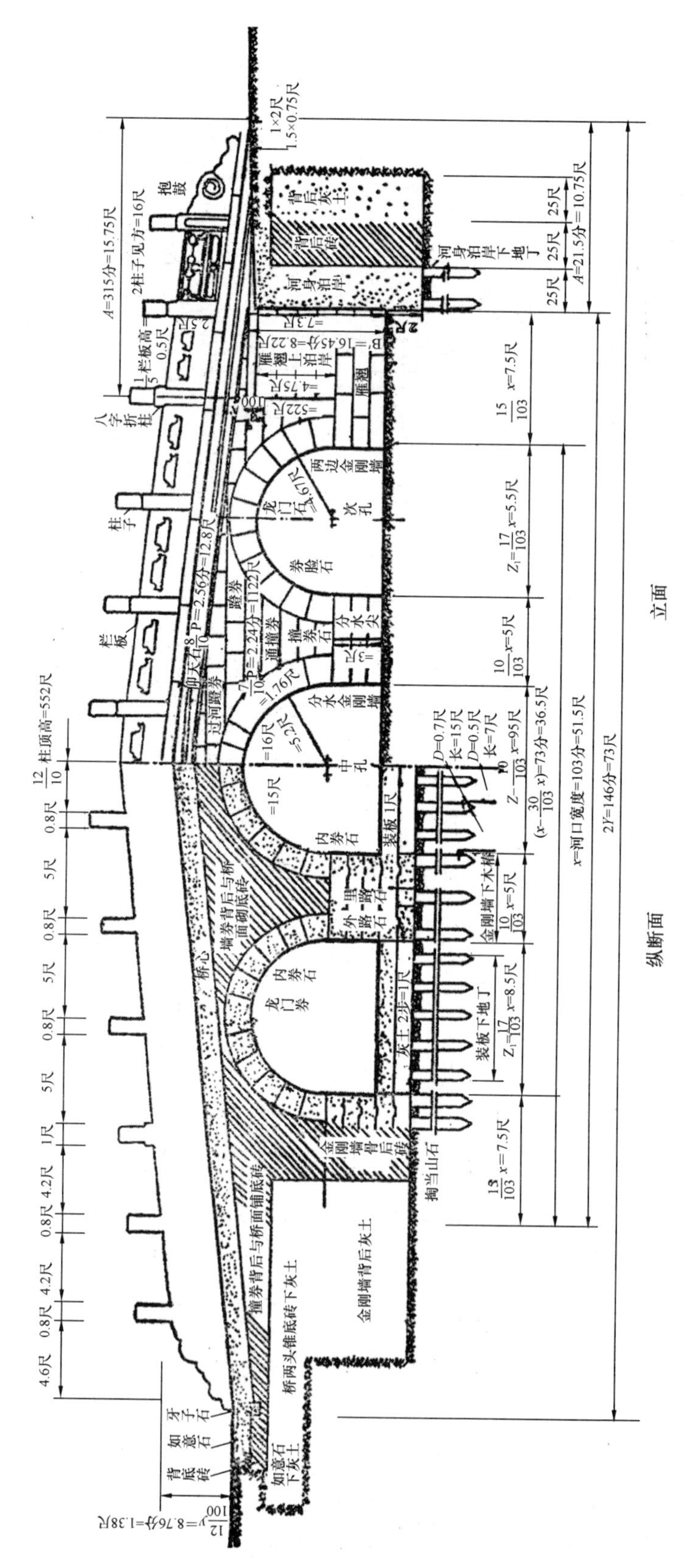

图 8-34　清官式石拱桥各部位名称示意图（纵断面）

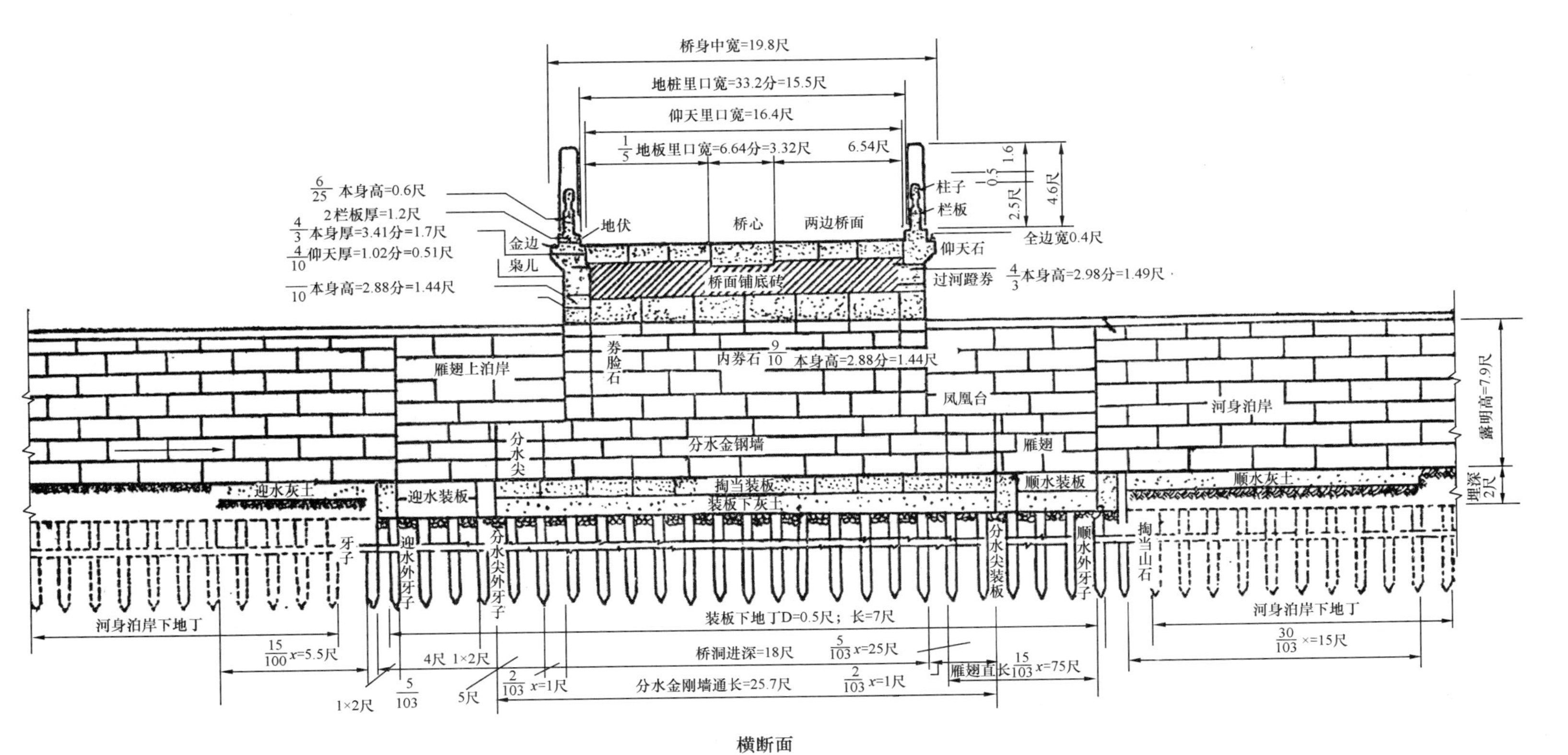

图 8-35　清官式石拱桥各部位名称示意图（横断面）

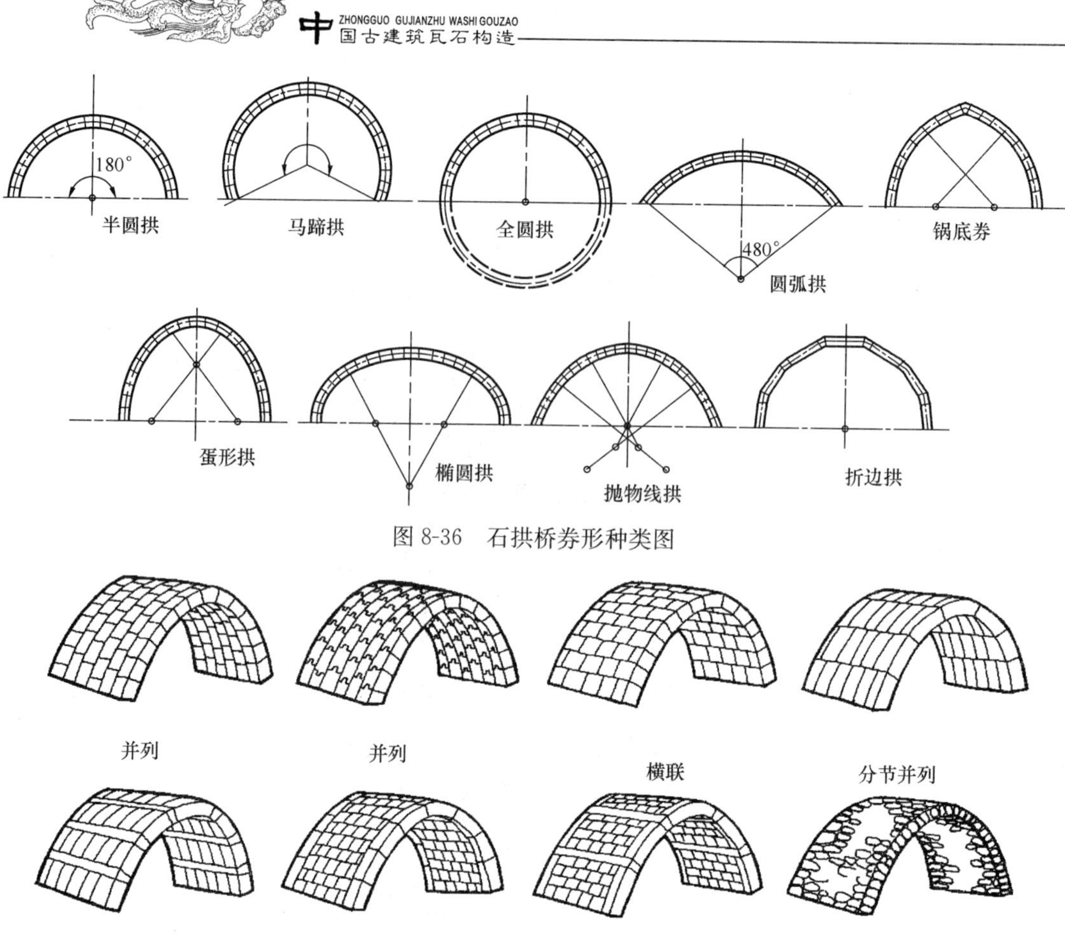

图 8-36　石拱桥券形种类图

图 8-37　拱券石排列法示意图

图 8-38　北京颐和园玉带桥

西襄垣永惠桥（图 8-40）等。框式横联拱券避免镶边券单独受力与中部诸拱联系不足的缺点，即使外券加工和材料与内券不同，也能相联成一体。如北京芦沟桥（图 8-41）、浙江金华通济桥（图 8-42、图 8-43）等。

图 8-39 山西晋城永固桥

图 8-40 山西襄垣永惠桥

图 8-41　北京芦沟桥

图 8-42　浙江金华通济桥

图 8-43　浙江金华通济桥框式横联拱券

完全用不规则的乱石或卵石干砌的拱桥，是我国石拱桥中大胆杰出的作品。贵州《安顺府志》中记载高桥："在城北七十里，高数十丈，长三丈余，广四五尺。厅属唯此桥最古，下临深涧，骇目惊心。桥洞皆碎石磷砌，百余年不圮，疑有神工"。浙江省内干砌乱石桥较多，如浙江临海清水坑桥（图 8-44），桥拱净跨 7.1m，桥宽 3.6m；浙江温岭卷洞桥（图 8-45），桥拱净跨 6.1m，桥宽 3.25m。

图 8-44　浙江临海清水坑桥

我国石拱桥按技术成就大致可以分为敞肩圆弧拱、厚墩厚拱和薄墩薄拱石拱桥。

图 8-45　浙江温岭卷洞桥

8.2.2.1　敞肩圆弧石拱桥

敞肩圆弧石拱桥是我国古代工匠在造桥技术上的卓越创造。所谓敞肩，是指拱上建筑由实腹演进为空腹，以一系列小拱垒架于大拱之上。所谓圆弧，是采用小于半圆的弧段，作为拱桥的承重结构。这一桥型的出现，给予了石拱桥的向前发展以巨大的生命力。我国的敞肩圆弧拱出现于七世纪初隋代的安济桥。

(1) 安济桥

安济桥又名赵州桥，俗称大石桥，在今河北省赵县城南，横跨洨河之上，建于隋代，是世界上现存最古老、跨度最大的一座敞肩圆弧石拱桥（图 8-46、图 8-47）。桥总长

图 8-46　河北赵县安济桥侧面

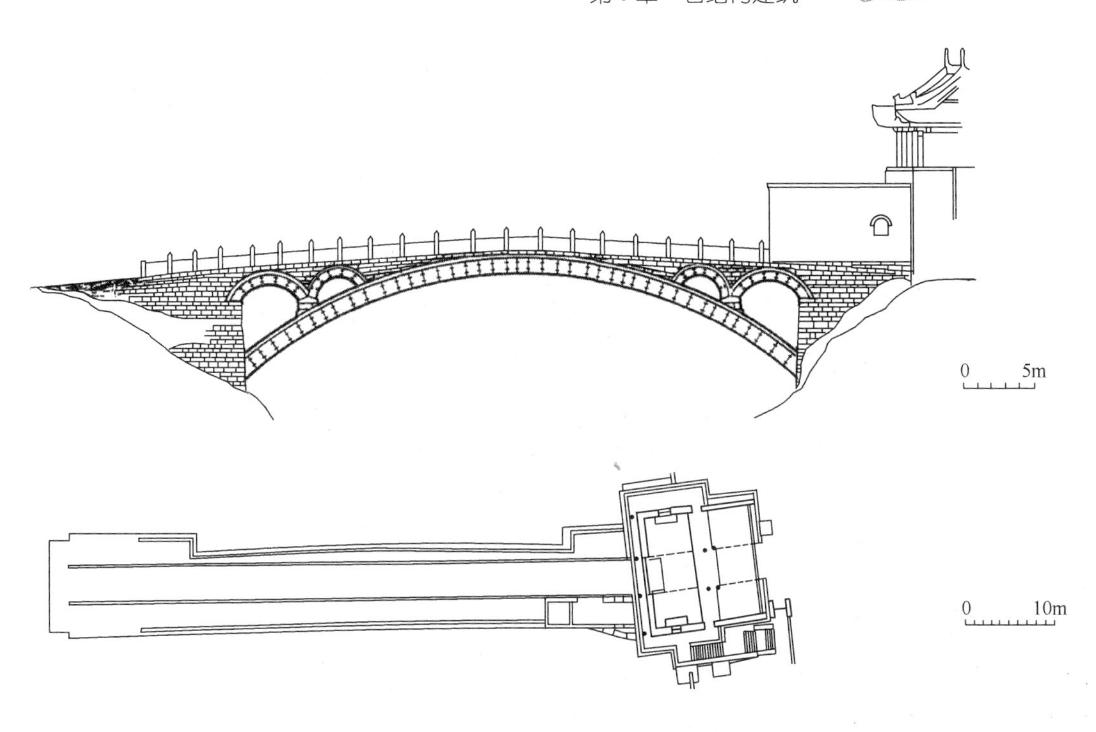

图 8-47　河北赵县安济桥平、立面图

50.83m，总宽 9m，主孔净跨为 37.02m，净矢高为 7.23m，矢跨比为 1∶5.12。拱腹线的半径为 27.31m，拱中心夹角 85°20′33″，是一座很扁的圆弧石拱桥。主拱券并列 28 道，拱厚 1.03m，拱肋宽各道不等，自 25～40cm。拱石长约 1m，最大拱石每块重约 1t。此桥最大的特点是在拱两端上部一般填实为桥肩处，又各砌两个小拱（图 8-48），靠近拱脚处

图 8-48　河北赵县安济桥两个小拱

的小拱，净跨为3.8m，另一个小拱净跨为2.85m，券石厚65cm。每个小拱券的东西两外侧，各铺设一层厚约16cm的护拱石。小拱亦为并列砌筑。除南端一小拱在后世修缮时改为27道并列之外，其余均为与大拱一致的28道并列。在这大小五拱之上，再用块石填砌，构成很平缓的桥面，上铺石板为路面。桥两侧立石望柱和栏板，望柱上雕狮子，栏板上雕龙，可视为隋代石雕艺术的代表作（图8-49～图8-51）。

图8-49　河北赵县安济桥石望柱

安济桥这种在桥肩上再砌小拱的做法称为敞肩石拱桥。是为了解决安济桥的特殊需要而创造的。第一，洨河水量不稳定，常年枯水而夏季洪水暴涨。在桥主拱上两端再各加砌两个小拱，是为了在雨季河水暴涨时，增大桥洞的过水量，避免洪水冲毁桥梁；第二是此桥为横跨洨河南北的交通要道，为方便于行人，桥面需尽量平缓。这就使得桥肩部分加厚，增加桥之自重和对拱的压力，做成敞肩拱就解决了这个问题。据桥梁专家研究，敞肩拱桥西方在十九世纪才由法国工程师保尔（M. Paul S′ejourne）用于阿道尔夫桥（Pont Adolphe）上，安济桥建于605—618年间，比西方早一千二百年，无疑是我国古代匠师在石拱桥技术上的一大创造。

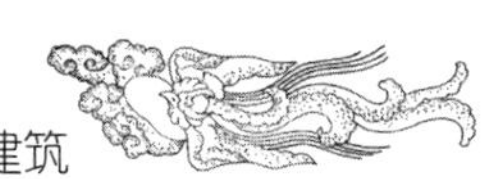

图 8-50　河北赵县安济桥饕餮石栏板

图 8-51　河北赵县安济桥蟠龙石栏板

（2）永通桥

河北赵县永通桥（图 8-52～图 8-54），俗称小石桥。位于赵县西门外清水河上，据《畿辅通志》载金明昌年间（1190—1196 年）赵州人裒钱所建。《赵州志》明王之翰《重修永通桥记》载："吾郡出西门五十步，穹窿莽状如堆碧……为一方雄观者，非桥乎。桥名永通，俗名小石，盖郡南五里，隋李春所造大石……而是桥因以小名，逊其灵矣。桥不楹而耸，如驾之虹，洞然大虚，如弦之月。"

图 8-52　河北赵县永通桥正面

图 8-53　河北赵县永通桥侧面

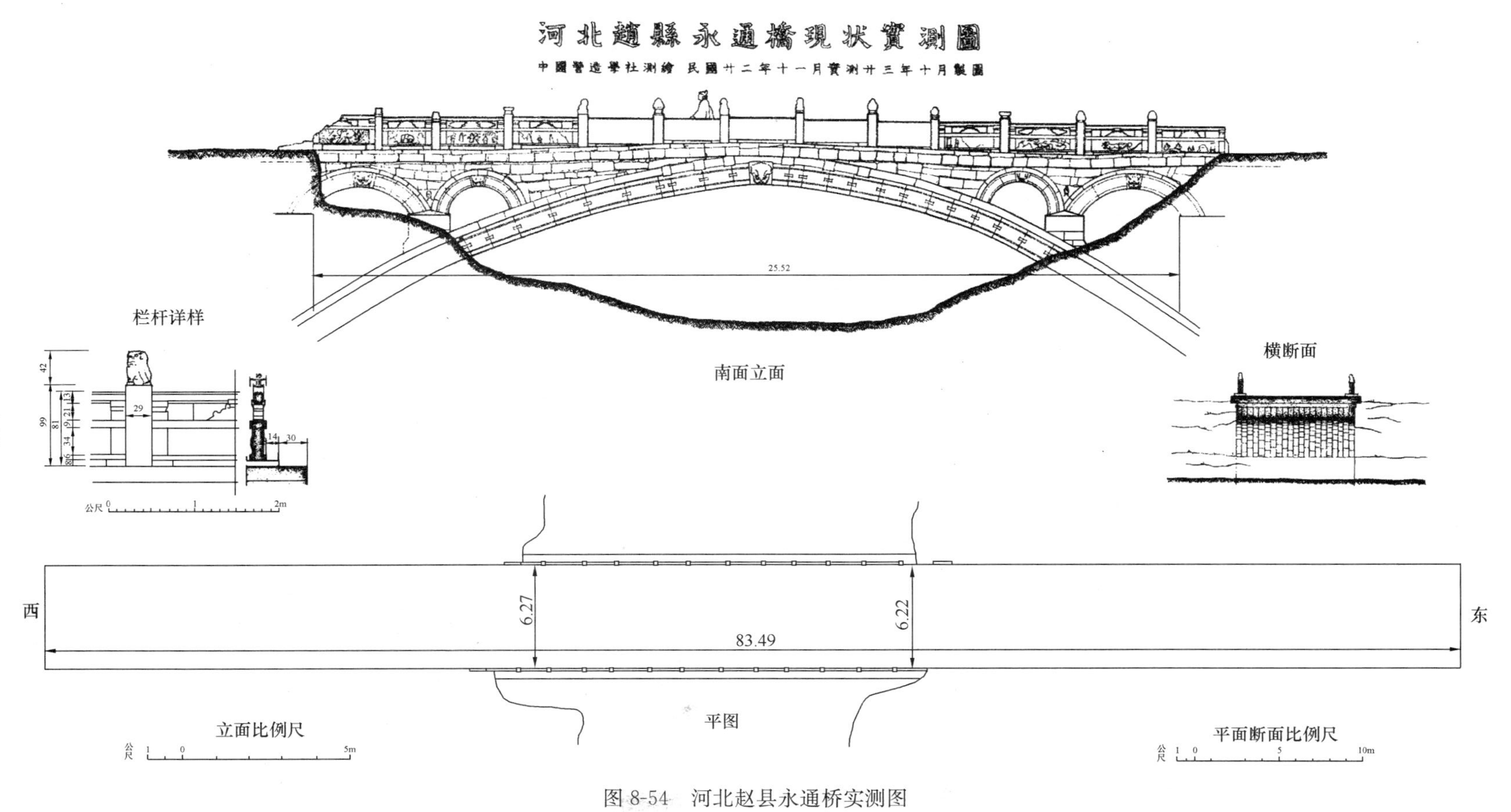

图8-54　河北赵县永通桥实测图

"旁夹小窦者四，上列倚栏者三十二，缔造之工，形势之巧，直是颉颃大石，称二难于天下。"又："岁丁酉，乡之张大夫兄弟……为众人倡而大石桥焕然一新……比戊戌，则郡父老孙君、张君欲修以志续功……取石于山，因材于地。穿者起之，如砥平也；倚者易之，如绳正也。雕栏之列，兽状星罗，照其彩也。文石之砌，鳞次绣错，巩其固也。盖戌之秋（1598年），亥之夏（1599年），为日三百而大功告成"。这里虽记述公元十六世纪末期的一次修缮，但是却为研究永通桥史之宝贵资料。该桥形式为单跨敞肩石拱桥，大拱之上伏有四个小拱。桥全长32m，两岸小拱外端边墙之间的尺寸为25.5m，大拱净跨估计接近此数。大拱券为圆弧，圆半径约18.5m。桥面净宽（栏杆之间）一端为6.22m，一端为6.28m。小拱端部者净跨3m，另一小拱净跨1.8m。大拱由21道拱券并列砌成，拱石厚40cm，眉石厚25cm。其结构布置和安济桥基本相同。现桥上栏板已为明正德二年（1507年）及清乾隆年间重修时更换。

（3）景德桥

山西晋城景德桥（图8-55）在晋城县西关。据《凤台县志》记："城西关桥一名沁阳桥，金大定乙酉（1165年）知州黄仲宣创建，成于明昌辛亥（1191年），经四百余年不坏。成化壬辰（1472年），大水塞川而下，桥毁而遗石尚存。"据有关部门考察，明成化八年（1472年）大水冲毁东门桥及南大桥，唯景德桥犹存。1736年整修，建国后于1956年将其整修一新。该桥采用大拱上负两个小拱形式，桥长30m，桥拱净跨21m，矢高3.7m，并列15道拱券，券石厚73cm，护拱石厚26cm，桥宽5.63m。两端半圆小拱，净跨3.1m，拱石厚58cm。桥上现存栏板为后世更换，券面上留有石刻甚为精美。

图8-55　山西晋城景德桥

（4）普济桥

山西原平普济桥（图8-56）在原平县崞阳镇南关。州志载："金泰和五年（1205年）义士游完建"。明、清都有过修缮，并于清道光年间重建。该桥采用大拱上负四小拱形式，

图 8-56　山西原平普济桥

桥主孔拱净跨 18m，矢高 6.2m，主拱石厚 65cm，护拱石厚 20cm。两肩各有净跨为 3.2m 和 1.8m 的两个小拱。拱券为横联砌筑，是其一个特点。

（5）济美桥

河北赵县济美桥（图 8-57、图 8-58），据《赵州志》记载："济美桥在宋村东北里许洨河水上，万历二十二年（1594 年）贞孀元王氏捐资重建"。1932 年，梁思成先生调查此桥时，发现拱券如意石底面有"嘉靖二十八年（1549 年）"刻字。可能是创建于嘉靖，重修于万历。该桥的布局甚为奇特，共五孔，两大三小，大者居中，小者在两端；大券的净跨约当小券四倍左右；在两大券之间，复加一小券，伏于大券之上，其原则与安济桥上小券相同，无疑是受了该桥的影响。

图 8-57　河北赵县济美桥

图 8-58　河北赵县济美桥示意图

济美桥的发券法与安济桥、永通桥一样，也是用大券一道，上加伏一层。券面之上起线两道，但是不用腰铁。大券也是由多数单券排比而成。但因券短桥狭，所以没有特为联络各道单券而施的构材。大券撞券上的河神像（图 8-59）、券面上的背驰图（图 8-60），都是雕刻中之上品。栏杆栏板雕刻精细，栏板两端都支承在方形垫石之上，简单朴素，但又增加镂空和体量变化的效果，整个桥梁的建筑艺术处理上是非常成功的。

图 8-59　济美桥撞券石上河神像

图 8-60　济美桥券面浮雕背驰图

（6）桥楼殿

桥楼殿位于河北省井陉县苍岩山上，风景绝美。崇山峻岭，危崖绝壁，古柏参天，白檀满涧，古刹禅房，碑碣夹道。盛夏逢雨，悬泉飞瀑，倾注其间，涧中流水潺潺，游鳞可数。两崖之间，仰望青天，宛如一线，桥楼殿横空跨越，气势雄壮（图 8-61）。《井陉县志料》称："层峦叠嶂，壁立万仞，桥楼结构空中，庙宇辉煌崖裹，古木环围，烟云缥缈，宛如画图。""自下望之，真可称为空中楼阁。"

桥楼殿是福庆寺的主体建筑。对峙峭壁之间，南北飞架三座单跨石拱桥，其中两座桥建有天王殿和桥楼殿。桥楼殿始建于隋末唐初，是我国现存最早的桥上殿楼，殿面宽五间，进深三间，周围廊，为重檐楼阁式建筑，九脊黄绿琉璃瓦顶金碧辉煌。

桥为单孔敞肩圆弧拱，拱肩上对称伏着两个小孔，桥长约 15m，净跨 12.8m，矢高 3.2m，拱券厚 55cm，由 22 道并列而成。主拱券外观无横向联系，但收分甚为明显，拱顶宽 7.53m，拱脚宽 7.93m。小拱为半圆拱，净跨 1.8m，拱石厚 50cm。大小拱上护拱石厚均为 10cm。桥距山涧底约 70m。桥梁飞虹凌空，具有"千丈虹桥望入微，天光云影共楼飞"的奇景（图 8-62）。

图 8-61　河北井陉县桥楼殿

8.2.2.2　厚墩厚拱石拱桥

在我国古文化发祥地的黄河流域，历代都城有很多建设于此，服务于四方贡赋及货殖物资转运的交通历来以陆行为主，依靠骡马大车，载重较大，因此桥梁多属于平坦宏伟型，多跨石拱桥的全桥纵坡很小，利于车走人行。又由于黄河南北两岸的河流流水大都具有季节性涨落的特点，洪水时流速大，冲刷严重，冬季虽水浅，但有流冰现象，因此桥墩都筑得笨重厚大，一般在上游方向建有分水尖，以杀怒水兼破流冰。南方山区河流，虽然不一定有流水，但如属于季节性河流，洪水流速大者也都造此类型的石拱桥。

多孔厚墩石拱桥不过是单孔石拱桥的组合形式，每个桥墩都能承受单孔拱的横推力，一孔破坏，不影响邻孔，施工时也可逐孔独立进行，这是它的优点。其缺点是未能充分利

图 8-62　河北井陉县桥楼殿全景

用邻孔相平衡的静载推力和活载作用下的各孔共同作用，因此结构显得笨重。厚墩联拱自 2 孔乃至 23 孔，最多的达百余孔。坦途平直，苍龙偃卧，是为雄伟。我国现存的多孔厚墩厚拱石拱桥，除北京芦沟桥建于 12 世纪（金代）外，大部分都是明、清两代修建的。

（1）芦沟桥

芦沟桥（图 8-63）在北京市广安门外芦沟桥镇西，跨越永定河。该桥始建于金大定二十九年（1189 年），于金章宗明昌三年（1192 年）完工，初名广利，是闻名世界的我国古代多孔厚墩联拱石桥。桥身全长 212.2m，加上两端桥堍，总长 266m，为 11 孔不等跨圆弧拱（拱净跨 11.40＋12.00＋12.60＋12.80＋13.18＋13.45＋13.30＋13.15＋12.64＋12.47＋12.35），桥面净宽 7.5m，最外边总宽 9.3m。拱券石厚 95cm，护拱石厚 20cm，

图 8-63　北京芦沟桥侧影

圆弧矢跨比约为 1∶3∶5。券石用框式横联法砌筑，拱石与拱石之间有腰铁连接。桥墩前尖后方，呈船形，迎水面砌作分水尖，长 4.5～5.2m，宽 5m；桥墩宽自 6.5m 至 7.9m 不等。每个桥墩分水尖顶，垂直安装一根边长约 26cm 的三角形铁柱，以其锐角迎击冰块，保护桥墩，人称“斩龙剑”。墩下地质为冲积的砂夹卵石，但仍打了短木桩，俗称“插架法”。《古今图书集成·考工典》称：“芦沟桥，金明昌初建，插柏为基，雕石为栏。”桥墩基础，坚实稳固。桥上的栏板望柱，雕刻有千姿百态的石狮，这些狮子有的昂首望天，有的侧身转首呼唤同伴，有的凝视桥上过往行人，有的竖起双耳捕捉信息，有的母子玩耍、嬉戏不疲，无不令人赞叹（图 8-64）。桥石加工致密，构造精良。明、清两代有过多次修缮，使此桥能较好地保存至今。

中国历史博物馆藏元《芦沟筏运图》(图 8-65) 绘出当年的形状，画中的桥孔、华表、栏杆、石狮，与今日的芦沟桥都极相合。尤其是桥西头栏杆端，用作抱鼓石的石狮和石像，今天依然如此。芦沟桥为南方入京要道，金赵秉文诗：“落日芦沟沟上柳，送人几度出京华”。《古今图书集成·考工典》记载：“桥东筑城，为九馗咽喉，五更他处不见月，惟芦沟桥见之。”因此，“芦沟晓月”为燕京八景之一。

(2) 颐和园十七孔桥

北京颐和园十七孔桥（图 8-66），建于清乾隆二十年（1755 年），由十七个孔券组成，桥长 150m，宽 6.6m，拱净跨由 4.2m 至 8.5m，拱石厚 40cm，墩厚 2.5m，是典型的清官式石桥的做法。因桥在静止的湖水中，故未设分水尖。

(3) 江西南城万年桥

江西南城万年桥（图 8-67）在南城县城东北 10 余里黎河与盱江会合后的盱江交通要

图 8-64　北京芦沟桥上的栏板和狮子

图 8-65　元《芦沟桥筏运图》

图 8-66　北京颐和园十七孔桥

图 8-67　江西南城万年桥

道上，始建于宋咸淳七年（1271 年），旧为浮桥。明崇祯八年（1634 年）更建石拱，至清顺治四年（1647 年）完工，历时 14 年，距今已 330 余年。清雍正、乾隆、嘉庆年间先后进行过维修。清光绪十三年（1887 年）洪水泛滥，桥梁破坏极为严重。自光绪十七至二十一年，历时五年始维修毕功。工程主持者谢甘棠，著《万年桥志》一书。桥共 23 孔，等跨，净跨 14m 的半圆形联拱，券石厚 95cm，横联砌筑，桥宽 6m。桥墩宽 3.4m，长 7.4m，前尖稍高，有挺立破浪之势；后部为方形阶梯式，水下宽厚，水上狭窄，矮而蹲，如趺座，墩高 4.6m。该桥为江西省最长的厚墩联拱石桥。《江西通志》称："巨丽冠湖东诸郡"。

8.2.2.3　薄墩薄拱石桥

薄墩薄拱石桥是我国传统石拱桥在石拱结构技术方面取得的又一成就。所谓薄墩，一般是指采用木桩基础结构，而相对于主拱券来说刚度比较小的拆墩，近代称为柔性墩。薄墩联拱结构，当一孔的主拱券上承受载荷，就会牵动两边桥墩产生变形，从而把力和变形传到相邻孔，使邻孔协助承载，减小承载孔的桥墩水平推力。这种构造形式，可以减轻墩上结构重量，减少水下工程的工作量，结合了与拱上结构共同作用的薄拱构造，使多孔薄墩薄拱桥在南方水乡独放异彩。

位于我国东南地区长江和钱塘江三角洲冲积地带的石桥大部分属于薄墩薄拱式石拱桥。这一带水网贯通，河道纵横，属潮汐性河流，水位比较稳定，没有洪水湍流，浮冰奔突，故分水尖并非必需。水网地区历来交通运输多依靠水路船舶，陆上则以肩挑为主，载重较北方骡马大车为轻。为利于通航，桥下净空要求较高，一般都拱顶高耸，桥面以坡道上下，故多为驼峰隆起式的石拱桥。河床土质松软，石拱桥要求节约用料，以减轻重量，同时又能适应一定限度的不均匀沉陷，所以南方地区的石拱桥都夯打大量小木桩以加固土壤，采用薄墩薄拱以减轻重量。

薄墩薄拱石拱桥在东南水网地区到处可见，为数众多。浙江一省现存尚有千余座。仅苏州城区，据志籍记载有石桥 359 座，其中一部分为石梁桥。目前桥虽越来越少，也尚存 44 座石拱桥。而苏州甪直一个小镇，镇上纵横二道小河，尚有石桥 72 座，其中半数为石拱桥。所有这些石拱桥（图 8-68），点缀水乡景色，秀丽可观。

图 8-68　江南水乡石拱桥

南方薄墩薄拱石拱桥，由单孔到十余孔，最长者近百孔，结构轻巧，造型美观，是石拱桥的一大成就，在世界石拱桥历史上为我国所独有。

（1）苏州阊门外枫桥和江村桥

苏州阊门外枫桥（图 8-69）和江村桥（图 8-70）俱在寒山寺附近，因唐代张继《枫桥夜泊》诗而得名。诗中有“江枫渔火对愁眠”之句，有解作即指此二桥。这两座桥均为单孔薄墩薄拱石拱桥，枫桥长 26m，桥高 7m，始建于唐代，现桥为清同治六年（1867 年）所重建。江村桥与枫桥遥遥相对，始建于唐代，清康熙四十五（1706 年）重建。

（2）杭州拱宸桥

图 8-69　苏州枫桥

图 8-70　苏州江村桥

杭州拱宸桥（图 8-71），位于浙江省杭州市拱墅区，创建于明崇祯四年（1631 年），清光绪十一年（1885 年）重建。该桥跨运河，为三孔驼峰石拱桥，桥长 98m，桥中宽为 5.9m，桥堍 12.2m，边孔净跨 11.9m，中孔 15.8m，拱券石厚 30cm，眉石厚 20cm。

图 8-71　杭州拱宸桥

(3) 吴兴双林三桥

吴兴双林三桥（图 8-72），位于浙江省湖州双林镇，一水之上，三桥并列，均为 3 孔驼峰拱，分别为清乾隆五十八年（1793 年）竣工的万魁桥；明嘉靖年间（1522—1566 年）修建，历代整修的化成桥；清道光二十年（1840 年）建造的万元桥。三桥中孔净跨为 12.4～12.95m，边孔净跨 7.2～7.7m。

图 8-72　吴兴双林三桥

(4) 上海朱家角放生桥

上海朱家角放生桥（图 8-73、图 8-74），位于上海市青浦朱家角镇东，架于漕港（现名定浦河）上，建于明隆庆五年（1571年），由寺僧性潮募款修建，桥旁有慈门寺和一座井亭，桥下为慈门寺放生之地，故名“放生桥”；清嘉庆十九年（1814年）重建，为五孔薄墩薄拱石拱桥。该桥全长72m，宽5.8m，高7.4m，五孔径分别为6.1m、9.2m、13m、9.2m、6.1m。拱券为分节并列砌筑，拱券石厚23cm，上覆以厚15cm的拱眉。放生桥是上海地区现存最大的薄墩薄拱石拱桥。

图8-73　上海朱家角放生桥

图8-74　上海朱家角放生桥石拱券

（5）余杭广济长桥

余杭广济长桥（图 8-75、图 8-76），位于浙江省余杭市塘溪镇，又名广济桥、碧天桥，跨越京杭大运河，始建于明弘治七年（1494 年），为七孔薄墩薄拱石拱桥。该桥全长 89.72m，桥堍处宽 6.1m，桥顶处宽 5.24m，七孔净跨分别为 5.33m、8.23m、11.65m、15.8m、11.65m、8.23m、5.33m，石拱券为分节并列式砌筑。桥中孔两侧各孔的拱高、拱跨对称递减，形成自然落坡，与运河两岸相衔接。全桥左右各有 79 级与 80 级桥面石级，是江南现存最大的联拱薄墩薄拱石拱桥。

图 8-75　浙江余杭广济长桥

图 8-76　浙江余杭广济长桥石拱券

（6）苏州宝带桥

苏州宝带桥（图 8-77、图 8-78），位于江苏省苏州市东南葑门外，与京杭大运河平行，架于运河澹台湖之间的玳玳河上。全桥总长约 316.8m，为连拱石桥，有桥拱 53 个。桥始建于唐元和年间，南宋绍定五年（1232 年）重建，元代部分塌毁，明代储材重修，

图 8-77　苏州宝带桥

图 8-78　苏州宝带桥石拱券

《姑苏志》称："用材为石，二万六千六百丈；木，四万二千五百株；灰，二十四万三千六百斤；铁，万四百斤；米，二千六百石"，规模不为不巨。现存宝带桥为清同治十一年（1885年）所重建，每孔跨径除第十四至十六中间3孔（由北端数起）外，净跨为4.1m、4m、3.9m；第十四孔和第十六孔净跨为6m，第十五跨为全桥最高峰，跨径最大，净跨为6.95m。跨径加大，桥面亦逐渐升高，第十三孔至十七孔间，桥面隆起，逶迤作弓形，故于第十二孔和十三孔，及十七孔和十八孔之间，桥面加一小段反弯曲线。桥宽4.1m，桥堍为喇叭形，桥端宽6.1m，北堍为23.2m，南堍为43.8m。上桥下桥两端各有石狮一对（图8-79）；桥北端约2m处，有石塔一座，高约3m；桥北端向北约6m处有碑亭一座（图8-80），内有清张树声的碑记。

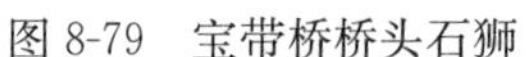

图8-79　宝带桥桥头石狮

图8-80　宝带桥桥头石塔与石碑亭

宝带桥是用花岗岩砌筑而成的，大孔主拱圈厚20cm，小孔则为16～18cm，各孔都属圆弧接近于半圆形，矢跨比接近二分之一，这样便减少了拱脚对桥面、桥墩的水平推力，而且桥孔下净空较大，便于行船，也利于流水。拱圈砌筑采用分节并列法排列，其并列拱石两端各琢有石榫，纵锁长石两侧凿有卯槽，互相契合；若一块拱板石脱落，石拱仍能行人，而不致坠毁。纵锁长石是一整块长与桥宽相等的矩形长石（宽30cm，厚18cm），借肩墙的重量和填料的被动抗力，以调整两边拱石不平衡的应力。拱圈上都有宽为30～50cm、厚12cm的护拱石，拱上填料为石灰土、块石等。薄墩联拱，在意外情况下，如有一孔塌毁，和它相连的两个桥墩就要失去平衡，出现倾覆的危险，并酿成连锁反应，严重时引起全桥尽毁。为了减少倒塌的孔数，常常将一个或若干个桥墩修筑得比其他桥墩刚强得多，这样，当某些孔因故倒塌时，这些桥墩就能抵抗单向推力保护其他若干孔，这就是近代称之为单向推力墩或制动墩。宝带桥的建造者早已掌握了联拱特性，采用了科学方法，宝带桥从北端起的第二十七墩就是由两个桥墩并立而成的单向推力墩。

8.2.3　官式石桥构造

我国传统石桥的种类很多，其中以明、清时期官式做法的石桥最具鲜明的中国特色，是传统石桥中的优秀代表。官式石桥可分为券桥和平桥两种形式。券桥的主要特点是，桥身向上拱起，桥洞采用石券做法，栏杆做法讲究。平桥的主要特点是，桥身平直，桥洞为长方形，栏杆式样较简单。

8.2.3.1　官式石桥的各部名称

官式石桥的各部名称如图 8-81～图 8-93 所示。

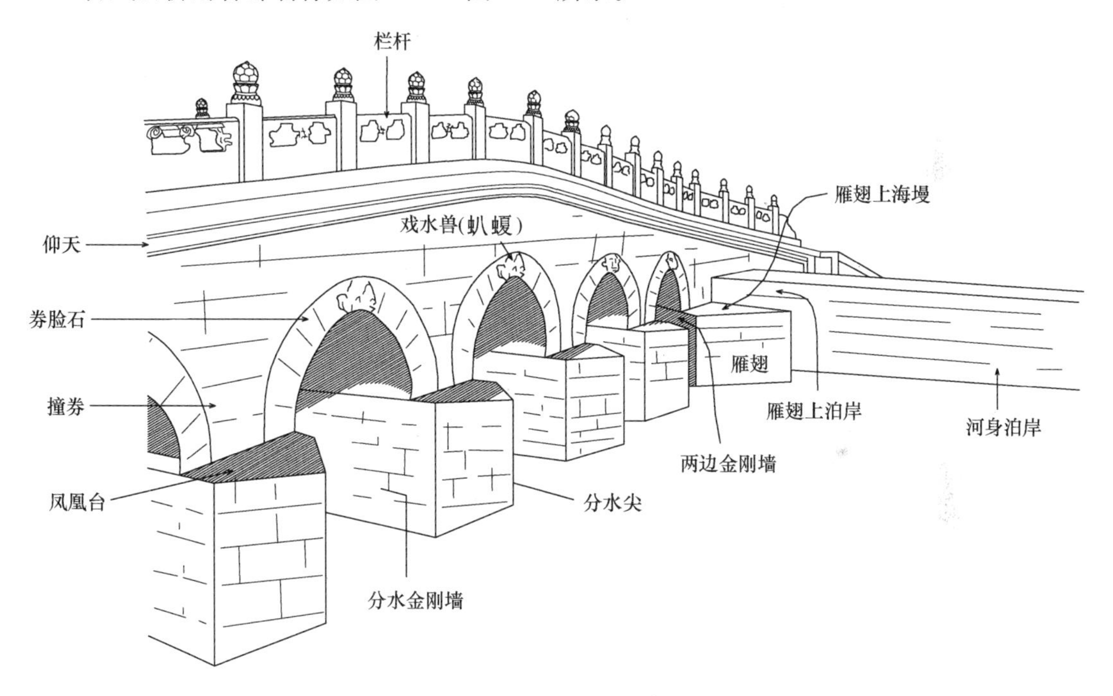

图 8-81　石券桥示意

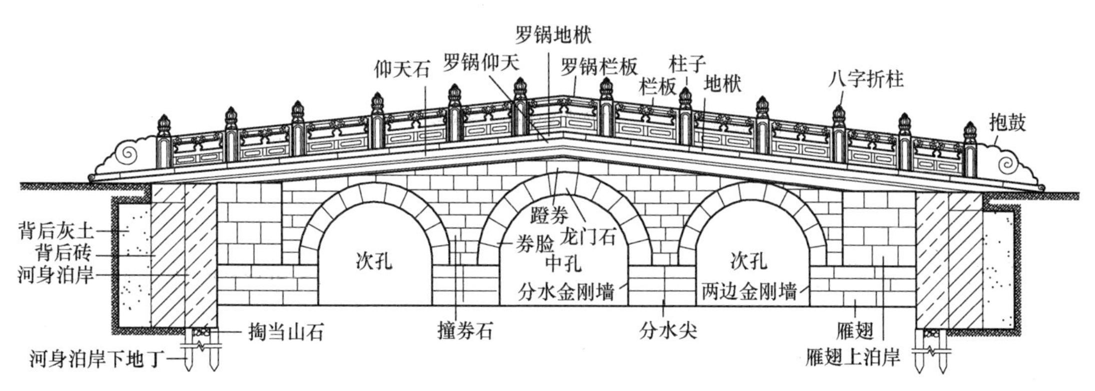

图 8-82　三孔券桥正立面

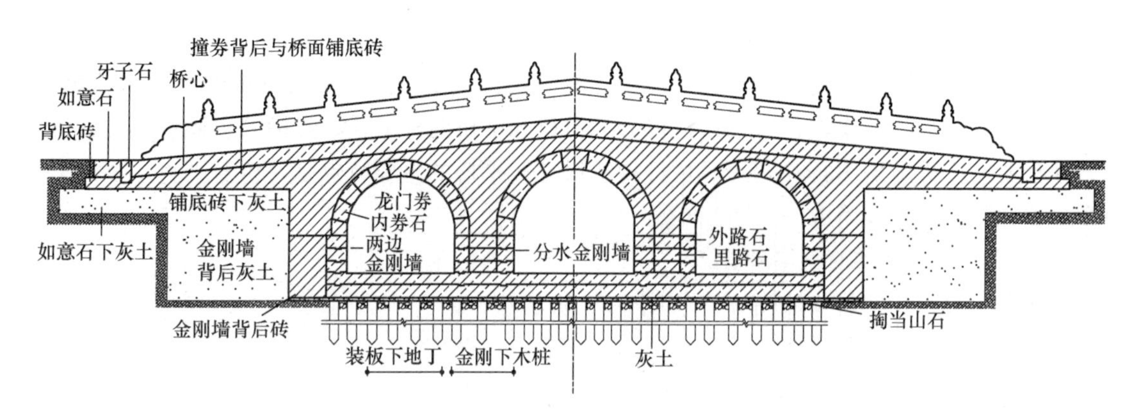

图 8-83　三孔券桥纵剖面

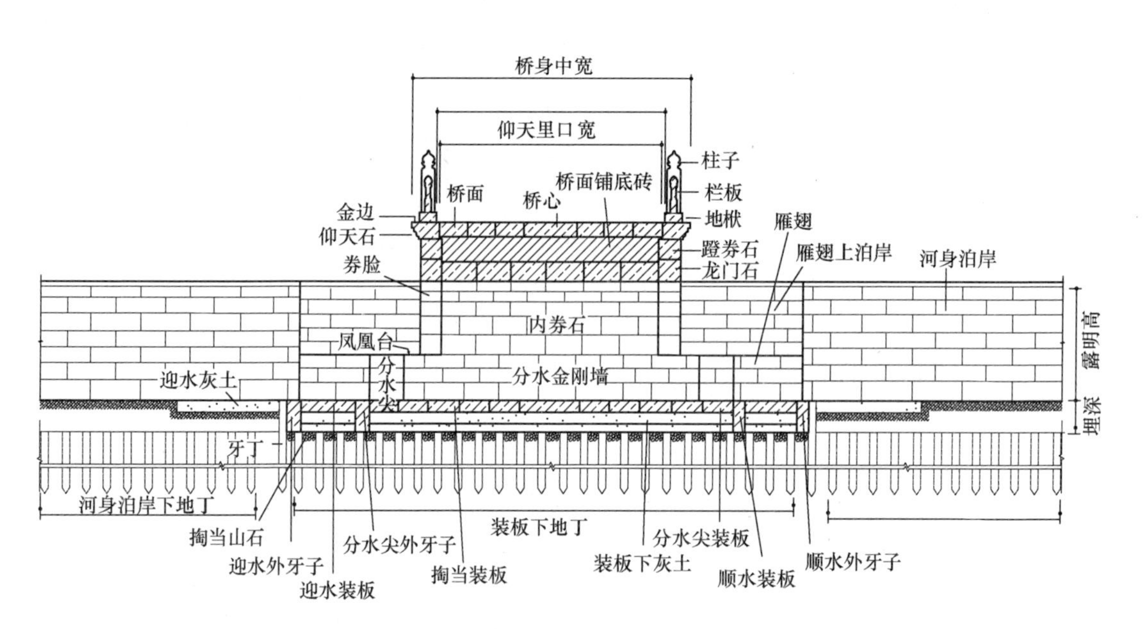

图 8-84　三孔券桥横剖面

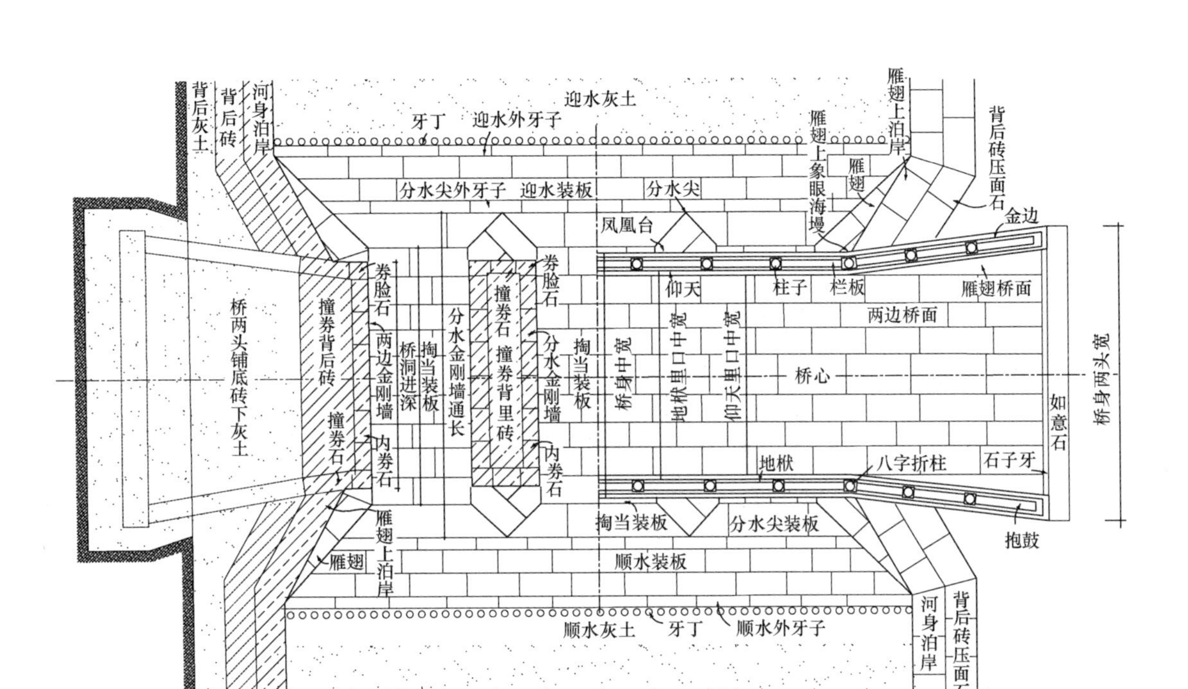

图 8-85　三孔券桥桥面与金刚墙平面

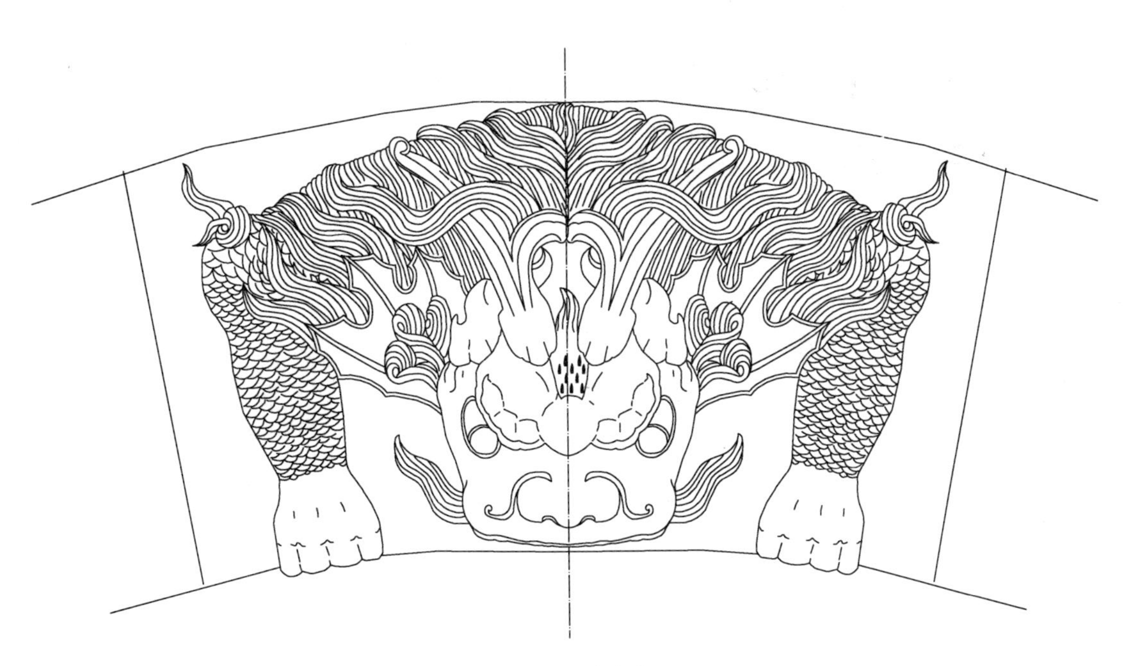

图 8-86　戏水兽

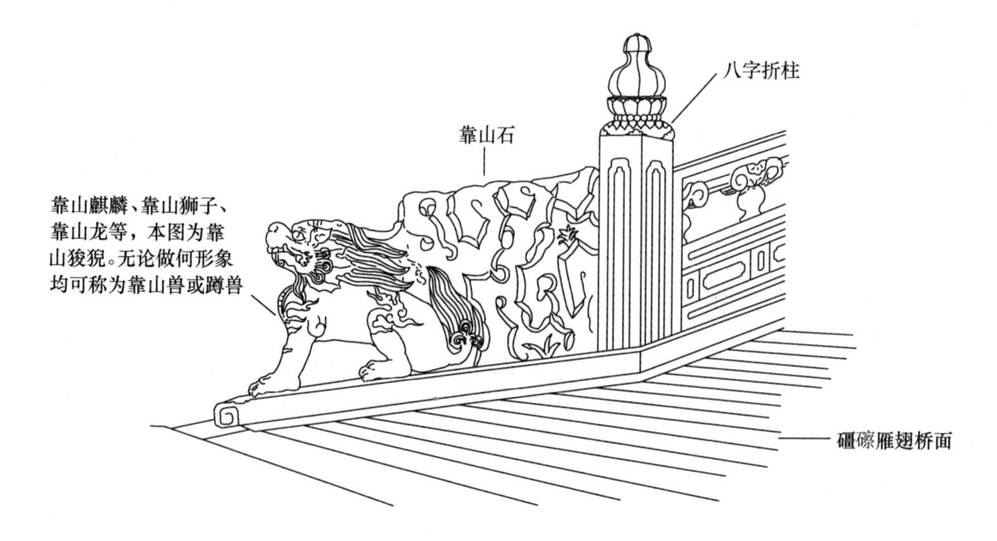

(a) 靠山兽示意

(b) 靠山狻猊与靠山石

图 8-87　靠山兽

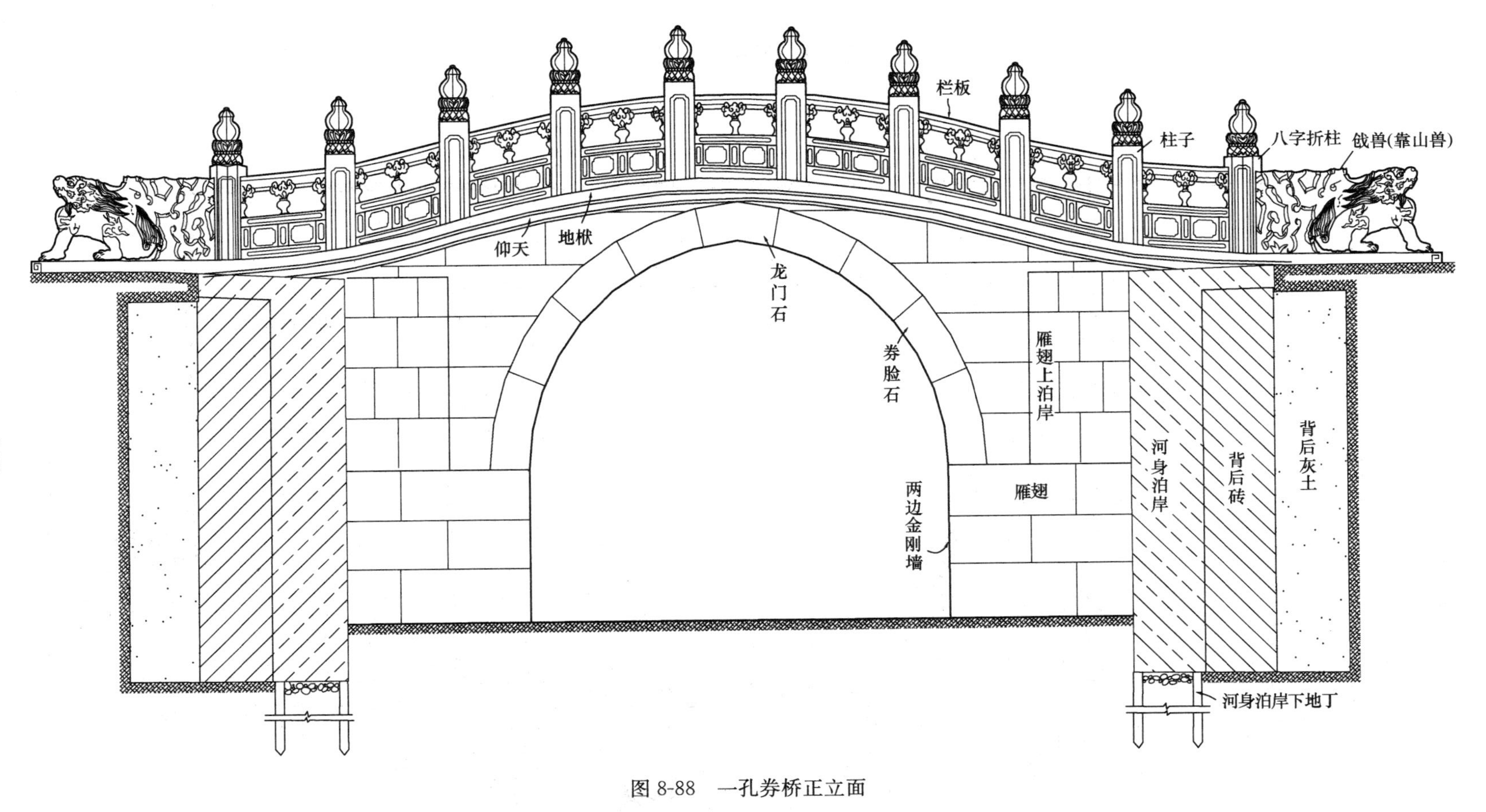

图 8-88 一孔券桥正立面

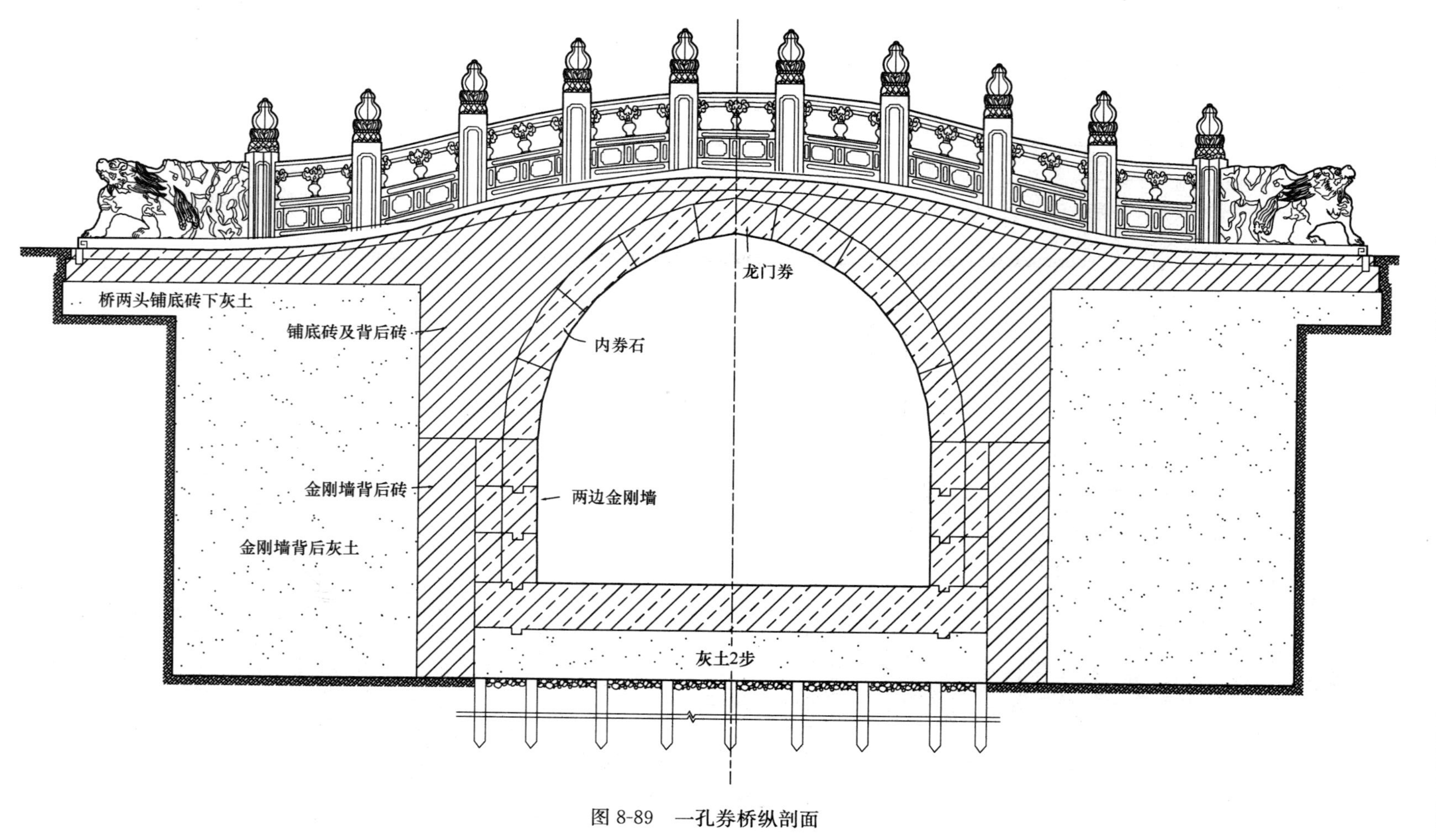

图 8-89　一孔券桥纵剖面

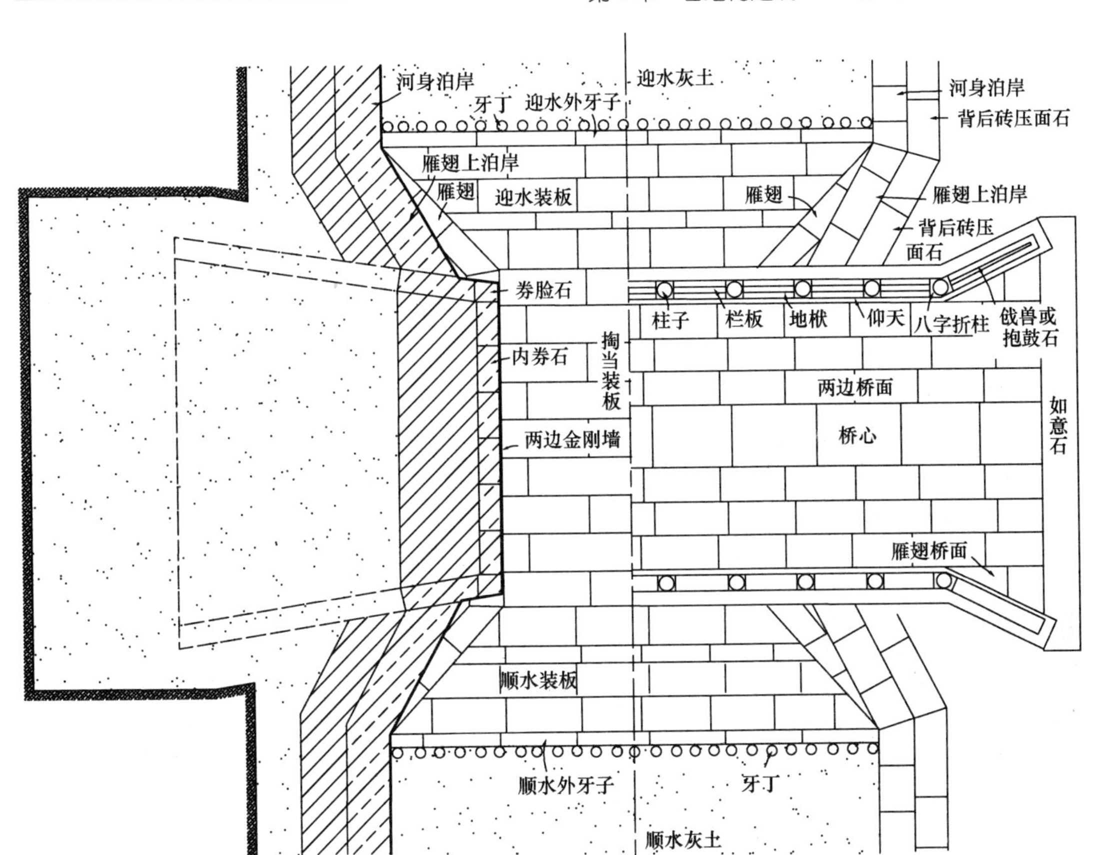

图 8-90　一孔券桥桥面与金刚墙平面

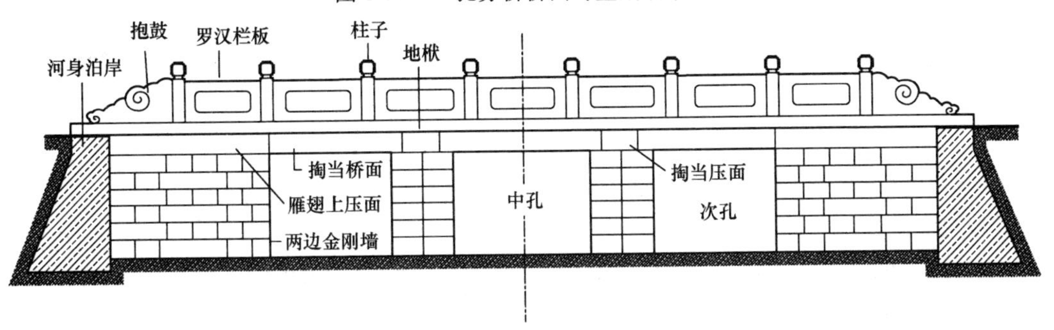

图 8-91　三孔平桥正立面图

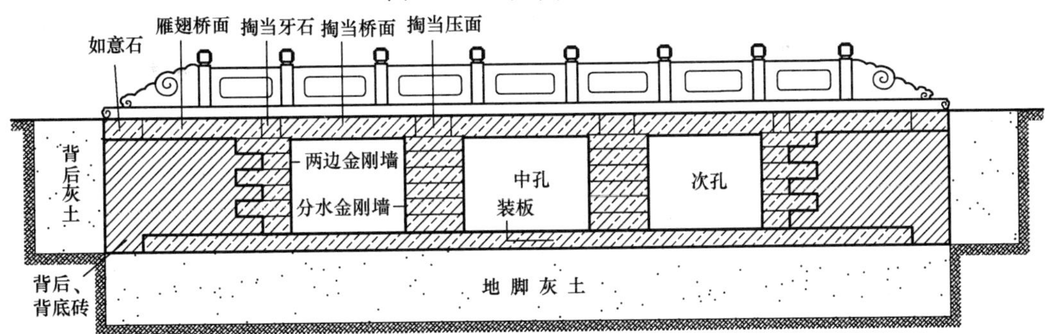

图 8-92　三孔平桥纵剖面

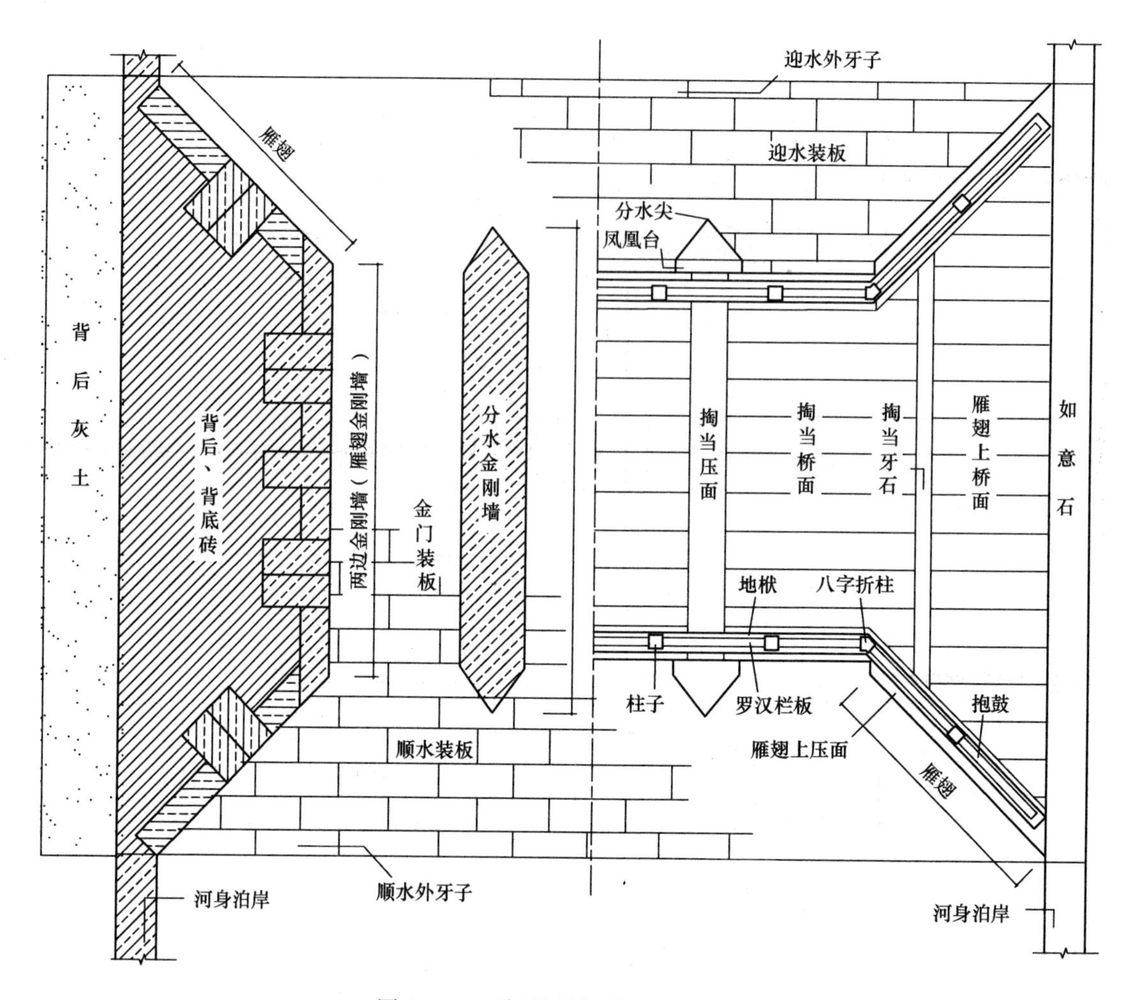

图 8-93　三孔平桥桥面与金刚墙平面

官式石桥的各部位名称及释义如下：

（1）金门

桥下通水的孔道，又称“桥洞”“桥孔”“桥虹”“桥空”“桥甕”（平桥的桥洞不叫桥甕）。

（2）中孔及其他孔

有三个以上桥洞的，正中间的桥洞称“中孔”，中孔两边的桥洞叫“次孔”，其余顺次称“再次孔”“三次孔”“四次孔”“五次孔”“六次孔”“七次孔”。无论有多少孔，两端的都应称为“梢孔”。

（3）金刚墙

券脚（平桥为桥面）下的承重墙，又称“平水墙”或“桥墩”。梢孔内侧的称“分水金刚墙”，梢孔外侧的称“两边金刚墙”。

（4）泊岸

河岸两边垒砌的石墙。紧挨河岸垒砌的称“河身泊岸”，在“雁翅”上垒砌的称“雁

翅泊岸”。平桥泊岸仅河身泊岸一种。

（5）雁翅

两边金刚墙与河身泊岸之间垒砌的三角形墩墙。又称“象眼墙”或“坝台”。由于两边金刚墙与雁翅是连在一起的，因此可统称为“雁翅”“桥帮”或“两边雁翅金刚墙”。

（6）凤凰台

金刚墙比金门宽出的小台部分。

（7）闸板掏口

券桥如安闸板，凤凰台两端需留缺口，这个缺口即为“闸板掏口”。

（8）分水尖

分水金刚墙两端、凤凰台外端的三角形部分。其角尖称为“找头”或“好头”。迎水的一面，称“迎水尖找头”，顺水面的，称“顺水尖找头”。湖泊静水中的石桥金刚墙可不做分水尖。

（9）金刚墙石料

用于垒砌金刚墙的石料统称。用以垒砌分水金刚墙的石料，称“分水金刚墙石料”，用于两端的称“两边金刚墙并雁翅石料”。有一面露明的称“外路石”“面石”或“压面石”。外墙石背后者称为“理路石”或“里石”。按其排列方式，又分为“顺石”和“丁石”。与金刚墙平行顺砌者称“顺石”；横砌者称“丁石”。雁翅上铺墁的石料称“雁翅上象眼海墁石料”。

（10）装板

河底铺墁的海墁石，又称“地平石”“底石”或“海墁板子”。由于装板所处的位置不同，故有“金门装板”“迎水装板”及“顺水装板”等多种称呼方式。

金门附近的称“金门装板”，券内的称“掏当装板”，金刚墙分水尖之间的称“分水装板”。

用于桥身迎水一面两雁翅间的装板称“迎水装板”，又称“上迎水”；用于桥身顺水一面两雁翅的装板称“顺水装板”，又称“下分水”或“下跌水”。

（11）装板牙子

装板外端用来拦束装板的窄石，因其立放，因此称为牙子。装板牙子随装板名称的不同而不同，如“金门装板外牙子”（又名“分水尖外牙子”）、“迎水外牙子”及“顺水外牙子”。

（12）券石

券石又称“甓石”，即垒砌券洞的石料。

用于券洞迎面的称“券脸石”或“券头石”，正中间的一块称为“龙门石”或“龙口石”。龙门石上凿做兽面的称为“兽面石”或“戏水兽面”。兽面形象为古代传说中龙生九子之一的蚣蝮，俗称“吸水兽”“戏水兽”或“喷水兽”（图 8-86）。

用于券洞内的称为“内券石”，正中的一路称为“龙门券”。

（13）锅底券

即顶部微呈尖状的半圆形券，又称为“桃券”。

（14）撞券石

金刚墙以上、仰天石以下的石料。位于券洞背上正中者，称为“蹬券”。中孔蹬券称为“过河蹬券”。位于券洞两边者，称为“撞券”。雁翅上泊岸上皮（也有在下皮的），金门之间，常做成通长的一层，称为“通撞券”。

（15）仰天石

桥面石的两边缘。仰天石的外测应凿成枭混（即枭儿或冰盘檐）形式。仰天石正中间的一块及两头的两块按形状特点之不同分别称为“罗锅仰天”和“扒头仰天”，简称“罗锅”和“扒头”。

（16）桥面

桥上仰天石里皮至里皮之间的海墁石，又称“桥板石”或“路板石”。

板面分“桥心”“两边桥面”及“雁翅桥面”三种，桥面正中一路称“桥心”，桥心两边均为“两边桥面”。八字柱中至牙子石里皮，左右斜张的三角部分，称“雁翅桥面”。

（17）牙子石

在桥面的两头，桥面与如意石之间，用于拦束桥面的窄石。又称“锁口牙子”。牙子石偶有不同者。

（18）如意石

石桥平面上最外端入口处的石料，桥的两头各有一块。

（19）栏杆

栏杆又称勾栏，俗称“栏板柱子”，位于桥上两边，起拦护作用。栏杆由栏板、柱子、地栿及抱鼓组成。

正中的地栿称“罗锅地栿”，简称“罗锅”。平桥所用栏板多为“罗汉栏板”形式，而且可以不用柱子。

抱鼓又称“戗鼓”。讲究的做法可将抱鼓改做成“靠山兽”（或“蹲兽”），形象可为麒麟、坐龙、狮子或狻猊等（图 8-87），称为“靠山麒麟”“靠山狮子”等。

（20）背后砖与铺底砖

凡石桥内部垒砌的砖均可统称为“背后砖”或“铺底砖”。在背后者称为“背后砖”，在下面者称为“铺底砖”。根据所在的部位不同，又有不同的名称，如“两边金刚墙并雁翅背后砖”及“仰天石背后砖”。

（21）压面

平桥金刚墙上部的平石，又称“掏当石”。压面分“掏当压面”和“雁翅压面”两种，位于分水金刚墙上的为“掏当压面”，位于雁翅上，沿外缘的横石为“雁翅压面”。

（22）平桥桥面

平桥金刚墙上部所铺桥板石的统称，简称“桥面”，又称“盖面石”或“过梁”。搭于分水金刚墙及两边金刚墙上的，称“掏当桥面”，搭于两边金刚墙及雁翅上的，称“雁翅桥面”或“海墁石”。

（23）掏当牙石

平桥上介于掏当桥面和雁翅桥面之间的立置窄石。

（24）罗汉栏板

罗汉栏板的特点是栏板上没有禅杖、净瓶荷叶等做法，也可用不同柱子。平桥栏板多用罗汉栏板。

（25）灰土

灰土又称“三合土”。根据做法的不同，分大夯灰土和小夯灰土。又因用途不同而名称不同，用于基础的，称“地脚灰土”。用于回填土的，称“背后灰土”或“填厢灰土”。石桥用灰土根据其位置的不同，又有不同的名称。如“装板下灰土”“迎水灰土”“顺水灰土”“两边金刚墙并雁翅背后灰土”“桥两头铺底砖下灰土”及“如意石下灰土”等。

（26）打桩

桩又称“地丁”，也可将木径大且长者称为桩，将径小而短者称为地丁。桩或地丁用于灰土之下。桩用于金刚墙位置，地丁多用于装板及河身泊岸位置。立于顺水外牙子及河身泊岸外侧者，称为“牙子”“护牙子”或“排桩”。按照位置的不同，有“金刚墙下桩”“装板下地丁”“牙子石外下牙丁”及“河身泊岸下地丁及牙丁”四种做法。

（27）掏当山石

地丁（或桩）应外露5寸。在地丁或桩之间应装满卵石（称为“河光碎石”）或碎石，并灌以灰浆使其坚实。满装的碎石称“掏当山石”，俗称“丁当石”。

8.2.3.2　官式石桥的尺度比例

1. 通例

1）券桥通例

（1）桥洞宽、金刚墙宽及雁翅直宽的分配

石券桥的桥洞宽、金刚墙宽及雁翅直宽如表8-1所示。

表8-1　石券桥桥洞宽、金刚墙宽及雁翅直宽定法

<table>
<tr><td rowspan="10">桥洞宽</td><td rowspan="9">中孔</td><td>一孔桥</td><td>中孔：河宽≈1：3</td><td rowspan="12">按河口的实际宽度及使用功能（如船只宽度或视觉效果等）核定
梢孔宽须稍大于金刚墙宽</td></tr>
<tr><td>三孔桥</td><td>中孔：河宽≈1：5.4</td></tr>
<tr><td>五孔桥</td><td>中孔：河宽≈1：8</td></tr>
<tr><td>七孔桥</td><td>中孔：河宽≈1：10.5</td></tr>
<tr><td>九孔桥</td><td>中孔：河宽≈1：13</td></tr>
<tr><td>十一孔桥</td><td>中孔：河宽≈1：15.5</td></tr>
<tr><td>十三孔桥</td><td>中孔：河宽≈1：18.7</td></tr>
<tr><td>十五孔桥</td><td>中孔：河宽≈1：21</td></tr>
<tr><td>十七孔桥</td><td>中孔：河宽≈1：23</td></tr>
<tr><td colspan="2">次孔至梢孔</td><td>依次递减约2尺</td></tr>
<tr><td colspan="3">分水金刚墙宽</td><td>1/2中孔宽或略小</td></tr>
<tr><td colspan="3">雁翅直宽</td><td>1.5倍金刚墙宽</td></tr>
</table>

（2）桥长、桥宽及桥高

石券桥的桥长、桥宽及桥高如表8-2所示。

2）平桥通例

石平桥的桥洞宽、金刚墙宽、雁翅直宽及桥长、桥宽、桥高等如表 8-3 所示。

2. 石桥分部尺寸

1）券桥分部尺寸

石券桥的各分部尺寸如表 8-4～表 8-12 所示。

表 8-2　石券桥桥长、桥宽及桥高

<table>
<tr><td rowspan="3">桥长</td><td>桥身实长</td><td colspan="3">根据桥身直长和桥面的举架求出</td></tr>
<tr><td>一孔桥直长</td><td colspan="3">2 倍河宽</td></tr>
<tr><td>三孔以上桥身直长</td><td colspan="3">河宽减 2 雁翅直宽，再乘 2。如地段所限，可酌减</td></tr>
<tr><td rowspan="5">桥身中宽</td><td>通宽</td><td colspan="3">地栿里口中宽加 2 地栿宽加 2 金边宽。核走道宽窄酌定</td></tr>
<tr><td rowspan="2">地栿里口中宽</td><td>桥长 4 丈以内</td><td>桥长 4～9 丈</td><td>桥长 9 丈以上</td></tr>
<tr><td>1/4 桥长</td><td>长 4 丈得宽 1 丈。自 4 丈以上，每长 1 丈递加 2 尺</td><td>长 9 丈得宽 2 丈，自 9 丈以上，每长 1 丈递加 5 寸</td></tr>
<tr><td>金边宽</td><td colspan="2">4 寸</td><td>每丈递加 4 寸</td></tr>
<tr><td>仰天里口中宽</td><td colspan="2">桥身中宽减 2 仰天石宽</td><td></td></tr>
<tr><td rowspan="2">桥身两头宽</td><td>通宽</td><td colspan="3">仰天里口中宽加 2 雁翅桥面宽加 2 仰天石斜宽</td></tr>
<tr><td>雁翅桥面宽</td><td colspan="2">$\frac{\text{八字柱中至桥端牙子石外皮}}{8}$</td><td>八字柱中定法：以八字柱中至梢孔两边金刚墙里皮的距离等于 1 份“两边金刚墙”宽为宜。即“两边金刚墙”与雁翅相交处最好能和八字柱中相对应，但也可大于“两边金刚墙”宽</td></tr>
<tr><td colspan="2">桥高（装板上皮至罗锅仰天石上皮）</td><td colspan="3">中孔桥洞中高加举架高</td></tr>
<tr><td colspan="2">举架高（罗锅仰天石与如意石上皮之间的高差）</td><td colspan="2">三孔桥以下或桥长 10 丈以内；6%桥身直长
五孔桥以上或桥长 10 丈以外；3%桥身直长</td><td>（1）如意石上皮与河岸地面平
（2）如不能满足桥洞高实际需要，应予增高</td></tr>
<tr><td>桥洞中高</td><td colspan="4">金刚墙露明高加券洞中高</td></tr>
<tr><td>金刚墙露明高</td><td colspan="4">6/10 本身宽，再按水深酌定</td></tr>
<tr><td>券洞中高</td><td colspan="4">1/2 石券跨度加增拱高度（5%跨度）</td></tr>
</table>

表 8-3　石平桥尺度通例

<table>
<tr><td colspan="2">桥洞宽</td><td rowspan="3">可参照石券桥的分配方法，但应按河的实际宽度、使用功能及石材的长度等核定</td></tr>
<tr><td colspan="2">金刚墙宽</td></tr>
<tr><td colspan="2">雁翅直宽</td></tr>
<tr><td colspan="2">桥长</td><td>等于河的宽度</td></tr>
<tr><td rowspan="2">桥宽</td><td>桥身中宽</td><td>约 2/5 桥长，核走道宽窄酌定</td></tr>
<tr><td>桥身两头宽</td><td>桥身中宽＋凤凰台长 2 份＋雁翅直长 2 份</td></tr>
<tr><td colspan="2">桥高（装板上皮至掏当桥面上皮）</td><td>两岸地面至河底之间的垂直距离</td></tr>
</table>

表 8-4　石券桥金刚墙尺寸

<table>
<tr><td colspan="2" rowspan="2"></td><td colspan="2" rowspan="2">长</td><td rowspan="2">宽</td><td colspan="2">高</td></tr>
<tr><td>露明高</td><td>埋深</td></tr>
<tr><td rowspan="3">分水金刚墙</td><td>通长</td><td colspan="2">桥洞进深＋2份凤凰台长＋2份分水尖长</td><td>按河口宽定，详见券桥通例</td><td>6/10宽，再按河深浅酌定</td><td rowspan="7">灰土若干步＋装板厚。如有垫底石应另加</td></tr>
<tr><td>凤凰台</td><td colspan="2">2/10分水金刚墙宽。如有闸板掏口，长度应酌加</td><td>同分水金刚墙宽</td><td rowspan="6">同分水金刚墙露明高</td></tr>
<tr><td>分水尖</td><td colspan="2">1/2分水金刚墙宽</td><td></td></tr>
<tr><td rowspan="2">两边金刚墙</td><td>通长</td><td colspan="2">桥洞进深＋2份凤凰台长</td><td>1/2分水金刚墙宽</td></tr>
<tr><td>凤凰台</td><td colspan="2">同分水金刚墙凤凰台长</td><td>同上</td></tr>
<tr><td colspan="2" rowspan="2">雁翅</td><td>直长</td><td>斜长</td><td>直宽</td></tr>
<tr><td>等于直宽</td><td>直宽×1.414</td><td>1.5分水金刚墙</td></tr>
<tr><td colspan="2" rowspan="2">金刚墙石料</td><td colspan="3">宽</td><td colspan="2">厚</td></tr>
<tr><td colspan="3">按金刚墙宽均分路数，每块以2尺为率核定墙绊宽3～5寸</td><td colspan="2">按1/2本身宽，磕绊，另加1寸</td></tr>
</table>

表 8-5　石券桥泊岸尺寸

<table>
<tr><td></td><td>长</td><td>宽</td><td colspan="2">高</td></tr>
<tr><td rowspan="2">河身泊岸</td><td rowspan="2">不定</td><td rowspan="3">2尺或4尺大料石1进或2进</td><td>露明高</td><td>埋深</td></tr>
<tr><td>桥身两头高－1/100(或3/100)A</td><td>同金刚墙埋深</td></tr>
<tr><td>雁翅上泊岸</td><td>$\sqrt{(\text{雁翅直长}+1\text{凤凰台})^2+(\text{雁翅直宽}-B)^2}$</td><td colspan="2">桥身两头高－金刚墙露明高－1/100(或3/100)C</td></tr>
</table>

注：A＝如意石至泊岸里皮；B＝八字柱中至梢孔里皮；C＝如意石至八字柱中。

表 8-6　石券桥装板尺寸

<table>
<tr><td colspan="2"></td><td colspan="2">长</td><td>宽</td><td colspan="2">厚</td><td>路数</td></tr>
<tr><td rowspan="4">金门装板</td><td rowspan="2">掏当装板</td><td>券内每路长</td><td>按桥洞面阔定</td><td rowspan="6">石料宽2尺</td><td>大桥</td><td>小桥</td><td rowspan="2">按分水金刚墙并凤凰台长，以宽2尺核定路数，须为单数</td></tr>
<tr><td>通长</td><td>按桥洞孔数凑长</td><td rowspan="5">1尺</td><td rowspan="5">7寸</td></tr>
<tr><td rowspan="2">分水尖装板</td><td>每孔每路长</td><td>金门面阔＋2份本身宽</td><td rowspan="2">按分水尖长，以宽2尺分定</td></tr>
<tr><td>通长</td><td>按桥洞孔数凑长</td></tr>
<tr><td colspan="2">迎水装板</td><td colspan="2" rowspan="2">第一路通长＝金门装板外牙子外口＋2份本身宽；第二路按第一路通长＋2份本身宽；以此类推</td><td rowspan="2">按雁翅直长除去金门装板外牙子及分水尖装板分位，以宽2尺定分</td></tr>
<tr><td colspan="2">顺水装板</td></tr>
</table>

表 8-7　石券桥装板牙子尺寸

<table>
<tr><th></th><th>长</th><th>宽（高）</th><th>厚</th></tr>
<tr><td>金门装板外牙子
（分水尖外牙子）</td><td>通长＝金门装板末路长＋2 份本身厚</td><td rowspan="3">1 装板厚＋灰土 2 步</td><td rowspan="3">同装板厚</td></tr>
<tr><td>迎水外牙子</td><td rowspan="2">通长按河口宽度定</td></tr>
<tr><td>顺水外牙子</td></tr>
</table>

表 8-8　石券桥券石尺寸

<table>
<tr><th></th><th colspan="4">高</th><th>长</th><th>厚</th></tr>
<tr><td rowspan="2">券脸石</td><td colspan="2">中孔金门面阔 1 丈 1 尺以下</td><td colspan="2">中孔金门面阔 1 丈 1 尺以上</td><td rowspan="2">按 1/10 高，以长核路数（要单数），再以路数确定长度</td><td rowspan="2">7～9/10 本身高，龙门石做吸水兽者，外加 1/3 厚</td></tr>
<tr><td colspan="2">1.6 尺</td><td colspan="2">每加 1 尺递高九分</td></tr>
<tr><td rowspan="3">内券石</td><td>中孔金门面阔
1 丈～1 丈 3 尺</td><td colspan="2">中孔面阔 1 丈以下</td><td>中孔面阔 1 丈
3 尺以上</td><td rowspan="3">宽：按 6/10 高，再与路数均匀尺寸</td><td rowspan="3">长：按宽加倍，再以进深均匀尺寸</td></tr>
<tr><td>1.5 尺</td><td colspan="2">每减 1 尺递减 1 寸</td><td>每加 1 尺递高 1 寸</td></tr>
<tr><td colspan="4">内券石高、厚及路数等也可与券脸石相同</td></tr>
</table>

表 8-9　石券桥撞券石、仰天石尺寸

	长	宽	厚
撞券石	每块长：不定	7/10 券脸石高	4/3 高
仰天石	通长=2 $\sqrt{A^2+(1/4A)^2}$+［B+（$C'-C$）］ 罗锅仰天石长＝3 平身厚	平身厚：8/10 券脸石高 罗锅厚：$1\frac{1}{2}$平身厚	宽：4/3 厚

注：A＝八字柱中至子牙石外皮；B＝八字柱中至柱中；C＝桥身直长；C'＝桥面实长。

表 8-10　石券桥桥面尺寸

<table>
<tr><th></th><th>长</th><th colspan="2">宽</th><th colspan="2">厚</th><th>路数</th></tr>
<tr><td rowspan="3">桥心</td><td rowspan="4">C'－2 份牙子石厚</td><td colspan="2">地栿里口宽</td><td>宽 3 尺以上</td><td>宽 3 尺以下</td><td rowspan="3">—</td></tr>
<tr><td>1 丈 8 尺以内</td><td>1 丈 8 尺以外</td><td rowspan="2">3/10 宽</td><td rowspan="2">4/10 宽</td></tr>
<tr><td>1/5F</td><td>1/6F</td></tr>
<tr><td>两边桥面</td><td colspan="2">通宽＝仰天里口宽－桥心宽
每边宽＝1/2 通宽
按每路宽 2 尺核路数，要双数再以路数均分宽</td><td colspan="2" rowspan="2">1/2 宽</td><td rowspan="2">按每路宽 2 尺均匀确定，要双数</td></tr>
<tr><td>雁翅桥面</td><td>$\frac{C'-(G+2\text{牙子石厚})}{2}$</td><td colspan="2">$\frac{A-(B+B')}{2}$
每路宽 2 尺</td></tr>
</table>

注：A＝牙子石通长；B＝桥心宽；B'＝两边桥面通宽；C'＝桥面实长；G＝八字柱中至柱中长；F＝地栿 里口宽。

表 8-11　石券桥桥面牙子石、如意石尺寸

<table>
<tr><th></th><th>长</th><th colspan="2">宽</th><th>厚</th></tr>
<tr><td rowspan="3">牙子石</td><td rowspan="3">通长＝桥心宽＋2 份两边桥面宽＋2 份雁翅桥面宽</td><td colspan="2">地栿 里口宽</td><td rowspan="3">1/2 宽</td></tr>
<tr><td>3 丈以上</td><td>3 丈以下</td></tr>
<tr><td>2.5 尺</td><td>1.5 尺</td></tr>
<tr><td>如意石</td><td>通长＝桥身两头宽</td><td colspan="2">2 尺</td><td>1/2 宽</td></tr>
</table>

表 8-12　石券桥栏杆尺寸

<table>
<tr><th colspan="2"></th><th colspan="4">见方</th><th colspan="2">高</th><th>榫长</th></tr>
<tr><td rowspan="4">柱子</td><td rowspan="2">正柱</td><td colspan="4">（地栿 里口宽度）</td><td colspan="2">通高＝5.5 倍正柱见方宽</td><td rowspan="4">3 寸或 2 寸</td></tr>
<tr><td>1 丈 5 尺以内</td><td>2 丈 5 尺以内</td><td>2 丈 9 尺以内</td><td>3 丈以上</td><td>柱头高</td><td>柱头下皮至栏板上皮高</td></tr>
<tr><td rowspan="2">八字
折柱</td><td>7 寸</td><td>8 寸</td><td>9 寸</td><td>1 尺</td><td>2 见方</td><td>1/5 栏板高</td></tr>
<tr><td colspan="4">宽＝1.5～2 份正柱见方　厚＝1.25 份正柱见方</td><td colspan="2">同正柱高</td></tr>
</table>

<table>
<tr><th></th><th>长</th><th colspan="3">高</th><th>宽</th><th rowspan="2">落柱子榫槽深 3 寸或 2 寸落栏板槽深 1.5 寸</th></tr>
<tr><td>地栿</td><td>通长＝仰天石通长－2 份金边
罗锅长＝5 份本身厚</td><td colspan="3">1/2 宽</td><td>2 栏板厚</td></tr>
<tr><td rowspan="3">栏板</td><td rowspan="3">罗锅长＝12/10 柱通高
平身长度 12/10 柱通高核块数，按块数均分长</td><td colspan="3">（正柱见方）</td><td>厚</td><td rowspan="3">1～1.5 寸</td></tr>
<tr><td>1 尺</td><td>1 尺以下</td><td>1 尺以上</td><td rowspan="3">6/25 高</td></tr>
<tr><td>2.6 尺</td><td>递减 5%</td><td>递增 5%</td></tr>
<tr><td>抱鼓</td><td>同平身每块长</td><td colspan="3">里端高同上</td><td>1～1.5 寸</td></tr>
</table>

2）平桥分部尺寸

平桥的各分部尺寸如表 8-13 所示。

表 8-13　石平桥各部分尺寸

<table>
<tr><th colspan="2"></th><th>长</th><th>宽</th><th colspan="2">高</th></tr>
<tr><td rowspan="2">分水
金刚墙</td><td>通长</td><td>通长＝桥洞进深＋2 份凤凰台长＋2 份分水尖长；或按桥座形式酌定</td><td rowspan="2">1/2 桥洞宽或略小</td><td colspan="2" rowspan="7">按河深浅酌定</td></tr>
<tr><td>凤凰台</td><td>1～2 尺</td></tr>
<tr><td rowspan="3">两边
金刚墙</td><td>分水尖</td><td>1/2 分水金刚墙宽</td><td>—</td></tr>
<tr><td>通长</td><td>桥洞进深＋2 份凤凰台长</td><td>1/2 分水金刚墙宽</td></tr>
<tr><td>凤凰台</td><td>1～2 尺</td><td>同两边金刚墙宽</td></tr>
<tr><td rowspan="2">雁翅</td><td>直长</td><td>等于直宽</td><td>—</td></tr>
<tr><td>斜长</td><td>直长×1.414</td><td>1.5 份分水金刚墙宽</td></tr>
<tr><td colspan="2" rowspan="2">泊岸
（河身泊岸）</td><td rowspan="2">不定</td><td rowspan="2">2 尺或 4 尺斜石 1 进或 2 进</td><td>露明高</td><td>按桥身高</td></tr>
<tr><td>埋深</td><td>同分水金刚墙埋深</td></tr>
</table>

续表

<table>
<tr><th colspan="3"></th><th>长</th><th>宽</th><th>高</th></tr>
<tr><td colspan="3">掏当压面</td><td>每道通长按桥洞进深宽</td><td>分水金刚宽－2份桥面掏口宽</td><td>厚：同掏当桥面厚</td></tr>
<tr><td colspan="3">雁翅上压面</td><td>每道通长同雁翅斜长</td><td>2尺或2.5尺</td><td>厚：同掏当桥面厚</td></tr>
<tr><td colspan="3">掏当牙石</td><td>掏当桥面里口通宽＋2份本身宽</td><td>1尺</td><td>同掏当桥面厚</td></tr>
<tr><td colspan="3">装板及装板牙子</td><td>—</td><td>同券桥装板及装板牙子定法</td><td>—</td></tr>
<tr><td colspan="3">掏当桥面</td><td>金门面阔＋2份桥面掏口宽</td><td>通宽按桥身中宽定。石料宽2尺</td><td rowspan="3">厚：5/10～6/10宽</td></tr>
<tr><td rowspan="2">雁翅桥面</td><td colspan="2">顺墁</td><td>长＝雁翅直宽－（1掏当牙石厚＋1桥面掏口宽）</td><td>外口通宽＝桥身两头宽－2×（1.414×压面石宽）
里口通宽＝外口通宽－［2份本身长＋2×（1.414×压面石宽）］</td></tr>
<tr><td colspan="2">横墁</td><td>第一路里口长＝两边金刚墙长－2×（4/10外路石宽）
第一路外口长＝里口长＋2份本身宽。余仿此递加之</td><td>每路宽2尺，路数不定</td></tr>
<tr><td colspan="3">如意石</td><td>通长按桥身两头宽度定</td><td>2.5尺</td><td>厚：同掏当桥面厚</td></tr>
<tr><td rowspan="4">栏杆</td><td colspan="2">地栿</td><td>$\sqrt{\left(\frac{C-Y}{2}\right)^2+\left(\frac{C-Y}{2}\right)^2}+Y$</td><td>2栏板厚</td><td>1/2本身宽</td></tr>
<tr><td rowspan="2">罗汉栏板</td><td>有柱</td><td colspan="3">可参考券桥栏杆尺寸，亦可略减少</td></tr>
<tr><td>无柱</td><td>正中一块长：约2倍本身高
每块长：按正中一块各递减0.8～1尺</td><td>正中一块高：不低于2尺
每块高：按正中一块高各递减3寸或2寸</td><td>厚：6/25正中一块高</td></tr>
<tr><td colspan="2">抱鼓</td><td>按栏板最外侧一块长约减1尺</td><td>高：按栏板最外侧一块高减2～3寸</td><td>厚：同栏板厚</td></tr>
</table>

注：1. C=桥身通长，Y=两边金刚墙里皮至里皮长；2. 地栿长可酌减。

8.2.3.3 *石桥用料标准*

石桥所用石料的种类要求及石料每个面的凿打要求如表8-14所示。

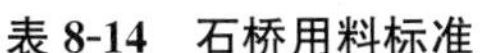

表 8-14　石桥用料标准

种类				凿打要求	连接方式
金刚墙	外路石	埋深	露明	五面微细，后口做糙	上面：落渣绊槽子（最上面一块落撞券槽） 下面：凿打渣绊（最下面一层除外）
	里路石	豆渣石	青白石或豆渣石		
				六面做糙	头缝做锯齿阴阳榫
雁翅上象眼海墁石		青白石或豆渣石		五面做细，底面做糙，上面剁斧扁光	
泊岸		豆渣石		五面做细，里口做糙	同金刚墙落 绦绊及槽子做法
装板		豆渣石		上面做细，五面做糙	头缝做锯齿阴阳榫。用铁银锭连接
装板牙子					—
券石	券脸石	多用青白石		五面做细（剁斧），下面打瓦垄，迎面扁光	—
	内券石	豆渣石		五面做细，下面打瓦垄	头缝做锯齿阴阳榫
撞券石		多用青白石		五面做细（迎面剁斧），背面做糙	—
桥面		青白石或豆渣石		五面做细（上面斜斧扁光），底面做糙	—
牙子石		青白石或豆渣石			
如意石				上面、一胁、两头做细（上面剁斧扁光），底面并一胁做糙	—
平桥压面石				六面做细（上面剁斧扁光）	下面：落 绦绊 上面：落地栿 槽
平桥桥面				五面做细（上面剁斧扁光），下面做糙	两头落 绦绊槽，两边的两路上面落地栿 槽
掏当牙石					—
栏杆		汉白玉或青白石		六面做细（五面剁斧）	做榫、落槽，地栿 用铁银锭连接

8.3　石　牌　坊

牌坊又称牌楼，是我国古代纪念性建筑。牌坊的种类，以其所处位置来说，主要有街巷道路的牌楼、坛庙寺观牌坊、陵墓祠堂牌坊、桥梁津渡牌坊、风景园林牌坊等等。从造型上看，有单间二柱一楼、单间二柱三楼、三间四柱三楼、三间四柱七楼、三间四柱九楼、五间六柱五楼、五间六柱十一楼等。从建筑材料上看有木牌坊、砖牌坊、石牌坊、琉璃牌坊、砖石混建牌坊、木石合造牌坊等。元代之前，各类坊门、棂星门，主要用木材建造，但由于牌坊是没有内部空间的立面式建筑，用木材建造在结构耐久方面有明显的缺陷，因此从元末明初开始，牌坊用材由木材向石材过渡。明中叶以后，各地普遍营建石牌坊，木牌坊渐趋式微。现存最早的石牌坊实物是浙江宁波鄞州五乡镇横省村南宋史师禾墓前石牌坊（图 8-94、图 8-95）。

图 8-94　宁波鄞州南宋史师禾墓前石牌坊

图 8-95　宁波鄞州南宋史师禾墓前石牌坊局部

石牌坊脱胎于木牌坊，因此，石牌坊的结构造型多保留当地木构建筑的特点，在各处细部上也均有反映。北方石牌坊用料粗硕，构件多为整体实雕，往往一朵斗拱就是一块石料琢成，像北方木构建筑一样给人以敦实的感觉效果（图8-96、图8-97）；南方石牌坊各构件间拼装较多，斗拱、花板等处往往做成空透，以减少大风作用其上的水平推力。梁枋上的雕刻多采用透雕、高浮雕，整体效果较为精巧华丽（图8-98、图8-99）。

图8-96　河北清泰陵石牌坊

图8-97　河北清泰陵石牌坊细部

图 8-98　安徽胶州胡文光刺史坊

图 8-99　安徽胶州胡文光刺史坊细部

石牌坊虽大多是仿照木牌坊的结构做法形式，但是斗拱出檐部分就没有木质来得合适。可古代修建石牌坊的工匠却能想出一些做法来代替木斗拱，同时也有斗拱的功用和趣味。早期石牌坊斗拱多为整体雕凿，这种结构做法坚固，符合石结构的叠砌原则，但如需表现复杂多跳的斗拱则极费工夫了，因而往往将其简化，有时干脆仅做一列坐斗，如山东泰山五大夫松坊（图8-100）、泰安天阶坊（图8-101）等。明中叶以后，南方石牌坊上复杂形式的斗拱逐渐转变成分块拼装，形成出跳的偷心拱板（或昂板）与正心缝方向花板相拼合的模式化做法（图8-102）。

图8-100　山东泰山五大夫松坊

石牌坊的屋顶形式以歇山顶和悬山顶为多。明代早期南北各地的石牌坊屋顶构造仿木构屋面举折，作平缓之曲线，区别在于北方往往以整石雕成，南方则用两块或四块石板拼成，上刻有仿木构件，忠实显示了明代木构的一些做法特征。南方石牌坊在明正德至嘉靖年间，屋顶构造产生了变化，檐板坡度极平，金板较陡，整个屋面呈折板状，平缓的檐板承担了金板的推力而不易下滑，结构上更为坚固，同时取得了屋面高耸的效果（图8-103）。

图 8-101　泰安天阶坊

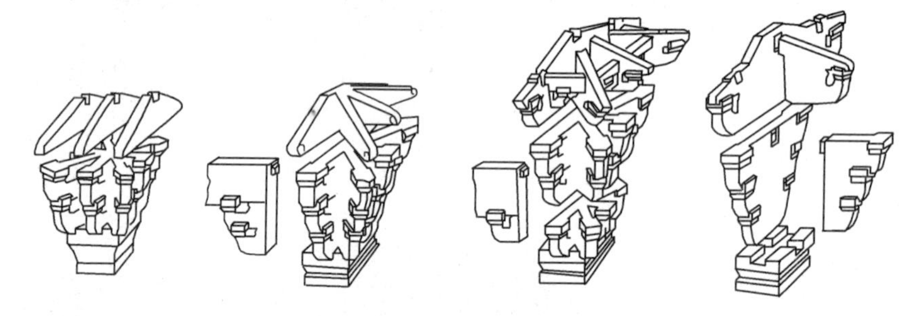

图 8-102　徽州明代石牌坊斗拱拼装做法示意图

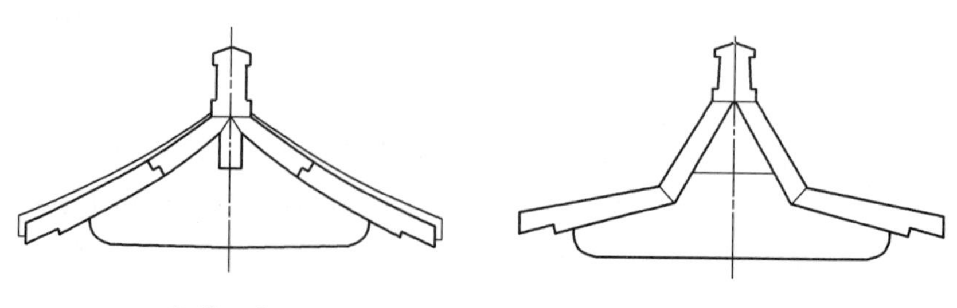

图 8-103　徽州石牌坊屋面构造示意图

抱鼓石是石牌坊必不可少的构件，它加强了石牌坊的稳定性。为此常常用长边来支托柱子，但实物中也有相反的例子，如南京明孝陵下马坊（图 8-104）。明中叶出现圆雕成狮子的抱鼓石，是仿当时盛行的门前立石狮的形制。由于蹲狮的形体不利于支撑柱子，所以四柱三间的坊往往用一对蹲狮、一对抱鼓石，如山东安丘“节动天褒”坊（图 8-105）。

图 8-104　南京明孝陵下马坊

图 8-105　山东安丘“节动天褒”坊

图 8-106　安徽歙县许国坊倒立石狮抱鼓石

徽州盛行倒立状石狮作抱鼓石（图 8-106），使狮子尾部达到一定高度，以提高对柱子的支撑点，这在构造上是合理的，而且造型生动，产生了较好的艺术效果。有些石牌坊的抱鼓石比较简单，仅用光石板作为抱鼓石。

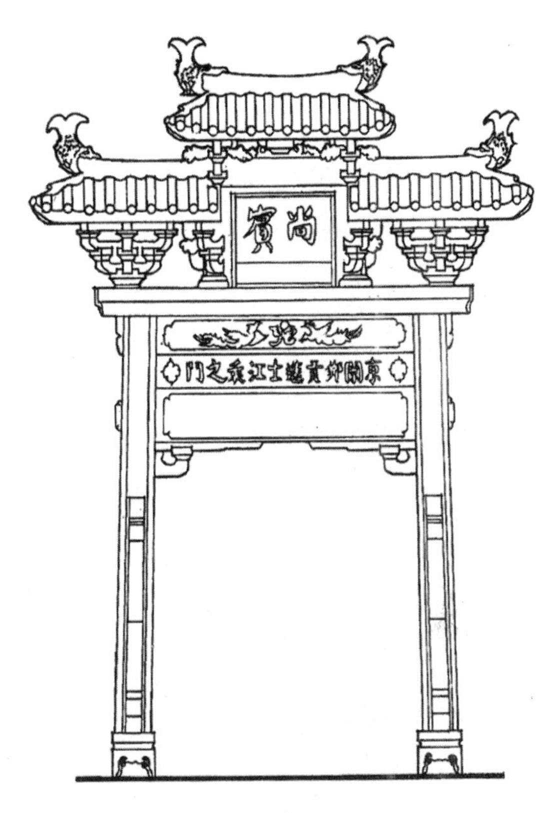

图 8-107　安徽歙县尚宾坊立面图

现存明代以前的石牌坊极少，据文献资料记载，明以前皆为二柱石牌坊，明初的实物也限于二柱。南方徽州地区早期的石牌坊采用二柱三楼形制（图 8-107），较之前二柱一楼形制复杂，似为模仿当地住宅和宗祠的门楼建筑形制。北方二柱石坊多为一楼式。

明永乐以后，石牌坊开间数增多，各地开始大量出现四柱三楼、四柱五楼的石牌坊形式，并成为以后石牌坊建造的主流。

到明中期后出现了六柱五楼的石牌坊，如明万历二十二年（1594 年）修建的曲阜孔林万古长春坊（图 8-108～图 8-112）。明中叶出现的立体构架式石牌坊，是石牌坊造型上的一个突破，也是石牌坊形成独立观赏建筑的明证。建于明嘉靖四十四年（1565 年）的徽州歙县丰口进士坊（图 8-113），平面呈方形，边长 4m，高 11m，四面均为二柱三楼式；明万历年间修建的徽州歙县许国坊是进士坊形式的进一步发展。这两个实

图 8-108　曲阜孔林万古长春坊

图 8-109　孔林万古长春坊明楼

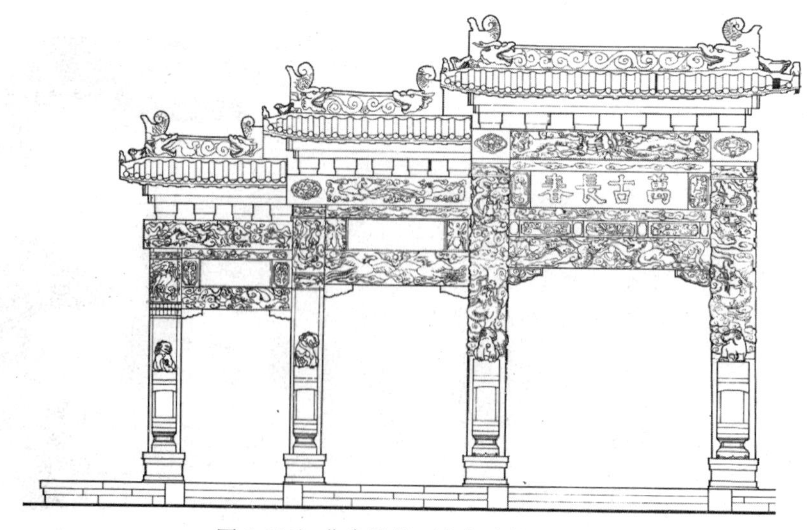

图 8-110　曲阜孔林万古长春坊立面图

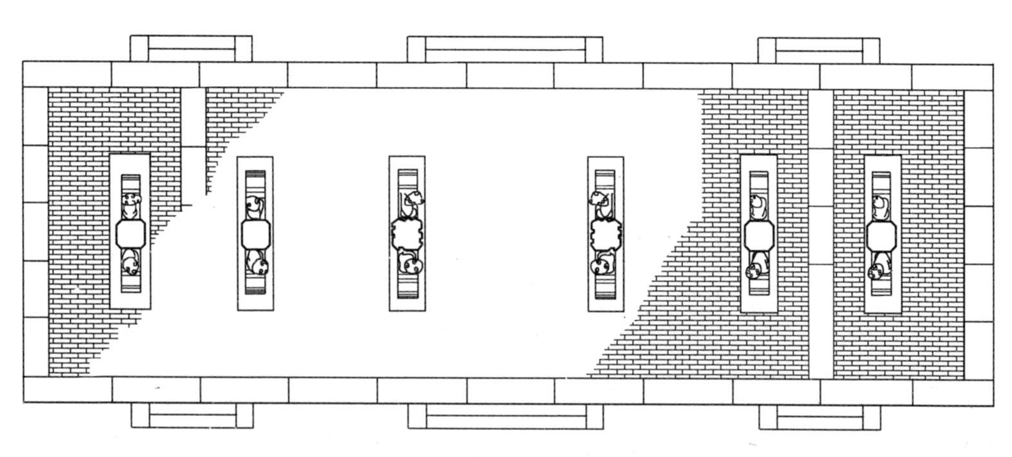

图 8-111　曲阜孔林万古长春坊平面图

图 8-112　曲阜孔林万古长春坊剖面图

图 8-113　徽州歙县丰口进士坊

例说明我国古代匠人为追求结构坚固和造型丰满所进行的探索与努力，在石牌坊发展史上是有特殊贡献的。江苏宜兴状元坊（图 8-114）建于明崇祯年间，平面呈“>—<”形，为一座六柱九楼石牌坊，造型很是独特，全国仅此孤例，可惜现已无存。

图 8-114　宜兴明会状元坊（已无存）

目前我国现存规模最大的石牌坊是明嘉靖十九年（1540 年）修建的北京明十三陵石牌坊（图 8-115～图 8-117），位于长陵南端神道起点处，作为陵寝空间序列的引道标志。该石

图 8-115　北京明十三陵神道石牌坊

牌坊为五间六柱十一楼，面阔 29m，通高 14m。各石柱内侧有凸出的框，夹杆石面浮雕翔龙瑞云等吉祥图案，顶部仰覆莲座上圆雕石狮或麒麟等靠山兽，形象生动；龙凤板、花板上均雕刻有花饰，额枋上刻有一字枋心的旋子彩画图案，刻工精美。

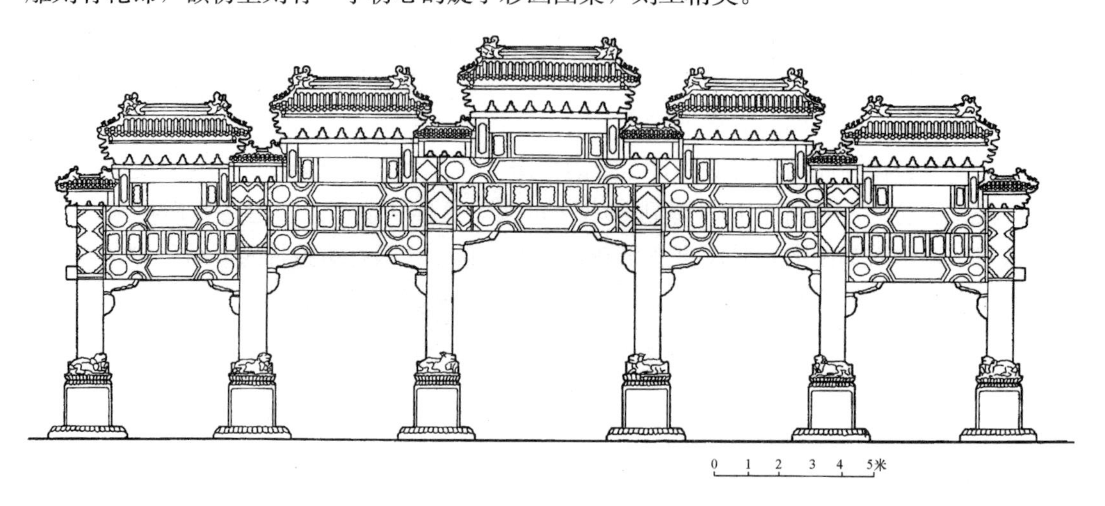

图 8-116　北京明十三陵神道石牌坊立面图

图 8-117　北京明十三陵神道石牌坊夹杆石雕刻

徽州歙县许国坊（图 8-118），位于歙县县城阳和门东侧，又名大学士坊，俗称八脚牌坊，跨街而立，建于明万历十二年（1584 年），是旌表少保兼太子太保礼部尚书武英殿大学士许国而立。牌坊平面呈长方形，南北长 11.54m，东西宽 6.77m，通高 11.5m。四面八柱，整座牌坊由前后两座三间四柱三楼和左右两座单间双柱三楼的石牌坊组合而成。全部采用青色茶园石，梁柱粗硕，明、次间下额枋为四面等高交圈，方柱断面下大上小，且重心逐渐向坊心微偏，故结构稳定固实。总体比例上，由于开间增大，明、次间下额枋同高，相应得使楼屋与额枋等构件组成的构图上“实”的部分高度下降，因此其所占比例从门楼式牌坊的占柱高约 70％降到 50％～60％，这样从造型上更趋稳重而得当。石坊气势恢宏，遍饰雕刻图案，其图寓意出新，耐人品味。许国石坊独特的形制和建筑艺术，在国内现存的石牌坊中是罕见的。

图 8-118　徽州歙县许国坊

图 8-119　徽州歙县许国坊立面图

图 8-120　徽州歙县许国坊内侧

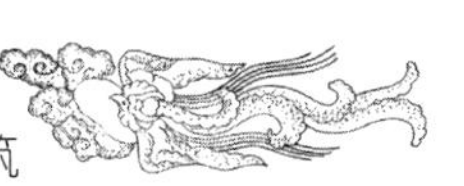

(a) 额枋石雕（一）

(b) 额枋石雕（二）

(c) 额枋石雕（三）

图 8-121　徽州歙县许国坊石雕

8.4　石　　塔

8.4.1　概说

《洛阳伽蓝记》卷四，宝光寺条记载：“晋朝石塔寺，今之宝光寺也。”据此知晋朝（3 世纪中—5 世纪）曾出现了石塔建筑，这是已知最早的石佛塔的文献记载。隋大业七年（611 年）建造的山东省济南市历城神通寺四门塔，是我国现存最早的单层石塔。唐代石塔建造数量增多，类型多样，但基本上都是用大型石块垒砌的。五代石塔在结构上有用塔柱中施石梯者，其实是从实心砖塔发展而来的，最早的实例为福州坚牢塔。宋代石塔建筑达到极盛时期，我国现存最古最大的石塔为此时期的作品，福建泉州开元寺双石塔可为现存较好的实物代表。闽南地区产石，多石塔，今存遗物自五代至明清皆有保存。元代兴起了一种新形式的喇嘛塔，体圆肚大，如现存的镇江石造过街塔。明清两代又出现了一种类型的塔——金刚宝座塔，明代建造的北京大正觉寺（俗称五塔寺）内的金刚宝座塔和清代建造的北京西黄寺清净化城塔，为此种类型塔的代表作品。依石塔所表现的艺术造型与结构形式予以分类，主要有楼阁式塔、密檐式塔、亭阁式塔、覆钵式塔、过街塔、金刚宝座塔、宝箧印经塔等形式。

8.4.2 楼阁式塔

8.4.2.1 山西大同云冈石窟石刻楼阁式塔柱

云冈石窟位于山西省大同市区西约16km的武周山麓。石窟依山开凿，东西绵延1km。洞窟的雕刻中，塔的雕刻和形式很多，不但有浮雕塔，而且还有立体的塔柱。约在公元480年前后开凿的第一窟双层楼阁塔柱，立于石凿的台子上，中部雕出平座，平座的四角雕凿出凌空柱子。开凿时间大约在公元470年前后的第六窟是云冈石窟中最为宏大、华丽的洞窟，其雕刻内容也最为丰富，中心塔柱分作两层，上层四角又雕出凌空的塔柱，为四方形九层楼阁式。塔身每面三个佛龛，四隅有凌空柱子撑托，每层塔檐挑出深远。大约在公元六世纪初开凿的第二十一窟塔柱为一四方形五层楼阁式塔，柱上承托着额枋、斗拱、挑出深远的塔檐。每面以柱子分为五间（图8-122、图8-123）。

图8-122　云冈石窟第二窟中心塔柱

图8-123　云冈石窟第六窟中心塔柱

8.4.2.2　浙江杭州灵隐寺石塔

杭州灵隐寺石塔建于北宋建隆元年（960年），是吴越国王钱弘俶为纪念永明大师而建。石塔左右对峙，位于灵隐寺大殿月台两侧的庭院中。塔全部以白石仿木结构楼阁式建筑雕刻而成，平面呈八角形，高10余米。塔身上雕刻出门窗、柱子、阑额等，并刻有精美的佛像（图8-124）。

图8-124　浙江杭州灵隐寺石塔

8.4.2.3 福建泉州开元寺双石塔

在福建泉州开元寺内有两座石塔，位于大殿东西两侧，东塔名镇国塔（图 8-125～图 8-128），建于南宋嘉熙二年（1238 年），平面呈八边形，高 48.24m，须弥座上有浮雕的莲瓣、力神、释迦牟尼本生故事。塔身每面分为三间，中间开门或龛，两侧雕天神像。每层开四门，设四龛，位置逐层互换，龛内有浮雕佛像，门龛两壁雕有罗汉护法及佛教人物，共有浮雕八十尊。塔心为巨大实心柱，周围有阶梯，可攀登塔顶。塔身转角都置圆倚柱，柱间有阑额，斗拱用五铺作双抄偷心造。西塔名仁寿塔（图 8-129、图 8-130），建于南宋绍定元年（1228 年），高 44.06m。这两座塔都是石砌的五层八角形楼阁式塔。虽然历史记载北魏平城永宁寺已有用石材建的仿木结构的三层塔，但现存石造仿木结构石塔以此二塔为最高。仁寿塔平面呈八边形，每面一间，外观上每角用一整根石柱，柱间用石块砌成，雕作阑额、地栿、门窗等形状，其上架设石雕斗拱、撩檐枋，上覆屋檐、平坐栏杆。如此逐层重复，直至五层，上覆攒尖屋顶，立塔刹。从塔内壁可以看到，塔身是用矩形条石上下层纵横交错，按“一顺一丁”砌成，有绕塔石梯登上。塔顶在心柱、外墙之间架设石雕的月梁和札牵，上承矩形榑及板椽，是一座按宋代闽粤式样用条石砌成的可以登上的五重石塔。

图 8-125　开元寺镇国塔首层

图 8-126　开元寺镇国塔

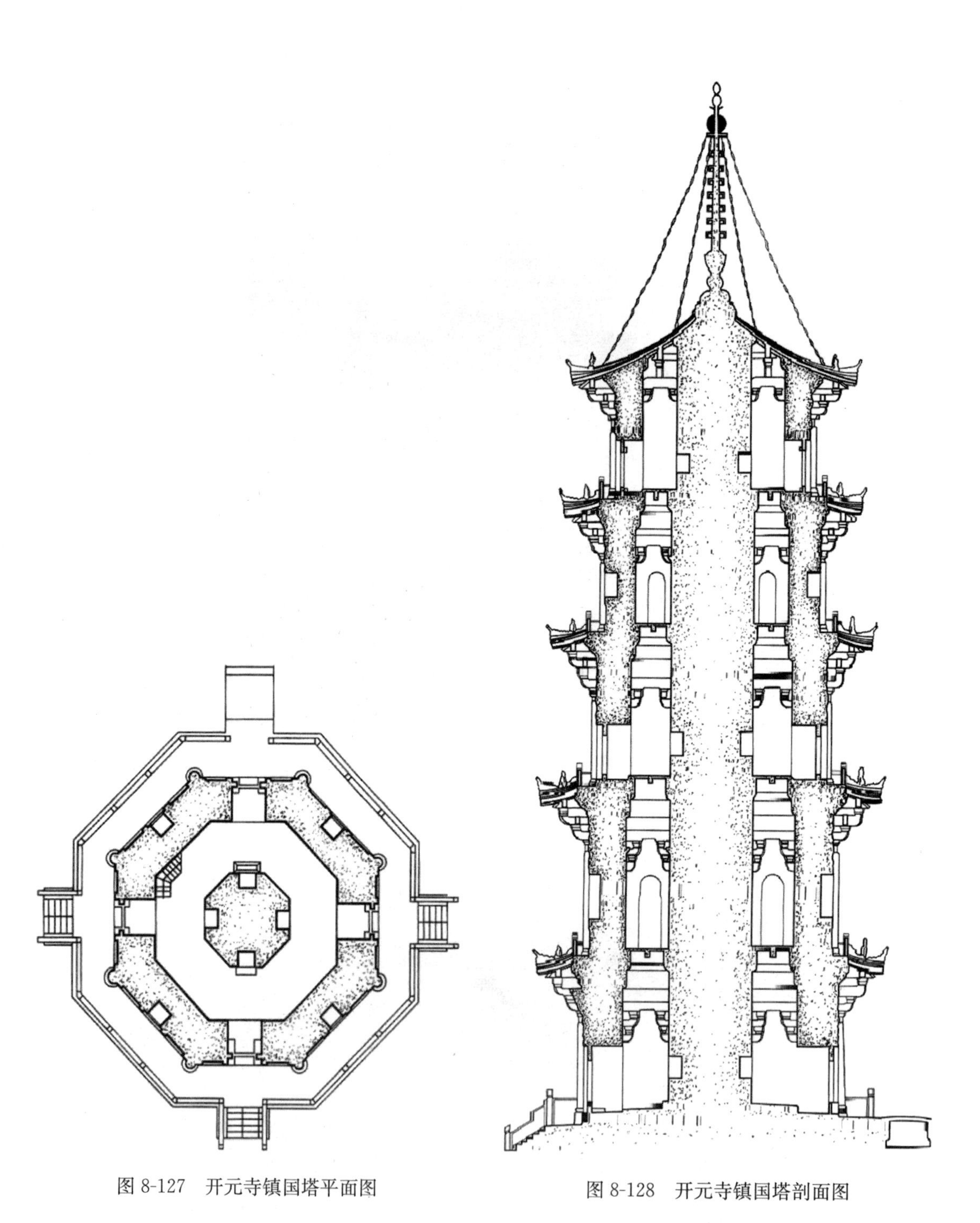

图 8-127　开元寺镇国塔平面图

图 8-128　开元寺镇国塔剖面图

图 8-129　开元寺仁寿塔

图 8-130　开元寺仁寿塔首层补间铺作

8.4.3 密檐式塔

8.4.3.1 江苏南京栖霞山舍利塔

南京栖霞寺舍利塔建于五代的南唐时期（937—975 年），是我国已知现存密檐石塔中体量最大的一座。塔高约 18m，五层，八角形平面。塔的基座部分绕以栏杆，其上以覆莲、须弥座和仰莲承受塔身。底层各面比例狭长，雕出转角倚柱与阑额、地栿等木构件形象。其上四层塔身低矮。各层塔檐皆作斜坡瓦顶形象，雕出瓦垅、瓦当、角脊并脊兽，檐下雕檐椽、飞椽。塔身造型带有仿木构特点（图 8-131～图 8-134）。

图 8-131 江苏南京栖霞寺舍利塔

图 8-132　江苏南京栖霞寺舍利塔首层

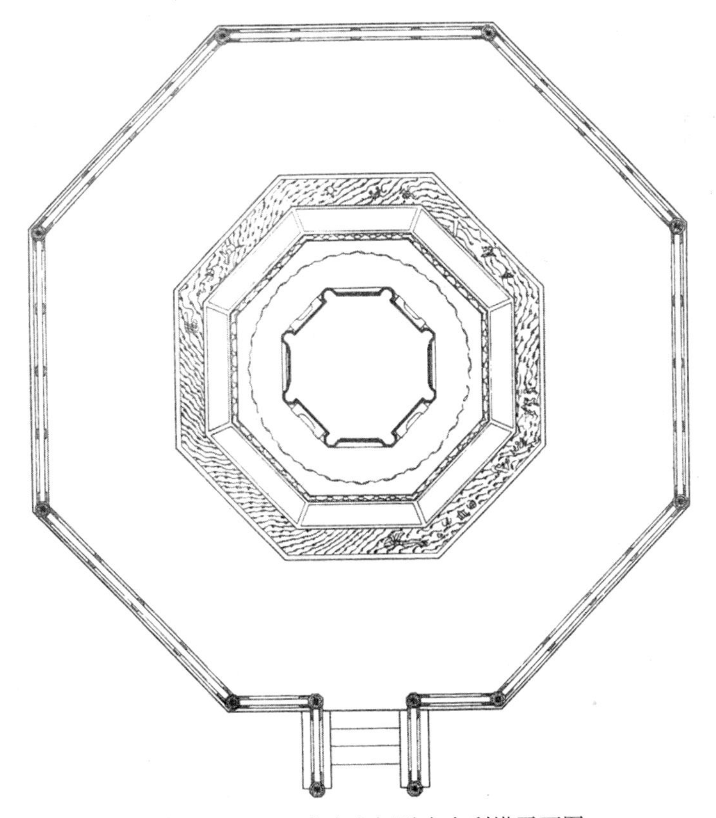

图 8-133　江苏南京栖霞寺舍利塔平面图

图 8-134　江苏南京栖霞寺舍利塔立面图

9.4.3.2 北京房山静琬法师墓塔

静琬法师墓塔（图 8-135）原在房山云居寺北，建于辽大安九年（1093 年）。静琬法师是云居寺开山的重要僧人，于隋代大业年间在云居寺发愿刻造佛经，开创了云居寺石刻经文的先河。墓塔平面呈八边形，共三层，为一座全部用石材雕砌而成的密檐式塔。现墓塔已迁到云居寺内。

图 8-135 北京房山静琬法师塔

8.4.3.3 四川邛崃县释迦如来真身宝塔

释迦如来真身宝塔位于四川成都市邛崃县石塔寺内，建于南宋乾道五年（1169年）。塔平面呈方形，共十三层，高约17m，为一座全部用红色砂岩砌筑成的密檐式塔。塔下部为素平的石砌基台，其上置双重方形须弥座，上雕有纹饰和佛龛。须弥座上第一层塔身四

图8-136 四川邛崃县释迦如来真身宝塔

面做成围廊，每面正中辟龛门，龛门上以石刻叠涩八层挑出，与廊柱共同支托第一层宽大的石塔檐。第二层到第十三层塔檐均以石刻叠涩挑出，每层塔身四面各刻有三个佛龛，内雕佛像。塔刹为石制覆钵两重，上冠以石宝珠。

8.4.4 亭阁式塔

8.4.4.1 山东济南神通寺四门塔

神通寺四门塔位于济南市历城县柳埠村青龙山麓，建于隋大业七年（611年），是一座全部用青石块砌成的单层攒尖顶方塔（图8-137、图8-138）。塔身面阔7.38m，高15.04m，外壁厚0.8m，每面当中开一较小的拱门。塔内中央有一个石块砌成的方约2.3m的塔心柱，与外壁间形成宽约1.7m的回廊，柱前每面各有一个圆雕的佛像。塔身外部在墙顶上用石板挑出五层叠涩，最上一层之上为石板砌的二十二层反叠涩，逐层内收，形成凹曲线形的塔顶。顶上砌方形石须弥座，四角置山花蕉叶，中央安置块石雕刻成的五层相轮塔刹。塔内自塔壁及塔心柱上部相对各挑出二层叠涩，其上架三角形石梁。每面设三根石梁，加45°角梁，共十六根石梁，自内外壁叠涩上斜架石板，构成回廊上部的两坡屋顶。石梁和叠涩表面都凿刻有人字纹。整座古塔造型简洁，古朴庄严，是我国现存最早的一座石塔。

图8-137 山东济南神通寺四门塔

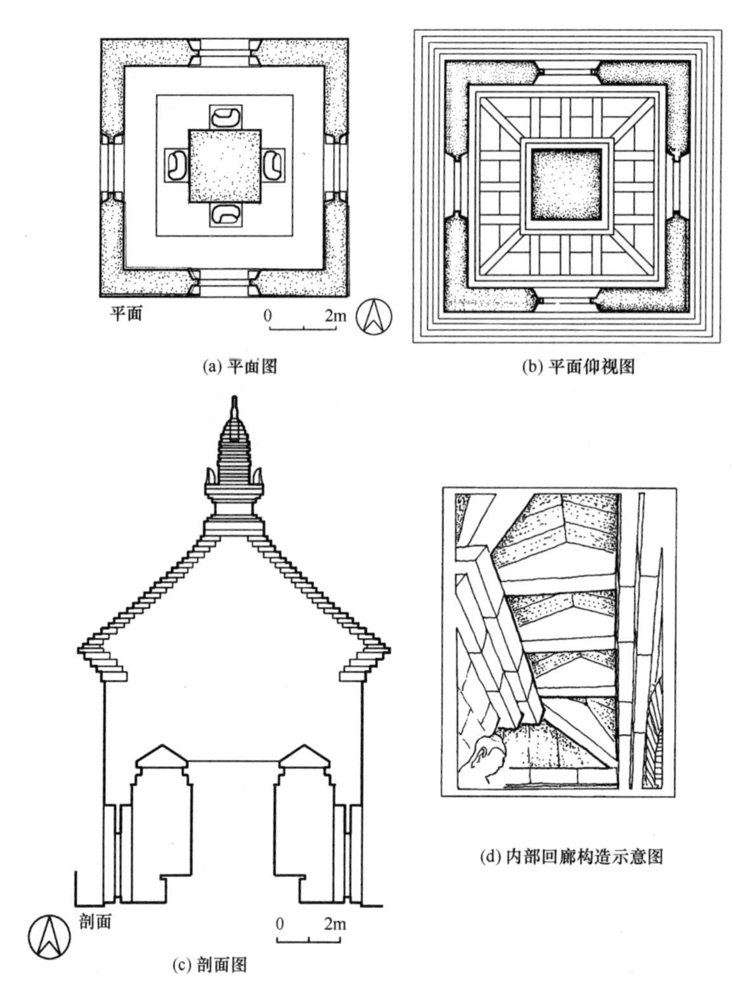

图 8-138　山东济南神通寺四门塔示意图

8.4.4.2　山东长清灵岩寺慧崇禅师塔

慧崇禅师塔位于山东长清灵岩寺塔林内，建于唐天宝年间（742—756 年），为单层重檐亭阁式塔（图 8-139、图 8-140）。塔身全部用石材砌筑而成，平面呈方形，高 5.3m。

图 8-139　山东长清灵岩寺慧崇禅师塔

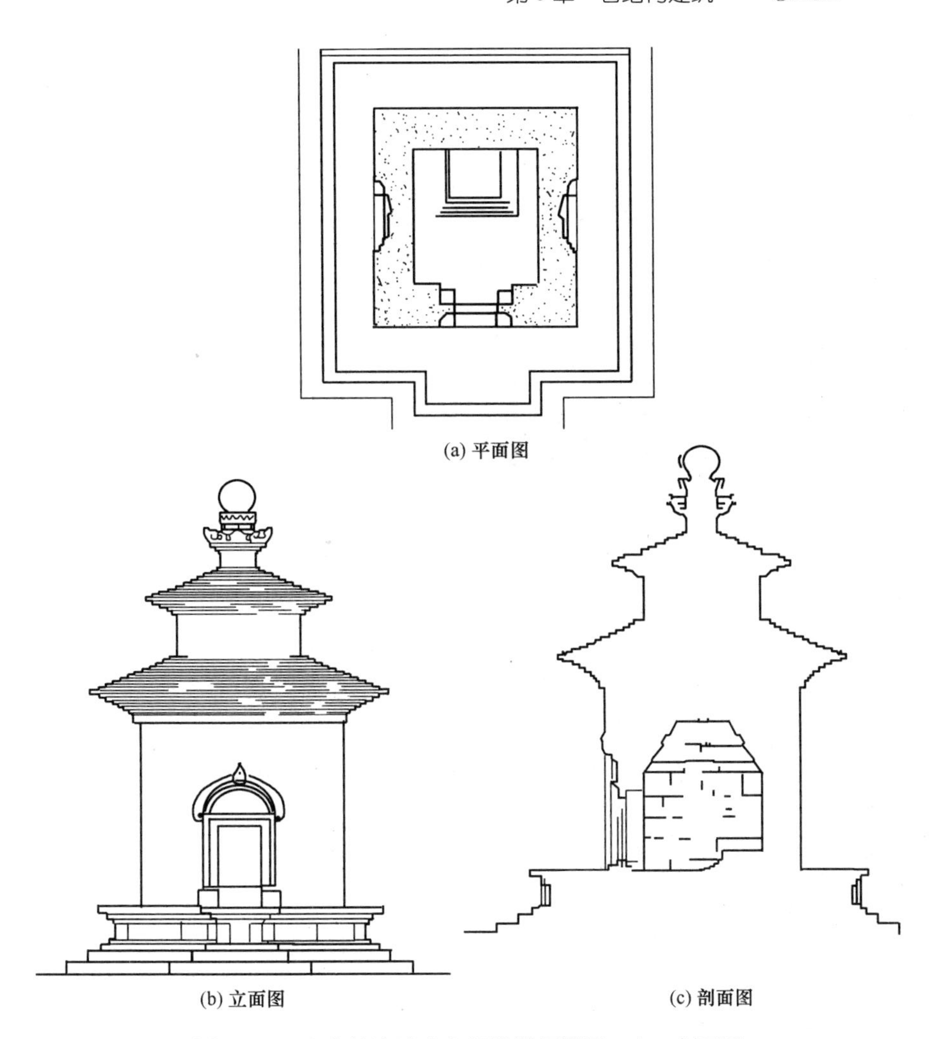

(a) 平面图

(b) 立面图

(c) 剖面图

图 8-140 山东长清灵岩寺慧崇禅师塔平、立、剖面图

塔下为须弥座基台，各面均无台阶，正面中间处向外凸出。塔身正面开门，其余三面雕刻假门。塔檐用石板层层叠涩，呈凹曲面向上向外伸出，顶面用石板层层内收铺盖。底层塔顶之上有一低矮的塔身，四面均为实壁，上部出檐做法与底层相同，比下檐出挑长度缩短。其上还有一层更为低矮的塔身，也做叠涩出檐，檐部四周雕刻有山花蕉叶，上置仰莲、宝珠。整座塔的造型稳重、比例优美、外观简洁，塔门上的火焰形尖拱雕刻的风格为盛唐时期的艺术风格。

8.4.5 覆钵式塔（喇嘛塔）

内蒙古呼和浩特席力图召白石塔

白石塔位于呼和浩特市旧城石头巷席力图召的东南隅，建于清康熙年间，为汉白玉砌筑的覆钵式塔，高约 15m（图 8-141）。塔下石台之上为雕刻精美的须弥座，其四角雕有凌空蟠龙石柱，须弥座上砌筑四层石台，上置覆钵形塔身，其满布雕刻，并用彩色勾勒出各种图案花纹，塔身上立有石刻“十三天”、华盖、仰月宝珠，为石制覆钵式塔中最为高大精美者。

图 8-141　内蒙古呼和浩特席力召图白石塔

8.4.6　过街塔

江苏镇江云台山过街塔：塔位于镇江云台山北麓，创建于元代，塔下门框的东西两面额枋上刻有重修时题记，年代款式为明“万历十年壬午十月吉日重修”。此塔横跨一条狭长街巷之上，往西不远处便是古代去江北瓜洲和江中金山的主要渡口——西津渡。塔全部为石构，下面有四根石块垒砌的柱子，柱上安置石枋，顶上铺有厚石板，形成了一跨街门形框架，其下供人通行，在其上建“窣屠波”式喇嘛塔一座，高 4.69m。基座为一双层须弥座形式，上覆莲座，再上为塔身。塔刹为石料雕制，刻有相轮十三重，上冠伞盖、宝珠，均为石制（图8-142）。

图 8-142　江苏镇江云台山过街塔

8.4.7　金刚宝座塔

北京真觉寺金刚宝座塔：北京真觉寺金刚宝座塔创建于明永乐年间（1403—1424年），建成于明成化九年（1473年）。据《日下旧闻考》卷七十七载《明宪宗御制真觉寺金刚宝座塔碑记》曰："永乐初年，有西域梵僧曰班迪达大国师，贡金身诸佛之像，金刚宝座之式，由是择地西关外，建立真觉寺，创治金身宝座，弗克易就，于兹有年。朕念善果未完，必欲新之。命工督修殿宇，创金刚宝座，以石为之，基高数丈，上有五佛，分为五塔，其丈尺规矩与中印土之宝座无以异也。”

真觉寺金刚宝座塔用汉白玉石砌筑而成，下为高 7.7m 近似方形的宝座，宝座之上分建五塔，均为密檐式方塔，中为十三重檐，四隅为十一重檐。宝座内辟踏道，可登至宝座上部（图 8-143～图 8-145）。踏道出口处建一重檐方亭，上檐为圆形攒尖顶。整座佛塔遍布雕饰，异常精美。真觉寺金刚宝座塔其形制虽沿袭印度之制，但宝座上的五塔及重檐方亭则有浓厚的我国传统建筑特色。在雕刻艺术上，又掺入了大量藏传佛教的题材和风格。

图 8-143　北京真觉寺金刚宝座塔

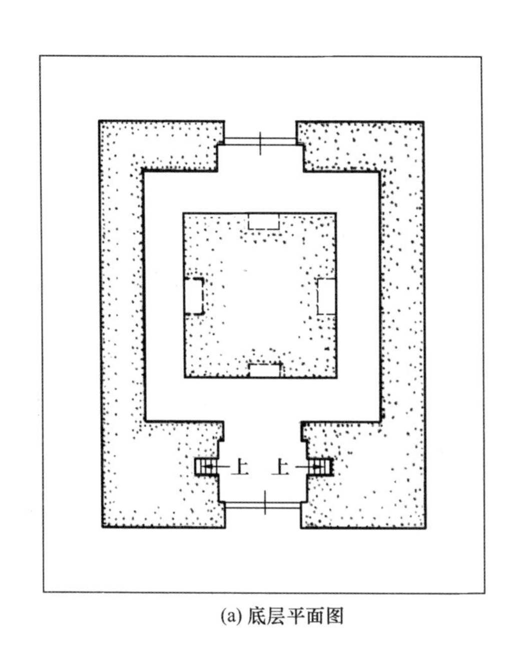

(a) 底层平面图

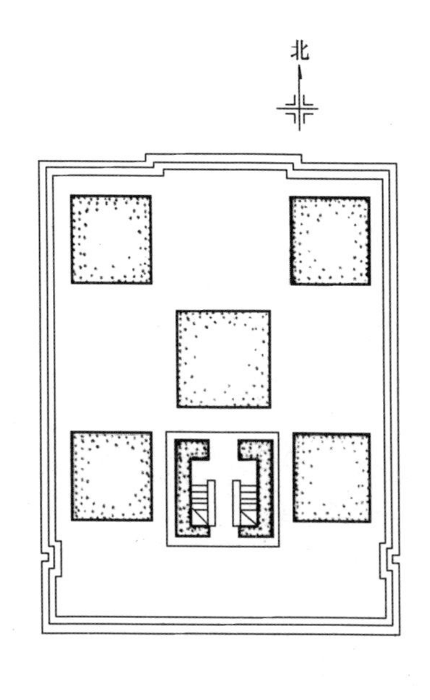

(b) 上层平面图

图 8-144　北京真觉寺金刚宝座塔平面图

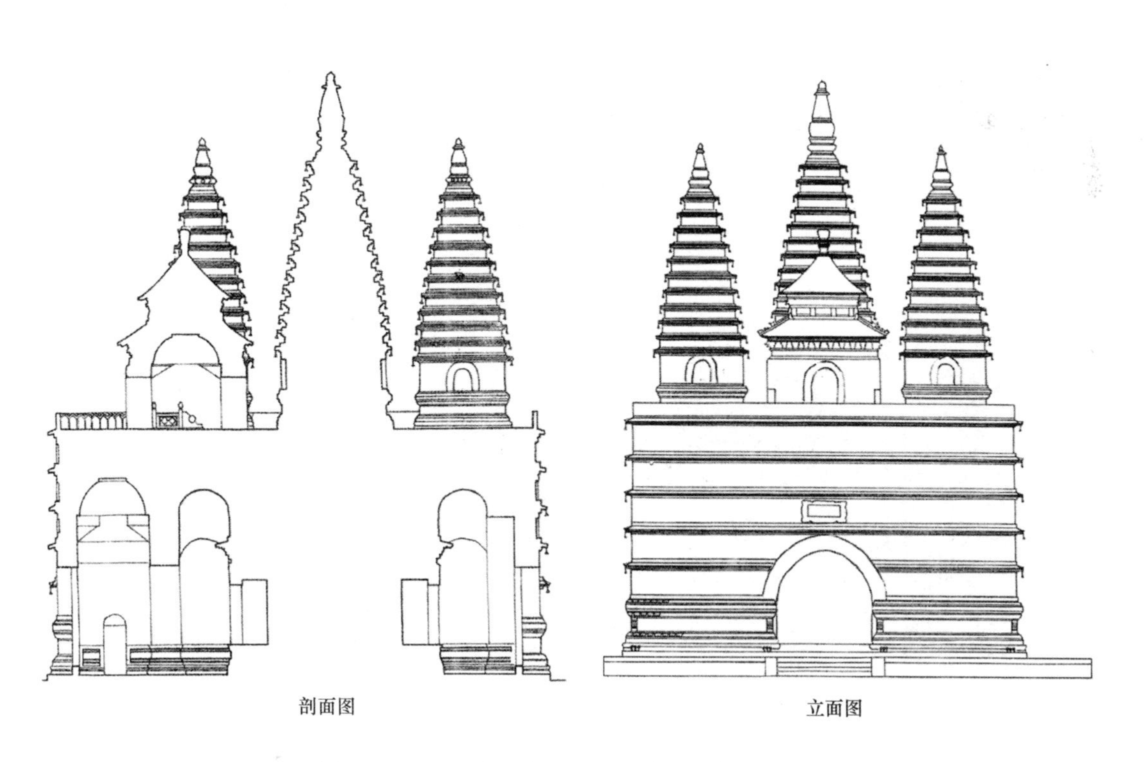

剖面图　　立面图

图 8-145　北京真觉寺金刚宝座塔剖面图、立面图

8.4.8 宝箧印经塔

8.4.8.1 浙江普陀山普济寺多宝塔

多宝塔位于普陀山最大寺院普济寺东南海印池的东侧，建于元朝元统年间（1333—1335年）。塔平面呈方形，三层，高20多米，全部为石材砌筑而成（图8-146）。塔下为一高大的台座，其上为基座，四周围以石栏杆，三重塔身立于基座之上，塔身下有须弥山形底座。塔身四面雕刻有佛龛和佛像。第一层和第二层塔檐以三间平台栏杆围绕，塔顶做宝箧印经塔的形状，四角雕做成蕉叶形插角。整座塔的造型奇特，雕刻精美，是普陀山现存最早的一座古建筑。

图8-146 浙江普陀山普济寺多宝塔

8.4.8.2 福建泉州开元寺宝箧印经塔

泉州开元寺大殿前的拜庭两侧北端近大殿月台处，有宝箧印经塔两座分立，塔平面呈方形，高约5m，全部为石砌，塔身四面浮雕佛教故事图案，四隅刻金翅大鹏鸟，塔刹雕刻相轮五重（图 8-147）。在塔座上保存有一块宋代绍兴年间（1131—1162 年）的石刻题记。

图 8-147　福建泉州开元寺宝箧印经塔

8.5 石　　阙

阙原是门前的防卫设施，但到了汉代已演化为荣誉性、礼仪性建筑，除用于宫殿、祠庙、陵墓外，也可用于受表彰的人的里门前或宅前。阙的形制有单出阙（或称单阙）、双出阙（或称双阙，即在主阙或母阙旁侧，再建一形体较小的附阙或子阙）、三出阙（即在母阙旁建二子阙）三种形制，前两种均有实物保存至今，但三出阙仅见于文献记载，还未见实物。阙的构造有木阙、土木混合结构阙和石阙。今存者只有少数用于祠庙、陵墓前的石阙而已。现存各石阙的艺术造型，大都是模仿木构建筑形制，即下为基座，中为阙身，上覆四坡屋顶。

8.5.1 河南登封县太室、少室、启母阙

太室阙位于河南登封县，建于汉元初五年（118 年），全部用石块垒砌成（图 8-148）。阙身之下是平整方直的基座；子阙和母阙在平面上联成一体，在立面上则母阙高、子阙低；阙身最上一层石块平面增大，其下四周斜削与阙身相接，其上承托挑出的庑殿式屋顶，上面雕刻有瓦垄、角脊和正脊。同地同时期的少室、启母二阙与太室阙为同一类型（图 8-149、图 8-150）。

图 8-148 河南登封县太室阙

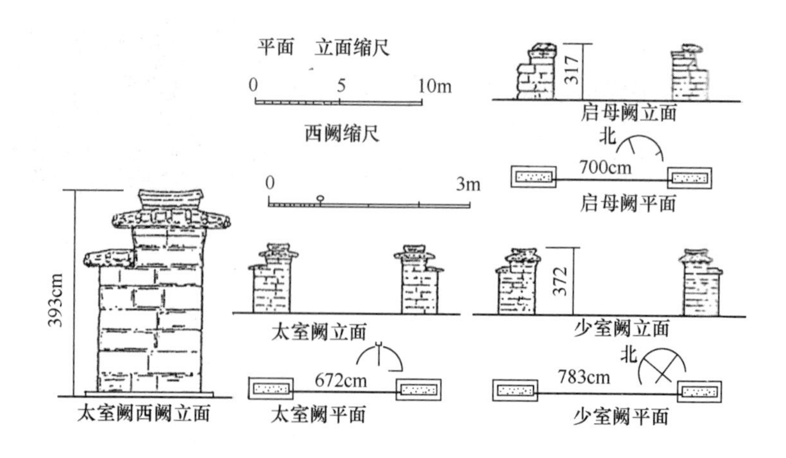

图 8-149 河南登封县太室阙、少室阙、启母阙

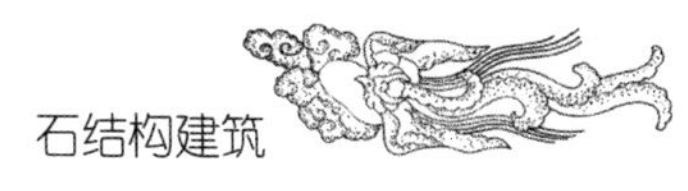

河南登封县太室阙全景

河南登封县少室阙全景

太室阙石人

登封太室石阙西阙

登封少室石阙西阙

太室石阙雕刻

少室石阙雕刻

图 8-150 河南登封县太室阙、少室阙

8.5.2 四川雅安县高颐阙

高颐阙在四川雅安县东郊八公里之姚桥村，位于成雅公路南侧约 80m，左右阙俱存，两阙相距 13.6m，为单檐双出阙形制（图 8-151）。此阙石质为红砂岩。

8.5.2.1 左阙（图 8-152、图 8-153）

左阙现存母阙，子阙已失去。母阙上的汉代原构仅存基座、阙身两部分，共有石材五层，通高 2.95m。阙身以上部分早已失去。基座由两段石条合成一层石基，高 0.35m，宽 2.9m，进深 1.85m。石基刻为上、下两段，下段一周六斗，无欹部，下接蜀柱。阙身由四层石材构成，皆为整石，通高 2.6m，宽 1.65m，进深 0.92m。一周隐起六柱（正、背面各现三柱）。阙身呈面阔两间、进深一间的结构，无地栿，有阑额。背面三柱间刻有“汉故益州太守武阴令上计史举孝廉诸部徒事高君字贯方”铭文。正面及右侧柱间别无刻饰。左侧面不露柱、额，凿纹粗糙，用以接子阙。在三面阑额上皆用减地平及刻车马出行图。

图 8-151　四川雅安高颐阙全景

图 8-152　四川雅安高颐阙左阙正面

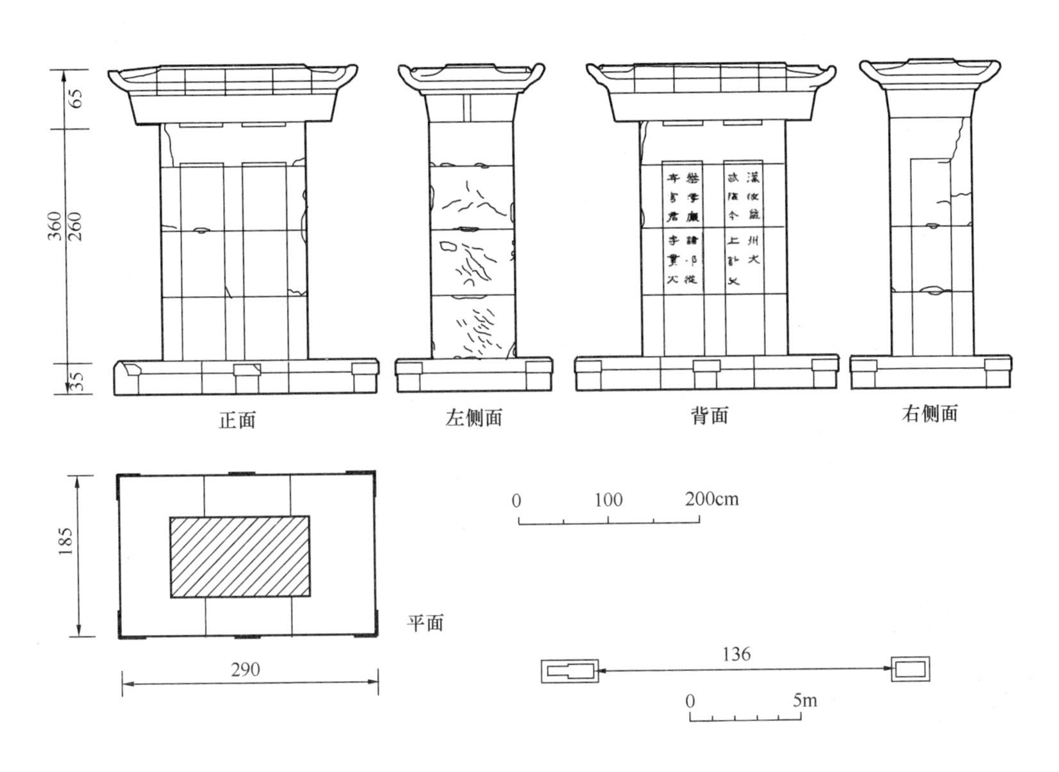

图 8-153　四川雅安高颐阙左阙实测图

8.5.2.2　*右阙*（图 8-154～图 8-156）

母阙由基座、阙身、楼部、顶盖四部分构成，全阙由 13 层大小不同的 32 块石料垒砌而成，通高 5.9m。基座由二石合成一层石基，高 0.46m，宽 3.27m，进深 1.50m。一周八斗（正、背面各现四斗），其形制与左阙略同。阙身为四层整石，高 2.64m，宽 1.62m，进深 0.9m，右侧接子阙。

子阙基座以上现存阙身、楼部、顶盖，脊饰已无存，由六层石材垒砌成，通高 2.94m。阙身为一整石，高 1.60m，宽 1.07m，进深 0.53m。

母阙与子阙阙身之表面均隐出如倚柱之浅刻线脚。另母阙阙身上部浮刻车马出行图。子阙阙身由整石刻成，表面除倚柱外，无其他纹，上层亦作成井干式框架。四隅各有一力神承托。再上列一斗二升斗拱三（两侧为曲茎拱），拱身下并有皿板之表现。诸斗拱均于拱身上缘中点与所承横枋间，增加一矩形支承块，使得主要之荷载转变为轴心受力，缓解了棋臂的剪力，在结构上是一项重要的改进，并成为日后复用的一斗三升典型式样发展的基础。在斗拱以上至屋檐下，浮刻有神人、异兽及历史故事，装饰极为华丽。子阙阙身以上之斗拱及梁枋组合亦大体同于母阙，仅形制稍简。如下层栌斗中未承枋，其上之横枋亦仅二层。斗拱二朵，未用曲茎拱。母阙屋顶为复合式单檐四坡顶，其正脊高起约 0.5m，两端起翘，中央及脊端均有装饰。屋面坡度仍甚平缓，并琢刻出筒瓦、板瓦、瓦当、斜脊等构件。檐下施圆形断面之檐椽，自外端向内有显著之收杀。子阙屋面为简单之单檐四坡，其斜脊末端已有凸起，未施高出之正脊。

图 8-154　四川雅安高颐阙右阙正面

图 8-155　四川雅安高颐阙右阙左侧面

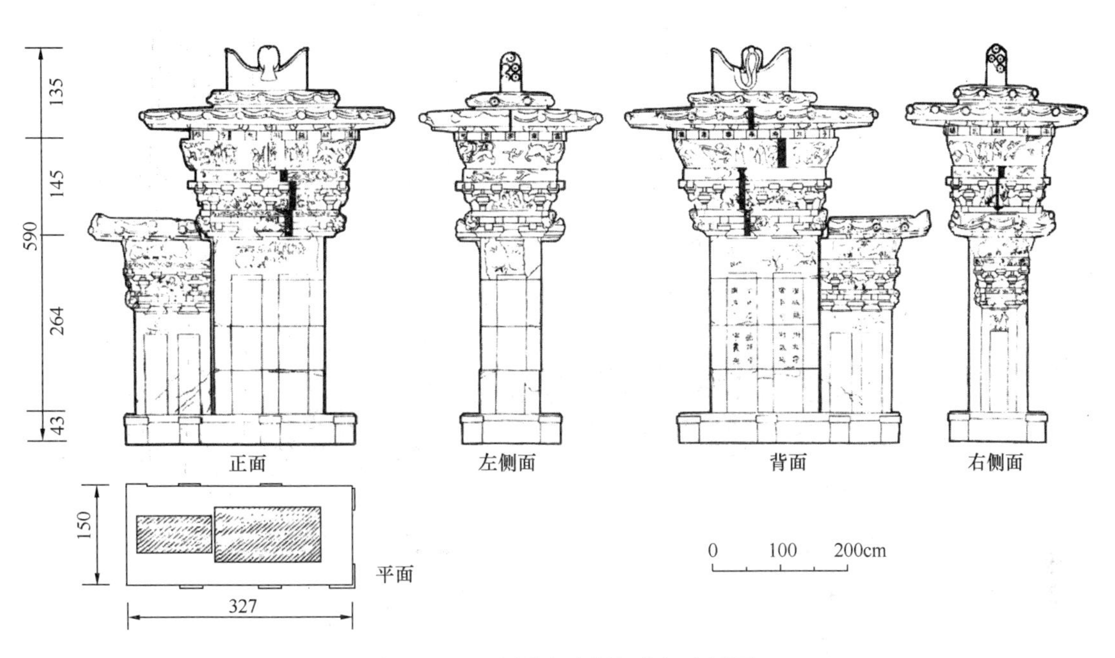

图 8-156　四川雅安高颐阙右阙实测图

母阙阙身北面及檐下枋头上均刻有："汉故益州太守阴平都尉武阳令北府丞举孝廉高君字贯方"铭文。依《八琼室金石补正》卷七，知墓主高颐字贯方，于东汉献帝建安十四年（209年）殁于益州太守任所，故可推断此阙当建于是年或稍后。

第 9 章　砖石建筑雕饰

9.1　石　　雕

按照古代传统，石作行业分成大石作和花石作，大石作匠人称为大石匠，花石作匠人称为花石匠。石雕制品或石活的局部雕刻即由花石作匠人来完成。石雕就是在石活的表面上用平雕、浮雕或透雕的手法雕刻出各种花饰图案，通称“剔凿花活”。我国现知最早的建筑上石雕刻，是殷墟出土的石雕构件。汉代遗留至今的有石阙、石室及墓葬中画像石等雕刻，技法多以简单的线刻和“减地平钑”为主。线刻的工艺过程，首先是将石面打平，再磨砻加工，然后用金属工具刻画放样，最后施刻。现存的汉代画像石中，常常可以看到颇有生活气息的故事画，都是采用隐刻的方法雕刻的。隐刻是平面线刻向深度发展的第一步，其工艺是将画像刻画出形，沿形象纹路，略加剔凿形象细部，在光平的石面上呈露微凸，从而增强了石雕的表现力。减地平钑雕法是隐雕的进一步发展，为了突出雕刻图案，将所表现的图案以外的空地部分薄薄地打剥一层，然后再于图案部分施以线刻，这可以使图案更加显跃。减地平钑雕法可以认为是浮雕的始发形态。汉代也有浮雕和圆雕，浮雕以河南蜜县打虎亭一号汉墓墓门铺首（图 9-1）为代表，圆雕常见于陵墓中的石兽。从出土的北魏帐柱础石、南朝诸陵墓的石兽、隋代安济桥栏板、唐代圣德感应碑（图 9-2）等现存实物，以及现存的许多唐代石塔表面的雕饰，均可见建筑石雕技术水平在魏晋隋唐时的高度发展，在这一发展阶段几乎全部石雕技法都已出现。南北朝初期石雕受到印度、中亚风格的明显影响，晚期则形成民族化的东西。到了隋唐时期已完成了高度水平的新的民族风格的石刻雕饰。据宋《营造法式》“石作工限”条，凡柱础、殿阶基、勾栏、压阑石（台基边沿）、角石（用在台基转角处）……均可施以石雕。《营造法式》中还附有石雕图样（图 9-3），计柱础八种、角石四种、须弥座二种、角柱二种、压阑石二种、螭首一种，用于重要殿堂地面心的斗八图样一种，勾栏二种，勾栏的望柱三种，望柱头和望柱础各

图 9-1　河南密县打虎亭 1 号汉墓墓门

二种，门帖石二种，此外，还有用在园林中的“流杯渠”二种。

《营造法式》对于石雕技法作了总结，归纳为四种，即素平、减地平钑、压地隐起、剔地起突。所谓素平实际上就是阴纹线刻，在平整的石面上阴刻线条纹饰。素平雕法以线条流畅和构图疏密得当见长，绘画性多于雕刻性，宜保持构件本身的完整形象。减地平钑是在平整石面上留出形象，效果如同剪影，凸起的形象和凹下去的地都是平的，故又称其为“平雕”或“平浮雕”。在凸起的形象上也可再加阴刻线条，以增加造型感。这种雕刻手法在汉代的画像石上曾广泛采用，题材多为历史人物故事、飞仙和建筑。魏晋多刻佛教故事。唐宋以后尤其是宋，施用于建筑上题材转为花鸟。减地平钑雕法的构图原则应注意“地”不必留得太多，以突出饱满丰富的主题形象。

图 9-2　河南登封县圣德感应颂碑(唐)

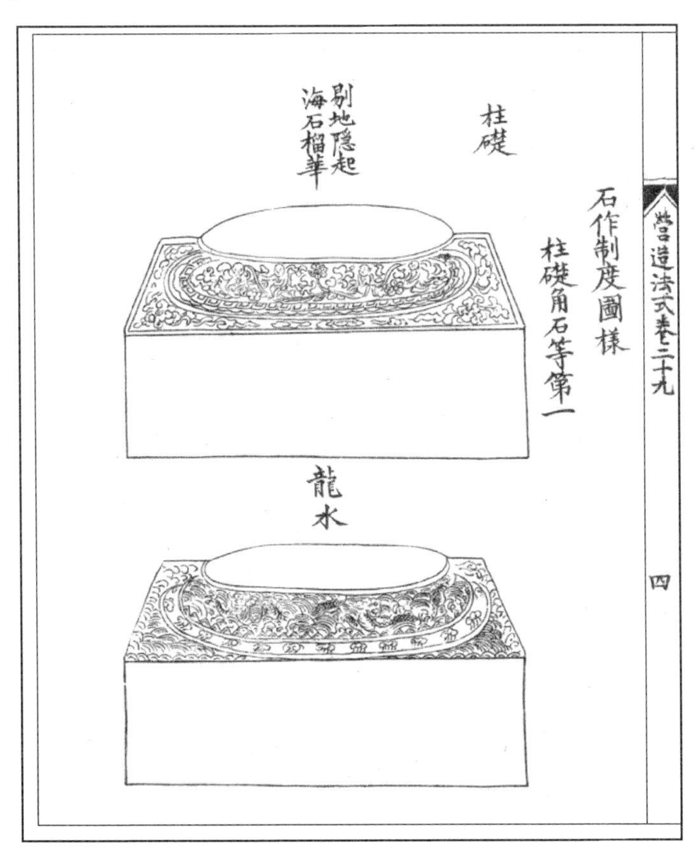

(a)《营造法式》石作制度图样（一）

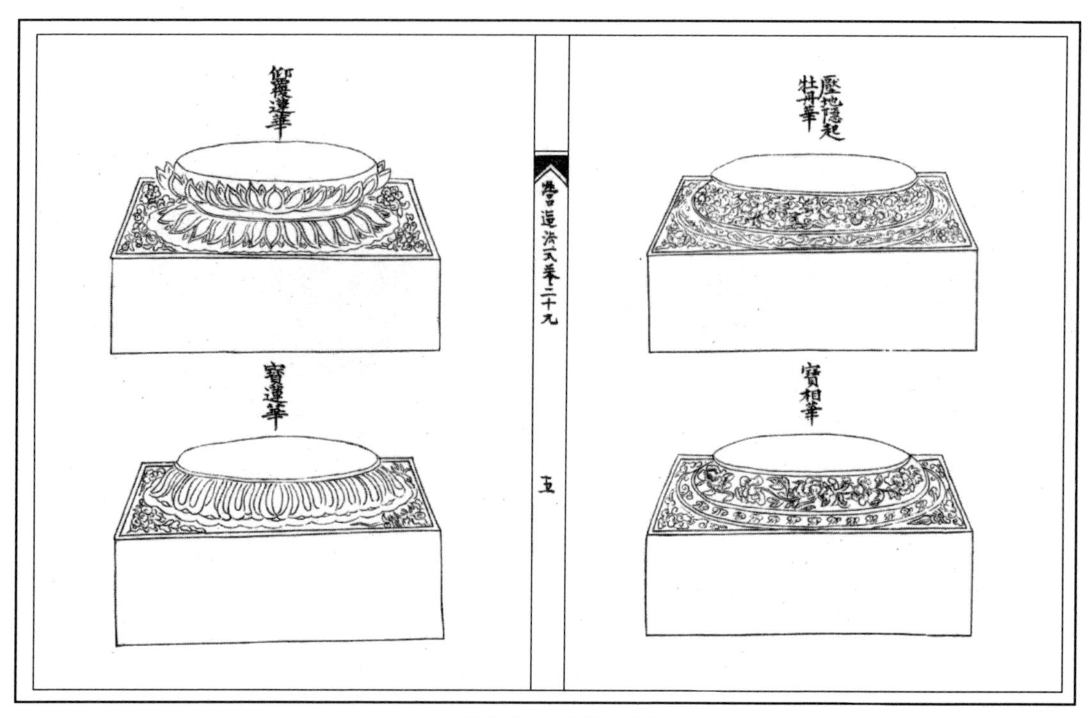

(b)《营造法式》石作制度图样（二）

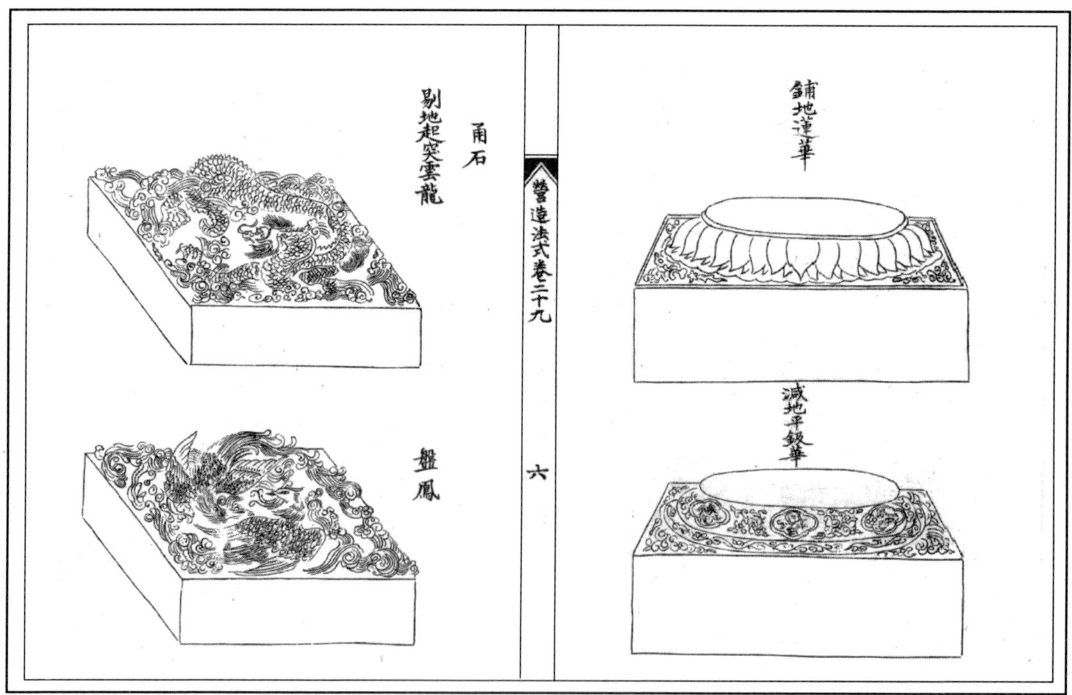

(c)《营造法式》石作制度图样（三）

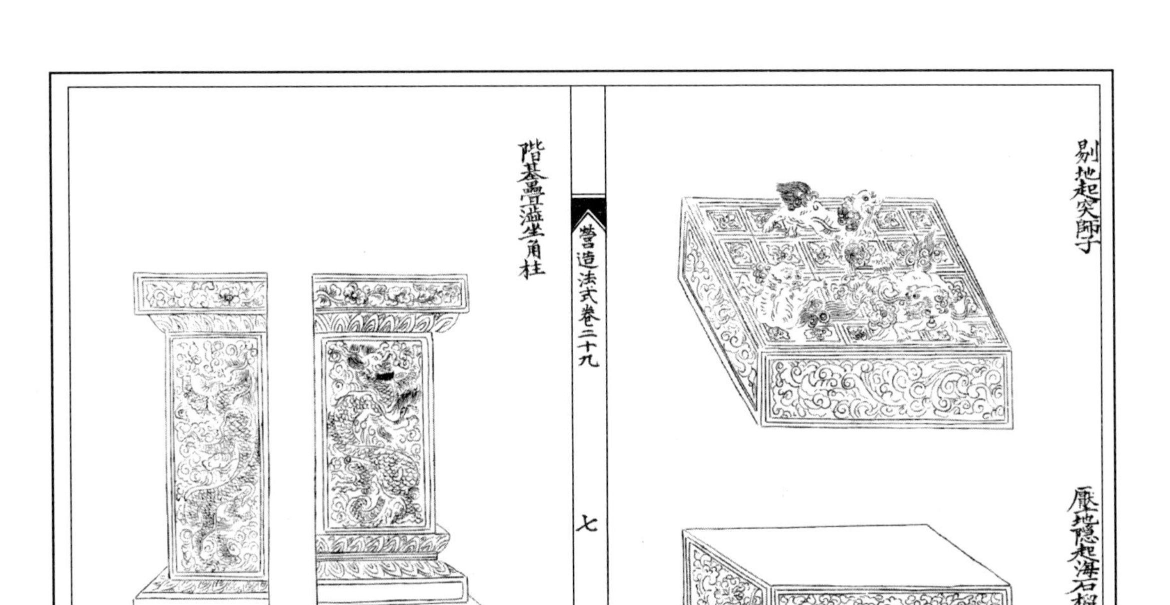

(d)《营造法式》石作制度图样（四）

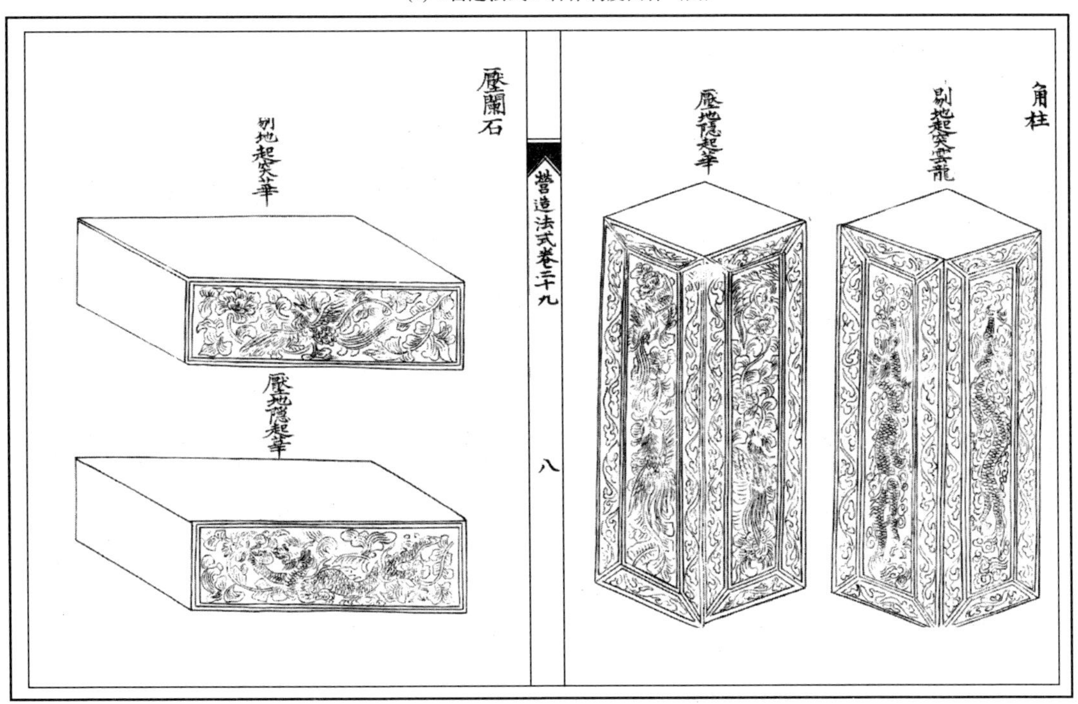

(e)《营造法式》石作制度图样（五）

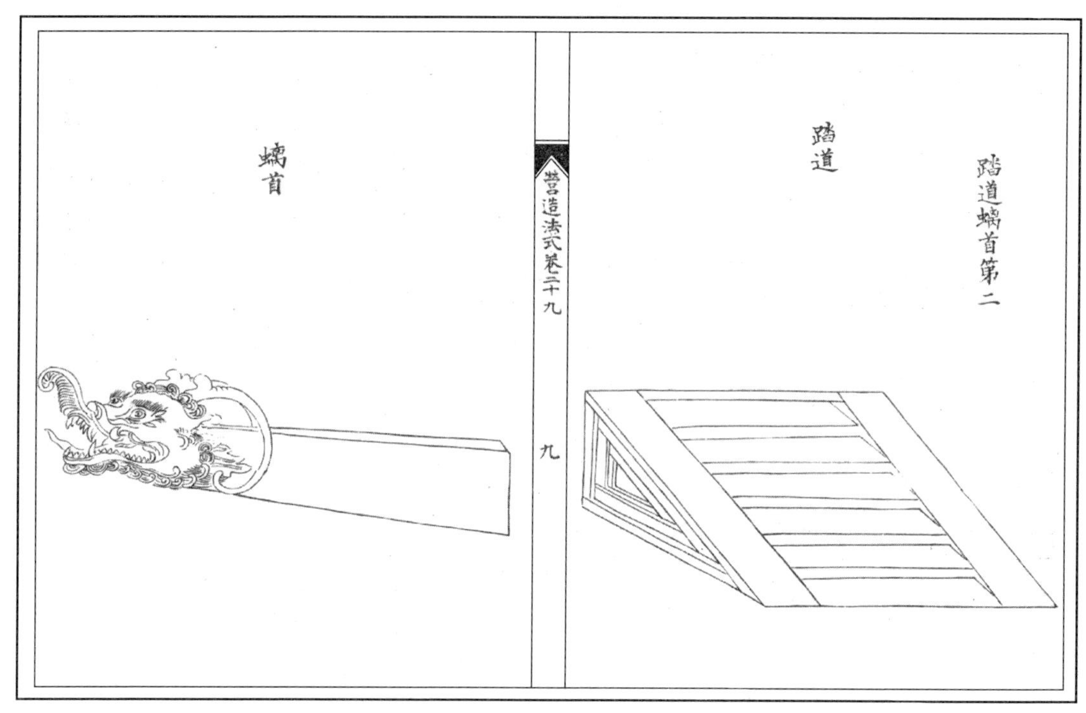

(f)《营造法式》石作制度图样（六）

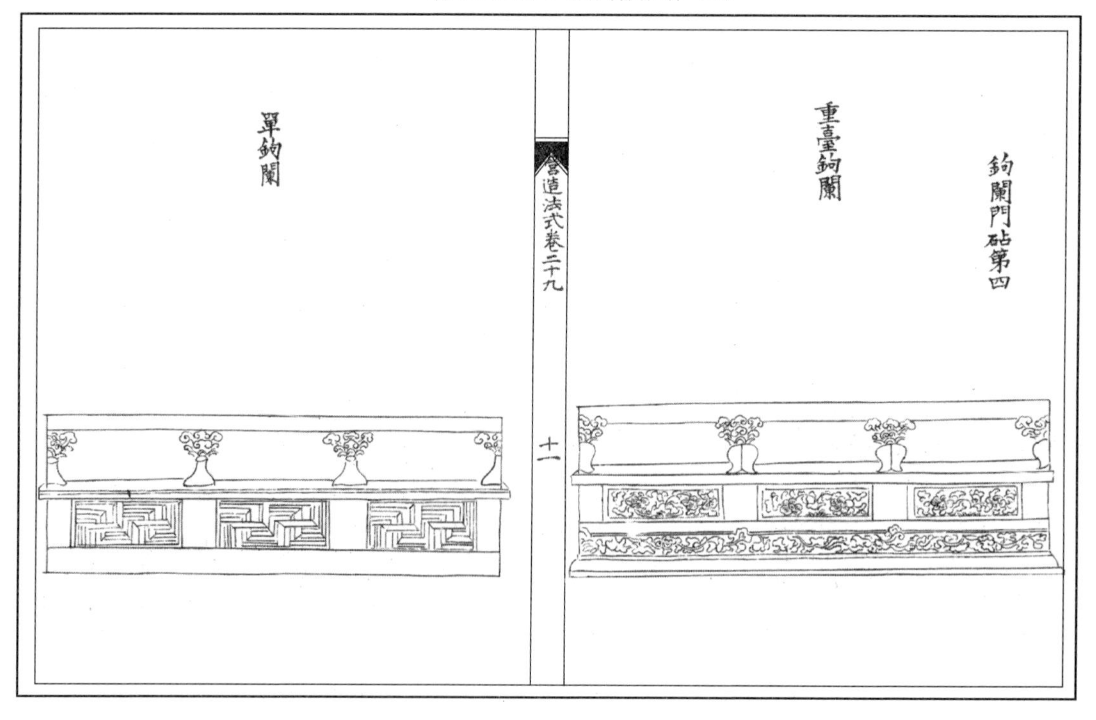

(g)《营造法式》石作制度图样（七）

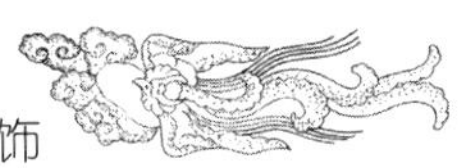

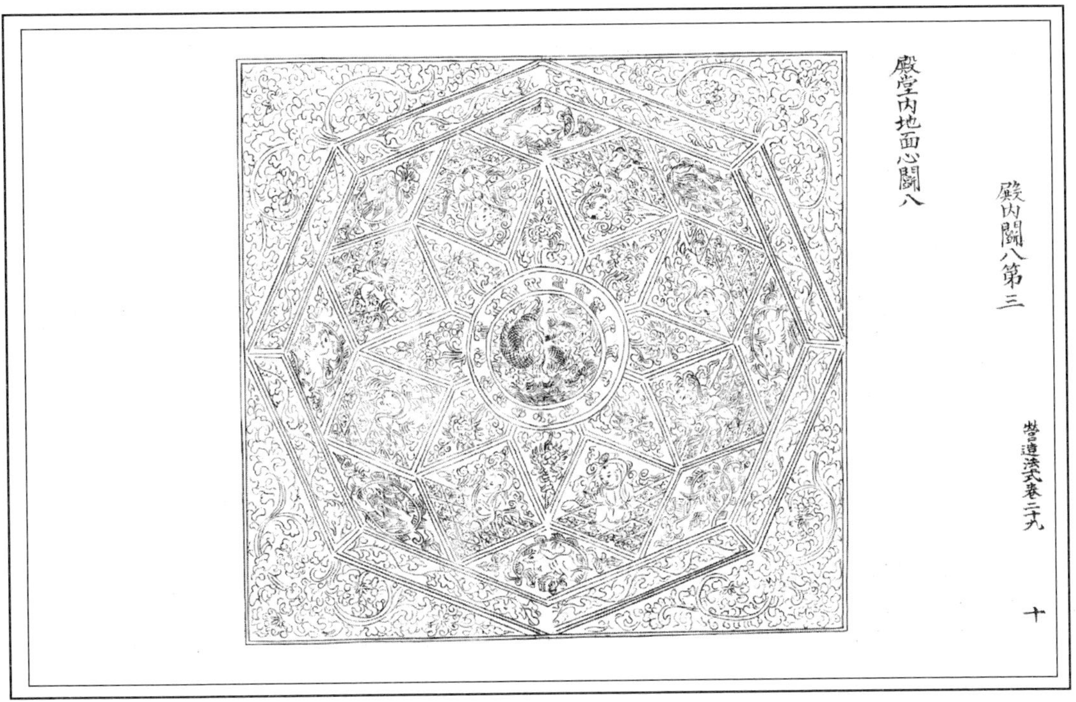

(h)《营造法式》石作制度图样（八）

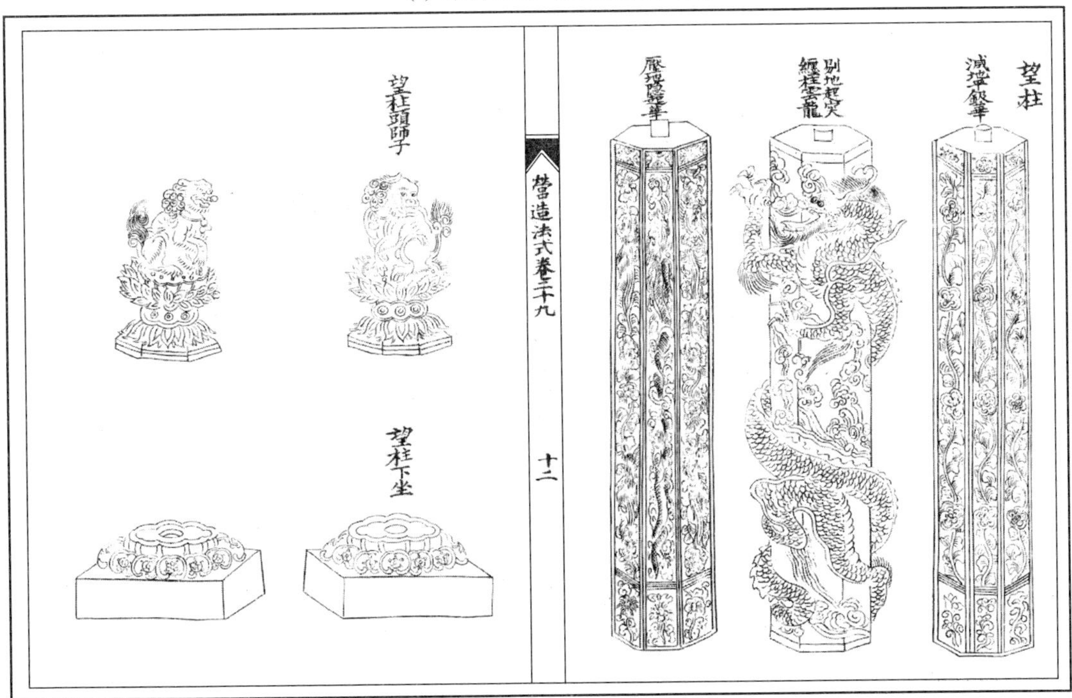

(i)《营造法式》石作制度图样（九）

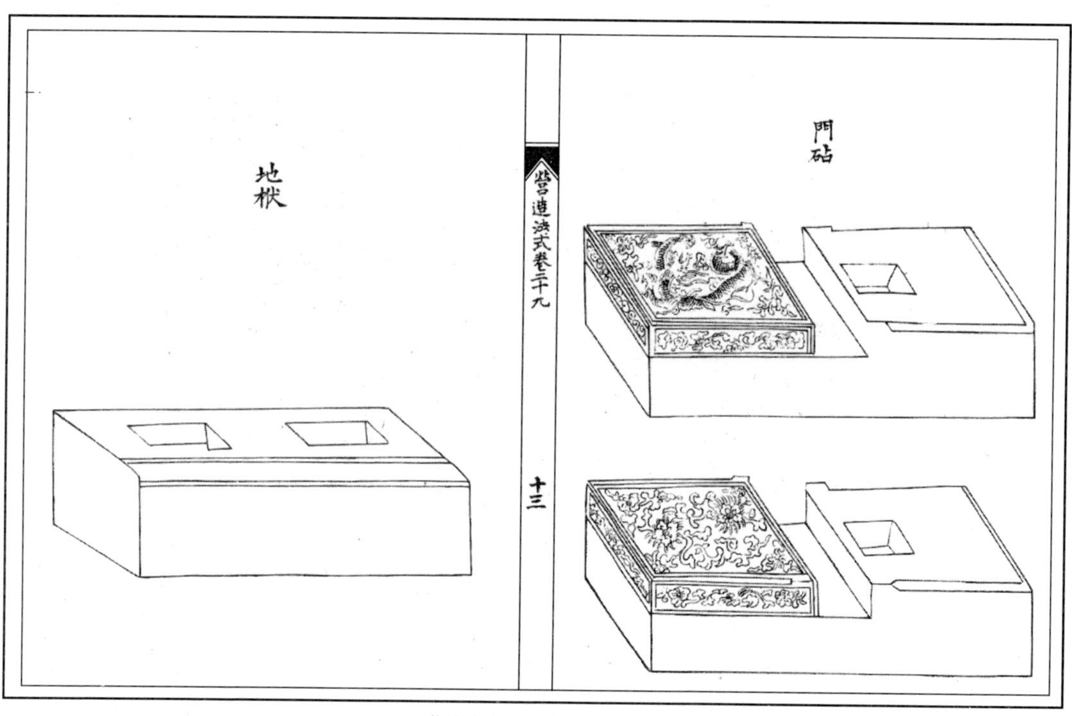

(j)《营造法式》石作制度图样（十）

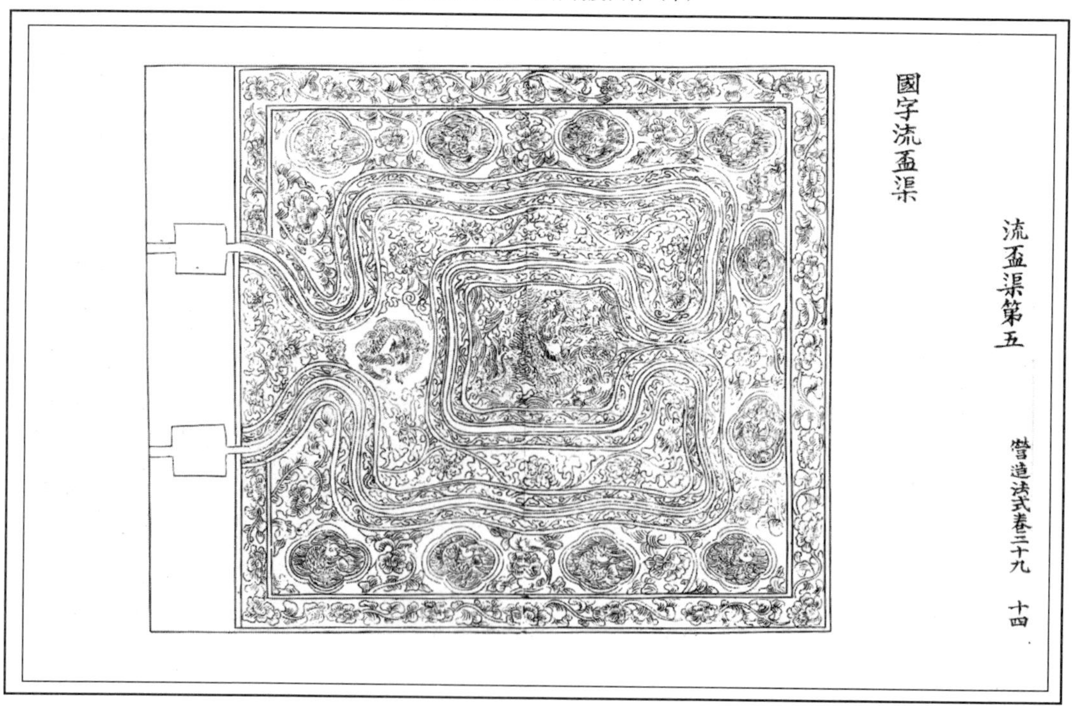

(k)《营造法式》石作制度图样（十一）

(l)《营造法式》石作制度图样（十二）

图 9-3 《营造法式》石作制度图样

现存实物如河南巩县宋太宗永熙陵望柱（图 9-4、图 9-5）。压地隐起是浅浮雕的一种，力求保持建筑本身的完整感而与一般浅浮雕有所区别，其各部分的高点都在同一平面上，且不宜太高，若有边框，则边框与各高点也在同一平面上，构图宜饱满，留地不必太多。图案的外轮廓为柔曲的弧面，力求圆和，图案本身则重叠穿插，有一定的立体感，“地”可为平面，也可刻成微微的曲面，艺术效果较减地平钑显得丰富。现存实物如南京栖霞寺舍利塔的基座，刻有凤鸟莲花（图 9-6）。剔地起突为高浮雕，或者称为半圆雕，装饰主题从建筑构件表面凸起较高，“地”层层凹下。现存实物如河南巩县宋神宗永裕陵的上马台，其一面为台阶，台面和三个侧面都有雕刻，侧面各刻有一龙，其他面为减地平钑刻流云图案（图 9-7、图 9-8）。

图 9-4　河南巩县永熙陵望柱

图 9-5　河南巩县永熙陵望柱局部图案

图 9-6　南京栖霞寺舍利塔基座石刻

图 9-7　河南巩县永裕陵上马台（西列）

图 9-8　河南巩县永裕陵上马台图案（西列）

明清两代以木雕和砖雕占据了建筑雕饰的主要地位，石雕因材料较贵及加工较困难，遂没得到更大的发展。这一阶段石雕工艺逐渐趋向简化，加工工序与前代相同，雕刻技术仍保持其原有的形式。全形雕在明代的做法是：在凿出全形后，其细部剔凿以混作（皆为圆面），力求形象表现自然。到了清代，全形雕已简化为“影作”的雕法，即用钎打出全形后，其细部随其初形影刻出来。明清两代所存石雕遗物集中表现在宫廷、陵墓、寺庙等一些大型建筑群上。

石雕按类别一般分为“平活”“凿活”“透活”和“圆身”。平活即平雕，它既包括阴纹雕刻，又包括那些“地儿”略低、“活儿”虽略凸起但表面无凹凸变化的“阳活”。在雕刻手法上，用凹线表现图案花纹的通称为“阴的”（或“阴活”），而用凸线表现图案花纹的通称“阳的”（或“阳活”）。所以平活既可以是阴的，也可以是阳的。凿活即浮雕，属于阳活的范畴。它可以进一步分为“撒阳”“浅活”和“深活”。撒阳是指“地儿”并没有真正“落”下去，而只是沿着“活儿”的边缘微微撒下，使“活儿”具有凸起的视觉效果。“活儿”的表面可凿出一定的凹凸起伏变化。“浅活”即浅浮雕，“深活”即深浮雕。它们都是“活儿”高于“地儿”，即花纹凸起的一类凿活。透活即透雕，是比凿活更真实、立体感更强的具有空透效果的一类。透活如仅施用于凿活的局部（一般为“深活”的局部），则成为一种手法，这种手法称为“过真手法”。如把龙的犄角或龙须掏挖成空透的，甚至完全真实的样子。但整件作品的类别仍然属于凿活。“圆身”即立体雕刻，是指作品从前后左右几个角度都能得到欣赏。

上述几种类别之间没有严格的界限，在同一件石雕作品中，往往会同时出现。

石雕常见于须弥座、石栏杆、御路、石门窗、门鼓石、柱础、石柱等；独立的石雕制品有：华表、陵寝中的石像生、石碑、石牌楼、陈设座、焚帛炉等。

9.1.1　须弥座、石栏杆、御路

须弥座自下而上一般分为土衬、圭角、下枋、下枭、束腰、上枭、上枋七个部分。圭角部位一般雕刻如意云纹图案。上、下枋的雕刻主要以宝相花、卷草纹、云龙纹等传统纹样为主。上、下枭多雕刻“巴达马”纹样。石雕“巴达马”的花瓣顶端为内收状，花瓣的表面还要雕刻出包皮、云子等纹样，与石雕莲花略有不同。束腰处的雕刻多以“碗花结

带”纹样为主，寺庙建筑中的须弥座，束腰处常雕成“佛八宝”图案，有的在其转角处雕刻“马蹄柱子”形状，也俗称“玛瑙柱子”，也有的雕刻“金刚柱子”形状。束腰四角有采用石雕人物做角柱的，人物以双手承托上枋，称为力士或角神，石雕的力士形态各异，栩栩如生。有的以狮子或小兽代替力士，称为角兽。须弥座石雕的形式多种多样，除了这种标准样式的须弥座外，还有一些须弥座的变形组合样式。从须弥座石雕的雕刻手法来看，上、下枭和束腰处多采用剔地起突的雕刻手法，多为高浮雕，使纹样高出底面很多，具有较强的装饰效果；上、下枋处多采用减地平钑和压地隐起的雕刻手法，多为浅浮雕，使石材表面呈浅浅的图案纹样（图 9-9～图 9-18）。

图 9-9　清福陵隆恩殿须弥座

图 9-10　北京故宫宁寿宫前铜狮下须弥座

图 9-11　北京故宫皇极殿前六角形须弥座

图 9-12　北京故宫乾清宫前嘉量须弥座

图 9-13　北京故宫御花园内盆景须弥座

图 9-14　清西陵崇陵石五供须弥座

图 9-15　北京颐和园乐寿堂前须弥座

图 9-16　泰陵大红门前石麒麟须弥座

图 9-17　开封山陕会馆石狮须弥座

图 9-18　北京颐和园内石须弥座台基

石栏杆一般分为地袱、栏板、望柱三个部分。栏板为雕饰的重点部位，雕刻的图案纹样也是丰富多彩，有人物故事、花草、山水、神话等（图 9-19～图 9-26）。望柱的柱身一般雕刻较为简单，柱头的雕刻样式种类很多，有云龙头、云凤头、狮子头、莲花头、石榴头、水纹头、火焰头、素方头等（图 9-27～图 9-36）。

图 9-19　北京故宫太和殿石栏杆（一）

御路石位于御路踏跺的中间，只在宫殿、皇家陵寝、寺庙建筑中使用。其雕刻的图案主要有龙凤图案和宝相花图案（图 9-37～图 9-41）。

图 9-20　北京故宫太和殿石栏杆（二）

图 9-21　河南嵩山少林寺内石栏杆

图 9-22　沈阳故宫大政殿石栏杆

图9-23　沈阳故宫崇政殿石栏杆

图9-24　北京故宫乾隆花园内石栏杆

图9-25　安徽歙县吴氏宗祠内石栏杆

图 9-26　重庆北温泉石栏杆

图 9-27　云龙望柱头

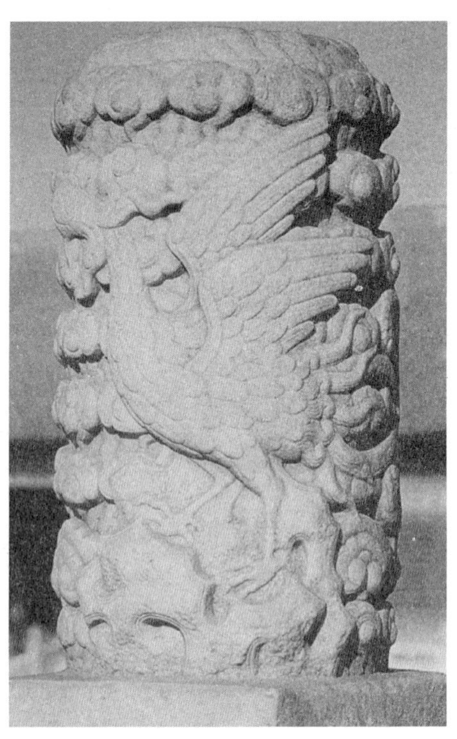

图 9-28　云凤望柱头

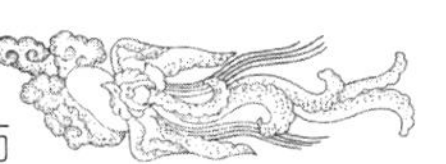

图 9-29　金水桥望柱头

图 9-30　文渊阁前望柱头

图 9-31　断虹桥望柱头

图 9-32　河南登封中岳庙内望柱头

图 9-33　重庆梁平双桂堂望柱头

图 9-34　成都望江公园崇丽阁望柱头

图 9-35　成都武侯祠内望柱头（一）

图 9-36　成都武侯祠内望柱头（二）

图 9-37　北京故宫太和殿前云龙御路

图 9-38　北京故宫永寿宫御路

图 9-39　北京故宫皇极殿锦地百花祥兽龙纹御路

图 9-40　清定东陵隆恩殿御路

图 9-41　北京北海大慈真如殿御路

9.1.2　石门窗、门鼓石

石门窗雕刻主要表现在石门楼、石门罩、石花窗、石漏窗、石券窗上面的石刻雕饰。其雕刻的题材内容颇丰，常见有吉祥文字图案，如福、禄、寿、囍等字；动植物图案，如龙、凤、狮子、蝙蝠、喜鹊、仙鹤、凤凰、麒麟、梅、兰、竹、菊、松、石榴、葫芦、葡萄等；八宝博古图案，如花瓶、笔筒、砚台、香炉等；也有雕饰神话故事、民间诸神的，边框上的雕刻纹样常见有水纹、回纹、钱币纹、点线纹等（图 9-42～图 9-51）。

图 9-42　山西祁县长裕川茶庄石门楼

图 9-43　山西祁县长裕川茶庄石门楼局部

图 9-44　裕陵地宫石雕门楼

图 9-45　浙江某宅石雕门楼

图 9-46　湖南芷江天后宫石雕门楼

图 9-47　清永陵碑亭石雕门

图 9-48　泉州安海龙山寺山门八角石窗

图 9-49　安徽黟县西递黄宅内石雕漏窗

图 9-50 安徽黟县西递西园石雕漏窗

图 9-51 浙江东阳巍山县务本堂石雕漏窗

门鼓石俗称“门鼓子”，用于宅院的大门内，是一种装饰性的石雕小品。其后尾做成门枕形式，因此又有实用价值。门鼓石可分为两大类：一类是方形的，称“方鼓子”，又称“幞头鼓子”（图 9-52）。另一类为圆形，称“圆鼓子”（图 9-53）。由于圆鼓子做法较难，因此比方鼓子显得讲究一些。门鼓子的两侧、前面和上面均应做雕刻。

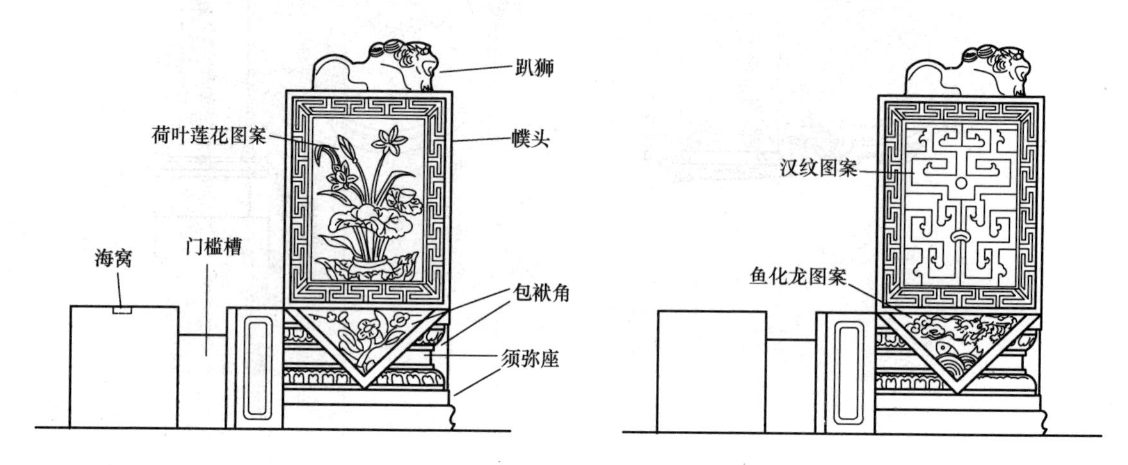

(a) 方鼓子侧面（一）

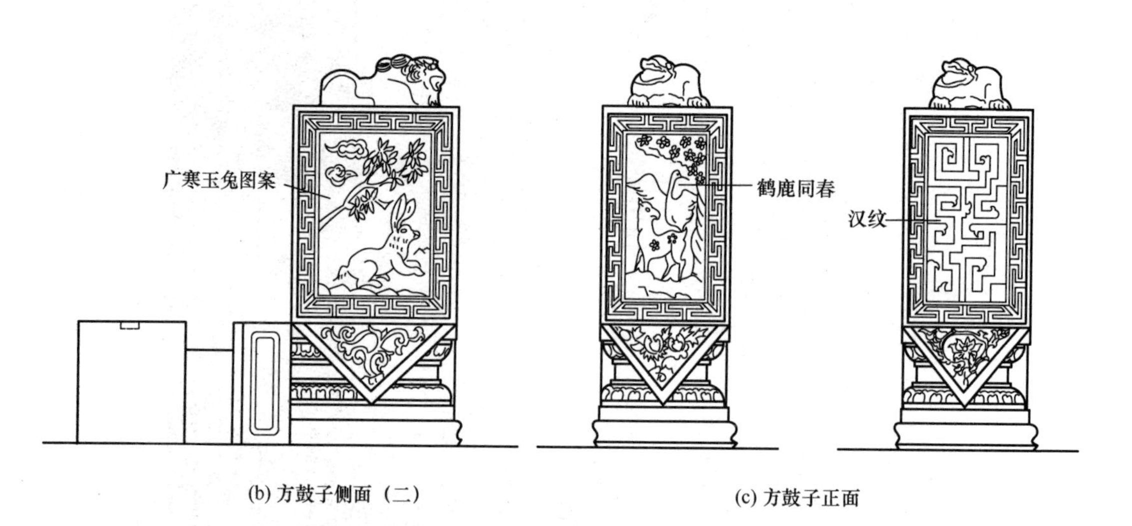

(b) 方鼓子侧面（二）

(c) 方鼓子正面

图 9-52　方形门鼓石

雕刻的手法从浅浮雕到透雕均可。门鼓子的两侧图案可相同也可不相同。如不相同，靠墙的一侧应较简单。圆鼓子的两侧图案以转角莲最为常见，稍讲究者还可做成其他图案，如麒麟卧松、犀牛望月、蝶入兰山、松竹梅等等。圆鼓子的前面（正面）雕刻，一般为如意，也可做成宝相花、五世同居（五个狮子）等。圆鼓子的上面一般为兽面形象。方鼓子的两侧和前面多做浮雕图案，上面多做狮子形象。狮子又分为“趴狮”“蹲狮”和“站狮”。站狮即为常见的狮子形象，趴狮则应做较大的简化，耳朵应下耷，故俗称“狮狗子”（图 9-54～图 9-62）。

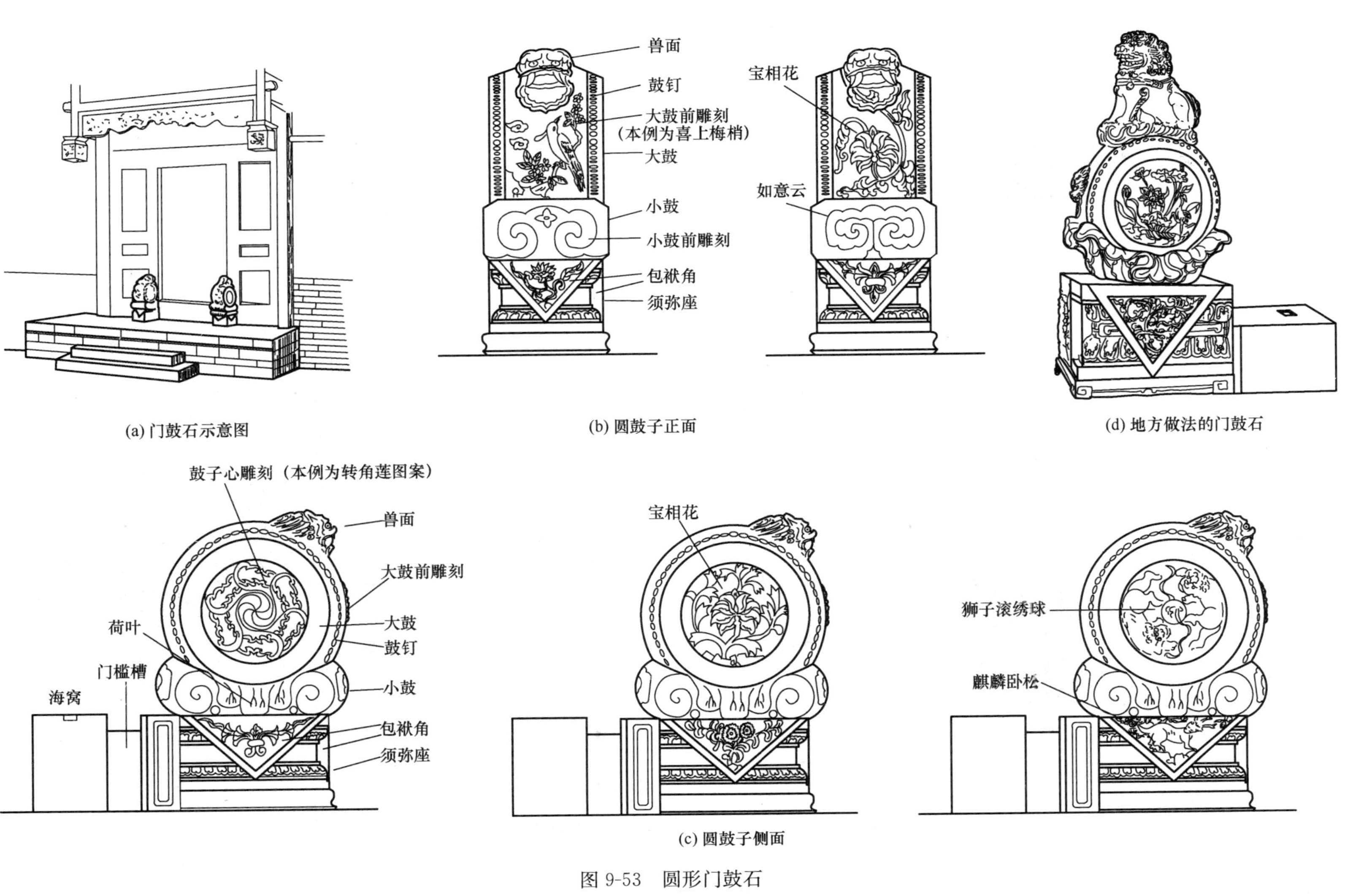
(a) 门鼓石示意图
兽面
鼓钉
大鼓前雕刻
(本例为喜上梅梢)
大鼓
小鼓
小鼓前雕刻
包袱角
须弥座
宝相花
如意云
(b) 圆鼓子正面
(d) 地方做法的门鼓石
鼓子心雕刻（本例为转角莲图案）
兽面
大鼓前雕刻
大鼓
鼓钉
荷叶
门槛槽
小鼓
海窝
包袱角
须弥座
宝相花
狮子滚绣球
麒麟卧松
(c) 圆鼓子侧面

图 9-53　圆形门鼓石

图 9-54　北京西城区大六部口街某宅门鼓石

图 9-55　北京西城区小翔凤胡同某宅门鼓石

图 9-56 北京东城区黄米胡同某宅门鼓石

图 9-57 北京西城区宝产胡同某宅门鼓石

图 9-58 山西榆次常家庄园内门鼓石

图 9-59　河南嵩山少林寺门鼓石

图 9-60　漳州龙海市慈济宫门鼓石

图 9-61　苏州东山文法堂门鼓石

图 9-62　山东栖霞牟氏庄园门鼓石

9.1.3　柱础、石柱

柱础之名起源甚早，如《墨子》“山云蒸，柱础润”等。宋《营造法式》所载柱础之名有六：一曰础，二曰礩，三曰石，四曰砧，五曰磩，六曰磉，今谓之石碇。清式所谓柱顶之“顶”，殆即“碇”之讹。现发现最早的实例是安阳殷墟出土的石础。汉代的考古发掘实物中有圆形柱础，汉代武氏石祠的柱础多做反斗式，上刻各种动物纹样。至南北朝随着佛教的传入发展，已出现八角、莲瓣形柱础。到了唐宋时期，石柱础的样式更多，有覆莲、龙凤、狮子、花草、鱼水等。明清以来，柱础图案崇尚简朴。北方地区主要官式建筑多用古镜柱顶，南方地区常用比较高的鼓状柱础。常见的雕刻纹样题材很多，有龙凤、狮子、蟾蜍、须弥座、覆盆、莲瓣、石榴、卷草、西番莲、云纹、水纹、花篮、鼓等（图 9-63～图 9-79）。

图 9-63　大同出土北魏太和八年石雕柱础

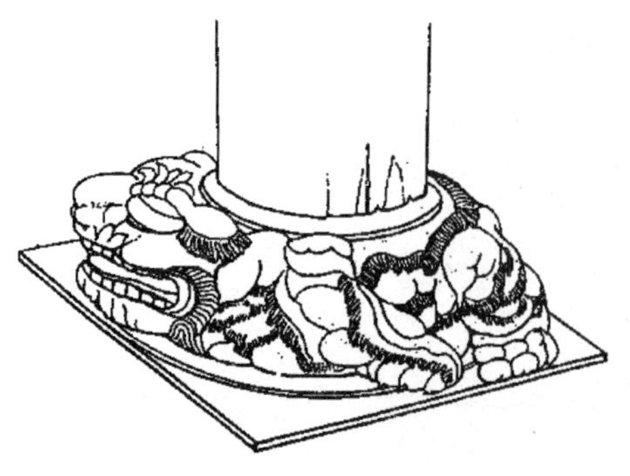

图 9-64　太原晋祠圣母殿兽形柱础

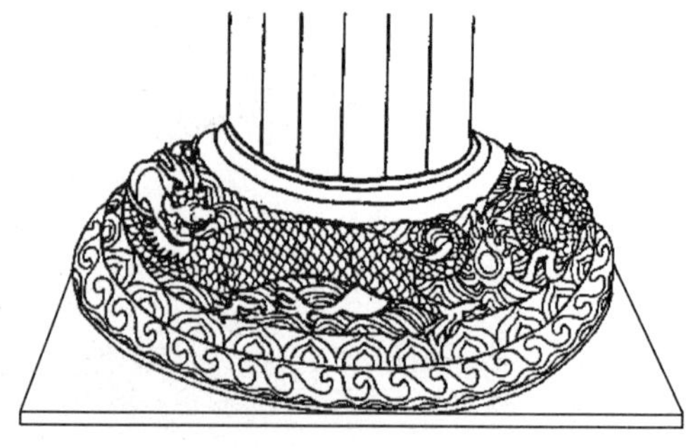

图 9-65　长清灵岩寺大殿水龙纹柱础

图 9-66　河南汜水等慈寺大殿兽形柱础

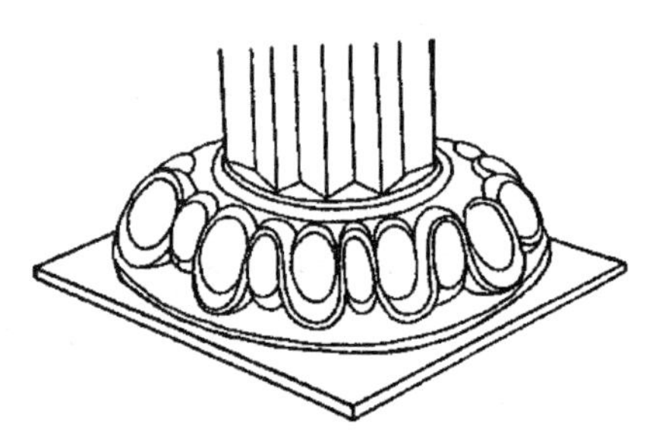

图9-67　山东长清灵硐寺大殿莲瓣柱础

图 9-68　曲阜孔庙大成殿如意云纹柱础

图 9-69 义县奉国寺大殿蕙草纹柱础

图 9-70 霍县县政府大堂莲瓣柱础

图 9-71 赵县石佛寺莲瓣柱础

图 9-72　河南少林寺大雄宝殿麒麟柱础

图 9-73　河南洛阳潞泽会馆大门狮子柱础

图 9-74　圆鼓式柱础（一）

图 9-75　圆鼓式柱础（二）

图 9-76　方形柱础（一）

图 9-77　方形柱础（二）

图 9-78　河南巩县康百万庄园柱础

图 9-79　山西襄汾丁村宅第柱础

石柱常见的有方形、圆形、六角形、八角形等，柱身上一般雕刻有装饰纹样，采用的雕刻手法有阴线刻纹、浅浮雕、高浮雕、透雕等（图 9-80～图 9-86）。

图 9-80　曲阜孔庙大成殿石柱

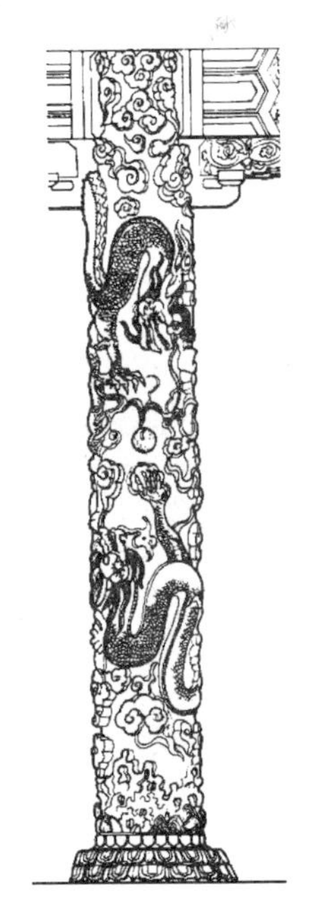

图 9-81　曲阜孔庙大成殿石柱线描图

图 9-82　宁波庆安会馆正殿石柱　图 9-83　福建泉州安海龙山寺法堂石柱

图 9-84　山东聊城山陕会馆正殿石柱

图9-85　苏州罗汉院大殿遗址石柱

图9-86　福建龙海市慈济宫戏台石柱

9.1.4　其他石雕

9.1.4.1　*石碑*

石碑的式样很多，但大多数的石碑都可分成碑身和碑座两部分（图9-87～图9-89），可有“水盘”。水盘与地面平，上面雕刻“海水江洋”，水中有各种水怪。四角分别雕刻鱼、虾、鳖、蟹。石碑的碑身上端一般为三种形式：①平头，无任何装饰，称为头品碑或

图9-87　石碑示意图

笏头碑；②雕刻蟠龙，称为龙蝠碑（龙趺碑）；③做冰盘檐，冰盘檐以上为屋顶形式。碑座也有三种常见形式：①方形或长方形圭角碑座；②须弥座形式；③做成龟身、龙头形象。龟为鳖类，故民间有“王八驮石碑”的谑称。

图 9-88　北京大正觉寺内石碑　　图 9-89　河北承德六和塔院内石碑

9.1.4.2　华表

华表多设在宫殿建筑前，也可设在城垣或桥梁的前面，作为一种标志和装饰。设在陵墓前的又叫“墓表”。华表顶部雕刻“坐龙”形象。坐龙面向南者俗称“望君出”，面向北者俗称“望君归”。相传古代用以表示君王纳谏之意。民间则用于路口表示方向。至明清两代，华表成了宫殿建筑专有的装饰性的建筑小品（图 9-90、图 9-91）。

图 9-90　华表示意图

图 9-91　天安门前华表

图 9-92　江苏南朝萧绩墓墓表

图 9-93　河北清西陵昌陵华表

9.1.4.3　*石象生*

石象生即石人石兽（图 9-94）。陵墓前置石象生之制最晚在秦汉就已形成，但具体放什么，历代各有其制。据文献记载和实物考察，大致为如下规律：秦汉时期的帝陵前有麒麟、辟邪、象、马等。人臣墓前有羊、虎、骆驼、狮子、马、鸟、石人（从吏和卫卒）等。唐代诸陵有文臣、蕃酋及狮子、马、牛、玄鸟等。宋代陵墓列象、貘、马（左右分立侍卒）、羊、虎、狮子、玄鸟、文臣、武臣等。明孝陵置狮、獬豸、骆驼、象、麒麟、马共 6 种，每种分坐像 2 个，立像 2 个，计 24 躯。又置文臣、武臣立像各 4 个，总计 32 躯。至永乐长陵，增加了勋臣立像 4 个，这样，总共达 36 躯。至此，已成定制，以后一直延续，清代各陵皆袭此制，很少变动。历代的石象生虽有所变化，但几乎都有再加放石柱的习惯。宋代以来，除明孝陵外，石柱都放在石象生的前面，作为开始的标志（图 9-95～图 9-98）。

9.1.4.4　*石五供*

石五供多用于陵寝或寺庙中。“五供”是供奉祭祀用具，一般指鼎、香炉（2 个）和蜡扦（2 个）。石五供即五供的石制品（图 9-99～图 9-101）。

9.1.4.5　*石灯座*

石灯座为皇宫中专用的路灯座（图 9-102、图 9-103）。

图 9-94　石象生示意图

图 9-95　河南巩县宋永定陵神道旁石象生群

图 9-96　江苏明祖陵神道旁石象生群

图 9-97　北京昌平明长陵武将石像

图 9-98　河北清景陵石象

图 9-99　石五供示意图

图 9-100　河北清东陵裕陵石五供

图 9-101　北京昌平明茂陵石五供

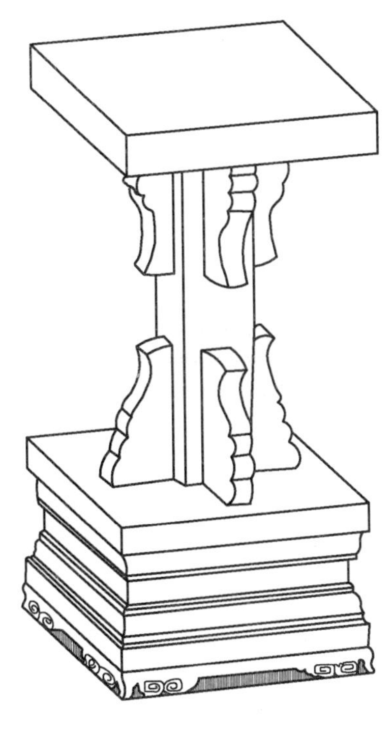

图 9-102　石灯座示意图

图 9-103　北京恭王府内石灯座

9.1.4.6　陈设座

陈设座一般置于庭院内，用来摆放盆景、奇石或其他陈设（图 9-104～图 9-106）。

图 9-104　陈设座示意图

图 9-105　北京颐和园内陈设座（一）

图 9-106　北京颐和园内陈设座（二）

9.1.4.7　*石绣墩*

石绣墩一般置于庭院内，多用来供人休息小坐，偶尔也用来摆放陈设、花盆等（图 9-107、图 9-108）。

图 9-107　石绣墩示意图

图 9-108　江苏无锡蠡园内石绣墩

9.2　砖　　雕

砖雕俗称“硬花活”，广义的砖雕包括三种制作方式，即制坯时事先模制或浮塑纹饰后再行烧造，或在模制、浮塑并烧好后进行雕凿加工，或在烧好的平砖上施用完全的雕凿。宋代之前的砖雕以模制或坯上浮塑为主，宋代已出现完全雕凿的更精细的做法。宋《营造法式》“卷二十五　诸作工限　二砖作项”包括：垒砌、砍磨砖、砖雕凿三种工艺。对砖块的加工称“斫事”，斫事内所称的“事造剜凿”，就是砖雕。在“砖作制度”条内对垒砌技术、砍磨技术都有较详的记载，但是对剜凿技术没有具体说明，可见当时砖雕技术的使用极为有限。砖雕的类别分为地面斗八、龙凤、花样、人物、壶门、宝瓶等。地面斗八用在殿堂内，其他所用部位如“阶基、城门座、砖侧头、须弥台座”之类，文字较简略。就其使用的性质看，建筑基座和台座的使用，是砖雕发展的起源，也是砖雕的重点所在。唐、宋、辽、金这一历史时期，大力建造寺庙、佛塔砖构建筑，是砖雕工艺技术由发展到成熟的阶段。元代砖雕比较盛行，元大都遗址出土有格文锦方砖雕及花盘砖、砖雕走兽等。明代砖雕艺术的发展进入了繁盛时期，明计成著《园冶》一书中记载：“历来墙垣，凭匠作雕琢花鸟仙兽，以为巧制……”，可见当时砖雕工艺技术已达到了相当精巧的水平。到了清代，砖雕工艺技术达到了砖雕发展史上的顶点。

砖雕的工具有：0.3～1.5cm的錾子各一种、木敲手、磨头、刨子等。

砖雕的雕刻手法有：平雕、浮雕（又分浅浮雕和高浮雕）、透雕。如果雕刻的图案完全在一个平面上，这种手法就称为平雕。平雕是通过图案的线条给人以立体感，而浮雕和透雕则要雕出立体的形象。浮雕的形象只能看见一部分，透雕的形象则大部分甚至全部都能看到。透雕手法甚至可以把图案雕成多层。

透雕的方法与浮雕的方法大致相同，但更细致，难度也更大。许多地方要镂成空的。有些地方如不能用錾子敲打，则必须用錾子轻轻地切削。

在砖雕过程中应小心、细致，尤其是透雕，更要小心。但如果局部有所损坏，也不要轻易抛弃，因为图案本身并无严格的规定，所以除了可以将损坏了的部分重新粘好外，也可以考虑在损坏了的部分结合整体图案重新设计图案和雕刻。雕出的形象应生动、细致、干净。线条要清秀、柔美、清晰。

砖雕的表现内容、雕刻题材非常丰富，主要有：

祥禽瑞兽——龙、凤、狮子、虎、麒麟、仙鹤、鹿、猴、鱼等；

花卉——梅、兰、竹、菊、松、牡丹、荷花、石榴、葡萄等；

吉祥文字——福、禄、寿、喜等；

传统纹样——万字纹、云纹、龟背纹、盘长纹等；

博古器物——花瓶、文房四宝、琴、棋、书、画、博古架等；

除上述内容外，还有人物故事、神话传说、民间故事、民俗风情等等。

砖雕工艺在建筑中为外观装饰，主要以门楼、门罩、影壁墙、山墙墀头、漏窗等为装饰重点。

砖雕装饰用在什么部位有着一定的规律性，使用时应注意符合传统习惯，如表 9-1 所示。

表 9-1　砖雕使用情况一览表

项目	瓦件或部位				备　注
	常用	较常用	不常用	极少用	
檐料	直檐、圆混	连珠混、半混、椽头、挂落、枭舌子	炉口		如意门和铺面房可多用
墀头	梢子中的荷叶墩、头层盘头、二层盘头和戗檐、博缝头、垫花	—	梢子中的混、炉口和枭、水沟门	字匾 下碱 上身	大式建筑不用垫花、混、炉口、枭、字匾。大式建筑中不常用荷叶墩、两层盘头、戗檐、博缝头，其他一概不用
须弥座	圭脚、束腰	混砖、枭舌子	上枋、下枋	上枭、下枭	—
普通台基		水沟门	—	—	—
后檐墙	透风、海棠池岔角	封护檐	—	墙心、墙帽	檐子临街时较常用
山墙	透风、山坠	水沟门、海棠池岔角、沟嘴子	靴头	墙心、山尖、墙帽	墙帽用于歇山、庑殿等周围出檐的建筑中
槛墙	—	海棠池岔角	墙心	盖板	—

续表

项目	瓦件或部位				备　注
	常用	较常用	不常用	极少用	
廊心墙	穿插档	廊心、灯笼框、小脊子	立八字	下碱	做廊心就不做灯笼框
廊门筒	—	穿插、灯笼框	小脊子、门洞砖圈	—	—
囚门子	同廊心墙				只用于门楼或游廊中，不常用
院墙	—	花墩	水沟门、沟嘴子	墙帽、檐子	—
护身墙	—	—	墙心	—	—
女儿墙	—	—	墙心	—	—
城墙	—	—	字匾	垛口	—
影儿墙	—	匾圈、檐子、砖心	—	—	—
栏板柱子	—	栏板、柱子（柱基、柱身、柱头）、抱鼓	地栿	—	—
影壁	博缝头、须弥座、屋脊、小红山、檐子	影壁心、瓶耳子、三岔头	仿木构件、马蹄磉	—	仿木构件上可仿彩画做法
看面墙	同影壁		花墩	—	—
卡子墙	同影壁				极少做凿活
清水脊	盘子、鼻子、挎草、平草、落落草	—	分脊花、皮条草	蝎子尾	—
小式垂脊	—	盘子、规矩	—	—	园林攒尖式垂脊可加用花陡板
大式正脊	—	兽座、规矩、陡板	宝剑头	天地盘、混砖、脊兽	—
大式垂脊或戗脊	—	规矩、盘子、兽座陡板	—	—	—
宝顶	—	顶座	顶珠子	—	—
牌楼	—	屋脊、柱子	头拱、仿木构件	—	—
砖斗拱	一斗三升	一斗二升交麻叶	三踩斗拱	五踩斗拱，其他斗拱	—
甬路	—		散水	—	北方只在大式园林中用
门窗什样锦	—	砖圈　字匾	—	—	—
如意门	檐子、腿子、屋脊、栏板柱子	花墩、象鼻枭	囚门子、山花、象眼	墀头上身	墀头上身凿活多为挂匾形式

续表

项目	瓦件或部位				备　注
	常用	较常用	不常用	极少用	
蛮子门	清水脊、小红山	檐子	—	墀头	—
五脊门	—	砖匾、屋脊、小红山、仿木构件	券脸	—	—
牌楼门	—	檐子、砖匾、仿木构件、屋脊	—	—	—
广亮门	—	廊心墙、腿子、屋脊	囚门子、象眼、山花	—	—
花门	屋脊、檐子、小红山	腿子、砖心	看面墙	—	—
硬山式庙宇或府弟门	—	屋脊、腿子	—	—	—
洋门楼	檐子、门窗券脸、砖匾	影儿墙、腿子	前檐墙	—	—
铺面房	腿子、屋脊、檐子	—	栏板柱子、砖挂檐	—	—
其他	—	—	陈设座、灶火门、各种形式的砖结构建筑	踏跺、瓦头、天花	—

9.2.1　门楼、门罩上的砖雕

国人极为重视“门”文化，所以不论主人建造什么样的门楼，总是对其进行极力地装饰，砖雕则是门楼装饰的常用手法。由于各地方的门楼形式各不相同，所以门楼的雕饰、雕法也就丰富多样。门楼上的砖雕多集中在方框、通景、元宝、垂柱、挂落、檐下斗拱等建筑构件上面。以表达吉祥寓意的图案纹样为主要雕刻题材。装饰华丽的门罩常常在垂柱、额枋、方框、元宝等处都雕刻有精美的砖雕图案纹样（图 9-109～图9-120）。

图 9-109　苏州网师园“藻耀高翔”门楼

图9-110　苏州网师园“藻耀高翔”门楼东侧方框

图9-111　苏州网师园“藻耀高翔”门楼西侧方框

图 9-112　苏州网师园“藻耀高翔”门楼局部

图 9-113　胡雪岩故居“修德延贤”门楼

图 9-114　胡雪岩故居“修德延贤”门楼局部

图 9-115　山西榆次常家庄园砖雕门楼

图 9-116　浙江某宅砖雕门楼

图 9-117 北京东城区东棉花胡同16号院砖雕门楼

图 9-118 北京东城区东棉花胡同16号院砖雕门楼局部

图 9-119 胡雪岩故居老七间内砖雕门罩

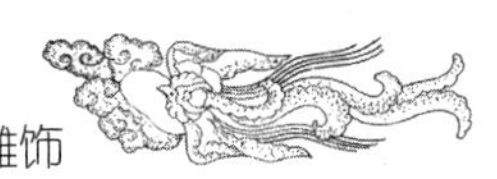

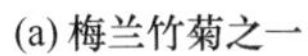

(a) 梅兰竹菊之一

(b) 平升三级

(c) 出入平安

(d) 爵禄高登

图 9-120　胡雪岩故居老七间内砖雕门罩局部

9.2.2　各种墙上的砖雕

砖雕是墙上装饰的常见手法，墙上的砖雕装饰常见于山墙、檐墙、廊心墙、院墙、影壁上等（图 9-121～图 9-139）。

图 9-121　北京恭王府
内砖雕戗檐

图 9-122　山西介休
某宅砖雕戗檐

图 9-123　河南开封
延庆观道房墀头

图 9-124　山西榆次常家庄园
大夫第墀头

图 9-125 广东陈氏书院首进西厅后檐墙砖雕

图 9-126 广东陈氏书院首进西厅后檐墙砖雕“梁山聚义”图局部

图 9-127　广东陈氏书院首进西厅后檐墙砖雕“梧桐杏柳凤凰群”

图 9-128　青海平安县某清真寺大殿廊心墙砖雕

图 9-129　山西灵石王家大院内墙上砖雕(一)

图 9-130　山西灵石王家大院内墙上砖雕(二)

图 9-131　山西榆次常家庄园
内墙上砖雕（一）

图 9-132　山西榆次常家庄园
内墙上砖雕（二）

图 9-133　上海松江大影壁砖雕

图 9-134　甘肃临夏砖雕影壁

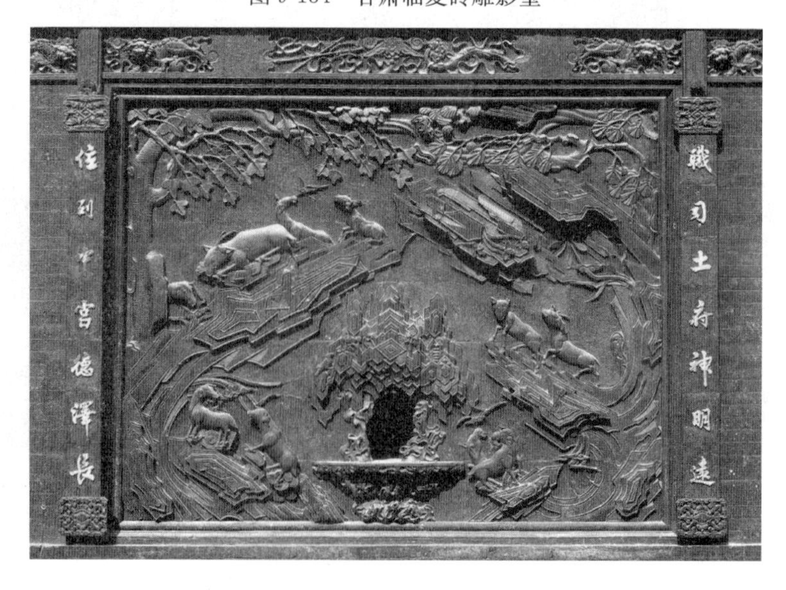

图 9-135　山西祁县乔家大院砖雕影壁

图9-136　浙江宁波天一阁院墙砖雕漏窗（一）

图9-137　浙江宁波天一阁院墙砖雕漏窗（二）

图 9-138　杭州胡雪岩故居院墙砖雕（一）

图 9-139　杭州胡雪岩故居院墙砖雕（二）

参 考 文 献

[1] 梁思成．营造法式注释·卷上[M]．北京：中国建筑工业出版社，1983.

[2] 潘谷西．中国古代建筑史第四卷·元、明建筑[M]．北京：中国建筑工业出版社，2001.

[3] 张先得．明清北京城垣和城门[M]．石家庄：河北教育出版社，2003.

[4] 罗哲文，赵所生，顾砚耕．中国城墙[M]．南京：江苏教育出版社，2000.

[5] 白丽娟，王景福．中国古建筑营造技术丛书：古建清代木构造[M]．北京：中国建材工业出版社，2007.

[6] 中国建筑中心建筑历史研究所．中国江南古建筑装修装饰图典[M]．北京：中国工人出版社，1994.

[7] 刘大可．中国古建筑瓦石营法[M]．北京：中国建筑工业出版社，1993.

[8] 中国科学院自然科学史研究所．中国古代建筑技术史[M]．北京：科学出版社，1990.

[9] 刘敦桢．中国古代建筑史[M]．北京：中国建筑工业出版社，1980.

[10] 刘敦桢．苏州古典园林[M]．北京：中国建筑工业出版社，2005.

[11] 姜怀英，邱宣充．大理崇圣寺三塔[M]．北京：文物出版社，1998.

[12] 宋昆．平遥古城与民居[M]．天津：天津大学出版社，2000.

[13] 姚承祖．营造法原[M]．张至刚增编，刘敦桢校阅．北京：中国建筑工业出版社，1987.

[14] 梁思成．中国建筑艺术图集[M]．天津：百花文艺出版社，1999.

[15] 楼庆西．中国古建筑砖石艺术[M]．北京：中国建筑工业出版社，2005.

[16] 张建庭、胡雪岩．故居[M]．北京文物出版社，2003.

[17] 李卓棋，郑力鹏．广州陈氏书院实录[M]．北京：中国建筑工业出版社，2011.

[18] 王璞子．工程做法注释[M]．北京：中国建筑工业出版社，1995.

[19] 茅以升．中国古桥技术史[M]．北京：北京出版社，1986.

[20] 张驭寰，罗哲文．中国古塔精萃[M]．北京：北京科学出版社，1988.

[21] 陆德庄．中国石桥[M]．北京：人民交通出版社，1992.

[22] 孙波．中国古桥[M]．北京：华艺出版社，1993.

[23] 刘致平．中国建筑类型及结构[M]．北京：中国建筑工业出版社，1987.

[24] 宋子龙．徽州牌坊艺术[M]．合肥：安徽美术出版社，1993.